석박사학위와 학술논문 작성 중심의

Amos 29 구조방정식 모델링

신건권

Structural Equation Modeling using SPSS & Amos 29

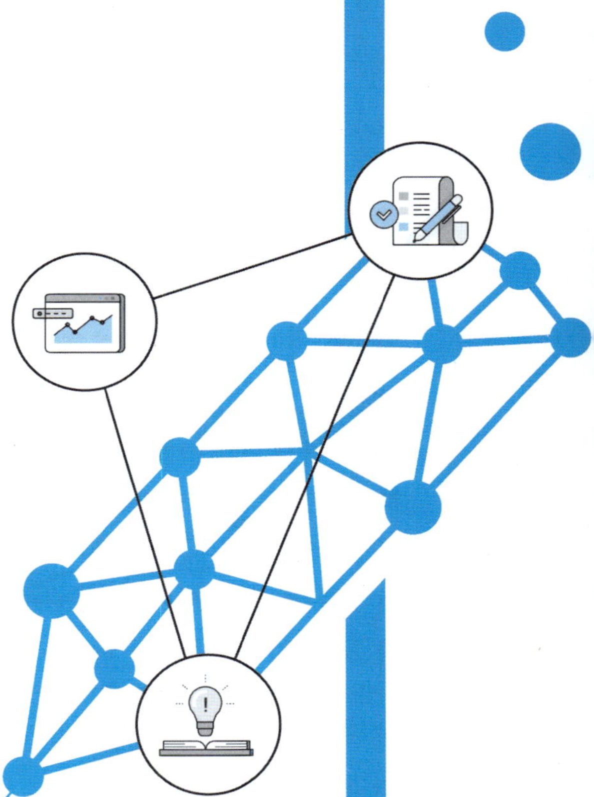

Amos 29

도서출판 청람

하나님께 모든 영광을 드립니다.

All glory to God.

The royalties from this book are used
for missions around the world.

| 머리말 |

최근에 자연과학과 사회과학 등 여러 학문 분야의 연구에서는 **구조방정식모형(Structural Equation Modeling: SEM)**을 활용하는 논문이 증가하는 추세를 보이고 있다. 그러나 학위논문이나 학술논문을 작성하는 연구자들이 이러한 고급통계기법을 이해하고 실제로 논문작성 과정에 적용한다는 것은 그리 쉬운 문제가 아니다. 또한 SPSS나 Amos와 관련된 다양한 통계학 분야의 서적이 개발되어 있지만 지나치게 이론 중심으로 기술된 경우가 많아서 고급통계기법을 적용하는 것은 아예 엄두도 내기가 어려운 것이 현실이다. 이 책은 이러한 점에 착안하여 기존의 이론 중심 서적들과는 차별화된 **실습 중심의 Amos(Analysis of MOment Structures) 전문서적**으로 개발되었다. 특히 SPSS/Amos 29를 처음 사용해서 어떤 통계분석 절차를 거쳐야 하는지를 잘 모르는 연구자나 SEM분석에 대한 이해가 부족한 분들에게는 중요한 길잡이 역할을 할 수 있을 것이다.

『論語(논어)』 里仁篇(이인편)에는 "조문도석사가의(朝聞道夕死可矣)"라는 말이 나온다. 이는 "아침에 도를 들으면 저녁에 죽어도 좋다"는 의미로, 참된 이치를 깨달으면 죽어도 여한이 없다는 것이다. 또한 "천리길도 한 걸음부터(A journey of a thousand miles must begin with the first step)"라는 고사성어가 있다. 아무리 책이 쉽게 기술되었을지라도 처음에는 통계분석의 이치를 깨닫는 데 다소 어려움이 따를 것으로 예상된다. 그렇다고 포기해서는 안 된다. 용기를 내서 도전해보기 바란다. 잠시 시간을 내서 설명된 통계분석의 내용을 조금씩 따라하다 보면 짧은 시간 내에 연구자들이 소망하는 소기의 목적을 달성할 수 있을 것이다.

이 책의 특징은 다음과 같다.

첫째, 석박사학위 및 학술논문을 작성하는 방법과 기본 절차들을 제시하고, SPSS/Amos 29를 적용해 통계분석하는 방법들을 사례 중심으로 기술하고 있다. **또한 측정모델링, 구조모델링, 통제효과분석(Control effect analysis), 매개효과분석(Mediation effect analysis), 조절효과분석(Moderation effect analysis), 조절된 매개효과분석(Moderated mediation effect analysis), 다중집단분석(Multi-group analysis), 측정변수 묶기(Item parceling) 등의 주제**

를 다루고 있다.

둘째, Amos 29를 처음 접하는 독자들도 쉽게 논문작성 과정에 적용할 수 있도록 전체 내용을 '따라하기 방식'으로 해설하고 있다.

셋째, 데이터 파일에는 교재의 내용에 포함된 기본적인 통계분석 데이터 파일과 구축된 측정모형과 구조모형 그림을 제공하고 있다. 또한 SPSS와 Amos 29 통계프로그램의 설치방법과 SEM분석에 필요한 구조방정식모형(SEM diagram)을 그리는 방법을 제공하고 있다.

넷째, 논문작성 과정에서 필요한 [표]와 [그림]을 그리는 방법과 통계분석 결과를 제시하는 방법을 설명하고 있다.

다섯째, 석박사학위 및 학술논문의 작성에 필요한 기본적인 팁들을 제공하고 있다.

여섯째, SEM분석은 Amos 29 프로그램 단독으로 완성되지 않는다. 따라서 이 책은 SPSS 29를 사용해서 데이터 파일을 만드는 방법, 신뢰도분석, 빈도분석, 탐색적 요인분석, 기술통계분석 등을 수행하는 방법을 제공하고 있다.

마지막으로, Amos 29는 개별 측정변수들의 신뢰도와 잠재변수(연구변수)의 집중타당도와 판별타당도분석에서 이용해야 하는 CR과 AVE값을 자동적으로 계산해 제공하지 않는다. 이 책에서는 데이터 파일에서 이들 값을 계산하기 위한 Excel 파일양식을 제공하고 있으며 구체적인 적용 절차를 책의 내용 속에 설명하고 있다.

이 책이 출간되기까지 저자는 선배와 동료 교수님들이 저술한 논문과 통계학 서적들의 도움을 받았다. 또한 연구방법론 수업을 수강하면서 교정작업을 도와준 호서대 기술경영전문대학원 원우님들과 신건권 데이터랩 식구들에게도 감사드린다. 이 책은 아직 완성되었다기보다는 지속적인 수정이 필요한 부분이 많을 것이다. 독자 여러분들의 지속적인 조언과 도움을 기대한다. 마지막으로 이 책의 출간을 쾌히 허락해주신 도서출판 청람의 이수영 사장님, 성도님, 저자를 아는 모든 지인들 그리고 사랑하는 가족들에게도 감사드린다.

호서대학교 아산캠퍼스 연구실에서 저자 씀

> 이 책의 데이터 파일은 도서출판 청람의 사이트(http://www.crbooks.co.kr)의 [일반자료실]에서 제공한다. 파일을 다운로드받은 후 반드시 데스크탑이나 노트북의 [바탕화면]에 압축을 푼 후에 실습하기 바란다.

| 차례 |

제 1 부 | 통계분석과 논문작성 기초 다지기

제1장 SPSS/Amos 29의 기초

제2장 통계분석과 논문작성의 기본 절차(1): 연구조사 설계, 데이터 입력 및 기초통계분석

제3장 통계분석과 논문작성의 기본 절차(2): 측정모형분석

제4장 통계분석과 논문작성의 기본 절차(3): 구조모형분석

제5장 분석결과 제시와 체크리스트: 논문작성 표와 그림 작성

제6장 학위 및 학술논문 작성을 위한 팁들

제2부 | SPSS/Amos 29를 이용한 기본실습 따라하기

제7장 사용자충성도 영향요인 사례 기본실습 따라하기

제8장 스마트폰 사례 기본실습 따라하기

제 3 부 | SPSS/Amos 29 고급 측정모델링의 이해와 적용

제9장 고급 측정모델링 (1)

제 5 부 | SPSS/Amos 29 통제효과, 매개효과 및 조절효과분석

제12장 통제변수의 사용과 통제효과분석

제13장 매개효과분석

제14장 범주형 조절변수의 조절효과분석

제15장 연속형 조절변수의 조절효과분석

제16장 범주형과 연속형 조절변수의 조절된 매개효과분석

제 6 부 | SPSS/Amos 29 다중집단분석의 이해와 적용

제17장 다중집단 확인적 요인분석과 다중집단 구조방정식모형분석

제 1 부 통계분석과 논문작성 기초 다지기

제 1 장 SPSS/Amos 29의 기초

1 구조방정식모형의 의의와 특성

1.1 의의

구조방정식모형(Structural Equation Modeling: SEM)이란 '공분산구조분석(Analysis of covariance structures, or Causal modeling)'이라고도 불리는 것으로, 측정모형(Measurement model)과 구조모형(Structural model)을 통해 여러 잠재변수들(Latent variable) 간에 존재하는 인과관계를 분석하기 위한 모형을 말한다. 이는 연구모델을 구성하고 있는 잠재변수들 간의 다중 인과관계를 회귀방정식(Regression equation)으로 표현하고 검증한다. SEM은 다른 다변량분석기법과는 달리 모형 내에 내재된 측정변수들의 측정오차(Measurement error)를 반영하며, 잠재변수와 측정변수 간 그리고 잠재변수와 잠재변수 간의 관계를 검증할 수 있는 장점을 가지고 있다.

SEM은 측정모형과 구조모형으로 구성된다. 전자는 잠재변수(혹은 연구변수, 이론변수, 구성개념이라고도 함)가 측정변수 혹은 지표변수(Measured variable, or Measured indicator)에 어떻게 연결되어 있는가를 나타내는 것이며, 후자는 다수의 잠재변수 간의 인과관계를 나타내는 모형을 말한다. 측정모형은 측정도구의 신뢰도와 타당도를 검증하는 데 필요하며, 구조모형은 가설검증을 수행하기 위한 목적으로 사용된다.

▶ SEM은 경영학, 심리학, 사회학, 의학, 간호학 등과 같은 다양한 학문 분야의 연구자들이 연구보고서, 학술 및 학위논문 등을 작성하는 데 광범위하게 활용되고 있는 기법

이다.

- SEM은 선행연구를 기초로 연구자가 사전에 설정한 **연구모형**(Research model)을 자료에 의해서 검증하기 위한 다변량분석기법이다. 따라서 SEM에 의한 통계자료분석을 시행하려면 연구자가 선행연구를 토대로 설정한 **연구가설**과 **연구모형**이 있어야 한다.
- SEM은 **경로분석**[1]과는 달리 직접적 측정이 불가능한 **잠재변수**(혹은 비관측변수 Unobserved variable)를 **측정변수들**(혹은 관측변수 Observed variable)을 이용해서 간접적으로 측정한 다음, 이들 잠재변수 간의 이론적인 인과관계(Causality)를 분석하기 위해서 개발된 통계자료분석기법이다.
- SEM은 **확인적 요인분석**(Confirmatory Factor Analysis: CFA)을 적용하여 측정오차가 없는 잠재변수를 발견하고 이들을 인과관계에 따라 연결하는 기법이다.
- SEM분석을 위한 범용적 **통계 프로그램**에는 Amos(Analysis of MOment Structures), Mplus, SmartPLS, LISREL, EQS(EQuations) 등이 개발되어 있으며, 그 중에서도 전문가가 아닌 일반 사용자들도 쉽게 사용할 수 있도록 그래픽방식(Graphic User Interface: GUI)으로 개발된 것이 바로 윈도 환경에서 작동되는 Amos이다.
- SEM분석은 윈도 환경에서 사용자가 프로그래밍할 필요 없이 간단하게 Amos에서 연구모형에 포함된 변수들 간의 관계를 그림으로 나타낸 구조방정식모형(SEM diagram)을 그릴 수 있고 통계분석을 할 수 있다. 다만 입문 수준의 초보자들에게 있어서는 처음 접하는 용어들과 통계프로그램에 대한 이해의 부족으로 약간의 어려움을 느낄 수도 있을 것이다. 사용자들이 겪는 이러한 어려움을 해소하기 위해서 이 책에서는 **'따라하기' 방식**의 접근을 통해 데이터입력, 통계처리와 해석 그리고 논문작성과 관련된 일련의 과정을 해설하고 있다.

1) 경로분석(Path analysis)은 직접적으로 측정가능한 측정변수들 간의 인과관계를 규명하기 위해서 사용하는 기법인 반면, 구조방정식모형은 직접적으로 측정이 어려운 잠재변수들 간의 인과관계를 분석하기 위한 통계자료분석기법이다.

그림 1-1 SEM의 측정모형과 구조모형

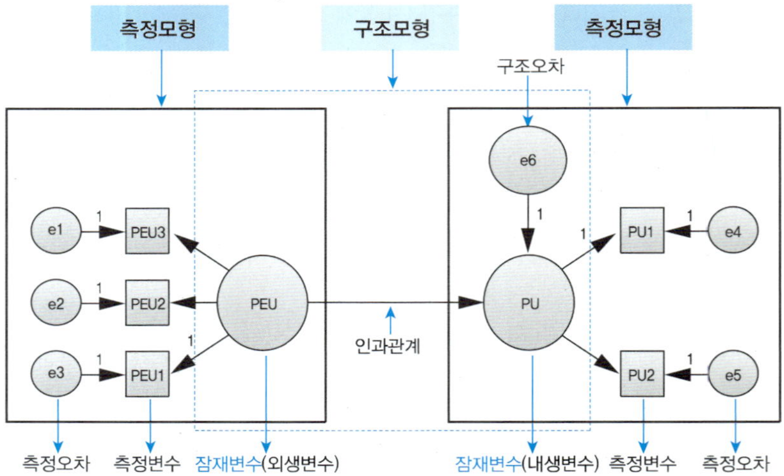

- 잠재변수: 지각된 사용용이성(PEU), 지각된 유용성(PU)
- 측정변수(관측변수): PEU1, PEU2, PEU3, PU1, PU2
- 측정오차: e1부터 e5
- 구조오차: e6
- 잠재변수(외생변수): PEU
- 잠재변수(내생변수): PU

[그림 1-1]에서 예시적으로 제시된 SEM에서 보면 두 개의 **잠재변수**, 즉 지각된 사용용이성(Perceived Ease of Use: PEU)과 지각된 유용성(Perceived Usefulness: PU)을 가지고 있으며, 두 개의 **측정모형**으로 구성되어 있다. PEU는 세 개의 **측정변수**(PEU1, PEU2, PEU3)를, 그리고 PU는 두 개의 **측정변수**(PU1, PU2)를 가지고 있다. 사회과학연구에서는 보통 측정변수를 설문지를 통해서 측정하는 경우가 많으며 1개 설문문항은 1개의 측정변수가 된다. 또한 그림에서 PEU와 PU의 측정변수들은 **측정오차**(e1, e2, e3, e4, e5)가 있는 것으로 가설화되었고, PU는 PEU에 의해서 완전하게 설명되지 않아 남아 있는 미설명 부분인 **구조오차**가 있는 것으로 가설화되었음을 알 수 있다. 일반적으로 PEU의 측정변수와 관련된 오차(e1, e2, e3)와 PU의 측정변수와 관련된 오차(e4, e5)를 **측정오차**라 하며, 다른 잠재변수에 의해서 영향을 받는 잠재변수와 관련된 오차를 **구조오차**(Structural error)라 한다. 여기에서는 잠재변수 PU와 관련된 오차(e6)를 말한다. 또한 다른 변수에 영향을 주기만 하는 잠재변수를 **외생변수**(Exogenous variable)라 하며, 다른 변수들에 의하여 설명될 수 있는 변수, 즉 다른 잠재변수에 의해서 영향

을 받기도 하고 주기도 하는 잠재변수를 **내생변수**(Endogenous variable)라 한다. 그림에서 PEU는 외생변수에, PU는 내생변수에 해당된다.

표 1-1 SEM의 주요 용어

용어명	설명	유사 용어명	경로모형 표기
잠재변수 (Latent variable)	측정변수(혹은 관측변수)에 의해 개략적으로 측정될 수 있는 가설적 개념(Hypothetical construct) ☞ 잠재변수=측정변수+측정오차	비관측변수 구성개념 이론변수 연구변수	원이나 타원 ○
측정변수 (Measured variable)	잠재변수를 측정하기 위해서 사용된 변수(측정변수에는 반드시 측정오차가 포함되어야 함)	관측변수 측정지표	정사각형이나 직사각형 □
측정오차 (Measurement error)	측정변수와 관련 오차(측정변수에 포함되어 있는 오차)	잔차	원이나 타원 (원 안에 e로 표시)
구조오차 (Structural error)	잠재변수(혹은 잠재요인) 예측과정에서의 오차(잠재변수에 포함되어 있는 오차)	설명오차	원이나 타원 (원 안에 e 혹은 d 등으로 표시)
외생변수 (Exogenous variable)	다른 잠재변수에 영향을 주기만 하는 변수		모형에서 화살표를 주기만 하는 변수
내생변수 (Endogenous variable)	다른 잠재변수에 의해서 영향을 주기도 하고 받기도 하는 변수(내생변수에는 반드시 구조오차가 포함되어야 함)		모형에서 화살표를 받는 변수
측정모형 (Measurement model)	잠재변수가 측정지표에 어떻게 연결되어 있는가를 나타내는 모형		하나의 잠재변수에 여러 개의 측정변수로 구성
구조모형 (Structural model)	다수의 잠재변수 간의 인과관계를 나타내는 모형		여러 개의 측정모형으로 구성
인과관계 (Causality)	결과변수에 영향을 주는 원인변수 이외의 모든 변수들을 통제한 상태에서 원인변수가 결과변수에 미치는 영향의 방향과 크기	경로계수 구조계수	일방향 화살표, 즉 인과관계(→)로 표시
공분산 (Covariance)	두 변수 간의 선형적인 연관성 정도(양의 선형관계, 음의 선형관계, 무관계)	상관관계	양방향 화살표, 즉 상관(↔)으로 표시

1.2 특성

SEM은 다음의 몇 가지 특성과 장점을 가지고 있다.[2)]

■ 잠재변수 간의 다중 인과관계 추정가능성

다변량분석기법은 주로 독립변수와 종속변수 간의 단일 관계를 분석하며 잠재변수가 아닌 측정변수를 이용한다. 그러나 SEM은 구조모형 내에 잠재변수를 도입하고 있으며, 여러 개의 잠재변수 간에 존재하는 다중 인과관계를 설정하고 검증할 수 있다.

■ 효과분해의 가능성

회귀분석이나 경로분석의 경우도 간접효과를 측정할 수 있으나 이는 측정변수에 측정오차가 없다는 가정하에서 의미를 가진다. 그러나 SEM은 특정 잠재변수가 다른 잠재변수에 미치는 총효과(Total effect)를 직접효과(Direct effect)와 간접효과(Indirect effect)로 분해(Decomposition)하여 그 크기를 분석할 수 있다.

■ 측정오차의 고려와 통제

측정변수의 측정도구는 완벽하지 못하므로 측정오차가 존재하지만 대부분의 다변량분석기법은 측정오차를 고려하지 못하고 있다. 그러나 SEM은 측정오차를 고려할 수 있고 이를 통해 순수한 잠재변수 간의 관계를 파악할 수 있다.

■ 매개변수와 종속변수 사용의 용이성

다변량분석기법은 다수의 매개변수와 종속변수를 포함시켜 분석하기가 어렵지만 SEM은 연구모형에 다수의 매개변수와 종속변수를 고려하여 분석하는 것이 가능하다.

■ 측정도구의 신뢰도/타당도분석과 이론 구축의 동시성

SEM은 확인적 요인분석(Confirmatory Factor Analysis: CFA)을 통해 측정도구의 신뢰도와 타당도분석은 물론 측정모형의 전반적인 적합도를 평가할 수 있다. 또한 잠재변수들 간의 인과관

---

2) 배병렬(2021)의 제1장에서 일부 참조하여 제시함.

계를 동시에 분석하여 구조모형(혹은 이론모형)을 검증할 수 있다.

2 Amos의 기초

Amos(Analysis of MOment Structure)는 SEM분석을 수행하기 위한 통계 프로그램이다. 이는 SPSS와 연동하여 쉽게 사용할 수 있다.

2.1 Amos 프로그램의 설치

먼저, SPSS와 Amos는 논문작성 과정에서 동시에 사용해야 하므로 한글판 SPSS 29 프로그램을 설치한다. 다음으로, Amos 29를 설치하려면 Microsoft.Net Framework 4.8이 설치되어야 한다. 물론 최신의 사양이 높은 컴퓨터인 경우에는 Framework의 설치를 생략해도 Amos 29를 설치할 수 있다. 마지막으로, 영문판 Amos 29 프로그램을 설치한다.

그림 1-2 | SPSS/Amos 29의 설치 순서

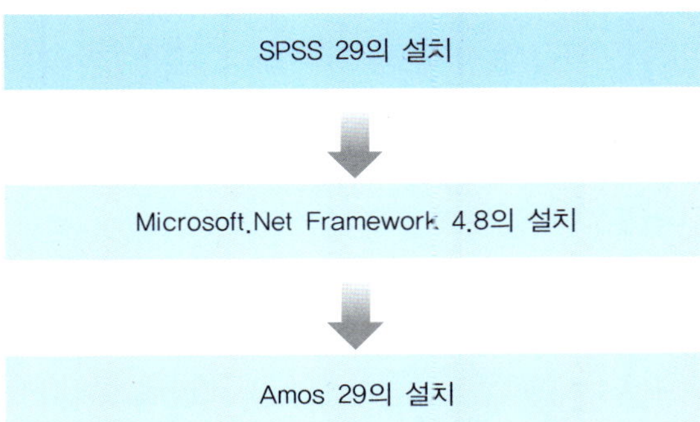

- SPSS 29와 Amos 29 프로그램을 개인적으로 구입하기 어려운 경우에는 평가판을 사용하거나 대학이나 공공기관 그리고 연구소 등에서 구입하여 설치한 컴퓨터에서 작업하면 된다.

- Amos 29 학생용 버전은 공식적인 채널을 통해서 4만원 내외의 가격으로 1년 사용가능한 프로그램을 구매할 수 있다. [유튜브]에서 [Amos 구매]라고 검색어를 치면 안내하는 유튜브를 찾을 수 있다.
- 현재 SPSS와 Amos는 버전 29까지 출시되어 있으나 논문작성이나 입문 수준의 일반 통계분석을 위해서는 낮은 버전의 제품을 사용해도 문제가 되지 않는다. 특히 최신 프로그램을 구하기 어려운 경우에는 낮은 버전의 프로그램을 사용해도 된다.
- Amos 29보다 낮은 버전의 프로그램을 설치하려면 [그림 1-3]에서 제시된 평가판을 제공하는 사이트(http://spss.datasolution.kr/trial/trial.asp)에 접속하여 다운로드받아야 한다.
- Amos 29 프로그램의 구매방법은 이 책의 [부록]을 참고하기 바란다.

그림 1-3 Amos 29 평가판 제공 사이트

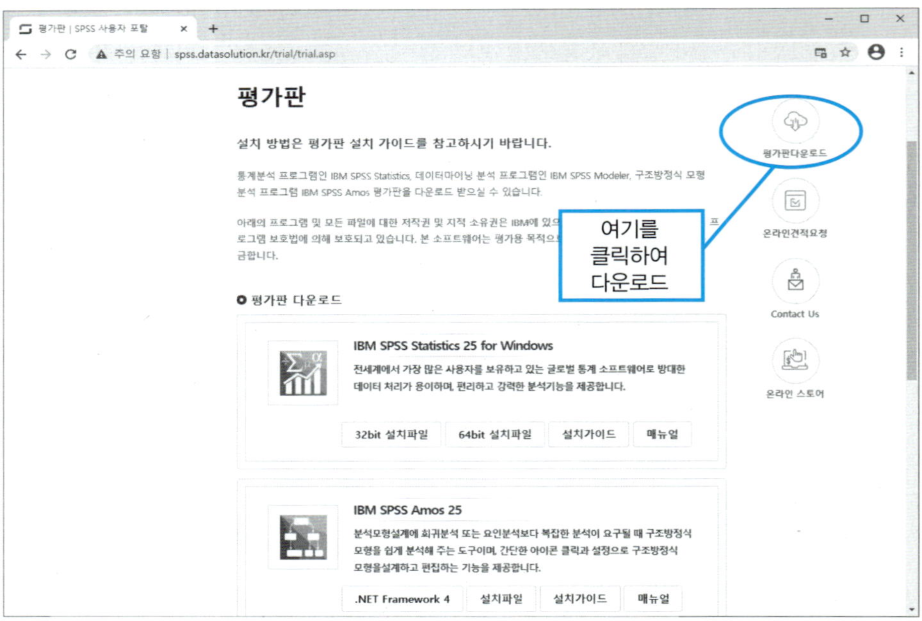

2.2 Amos의 실행과 초기 화면

(1) Amos의 실행

Amos 프로그램을 실행하려면 [모니터 좌측 하단에 있는 윈도 시작(⊞)–IBM Amos–IBM SPSS Amos 29 Graphics]를 차례대로 클릭하면 된다.

(2) Amos의 초기 화면

Amos 프로그램을 실행하면 [그림 1-4]와 같은 초기 화면이 나타난다.

그림 1-4 ▌ Amos 29 프로그램의 초기 화면

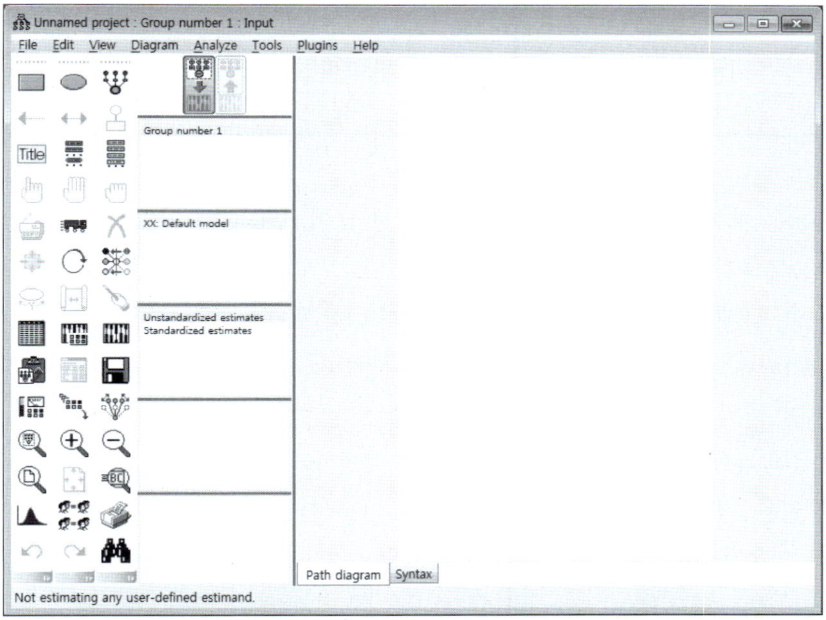

■ Amos 기본 메뉴

Amos 29	File	Edit	View	Diagram	Analyze	Tools	Plugins	Help

▌표 1-2 ▌AMOS의 기본 메뉴와 설명

메뉴명	설명	단축키
File	새로운 파일을 생성하거나 기존의 파일을 불러오는 기능	Alt+F
Edit	구조방정식모형(SEM diagram)을 편집하는 기능	Alt+E
View	분석방법과 대상속성 등을 설정하는 기능	Alt+V
Diagram	구조방정식모형의 그리기 기능	Alt+D
Analyze	분석 실행, 모델관리, 설정탐색, 다중집단분석, 결측치 처리 등의 기능	Alt+A
Tools	글꼴, 원과 사각형 그리기 등의 기능	Alt+T
Plugins	기본기능 이외의 추가기능을 제공하는 플러그인 기능 지원	Alt+P
Help	도움말 기능	Alt+H

- Amos는 메뉴방식으로 운영되며, 분석에서 많이 사용되는 아이콘은 [도구상자] (Tool box)로 초기 화면의 좌측에 배치되어 있다.
- 메뉴는 크게 Amos 29 버전의 경우 ① File, ② Edit, ③ View, ④ Diagram, ⑤ Analyze, ⑥ Tools, ⑦ Plugins, ⑧ Help로 구성되어 있다. 각 메뉴를 클릭하면 상세한 하위 메뉴들로 이동할 수 있다.
- [File] 메뉴에서 [New]는 새로운 모형을 작성하기 위한 명령어, [Open]은 기존의 모형파일을 불러들이는 명령어, [Data Files]는 Amos 프로그램에서 분석할 모형과 데이터 파일을 연결해 주는 명령어이다.
- [View] 메뉴에서 [Full Screen]은 화면을 전체 화면으로 키우기 위한 것이며, 기능키 F11을 누르면 화면이 크게 전환되며, 다시 F11을 누르면 작아진다.

그림 1–5 ▌ 초기 화면의 주요 창과 기능

<table>
<tr><th>도구상자</th><th>관리 창</th><th>모형 그리기 창</th></tr>
<tr><td rowspan="6">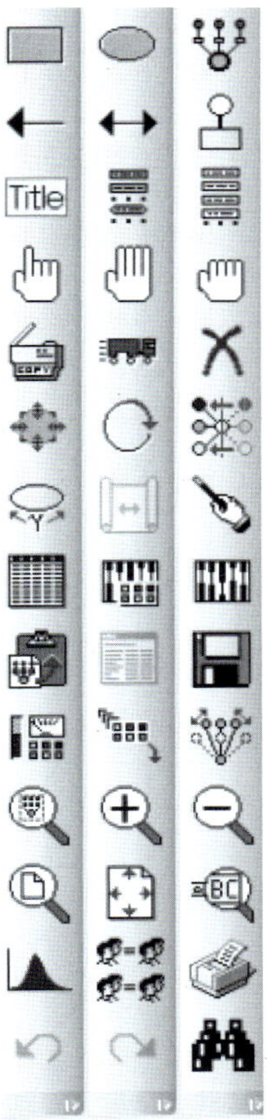</td><td>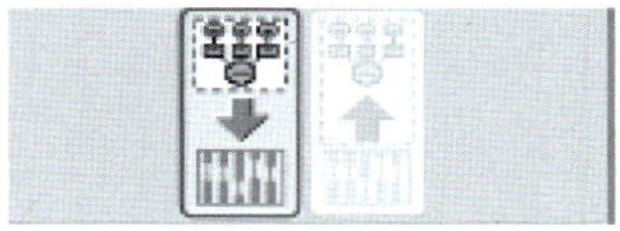
분석 결과를 보여주는 창</td><td rowspan="6">모형(SEM diagram)
그리기 창
(측정모형과 구조모형)</td></tr>
<tr><td>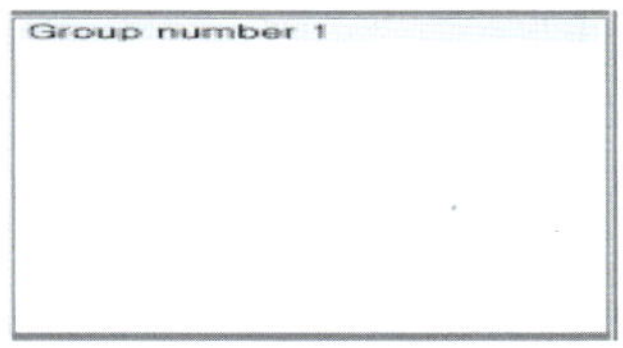
집단구분 창</td></tr>
<tr><td>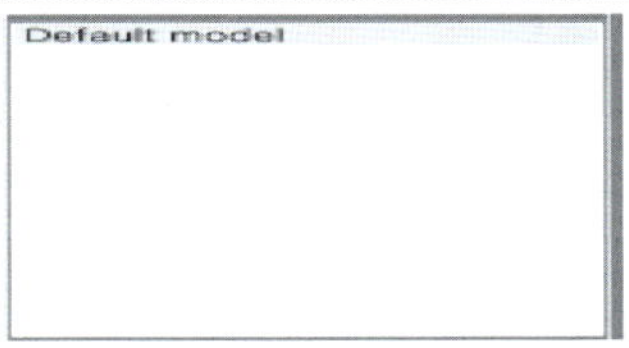
모형관리 창</td></tr>
<tr><td>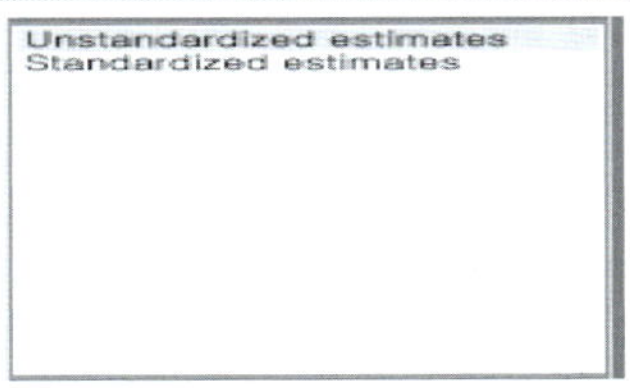
결과확인 창</td></tr>
<tr><td>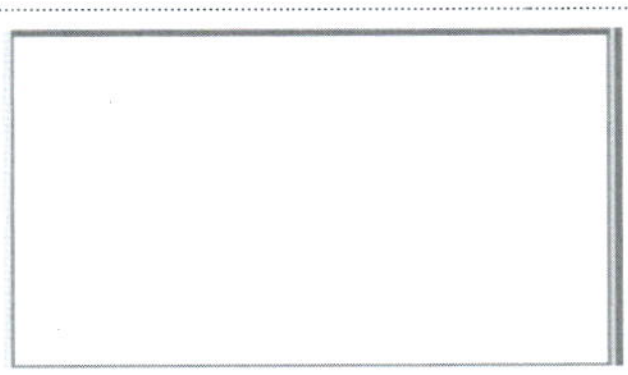
분석 결과 창</td></tr>
<tr><td>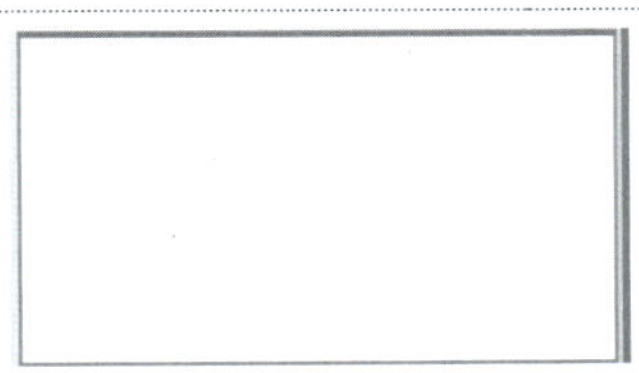
파일관리 창</td></tr>
</table>

표 1-3 모형 그리기와 통계분석에서 많이 사용되는 주요 도구상자 설명

도구상자	기능	단축키
	측정변수(관측변수) 그리기	F3
	잠재변수(비관측변수) 그리기	F4
	잠재변수와 측정변수 그리고 오차를 동시에 그리기	
	인과관계(Path) 그리기	F5
	상관관계(Covariance) 그리기	F6
	오차항(Error) 그리기	
	모형에 포함되어 있는 변수명을 보여주는 창	Ctrl+Shift+M
	데이터 파일에 있는 변수명을 보여주는 창이며, 측정변수와 모형을 연결할 때 사용	Ctrl+Shift+D
	대상(Object)을 한 번에 하나씩 선택할 때	F2
	모든 대상을 선택할 때(Select All)	
	선택된 대상을 해제 혹은 취소할 때(Deselect All)	
	변수 간의 선을 반듯이 정리할 때	
	대상을 복사(Duplicate)할 때	
	대상을 이동(Move)할 때	Ctrl+M
	대상을 지울 때(Delete)	Delete
	선택된 대상을 회전(Rotate)할 때	
	데이터 파일 선택하는 창(Select Data File)	Ctrl+D
	분석방법(Analysis Properties)을 설정하는 창	Ctrl+A
	분석을 실행할 때	Ctrl+F9
	분석 결과를 볼 때	F10
	모형을 저장할 때	Alt+S
	대상속성(Object Properties)을 설정하는 창	Ctrl+O
	전체 모형을 확대할 때	F7
	전체 모형을 축소할 때	F8

	다중집단분석을 할 때	
	변경한 내용을 이전 상황으로 되돌리고자(Undc) 할 때	
	대안모형을 찾을 때의 설정탐색(Specification Search)	

■ 도구상자

이 책에서 메뉴방식은 보조적으로 활용하며 거의 대부븐 [도구상자](이는 툴박스라고도 함)를 이용해서 통계분석을 시행할 것이다. 따라서 여기에서는 [표 1-3]과 같이 통계분석을 실습하는 과정에서 필수적으로 이용해야 하는 주요 도구상자를 중심으로 설명하기로 한다. 도구상자에는 모형(SEM diagram)을 그리고, 보고, 저장하는 관련 기능을 가지고 있으며, 분석할 데이터와 모형을 연결하고 완성된 구조방정식모형을 실행하며, 수정하고 인쇄하는 기능을 포함하고 있다.

▶ 도구상자들은 크게 모형 그리기(Draw SEM diagram)와 관련된 것들과 작성된 구조방정식모형을 통해 통계분석을 시행하고 결과를 보고 저장하며 인쇄하는 기능과 관련된 것들로 구분된다. [표 1-3]의 기능 란에 음영으로 표시된 도구상자들은 후자와 관련된 것들이다.

▶ 도구상자 중에서 [Analysis Properties(분석속성)]과 [Object Properties(대상속성)]은 통계분석 과정에서 많이 사용되는 창이므로 이해가 필요하다.

	분석방법(Analysis Properties)을 설정하는 창	Ctrl+A
	대상속성(Object Properties)을 설정하는 창	Ctrl+O

① Analysis Properties(분석속성 지정 창): Estimation(추정)과 Output(출력) 탭이 많이 사용된다.

Estimation 탭은 [그림 1-6]에서 제시된 것처럼 모수추정법을 지정하는 창이다. 일반적으로 Amos에서는 모수추정법으로 최대우도법(Maximum likelihood)을 디폴트로 제공하고 있다. 이는 결측치가 없고 데이터의 다변량정규성 가정하에서 사용되는 일반적인 추정법이다. 만약 분석 데이터에 결측치(Missing values)가 존재한다면 FIML

(Full-information maximum likelihood)[3]을 이용해야 한다. FIML을 지정하려면 [분석속성] 창에서 [Estimate means and intercepts]를 클릭해 체크해야 한다. 이렇게 하면 잠재변수와 오차의 평균이 [0]으로 표시된다. 여기에서 한 가지 유의할 점은 FIML을 이용하는 경우에는 RMR, GFI, AGFI와 같은 적합도지수가 출력되지 않는다는 것이다.

그림 1-6 ▌Analysis Properties 지정 창에서 [Estimation] 탭의 지정

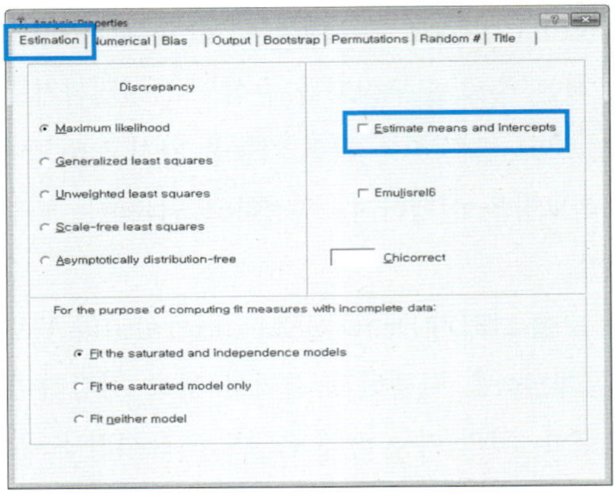

분석 데이터에 결측치(Missing values)가 있는 경우에 체크

그림 1-7 ▌Analysis Properties 지정 창에서 [Output] 탭의 지정

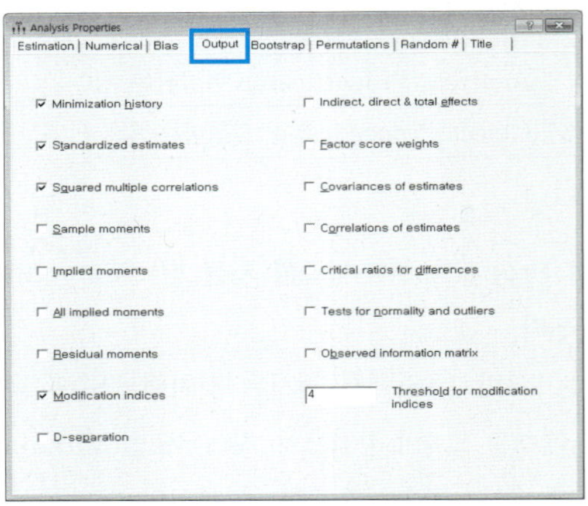

3) 완전정보최대우도법에는 ML, GLS, ADF, Scale-free가, 부분정보최대우도법에는 ULS가 포함된다. ULS는 모든 변수가 동일한 단위로 측정된 경우에 사용할 수 있다.

Output 탭에서는 [그림 1-7]과 같이 분석과정과 결과해석에 필요한 것들을 지정하는 창이다. 이 창에서는 Standardized estimates(표준화회귀계수), Squared multiple correlations(다중상관자승 혹은 다중상관치), Sample moments(표본공분산행렬), Implied moments(추정공분산행렬), Residual moments(잔차공분산행렬), Modification indices(수정지수), Indirect, direct & total effects(직접효과, 간접효과 및 총효과), Correlations of estimates(추정치의 상관관계), Critical ratios for differences (모수추정치 각 쌍의 검증통계량), Tests for normality and outliers(정규성과 이상치 검증) 등을 지정할 수 있다. 수정지수는 디폴트로 [4]가 주어져 있으나 그 이상도 지정할 수 있다. 보수적인 경우에는 [10] 이상으로 지정한다. 다중상관자승(SMC)은 회귀분석에서의 R^2과 같으며 각 모형에서 변수에 의해서 설명되는 부분을 의미한다. 잔차공분산행렬은 표본공분산행렬과 추정공분산행렬의 차이이다.

② Object Properties(대상속성 지정 창): Text(텍스트)와 Parameters(모수) 탭이 많이 사용된다.

그림 1-8 Object Properties 지정 창에서 [Text] 탭의 지정

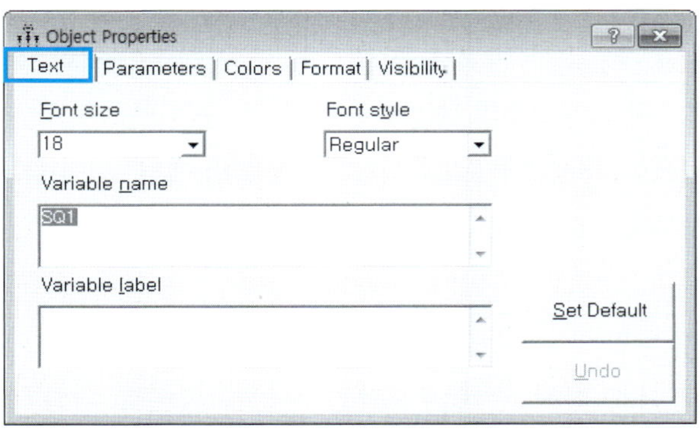

그림 1-9 ▌Object Properties 지정 창에서 [Parameters] 탭의 지정

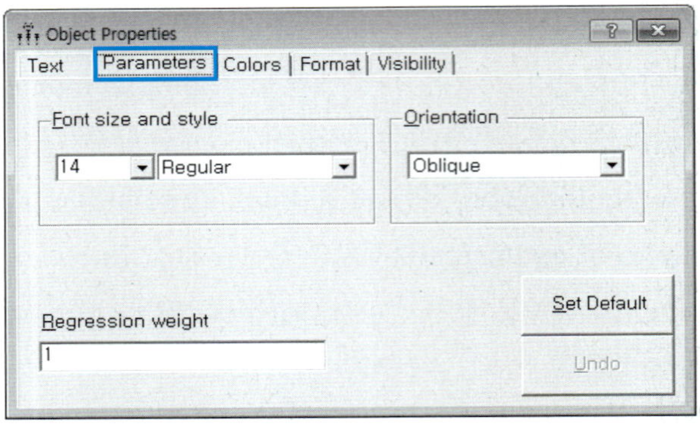

[Text] 탭은 [그림 1-8]에서 제시된 것처럼 변수명을 지정하는 창이며, 영문명과 한글명의 사용이 모두 가능하다. [Parameters] 탭은 [그림 1-9]에서 제시된 것처럼 경로에 대한 회귀계수를 지정하는 창이다. 일반적으로 경로에 대한 회귀계수는 여러 개의 회귀경로 중에서 하나를 '1'로 설정한다. 즉 잠재변수로부터 관측변수로 향하는 경로 중의 하나에 대해 1의 값을 부여하며, 회귀계수 가운데 이렇게 고정된 모수는 추정되지 않는다. 각각의 회귀계수 중 하나를 1의 값을 부여하는 것은 모형의 식별(Identification)을 위해서이다. 1로 고정된 측정변수들을 준거변수(Reference variable)라 하며, 이는 다른 측정변수의 값과 비교할 수 있도록 해줄 뿐만 아니라 측정변수 중에서 하나를 1로 지정함으로써 측정변수의 측정척도와 잠재변수의 측정척도를 일치시켜 주는 역할을 한다. 일반적으로 구조방정식모형의 그리기 과정에서 회귀계수에 대한 Regression weight는 자동적으로 [1]이 입력되므로 별도의 작업이 필요 없다.

- Amos 사용자들은 도구상자들이 많이 있어서 혼란스러워 할 수도 있지만 몇 번의 실습 과정을 통해서 쉽게 익힐 수 있으므로 걱정하지 않아도 된다.
- Amos 사용자들은 통계분석을 시행할 때 ① 내가 만든 측정모형과 구조모형에 어떻게 데이터 파일을 연결할 것인가? (데이터 파일 선택 도구상자), ② 내가 만든 데이터 파일(Dataset)에 있는 변수들을 어떻게 측정모형과 구조모형에 연결시킬까?(데이터 파일 내의 변수를 측정 및 구조모형에 연결하는 도구상자), ③ 통계분석을 실행하

는 도구상자는 어떤 것인가?(분석 실행 도구상자), ④ 통계분석방법으로 어떤 추정 방법을 사용할 것인지와 통계처리 후 얻으려고 하는 출력물(표준화된 회귀계수, 다중 상관치, 수정지수 등)을 어떤 것으로 할 것인가? (분석속성 지정 도구상자), ⑤ 분석 결과를 보는 도구상자는 무엇인가?(분석 결과 보기 도구상자) 등에 대해서 많은 관심을 가지고 있다. 이러한 문제들을 해결하는 데 가장 많이 사용되는 도구상자들이 초기 화면에서 어떤 위치에 있는가를 숙지하는 것이 필요하다. [그림 1-10]을 통해서 해당 도구상자의 위치를 파악하기 바란다.

그림 1-10 ▌ 통계분석에서 필수적인 도구상자들과 위치: 잘 익혀두자!

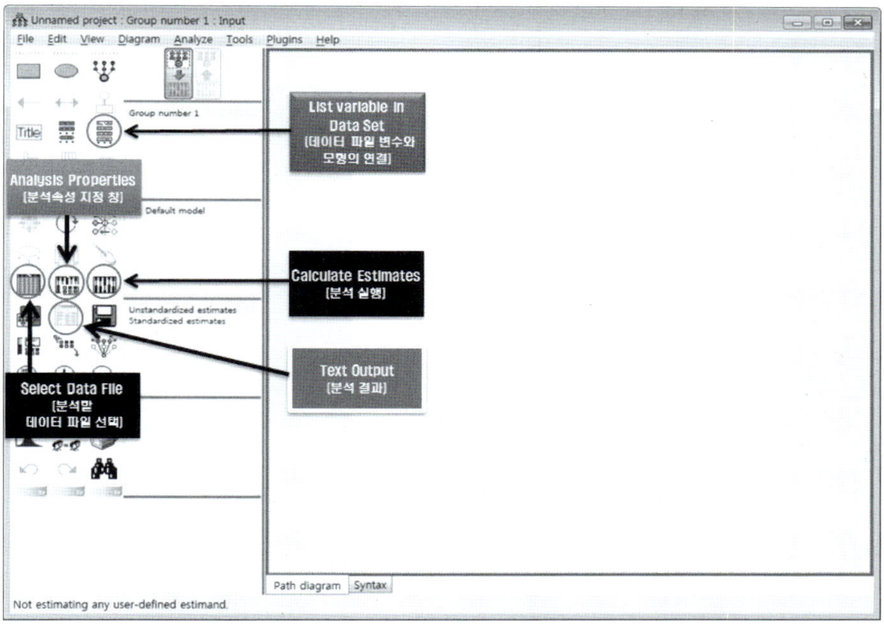

3 모형 그리기 (1)

3.1 모형 그리기의 사용 기호와 의미

모형을 그리는 데 필요한 기호(Symbol)와 인과관계(→) 그리고 상관(↔)의 연결방법은 [표 1-4]와 같다.

▌표 1-4▐ 모형 그리기에 사용되는 기호와 연결

기호와 기호 연결	의미
	잠재변수(비관측변수)
	측정변수(관측변수)
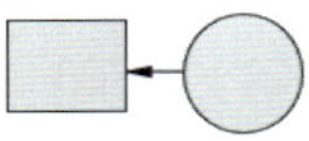	잠재변수에 대한 측정변수의 회귀계수(요인적재량)
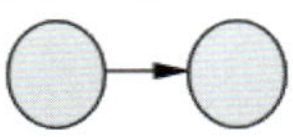	잠재변수 간 인과관계(경로계수)
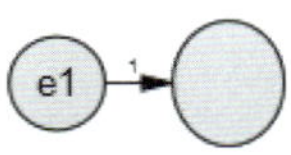	잠재변수의 구조오차(설명오차)
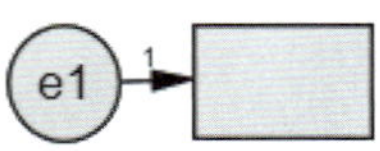	측정변수의 측정오차
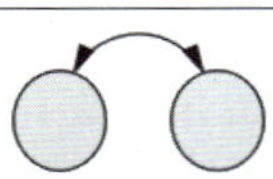	외생잠재변수 간 상관관계(공변량)
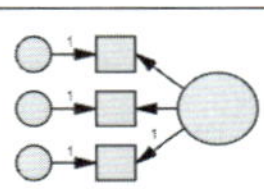	잠재변수, 측정변수 및 측정오차 동시 그리기
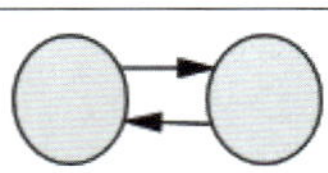	비재귀모형에서 상호 인과관계(⇄)

3.2 측정모형 그리기

측정모형은 측정도구(잠재변수와 측정변수)의 신뢰도와 타당도를 검증하기 위한 것으로 1개의 측정모형은 잠재변수 1개와 1개 이상의 측정변수와 오차르 구성된다. 통계분석 과정에서는 개별적인 1개의 측정모형을 대상으로 각각 분석하는 것이 아니라 구조모형에 포함될 전체 측정변수에 대한 다수의 측정모형으로 구성된 하나의 통합된 측정도형을 구성하게 된다. 이렇게 그려진 측정모형은 확인적 요인분석(CFA)을 통해서 측정도구의 신뢰도와 타당도를 검증할 수 있게 된다.

- 모든 측정변수들은 측정오차를 모형에 표시해야 한다.
- 모형의 식별을 위해서 준거변수를 지정해야 한다. 1개의 측정모형에서 여러 개의 측정변수에 대한 회귀계수 중에서 하나를 '1'로 지정한다. 대개의 경우 측정변수와 오차항을 동시에 그리는 도구상자( )를 이용하면 자동으로 지정된다. 측정변수와 오차항을 개별적으로 그리는 방법을 선택한 경우에는 잠재변수와 측정변수 간의 회귀계수 중 하나 위에서 오른쪽 마우스로 클릭한 후 Object Properties 지정 창의 [Text] 탭에서 Regression weight를 '1'로 지정한다.

■ 측정모형 그리기

통계실습 1-1 측정모형 그리기: 측정모형이 1개인 경우

잠재변수가 1개이고 측정변수가 4개인 측정모형을 그리시오.

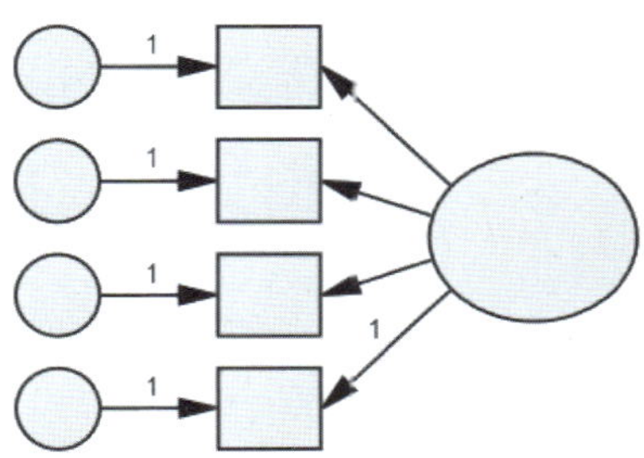

실습 따라하기

❶ AMOS 29를 실행하여 초기 화면으로 들어간다.

❷ 도구상자에서 (잠재변수와 측정변수 동시 그리기)를 마우스로 선택하여 클릭한 후 초기 화면의 오른쪽에 있는 [모형 그리기 창]에서 잠재변수를 그리고자 하는 위치에서 마우스 왼쪽을 클릭하면 [잠재변수] 1개가 그려지며, 해당 위치에서 4개의 [측정변수]를 그려야 하므로 계속 왼쪽 마우스를 3번 더 클릭한다. 그러면 다음과 형태의 그림이 그려진다.

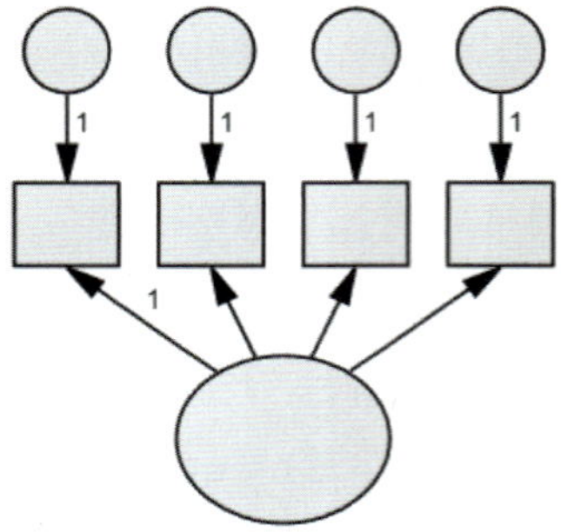

❸ 도구상자에서 (대상 회전시키기)를 마우스로 선택하여 클릭한 후 잠재변수 위에 올려놓으면 빨간색으로 변한다. 그 상태에서 주어진 실습문제와 같은 형태로 만들기 위해서 마우스 왼쪽을 3번 클릭하면 다음과 같은 모양의 그림으로 그려진다. 도구상자에서 (대상 회전시키기)를 클릭하면 회전시키기 도구상자가 해제된다. 최종적으로 그려진 측정모형은 다음과 같다.

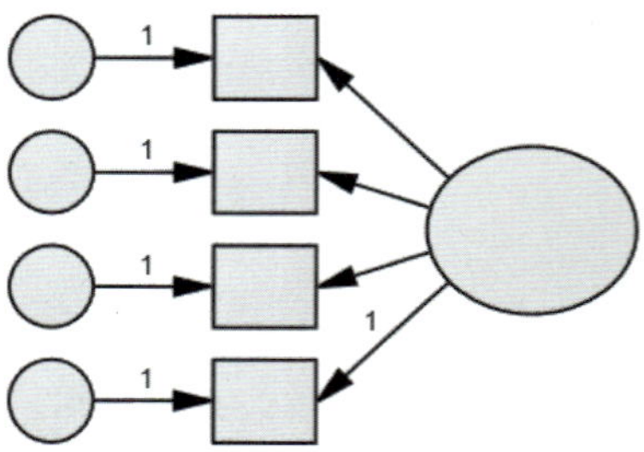

통계실습 **1-2**

측정모형 그리기: 측정모형이 여러 개인 경우

잠재변수가 3개이고 측정변수가 12개인 측정모형을 그리시오.

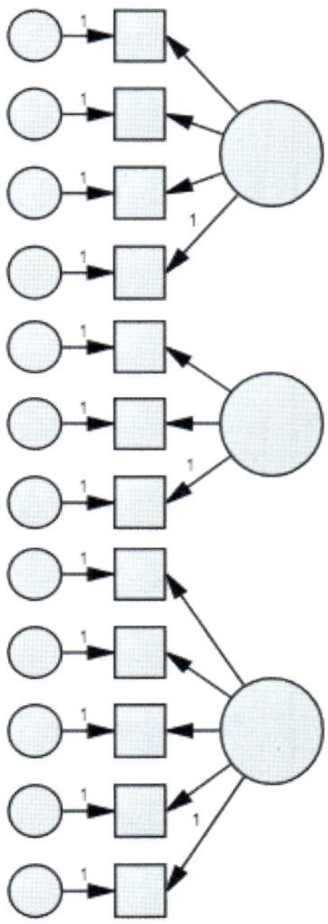

실습 따라하기

❶ File 메뉴에서 New를 클릭([File–New])하면 새로운 그림을 그릴 수 있는 새 창이 나타난다.

❷ 도구상자에서 (잠재변수와 측정변수 동시 그리기)를 마우스로 선택하여 클릭한 후 초기 화면의 오른쪽에 있는 [모형 그리기 창]에서 잠재변수를 그리고자 하는 위치에서 마우스 왼쪽을 클릭하면 [잠재변수] 1개가 그려지며, 해당 위치에서 4개의 [측정변수]를 그려야 하므로 계속 왼쪽 마우스를 3번 더 클릭한다. 그러면 다음과 형태의 그림이 그려진다.

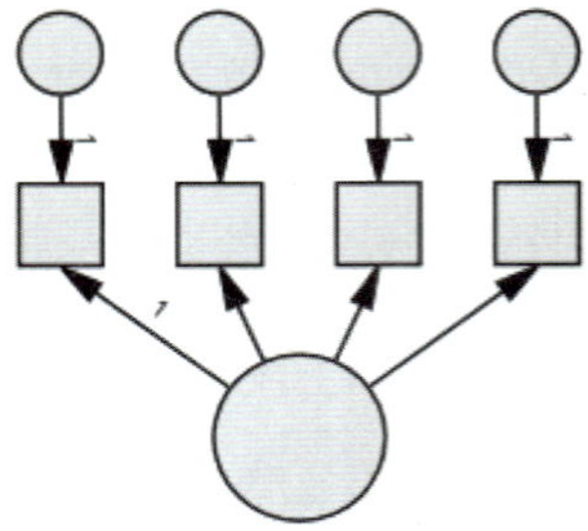

❸ 도구상자에서 (대상 회전시키기)를 마우스로 선택하여 클릭한 후 잠재변수 위에 올려놓으면 빨간색으로 변한다. 그 상태에서 주어진 실습문제와 같은 형태로 만들기 위해서 마우스 왼쪽을 3번 클릭하면 다음과 같은 모양의 그림으로 그려진다. 도구상자에서 (대상 회전시키기)를 클릭하면 회전시키기 도구상자가 해제된다. 최종적으로 그려진 측정모형은 다음과 같다.

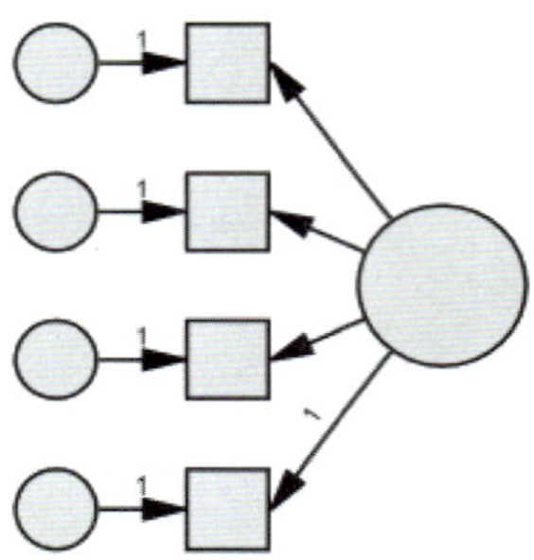

❹ 앞에서 그려진 그림 밑에 측정변수가 3개가 있는 측정모형을 그리기로 한다. 도구상자에서 (잠재변수와 측정변수 동시 그리기)를 마우스로 클릭한 후 [모형 그리기 창]에서 잠재변수를 그리고자 하는 위치에서 마우스 왼쪽을 클릭하면 [잠재변수] 1개가 그려지며, 해당 위치에서 3개의 [측정변수]를 그려야 하므로 계속 왼쪽 마우스를 2번 더 클릭한다. (대상 회전시키기)를 마우스로 선택하여 클릭한 후 잠재변수 위에 올려놓으면 빨간색으로 변한다.

그 상태에서 주어진 실습문제와 같은 형태로 만들려면 마우스 왼쪽을 3번 클릭한다. (대상 회전시키기)를 클릭하면 회전시키기 도구상자가 해제된다. 그림의 위치가 잘 맞지 않으면 (대상 1개 선택하기)를 이용해 옮기고자 하는 대상(원과 네모)을 한 번씩 클릭해 모두 선택한 후에

(대상 이동하기)를 이용해 위치를 옮긴 후 (선택된 대상 해제하기)를 클릭해 해제한다. 그러면 다음과 같은 그림이 그려진다.

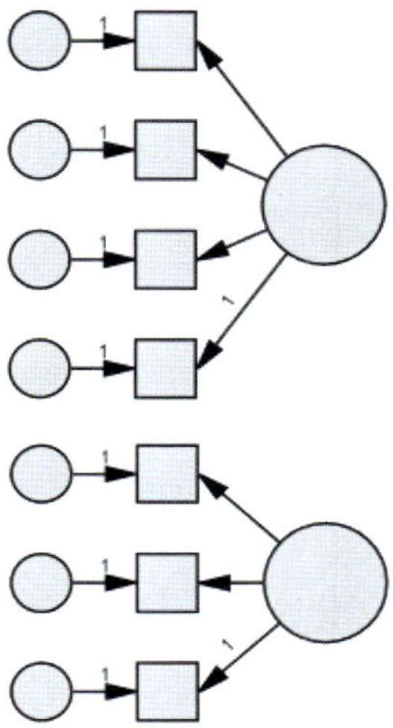

5 앞에서 그려진 그림 밑에 측정변수가 5개가 있는 측정모형을 그리기로 한다. 도구상자에서 (잠재변수와 측정변수 동시 그리기)를 마우스로 선택하여 클릭한 후 [모형 그리기 창]에서 잠재변수를 그리고자 하는 위치에서 마우스 왼쪽을 클릭하면 [잠재변수] 1개가 그려지며, 해당 위치에서 5개의 [측정변수]를 그려야 하므로 계속 왼쪽 마우스를 4번 더 클릭한다. 앞에서 실습한 것처럼 (대상 회전시키기)를 이용해 그려진 그림을 회전시키며, 그림의 위치가 잘 맞지 않으면 위치를 이동시킨다. 그러면 다음과 같은 최종적인 측정모형이 그려진다.

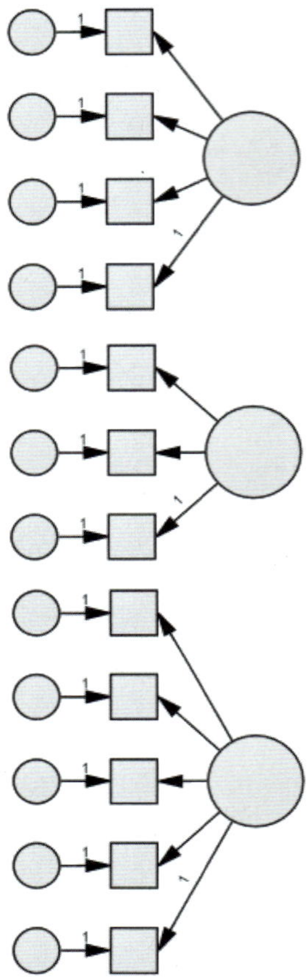

■ 확인적 요인분석(CFA)을 위한 측정모형 그리기

통계실습 1-3 CFA를 위한 측정모형 그리기: 측정모형이 여러 개인 통합모형의 경우

[통계실습 1-2]에서 그린 측정모형(잠재변수 3개, 측정변수가 12개)을 이용하여 CFA에 필요한 측정모형을 완성하시오. 또한 각 변수(잠재변수, 측정변수 및 오차항)의 명칭을 입력하고 잠재변수 간은 상관(↔)으로 연결하시오.

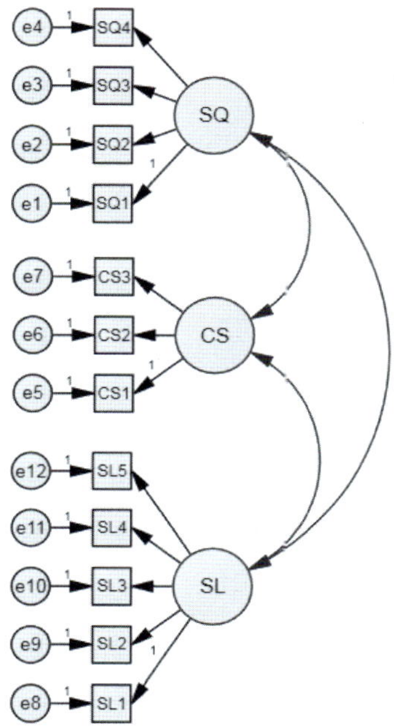

【주】 1) 잠재변수: 서비스품질(Service Quality: SQ), 고객만족도(Customer Satisfaction: CS), 서비스충성도(Service Loyalty: SL)
2) SQ의 측정변수는 4개(SQ1, SQ2, SQ3, SQ4), CS의 측정변수는 3개(CS1, CS2, CS3), SL의 측정변수는 5개(SL1, SL2, SL3, SL4, SL5)

실습 따라하기

❶ 앞에서 실습한 [통계실습 1-2]의 그림을 불러들인다. 계속 실습 중이어서 이미 불러져 있으면 이 과정은 생략한다. 초기 화면의 메뉴에서 [File-Open]으로 들어간 후 [통계실습 1-2 모형 그리기(측정모형이 여러 개인 경우)]를 클릭한다. [File-Save As]로 들어간 후 [제1부 통계분석과 논문작성 기초다지기(제1장-제6장)-제1부 통계분석-제1장] 폴더 안에 파일명을 [통계실습 1-3 CFA를 위한 측정모형 그리기]로 해서 저장한다.

❷ 초기 화면의 왼쪽에 있는 도구상자 ▦(데이터 파일 선택하기)를 마우스로 선택하여 클릭하여 들어간 후에 [Data Files] 창의 [File Name]을 클릭한다.

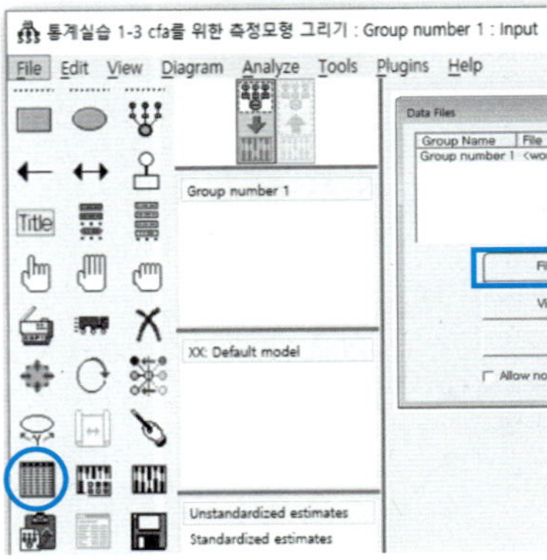

❸ 모형 그리기를 실습할 데이터가 있는 실습 파일이 있는 곳[제1부 통계분석과 논문작성 기초다지기(제1장-제6장)-제1부 통계분석데이터]으로 가서 [제1장 모형그리기 데이터1]을 선택한 후 [열기] 버튼을 클릭해 선택한다. [OK] 버튼을 클릭해 빠져 나간다. 그러면 앞으로 모형 그리기에서 데이터와 모형을 연결할 수 있는 준비가 완료된다.

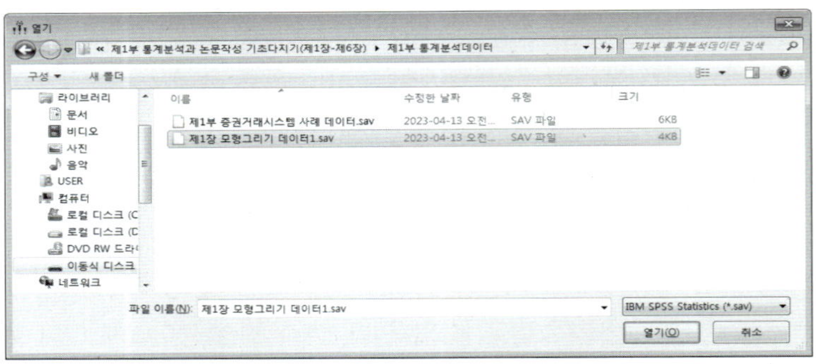

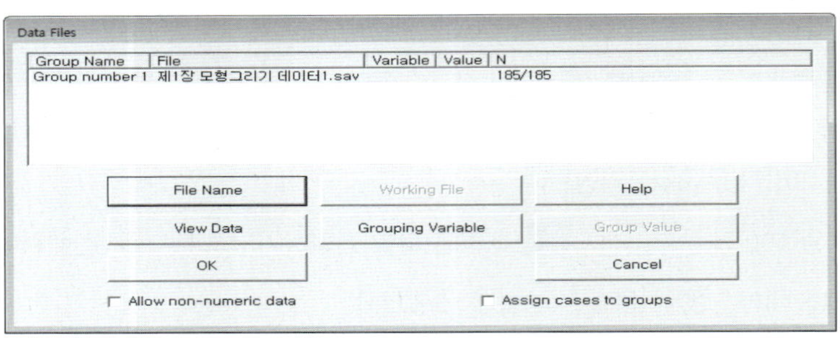

❹ 잠재변수의 변수명을 입력한다. 첫 번째 잠재변수의 [원]에서 마우스 오른쪽 버튼을 클릭해 [Object Properties]를 선택한 후 [Font size]에 [20]을 입력하고 [Variable name]에 [SQ]를 입력한다. [Object Properties] 창을 띄워놓은 상태에서 두 번째 잠재변수의 [원]을 클릭한 후 [Variable name]에 [CS]를 입력한다. 다시 세 번째 잠재변수의 [원]을 클릭한 후 [Variable name]에 [SL]을 입력한다. 모두 입력하였으면 닫기 버튼(×)을 클릭해 빠져나간다.

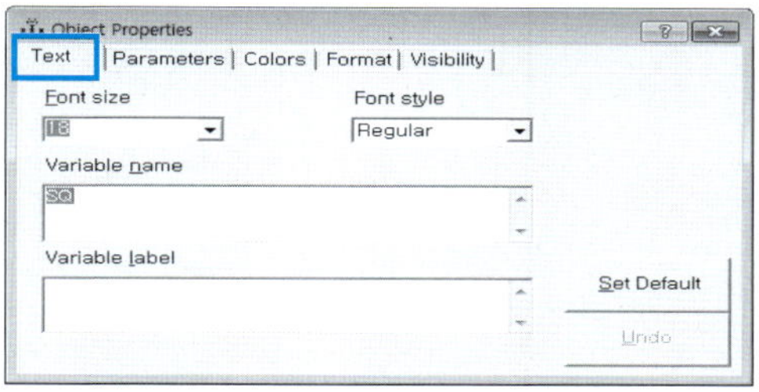

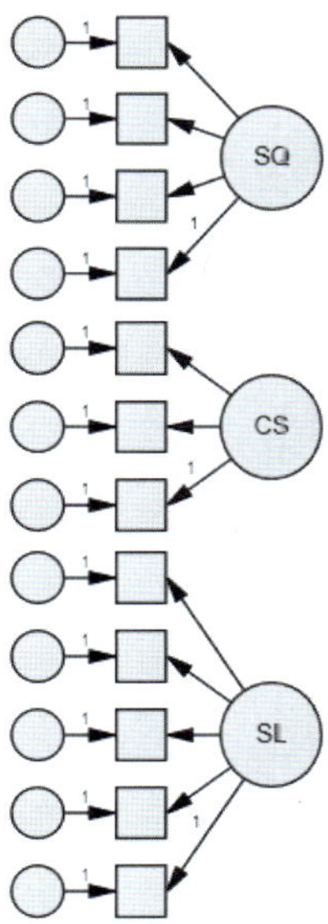

❺ 측정변수의 변수명을 입력한다. 도구상자에서 (데이터 파일의 모형에 변수명 연결하기)를 클릭한다. 그러면 [제1부 통계분석과 논문작성 기초다지기(제1장–제6장)–제1부 통계분석–제1장] 폴더 안에 있는 파일인 [통계실습 1-3 CFA를 위한 측정모형 그리기]의 데이터세트에 있는 [측정변수]들을 보여준다. 측정변수들은 회귀계수가 1로 표시되어 있는 것부터 차례대로 입력해야 한다. 데이터

세트에 있는 첫 번째 측정변수인 [SQ1]을 마우스 왼쪽을 클릭해 선택한 후 드래그(drag)하여 모형의 해당 측정변수 위치에 가져다놓는다. 두 번째 측정변수도 위와 동일한 방법으로 드래그하여 가져다놓는다. 이렇게 세 번째와 네 번째의 측정변수를 가져다놓으면 된다. 나머지 잠재변수들(CS, SL)에 대한 측정변수들도 위와 같은 방법으로 입력해 완료한다. 입력을 마쳤으면 닫기 버튼(×)을 클릭하여 빠져나간다.

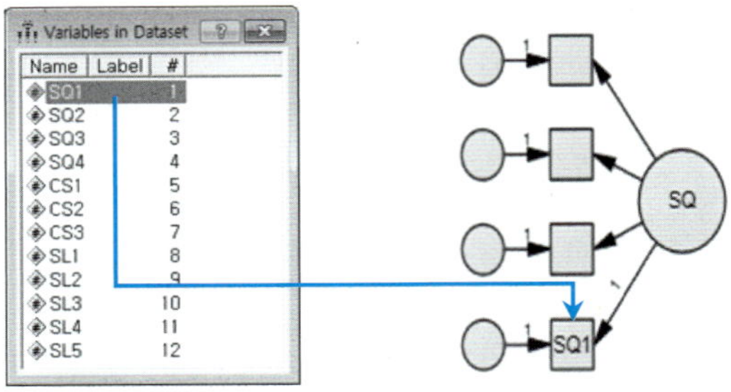

SQ1을 클릭한 후 왼쪽 마우스를 누른 상태에서 드래그 하여(끌어서) 해당 측정변수 네모 칸에 놓는다.

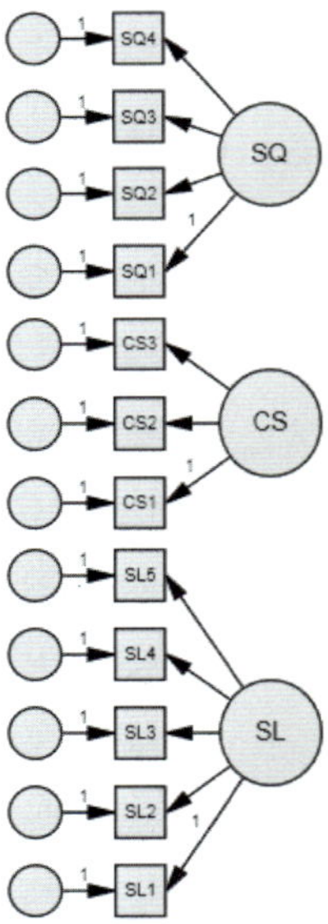

❻ 오차항의 변수명을 입력한다. 오차항은 한 번에 한 개씩 입력해도 되지만 자동으로 입력하는 방법을 사용하면 훨씬 편리하다. Plugins 메뉴에서 [Name Unobserved Variables]를 클릭하면 자동으로 12개의 오차항이 한 번에 모두 입력이 완료된다.

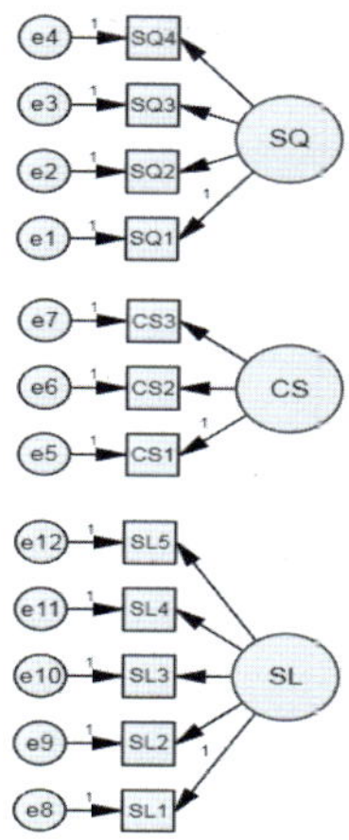

❼ 마지막으로 측정모형에서는 잠재변수 간에 상관(↔)이 있다고 가정하고 있다. 따라서 모든 잠재변수 간을 상관(↔)으로 연결하여야 한다. 이를 위해서는 도구상자 (대상 1개 선택하기)를 클릭한 후 잠재변수 [SQ], [CS], [SL]을 각각 클릭해 선택한다. 그러면 잠재변수 [원]이 파란색으로 바뀐다. Plugins 메뉴에서 [Draw Covariances]를 클릭하면 자동으로 잠재변수 간을 상관(↔)으로 연결할 수 있다. 측정모형 그리기를 모두 마쳤으면 도구상자 (선택 대상 모두 해제하기)를 클릭해 입력을 마친다.

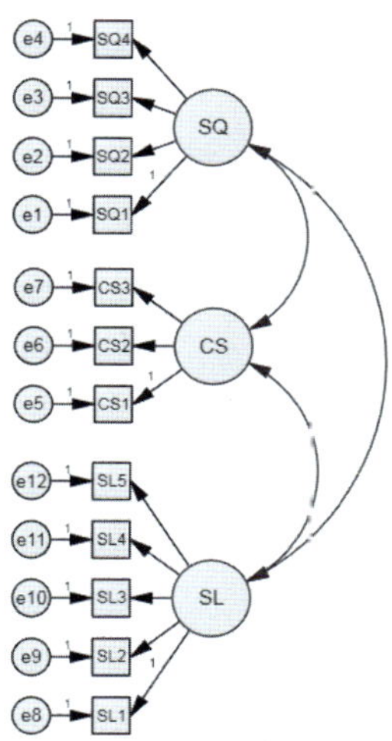

3.3 구조모형 그리기

구조모형은 다수의 측정모형을 구성하는 잠재변수들을 가설적 인과관계(Hypothetical causality)에 따라서 연결한 가설검증(Hypothesis testing)을 위한 모형으로, 그리기가 완성된 측정모형들을 인과관계(경로)에 따라서 단방향 화살표(→)로 연결한다. 물론 이러한 연결은 선행연구에 의해 설정된 가설 방향을 고려해야 한다.

▶ 내생변수(다른 잠재변수로부터 화살표를 받는 변수)는 모두 구조오차를 모형에 표시해야 한다.

■ 구조모형 그리기

통계실습 1-4 구조모형 그리기

[통계실습 1-3]에서 통합된 하나의 측정모형이 완성되었다. 구조방정식모형분석(SEM분석)에 필요한 구조모형을 그리시오.

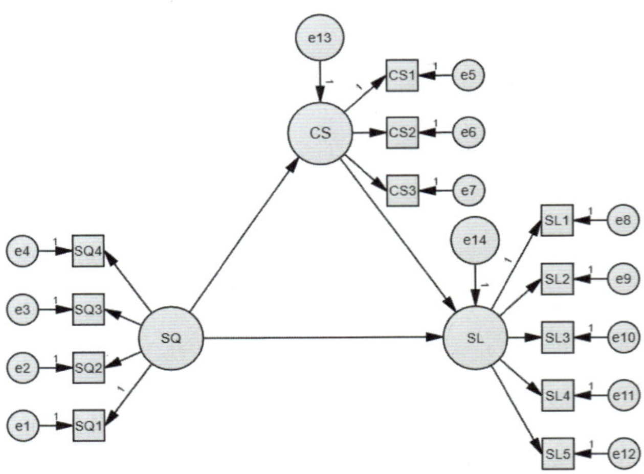

【주】 1) 잠재변수: SQ, CS, SL 2) 측정변수: 12개(SQ1, SQ2, SQ3, SQ4, CS1, CS2, CS3, SL1, SL2, SL3, SL4, SL5)
2) 측정변수들의 측정오차: e1부터 e12
3) 구조오차: e13, e14
4) 외생변수: SQ 내생변수: CS, SL

실습 따라하기

❶ 앞에서 실습한 [통계실습 1-3]의 그림을 불러들인다. 계속 실습 중이어서 이미 불러져 있으면 이 과정은 생략한다. 초기 화면의 메뉴에서 [File-Open]으로 들어간 후 [제1부 통계분석과 논문작성 기초다지기(제1장-제6장)-제1부 통계분석-제1장] 폴더 안에 있는 [통계실습 1-3 CFA를 위한 측정모형 그리기]를 클릭한다. [File-Save As]로 들어간 후 파일명을 [통계실습 1-4 구조모형 그리기]로 해서 저장한다.

❷ [통계실습 1-4]에서 주어진 구조모형을 그리기 위해서는 [통계실습 1-3]에서 최종적으로 그려진 측정모형에서 상관(↔)으로 연결된 선을 삭제한다. 왜냐하면 구조모형을 작성하려면 이제 그림에서 측정모형의 위치를 변경하여야 하기 때문이다. 상관(↔)을 삭제한 측정모형은 다음과 같다.

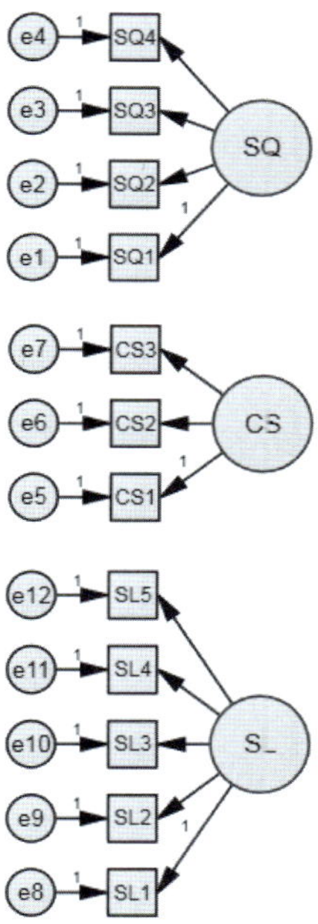

❸ 구조모형을 그리기에 앞서 초기 화면의 크기를 조정해 보기로 한다. 초기 화면의 메뉴에서 [View-Interface Properties]로 들어간 후 [Paper Size]를 [Landscape-A4]로 변경한다. 변경을 마친 후에는 닫기 버튼(×)을 클릭해 빠져나간다. 마우스 휠을 위 아래로 움직여 보면 그림 크기를 조정할 수 있다.

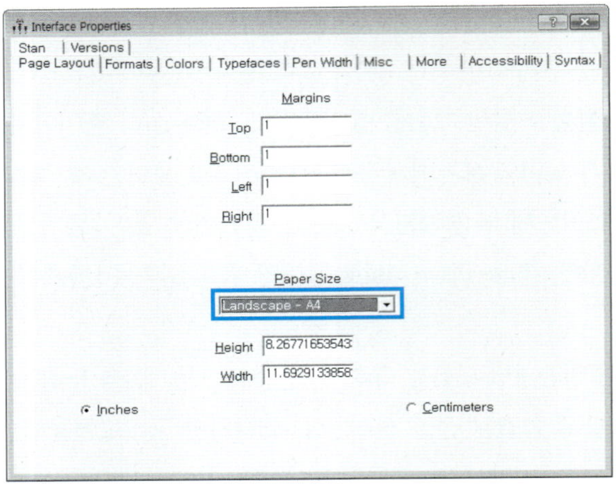

❹ 이제 [통계실습 1-4]와 동일한 구조모형을 그리기 위해서 현 측정모형의 각각의 위치를 변경한다. 변경하기 위해서는 선택과 해제 도구상자( )와 이동과 회전 도구상자( )를 잘 활용해야 한다. 먼저, 위치 변경을 위해서는 대상을 한 번에 하나씩 선택하기 도구상자( )를 클릭한 후 첫 번째 잠재변수(SQ)의 모든 대상(잠재변수, 측정변수, 오차항)을 하나씩 모두 클릭하여 선택한 후 이동 도구상자( )를 클릭해 원하는 위치로 이동시킨다(선택할 대상에 마우스를 가져가면 [빨간색]으로 변하며, 마우스 왼쪽 버튼을 클릭해 선택하면 선택된 대상들이 [파란색]으로 변하며 그때 이동 도구상자를 클릭한 후 마우스로 드래그하여 이동시키면 된다). 나머지 측정모형들(CS, SL)도 동일한 방법으로 이동시킨다. 이동 후의 화면은 다음과 같다.

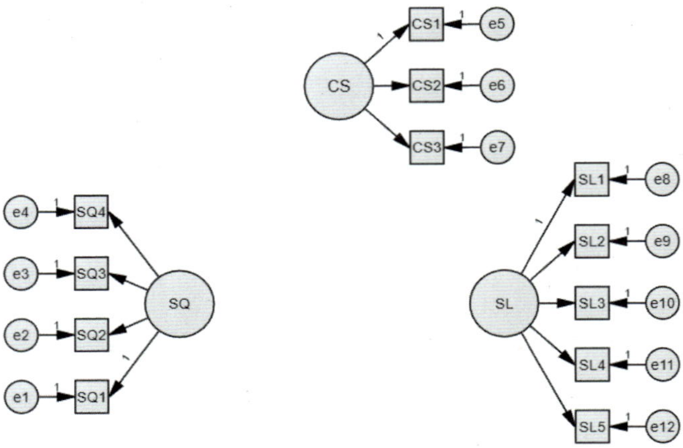

❺ 외생변수(SQ)에 의해서 영향을 받는 내생변수들(CS, SL)은 구조오차를 입력해야 한다. 측정변수들의 측정오차로 12개(e1부터 e12까지)가 지정되었으므로 두 개의 내생변수들에 대한 구조오차는 [e13]과 [e14]를 입력하여야 한다(CS의 구조오차는 e13으로 SL의 구조오차는 e14로). 먼저, 도구상자 (오차항 그리기)를 클릭하여 선택한 후 마우스를 잠재변수 [CS]의 [원]으로 가져가서 마우스의 왼쪽 버튼을 한 번만 클릭하면 오차항이 그려진다. 다음으로, [SL]의 [원]으로 가져가서 마우스의 왼쪽 버튼을 한 번만 클릭하면 오차항이 그려진다.

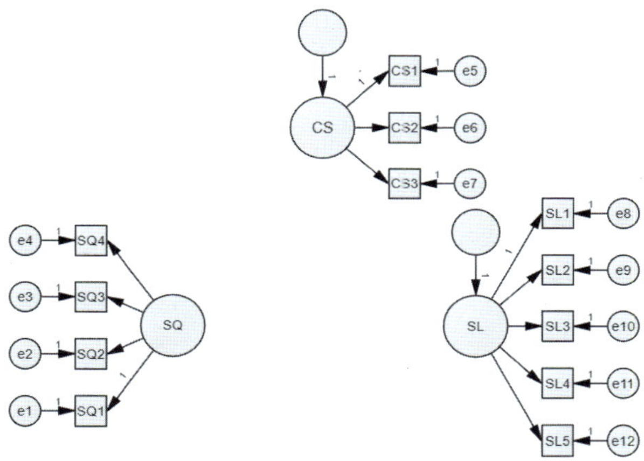

❻ 이제 Plugins 메뉴에서 [Name Unobserved Variables]를 클릭하면 자동적으로 구조오차 [e13]과 [e14]이 입력된다.

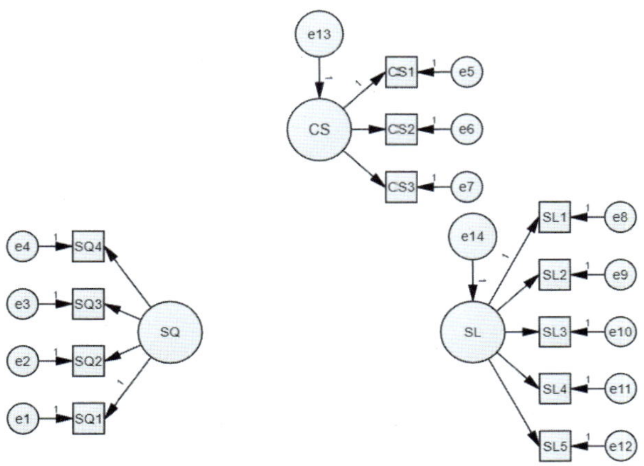

❼ 마지막으로 도구상자 ⟵(인과관계 그리기)를 클릭한 후 잠재변수 간의 인과관계(경로계수)를 연결한다. 먼저 마우스를 [SQ]로 가져가면 [빨간색]으로 바뀌며 이때 마우스 왼쪽을 클릭한 후 드래그하여 잠재변수 [CS]의 원에 가져다놓는다. 다음으로 [CS]의 원에서 [빨간색]으로 바뀌면 마우스 왼쪽을 클릭한 후 드래그하여 잠재변수 [SL]의 원에 가져다놓는다. 마지막으로 잠재변수 [SQ]의 원으로 마우스를 가져가면 [빨간색]으로 바뀌며 마우스 왼쪽을 클릭한 후 드래그하여 잠재변수 [SL]의 원에 가져다놓는다. 만약 그려진 단방향 화살표(→)가 제대로 그려지지 않았으면 (변수 간의 선 정리하기)를 클릭한 후 각 잠재변수 [원]을 한 번씩 클릭해서 정리한다. 최종적으로 완료된 구조모형은 다음과 같다. 생성된 파일은 필요시 수시로 도구상자 (저장하기)를 클릭해 저장해 두는 것이 필요하다.

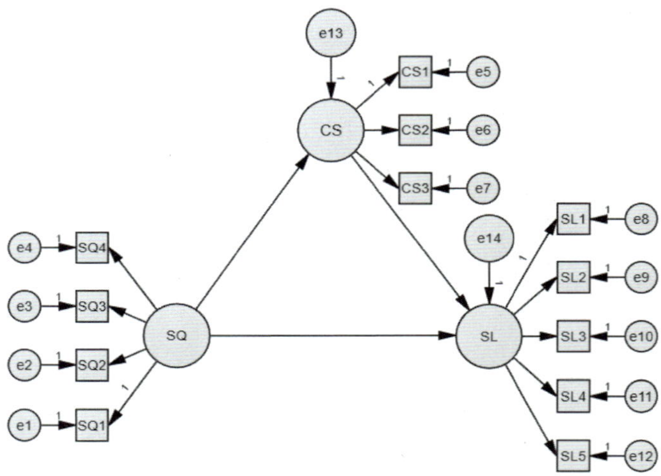

4 모형 그리기 (2)

4.1 측정모형 그리기

앞의 3. 모형 그리기 (1)에서는 CFA를 위한 측정모형을 그릴 때 개별 측정모형들의 배열을 상하로 하였다. 이는 측정모형을 일목요연하게 작성할 수 있다는 장점이 있는 반면 측정모형을 이용해 구조모형으로 변경하여 그릴 때에는 원래 그린 측정모형의 위치를 이동시켜야 하고, 외생잠재변수가 많은 경우 상호관계의 상관(↔) 연결로 측정모형이 복잡하게 보일 수도 있다는 한계가 있다.

지금부터는 모형의 위치 이동을 하지 않고 측정모형과 구조모형을 그리는 방법을 소개하기로 한다.

통계실습 1-5 측정모형 그리기: 측정모형이 여러 개인 경우

잠재변수가 5개이고 측정변수가 17개인 측정모형을 그리시오.

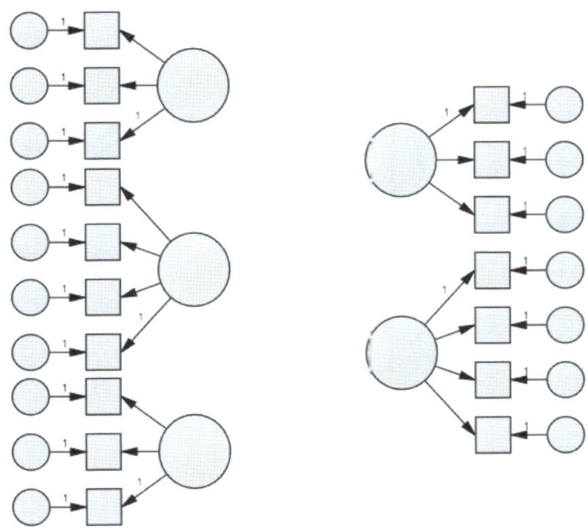

실습 따라하기

❶ 개별 측정모형을 그리는 방법은 [통계실습 1-1]과 동일하다. 다만 5개 잠재변수에 대한 측정모형의 위치가 상하 배열이 아닌 앞으로 그릴 구조모형과 같은 배열로 그린다. 이렇게 되면 측정모형에서 구조모형을 그릴 때 위치 이동을 하지 않아도 된다. 동일한 개별 측정모형들은 [선택과 해제 도구상자]와 [복사 도구상자] 그리고 [이동 도구상자]를 이용해서 그리면 된다. 각자 그려보기 바란다.

❷ 최종적으로 그려진 측정모형은 이 통계실습 문제에서 제시된 그림과 동일하므로 제시는 생략한다.

■ 확인적 요인분석(CFA)을 위한 측정모형 그리기

통계실습 1-6 CFA를 위한 측정모형 그리기: 측정모형이 여러 개인 통합모형의 경우

[통계실습 1-5]에서 그린 측정모형(잠재변수 5개, 측정변수가 17개)을 이용하여 CFA분석에 필요한 측정모형을 완성하시오. 또한 각 변수(잠재변수, 측정변수 및 오차항)의 명칭을 입력하고 잠재변수 간은 상관(↔)으로 연결하시오.

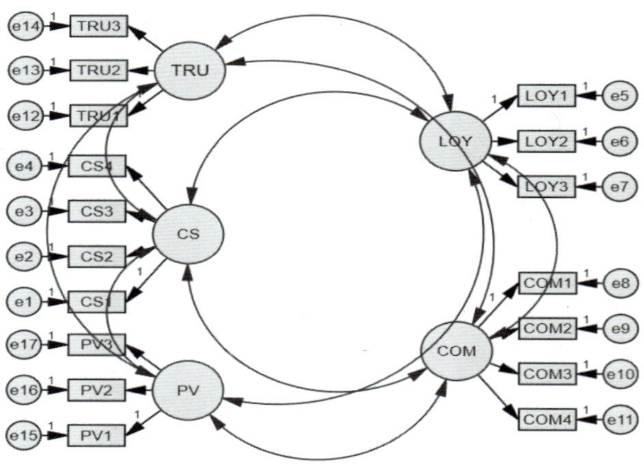

【주】 1) 잠재변수: 신뢰(Trust: TRU), 고객만족도(Customer Satisfaction: CS), 지각된 가치(Perceived Value: PV), 충성도(Loyalty: LOY), 몰입(Commitment: COM)

2) TRU의 측정변수는 3개(TRU1, TRU2, TRU3), CS의 측정변수는 4개(CS1, CS2, CS3, CS4), PV의 측정변수는 3개(PV1, PV2, PV3), LOY의 측정변수는 3개(LOY1, LOY2, LOY3), COM의 측정변수는 4개(COM1, COM2, COM3, COM4)

3) 외생변수: TRU, CS, PV 내생변수: LOY, COM

실습 따라하기

❶ 앞에서 실습한 [통계실습 1-5]의 그림을 불러들인다. 계속 실습 중이어서 이미 불러져 있으면 이 과정은 생략한다. 초기 화면의 메뉴에서 [File-Open]으로 들어간 후 [제1부 통계분석과 논문작성 기초다지기(제1장-제6장)-제1부 통계분석-제1장] 폴더 안에 있는 [통계실습 1-5 측정모형 그리기(측정모형이 여러 개인 경우)]를 클릭한다. [File-Save As]로 들어간 후 파일명을 [통계실습 1-6 CFA를 위한 측정모형 그리기(측정모형이 여러 개인 경우)]로 해서 저장한다.

❷ 초기 화면의 왼쪽에 있는 도구상자 (데이터 파일 선택하기 도구상자)를 마우스로 선택한 후에 [Data Files] 창의 [File Name]을 클릭한다.

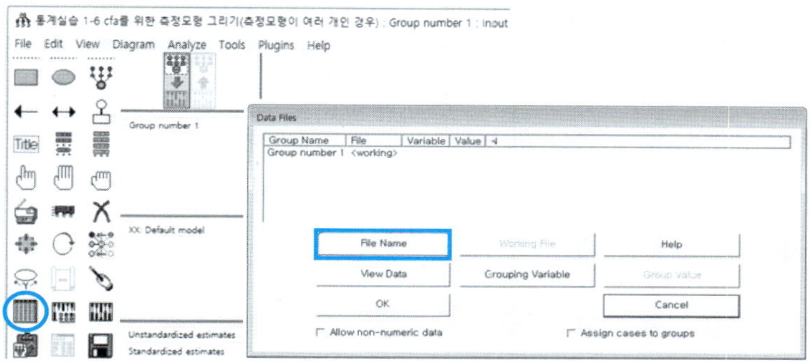

❸ 모형 그리기의 실습 파일이 있는 곳[제1부 통계분석과 논문작성 기초다지기(제1장-제6장)-제1부 통계분석데이터]로 가서 [제1장 모형그리기 데이터2]를 선택한 후 [열기] 버튼을 클릭한다. [OK] 버튼을 클릭해 빠져 나간다. 그러면 앞으로 모형 그리기에 데이터를 연결할 수 있는 준비가 완료된다.

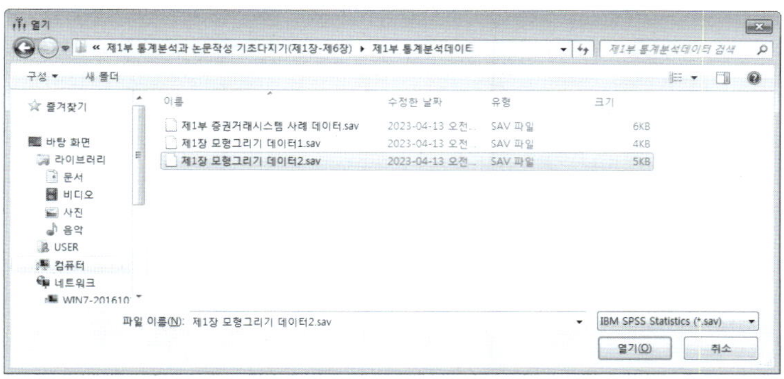

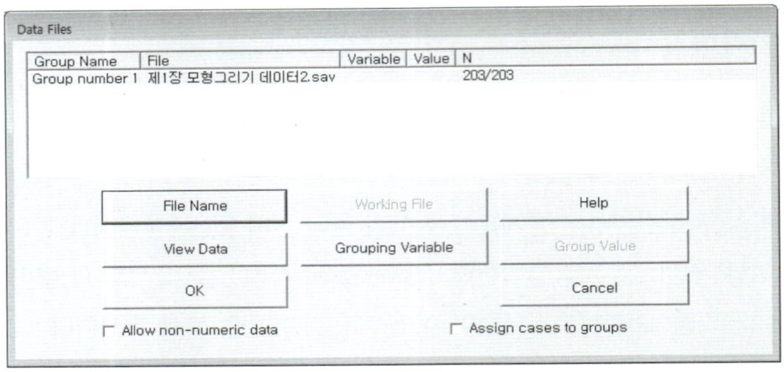

❹ 잠재변수의 변수명을 입력한다. 첫 번째 잠재변수의 [원]에서 마우스 오른쪽 버튼을 클릭해 [Object Properties]를 선택한 후 [Font size]에 [20]을 입력하고 [Variable name]에 [TRU]를 입력한다. [Object Properties] 창을 띄워놓은 상태에서 두 번째 잠재변수의 [원]을 클릭한 후 [Variable name]에 [CS]를 입력한다. 다시 세 번째부터 다섯 번째까지 잠재변수의 [원]을 차례대로 클릭한 후 [Variable name]에 [PV], [LOY], [COM]을 각각 입력한다. 모두 입력하였으면 닫기 버튼(×)을 클릭하여 빠져나간다.

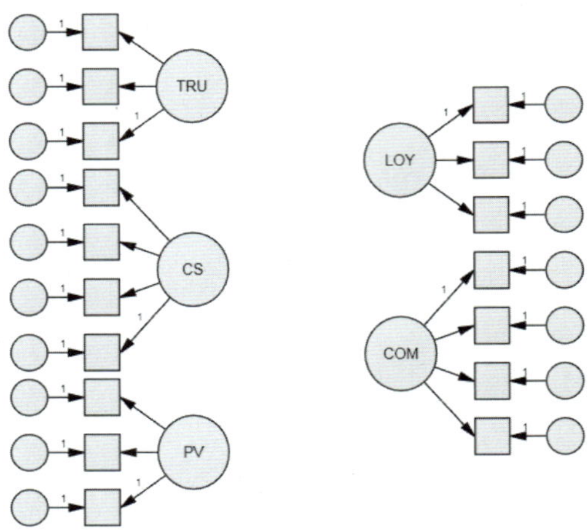

❺ 측정변수의 변수명을 입력한다. 도구상자에서 (데이터 파일을 모형의 변수명에 연결하기)를 클릭한다. 그러면 [제1부 통계분석과 논문작성 기초다지기(제1장–제6장)–제1부 통계분석–제1장] 폴더 안에 있는 파일인 [통계실습 1–6 CFA를 위한 경로도 그리기(측정모형이 여러 개인 경우)]의 데

이터세트에 있는 [측정변수]들을 보여준다. 측정변수들은 회귀계수가 1로 표시되어 있는 것부터 차례대로 입력해야 한다. 데이터세트에 있는 첫 번째 측정변수인 [TRU1]을 마우스 왼쪽을 클릭해 선택한 후 드래그하여 모형의 해당 측정변수 위치에 가져다놓는다. 두 번째 측정변수도 위와 동일한 방법으로 드래그하여 가져다놓는다. 이렇게 세 번째까지의 측정변수를 가져다놓으면 된다. 나머지 잠재변수들(CS, PV, LOY, COM)에 대한 측정변수들도 위와 같은 방법으로 입력해 완료한다. 입력을 마쳤으면 닫기 버튼(×)을 클릭해 빠져나간다.

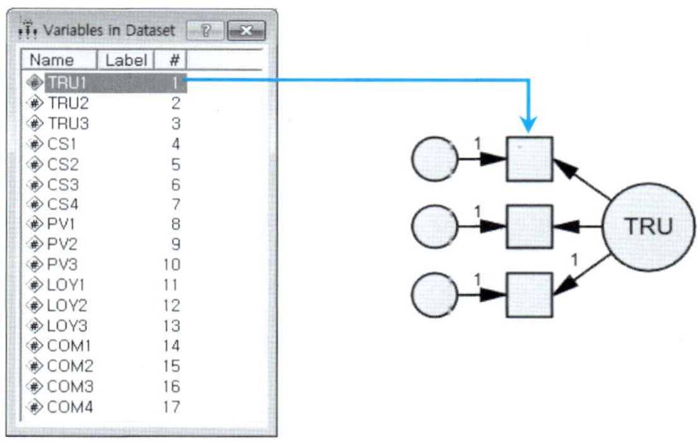

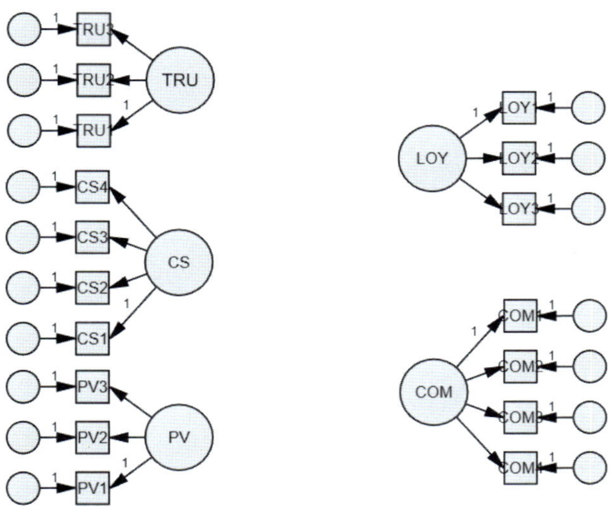

❻ 앞의 입력된 그림을 보면 [측정변수]들이 [네모]에서 벗어나 있음을 알 수 있다. 이 상태에서 측정변수들의 글자들을 네모 안에 적당히 넣기 위해서는 초기 화면의 Plugins 메뉴에서 [Resized

Observed Variables]를 클릭하면 자동으로 그림의 모양이 다음과 같이 조정된다.

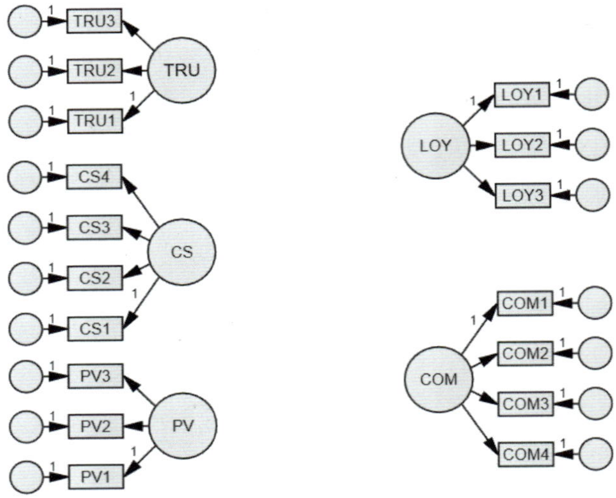

❼ 오차항의 변수명을 입력한다. 오차항은 한 번에 한 개씩 입력해도 되지만 자동으로 입력하는 방법을 사용하면 편리하다. Plugins 메뉴에서 [Name Unobserved Variables]를 클릭하면 자동으로 17개의 오차항이 한 번에 모두 입력이 완료된다.

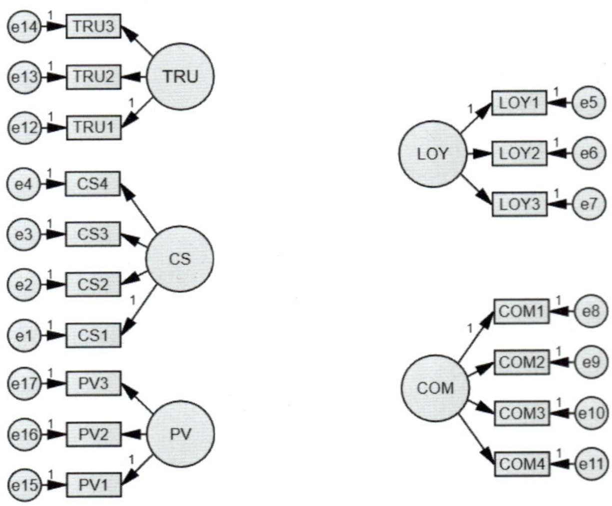

❽ 측정모형에서는 잠재변수 간에 상관관계가 있다고 가정하고 있다. 따라서 모든 잠재변수 간을 상관(↔)으로 연결해야 한다. 이를 위해서는 도구상자 (대상 1개 선택하기)를 클릭한 후 잠재변수 [TRU], [CS], [PV], [LOY], [COM]을 모두 클릭해 선택한다. 그러면 잠재변수 [원]이 [파란색]으로 바뀐다. Plugins 메뉴에서 [Draw Covariances]를 클릭하면 자동으로 잠재변수 간을 상관(↔)으로 연결할 수 있다. 측정모형 그리기를 모두 마쳤으면 도구상자 (선택 대상 모두 해제하기)를 클릭해 입력을 마친다.

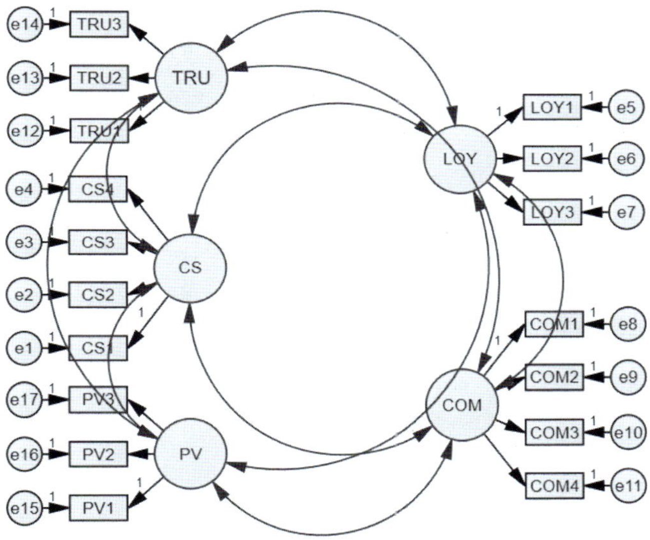

4.2 구조모형 그리기

구조모형 그리기에서 유의할 점은 모든 외생잠재변수들을 상호연결해야 하며, 내생변수(다른 잠재변수로부터 화살표를 받는 변수)는 모두 구조오차를 모형에 표시해야 한다. 이미 4.1의 실습에서 외생잠재변수 간을 상관(↔)으로 연결하였으므로 여기에서 다시 연결할 필요는 없다.

■ 구조모형 그리기

통계실습 1-7 구조모형 그리기

[통계실습 1-6]에서 통합된 하나의 측정모형이 완성되었다. 구조방정식모형분석(SEM분석)에 필요한 구조모형을 그리시오.

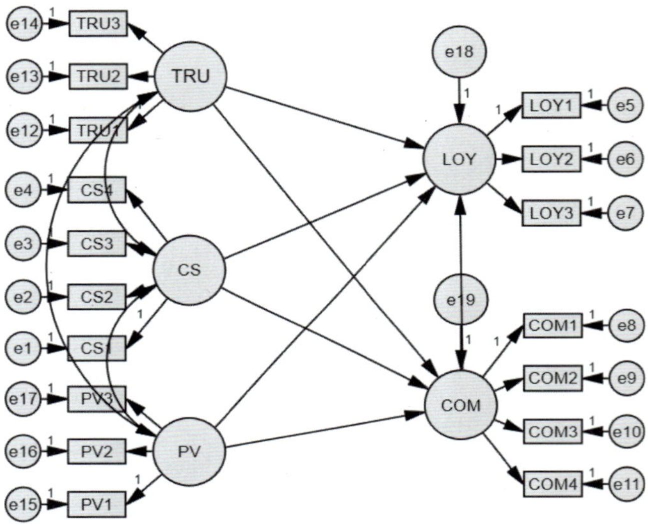

【주】 1) 잠재변수: TRU, CS, PV, LOY, COM

2) • 측정변수: 17개(TRU1, TRU2, TRU3, CS1, CS2, CS3, CS4, PV1, PV2, PV3, LOY1, LOY2, LOY3, COM1, COM2, COM3, COM4)

• 측정변수들의 측정오차: e1부터 e17

• 구조오차: e18, e19

3) 외생변수: TRU, CS, PV 내생변수: LOY, COM

실습 따라하기

❶ 앞에서 실습한 [통계실습 1-6]의 그림을 불러들인다. 계속 실습 중이어서 이미 불러져 있으면 이 과정은 생략한다. 초기 화면의 메뉴에서 [File-Open]으로 들어간 후 [제1부 통계분석과 논문작성 기초다지기(제1장-제6장)-제1부 통계분석-제1장] 폴더 안에 있는 [통계실습 1-6 CFA를 위한 경로도 그리기(측정모형이 여러 개인 경우)]를 클릭한다. [File-Save As]로 들어간 후 파일명을 [통계실습 1-7 구조모형의 경로도 그리기]로 해서 저장한다.

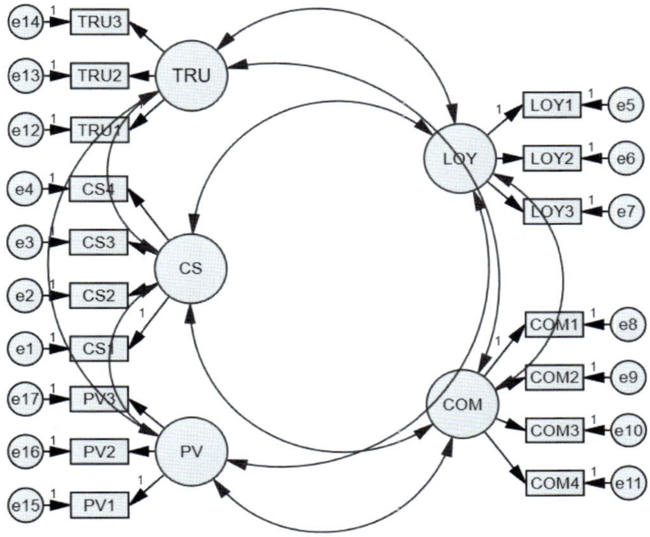

❷ 앞의 그림에서 외생잠재변수와 내생잠재변수 간의 상관(↔) 표시 부분은 삭제한다. 도구상자에서 (대상 지우기)를 클릭한 후 외생변수 간의 상관(↔)은 그대로 두고 외생변수와 내생변수 간의 상관(↔)은 모두 삭제한다. 삭제 후의 그림은 다음과 같다.

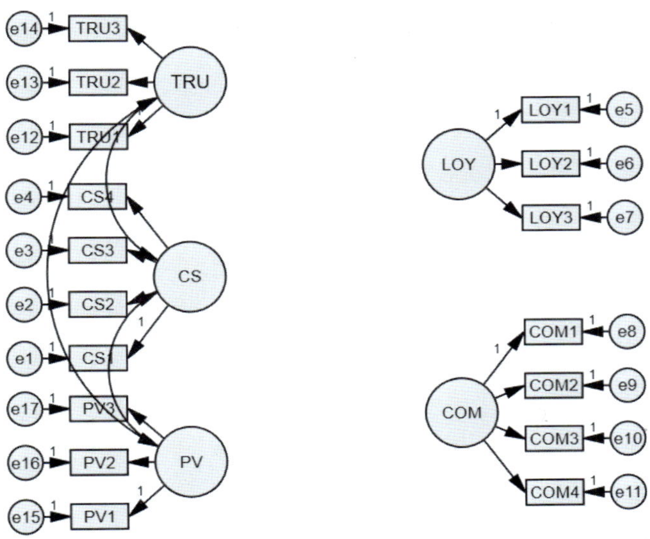

❸ 도구상자 ⟵(인과관계 그리기 도구상자)를 클릭한 후 잠재변수 간의 인과관계(→)로 연결한다. 먼저, 마우스를 [TRU]로 가져가면 [빨간색]으로 바뀌며 이때 마우스 왼쪽을 클릭한 후 드래그하여 잠재변수 [LOY]의 원에 가져다놓는다. 다음으로, 마우스를 [TRU]로 가져가면 [빨간색]으로 바뀌며 이때 마우스 왼쪽을 클릭한 후 드래그하여 잠재변수 [COM]의 원에 가져다놓는다. 이와 같은 방법으로 나머지 잠재변수 간의 인과관계도 모두 연결한다. 만약 그려진 단방향 화살표(→)가 제대로 그려지지 않았으면 (변수 간의 선 정리하기)를 클릭한 후 각 잠재변수 [원]을 한 번씩 클릭해서 정리한다.

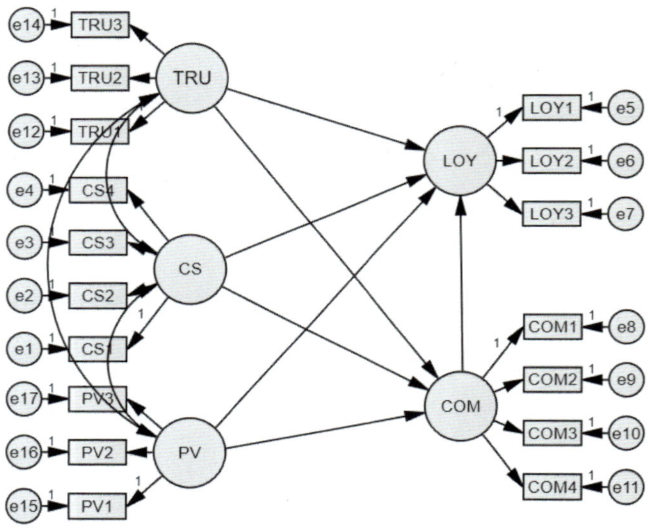

❹ 마지막으로 외생변수(TRU, CS, PV)에 의해서 영향을 받는 내생변수들(LOY, COM)은 구조오차를 입력해야 한다. 측정변수들의 측정오차로 17개(e1부터 e17까지)가 지정되었으므로 두 개의 내생변수들에 대한 구조오차는 e18과 e19를 입력해야 한다(LOY의 구조오차는 e18로, COM의 구조오차는 e19로). 먼저, (오차항 그리기 도구상자)를 클릭해 선택한 후 마우스를 잠재변수 [LOY]의 [원]으로 가져가서 마우스의 왼쪽 버튼을 한 번만 클릭하면 오차항이 그려진다. 다음으로, [COM]의 [원]으로 가져가서 마우스의 왼쪽 버튼을 한 번만 클릭하면 오차항이 그려진다.

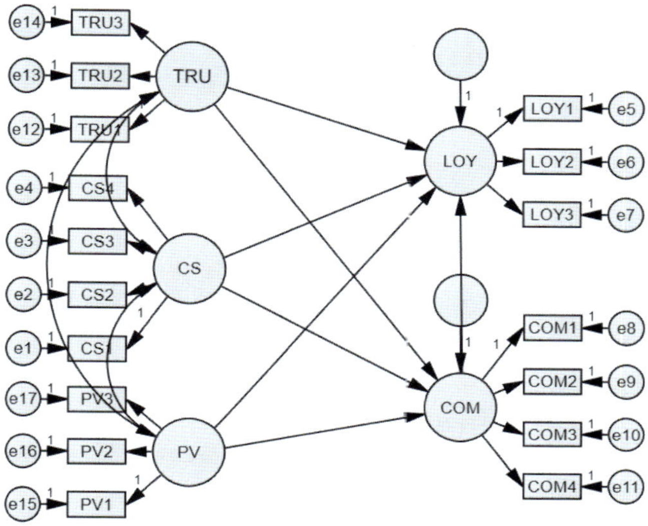

❺ Plugins 메뉴에서 [Name Unobserved Variables]를 클릭하면 자동적으로 구조오차 [e18]과 [e19]가 입력된다. 최종적으로 완료된 구조모형은 다음과 같다. 그리기가 완료된 파일은 수시로 (저장하기 도구상자)를 클릭해 저장해 두는 것이 필요하다. 최종적으로 그려진 구조모형은 다음과 같다.

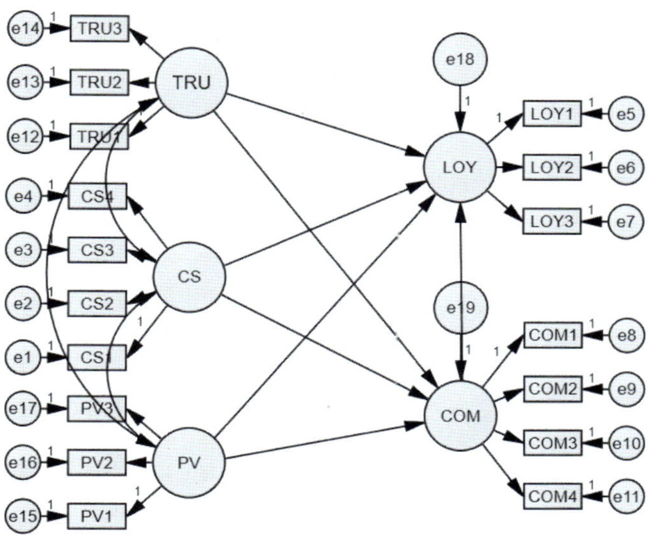

제1장의 핵심내용 요약

- 구조방정식모형(Structural Equation Modeling: SEM)이란 측정모형(Measurement model)과 구조모형(Structural model)을 통해 여러 잠재변수들(Latent variable) 간에 존재하는 인과관계를 분석하기 위한 모형을 말한다. 측정모형은 구조모형에서 사용되고 있는 잠재변수가 측정변수에 어떻게 연결되어 있는가를 나타내는 것이며, 구조모형(혹은 이론모형)은 다수의 잠재변수 간의 인과관계를 나타내는 모형을 말한다.
- SEM은 잠재변수 간의 다중 인과관계 추정가능성, 효과분해의 가능성, 측정오차의 고려와 통제, 매개변수와 종속변수 사용의 용이성, 측정도구의 신뢰도/타당도분석과 이론 구축의 동시성 등의 특성과 장점을 가지고 있다.
- Amos(Analysis of MOment Structure)는 SEM분석을 하기 위한 통계 프로그램이다. 이는 메뉴방식으로 작동되며 사용자들이 쉽게 사용할 수 있도록 다양한 도구상자를 제공하고 있다.
- 데이터의 수집과정에서 발생하는 오류로 측정변수와 관련된 오차를 측정오차(Measurement error)라 하며, 다른 잠재변수에 의해서 영향을 받는 잠재변수와 관련된 오차를 구조오차(Structural error)라 한다.
- 구조방정식모델링에서 측정오차와 구조오차를 설정하는 이유는 측정변수와 잠재변수에 의해서 설명되지 못하는 부분인 오차, 즉 잔차가 존재하기 때문이다.
- SEM에서 다른 잠재변수에 영향을 주기만 하는 잠재변수를 외생변수(Exogenous variable)라 하며, 다른 변수에 의해 설명되는 변수, 즉 다른 잠재변수에 의해서 영향을 받기도 하고 주기도 하는 잠재변수를 내생변수(Endogenous variable)라 한다.
- Amos에 의해서 측정모형과 구조모형을 그릴 때 모든 외생잠재변수들은 상관(↔)으로 상호 연결하여야 한다.

참고문헌

김계수. (2013). AMOS 18 구조방정식모형 분석. 한나래아카데미.

배병렬. (2021). AMOS 27 구조방정식모델링. 도서출판 청람.

신건권. (2023). 석박사학위와 학술논문 작성 중심의 SmartPLS 4.0 구조방정식모델링. 도서출판 청람.

신건권. (2023). SPSS 29와 PROCESS macro 4.0을 이용한 회귀분석 따라하기. 도서출판 청람.

신건권. (2023). 석박사학위와 학술논문 작성 중심의 SPSS 29 논문통계분석. 도서출판 청람.

AMOS 29 User's Guide.

Caruana and Malta. (2010). The effects of service quality and the mediating role of customer satisfaction. *European Journal of Marketing*, 37(7/8), 811-828.

Luarn and Lin. (2003). A customer loyalty model for E-service context. *Journal of Electronic Commerce Research*, 4(4), 156-167.

제 2 장 통계분석과 논문작성의 기본 절차(1): 연구조사 설계, 데이터 입력 및 기초통계분석

연구자들에게 있어서 가장 큰 고민은 Amos와 관련된 많은 서적을 읽어보았지만 실제로 구조방정식모형(SEM)을 적용해서 논문을 작성한다는 것이 그리 쉽지 않다는 것이다. 이러한 고민을 가진 연구자들은 이 책에서 제시한 증권거래시스템 사례를 통해 SEM분석에 의한 논문작성의 기본 절차를 무작정 따라해 보기를 권한다. 그러면 SEM분석을 통해 논문을 작성하는 것이 흥미로운 일이 될 것이다. 또한 좋은 논문을 작성하는 데 필요한 기초지식을 습득할 수 있게 될 것이다. 이제 학습할 준비가 되었다면 힘차게 출발해 보자.

1 기본 절차

학위와 학술논문의 작성을 위한 통계분석 프로그램은 다양한 것들이 개발되어 있다. 이 책에서는 SPSS/Amos 29를 사용하여 통계분석을 실행할 것이다. 논문작성을 위해서는 수집된 데이터의 입력, 기초통계분석, 신뢰도분석, 탐색적 요인분석(EFA), 확인적 요인분석(CFA), 구조방정식모형분석(SEM분석) 등이 필요하다.

이 책에서는 수집된 데이터의 입력, 기초통계분석, 신뢰도분석, 탐색적 요인분석은 SPSS 29를, CFA와 SEM분석(다중집단분석 포함)은 Amos 29를 이용할 것이다. 물론 통계분석을 위해서는 낮은 버전의 것을 사용해도 문제가 되지 않는다.

그림 2-1 SPSS/Amos 29에 의한 논문작성의 기본 절차

단계	주요 내용	이 책 사용 프로그램 [분석방법]
STEP 1	**연구조사 설계(Research design)** 연구주제의 선정과 연구문제 인식 기존이론과 선행연구 검토(Literature review) 연구모형 개발과 가설설정 변수의 조작적 정의(Operational definition) 데이터 수집방법: 측정척도와 설문지의 작성 표본선정과 표본크기 결정	
	↓	
STEP 2	**데이터 수집, 입력 및 점검** 데이터 수집 데이터 입력과 데이터 파일 만들기 데이터 점검	SPSS 29 [데이터 입력: 데이터편집창(Data editor); 데이터 점검방법: 결측값대체와 결측값분석, 기술통계량, 회귀분석 등]
	↓	
STEP 3	**기초통계분석** 신뢰도분석(Reliability analysis) 탐색적 요인분석(Exploratory Factor Analysis) 기초통계분석: 빈도분석/기술통계량	SPSS 29 [신뢰도분석; 탐색적 요인분석(반드시 필요한 분석은 아니며 필요시에만 분석); 기초통계량분석: 빈도분석, 기술통계분석]
	↓	

STEP 4	**측정모형분석** **(Measurement model analysis)** CFA를 이용한 측정모형분석 측정모형 설정: 측정모형 그리기 CFA 실행과 측정모형 식별 분석 결과의 해석, 모형 적합도, 척도의 신뢰도와 타당도 평가 수정지수를 이용한 측정모형 수정과 적합도 평가 개념신뢰도와 타당도 평가와 최종 측정모형 선택	Amos 29 [확인적 요인분석(CFA), 다중집단확인요인분석 (Multiple-group Confirmatory Factor Analysis: MCFA)]
	↓	
STEP 5	**구조모형분석** **(Structural model analysis)** 구조모형 설정: 구조모형 그리기 SEM분석을 이용한 구조모형분석 SEM분석 실행과 구조모형 식별 구조모형 추정 결과의 해석과 모형 적합도 평가 수정지수를 이용한 구조모형 수정과 적합도 평가 최종 구조모형 선택	Amos 29 [구조방정식모형분석(SEM분석), 다중집단구조방정식모형분석(Multipl e-group SEM Analysis: MSEM분석)]
	↓	
STEP 6	분석 결과 제시: 논문작성 표와 그림 작성	

[그림 2-1]은 SPSS/Amos 29를 이용해 논문을 작성하는 기본 절차들을 요약한 것이다. 이러한 절차는 크게 ① 연구조사 설계, ② 데이터 수집, 입력 및 점검, ③ 기초통계분석, ④ 측정모형분석, ⑤ 구조모형분석, ⑥ 분석 결과 제시: 논문작성 표와 그림 작성으로 이루어진다. 물론 기본 절차는 모든 연구와 통계분석에서 통일된 단계로 구성되는 것은 아니다. 다만 이 책에서는 저자가 Amos로 논문을 작성하는 과정에서 느꼈던 어려운 점들을 토대로 입문 사용자의 관점에서 어떻게 하면 Amos 프로그램을 쉽게 이해하고 통계분석을 시행할 것인가에 초점을 맞추어 설정된 것이다.

2 제1단계: 연구조사 설계

2.1 연구주제의 선정과 연구문제 인식

연구자가 연구를 시행하려면 어떤 분야의 무슨 내용을 연구할 것인가에 대한 주제선정을 해야 한다. 모든 연구는 문제(Problem)에 대한 인식으로부터 출발한다. 연구에 대한 문제 제기는 기존 이론에 대한 분석을 통해 새로운 이론을 개발하고자 할 경우에 발생되거나(연역적 방법, Deductive method), 산업현장이나 현실세계에서 발생한 경험적 현상을 인식하여 연구문제를 정하기도 한다(귀납적 방법, Inductive method).

표 2-1 연구주제 선정 시 고려사항과 연구문제의 올바른 진술방법

- 연구주제는 구체적이고 범위를 좁혀서 선정하여야 한다.
- 연구주제는 해당 연구의 실행가능성을 고려하여 선정하여야 한다.
- 연구주제는 많은 사람의 관심대상이어야 하고, 중요성이 있어야 하며, 결과에 대한 적용가능성이 있어야 한다.
- 연구문제는 사람이 가지고 있는 가치나 가치관과 관련성이 없어야 한다.
- 연구문제는 잠재변수나 잠재변수들 간의 관계로 표현되어야 한다.
- 연구문제는 질문형식으로 간단명료하고 구체적으로 진술하여야 한다.
- 연구문제는 실증적 검증이 가능하여야 한다.

- 논문은 독창성, 논리성, 실용성 그리고 시사성 등이 요구되므로 연구주제를 선정할 때 체계적인 준비와 많은 노력이 수반되어야 한다.
- 연구주제를 선정할 때는 해당 연구의 실행가능성을 고려하여야 한다. 윤리적 차원에서의 실행가능성, 개념의 측정가능성, 시간과 비용, 연구에 필요한 시설 구비 등이 필요하다.
- 연구주제의 선정기준은 ① 많은 사람의 관심대상, ② 연구주제의 중요성, ③ 데이터 수집의 가능성, ④ 연구에 필요한 비용과 시간, ⑤ 주제의 새로움(Novelty), ⑥ 연구결과의 학문적 및 실무적 시사점 등이다.
- 논문 준비를 한다는 것은 사실상 문제의식을 가지기 위한 탐색과정이라고 할 수 있다. 연구자는 자기가 전공하는 학문 분야에서 적절한 문제의식에 따라 학문적으로 의미가 있는 쟁점(Issue)을 찾아낼 수 있는 능력을 가져야 한다. 이러한 쟁점은 이론적 주장에 대한 것일 수도 있고, 이 이론적 주장에 이르는 방법론에 관한 것일 수도 있다.
- 일반적으로 연구자가 연구문제를 진술할 때 완전히 백지상태에서 시작하는 것은 아니다. 연구자는 자신의 연구를 수행하기 위한 정보원(Information sources)을 가지고 있으며, 그 정보원에는 이미 관련 이론이나 현상에 대한 연구보고가 있으며, 연구자 자신의 신념이나 통찰력이 있다.
- 논문이 되려면 연구자의 독창적인 생각이 들어가야 하며, 다른 사람의 주장을 되풀이하기보다는 연구자 자신의 독창적인 생각(문제의식, 쟁점, 주장 등)이 그 논문의 중심축이 되어야 한다.
- 모든 문제들이 연구주제가 되는 것은 아니며, 특히 사람이 가지고 있는 가치나 가치관과 관련이 없어야 한다.
- 연구자는 연구문제를 간단명료하게 그리고 완전하게 이해한 상태에서 이를 구체적으로 진술해야 한다. 연구문제는 둘 혹은 그 이상의 개념이나 변수들 간의 관계로 표현되어야 하며, 경험적으로 검증할 수 있어야 한다.
- 연구문제는 질문형식으로 표현하는 것이 좋다. 이에 반해 가설은 보통 서술문의 형태로 표현된다.
- SEM의 적용 연구에서 중요한 것은 연구하고자 하는 잠재변수를 발견하는 것이며, 잠재변수들 간에 어떤 연관성을 가지고 있는가를 탐색하는 것이다.

2.2 기존 이론과 선행연구 검토

연구주제가 선정되고 연구문제에 대한 인식이 완료되면 기존의 이론과 선행연구에 대한 검토가 필요하다. 문헌조사에 의한 선행연구의 검토는 기존에 연구된 내용이나 현재까지 진행되어 왔던 연구의 흐름을 파악할 수 있도록 해준다. 이외에도 연구주제가 될 수 있는 새로운 아이디어를 얻을 수 있는 변수의 측정도구, 표본추출방법, 통계분석방법, 개념적 연구모형의 구성, 연구의 이론적 체계 구성, 연구가능성의 평가(선행연구에서 활용된 자원, 시간, 연구대상, 설비, 통계프로그램 등)에 유용하게 활용될 수 있다.

표 2-2 연구주제 선정 시 고려사항과 연구문제의 올바른 진술방법

- 국내외 관련 분야의 저널을 조사한다.
- 각 저널의 목차(Index)를 조사한다.
- 각종 논문목록집(색인집)을 조사한다.
- 선행연구의 리뷰 논문(Review paper)과 메타분석(Meta analysis) 논문을 조사한다.
- 개별 논문에 대해 검토하고 정리한다. 연구기간이 길어질수록 선행연구에 대한 기억이 어려워지므로 연구목적, 논문의 개념적 연구모형, 이론적 배경과 관련된 맥락, 조사방법, 측정도구, 분석방법 그리고 결론 등에 대해서 핵심적 사항을 요약카드로 간략하게 기록해 둔다.
- 정리된 개별 논문들의 개념적 연구모형을 연결하고 분석한다.

이상의 과정을 통하여 자신의 연구에서 개념적 연구모형이 이론적 체계상 차지하는 의미의 파악과 이론적 배경 부분의 전개과정을 구상한다.

(자료원: 이경희(2011)의 pp.60-61 내용을 참조함)

- 연구의 시작은 선행연구에 대한 검토로부터 출발한다고 보아도 과언이 아닐 것이다. 선행연구의 검토는 연구논문의 바탕과 골격이 되며, 연구모형이나 연구가설의 기초가 되기 때문에 매우 중요하다.
- 선행연구와 이론에 대한 검토가 이루어진 후, 연구자는 선행연구들 간의 관계를 체계적으로 검토하고 각 연구의 문제점을 파악하여 자신의 연구를 통해 해결할 수 있는 가능한 연구문제를 탐색하여야 한다.
- 선행연구의 검토 이유는 연구가설을 설정하기 위한 근거를 찾고 연구방법이나 결과의 해석에 도움이 될 만한 내용과 자료를 얻기 위한 것이다.
- 연구자가 문헌연구를 소홀히 하게 되면 다른 사람들이 이미 연구한 주제라는 사실을

뒤늦게 알 수도 있다. 철저하고 충분한 문헌조사가 필요하며, 적어도 10년 전까지의 문헌을 찾아보고, 관련된 논문을 정독하여야 한다.

- 연구자들은 선행연구 검토 후에 선행연구가 가지는 문제와 한계를 분명하게 지적하고 진술해야 한다.
- 문헌연구의 주요 원천으로는 관련 서적, 잡지, 인터넷(웹사이트) 자료, 저장매체에 담긴 내용, 정부간행물 등이 있다.
- 선행연구에 대한 요약카드를 만들어 활용한다. 이 카드에는 연구목적, 연구모형과 개념적 연구모형, 연구방법, 자신의 문헌연구에 활용할 연구목적과 결론부분 등이 포함될 수 있다.

2.3 연구모형 개발과 가설설정

연구자는 설문지를 통한 설문을 하기에 앞서 연구모형을 개발하게 된다. 연구모형(Research model)이란 제기된 연구문제에 관련된 변수들(잠재변수) 간의 관계를 체계적인 그림으로 도식화한 것을 말한다. 이는 복잡한 것도 있으나, 대체적으로 연구문제를 축약하여 간략하게 나타낸다. 연구자는 선행연구의 검토를 통해서 연구모형을 개발할 수 있으며, 이는 선행연구들의 흐름을 파악하고 새로운 가설을 설정하는 데 활용된다.

- SEM분석에서는 연구모형을 측정모형과 구조모형으로 구분하고 있다.
- 이 책에서 제시한 제1부 증권거래시스템 사례의 연구모형은 개념적 모형(Conceptual model)과 통계적 모형(Statistical model)으로 구분할 수 있다. 전자는 연구에서 가설화된 개념들 간의 관계를 나타내는 것으로 잠재변수들 간의 가설화된 관계에 초점을 맞추어 제시된다. 그러나 후자는 모든 변수와 측정오차 및 경로 등이 기술되어 있는 것으로 측정모형과 구조모형 등에 대해 통계적으로 검증의 대상이 되는 연구모형을 말한다.
- 일반적으로 논문에서는 [그림 2-2]와 같이 개념적 연구모형을 제시하고, 통계분석 결과를 제시할 때 통계적 연구모형의 형식을 보완적으로 이용하는 경우가 많다. 개념적 연구모형은 통상 연구자들이 연구모형(혹은 연구모델)으로 통칭하는 것이다.

그림 2-2 ▌ 연구모형

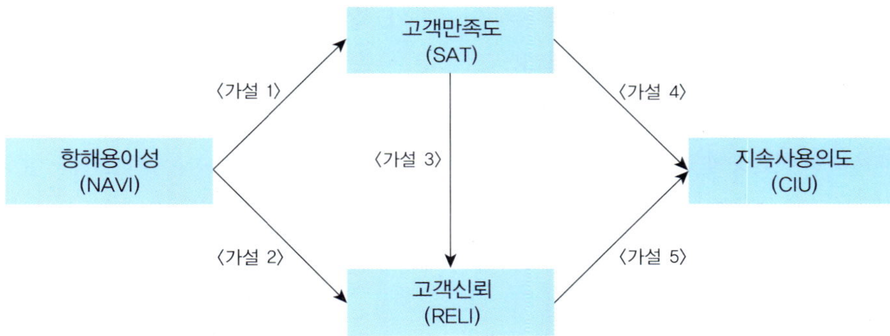

▶ 통계적 연구모형은 [그림 2-3]과 같이 잠재변수, 측정변수, 측정오차항, 구조오차항, 준거변수, 상관(↔), 인과관계(→) 등으로 구성되어 있으며, CFA 과정을 통해 최종적으로 어떤 변수가 제거되고 선택되었는가를 파악하기 위한 기초가 된다.

그림 2-3 ▌ 통계적 연구모형

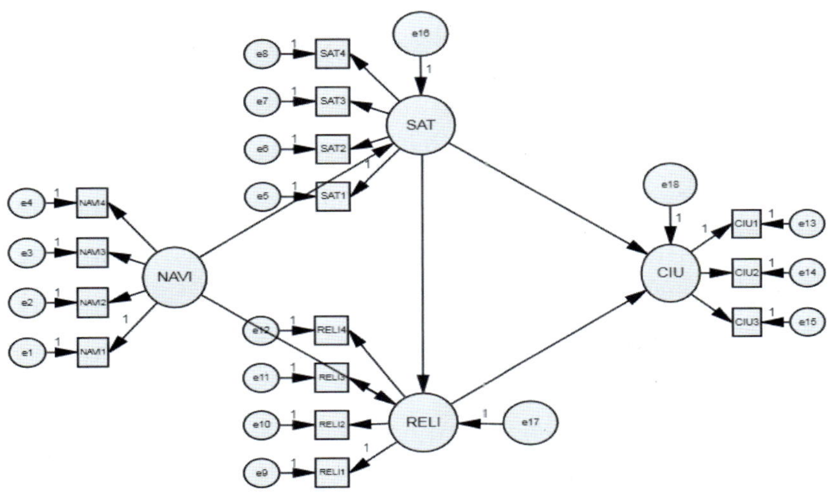

- NAVI: 항해용이성
- SAT: 고객만족도
- RELI: 고객신뢰
- CIU: 지속사용의도
- 잠재변수(외생변수): NAVI
- 잠재변수(내생변수): SAT, RELI, CIU
- 매개변수: SAT, RELI

▶ SEM분석에서는 단일의 연구모형보다는 복수의 연구모형(제안모형 혹은 경쟁모형, 대안모형)을 고려하는 것이 좋다. 이는 연구자가 관련 분야에서 가망성 있는 연구모형을 탐색하는 데 있어서 도움을 준다.

연구자는 연구모형의 개발이 완료되면, 이를 기초로 검증하고자 하는 가설[1]을 설정하게 된다. 이를 보통 가설설정(Hypothesis building)이라 한다. Amos에서는 SEM분석 등을 통해서 가설검증을 하게 되며 가설이 참인 것으로 검증되면 해당 가설은 사실로 인정될 수 있게 된다.

▶ 가설(Hypothesis)이란 실제 증명에 앞서서 설정되는 잠정적인 진술이며, 후에는 논리적으로 검증되는 명제이다.

▶ 모든 연구에서 가설이 필요한 것은 아니다. 예컨대 사례분석을 하는 경우에는 가설을 설정하지 않아도 된다. 하지만 SEM분석에서는 잠재변수 간의 인과관계를 가설로 설정하고 검증하는 절차를 거치게 된다.

▶ 가설에는 연구자가 새로이 주장하여 검증하고자 하는 연구가설(Research hypothesis)과 이에 반하여 기존에 일반적인 사실로 받아들여지고 있는 내용을 나타내는 귀무가설(Null hypothesis)이 있다. 연구가설은 기존 상태로부터 새로운 변화 또는 효과가 존재하는 경우이다.

▶ 연구가설은 두 변수 간의 관계에 대해 '더 많이 또는 더 적게', 혹은 '긍정적 혹은 부정적'인 것처럼 방향이 있는 방향성 가설(Directional hypothesis)과 변수 간 관계에 대한 방향이 제시되지 않은 무방향성 가설(Nondirectional hypothesis)로 구분된다. 예컨대 "증권거래시스템의 항해용이성은 고객만족도와 관계에 정의 유의한 영향을 미칠 것이다" 혹은 "증권거래시스템의 항해용이성 정도가 높아질수록 고객만족도는 높아질 것이다"라는 가설은 전자에 해당되지만, "증권거래시스템의 항해용이성은 고객만족도에 영향을 미친다"는 가설은 후자에 속한다고 볼 수 있다.

1) 가설이란 두 개 이상의 개념 또는 변수들 간의 관계를 통계적 검증이 가능한 형태로 진술한 문장을 말하며, 후에 논리적으로 검증될 수 있는 명제이다.

표 2-3 연구가설

〈가설 1〉 증권거래시스템의 항해용이성은 고객만족도에 정의 유의한 영향을 미칠 것이다.
〈가설 2〉 증권거래시스템의 항해용이성은 고객신뢰에 정의 유의한 영향을 미칠 것이다.
〈가설 3〉 증권거래시스템의 고객만족도는 고객신뢰에 정의 유의한 영향을 미칠 것이다.
〈가설 4〉 증권거래시스템의 고객만족도는 지속사용의도에 정의 유의한 영향을 미칠 것이다.
〈가설 5〉 증권거래시스템의 고객신뢰는 지속사용의도에 정의 유의한 영향을 미칠 것이다.

▶ 좋은 가설은 측정가능하여 경험적으로 검증할 수 있고, 연구목적에 맞아야 하며, 동일 분야의 다른 가설이나 이론과 관련이 있어야 하며, 간단하게 표현되어야 하며, 연구문제를 해결할 수 있어야 한다. 또한 가설은 동의 반복적으로 표현해서는 안 되며 너무나 당연한 결과를 가설로 설정할 수 없다.

2.4 변수의 조작적 정의

선행연구 검토를 통해 연구모형이 개발되고 가설설정이 완료되면 이제 가설에서 사용되는 잠재변수를 직접적으로 관찰가능한 측정변수들을 이용해 다시 정의해야 하며, 이를 변수의 조작적 정의(Operational definition)라 한다. 이는 추상적인 개념을 측정이 가능하도록 경험적으로 관찰이 가능한 수준까지 세밀하게 정의하는 것을 말한다.

예컨대 증권거래시스템(Home Trading System: HTS)에 대한 지속사용의도(CIU)는 "현재의 증권거래시스템을 현재와 미래에도 지속적으로 사용하겠다는 의도"로 정의하고, ① 현 시스템을 이용해 지속적인 증권거래, ② 향후에도 지속적인 사용의도, ③ 거래수수료 인상 시에도 지속적 사용의 세 가지 측정항목에 대해 각각 동의하는 정도를 7점 리커트척도(Likert scale)를 사용하여 측정할 수 있다. [표 2-4]는 실제의 논문에서 사용된 조작적 정의를 예시한 것이다.

▶ 조작적 정의는 잠재변수들을 측정가능한 형태로 다시 정의한 것이다.

▶ 연구모형에서 사용되는 잠재변수는 실제 현상에서 관찰하여 효과적으로 측정가능한 설문항목(혹은 측정변수)을 이용해서 측정하는 것이 필요하다. 만약 잠재변수에 대한 정의가 명확하지 않거나 설문문항들을 이용해 실제 현상과 관련되는 것이 불분명하다면 연구모형의 검증은 불가능할 수밖에 없게 된다. 이러한 점에서 SEM분석을 적용해 수

행되는 연구에서 잠재변수들을 어떤 설문문항들을 이용해서 조작적으로 정의할 것인가의 문제는 매우 중요하다.

표 2-4 잠재변수(연구변수)에 대한 조작적 정의

연구변수	기호	조작적 정의	측정항목
항해 용이성 (NAVI)	NAVI1 NAVI2 NAVI3 NAVI4	HTS의 메뉴 간 이동용이성과 통제 정도	① 다루기 쉬운 메뉴 ② 메뉴 간 이동이 자연스럽고 예측가능 ③ 원하는 콘텐츠를 자유롭게 선택가능 ④ 사용자가 통제가능 부분(정보출력) 존재
고객 만족도 (SAT)	SAT1 SAT2 SAT3 SAT4	HTS가 제공하는 기능과 서비스에 대한 만족도	① 전반적 기능에 대한 만족도 ② 전반적 서비스에 대한 만족도 ③ 메뉴 구성과 기능에 대한 만족도 ④ 거래처리 속도에 대한 만족도
고객 신뢰 (RELI)	RELI1 RELI2 RELI3 RELI4	HTS가 신속·정확한 증권거래서비스를 제공하고 이를 통해 신의와 약속을 지킬 것이라는 믿음	① 신의와 약속의 준수 ② 신속한 증권거래서비스 제공 ③ 정확한 증권거래서비스 제공 ④ 최소한의 손해도 주지 않음
지속 사용의도 (CIU)	CIU1 CIU2 CIU3	현재의 HTS를 현재와 미래에도 지속적으로 사용하겠다는 의도	① 현 시스템을 이용해 지속적 증권거래 ② 향후에도 지속적 사용의도 ③ 거래수수료 인상 시에도 지속적 사용의도

2.5 데이터 수집방법: 측정척도와 설문지의 작성

변수에 대한 조작적 정의가 완료되면 이제 측정척도를 선정하여야 한다. 측정척도에는 명목척도(Nominal scale), 서열척도(Ordinal scale), 등간척도(Interval scale), 비율척도(Ratio scale) 등이 있다. 등간척도의 예가 바로 리커트 5점 척도 혹은 리커트 7점 척도이다. 질적 데이터는 수치로 표현되지 않은 것으로 명목척도와 서열척도가 이에 해당된다. 반면에 양적 데이터는 수치로 표현된 것으로 등간척도와 비율척도가 이에 해당한다. 질적 데이터는 비모수통계방법을, 양적 데이터는 모수통계방법을 적용한다.

데이터는 그 원천에 따라 1차데이터(Primary data)와 2차데이터(Secondary data)가 있다. 2차데이터는 과거에 다른 연구목적으로 조사되어 수집된 것을 말하며, 1차데이터는 기존의 2차데이터로부터 얻을 수 없으나 현재의 연구에 필요하여 연구자가 직접 조사해 수집한 것을 말

한다.

1차데이터의 수집방법에는 [그림 2-4]에 제시된 것처럼 응답자와 상호 의사소통을 통하여 데이터를 수집하는 **의사소통법**(Communication method)과 응답자의 행동과 태도를 조사자가 관찰하고 기록함으로써 정보를 수집하는 **관찰법**(Observation method)이 있다. 전자에는 **설문지법**(응답자의 답변을 요하는 일련의 질문들로 구성된 설문지를 이용해 조사하는 방법), **서베이조사**(대인조사, 전화조사, 우편조사, 인터넷조사 등을 이용해 응답자들에게 연구주제와 관련된 질문에 응답하도록 함으로써 데이터를 수집하는 방법), **면접법**(조사목적을 공개하면서 데이터를 조사하는 방법으로 응답자의 자유로운 의사표현을 조사자가 기록하는 방법), **투사법**(응답자가 조사목적을 모르는 상황에서 응답자의 내면에 있는 신념이나 태도 등을 단어연상법, 문장완성법, 그림묘사법, 만화완성법 등과 같은 다양한 동기유발방법을 이용해서 조사하는 방법)이 있다.

그림 2-4 **데이터의 수집방법**

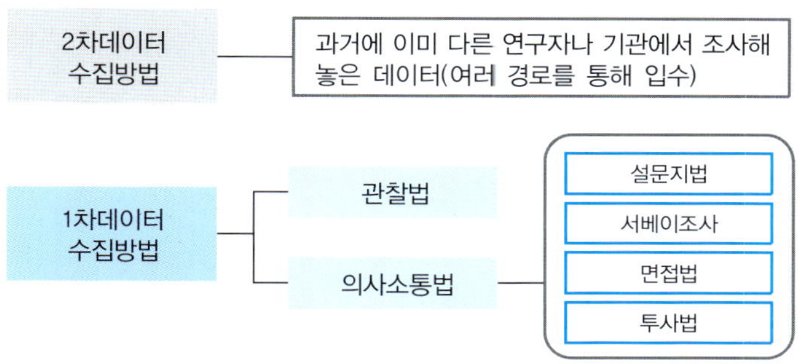

- 논문작성의 데이터 수집방법으로는 **설문지법**이 많이 이용된다.
- 설문지법에서는 **5점 리커트척도**를 많이 이용하고 있다. 그러나 연구자가 원하면 **7점 척도**를 사용하여도 된다.
- 설문지 초안은 수차례의 **사전조사**를 통해서 최종적인 설문지로 완성된다.

표 2-5 설문지의 구성원칙

- 설문지는 응답자가 성실한 응답이 가능하도록 적절한 문항 수로 구성해야 한다.
- 설문지는 선행연구에서 검증된 문항으로 구성하는 것이 좋다.
- 설문지에서 인구통계학적 질문은 가급적 맨 뒤에 배치하는 것이 좋다. 설문지의 처음부터 신상질문을 하게 되면 응답자가 불쾌감을 느낄 수도 있다.
- 설문지의 구성에서는 추상적인 단어를 피해야 하며 구체적인 단어를 사용해야 한다.
- 설문지에서 대조적인 설문은 가급적 공간적인 거리를 두어 배치하는 것이 좋다.
- 설문지는 사전조사(예비조사)를 통해서 응답자가 설문과정에서 어려움을 느끼는 부분이나 연구목적과 부합되지 않는 항목을 삭제하거나 수정해야 한다.
- 설문지의 내용구성은 응답자가 알고 있거나 응답이 가능한 것이어야 한다.
- 설문지의 응답방식은 연구목적이나 통계분석 방법에 부합하는 것이어야 한다. 예컨대 리커트척도, 순위척도 등을 사용할 수 있다.

표 2-6 설문지

설 문 지

안녕하십니까?
바쁘신 중에서도 본 설문에 귀중한 시간을 할애해 주셔서 깊이 감사드립니다. 귀하의 귀중한 답변은 우리나라 온라인 증권거래 발전에 매우 중요한 기여가 될 것으로 생각합니다. 본 설문의 모든 내용은 무기명으로 처리되며, 오로지 통계목적으로만 활용할 것임을 약속드립니다.

년 월 일 연구자 ○○○올림

❑ 홈트레이딩시스템(Home Trading System: HTS)이란 머리글자를 따서 HTS 또는 홈트레이딩시스템이라고도 한다. 투자자가 증권회사에 가거나 전화를 이용하지 않고 집이나 직장에서 컴퓨터를 이용해 온라인을 통해 주식매매를 하는 시스템이다.

❑ 설문 응답 요령
각 설문문항에 대한 응답은 1(전혀 그렇지 않다)부터 7(매우 그렇다)까지로 되어 있으며, 그 중에서 귀하가 각 증권사의 온라인 HTS를 사용하시면서 느꼈던 것에 "✔"표시를 해주시면 됩니다.

전혀 그렇지 않다	아니다	약간 아니다	보통이다	약간 그렇다	그렇다	매우 그렇다
1	2	3	4	5	6	7

Ⅰ. 항해용이성

설문문항	귀하의 응답						
1. HTS의 제공 메뉴가 매우 다루기 쉽다	1	2	3	4	5	6	7
2. HTS 메뉴 간 이동이 자연스럽고 예측가능하다	1	2	3	4	5	6	7
3. HTS에서 원하는 콘텐츠를 자유롭게 선택할 수 있다	1	2	3	4	5	6	7
4. HTS에서 내가 통제할 수 있는 부분이 있다	1	2	3	4	5	6	7

Ⅱ. 고객만족도

설문문항	귀하의 응답						
1. 실제 사용경험에 비추어 HTS의 기능에 전반적으로 만족한다	1	2	3	4	5	6	7
2. 실제 사용경험에 비추어 HTS의 서비스에 전반적으로 만족한다	1	2	3	4	5	6	7
3. 나는 HTS의 메뉴 구성과 기능에 대해서 만족한다	1	2	3	4	5	6	7
4. 나는 HTS의 거래처리 속도에 대해서 만족한다	1	2	3	4	5	6	7

Ⅲ. 고객신뢰

설문문항	귀하의 응답						
1. 내가 경험했거나 사용 중인 HTS는 신와와 약속을 지킨다	1	2	3	4	5	6	7
2. 내가 경험했거나 사용 중인 HTS는 신속한 증권거래서비스를 제공한다	1	2	3	4	5	6	7
3. 내가 경험했거나 사용 중인 HTS는 정확한 증권거래서비스를 제공한다	1	2	3	4	5	6	7
4. 내가 경험했거나 사용 중인 HTS는 나에게 최소한의 손해도 주지 않을 것이라고 확신한다.	1	2	3	4	5	6	7

Ⅳ. 지속사용의도

설문문항	귀하의 응답						
1. 내가 경험했거나 사용 중인 HTS를 이용해 지속적으로 증권거래를 할 것이다	1	2	3	4	5	6	7
2. 내가 경험했거나 사용 중인 HTS를 향후에도 지속적으로 사용할 것이다	1	2	3	4	5	6	7
3. 내가 경험했거나 사용 중인 HTS를 거래수수료가 인상되는 경우에도 지속적으로 사용할 것이다	1	2	3	4	5	6	7

Ⅴ. 응답자의 일반적 사항

☞ 각 설문문항에 "✔표시"를 해주세요.

1. 귀하의 성별은? ① 남자 ② 여자
2. 귀하의 연령은?
   ① 20~29세 ② 30~39세 ③ 40~49세 ④ 50~59세 ⑤ 60세 이상
3. 귀하가 HTS를 사용한 기간은?
   ① 1년 미만 ② 1년 ③ 2년 ④ 3년 ⑤ 4년 ⑥ 5년 ⑦ 5년 이상
4. 귀하의 HTS를 사용해 투자한 주식 금액은?
   ① 200만원 이하 ② 200~500만원 ③ 500~1,000만원
   ④ 1,000~2,000만원 ⑤ 2,000~3,000만원 ⑥ 3,000~4,000만원
   ⑦ 4,000만원 이상
5. 귀하의 직업은?
   ① 학생 ② 교육직 ③ 사무직 ④ 자영업 ⑤ 주부 ⑥ 연구직
   ⑦ 기술직 ⑧ 영업직 ⑨ 기타

2.6 표본선정과 표본크기 결정

설문지의 작성이 완료되면 모집단에서 연구자의 조사대상이 될 표본추출과 표본크기를 어느 정도로 할 것인가를 결정해야 한다. 표본추출의 기본적인 목표는 모집단의 속성을 그대로 반영하는 표본을 추출하는 것이다.

표본선정(Sample selection)이란 모집단을 대표할 수 있는 조사대상을 결정하는 것이다. 사회과학 분야에서는 전수조사를 하는 경우는 드물며 모집단 중에서 일부를 표본으로 선정하는 표본조사를 사용하는 경우가 많다. 왜냐하면 표본 전체를 조사하는 전수조사를 선택하면 많은 비용과 시간이 필요하며, 경우에 따라서는 전수조사 자체가 불가능한 경우도 있기 때문이다.

- 연구설계에 적합한 표본추출(Sampling)을 하는 것은 연구 성과를 결정하는 중요한 작업이므로 체계적인 계획에 따라서 수행되어야 한다.
- 표본추출방법에는 확률표본추출법(Probability sampling method)과 비확률표본추출법(Non-probability sampling method)이 있다. 전자는 표본으로 추출될 확률을 알 수 있는 상태에서 표본목록을 이용하여 무작위로 표본을 추출하는 방법이며, 후자는 표본으로 추출될 확률을 모르는 상태에서 조사자가 주관적으로 표본을 추출하는 방법이다.
- 표본추출방법은 각기 장·단점과 특성이 다르므로 연구상황에 적합한 추출법을 선택하는 것이 필요하다.
- 비교적 정확한 표본목록의 입수가 가능하면 확률표본추출법을 사용할 수 있으나, 모집단이 크고 표본목록을 입수할 수 없는 경우에는 비확률표본추출법을 이용하여야 한다. 또한 조사의 특성상 비확률표본추출법이 더 효과적인 경우도 있다. 예컨대 조사문제와 관련하여 전문지식을 가진 표본을 대상으로 조사하는 경우에는 비확률표본추출법을 이용해야 한다.
- 표본추출의 과정은 [그림 2-5]와 같이 ① 모집단[2]의 확정, ② 표본목록(Sample frame)의 설정,[3] ③ 표본추출방법의 결정, ④ 표본크기의 결정, ⑤ 표본추출의 다섯 단계로 구성되어 있다.

2) 모집단(Population)이란 연구대상이 되는 집단으로서, 연구자가 직접적인 방법이나 통계적 추정에 의하여 정보를 입수하려고 하는 대상집단을 말한다. 모집단의 확정을 위해서는 조사대상, 조사범위, 조사기간 등이 결정되어야 한다.

3) 표본목록이란 연구대상이나 표본단위가 수록된 목록을 말한다.

그림 2-5 ▌ **표본추출의 과정**

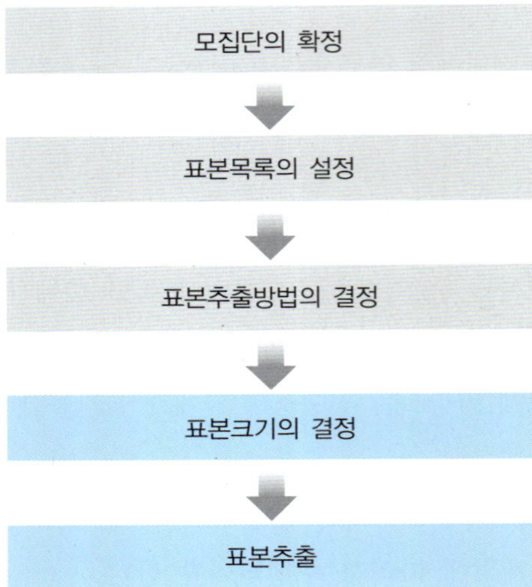

표본크기(Sample size)는 ① **조사목적과 방법**, ② **조사비용과 기간**, ③ **적용할 통계처리방법** 등을 고려해 적정수준으로 결정해야 한다. 표본크기가 클수록 표본오차는 작아지며, 작을수록 표본오차는 커진다. 그러나 표본크기가 커지면 조사비용과 노력이 많이 투입되어야 하므로 연구자의 상황에 따라 적정규모로 결정해야 한다.

그림 2-6 ▌ **Jöreskog와 Sörbom(1989)의 표본크기 결정원칙**

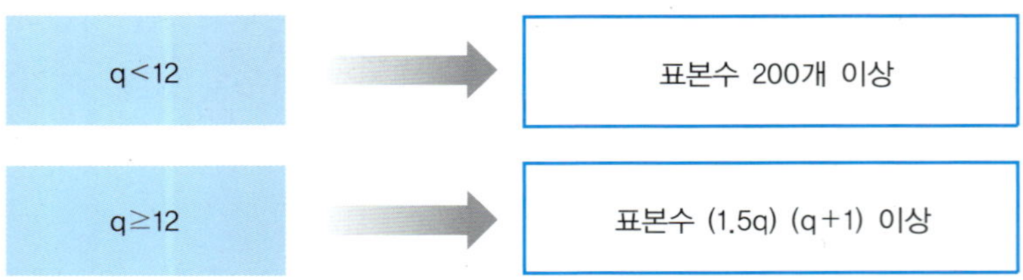

q: 측정변수의 수

- 표본크기는 **추정될 모수의 수**에 비해 **5배**가 적절하다.
- SEM분석에서 가장 많이 사용되는 **최대우도법**을 사용하기 위한 **최소한의 표본크기**는 **100~150개** 정도로 알려지고 있다. **권장수준**은 **200개 정도**이나 **그 이상**이 되어야 한

다는 주장도 있다.

- Jöreskog와 Sörbom(1989)은 표본크기 결정원칙을 제안했다. 측정변수 수가 12개 미만이면 적어도 200개, 12개 이상이면 적어도 (1.5q)(q+1)은 되어야 한다. 예컨대 측정변수 수가 20개이면 (1.5×20)(20+1)=630개는 되어야 한다.

3 제2단계: 데이터 수집과 입력

3.1 데이터 수집

표본추출과 표본크기가 정해졌으면 이제 분석에 사용할 최초의 데이터 수집(Data collection)을 해야 한다.

3.2 데이터 입력

수집된 데이터는 SPSS 29에서 입력하여 [데이터 파일]을 만든다. 이 책에서는 분석을 위한 데이터 파일로 원 데이터(Raw data)와 공분산행렬(혹은 상관행렬) 중에서 원 데이터 입력방법을 선택하기로 한다.

- 원 데이터를 이용하면 SEM분석에서는 자동적으로 행렬을 만들고 그 행렬을 이용해 분석한다. 따라서 데이터의 정규성이 가정되지 않는 경우에는 원 데이터에 의해서 입력하는 것이 좋다.
- 공분산행렬(혹은 상관행렬)을 투입 데이터로 사용할 경우 카이제곱검증 시 문제가 되며, 표본크기가 비교적 커야 한다.
- 윈도 시작메뉴에서 [모든 프로그램-IBM SPSS Statistics-IBM SPSS Statistics 29]를 차례로 선택하여 SPSS의 데이터입력 편집기(Data Editor)로 들어간다.
- 입력 화면의 좌측 하단에 있는 [변수 보기]를 클릭해 [측정변수]의 이름, 유형 등을 차례로 모두 입력한다.

▶ [변수 보기]의 입력 완료 후에는 입력 화면의 좌측 하단에 있는 [데이터 보기]를 클릭한다. 그러면 입력 화면의 상단에 측정변수들에 대한 변수명이 표시된다. 설문지 수집 데이터를 이용하여 1번 사례부터 시작하여 200개 사례를 차례대로 입력하여 데이터 입력을 종료한다. 데이터 입력을 종료한 후에는 [데이터 파일]의 이름을 정한다.

이제 수집된 데이터를 가지고 SPSS 29에서 데이터 파일을 만들기로 하자.

통계실습 2-1 SPSS 29에 의해 데이터 파일 만들기

설문지를 통해 수집된 증권거래시스템에 대한 200개 사례를 가지고 SPSS 29를 이용해 [데이터 파일]을 만드시오.

실습 따라하기

❶ SPSS 29를 실행하여 초기 화면으로 들어간다.

❷ [파일–새로 만들기–데이터]를 클릭해 Data Editor의 입력 화면으로 들어간 후 좌측 하단에 있는 [변수 보기] 탭을 클릭하여 [이름], [유형], [너비], [소수점이하자리], [열], [맞춤], [측도] 등을 차례로 모두 입력한다.

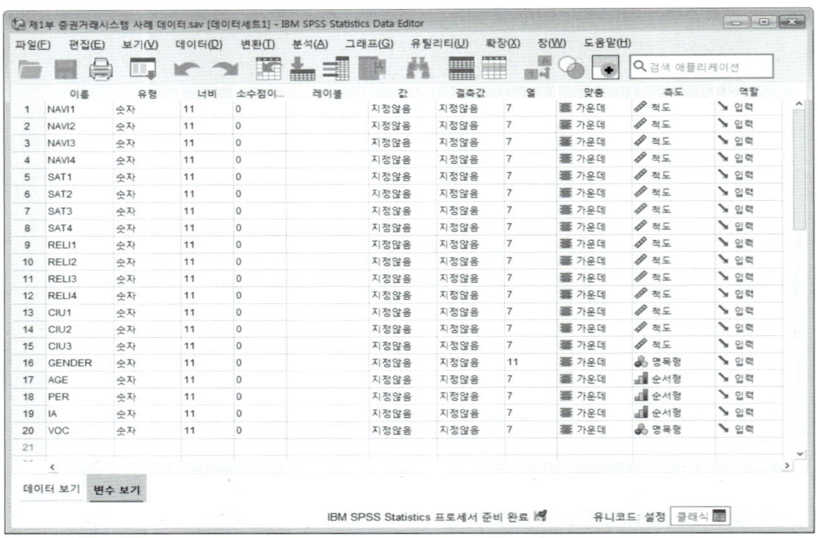

	이름	유형	너비	소수점이...	레이블	값	결측값	열	맞춤	측도	역할
1	NAVI1	숫자	11	0		지정않음	지정않음	7	가운데	척도	입력
2	NAVI2	숫자	11	0		지정않음	지정않음	7	가운데	척도	입력
3	NAVI3	숫자	11	0		지정않음	지정않음	7	가운데	척도	입력
4	NAVI4	숫자	11	0		지정않음	지정않음	7	가운데	척도	입력
5	SAT1	숫자	11	0		지정않음	지정않음	7	가운데	척도	입력
6	SAT2	숫자	11	0		지정않음	지정않음	7	가운데	척도	입력
7	SAT3	숫자	11	0		지정않음	지정않음	7	가운데	척도	입력
8	SAT4	숫자	11	0		지정않음	지정않음	7	가운데	척도	입력
9	RELI1	숫자	11	0		지정않음	지정않음	7	가운데	척도	입력
10	RELI2	숫자	11	0		지정않음	지정않음	7	가운데	척도	입력
11	RELI3	숫자	11	0		지정않음	지정않음	7	가운데	척도	입력
12	RELI4	숫자	11	0		지정않음	지정않음	7	가운데	척도	입력
13	CIU1	숫자	11	0		지정않음	지정않음	7	가운데	척도	입력
14	CIU2	숫자	11	0		지정않음	지정않음	7	가운데	척도	입력
15	CIU3	숫자	11	0		지정않음	지정않음	7	가운데	척도	입력
16	GENDER	숫자	11	0		지정않음	지정않음	11	가운데	명목형	입력
17	AGE	숫자	11	0		지정않음	지정않음	7	가운데	순서형	입력
18	PER	숫자	11	0		지정않음	지정않음	7	가운데	순서형	입력
19	IA	숫자	11	0		지정않음	지정않음	7	가운데	순서형	입력
20	VOC	숫자	11	0		지정않음	지정않음	7	가운데	명목형	입력
21											

❸ Data Editor의 입력 화면 좌측 하단에 있는 [데이터 보기] 탭으로 클릭해 이동한다. [파일-다른 이름으로 저장]을 클릭해 [제1부 통계분석과 논문작성 기초다지기(제1장-제6장)-제1부 통계분석데이터]으로 들어간 후 파일명으로 '제1부 증권거래시스템 사례 데이터'라는 파일명을 적은 후 [저장] 버튼을 클릭한다.

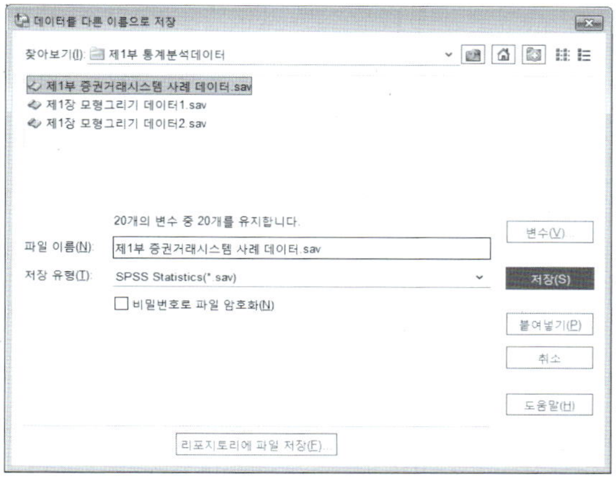

❹ 입력 화면의 상단에 [측정변수]들에 대한 [변수명]에서 시작해서 사례 1번부터 200번까지 차례대로 입력하여 데이터 입력을 종료한다. 독자들은 데이터를 직접 입력할 필요는 없으며, 실습 파일에서 제공된 파일을 이용하면 된다.

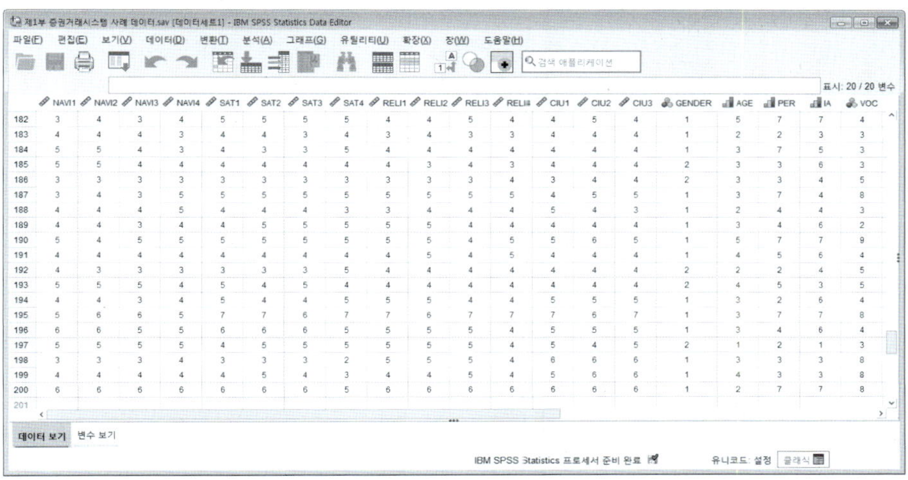

3.3 데이터 점검

데이터 입력이 종료된 후에는 데이터를 점검하여 문제가 있는 부분을 해결하여 통계분석에 사용될 최종적인 [데이터 파일]을 확정하여야 한다. 데이터의 점검은 ① 입력 데이터의 정확성, ② 결측치와 이상치, ③ 정규성 등에 대한 확인을 해야 한다.[4)]

- ▶ 입력 데이터의 정확성은 빈도분석과 기술통계량을 통해서 점검한다. 이를 통해 범위를 벗어나거나 부정확하게 입력된 값 등은 수정한다. 이에 대해서는 뒤의 제3단계에서 자세하게 설명될 것이다.
- ▶ 결측치(Missing value)는 설문에 대한 응답자의 응답 거부, 설문지 자체의 문제 등의 요인에 의해서 발생된다. SEM분석을 위해서는 반드시 결측치를 처리한 후 분석해야 한다. 결측치를 처리하는 방법은 목록별 제거법(Listwise deletion method)과 대응별 제거법(Pairwise deletion)이 있다. 전자는 결측치가 있는 사례 전체를 삭제하여 분석에서 제외시키는 방법으로 이 방법을 사용하면 표본크기가 줄어들게 된다. 후자는 특정 변수에 대해 결측치가 있는 사례만 분석에서 제외시키는 방법이며 변수마다 유효표본크기가 달라진다는 특징을 가지고 있다. 결측치가 많지 않은 경우에는 평균대체법(Mean imputation)의 사용도 가능하다.
- ▶ 데이터에 대한 이상치와 정규성을 점검하기 위해서는 데이터에 결측치가 없어야 한다.
- ▶ 이상치(Outlier)는 다른 변수의 측정치와 매우 다른 극단치(Extreme value)가 있는 경우를 말하며 그 원인을 찾아서 조정해 주어야 한다. 부정확하게 입력된 경우에는 그 원인을 찾아서 제대로 입력해 주어야 하며, 극단치는 표본에서 아주 제외시키거나 분석에 영향을 덜 미치도록 수정하여 평균에 접근하도록 해야 한다. 각 사례의 Z-score가 ±3 이상이거나, 표준편차가 3 이상인 경우는 극단치에 해당한다.
- ▶ 개별 변수들은 정규분포를 가져야 하며 이를 정규성(Normality)이라 한다. 보통 일변량 왜도(Univariate skewness)의 절대값이 3보다 큰 경우나 일변량 첨도(Univariate kurtosis)의 절대값이 8.0~20.0까지는 극단적인 첨도로 본다. 첨도의 절대값이 10보다 큰 경우에는 정규성에 문제가 있고, 20보다 큰 경우에는 좀 더 심각

4) 데이터 점검을 더욱 상세하게 학습하고자 하는 독자들은 배병렬(2021)의 책을 참조하기 바란다.

한 문제가 있다고 본다. 여기에서 왜도(Skewness)는 데이터의 대칭성 정도를, 첨도(Kurtosis)는 정규분포곡선에 분포의 중간이나 꼬리에 있는 점수의 비율이 상대적으로 어느 정도인가를 의미한다.

- 다변량정규성(Multivariate normality)의 가정이 충족되는 데이터는 드물며, 일변량정규성(Univariate normality)에 대한 검토과정을 통해서 문제가 없는 것으로 나타나면 다변량정규성의 가정은 충족되는 것으로 보아도 된다.
- 정규성과 이상치를 검증하기 위해서는 Amos의 Analysis Properties(분석속성 지정창)의 도구상자( )의 Output 탭에서 ☑ Tests for normality and outliers 을 선택하여 분석할 수 있다. 그러나 대개의 경우는 일변량정규성을 가지고 정규성을 점검하므로 이는 사용하지 않는 경우가 많다.
- 데이터 점검에 대한 실습은 제3단계 기초통계분석에서 함께 살펴본다.

4 제3단계: 기초통계분석

학위와 학술논문을 작성할 때 기초통계분석(빈도분석과 기술통계량)이 요구된다. 일반적으로 SEM분석에서는 CFA만으로도 신뢰도와 타당도에 대한 검증이 가능하다. 그러나 학위와 학술논문의 심사과정에서 일부의 심사자들은 별도로 신뢰도분석과 탐색적 요인분석을 요구하는 경우도 있으므로, 이에 대해서 알아두는 것이 필요하다.

4.1 기초통계량분석

연구자는 표본의 특성과 인구통계학적 특성을 파악하기 위해서 기초통계량분석을 한다. 이에는 빈도분석과 기술통계분석이 있다.

- 원 데이터(Raw data)를 이용목적에 부합하게 요약해 간결한 형식으로 표현한 것을 기술통계라 한다. 기술통계분석은 데이터가 연속형일 때 사용하며 백분위수값, 중심경향

(평균, 중위수, 최빈값, 합계), 산포도(표준편차, 분산, 범위, 최소값, 최대값, 평균의 표준오차), 빈도표 등을 산출할 수 있다.

- 빈도분석(Frequency analysis)은 데이터가 범주형일 때 사용하며 SPSS [분석 메뉴]의 [기술통계량-빈도분석]을 차례대로 클릭해 들어간 후 분석을 실행한다.
- 기술통계분석(Descriptive statistics)은 SPSS [분석 메뉴]의 [기술통계량-기술통계]를 차례대로 클릭해 들어간 후 분석을 시행한다.

그림 2-7 ▌SPSS 29에서의 기초통계량분석: 빈도분석과 기술통계분석

[1] 빈도분석

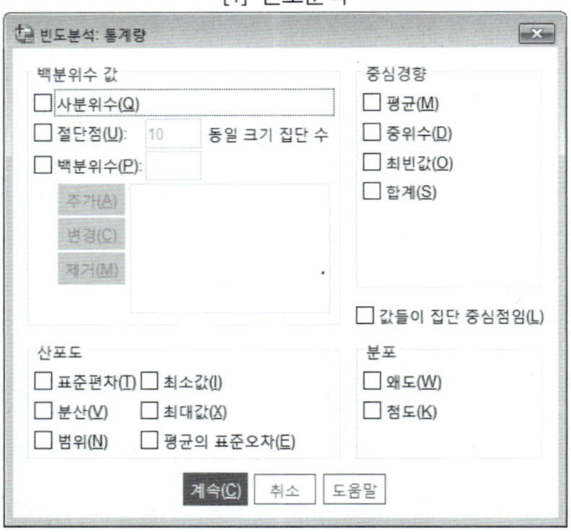

[2] 기술통계분석

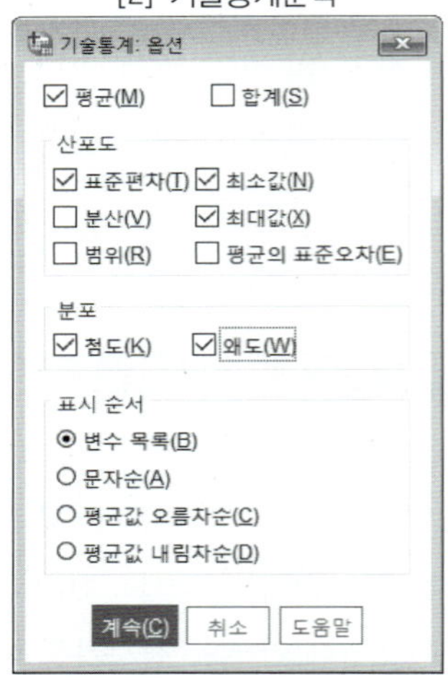

통계량

		GENDER	AGE	PER	IA	VOC
N	유효	200	200	200	200	200
	결측	0	0	0	0	0

빈도표

GENDER

		빈도	퍼센트	유효 퍼센트	누적 퍼센트
유효	1	122	61.0	61.0	61.0
	2	78	39.0	39.0	100.0
	전체	200	100.0	100.0	

기술통계

기술통계량

	N	최소값	최대값	평균	표준편차	왜도		첨도	
	통계량	통계량	통계량	통계량	통계량	통계량	표준오차	통계량	표준오차
NAVI1	200	1	7	4.61	1.115	-.411	.172	.140	.342
유효 N(목록별)	200								

기술통계분석 결과를 보면 빈도표가 없는 것을 알 수 있다. 이것이 바로 빈도분석과의 차이이다. 나머지 통계량 출력은 거의 동일하다.

- 데이터 입력의 정확성을 검증하기 위해서 기술통계량이나 빈도분포를 검토해야 한다.

▶ 빈도분석과 기술통계분석은 [그림 2-7]과 같이 거의 동일한 통계량을 산출해서 보여주는 통계분석기법이다. 그러나 빈도분석에서는 빈도표를 출력해 주지만, 기술통계분석에서는 이를 출력하지 않는다는 점에서 차이가 있다. 빈도분석은 변수가 많은 경우 여러 장의 빈도표가 출력된다. 따라서 빈도표는 생략하고 간단한 통계량을 출력하려면 기술통계분석을 실행하면 된다.

통계실습 2-2 표본의 일반적 특성: 빈도분석

증권거래시스템 사례의 [데이터 파일]을 가지고 빈도분석을 하시오.

실습 따라하기

1. SPSS 29에서 실습 파일이 있는 곳에서 [제1부 통계분석과 논문작성 기초다지기(제1장–제6장)–제1부 통계분석데이터] 폴더 안에 있는 '제1부 증권거래시스템 사례 데이터'를 클릭해 불러들인다.
2. [분석–기술통계량–빈도분석]을 차례대로 클릭하여 [빈도분석] 창이 나타나면 [측정변수]인 [GENDER]부터 [VOC]까지 Shift 를 누른 상태에서 마우스 왼쪽 버튼을 클릭하여 선택한 후 [빈도분석] 창의 가운데에 있는 ➡을 클릭한다. 그러면 왼쪽 창에 있던 [측정변수]들이 오른쪽으로 이동된다. 이 작업은 통계분석을 시행할 대상 변수를 선정하는 것이다. [빈도분석] 창의 [통계량] 버튼을 그대로 두고 [확인] 버튼을 클릭한다. 그러면 빈도분석 결과가 나타난다.

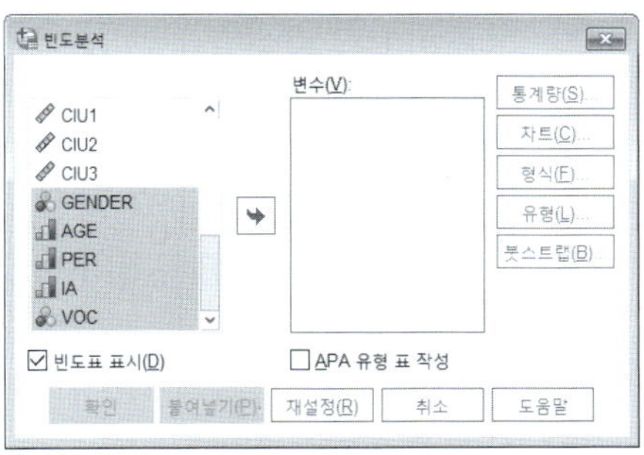

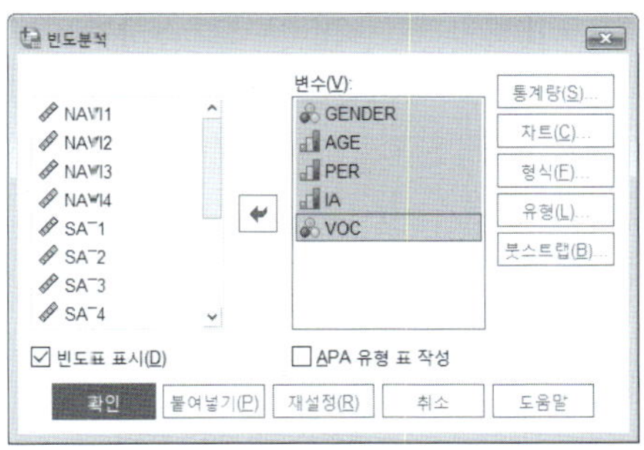

앞에서 수행한 빈도분석 결과의 출력물을 보고 이 사례의 표본의 일반적 특성을 요약하면 [표 2-7]과 같다.

표 2-7 표본의 일반적 특성

구분		빈도	비율	구분		빈도	비율
성별	남성	122	61.0	사용기간	1년 미만	12	6.0
	여성	78	39.0		1년	18	9.0
합계		200	100		2년	39	19.5
연령	20~29세	33	16.5		3년	35	17.5
	30~39세	71	35.5		4년	13	6.5
	40~49세	57	28.5		5년	20	10.0
	50~59세	30	15.0		6년 이상	63	31.5
	60세 이상	9	4.5				
합계		200	100	합계		200	100
투자금액	200만원 이하	12	6.0	직업	학생	3	1.5
	200~500만원	18	9.0		교육직	3	1.5
	600~1,000만원	44	22.0		사무직	78	39.0
	1,000~2,000만원	50	25.0		자영업	20	10.0
	2,000~3,000만원	17	8.5		주부	25	12.5
	3,000~4,000만원	25	12.5		연구직	1	5
	4,000만원 이상	34	17.0		기술직	6	3.0
					영업직	34	17.0
					기타	30	15.0
합계		200	100	합계		200	100

개별 측정변수의 기술통계량을 분석하기 위해서는 [분석] 메뉴에서 [기술통계]분석을 시행하면 된다.

통계실습 2-3 개별 측정변수의 기술통계량: 기술통계분석

증권거래시스템 사례의 [데이터 파일]을 가지고 기술통계분석을 하시오.

실습 따라하기

❶ SPSS 29의 실습 파일이 있는 곳에서 [제1부 통계분석과 논문작성 기초다지기(제1장–제6장)–제1부 통계분석데이터] 폴더 안에 있는 '제1부 증권거래시스템 사례 데이터'를 클릭해 불러들인다.

❷ [분석–기술통계량–기술통계]를 차례대로 클릭하여 [기술통계] 창이 나타나면 [측정변수]인 [NAVI1]부터 [CIU3]까지 Shift를 누른 상태에서 마우스 왼쪽 버튼을 클릭하여 선택한 후 [기술통계] 창의 가운데에 있는 ➡을 클릭한다. 그러면 왼쪽 창에 있던 [측정변수]들이 오른쪽으로 이동된다. 이 작업은 통계분석을 시행할 대상 변수를 선정하는 것이다.

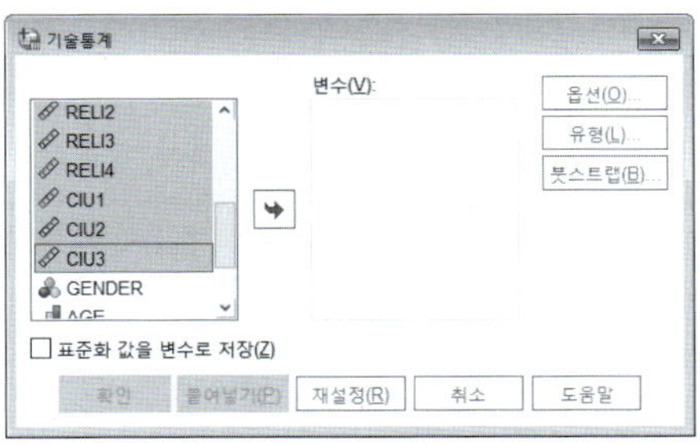

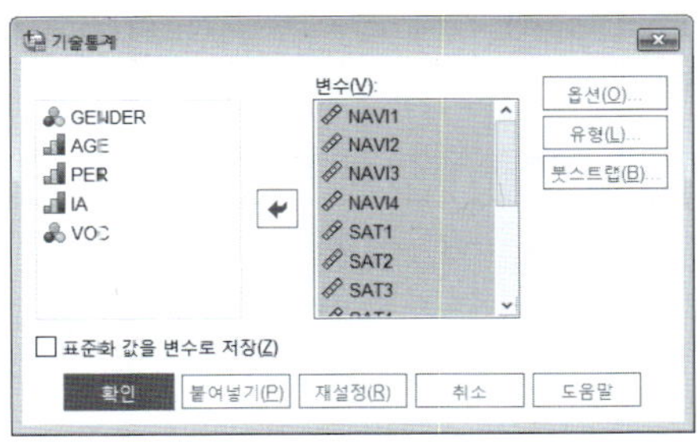

❸ [기술통계] 창의 [옵션] 버튼을 클릭하여 출력을 원하는 항목(평균, 표준편차, 첨도, 왜도)을 선택한 후 [계속] 버튼을 클릭한다.

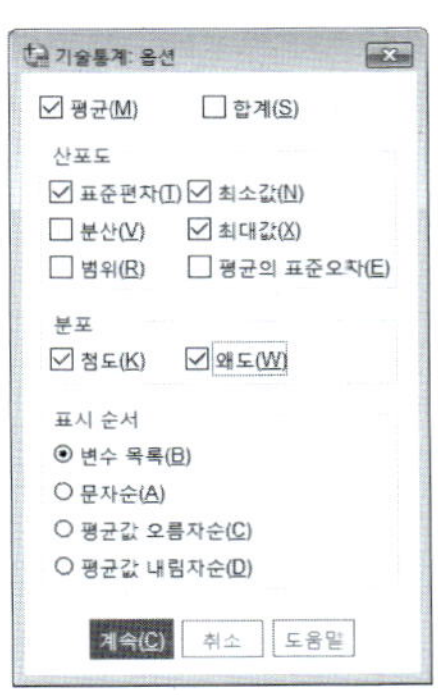

❹ [기술통계] 창에서 ☑표준화 값을 변수로 저장(Z)에 체크를 하고 [확인] 버튼을 클릭하여 기술통계분석을 실행한다. 그러면 각 사례의 Z-value는 해당 변수명 앞에 Z가 붙여진 변수명으로 [제1부 증권거래시스템 사례 데이터] 파일에 추가된다. 예컨대 측정변수 NAVI1은 ZNAVI1로 저장된다. 저장된 값을 보려면 [기술통계]분석 결과에서 빠져 나간 후 [제1부 증권거래시스템 사례 데이터] 파일을 보면 된다.

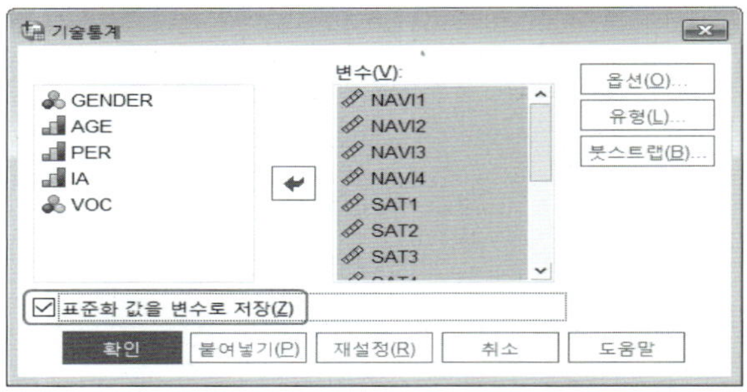

▎표 2-8 ▎각 사례의 일변량이상치의 점검: Z값의 저장 결과(N=200)

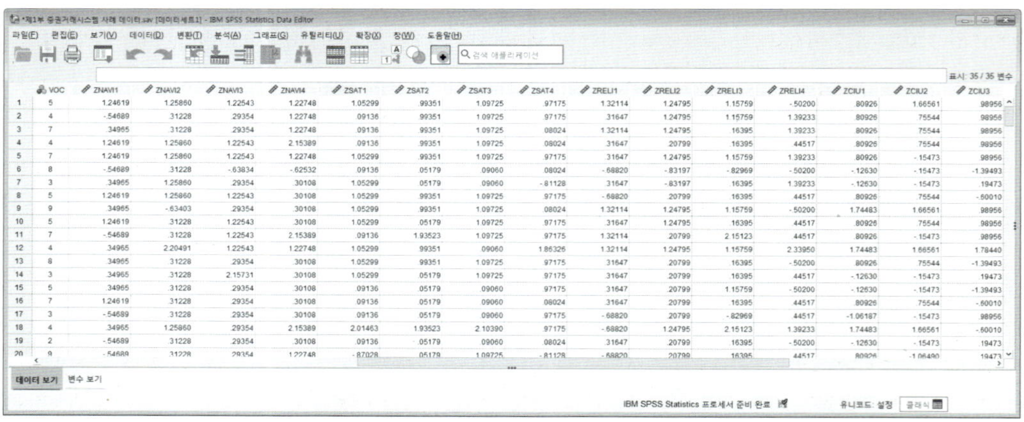

	VOC	ZNAVI1	ZNAVI2	ZNAVI3	ZNAVI4	ZSAT1	ZSAT2	ZSAT3	ZSAT4	ZRELI1	ZRELI2	ZRELI3	ZRELI4	ZCIU1	ZCIU2	ZCIU3
1	5	1.24619	1.25860	1.22543	1.22748	1.05299	.99351	1.09725	.97175	1.32114	1.24795	1.15759	-.50200	.80926	1.66561	.98956
2	4	-.54689	.31228	.29354	1.22748	.09136	.99351	1.09725	.97175	.31647	1.24795	1.15759	1.39233	.80926	.75544	.98956
3	7	.34965	.31228	.29354	1.22748	.09136	.99351	1.09725	.08024	1.32114	1.24795	.16395	1.39233	.80926	.75544	.98956
4	4	1.24619	1.25860	1.22543	2.15389	.09136	.99351	1.09725	.08024	.31647	.20799	.16395	.44517	.80926	.75544	.98956
5	7	1.24619	1.25860	1.22543	1.22748	1.05299	.99351	1.09725	.97175	.31647	1.24795	1.15759	1.39233	.80926	-.15473	.98956
6	8	-.54689	.31228	-.63834	-.62532	.09136	.05179	.09060	.08024	-.68820	-.83197	-.82969	-.50200	-.12630	-.15473	-1.39493
7	3	.34965	1.25860	.29354	.30108	1.05299	.05179	.09060	-.81128	.31647	-.83197	.16395	1.39233	-.12630	-.15473	.19473
8	5	1.24619	1.25860	1.22543	.30108	1.05299	.99351	1.09725	.97175	-.68820	.20799	.16395	.44517	.80926	.75544	-.60010
9	9	.34965	-.63403	.29354	.30108	1.05299	.99351	1.09725	.08024	1.32114	1.24795	1.15759	-.50200	1.74483	1.66561	.98956
10	5	1.24619	.31228	1.22543	.30108	1.05299	.05179	1.09725	.97175	.31647	1.24795	.16395	.44517	.80926	.75544	.98956
11	7	-.54689	.31228	1.22543	2.15389	.09136	1.93523	1.09725	.97175	1.32114	.20799	2.15123	.44517	.80926	-.15473	.98956
12	4	.34965	2.20491	1.22543	1.22748	1.05299	.99351	.09060	1.86326	1.32114	1.24795	1.15759	2.33950	1.74483	1.66561	1.78440
13	8	.34965	.31228	.29354	.30108	1.05299	.99351	1.09725	.97175	.31647	.20799	.16395	-.50200	.80926	.75544	-1.39493
14	3	.34965	.31228	2.15731	.30108	1.05299	.05179	1.09725	.97175	.31647	.20799	.16395	.44517	-.12630	-.15473	.19473
15	5	.34965	.31228	.29354	.30108	.09136	.05179	.09060	.97175	.31647	.20799	1.15759	-.50200	-.12630	-.15473	-1.39493
16	7	1.24619	.31228	.29354	.30108	.09136	.05179	.09060	.08024	.31647	.20799	.16395	.44517	.80926	.75544	-.60010
17	3	-.54689	.31228	.29354	.30108	.09136	.05179	.09060	.97175	-.68820	.20799	-.82969	.44517	-1.06187	-.15473	.98956
18	4	.34965	1.25860	.29354	2.15389	2.01463	1.93523	2.10390	.97175	-.68820	1.24795	2.15123	1.39233	1.74483	1.66561	-.60010
19	2	-.54689	.31228	.29354	.30108	.09136	.05179	.09060	.08024	.31647	.20799	.16395	-.50200	-.12630	-.15473	.19473
20	9	-.54689	.31228	.29354	1.22748	-.87028	.05179	1.09725	-.81128	-.68820	.20799	.16395	.44517	.80926	-1.06490	.19473

각 사례(1번부터 200번까지)에 대한 Z-value의 저장된 값을 요약하면 [표 2-8]과 같다. 또한 각 사례에 대한 Z-value를 검토해 본 결과, ±3 이상인 경우가 없으므로 일변량 이상치가 없다고 판단할 수 있다.

앞에서 수행한 기술통계분석의 출력물에서 개별 측정변수의 기술통계량을 요약하면 [표 2-9]와 같다. 표준편차 3 이상, 왜도 절대값이 3보다 큰 경우 그리고 첨도 절대값이 8 이상이 없으므로 개별 측정변수들은 정규분포를 가지는 것으로 볼 수 있다.

표 2-9 개별 측정변수의 기술통계량(N=200)

측정변수	기호	평균	표준편차	왜도	첨도
메뉴가 다루기 쉬움	NAVI1	4.61	1.115	−0.411	0.140
메뉴 간 이동이 자연스러움	NAVI2	4.67	1.057	−0.184	0.110
콘텐츠를 쉽게 선택	NAVI3	4.69	1.073	−0.108	−0.540
통제할 수 있는 부분이 있음	NAVI4	4.67	1.079	−0.146	−0.265
기능의 전반적 만족도	SAT1	4.90	1.040	−0.106	−0.316
서비스의 전반적 만족도	SAT2	4.95	1.062	−0.246	−0.438
메뉴 구성과 기능의 만족도	SAT3	4.91	0.993	−0.346	−0.193
거래처리속도의 만족도	SAT4	4.91	1.122	−0.512	−0.073
신의와 약속을 지킴	RELI1	4.68	0.995	−0.291	−0.056
신속한 거래서비스 제공	RELI2	4.80	0.962	−0.171	−0.480
정확한 거래서비스 제공	RELI3	4.84	1.006	−0.111	−0.001
최소한 손해도 없음	RELI4	4.53	1.056	−0.131	0.409
지속적인 시스템 이용	CIU1	5.14	1.069	−0.273	−0.469
향후 지속사용의도	CIU2	5.17	1.099	−0.365	−0.341
수수료 인상 시에도 지속사용	CIU3	4.75	1.258	−0.384	−0.331

4.2 신뢰도분석

신뢰도분석(Reliability analysis)이란 한 대상을 여러 번 측정하거나 한 가지의 측정도구를 이용해 반복측정했을 때 일관성 있는 결과가 나타나는지를 분석하는 것을 말한다. 이 분석은 보통 크론바흐 알파(Cronbach's alpha) 계수를 통해 확인한다. 여기에서 신뢰도(Reliability)는 동일한 잠재변수(혹은 구성개념)에 대해서 반복적으로 측정하였을 때 나타나는 측정값들의 분산(오차)을 의미하며, 측정도구에 측정오차가 상대적으로 얼마나 포함되어 있는가로 정의할 수 있다.

- 연구자가 측정도구의 신뢰도를 향상시키려면 ① 사전조사의 실시, ② 측정항목 수의 증가, ③ 선행연구에서 검증된 측정도구의 사용, ④ 측정항목의 구체화로 모호성 제거, ⑤ 응답자가 모르는 내용은 측정하지 말 것, ⑥ 일관되고 성실한 응답자의 태도, ⑦ 신뢰도 계수가 낮은 항목 제거, ⑧ 데이터 입력과정에서의 오류 축소(역점수로 측정한 경우에는 역코딩을 통해 척도의 방향을 동일하게 해주고 나서 다시 신뢰도검증을 해야 함) 등의 원칙이 지켜져야 한다.
- 신뢰도의 측정방법으로는 재검사법, 반분법, 문항분석법, 알파계수법이 있다.
- 가장 많이 사용되는 방법은 크론바흐 알파계수법(Cronbach's alpha)이다. 이 방법에서는 신뢰도를 저해하는 측정항목을 제외하여 신뢰도를 높이는 방법을 사용한다. 일반적으로 크론바흐 알파계수가 0.6 이상이면 측정항목들의 신뢰도는 만족할 만할 수준으로 평가할 수 있다.

표 2-10 크론바흐 알파계수와 신뢰도 평가

크론바흐 알파계수	신뢰도 평가
0.8~0.9	매우 높은 신뢰도
0.7 이상	바람직한 신뢰도
0.6 이상	수용가능한 신뢰도
0.6 이하	신뢰도가 낮음(내적 일관성 결여로 측정항목에서 제거)

- SEM분석에서는 잠재변수별로 신뢰도분석을 시행하여 신뢰도가 있다고 판정되면, 항목들의 값을 합산(항목합산 혹은 측정변수 묶기)하여 하나의 척도로 간주해 분석할 수 있다.
- 명목척도로 측정된 경우는 신뢰도분석의 대상이 아니므로 분석하지 않는다.
- SPSS에서는 [분석-척도-신뢰도분석]에서 크론바흐 알파계수에 대한 신뢰도분석을 시행한다. 잠재변수인 'NAVI(항해용이성)'에 대한 측정변수 4개를 선택한 후 [확인] 버튼을 눌러 분석을 실행하면 된다.

신뢰도분석은 잠재변수별로 시행하면 된다. 혹시 이후의 측정모형과 구조모형분석과정에서 특정한 잠재변수나 측정변수가 제거되면 제거 후에 남은 변수들을 가지고 다시 신뢰도분석을 시행하여 분석 결과를 제시하면 된다.

통계실습 2-4 신뢰도분석

증권거래시스템 사례의 [데이터 파일]을 가지고 신뢰도분석을 하시오.

실습 따라하기

❶ SPSS 29의 실습 파일이 있는 곳에서 [제1부 통계분석과 논문작성 기초다지기(제1장-제6장)-제1부 통계분석데이터] 폴더 안에 있는 '제1부 증권거래시스템 사례 데이터'를 클릭하여 불러들인다.

❷ [분석-척도분석-신뢰도분석]을 차례대로 클릭하여 [신뢰도분석] 창이 나타나면 첫 번째 잠재변수인 [항해용이성](NAVI)의 [NAVI1]부터 [NAVI4]까지 Shift 를 누른 상태에서 마우스 왼쪽 버튼을 클릭하여 선택한 후 [신뢰도분석] 창의 가운데에 있는 ➡을 클릭한다. 그러면 왼쪽 창에 있던 [측정변수]들이 오른쪽으로 이동된다.

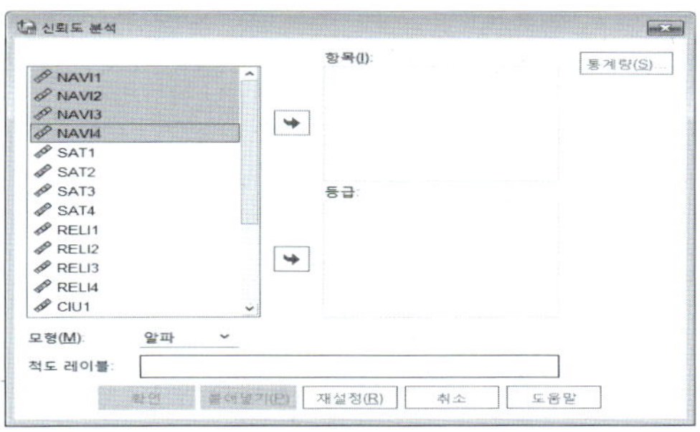

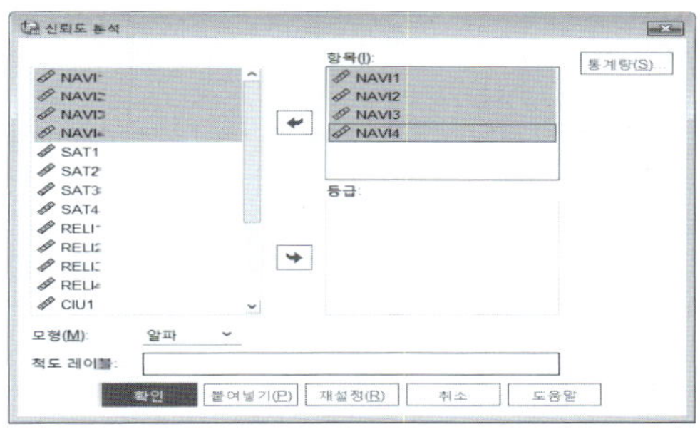

❸ [모형]과 [통계량] 버튼은 선택할 사항이 없으면 그대로 디폴트값으로 하고 [신뢰도분석] 창에서 [확인] 버튼을 클릭해 신뢰도분석을 시행한다. 그러면 신뢰도분석 결과가 나타난다.

❹ 위와 같은 방법으로 나머지 잠재변수에 대해서도 분석을 시행하여 완료한다.

4개의 잠재변수(구성개념)에 대한 신뢰도분석 결과는 [표 2-11]과 같다. 신뢰도분석 결과, Cronbach α 계수가 모든 잠재변수에 대해 0.8 이상으로 매우 신뢰도가 높은 것으로 나타났다.

표 2-11 신뢰도분석 결과

변수명	기호	최초 설문문항 수	Cronbach α 계수
항해용이성	NAVI	4	0.911
고객만족도	SAT	4	0.939
고객신뢰	RELI	4	0.897
지속사용의도	CIU	3	0.842

4.3 탐색적 요인분석

탐색적 요인분석(Exploratory Factor Analysis: EFA)은 잠재변수에 대한 기존의 가설이나 이론이 없는 경우 데이터의 배후에 어떠한 잠재요인이 적절한가를 찾기 위한 다변량분석기법이다. 이는 연구자가 연구와 관련된 요인이 어떠한 항목으로 구성되어 있는지 잘 모르는 경우에 사용하는 기법이다.

표 2-12 탐색적 요인분석에서 요인추출과 요인회전방법의 선택

<table>
<tr><th>구분</th><th colspan="2">방법</th><th>요인적재량
부호</th><th>적용 연구 분야</th></tr>
<tr><td rowspan="2">요인추출
방법</td><td>주성분분석
(Pricipal Component Analysis: PCA)</td><td>주성분</td><td>양수(+)</td><td>자연과학
(많은 변수들을 소수의 주성분으로 축약)</td></tr>
<tr><td>공통요인분석
(Common Factor Analysis: CFA)</td><td>최대우도법
주축요인추출
가중되지 않은 최소제곱법
일반화 최소제곱법
알파요인추출 이미지요인추출</td><td>양수(+)
음수(−)</td><td>사회과학
(데이터 축약+잠재요인이나 차원 발견)</td></tr>
<tr><td rowspan="2">요인회전
방법</td><td>직각회전
(Orthogonal rotation)</td><td>베리멕스
쿼티멕스
이쿼멕스</td><td></td><td rowspan="2">요인추출방법으로 주성분분석 시 요인회전은 직각회전방법 중에서 Varimax 추천
공통요인분석 방법 선택 시는 Direct Oblimin 방식이 많이 사용됨</td></tr>
<tr><td>사각회전
(Oblique rotation)</td><td>직접오블리민,
프로멕스</td><td></td></tr>
</table>

- 요인분석은 크게 탐색적 요인분석(EFA)과 확인적 요인분석(CFA)으로 구분할 수 있다. 전자는 탐색적 성격이 있으며 일반적인 연구에서 사용하며, 후자는 기존 이론이나 변수의 측정방법이 명확히 확립되어 있는 경우에 구조방정식모델링에서 적용한다. EFA는 논문 심사자가 요구할 때는 제시할 수도 있으나 구조방정식모델링에서는 가급적 사용하지 않고 참고자료로만 이용한다.
- 연구모형이 간명한 경우에는 요인분석을 수행할 때 모든 구성개념(연구변수), 즉 전체 측정변수(설문문항)를 대상으로 한 번에 분석한다. 그러나 연구모형이 복잡한 경우(다수의 독립변수, 매개변수 및 종속변수)에는 변수별로 요인분석을 수행할 수도 있다. 혹은 외생변수, 매개변수(조절변수), 종속변수 등으로 나누어 분석하기도 한다. 한편 하나의 상위개념에 몇 개의 하위개념이 있는 2차요인모형의 경우에는 하위요인별로 묶이는지를 검증하여야 한다(최창호와 유연우, 2017).
- 요인분석을 위해 수집된 표본 데이터가 요인분석을 수행하기에 적합한지를 평가하기 위해서 KMO(Kaiser-Meyer-Olkin)와 Bartlett 구형성검증을 수행한다. 전자는 요인분석에 사용된 변수의 수와 케이스의 수가 적절한지를 나타내는 표본적합도(Measure of sampling adequacy)를 평가하는 것이며, 후자는 상관계수행렬이 대각행렬이 아님을 분석하는 것으로 '변수들 간의 상관계수는 0이다'라는 귀무가설을 기각하여 요인분석을 수행하기에 적합한 변수 간 상관관계가 있는지를 검증하는 것이다. 보통 KMO 표본적합도값이 0.8 이상이고, Bartlett 구형성검증 결과의 유의확률이 0.05 미만이면 사용된 변수와 케이스의 수가 요인분석을 수행하기에 적합하고 변수 간의 상관관계가 존재하여 요인분석을 수행할 수 있다는 것을 의미한다.
- 요인분석의 목적은 ① 데이터의 요약, ② 변수의 구조파악, ③ 불필요한 변수의 제거, ④ 측정도구의 타당도검증, ⑤ 회귀분석이나 판별분석 등의 추가적 분석에 요인점수의 이용이다.
- 요인분석에 필요한 척도는 등간척도나 비율척도와 같은 양적 데이터(혹은 메트릭 데이터)로 측정된 것이어야 한다.
- 요인분석을 위한 표본 수는 적어도 변수 개수의 4~5배가 되어야 하며, 최소 50개 이상은 되어야 한다.
- 요인분석은 동일 개념을 측정한 변수들이 동일 요인으로 묶이는지를 확인함으로써 측

정도구의 타당도(판별타당도)를 검증하는 방법으로 이용된다.

- 요인회전(Factor rotation)은 보다 뚜렷한 요인적재값을 통해 변수들이 어느 요인에 상대적으로 높게 적재되는지를 명확하게 구분하기 위해서 실시한다. 요인회전 방법으로는 요인 간에 상관관계가 전혀 없다고 가정(상관관계=0)하는 직각회전방법(Orthogonal rotation)과 요인 간에 상관이 존재함을 가정하는 사각회전방법(Oblique rotation)이 있다. 전자에는 베리멕스, 쿼티멕스, 이퀴멕스가, 후자에는 직접 오블리민과 프로맥스가 있다. 사각회전방법은 요인 간의 상관관계를 인정하므로 다소 설득력이 떨어질 수 있지만 경험적인 근거를 가지고 요인구조를 만들어 낼 수 있으므로 사회과학 분야의 연구에 사용할 수 있다. 사회과학 분야의 연구자가 단순히 이론적으로 더 의미 있는 구조나 차원을 얻는데 관심이 있다면 사각회전방법을 사용하는 것이 필요하다.
- 직각회전방법을 이용하면 요인부하량(Factor loading)이 양수(+)가 나오지만 사각회전을 이용하면 동일한 요인에 대해 부호가 음수(−)가 나올 수도 있다. 이와 같이 동일 요인에 대해서 모두 부호가 음수이면 이는 위치 때문에 생긴 것이며 문제가 되지 않는다. 또한 사각회전을 사용한 경우에는 요인으로 묶였는지를 확인하려면 패턴행렬(Pattern matrix)을 보면 된다. 만약 요인들 간의 상관관계가 서로 독립적이라면 패턴행렬과 구조행렬은 동일한 값을 가진다.
- 요인분석 결과 요인부하량(Factor loading)의 절대값이 0.4 이상이면 유의한 변수로 간주하며 0.5를 넘으면 중요한 변수로 판단할 수 있다. 각 요인(여기에서 두 개의 요인)에 ±0.6(혹은 0.7) 이상으로 적재된 요인부하량은 각 요인에 포함된 변수들이 높은 상관관계가 있음을 보여주며 이는 집중타당도가 확보되었음을 의미한다. 반면에 각 요인에 ±0.3(혹은 0.4) 이하로 낮게 적재된 교차적재량(Cross loading)은 판별타당도가 확보되었음을 의미한다. 교차적재량이 ±0.4 이상이면 판별타당도가 저해된다고 볼 수 있다.
- 요인으로 묶으려는 추출할 요인 수의 결정방법에는 ① 고유값(Eigen value)을 기준으로 결정하는 방법, ② 연구자가 사전에 요인의 수를 결정하는 [고정된 요인 수]로 입력하는 방법이 있다. 고유값 기준은 적용하기가 매우 용이하기 때문에 많이 사용된다. 그러나 요인 수의 결정 시 고유값 기준으로만 적용하는 것은 바람직한 것은 아니다.

- 요인추출방법으로 주성분분석(PCA)[5]을 사용하는 경우에는 최소한 고유값이 1을 넘어야 한다. 그러나 주성분분석이 아니라 공통요인분석(CFA)[6]의 하나인 최대우도법을 선택할 경우에는 고유치 기준이 1보다 약간 하향 조정되어야 한다. 따라서 최대우도법을 적용한 경우에는 요인의 고유치가 1 이하로 나와도 추출된 요인을 제거하지 않고 사용할 수 있다.
- 요인분석에서 설명된 총분산은 회전 제곱합 누적 적재값이 60% 이상 설명할 수 있어야 하며, 60%에 미달하면 변수들의 전체 요인을 충분히 설명하지 못함을 의미한다.
- 요인분석에서 요인의 추출방법으로 최대우도법을 적용할 경우에 적합도검증을 위해 카이제곱검증을 사용하는 것은 무의미하며 사용하지 않는 것이 좋다. 왜냐하면 카이제곱검증은 표본 수에 의해 큰 영향을 받기 때문이다.
- 분석 실행 후 추출된 요인의 명칭은 연구자가 공통된 특성을 파악하거나 선행연구 결과들을 토대로 적절한 명칭을 부여하면 된다.
- 요인분석 결과 묶여진 각 요인들을 대상으로 항목합산 혹은 측정변수 묶기(Item parceling)를 통해 총합된 하나의 지표를 만들어 구조방정식모델링에서 사용할 수 있다.
- Amos SEM분석에서는 탐색적 요인분석을 생략할 수도 있으며, 타당도검증을 위한 예비적인 수단으로 활용할 수 있다. 그러나 학술과 학위논문의 심사자들은 탐색적 요인분석을 요구하는 경우도 있으므로 알아두는 것이 필요하다.

통계실습 2-5 탐색적 요인분석

증권거래시스템 사례의 [데이터 파일]을 가지고 탐색적 요인분석을 하시오. 요인추출방법으로는 공통요인방법인 최대우도법, 요인 수는 고정된 요인 수인 4개, 회전방법으로는 직접오블리민을 적용하시오.

---

5) 주성분분석은 총분산(공통분산+고유분산+오차항)을 이용하며 주어진 변수들을 보다 축소된 주성분으로 축약하는 방법이다. 이 방법은 변수들의 총분산을 가장 많이 설명하는 주성분(혹은 요인)을 순차적으로 추출하는 방법이다.

6) 공통요인분석은 총분산 중에서 공통분산만을 이용하며 여러 측정변수에 공통으로 들어 있는 공통요인을 추출하는 방법으로 각 변수의 고유분산과 오차항을 제외한 공통요인만을 설명하는 요인을 추출해 내고자 하는 것이 목적이다. 이는 변수 간의 공통요인을 추출하여 이를 사용해 변수 간의 상관관계를 찾고 각 변수의 성질을 축소하여 설명한다.

실습 따라하기

❶ SPSS 29의 실습 파일이 있는 곳에서 [제1부 통계분석과 논문작성 기초다지기(제1장-제6장)-제1부 통계분석데이터] 폴더 안에 있는 '제1부 증권거래시스템 사례 데이터'를 클릭하여 불러들인다.

❷ [분석-차원 축소-요인분석]을 차례대로 클릭하여 [요인분석] 창이 나타나면 [측정변수]인 [NAVI1]부터 [CIU3]까지 Shift를 누른 상태에서 마우스 왼쪽 버튼을 클릭해 선택한 후 [요인분석] 창의 가운데에 있는 ➡을 클릭한다. 그러면 왼쪽 창에 있던 [측정변수]들이 오른쪽으로 이동된다.

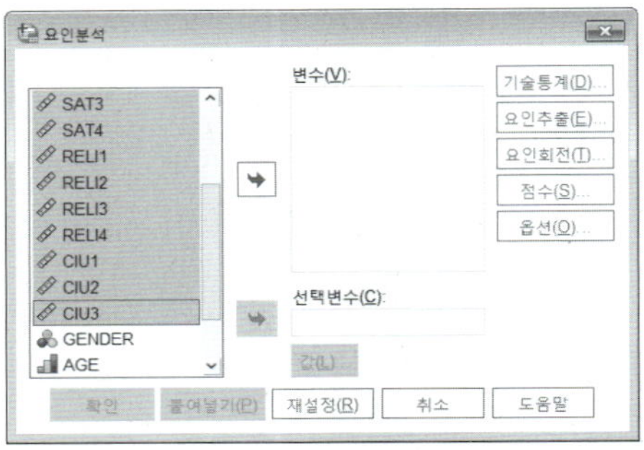

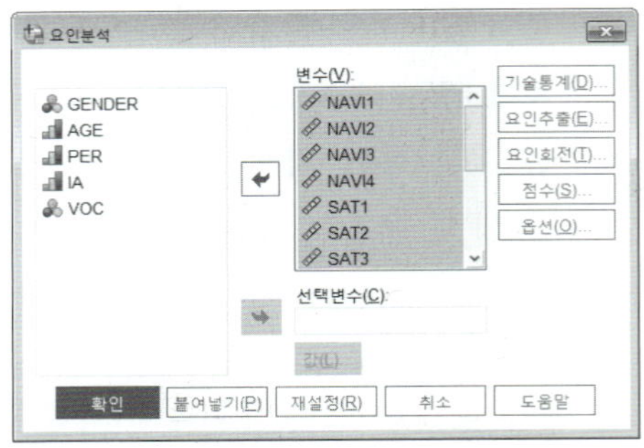

❸ [요인분석] 창의 오른쪽에 있는 [기술통계] 버튼을 클릭하여 [KMO와 Bartlett의 구형성검증]을 선택한 후 [계속] 버튼을 클릭한다.

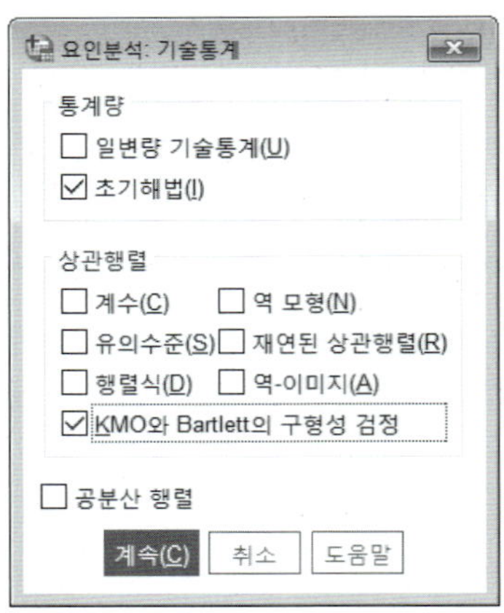

❹ [요인분석] 창의 오른쪽에 있는 [요인추출] 버튼을 클릭하여 [방법]에 [최대우도]를 선택하고, [추출]에 [고정된 요인 수]를 선택한다. 추출할 요인 수를 이 사례의 잠재변수 수인 [4개]로 입력한다.

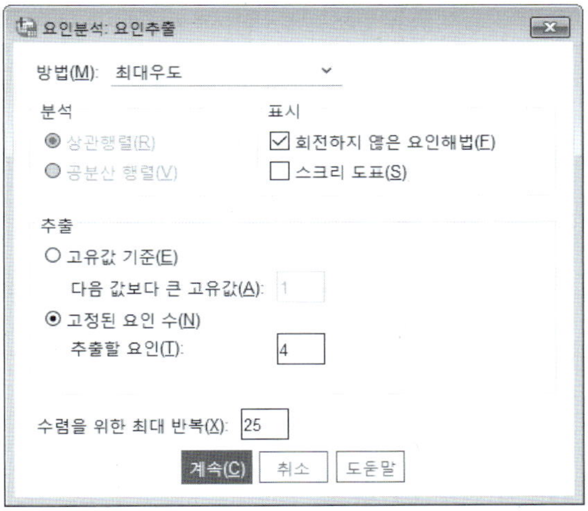

❺ [요인분석] 창의 오른쪽에 있는 [요인회전] 버튼을 클릭하여 회전방법은 [직접오블리민(Direct Olimin)]을 선택한 후 [계속] 버튼을 클릭한다.

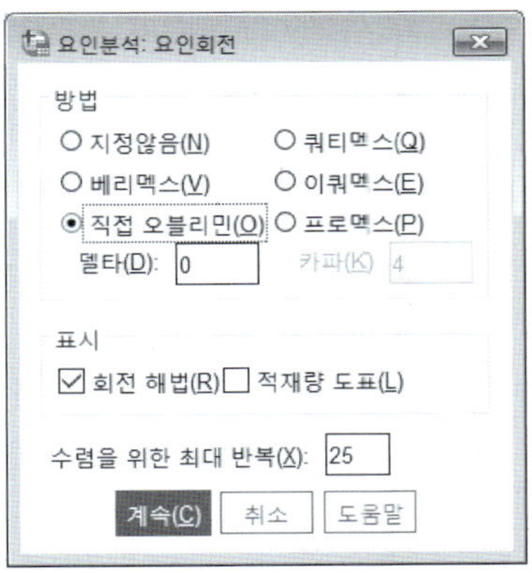

❻ [요인분석] 창에서 좌측 하단에 있는 [확인] 버튼을 클릭해 요인분석을 시행한다. 그러면 요인분석 결과가 나타난다.

탐색적 요인분석을 시행한 후의 출력물은 [표 2-13]과 같다.

표 2-13 증권거래시스템 사례: 탐색적 요인분석의 Output

→ 요인분석

요인분석

KMO와 Bartlett의 검정

표본 적절성의 Kaiser-Meyer-Olkin 측도.		.948
Bartlett의 구형성 검정	근사 카이제곱	2760.762
	자유도	105
	유의확률	.000

공통성

	초기	추출
NAVI1	.716	.741
NAVI2	.749	.788
NAVI3	.728	.797
NAVI4	.584	.593
SAT1	.806	.838
SAT2	.837	.879
SAT3	.769	.808
SAT4	.697	.700
RELI1	.747	.777
RELI2	.791	.844
RELI3	.759	.798
RELI4	.444	.443
CIU1	.685	.718
CIU2	.730	.871
CIU3	.449	.449

추출 방법: 최대우도.

설명된 총분산

	초기 고유값			추출 제곱합 적재량			회전 제곱합 적재량[a]
요인	전체	% 분산	누적 %	전체	% 분산	누적 %	전체
1	9.598	63.988	63.988	9.333	62.220	62.220	6.773
2	1.148	7.656	71.644	.902	6.013	68.232	7.268
3	.722	4.813	76.457	.457	3.044	71.276	8.258
4	.632	4.212	80.669	.355	2.365	73.642	7.288
5	.516	3.441	84.109				
6	.442	2.944	87.053				
7	.391	2.605	89.658				
8	.294	1.962	91.620				
9	.259	1.727	93.347				
10	.229	1.526	94.872				
11	.195	1.302	96.174				
12	.167	1.112	97.286				
13	.158	1.054	98.340				
14	.132	.881	99.221				
15	.117	.779	100.000				

추출 방법: 최대우도.

a. 요인이 상관된 경우 전체 분산을 구할 때 제곱합 적재량이 추가될 수 없습니다.

적합도 검정

카이제곱	자유도	유의확률
77.593	51	.010

패턴 행렬[a]

	요인			
	1	2	3	4
NAVI1	.056	.837	-.044	-.070
NAVI2	.115	.813	-.074	-.088
NAVI3	-.107	.878	-.016	.102
NAVI4	.008	.744	.032	.067
SAT1	.166	-.021	-.837	-.041
SAT2	.104	-.020	-.867	.010
SAT3	-.146	.083	-.883	.068
SAT4	.003	.032	-.772	.048
RELI1	.670	.104	-.137	.044
RELI2	.653	.005	-.127	.207
RELI3	.640	.122	-.066	.151
RELI4	.292	.275	-.021	.170
CIU1	.064	.040	-.144	.653
CIU2	-.007	-.039	-.057	.918
CIU3	.082	.063	.030	.591

추출 방법: 최대우도.
회전 방법: 카이저 정규화가 있는 오블리민.
a. 14 반복계산에서 요인회전이 수렴되었습니다.

탐색적 요인분석을 위해 요인추출방법으로는 **최대우도법**을, 요인회전방법은 **직접오블리민** 그리고 요인 수의 추출 기준은 **고정된 요인 수** '4'로 설정하였다. 요인분석 결과를 요약하면 [표 2-14]와 같다.

▌표 2-14▐ 탐색적 요인분석 결과

변수		요인1	요인2	요인3	요인4
요인	측정문항				
항해용이성 (NAVI)	NAVI1 NAVI2 NAVI3 NAVI4		0.837 0.813 0.878 0.744		
고객만족도 (SAT)	SAT1 SAT2 SAT3 SAT4			−0.837 −0.867 −0.883 −0.772	
고객신뢰 (RELI)	RELI1 RELI2 RELI3 RELI4	0.670 0.653 0.640 <u>0.292</u>			
지속사용의도 (CIU)	CIU1 CIU2 CIU3				0.653 0.918 0.591
고유값 설명분산(%) 누적분산(%)		9.598 63.988 63.988	1.148 7.656 71.644	0.722 4.813 76.457	0.632 4.212 80.669
KMO 측도=0.948 Bartlett의 χ^2=2760.762, df=105, p=0.000					

분석 결과 요인1의 RELI4에 대한 요인적재량이 0.292로 나타나 0.4 이하여서 제거하기로 한다. RELI4를 제거한 후에 다시 탐색적 요인분석을 시행하였다. 나머지 통계분석 조건은 동일하였다. 분석한 결과는 생략하며 독자들이 분석 결과를 토대로 [표 2-15]와 같이 요인분석 결과를 요약하기 바란다.

표 2-15 탐색적 요인분석 최종 결과

변수		요인1	요인2	요인3	요인4
요인	측정문항				
항해용이성 (NAVI)	NAVI1		0.846		
	NAVI2		0.820		
	NAVI3		0.875		
	NAVI4		0.743		
고객만족도 (SAT)	SAT1			−0.841	
	SAT2			−0.867	
	SAT3			−0.891	
	SAT4			−0.785	
고객신뢰 (RELI)	RELI1				−0.668
	RELI2				−0.661
	RELI3				−0.632
지속사용의도 (CIU)	CIU1	0.652			
	CIU2	0.925			
	CIU3	0.590			
고유값		9.151	1.148	0.694	0.610
설명분산(%)		65.367	8.200	4.954	4.360
누적분산(%)		65.367	73.567	78.521	82.881
KMO 측도=0.943 Bartlett의 χ^2=2651.990, df=91, p=0.000					

KMO 표본적합도는 0.943으로 0.8 이상으로 나타나 변수와 케이스의 수가 적절하며, Bartlett 구형성검증 결과 χ^2=2651.990, df=91, p=0.000<0.05이므로 변수들 간의 상관관계가 존재하는 것으로 확인되어 전반적으로 요인분석의 수행이 가능한 것으로 나타났다. 한편 추출 제곱합 적재량에서 전체 누적변량은 75.730이어서 30% 이상으로 나타나 적합한 수준이었다. 분석 결과 요인은 4개로 잘 묶였으며 모든 문항의 요인적재량이 0.4 이상으로 나타나 요인들의 판별타당도는 확보되었다.

Amos 구조방정식모델링에서는 앞에서 살펴본 탐색적 요인분석 결과는 참조 사항에 불과하다. 논문 심사자가 요구하면 분석 결과를 제시할 수도 있지만 필수적으로 요구되는 사항은 아니다. 따라서 탐색적 요인분석의 결과는 논문에 포함시키지 않아도 문제가 되지 않는다.

탐색적 요인분석을 수행한 결과 요인1의 RIRI4는 요인적재량이 0.4 미만이고 유의한 변수가 아니어서 제거하였다. 물론 Amos 측정모형분석에서도 확인요인분석(CFA)을 수행하면 자연스럽게 RELI4는 제거될 가능성이 높다. 이러한 이유 때문에 Amos 구조방정식모델링에서는 탐색적 요인분석을 수행하지 않아도 되며 바로 확인적 요인분석을 시행하게 된다. 따라서 이 책의 제3장 측정모형분석에서는 측정변수로 RELI4를 포함시켜서 분석할 예정이며, 이 변수가 제거되는 과정을 보여줄 것이다.

제2장의 핵심내용 요약

- SPSS/Amos를 이용한 논문작성의 기본 절차는 크게 ① 연구조사 설계: 연구모형과 가설, ② 데이터 수집, 입력 및 점검, ③ 기초통계분석, ④ 측정모형분석과 개념타당도분석, ⑤ 구조모형분석과 가설검증, ⑥ 논문작성에 필요한 표와 그림 작성으로 이루어진다.
- 논문 준비를 한다는 것은 사실상 문제의식을 가지기 위한 탐색과정이라고 할 수 있다.
- 선행연구의 검토 이유는 연구가설을 설정하기 위한 근거를 찾고 연구방법이나 연구 결과의 해석에 도움이 될 만한 내용과 자료를 얻기 위한 것이다.
- SEM분석에서는 연구모형을 측정모형과 구조모형으로 구분한다.
- 가설에서 사용되는 잠재변수(혹은 구성개념)를 직접적으로 관찰가능한 측정변수들을 이용해 다시 정의해야 하며, 이를 변수의 조작적 정의(Operational definition)라 한다.
- 논문작성의 데이터 수집방법으로는 설문지법이 많이 이용된다.
- SEM분석에서 최소한의 표본크기는 100~150개 정도로 알려지고 있다. 권장수준은 200개 정도이나 그 이상이 되어야 한다는 주장도 있다.
- 데이터 입력이 종료된 후에는 데이터를 점검하여 문제가 있는 부분을 해결하여 통계분석에 사용될 최종적인 [데이터 파일]을 확정하여야 한다. 데이터의 점검은 ① 입력 데이터의 정확성, ② 결측치와 이상치, ③ 정규성 등에 대한 확인을 해야 한다.
- 학위 및 학술논문을 작성할 때 신뢰도분석, 탐색적 요인분석, 기초통계량분석 등과 같은 기초통계분석이 요구된다. 그러나 보통 SEM분석에서는 CFA만 수행하는 경우가 많다.

참고문헌

김계수. (2013). AMOS 18 구조방정식모형 분석. 한나래아카데미.

배병렬. (2021). AMOS 27 구조방정식모델링. 도서출판 청람.

신건권. (2011). 온라인 증권거래시스템 HTS의 상호작용성이 고객의 시스템 수용에 미치는 영향. *회계연구*, 16(3), 177-196.

신건권. (2023). 석박사학위와 학술논문 작성 중심의 SmartPLS 4.0 구조방정식모델링. 도서출판 청람.

신건권. (2023). SPSS 29와 PROCESS macro 4.0을 이용한 회귀분석 따라하기. 도서출판 청람.

신건권. (2023). 석박사학위와 학술논문 작성 중심의 SPSS 29 논문통계분석. 도서출판 청람.

이경희. (2001). 석박사학위 논문작성을 위한 연구조사방법론. 민영사.

이훈영. (2012). 이훈영교수의 연구조사방법론. 도서출판 청람.

최창호, 유연우. (2017). 탐색적요인분석과 확인적요인분석의 비교에 과한 연구. *디지털융복합연구*, 15(10), 103-111.

AMOS 29 User's Guide.

Jöreskog, K.G. and Sörbom, D. (1989). *LISREL 7: A guide to the program and applications*, Chicago: SPSS Publications.

제 3 장 통계분석과 논문작성의 기본 절차(2): 측정모형분석

5 제4단계: 측정모형분석

5.1 측정모형의 평가 이전 확인사항과 평가

모형의 평가(Model evaluation)는 측정모형과 구조도형을 구별해서 평가하고 실행하는 2단계접근법(Two-step approach)과 이를 구별하지 않고 평가하는 1단계접근법(One-step approach)이 있다. 이 책에서는 2단계접근법을 사용해서 측정모형과 구조모형으로 구분해 실행한 후 평가하기로 한다.

(1) 측정모형 평가 이전의 확인사항

측정모형의 평가 이전에 확인해야 할 사항(Check points)은 평가 이전에 위반추정치가 발생했는지를 확인하는 것이다. 이는 모형의 인정 조건을 확인하는 작업과 관련된다. 모형의 식별(Model identification)이 안 되는 경우에는 필요한 조치를 해야 한다.

위반추정치(Offending estimate)란 부적해(Improper solution)나 수용하기 어려운 해(Inadmissible solution)로 측정모형에서 수용한계를 벗어난 비정상적인 추정치를 의미한다. 위반추정치의 발생 이유는 ① 헤이우드 케이스(Heywood case), 즉 표준화회귀계수가 1을 초과하거나 음(-)오차분산이 있는 경우, ② 잠재변수 간의 상관계수가 0.9 이상인 극단적인 상관관계가 존재하는 경우, ③ 측정변수의 수가 3개 미만인 경우 등이다. 이외에도 해를 왜곡하는 이상치가 있거나 150개 이하의 작은 표본크기인 경우에 발생할 수 있다. 위반추정치가 있는 것으로 확인된 경우에는 모형 적합도를 평가하기 전에 반드시 그 발생원인을 찾아내어 해결한 다음 다시 추정해야 한다.

측정모델링 과정에서의 **주요 확인사항**은 [그림 3-1]과 같이 ① 헤이우드 케이스(Heywood case), 즉 **표준화회귀계수가 1을 초과하거나 음오차분산이 있는 경우**, ② **극단적인 상관관계가 있는 경우** 등이다.

그림 3-1 ▌측정모형의 평가 이전 주요 확인사항

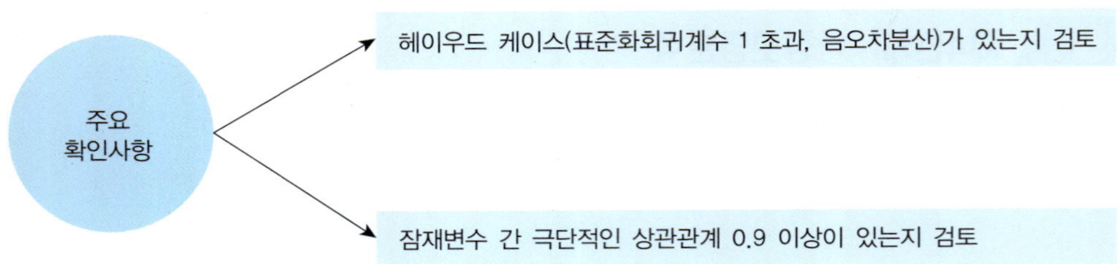

▌표 3-1 ▌측정모형의 평가 이전 주요 위반추정치의 확인사항과 조치방법

확인사항		위반추정치의 기준	조치방법
위반추정치의 검토	헤이우드 케이스(Heywood case) 유무	표준화회귀계수가 1을 초과하는 비정상적인 경우는 위반추정치임	해당 변수 제거(혹은 경로계수를 0으로 고정) 등
		측정오차변수의 분산에 마이너스(−)가 있는 경우(음오차분산)는 위반추정치임	• 음오차분산을 작은 양의 값(예: 0.005)으로 고정시킴 • 표본 수와 측정변수 수를 늘림 • 측정모델 회귀계수를 모두 1로 고정
	잠재변수 간 극단적인 상관관계 유무	잠재변수 간 상관관계가 0.9 이상인 경우에는 다중공선성이 존재: 상관관계≥0.9 이상	잠재변수 중에서 제거 검토

먼저, **헤이우드 케이스**가 있는지를 검토한다. **표준화회귀계수가 1을 초과하는 경우**가 있으면 위반추정치가 된다. 기본적으로 표준화회귀계수는 절대치 1을 초과할 수 없기 때문이다. 표준화회귀계수가 1을 초과하는 경우에는 문제가 되는 해당 변수를 제거하거나 측정변수 간에 불필요한 경로가 있으면 경로계수를 0으로 고정시켜야 한다. 또한 측정오차 변수의 분산이 마이너스인 **음**

오차분산(Negative error variance)이 있으면 위반추정치가 된다. 특정한 측정오차변수에 음오차분산이 있으면 Amos 실행 결과의 [Notes for Model]에 "the following variances are negative"라는 메시지가 나타난다. 음오차분산이 있는 경우에는 [그림 3-2]와 같이 음오차분산을 작은 양의 값(예: 0.005)으로 고정시켜서 해결할 수 있다. 아니면 음오차가 발생한 특정 측정변수를 제거하거나 표본의 크기를 증가시키는 방법을 고려할 수 있다.

그림 3-2 ▌Heywood case(음오차분산)의 해결방법

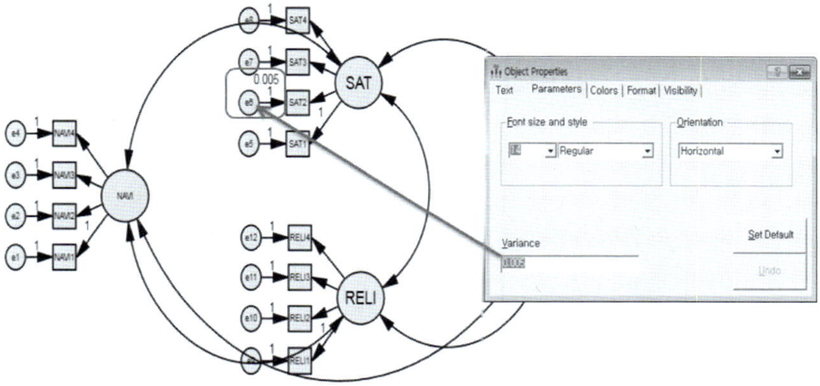

만약 측정오차 e6이 음오차라면 해당 측정오차 e6 위에 마우스를 올려놓고 왼쪽 버튼을 더블클릭하거나 오른쪽 버튼을 클릭하면 [Object Properties] 창이 나타나며 이때 [Parameters] 탭에서 [Variance]에 [0.005]를 입력한 후에 닫기 버튼(X)을 클릭하면 위와 같이 입력이 완료된다.

다음으로, 잠재변수 간에 극단적인 상관관계가 존재할 경우, 즉 상관관계가 0.9 이상이면 다중공선성(Multicollinearity)의 문제가 발생될 수 있으며 위반추정치가 될 수 있다. 이 경우에는 문제가 되는 변수를 제거하는 것을 검토해야 한다.

(2) 측정모형의 평가

측정모형의 평가는 [그림 3-3]과 같이 ① 모형 적합도(Model fit)에 대한 평가와 ② 측정도구의 신뢰도와 타당도에 대한 평가로 구분된다. 여기에서 신뢰도(Reliability)란 특정 개념(잠재변수)에 대한 측정변수들이 일관성 있고 오류없이 정확하게 측정되었는지의 정도로 주로 측정변수들

간의 내적 일관성 정도를 의미한다. 타당도(Validity)란 측정변수들이 측정하고자 하는 개념이나 속성을 정확히 반영하고 있는지에 대한 정도를 의미한다.

그림 3-3 ▌ 측정모형의 평가

모형 적합도[Model fit]의 평가

↓

측정도구의 신뢰도와 타당도 평가
-개별 측정변수의 신뢰도 평가
-개념신뢰도의 평가
-개념타당도의 평가: 집중타당도와 판별타당도

■ 모형 적합도의 평가

위반추정치가 없는 것으로 확인되었으면 이제 여러 가지 적합도지수(Fit index)를 이용하여 모형(측정모형, 구조모형)의 적합도(Model fit)를 평가해야 한다. 모형 적합도의 평가는 연구자가 설정한 모형(측정모형과 구조모형)이 실제 데이터와 얼마나 부합되는지를 평가하는 것을 말한다. 모형 적합도는 보통 표본 데이터로부터 얻은 표본공분산행렬(Sample covariance matrix)과 연구모형으로부터 추정된 모형예측공분산행렬(Model-implied covariance matrix)의 차이를 의미하며, 이 차이가 작을수록 높은 적합도를 보이게 된다. 보통 모형 적합도는 연구자가 설정한 모형의 채택 여부를 결정하는 기준이 되기 때문에 구조방정식모델링에서 중요한 부분을 차지하고 있다.

적합도지수에는 ① 모형의 전반적 적합도를 평가하는 절대적합지수(Absolute fit index), ② 제안모형이 기초모형[1]에 비해 어느 정도 향상되었는가를 평가하는 증분적합지수(Incremental fit index), ③ 모형의 간명도를 평가하는 간명적합지수(Parsimonious fit index), ④ 기타 지수 등이 사용된다. [표 3-2]는 학위와 학술논문 작성에서 연구자들이 많이 활용하는 적합도지수와 각각의 수용수준을 요약한 것이다. 각 지표들은 수용기준을 충족하면 우수한(양호한) 적합도를 가지고 있다고 판단한다.

1) 기초모형은 가장 제약된 모형으로서 모든 측정변수의 상관관계가 0이라고 가정한 것으로, 측정변수 간에 공분산이 존재하지 않는다고 가정한 모형이다.

표 3-2 모형 적합도지수와 수용기준 예시

적합도지수	수용수준	비고
χ^2검증	χ^2(p)가 0.05 이상(p≥0.05)이면 모형이 적합(우수)하다고 판단. χ^2값이 작을수록 적합도가 높아짐	절대적합지수
Q값(χ^2/df or CMIN/df)	3 이하 우수	절대적합지수
GFI(Goodness-of-Fit-Index)	0.9 이상 우수	절대적합지수
AGFI(Adjusted Goodness-of-Fit-Index)	• 0.85 이상 우수 • 0.8 이상 어느 정도 우수	간명적합지수
RMR(Root Mean Square Residual)	• 0.05 이하 우수 • 값이 작을수록 적합도가 높아짐	절대적합지수
SRMR(Standardized Root Mean Square Residual)	• 0.08 이하 우수 • 값이 작을수록 적합도가 높아짐	절대적합지수
NFI(Normed Fit Index)	0.9 이상 우수	증분적합지수
CFI(Comparative Fit Index)	0.9 이상 우수	증분적합지수
TLI(Tucker-Lewis Index)	0.9 이상 우수	증분적합지수
RMSEA(Root Mean Square Error of Approximation)	• 0.05 이하 우수 • 0.08 이하 양호 • 0.1 이하 보통수준 • 0.1 이상 수용 불가	절대적합지수

- 적합도지수는 CFA와 SEM분석에서 공통적으로 이용된다.
- 적합도지수는 ① **표본크기에 민감하지 않고**, ② **모형의 간명성**(Parsimony)**이 고려되고**, ③ **명확한 해석기준이 존재하는 것**을 적용하는 것이 바람직하다. 다양한 적합도 판단지수 중에서 유일하게 받아들여지는 것은 없다. 연구자들은 여러 가지 지수들을 이용하여 종합적으로 판단하는 것이 필요하다.
- 연구자들이 **가장 많이 사용하고 추천하는 적합도지수**에는 χ^2/df(Q값), GFI, CFI(혹은 TLI), SRMR, RMSEA 등이다.
- GFI는 간명성을 고려하지 않으며 표본크기에 영향을 받고, AGFI는 간명성을 고려하지만 역시 표본크기에 영향을 받는다는 점에 문제가 있다.
- GFI, AGFI 등은 표본크기에 민감하며 표본크기가 큰 경우에 사용하는 것이 좋다. 반면에 **표본크기가 작은 경우에는** CFI, TLI, RMSEA 등이 추천된다. 또한 CFI, TLI, NFI

는 유사한 증분적합지표이므로 이 중에서 한 가지만 선택해서 보고하는 것이 좋다.

- RMSEA는 표본크기에 영향을 받지 않고 간명성이 고려되면서도 특히 그 분포가 알려져 있어 신뢰구간의 설정이 가능한 장점이 있다.
- 제안모형과 경쟁모형의 비교를 위해서는 PGFI, PNFI, PCFI 등의 간명적합지수를 보고하며, 잠재변수와 측정변수의 수가 다른 모형을 비교할 때는 AIC, BIC 등을 이용한다.
- 모형 적합도를 높이기 위해서 오차(측정오차와 구조오차)를 상관(↔)으로 연결해서 모형수정을 하는 경우가 있는데 이는 가급적 피하는 것이 좋다.
- SRMR은 다른 적합도지수와는 달리 [Plugins] 메뉴에 있는 [Standardized RMR]을 클릭한 후 측정모형을 실행해야 지수값을 알 수 있다. 그러면 [그림 3-4]와 같이 보조창에 추정된 SRMR을 보여준다.

그림 3-4 ▌ 적합도지수 SRMR의 출력 결과 제시

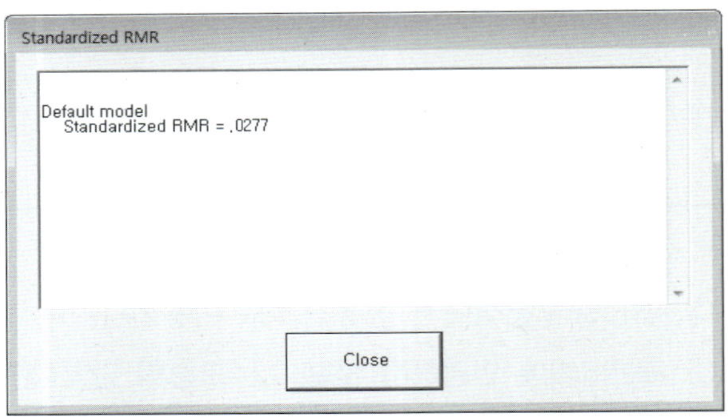

■ 측정도구의 신뢰도와 타당도 평가

측정모형분석의 기본적인 목적은 확인적 요인분석(CFA)을 수행하여 측정도구(혹은 측정변수)의 신뢰도와 타당도를 분석하는 것이다. 분석 과정에서 신뢰도와 타당도에 문제가 있는 것이 발견되면 해당 측정변수나 잠재변수의 제거 여부를 검토해야 한다.

측정모형을 통한 측정도구의 신뢰도와 타당도 평가는 [표 3-3]과 같이 ① 개별 측정변수의 신뢰도 평가, ② 잠재변수의 집중타당도(Covergent validity)와 판별타당도(Discriminant validity)의 평가로 구분해서 수행해야 한다. 전자는 개별 측정변수들이 신뢰도가 있는가를 평가하는 것이며, 후자는 측정변수들이 측정하고자 하는 잠재변수를 제대로 측정하고 있는가를 평가한다.

표 3-3 측정모형을 통한 개별 측정변수와 잠재변수의 개념타당도 평가

평가 항목		개념과 수용기준	조치방법
개별 측정변수의 신뢰도 평가: SMC 혹은 표준화회귀계수		표준화회귀계수(요인부하량) 0.7 이상(탐색적 연구의 경우는 0.5 이상) 0.95 이하이고 유의성이 있어야 개별 측정변수의 신뢰도가 있음	표준화회귀계수가 0.7 미만(탐색적 연구 0.5 미만)이면 제거 검토
		개별 측정변수의 신뢰도는 개별 측정변수의 다중상관자승(Squared Multiple Correlation: SMC)을 이용해 평가하며 이는 (표준화회귀계수)^{2}으로 계산함 SMC와 회귀분석의 R^2(결정계수)은 같음 SMC≥0.5 이상 신뢰도가 있음	SMC가 0.5 미만 측정변수의 제거 검토
개념신뢰도의 평가		개념신뢰도는 잠재변수의 내적 일관성 신뢰도를 의미하며, CR≥0.7, 크론바흐 알파계수≥0.7 이상이면 개념신뢰도가 있다고 평가	개념신뢰도에 기여하지 못하는 측정변수 제거 검토
개념타당도의 평가	집중타당도(수렴타당도)(Convergent validity)	평균분산추출(Average Variance Extracted: AVE): AVE≥0.5 이상이면 집중타당도가 있음	집중타당도가 낮은 측정변수의 제거 검토
	판별타당도(Discriminant validity)	잠재변수 간의 판별(구분)이 잘 되는 정도: AVE≥(잠재변수 간 상관계수)^2	판별타당도가 낮으면 잠재변수 중에서 제거 검토

먼저, 표준화회귀계수와 다중상관자승(Squared Multiple Correlation: SMC)을 이용해서 개별 측정변수의 신뢰도를 평가한다. SMC는 표준화회귀계수의 제곱으로 계산되며, 개별 측정변수의 설명력을 의미한다. 따라서 회귀분석에서 사용하는 결정계수(R^2)와 유사한 개념이다. 측정모형의 평가 결과 표준화회귀계수가 0.7 이상 혹은 개별 측정변수들의 SMC가 0.5 이상이면 개별 측정변수는 신뢰도가 있다고 평가한다. 그러나 개별 측정변수들의 표준화회귀계수가 0.7 미만 혹은 SMC가 0.5 미만이면 해당 측정변수를 제거해야 한다. 이와 같은 방법으로 신뢰도가 떨어지는 개별 측정변수를 미리 제거하면 이후의 수정지수(M.I.)를 이용해 오차 간 상관(↔)을 연결하는 모형 수정을 하지 않아도 신뢰도와 타당도를 확보할 수 있는 가능성이 높아진다.

다음으로, 개념신뢰도(Construct validity)를 평가하기 위해서는 합성신뢰도(Composite

Reliability: CR)지수가 필요하다. CR≥0.7 이상, 크론바흐 알파계수≥0.7 이상이면 개념신뢰도가 있다고 평가한다.

마지막으로, 개념타당도(Construct validity)를 평가하기 위해서는 평균분산추출(Average Variance Extracted: AVE)지수가 필요하다. ① AVE≥0.5 이상이면 집중타당도가 있다고 본다.[2)] ② Fornell & Larcker(1981)의 판별타당도의 평가에서는 AVE가 잠재변수 간 상관계수 제곱보다 커야 판별타당도가 있다고 본다.

Amos에서는 집중타당도와 판별타당도를 평가하는데 필요한 CR값과 AVE값을 자동적으로 계산해 주지 않으므로 연구자들이 Excel Sheet 등에 계산식을 집어넣어 수동으로 계산해야 한다. 값을 계산하려면 계산 요소로 표준화회귀계수와 표준화된 측정오차분산이 필요하다. 다만 LISREL, Mplus 등의 프로그램에서는 표준화된 측정오차분산을 제공하므로 다음과 같은 계산식에 표준화된 오차분산을 그대로 적용하면 된다.

CR = (∑표준화회귀계수)^2/[(∑표준화회귀계수)^2 + 표준화오차분산]
AVE = (∑표준화회귀계수^2)/[(∑표준화회귀계수^2) + 표준화오차분산]

Amos에서는 표준화된 측정오차의 분산추정치(Standardized error variance estimate)를 제공하지 않으므로 Fornell & Larcker(1981)가 제안한 계산식에서 필요한 표준화된 측정오차분산을 (1−표준화회귀계수^2)로 대체한 계산식을 이용해서 계산할 수 있다. 이 책에서는 독자들의 편의를 위해서 Amos를 이용해 CR과 AVE값을 계산할 수 있는 템플릿을 실습 파일에서 제공한다.

CR = (∑표준화회귀계수)^2/[(∑표준화회귀계수)^2 + (1−표준화회귀계수^2]
AVE = (∑표준화회귀계수^2)/[(∑표준화회귀계수^2) + (1−표준화회귀계수^2]

2) 집중타당도(Convergent validity)는 수렴타당도라고도 하며 이는 잠재변수를 구성하는 측정변수들에 의해서 잠재변수가 설명되는 정도를 의미한다. 집중타당도가 높으려면 측정변수들 간의 상관관계가 높아야 한다. 또한 판별타당도(Discriminant validity)는 잠재변수와 잠재변수 간을 잘 구별해 주는 정도를 의미하며 판별타당도가 높으려면 잠재변수 간의 상관관계가 낮아야 한다.

5.2 측정모형 설정: 측정모형 그리기

연구자가 설정한 연구모형에 기초해 측정모형(Measurement model)을 그린다.

측정모형을 그릴 때 몇 가지 유의사항은 다음과 같다.

- 모든 잠재변수 간을 상관(↔)으로 연결해야 한다.
- 모든 측정변수들은 측정오차항이 있어야 한다. 오차항 자동 그리기 도구상자를 이용하면 오차항의 경로계수가 초기값 '1'로 자동 지정된다.
- 모형 식별을 위해서 잠재변수별로 1개의 측정변수에 대한 회귀계수 중에서 하나를 '1'로 지정해야 한다. 측정변수와 오차항을 동시에 그리는 도구상자를 이용하면 자동적으로 '1'의 값이 지정된다.

통계실습 3-1 증권거래시스템 사례: CFA를 위한 측정모형 그리기

CFA를 위한 증권거래시스템 사례의 최초 측정모형을 그리시오.

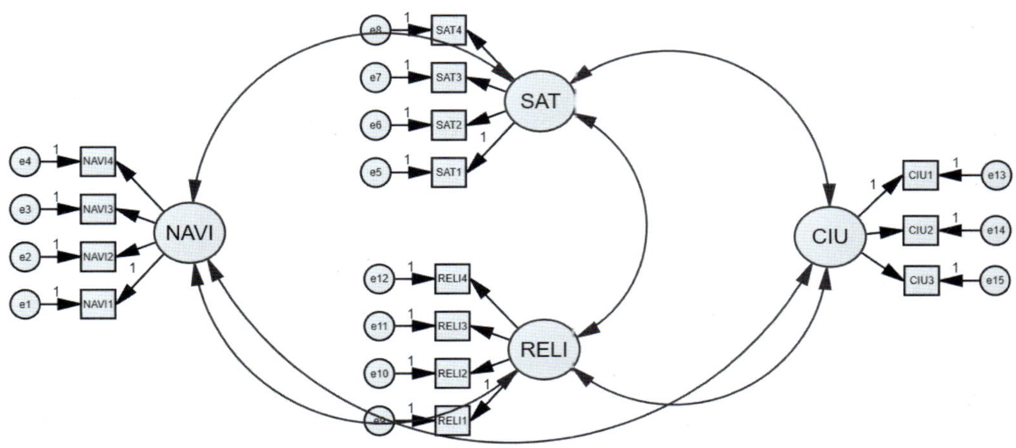

【주】 1) 잠재변수: NAVI, SAT, RELI, CIU
2) NAVI, SAT, RELI의 측정변수 각 4개, CIU는 3개

실습 따라하기

❶ 초기 화면 메뉴에서 [View–Interface Properties]로 들어간 후 [Paper Size]를 [Landscape–A4]로 변경하여 입력화면의 바탕크기를 키운다.

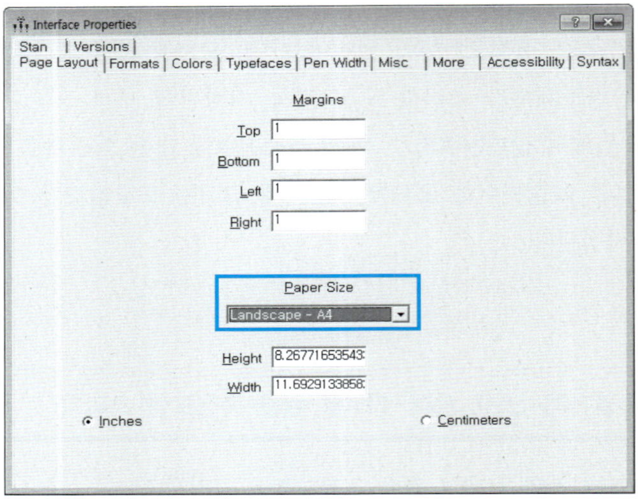

❷ 초기 화면의 왼쪽에 있는 도구상자 (데이터 파일 선택하기)를 마우스로 선택해 클릭한 후에 [Data Files] 창의 [File Name]을 클릭한다. 실습 파일이 있는 곳에서 [제1부 통계분석과 논문작성 기초다지기(제1장–제6장)–제1부 증권거래시스템 사례 데이터]로 가서 [제1부 증권거래시스템 사례 데이터]를 선택한 후 [열기] 버튼을 클릭해 선택한다. [OK] 버튼을 클릭해 빠져 나간다. 그러면 앞으로 모형 그리기에 데이터를 연결할 수 있는 준비가 완료된다.

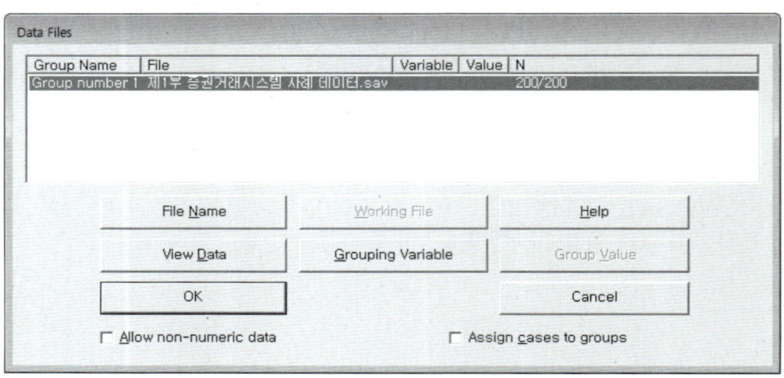

❸ 개별 측정모형을 그린다. 그리기의 방법에 대해서는 이 책의 제1장을 참조하면 된다.

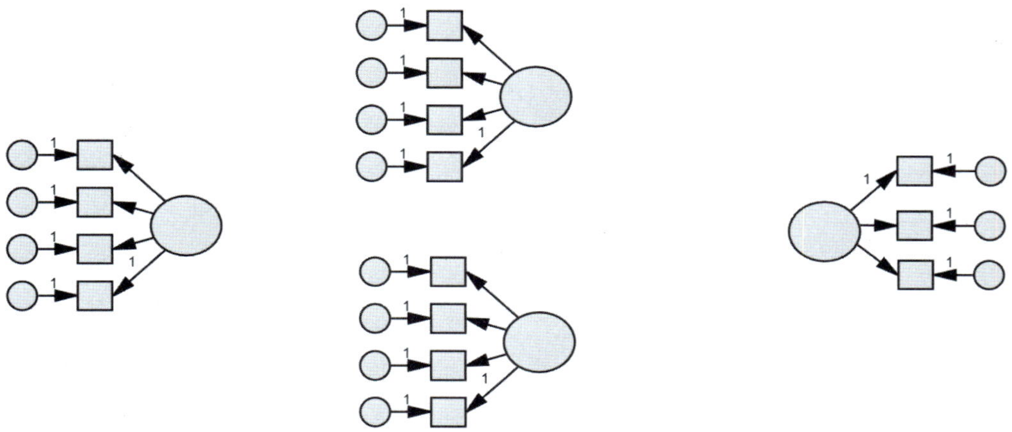

❹ 잠재변수의 변수명을 입력한다. 첫 번째 잠재변수의 [원]에서 마우스 오른쪽 버튼을 클릭해 [Object Properties]를 선택한 후 [Font size]에 [20]을 입력하고 [Variable name]에 [NAVI]를 입력하고, 나머지 잠재변수 명에 대해서도 같은 방법으로 차례대로 클릭해 입력한다.

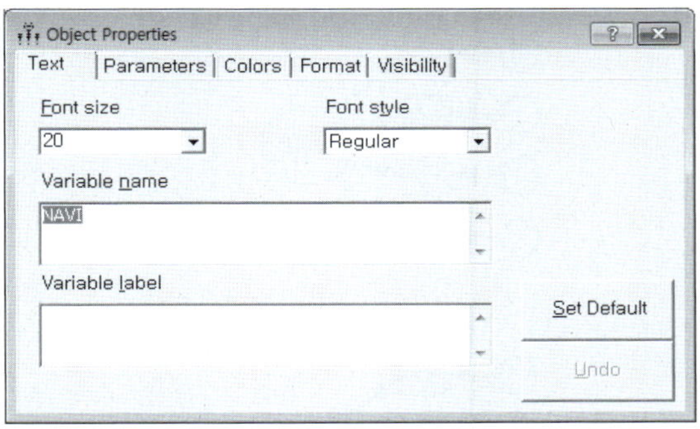

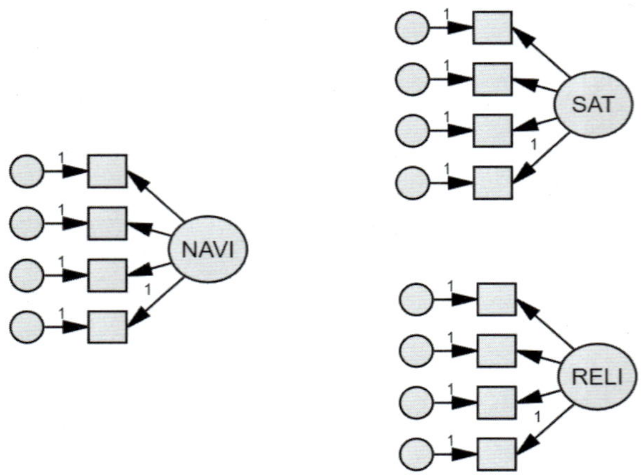

❺ 측정변수의 변수명을 입력한다. 도구상자에서 (데이터 파일을 모형의 변수명에 연결하기)를 클릭한다. 그러면 [Variables in Dataset]에 있는 [측정변수]들을 보여준다. 잠재변수의 측정변수들 중에서 회귀계수가 1로 표시되어 있는 것부터 차례대로 연결한다. 연결이 완료된 화면은 다음과 같다. 자세한 것은 제1장의 연결방법을 참조한다.

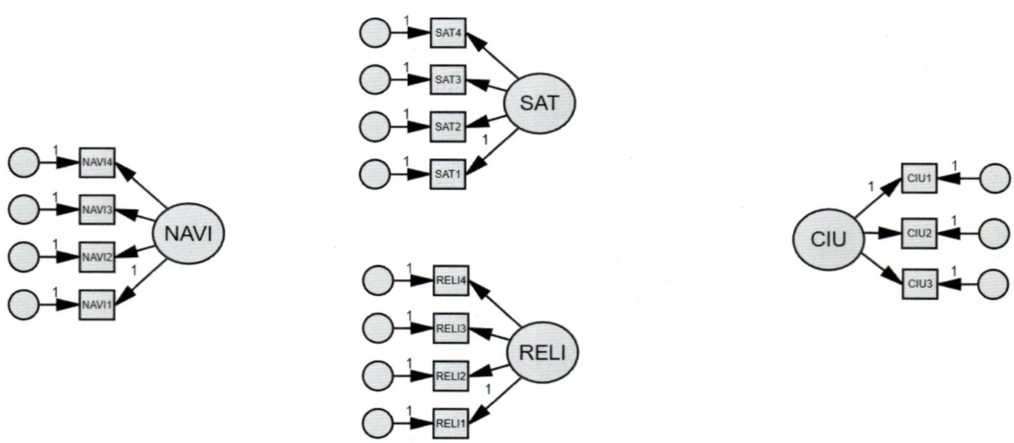

❻ 오차항의 변수명을 입력한다. 오차항은 한 번에 한 개씩 입력해도 되지만 자동으로 입력하는 방법을 사용하는 것이 편리하다. Plugins 메뉴에서 [Name Unobserved Variables]를 클릭하면 자동으로 15개의 오차항이 한 번에 모두 입력이 완료된다.

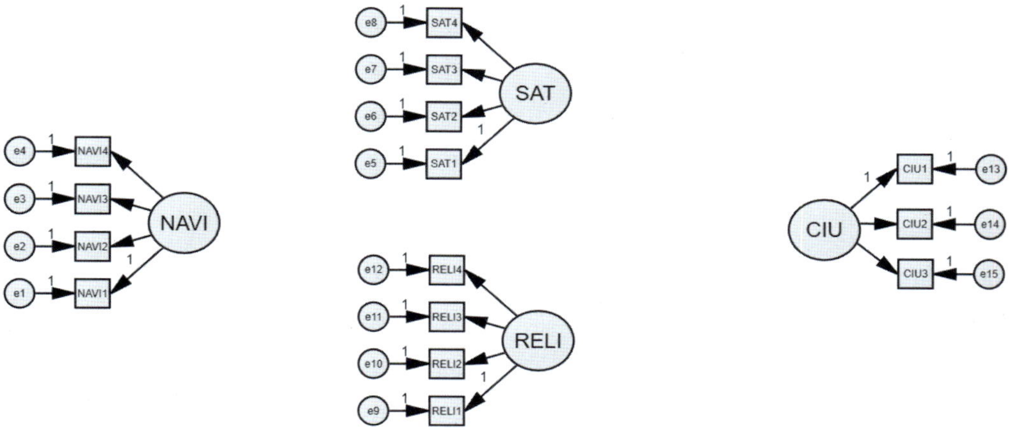

❼ 모든 잠재변수 간을 상관(↔)으로 연결하여야 한다. 이를 위해서는 도구상자 (대상 1개 선택하기)를 클릭한 후 잠재변수 [NAVI], [SAT], [RELI], [CIU]를 각각 클릭해 선택한다. 그러면 잠재변수 [원]이 [파란색]으로 바뀐다. Plugins 메뉴에서 [Draw Covariances]를 클릭하면 자동으로 잠재변수 간을 상관(↔)으로 연결할 수 있다. 측정모형 그리기를 모두 마쳤으면 도구상자 (선택 대상 모두 해제하기)를 클릭해 입력을 마친다.

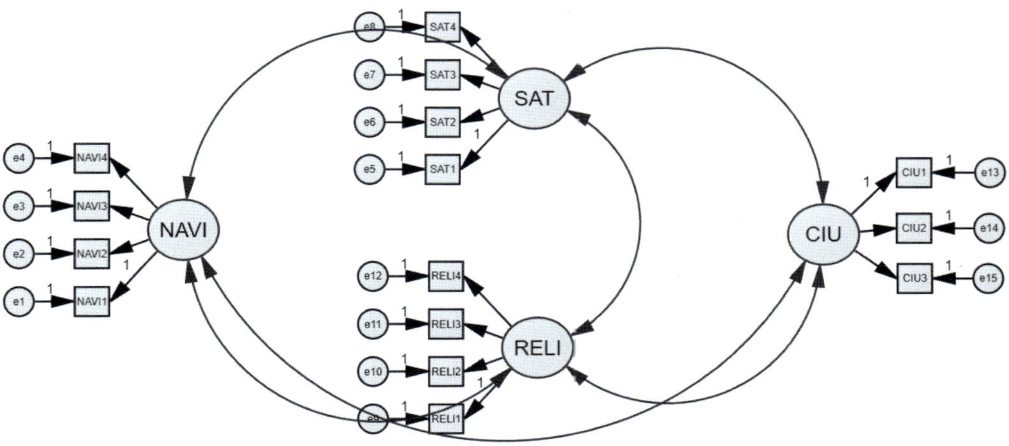

❽ 측정모형 그리기가 완료되었으면 초기 화면의 메뉴에서 [File-Save as]로 들어간 후 [제1부 통계분석과 논문작성 기초다지기(제1장-제6장)-제1부 통계분석-제3장] 폴더 안에 파일명을 [통계실습 3-1 측정모형]으로 해서 저장한다.

5.3 CFA를 이용한 측정모형분석

(1) CFA 실행과 측정모형의 식별

■ CFA 실행

측정모형 그리기가 완료되면 이제 CFA를 실행해야 한다. 측정모형분석을 하는 가장 큰 이유는 연구에서 채택한 측정도구(측정변수와 잠재변수)의 신뢰도와 타당도를 검증하기 위한 것이다. 전체 측정모형의 적합도가 전반적으로 만족스럽고 개별 측정변수들의 신뢰도와 잠재변수의 개념타당도(Construct validity)가 검증되면 구조모형분석을 시행할 수 있다. 측정도구의 신뢰도와 타당도 검증에서 문제가 있는 측정변수나 잠재변수가 있거나 전체 측정모형의 적합도가 낮은 경우에는 계속적인 모형 적합(Model fitting)의 과정을 거쳐야 한다.

CFA의 실행 절차는 [그림 3-5]와 같다.

그림 3-5 ▮ CFA의 실행 절차

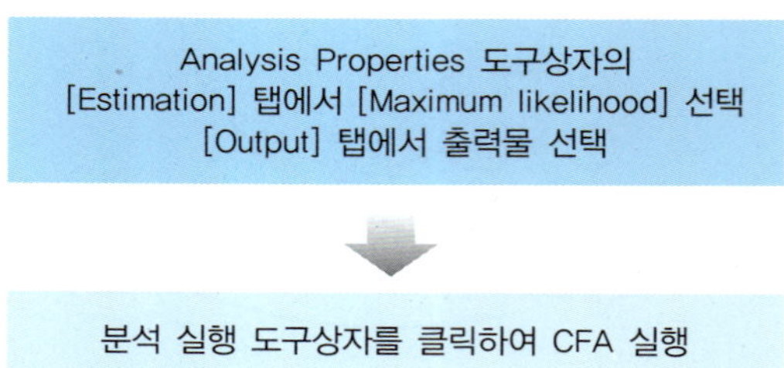

먼저, Analysis Properties(분석속성 지정 창)의 도구상자( )를 클릭하여 들어간 후 Estimation 탭에서 가장 많이 사용되고 있는 [Maximum likelihood(최대우도법)]이 선택되었는지 확인한다. 필요에 따라서는 다른 추정법을 선택할 수도 있다. 추정법에는 최대우도법(Maximum Likelihood: ML), 일반최소자승법(Generalized Least Squares: GLS), 비가중최소자승법(Unweighted Least Squares: ULS), 척도자유최소자승법(Scale-Free Least Squares: SFLS), 점근분포자유법(Asymptotically Distribution-Free: ADF)이 있다. ML, GLS는 다변량정규성을 가정하나 ULS, SFLS, ADF는 이를 가정하지 않는다.

그림 3-6 ▌Analysis Properties 지정 창에서 Estimation 탭의 선택

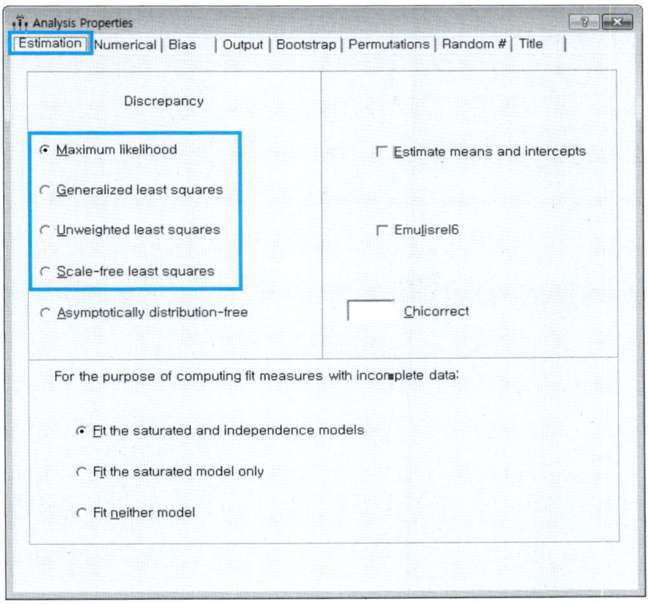

다음으로, 분석속성 지정 창의 Output 탭에서 [그림 3-7]과 같이 분석자가 원하는 출력물(Output)을 선택한다.

그림 3-7 ▌Analysis Properties 지정 창에서 [Output] 탭의 선택

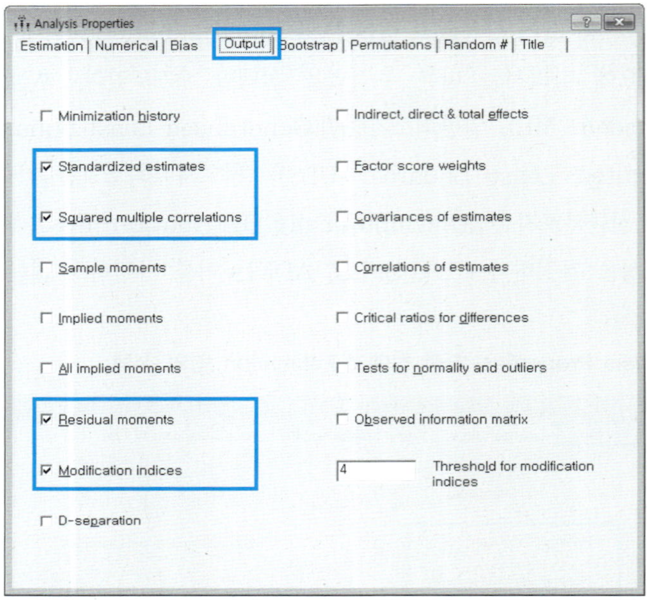

마지막으로, 분석 실행 도구상자( )를 클릭하여 CFA를 실행한다. 실행 후에는 분석 결과 보기 도구상자( )를 클릭하여 출력된 결과들을 확인할 수 있다.

■ 측정모형의 식별

측정모형의 식별(Identification)은 측정모형에 포함된 추정될 모수가 고유해(Unique solution)로 구해질 수 있는가를 의미한다. 이는 측정모형에 포함된 추정될 모수(계수)가 고유해를 얻기에 충분한 정보를 가지고 있는가의 문제로 볼 수 있다.

측정모형이 식별되려면 다음의 조건이 충족되어야 한다. 이외에도 잠재변수 1개에 최소한 3개 이상의 측정변수를 가지는 것이 바람직하다.

- 모든 잠재변수는 준거변수(Reference variable)를 가지고 있어야 한다.
- 모형에서 사용하는 정보의 수가 추정할 모수의 수보다 커야 한다.
  (과대식별모형일 때 Amos에서 모형 식별이 되며 고유해를 구할 수 있다)

위의 요건이 충족되지 않으면 식별 문제(Identification problem)가 발생하여 CFA를 실행할 수 없게 된다. 특히 각 측정모형의 경로계수 중에서 하나가 준거변수 '1'로 고정되어 있지 않으면 식별 문제가 발생된다. 식별 문제가 있으면 Amos Output의 [Notes for Model]에 "The Model is probably unidentified"라는 문구가 나타난다. 이러한 문제가 발생되면 각 측정모형의 경로계수 중에서 '1'로 고정되지 않는 경우를 찾아서 해당 경로계수 위에서 마우스 우측을 클릭해 [Object Properties]를 선택하거나 Object Properties(대상속성) 지정 도구상자( )를 클릭해 [Parameters] 탭의 [Regression Weight]에 '1'을 입력한 후 CFA를 다시 실행하면 된다. 이와 같이 준거변수를 사용하는 이유는 직접 측정이 불가능하고 간접적으로만 측정이 되는 잠재변수가 측정척도가 없기 때문이며, 준거변수는 측정변수의 척도와 잠재변수의 척도를 동일하게 맞추기 위한 역할을 한다.

그림 3-8 | 측정모형에서 식별 문제의 발생 메시지

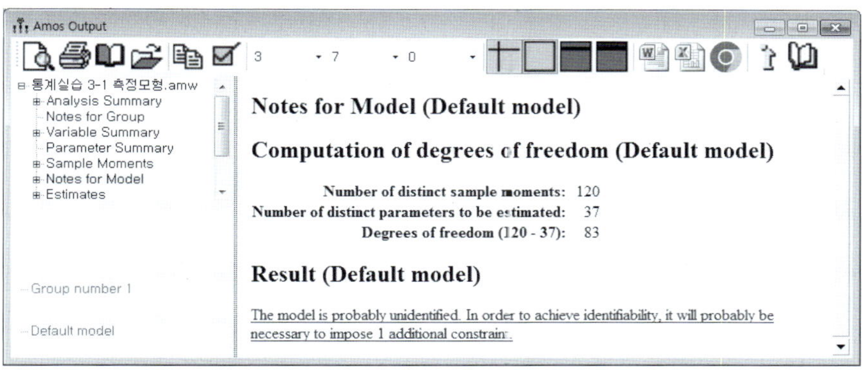

식별 문제가 없는 측정모형의 경우에는 CFA를 실행한 후 [관리 창]의 [모형관리 창]을 보면 [OK: Default model]이라고 나타나 있음을 확인할 수 있다.

▶ 그림 3-9 ▌측정모형분석에서 식별 문제 없이 CFA가 실행된 경우

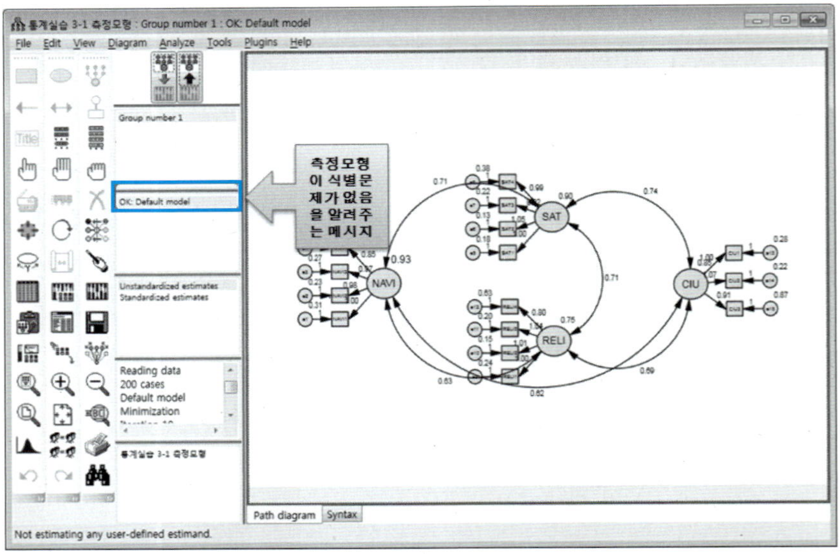

통계실습 3-2 증권거래시스템 사례: 최초 측정모형과 CFA의 실행

증권거래시스템 사례의 최초 측정모형을 이용하여 CFA를 실행하시오. 실행 후에는 위반추정치와 식별 문제가 있는지 검토하시오.

실습 따라하기

❶ 앞에서 이미 우리들은 [통계실습 3-1]에서 측정모형 그리기를 완료하였다. 완료 후에 해당 그림을 [제1부 통계분석과 논문작성 기초다지기(제1장-제6장)-제1부 통계분석-제3장] 폴더 안에 파일명을 [통계실습 3-1 측정모형]으로 해서 저장하였다. 이제 [통계실습 3-1 측정모형]을 사용해서 CFA를 실행하기로 한다.

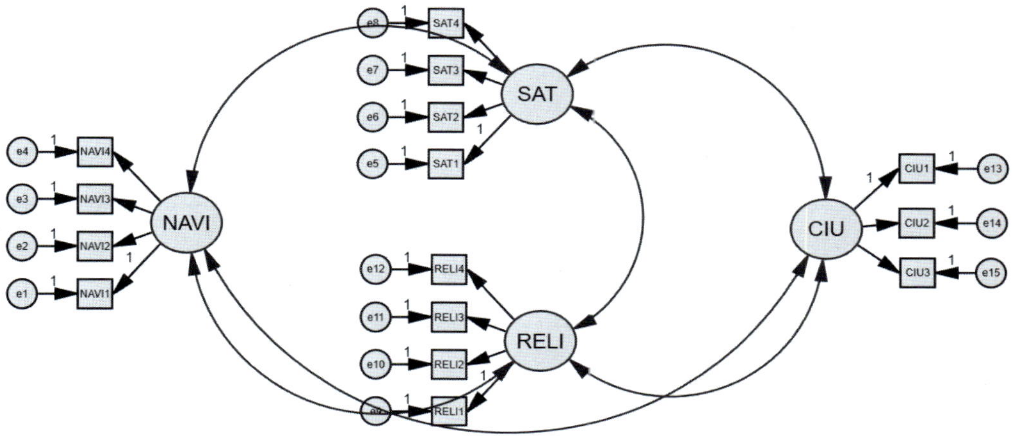

❷ Analysis Properties(분석속성 지정 창)의 도구상자( )를 클릭해 들어간 후 Estimation 탭에서 [Maximum likelihood(최대우도법)]이 선택되어 있는가를 확인하고 Output 탭에서 원하는 출력물을 선택한다. 수정지수(M.I.)는 디폴트로 [4]로 설정되어 있다. 보통은 [10] 정도를 설정하기도 한다.

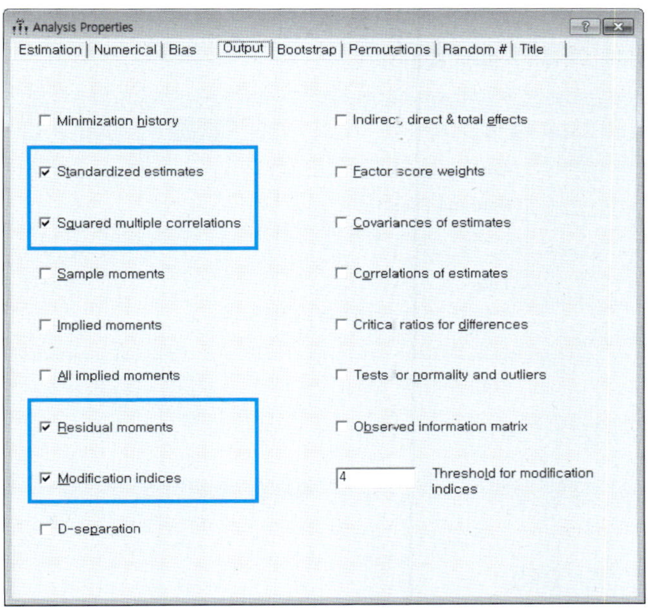

❸ [모형 적합도] 결과에서 SRMR을 얻기 위해서 [Plugins] 메뉴에서 [Standardized RMR]을 체크한다. 분석 실행 도구상자( )를 클릭해 CFA를 실행한다. 실행 후에는 분석 결과 보기 도구상자( )를 클릭해 출력된 결과들을 확인할 수 있다. [모형관리] 창을 보면 초기모형(Default model)이 [OK: Default model]로 나타나 있으므로 전혀 식별 문제가 없이 CFA가 수행되었음을 알 수 있다.

(2) 분석 결과와 해석, 위반추정치의 검토와 모형 적합도의 평가

■ 측정모형의 분석 결과와 해석

CFA를 실행하면 측정모형의 추정(Estimation) 결과가 출력된다. 분석 결과 보기 도구상자( )를 클릭하면 [그림 3-10]과 같이 실행 결과를 얻는다. 물론 Analysis Properties(분석속성 지정 창)의 도구상자( )를 클릭해 들어간 후 Output 탭에서 어떤 항목을 선택했는가에 따라서 출력물의 내용은 조금씩 달라질 수 있다.

▶ 그림 3-10 ▌ 측정모형의 추정 결과 확인하기

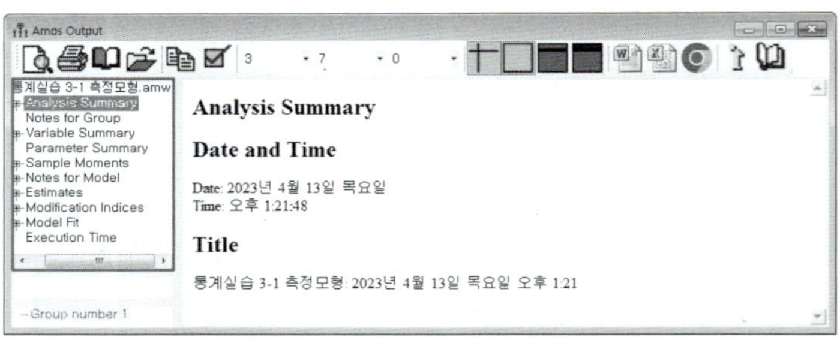

① Analysis Summary(분석 요약)

분석 요약에서는 분석 실행 날짜와 시간, 모형 제목을 출력한다.

② Notes for Group(집단 요약)

집단 요약에서는 모형이 재귀모형(Recursive model)인지, 아니면 비재귀모형(Non-recursive model)인지[3]와 분석에 사용된 표본크기를 출력한다.

③ Variable Summary(변수 요약)

변수 요약에서는 모형에 포함되어 있는 변수(외생변수, 내생변수, 관측변수, 비관측변수)와 그 수를 출력한다.

④ Parameter Summary(모수 요약)

Fixed-Weights는 고정모수(Fixed parameters)로 '1'로 고정된 제약 모수가 19개임을 나타낸다. 따라서 총 고정모수 합계는 19개임을 알 수 있다.

Unlabeled-Weights는 경로가 '1'로 고정되지 않은 자유모수(Unlabeled parameters)로 11개이다. Unlabeled-Covariances는 고정되지 않은 공분산 모수가 6개이며, Unlabeled-Variances는 고정되지 않은 분산 모수가 19개임(측정오차의 분산이 15개, 잠재변수의 분산이 4개)을 나타낸다. 합계에 의하면 고정모수와 자유모수의 개수는 각각 19개와 36개이며, 모수 총수는 55개임을 알 수 있다.

그림 3-11 ▌ 측정모형의 모수 요약 출력 결과

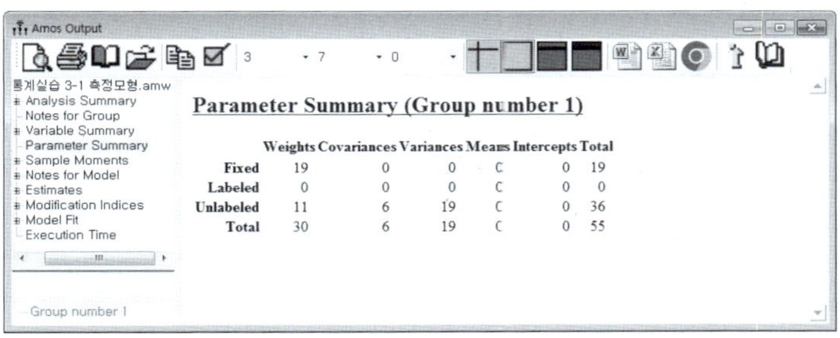

	Weights	Covariances	Variances	Means	Intercepts	Total
Fixed	19	0	0	C	0	19
Labeled	0	0	0	C	0	0
Unlabeled	11	6	19	C	0	36
Total	30	6	19	C	0	55

⑤ Notes for Model(모형 요약)

자유도와 카이제곱(χ^2) 통계량을 출력한다. 자유도(degree of freedom: df)는 모형에서 사용하는 [주어진 정보의 수]-[추정할 모수(회귀계수)의 수]로 계산된다.

3) 재귀모형은 내생잠재변수들 간에 상호관계가 가정되어 있지 않은 모형으로 내생잠재변수들 간의 관계가 한 방향(→)으로만 이루어져 있기 때문에 일방향 모형이라고 한다. 비재귀모형은 두 내생잠재변수가 서로 원인과 결과가 되는 상호 인과관계(⇄)를 가정하고 있는 모형이다.

그림 3-12 ▌ 측정모형의 요약 출력 결과

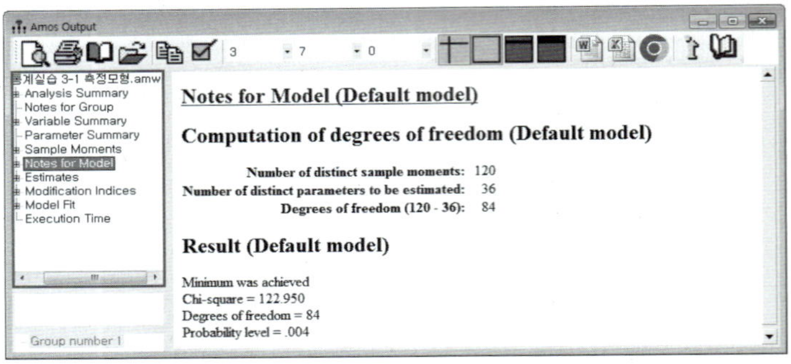

- 측정모형에서 주어진 정보의 수(Number of distinct sample moments)는 측정변수들의 표본공분산행렬 값들의 수를 말한다. 이는 1/2[측정변수의 수(측정변수의 수+1)]에 의해 계산된다. 1/2[15(15+1)]=120개
- 추정할 모수의 수(Number of distinct parameters to be estimated)는 [(측정변수의 수×2)+공분산으로 설정된 경로의 수]에 의해 계산된다. [(15×2)+6개]=36개
- 자유도=120−36=84

▣ 주어진 정보의 수<추정할 모수의 수: 과소식별모형(Under-identified model)이며 자유도가 0보다 적으며 Amos 실행이 되지 않는다.

▣ 주어진 정보의 수=추정할 모수의 수: 포화모형(Just-identified model)이며 자유도가 0이며 적합도가 계산되지 않는다.

▣ 주어진 정보의 수>추정할 모수의 수: 과대식별모형(Over-identified model)이며 자유도가 0보다 크며 고유해(Unique solution)를 구할 수 있다.

[그림 3-12]에서 카이제곱(χ^2) 통계량은 122.950이고 자유도는 84이다. 여기서 p=0.004($p \geq 0.05$이어야 모형이 적합하다고 판단)이므로 제안된 측정모형이 적합하다는 귀무가설은 기각된다. 그러나 χ^2은 표본 수에 민감하게 영향을 받을 수 있으므로 이 지표만으로 측정모형이 적합하지 않다고 판단해서는 안 된다. 그러므로 모형 적합도의 평가에서는 χ^2에만 의존하기보다는 다른 지수들[예: Q값(χ^2/df), CFI, TLI, RMSEA 등]을 함께 고려하여 결정하는 것이 필요

하다.

⑥ Estimates(추정치)

[그림 3-13]부터 [그림 3-19]까지는 여러 가지의 추정치(Estimates)를 출력한다. 이는 모형을 추정할 때 가장 많이 이용되는 최대우도법(Maximum likelihood method)으로 추정한 결과이다. 주요 추정치로는 비표준화회귀계수(Regression Weights), 표준화회귀계수(Standardized Regression Weights), 공분산, 상관관계(Correlations), 분산(Variances), 다중상관자승(SMC) 등이 있다.

Amos 29의 추정치 출력 결과에서 Regression Weights는 비표준화회귀계수이며, Standardized Regression Weights는 표준화회귀계수를 의미한다. 표준화회귀계수는 표본들 간의 비교가 가능하며 계수의 상대적 중요성을 결정하는 데 이용할 수 있다. 반면에 비표준화회귀계수는 표본에 따라 계수가 달라지기 때문에 표본들 간의 계수 비교가 불가능하다. 이러한 이유로 보통 논문에서는 표준화회귀계수를 보고한다.

Regression Weights에서 C.R.은 'Critical ratio(임계치)'의 약어로 회귀분석에서의 t값(t-value)과 동일하다. 이는 Estimate(비표준화회귀계수의 추정치)를 S.E.(표준오차의 추정치)로 나눈 값이다.

▶ 그림 3-13 ▌ 측정모형의 비표준화회귀계수 추정 결과

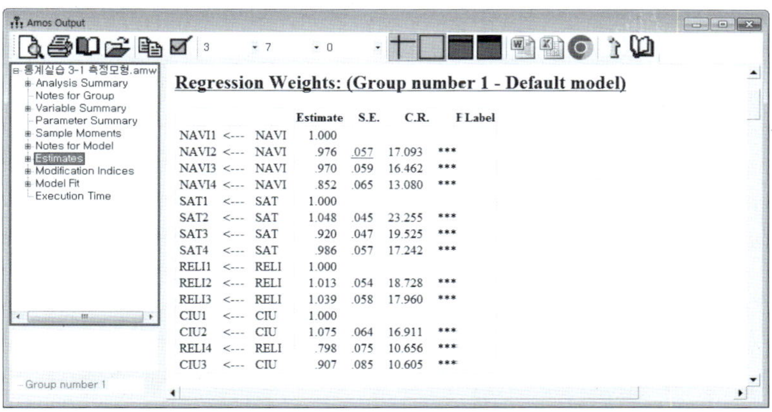

Regression Weights: (Group number 1 - Default model)

			Estimate	S.E.	C.R.	P	Label
NAVI1	<---	NAVI	1.000				
NAVI2	<---	NAVI	.976	.057	17.093	***	
NAVI3	<---	NAVI	.970	.059	16.462	***	
NAVI4	<---	NAVI	.852	.065	13.080	***	
SAT1	<---	SAT	1.000				
SAT2	<---	SAT	1.048	.045	23.255	***	
SAT3	<---	SAT	.920	.047	19.525	***	
SAT4	<---	SAT	.986	.057	17.242	***	
RELI1	<---	RELI	1.000				
RELI2	<---	RELI	1.013	.054	18.728	***	
RELI3	<---	RELI	1.039	.058	17.960	***	
CIU1	<---	CIU	1.000				
CIU2	<---	CIU	1.075	.064	16.911	***	
RELI4	<---	RELI	.798	.075	10.656	***	
CIU3	<---	CIU	.907	.085	10.605	***	

표 3-4 모수의 가설검정 시 C.R.값과 유의수준의 결정

C.R.값의 절대값	양측검증 기준	단측검증 기준
±2.58보다 큰 경우	α=0.01수준에서 유의적	α=0.005수준에서 유의적
±2.33보다 큰 경우	α=0.02수준에서 유의적	α=0.01수준에서 유의적
±1.96보다 큰 경우	α=0.05수준에서 유의적	α=0.025수준에서 유의적
±1.645보다 큰 경우	α=0.10수준에서 유의적	α=0.05수준에서 유의적

C.R.값에 의한 유의확률의 판단기준은 [표 3-4]를 참조하기 바란다. 예컨대 NAVI2의 C.R.값은 17.093이고 ±1.96보다 크므로 유의도(α=0.05) 수준에서 유의적임을 알 수 있다. C.R.값 기준으로 볼 때 [그림 3-13]에서 추정된 모든 자유모수들은 통계적 유의성이 있음을 알 수 있다.

그림 3-14 측정모형의 표준화회귀계수 추정치 출력 결과

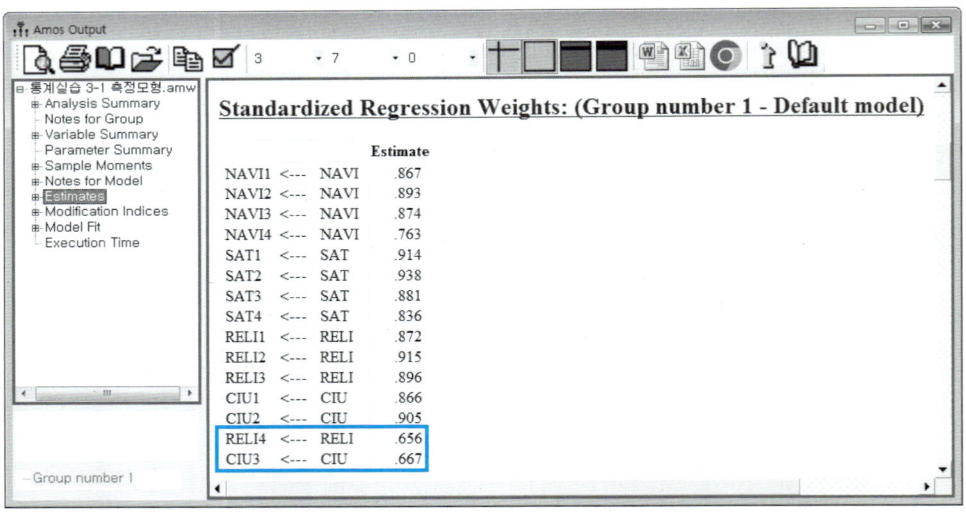

[그림 3-14]를 보면 표준화회귀계수가 1을 초과하는 경우는 없었다. 한편 개별 측정변수의 신뢰도가 있으려면 표준화회귀계수가 0.7 이상이 되어야 한다. 그런데 측정변수들 중에서 RELI4와 CIU3은 0.7 미만이어서 제거 여부를 검토해야 한다.

RELI4 ← RELI: 0.656, CIU3 ← CIU: 0.667

[그림 3-15]는 측정모형에 대한 공분산(Covariances) 추정치이다. 6개의 잠재변수 간 공분산이 추정되었음을 알 수 있다.

그림 3-15 ▌ 측정모형의 공분산추정치 출력 결과

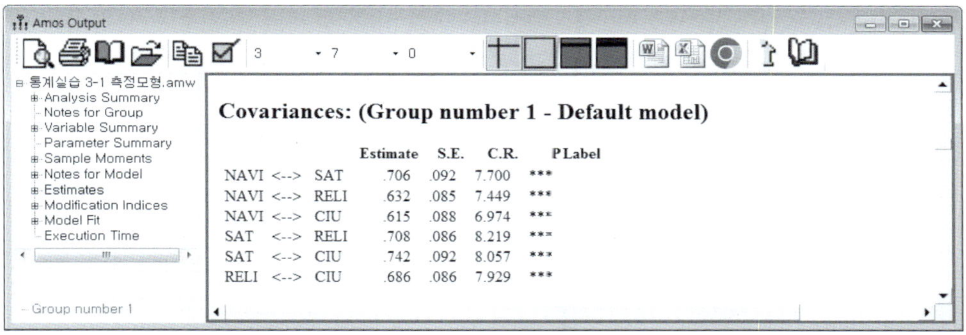

Covariances: (Group number 1 - Default model)

			Estimate	S.E.	C.R.	P	Label
NAVI	<-->	SAT	.706	.092	7.700	***	
NAVI	<-->	RELI	.632	.085	7.449	***	
NAVI	<-->	CIU	.615	.088	6.974	***	
SAT	<-->	RELI	.708	.086	8.219	***	
SAT	<-->	CIU	.742	.092	8.057	***	
RELI	<-->	CIU	.686	.086	7.929	***	

[그림 3-16]은 잠재변수 간 상관관계를 출력한 것이다. 이 출력물은 뒤에서 설명하게 될 개념타당도 분석을 할 때 이용할 것이다. 잠재변수 간 상관계수가 0.9를 넘는 경우는 없었다.

그림 3-16 ▌ 잠재변수 간 상관관계 출력 결과

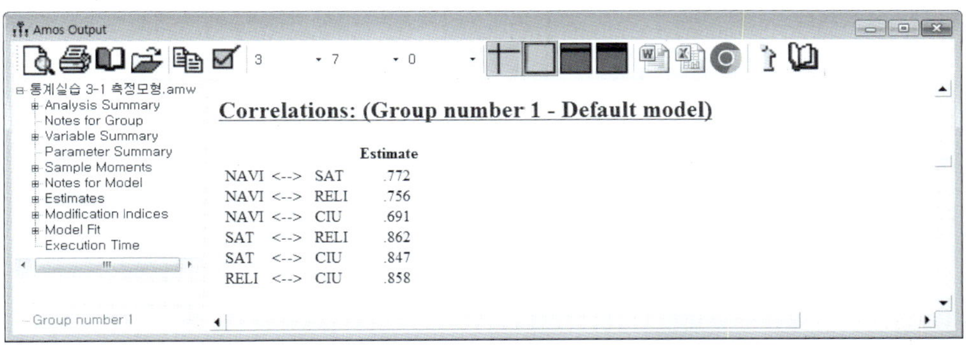

Correlations: (Group number 1 - Default model)

			Estimate
NAVI	<-->	SAT	.772
NAVI	<-->	RELI	.756
NAVI	<-->	CIU	.691
SAT	<-->	RELI	.862
SAT	<-->	CIU	.847
RELI	<-->	CIU	.858

[그림 3-17]은 4개 잠재변수의 분산(Variances)과 15개 측정변수의 오차분산에 대한 추

정치이다. 측정오차의 오차분산에서 음오차분산은 없었다.

▶ 그림 3-17 ▌측정모형의 분산추정치 출력 결과

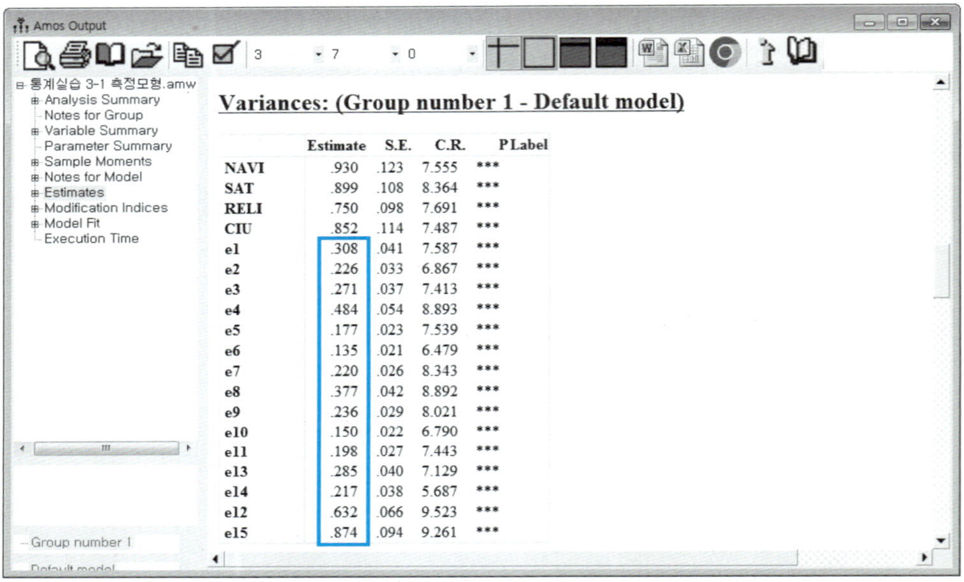

Variances: (Group number 1 - Default model)

	Estimate	S.E.	C.R.	P	Label
NAVI	.930	.123	7.555	***	
SAT	.899	.108	8.364	***	
RELI	.750	.098	7.691	***	
CIU	.852	.114	7.487	***	
e1	.308	.041	7.587	***	
e2	.226	.033	6.867	***	
e3	.271	.037	7.413	***	
e4	.484	.054	8.893	***	
e5	.177	.023	7.539	***	
e6	.135	.021	6.479	***	
e7	.220	.026	8.343	***	
e8	.377	.042	8.892	***	
e9	.236	.029	8.021	***	
e10	.150	.022	6.790	***	
e11	.198	.027	7.443	***	
e13	.285	.040	7.129	***	
e14	.217	.038	5.687	***	
e12	.632	.066	9.523	***	
e15	.874	.094	9.261	***	

▶ 그림 3-18 ▌측정변수에 대한 다중상관자승(SMC) 출력 결과

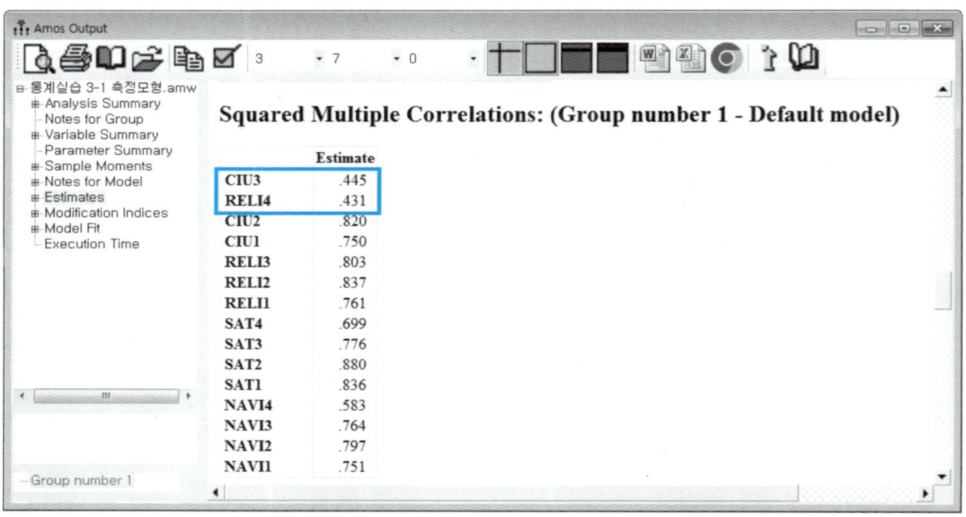

Squared Multiple Correlations: (Group number 1 - Default model)

	Estimate
CIU3	.445
RELI4	.431
CIU2	.820
CIU1	.750
RELI3	.803
RELI2	.837
RELI1	.761
SAT4	.699
SAT3	.776
SAT2	.880
SAT1	.836
NAVI4	.583
NAVI3	.764
NAVI2	.797
NAVI1	.751

[그림 3-18]은 측정모형에 대한 SMC를 출력한 결과이다. 측정모형에서 SMC는 각 측정변수의 설명력을 나타낸다. 이는 회귀분석의 R^2(결정계수)와 같은 개념이다. 앞에서 설명한 표준화 회귀계수의 값이 작으면 SMC가 낮아진다. 즉 RELI4(0.431), CIU3(0.445)의 경우 SMC가 낮음을 알 수 있다. 따라서 SMC가 0.5 미만으로 나타난 측정변수들은 신뢰도가 낮으므로 제거 여부를 검토해야 한다.

⑦ Standardized Residual Covariances(표준화 잔차공분산)

[그림 3-19]는 표준화 잔차공분산(Standardized Residual Covariances)이며, 이는 모형 수정을 위한 지침으로 이용된다. 이 값이 절대값 ±4보다 큰 경우 해당 측정변수 중에서 한 개를 제거하는 것을 검토할 수 있다. 그림에서 가장 큰 값이 1.426(NAVI4 ↔ RELI4)으로 나타났으며, 이는 4보다 작으므로 모형 수정의 필요성이 없음을 알 수 있다. 잔차(Residuals)값들은 클수록 적합도가 낮아지며 작을수록 적합도가 높아진다.

그림 3-19 ▌ 표준화 잔차공분산의 출력 결과

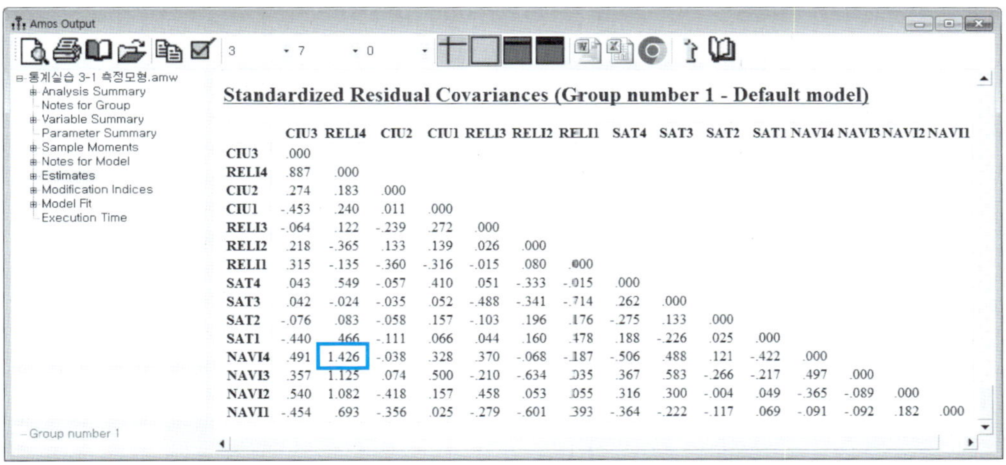

Standardized Residual Covariances (Group number 1 - Default model)

	CIU3	RELI4	CIU2	CIU1	RELI3	RELI2	RELI1	SAT4	SAT3	SAT2	SAT1	NAVI4	NAVI3	NAVI2	NAVI1
CIU3	.000														
RELI4	.887	.000													
CIU2	.274	.183	.000												
CIU1	-.453	.240	.011	.000											
RELI3	-.064	.122	-.239	.272	.000										
RELI2	.218	-.365	.133	.139	.026	.000									
RELI1	.315	-.135	-.360	-.316	-.015	.080	.000								
SAT4	.043	.549	-.057	.410	.051	-.333	-.015	.000							
SAT3	.042	-.024	-.035	.052	-.488	-.341	-.714	.262	.000						
SAT2	-.076	.083	-.058	.157	-.103	.196	.176	-.275	.133	.000					
SAT1	-.440	.466	-.111	.066	.044	.160	.478	.188	-.226	.025	.000				
NAVI4	.491	1.426	-.038	.328	.370	-.068	-.187	-.506	.488	.121	-.422	.000			
NAVI3	.357	1.125	.074	.500	-.210	-.634	.035	.367	.583	-.266	-.217	.497	.000		
NAVI2	.540	1.082	-.418	.157	.458	.053	.055	.316	.300	-.004	.049	-.365	-.089	.000	
NAVI1	-.454	.693	-.356	.025	-.279	-.601	.393	-.364	-.222	-.117	.069	-.091	-.092	.182	.000

⑧ Modification Indices(수정지수)

모형 수정을 위한 진단지표로는 수정지수(Modification Index: M.I.)가 있다. 수정지수는 출력결과의 공분산과 회귀계수에서 제공되며, 이들을 수정하면 적합도지수가 높아질 수 있다.

- M.I.는 모형에서 적합도를 높일 수 있는 가능성을 나타내는 지수로, 변수들 간에 추정되지 못하고 남아 있는 고정모수를 자유스럽게 추정했을 때 적어도 그 지수의 값만큼 감소할 것으로 기대되는 값(χ^2)을 말한다.
- Amos에서 M.I.는 **공분산**, **분산** 및 **회귀계수** 등에서 보고해 준다.
- M.I.는 디폴트로 4 이상인 것으로 보고하도록 설정되어 있다. M.I.의 적용은 적어도 **5 이상**, 보수적인 경우에는 **10 이상**이 되어야 한다.

그림 3-20 | 공분산과 회귀계수에서 제공되는 수정지수(M.I.) 출력 결과

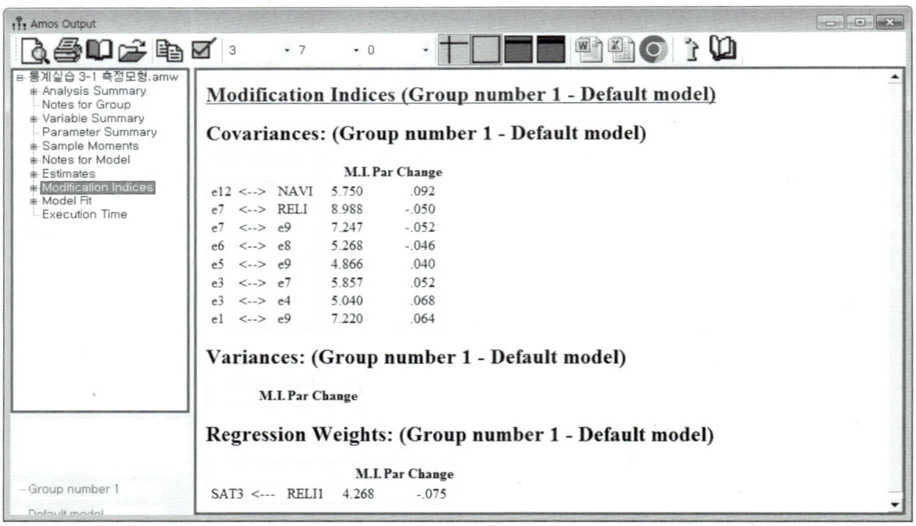

이상에서 살펴본 것처럼 측정모형의 출력 결과에 의하면 표준화회귀계수가 1을 초과하는 경우, 오차분산이 음인 경우 그리고 잠재변수 간 상관관계가 0.9 이상으로 극단적인 경우는 없는 것으로 나타났다. 따라서 측정모형의 평가 이전의 주요 확인사항을 검토한 결과 **위반추정치는 없음**을 알 수 있다.

이 장에서 사용된 사례에서는 위반추정치가 없는 것으로 나타났다.

⑨ Model fit(모형 적합도)

■ 측정모형의 적합도 평가

모형의 위반추정치가 없다면 여러 개의 적합도지수를 이용하여 모형 적합도를 평가해야 한다. [표 3-5]는 적합도 출력 결과를 제시한 것이다.

표 3-5 적합도지수의 출력 결과

Model Fit Summary

CMIN

Model	NPAR	CMIN	DF	P	CMIN/DF
Default model	36	122.950	84	.004	1.464
Saturated model	120	.000	0		
Independence model	15	2844.132	105	.000	27.087

RMR, GFI

Model	RMR	GFI	AGFI	PGFI
Default model	.032	.925	.893	.648
Saturated model	.000	1.000		
Independence model	.646	.157	.037	.138

Baseline Comparisons

Model	NFI Delta1	RFI rho1	IFI Delta2	TLI rho2	CFI
Default model	.957	.946	.986	.982	.986
Saturated model	1.000		1.000		1.000
Independence model	.000	.000	.000	.000	.000

RMSEA

Model	RMSEA	LO 90	HI 90	PCLOSE
Default model	.048	.028	.066	.544
Independence model	.362	.351	.374	.000

Standardized RMR

Default model
Standardized RMR = .0277

Close

【주】 모형 적합도 요약에서 CMIN은 χ^2(카이제곱)을 의미함.

모형 적합도는 각 지수별로 세 가지의 모형이 제시되고 있다. Default model은 기초모형이며 분석된 연구모형을 의미하며 일반적으로 적합도지수를 보고할 때는 기초모형을 사용한다. Saturated model은 포화모형으로 모든 측정변수 간의 관계가 설정된 경우로 모형이 데이터를 완벽하게 설명하는 모형이다. 반면에 Independence model은 독립모형으로 모든 변수 간의 상관관계가 없는 것으로 가정하는 최악의 모형을 의미한다.

▌표 3-6▐ 최초 측정모형의 적합도 평가 결과

모형	χ^2(p)	χ^2/df(Q값)	SRMR*	TLI	RMSEA
측정모형	122.950(0.004)	1.464	0.028	0.982	0.048

【주】 적합도지수의 수용기준: Q값<3 미만, SRMR<0.08 미만, TLI≥0.9 이상, RMSEA<0.08 미만
* SRMR은 측정모형 실행 전 [Plugins] 메뉴에 있는 [Standardized RMR]을 클릭하면 출력됨.

[표 3-6]은 적합도지수의 출력물 중에서 연구들에서 많이 제시되는 것들을 요약한 것이다. χ^2(p)는 $p>0.05$이어야 좋은 모형이나 $p=0.004$로 유의수준 0.05보다 작아서 모형이 적합하지 않음을 의미한다. χ^2은 표본크기에 의해 민감하게 영향을 받는 적합도지수이다. 보통 표본크기가 200개 이상이면 모형이 통계적으로 유의하지 않지만 유의한 것으로 나타나는 경우가 많다. 이러한 이유 때문에 χ^2은 보통 적합도지수로 사용하지 않으며 평가 결과를 제시할 때 통계량만 제시하는 경우가 많다. 따라서 연구자들은 모형이 적합하지 않게 나온 경우에도 실망할 필요는 없으며 다른 적합도지수를 보고 모형이 적합한지를 평가하면 된다. 표에서 나머지 적합도지수인 χ^2/df(Q값), SRMR, TLI, RMSEA을 보면 측정모형의 적합도지수가 수용기준을 모두 만족하여 전반적으로 적합한 것으로 나타났다.

(3) 개별 측정변수의 신뢰도 평가와 모형의 수정과 적합도 평가

■ 개별 측정변수의 신뢰도 평가

앞에서 우리들은 최초 측정모형에 대한 위반추정치의 발생 여부와 모형 적합도를 살펴보았다. 잠재변수에 대한 개념타당도를 알아보기 전에 먼저 개별 측정변수들에 대한 신뢰도를 평가해야 한다. 측정변수 중에서 신뢰도가 낮은 항목을 발견하여 사전에 제거하는 방법으로 측정모형을 수정하면 후에 잠재변수에 대한 개념타당도(집중타당도와 판별타당도)의 평가 단계를 용이하게 수행할 수 있다.

측정모형에 대한 개별 측정변수의 신뢰도는 SMC와 표준화회귀계수에 의해서 확인할 수 있다. 측정모형의 출력 결과에서 개별 측정변수들의 SMC가 0.5 미만인 RELI4와 CIU3은 신뢰도가 낮다고 평가할 수 있다. 혹은 표준화회귀계수가 0.7 미만(탐색적 연구의 경우는 0.5 미만)이면 개별 측정변수의 신뢰도가 낮다고 평가할 수 있다. 따라서 이 사례에서는 신뢰도가 낮은 이들 측정변수를 측정모형에서 제거한 후 다시 실행하여 모형 적합도를 평가해야 한다.

물론 증권거래시스템 사례에서는 적합도가 좋은 것으로 나타나 측정변수의 제거를 고려하지 않아도 될 가능성이 있다. 그러나 측정변수 중에서 **신뢰도가 낮은 측정변수들을 제거하지 않는다면 오차항 간의 공분산 설정, 즉 상관(↔) 연결을 통한 측정모형 수정이나 개념타당도 평가**(집중타당도와 판별타당도 수작업 계산과 평가) **단계에서 이들 변수를 제거해야 하는 어려움이 발생할 수 있다. 따라서 현재의 단계에서 RELI4와 CIU3을 제거하는 것이 바람직하다.**

통계실습 3-3 증권거래시스템 사례: 개별 측정변수의 신뢰도 평가

증권거래시스템 사례의 최초 측정모형을 이용하여 개별 측정변수에 대한 신뢰도를 평가한 후 신뢰도가 낮은 것으로 나타난 측정변수인 RELI4와 CIU3을 제거하는 모형 수정을 하시오. 모형 수정 후에는 모형 적합도를 제시하고 설명하시오.

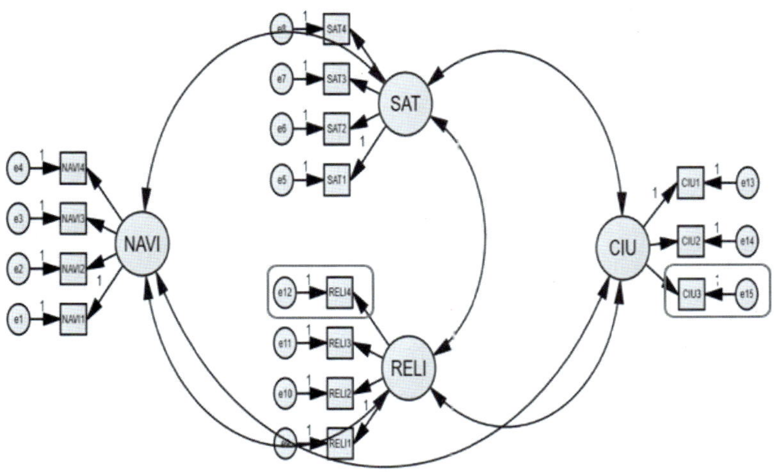

실습 따라하기

❶ [통계실습 3-2]에서 실습한 최초 측정모형을 가지고, 이제는 신뢰도가 낮은 것으로 나타난 측정변수인 RELI4와 CIU3을 제거하기로 한다. 실습할 파일은 앞에서 사용한 [제1부 통계분석과 논문작성 기초다지기(제1장-제6장)-제1부 통계분석-제3장] 폴더 안에 있는 [통계실습 3-1 측정모형]을 이

용하기로 한다. 만약 초기 화면에 이 파일이 불러져 있지 않다면 [File-Open]에서 파일을 선택해서 [열기] 버튼을 클릭해 불러들이기 바란다.

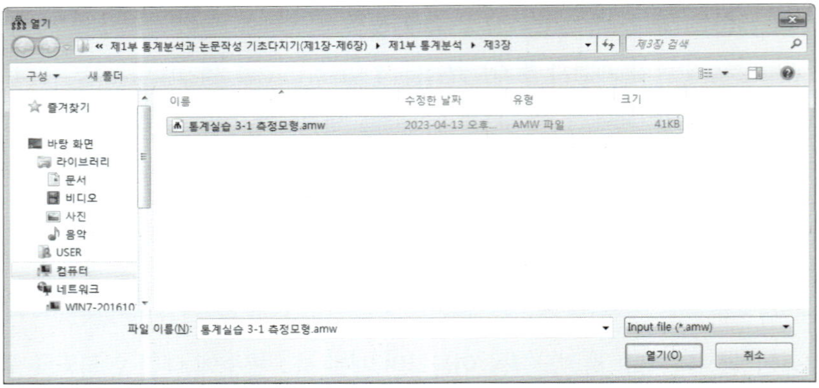

❷ 측정모형 경로도가 초기 화면에 불러져 있으면 도구상자에서 (대상 제거하기)를 마우스로 선택해 클릭한 후 먼저, 잠재변수 [RELI]의 측정변수인 [RELI4]로 마우스를 가져간 후 해당 측정변수와 오차를 왼쪽 마우스를 클릭해 삭제한다. 다음으로, 잠재변수 [CIU]의 측정변수인 [CIU3]으로 마우스를 가져간 후 해당 측정변수와 오차를 모두 삭제한다. 작업을 마친 후에는 초기 화면의 메뉴에서 [File-Save as]로 들어간 후 [제1부 통계분석과 논문작성 기초다지기(제1장-제6장)-제1부 통계분석-제3장] 폴더 안에 파일명을 [통계실습 3-3 측정모형의 수정(RELI4와 CIU3 제거)]로 해서 저장한다.

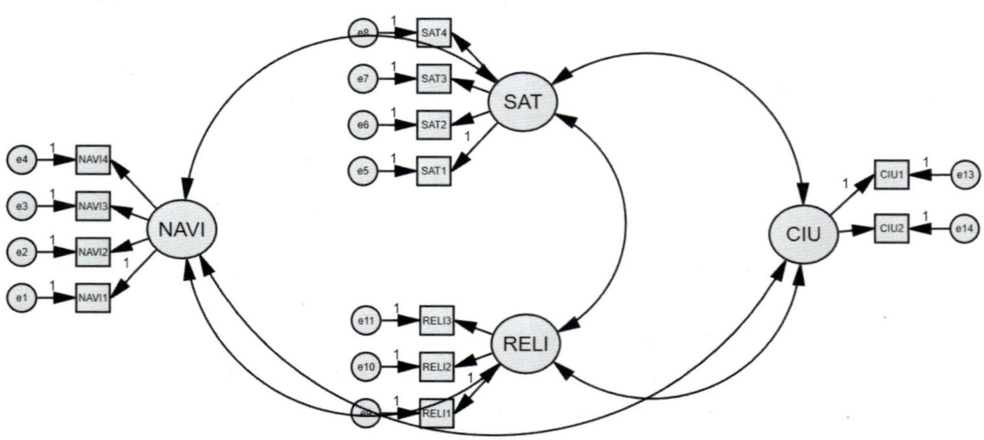

❸ Analysis Properties(분석속성 지정 창)의 도구상자( )의 Estimation 탭과 Output 탭은 이미 지정되어 있으므로 그대로 둔다. [모형 적합도] 결과에서 SRMR을 얻기 위해서 [Plugins] 메뉴에서 [Standardized RMR]을 체크한다. 분석 실행 도구상자( )를 클릭해 CFA를 실행한다.

■ 측정모형의 수정(RELI4와 CIU3 제거)의 적합도 평가 결과

개별 측정변수 중에서 신뢰도가 낮은 RELI4와 CIU3을 제거한 후에 실행한 측정모형의 수정(RELI4와 CIU3 제거)의 적합도 평가 결과는 [표 3-7]과 같다. 모형 적합도에 대한 자세한 출력결과는 각자가 확인해 보기 바란다.

표 3-7 측정모형의 수정(RELI4와 CIU3 제거)의 적합도 평가 결과

모형	χ^2(p)	χ^2/df(Q값)	SRMR	TLI	RMSEA
최초 측정모형	122.950(0.004)	1.464	0.028	0.982	0.048
측정모형의 수정 (RELI4와 CIU3 제거)	95.296(0.002)	1.615	0.021	0.981	0.056

【주】 적합도지수의 수용기준: Q값<3 미만, SRMR<0.08 미만, TLI≥0.9 이상, RMSEA<0.08 미만

[표 3-7]은 적합도지수의 출력물 중에서 연구들에서 많이 제시되는 것들을 요약한 것이다. 측정모형의 수정(RELI4와 CIU3 제거)은 χ^2기준으로 볼 때 최초 측정모형에 비해 약간 좋아졌다. SRMR은 좋아졌으나 나머지 지수들은 약간 나빠졌다. 그러나 χ^2/df(Q값), SRMR, TLI, RMSEA의 모든 적합도지수가 수용기준을 만족하여 적합한 것으로 나타났다.

(5) 수정지수를 이용한 측정모형 수정

■ 모형 수정의 의의와 진단지표

측정모형에서 모형 수정(Model modification)은 동일한 잠재변수 내의 측정변수 간의 공분산(Covariances), 즉 측정오차항 간을 상관(↔)으로 연결시켜 모형을 개선시키는 것을 말한다. 모형 수정을 위한 진단지표로는 보통 수정지수(Modification Index: M.I.)와 모수 변화

(Parameter change, or Par change) 등이 사용된다. 모형 수정 시에는 M.I.와 Par change는 동시에 고려한다. M.I.가 비슷하다면 모수 변화가 더 큰 관계를 선택한다. 그런데 모형 수정 시에 유의할 점은 수정지수 등에 의한 모형의 수정은 모형 적합도를 개선할 수 있지만 명확한 사용의 이론적 근거가 있어야 하기 때문에 현실적으로 적용이 쉽지 않다는 것이다.

M.I.는 측정변수의 오차항 간을 연결하는 경우 모형에 대한 χ^2값의 개선을 의미한다. 측정모형의 수정에서는 대부분 M.I.와 모수 변화의 진단 지표를 함께 이용한다. 모수 변화는 해당 경로를 0으로 고정했을 때 M.I.의 적용 후에 해당 경로에 대한 추정되는 공분산 추정치이다. M.I.는 변화량을 보여주지만 모수 변화는 해당 경로에 대한 공분산 추정치이다.

■ 수정지수에 의한 측정모형의 수정방법

수정지수에 의한 측정모형의 수정은 M.I.와 모수 변화를 동시에 고려하여 M.I.도 크고 모수 변화도 큰 것을 공분산으로 연결하는 것이다. 이는 동일 잠재변수 내의 측정오차항 간을 상관(↔)으로 연결하는 방법이다. 측정오차항 간을 상관으로 연결해서 모형 수정을 하는 것은 이론적으로나 방법론적으로 명확한 근거가 없으면 하지 않아야 한다. 특히 설문지법을 사용해 데이터를 수집해 분석하는 경우에는 측정오차항 간의 연결이 정당화되기 어렵기 때문에 신중을 기해서 수정해야 한다(배병렬, 2021). 측정모형의 수정 시 유의사항은 다음과 같다.

- ▣ M.I.와 모수 변화가 모두 큰 +(정)의 모수변화를 가져오는 것부터 한 번에 하나씩 측정오차항 간을 상관(↔)으로 연결할 수 있다.
- ▣ 외생잠재변수의 측정오차 간, 내생잠재변수의 측정오차 간 그리고 내생잠재변수의 구조오차 간에는 상관(↔)으로 연결할 수 있다.
- ▣ 동일한 잠재변수 내 측정오차항 간의 연결이 가능하다.
- ▣ 외생잠재변수의 측정오차와 내생잠재변수의 측정오차 간에는 상관(↔)으로 연결할 수 없다.
- ▣ 이론적 · 방법론적 정당성이 확보될 수 있는 경우에 측정오차항 간의 공분산을 연결할 수 있지만 가능하면 공분산의 연결은 하지 않거나 최소화해야 한다.
- ▣ 만족스런 적합도지수를 얻을 때까지 모형 수정을 계속한다.

증권거래시스템 사례는 앞에서 살펴본 최초 측정모형과 측정모형의 수정(RELI4와 CIU3 제거) 과정을 거치면서 이미 측정모형의 적합도와 개별 측정변수의 신뢰도가 확보되었기 때문에 측정변수의 오차항 간을 연결하여 모형 수정을 하지 않아도 된다. 그러나 이 책에서는 독자들이 측정오차항 간의 공분산으로 설정하여 실습하는 과정을 이해할 필요가 있으므로 예시적으로 M.I.와 모수 변화를 이용해 측정모형을 수정하는 방법을 제시하려고 한다.

앞에서 우리들은 측정모형의 수정(RELI4와 CIU3 제거)을 실행하였다. 모형 수정에 필요한 공분산의 M.I.와 모수 변화에 대한 출력 결과는 [그림 3-21]과 같다.

그림 3-21 ▌공분산(Covariances)에서 제공되는 수정지수의 출력 결과

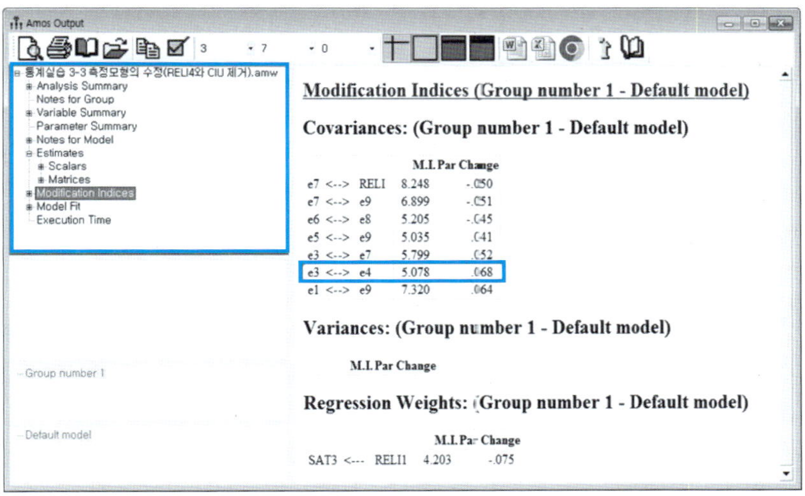

■ 수정지수에 의한 측정모형의 수정

공분산에서 제공되는 수정지수 출력 결과에 의하면 동일한 잠재변수(NAVI) 내에서 M.I.지수와 모수 변화가 가장 큰 공분산은 측정오차항 간 [e3 ↔ e4]이다. 이들 측정오차항 간의 M.I.는 5.078이고 변화가 가장 큰 경우는 0.068이다. 따라서 측정모형에서 상관관계 그리기 도구상자(↔)를 이용해 e3과 e4 간을 상관(↔)으로 연결해 수정하기로 한다.

통계실습 **3-4** **증권거래시스템 사례: 수정지수를 이용한 모형 수정과 적합도 평가**

증권거래시스템 사례의 측정모형의 수정(RELI4와 CIU3 제거)을 가지고 수정지수(M.I.)에 의해 모형 수정을 한 후 모형 적합도를 제시하고 설명하시오. 여기에서는 M.I.지수를 가지고 측정오차항 간(e3과 e4)을 상관(↔)으로 설정하기로 한다.

실습 따라하기

❶ [통계실습 3-3]에서 실습한 [제1부 통계분석과 논문작성 기초다지기(제1장-제6장)-제1부 통계분석-제3장] 폴더 안에 있는 [통계실습 3-3 측정모형의 수정(RELI4와 CIU3 제거)]을 이용하기로 한다. 만약 초기 화면에 이 파일이 불러져 있지 않다면 [File-Open]에서 파일을 선택해서 [열기] 버튼을 클릭해 불러들인다.

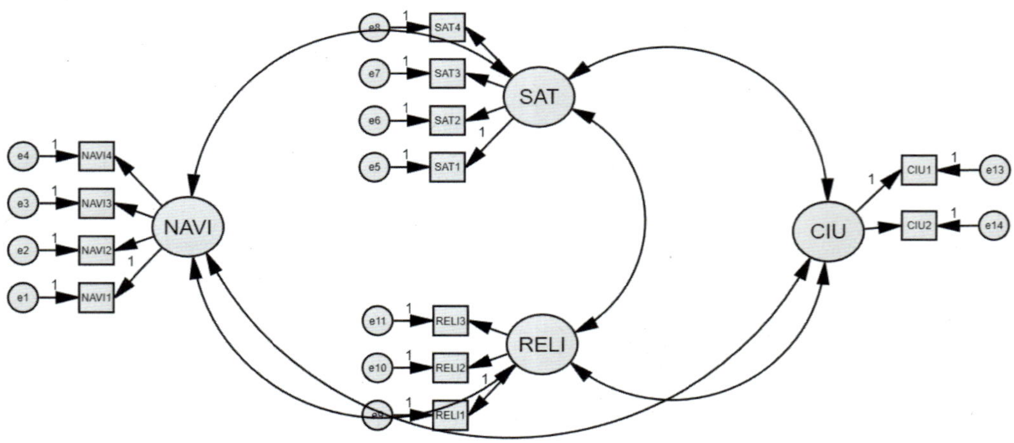

❷ 측정모형의 적합도를 개선하기 위해서 잠재변수 [NAVI] 내의 측정오차항 간을 상관으로 연결한다. 연결을 위해서는 도구상자에서 ↔(상관관계 연결하기)를 마우스로 선택하여 클릭한 후 [e3]으로 마우스를 가져가면 측정오차항이 [빨간색]으로 변한다. 이때 왼쪽 마우스를 누른 상태에서 [e4]로 마우스를 드래그하여 옮겨 간 후 누르고 있는 마우스에서 손가락을 뗀다. 연결을 마친 후에는 초기 화면의 메뉴에서 [File-Save as]로 들어간 후 [제1부 통계분석과 논문작성 기초다지기(제1장-제6장)-제1부 통계분석-제3장] 폴더 안에 파일명을 [통계실습 3-4 측정모형의 수정(측정오차항 간의

상관 연결)]로 해서 저장한다.

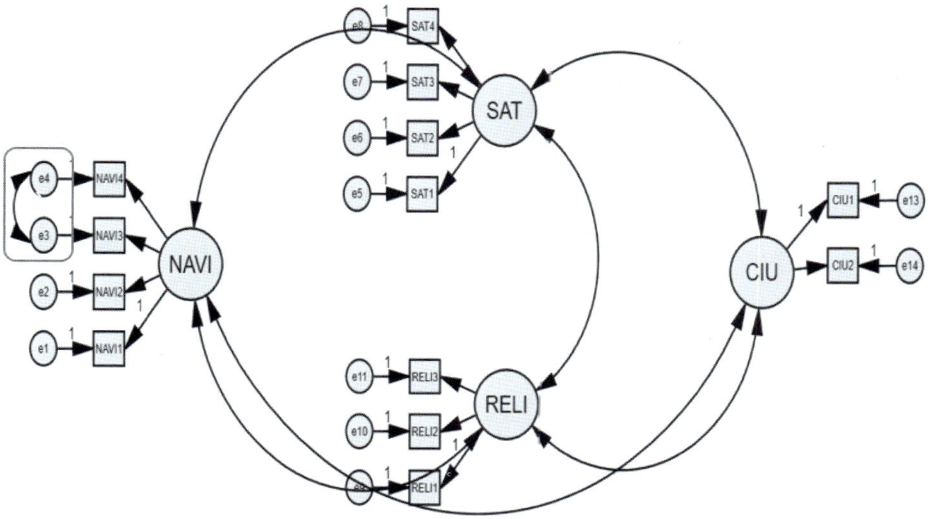

❸ Analysis Properties(분석속성 지정 창)의 도구상자( )의 Estimation 탭과 Output 탭은 이미 지정되어 있으므로 그대로 둔다. [모형 적합도] 결과에서 SRMR을 얻기 위해서 [Plugins] 메뉴에서 [Standardized RMR]을 체크한다. 분석 실행 도구상자( )를 클릭해 CFA를 실행한다.

■ 측정모형의 수정(측정오차항 간의 상관 연결)의 적합도 평가 결과

측정모형의 수정(측정오차항 간의 상관 연결)의 적합도 평가 결과는 [표 3-8]과 같다. 적합도는 χ^2(p)=89.076(0.005), Q값(χ^2/df)=1.536, SRMR=0.021, TLI=0.983, RMSEA=0.052로 적합도지수가 다소 개선되었음을 알 수 있다. 모형 적합도에 대한 자세한 출력 결과는 각자가 확인해 보기 바란다.

▌표 3-8▐ 측정모형의 수정(측정오차항 간의 상관 연결)의 적합도 평가 결과

모형	χ^2(p)	χ^2/df(Q값)	SRMR	TLI	RMSEA
최초 측정모형	123.254(0.004)	1.450	0.028	0.983	0.048
측정모형의 수정 (RELI4와 CIU3 제거)	95.594(0.002)	1.593	0.022	0.982	0.055
측정모형의 수정 (측정오차항 간의 상관 연결)	89.076(0.005)	1.536	0.021	0.983	0.052

【주】 적합도지수의 수용기준: Q값<3 미만, SRMR<0.08 미만, TLI≥0.9 이상, RMSEA<0.08 미만

(6) 개념신뢰도와 개념타당도의 평가와 최종 측정모형의 선택

■ 개념신뢰도와 개념타당도의 평가

측정모형은 여러 개의 측정변수들을 이용해 잠재변수를 측정하는 경우가 많기 때문에, 잠재변수가 얼마나 신뢰도와 타당도를 가지고 있는지를 평가하는 것이 중요하다. 따라서 측정모형의 적합도를 평가한 후에는 측정모형의 개념신뢰도(Construct validity)와 개념타당도를 평가해야 한다. 개념타당도의 평가는 크게 집중타당도(Convergent validity)[4]와 판별타당도(Discriminant validity)로 구분해서 실시한다.

▌표 3-9▐ Amos에서 CR과 AVE 계산 Excel Calculator

AMOS에서 CR과 AVE의 계산 Excel Calculator

(Copyright 2023 by Shin Gunkwon, Hoseo University)

잠재변수명							
측정변수명	표준화회귀계수	표준화회귀계수^2	1-표준화회귀계수^2	1-표준화회귀계수^2	표준화회귀계수 합	AVE	CR
측정변수1		0.0000	1.0000	0.0000	0.000	#DIV/0!	#DIV/0!
측정변수2		0.0000	1.0000	0.0000			
측정변수3		0.0000	1.0000	0.0000			
측정변수4		0.0000	1.0000	0.0000			
측정변수5		0.0000	1.0000	0.0000			
측정변수6		0.0000	1.0000	0.0000			
측정변수7		0.0000	1.0000	0.0000			
측정변수8		0.0000	1.0000	0.0000			
측정변수9		0.0000	1.0000	0.0000			
측정변수10		0.0000	1.0000	0.0000			
측정변수11		0.0000	1.0000	0.0000			
측정변수12		0.0000	1.0000	0.0000			
측정변수13		0.0000	1.0000	0.0000			
측정변수14		0.0000	1.0000	0.0000			
측정변수15		0.0000	1.0000	0.0000			

[작성 요령]

표준화회귀계수 란(색깔 부분)에 측정모형 분석 결과에서 얻은 각 측정변수에 대한 Standardized Regression Weights의 값을 입력하면 자동으로 AVE와 CR이 계산된다.

잠재변수명에는 연구자의 잠재변수명을 입력한다. 예를 들면 자아효능감이라고 입력한다.

측정변수명에는 각 잠재변수(연구변수)의 각각의 측정변수 명을 입력하면 된다. 예를 들면, 측정변수1에 자아효능감1 또는 SE1 등과 같이 입력한다.

4) 집중타당도(수렴타당도)는 동일 잠재변수를 측정하는 다중의 척도가 어느 정도 일치하는가를 평가한다. 비록 상이한 측정변수이지만 동일한 개념을 측정하고 있다면 그 상관관계는 높게 나타난다.

Amos에서는 CR과 AVE지수를 자동적으로 계산해 주지 않으므로 연구자들이 Excel Sheet 등에 계산식을 집어넣어 수동으로 계산해야 한다. 이 책에서는 [표 3-9]와 같이 Excel 계산식을 개발하여 파일 명을 [Amos에서 CR과 AVE 계산 Excel Calculator(Shin Gunkwon)]으로 하여 필요한 실습 파일에 넣어두었다. 계산이 필요한 경우에는 언제든지 Excel 프로그램에서 해당 파일을 불러내어 작업하면 된다. Excel 시트에는 여러 개의 잠재변수에 대한 CR과 AVE의 계산이 가능하도록 10개의 표를 제공하고 있다. 독자들이 추가적으로 Excel 계산식 시트가 필요하면 복사해서 사용하면 된다. CR과 AVE 수동계산에서 필요한 유일한 자료는 측정모형 실행 결과로 입수한 표준화회귀계수 추정치(Standardized Regression Weights)이다. Amos 실행을 통해 출력된 표준화회귀계수를 Excel Calculator의 [노란색] 부분에 넣으면 시트 우측의 AVE와 CR이 자동 계산된다. 한편 판별타당도를 평가하려면 측정모형 실행을 통해 입수한 상관관계(Correlations) 데이터와 앞에서 계산한 AVE값이 필요하다.

- 개념신뢰도를 평가하기 위해서는 CR(합성신뢰도)지수를 알아야 한다. CR≥0.7 이상이면 잠재변수는 개념신뢰도(내적 일관성 신뢰도)가 있다고 평가한다.
- 집중타당도와 판별타당도를 평가하기 위해서는 AVE(평균분산추출)지수를 알아야 한다.
- 잠재변수의 집중타당도는 AVE≥0.5 이상이면 있다고 평가한다.
- 잠재변수 간의 판별타당도는 두 잠재변수 간에 구한 AVE가 각 잠재변수의 상관계수의 제곱값, 즉 결정계수(r^2)보다 크면(AVE$\geq r^2$) 두 잠재변수 간에는 판별타당도가 확보되었다고 평가한다. 반대로 결정계수가 AVE보다 큰 경우가 있으면 부분적인 판별타당도를 확보했다고 평가한다.

통계실습 3-5 증권거래시스템 사례: 개념신뢰도와 개념타당도의 평가

증권거래시스템 사례의 개념신뢰도와 개념타당도를 평가하는데 필요한 CR과 AVE를 계산하고 개념신뢰도와 개념타당도(집중타당도와 판별타당도)를 평가하시오.

실습 따라하기

❶ [통계실습 3-4]에서 실습한 [제1부 통계분석과 논문작성 기초다지기(제1장-제6장)-제1부 통계분석-제3장] 폴더 안에 있는 [통계실습 3-4 측정모형의 수정(측정오차항 간의 상관 연결)]을 이용하기로 한다. 만약 초기 화면에 이 파일이 불러져 있지 않다면 [File-Open]에서 파일을 선택해서 [열기] 버튼을 클릭해 불러들인다.

❷ 분석 실행 도구상자( )를 클릭해 CFA를 실행한다.

❸ 실행 결과에서 표준화회귀계수 추정치를 입수한다.

Standardized Regression Weights

			Estimate
NAVI1	<---	NAVI	.871
NAVI2	<---	NAVI	.902
NAVI3	<---	NAVI	.858
NAVI4	<---	NAVI	.738
SAT1	<---	SAT	.915
SAT2	<---	SAT	.938
SAT3	<---	SAT	.880
SAT4	<---	SAT	.836
RELI1	<---	RELI	.873
RELI2	<---	RELI	.920
RELI3	<---	RELI	.895
CIU1	<---	CIU	.878
CIU2	<---	CIU	.894

❹ 실습 파일이 있는 곳에서 [제1부 통계분석과 논문작성 기초다지기(제1장-제6장)-제1부 통계분석-신뢰도타당도분석] 폴더 안에 있는 [Amos에서 CR과 AVE 계산 Excel Calculator(Shin Gunkwon)]을 불러온다.

❺ Excel Calculator에 잠재변수별로 [잠재변수명], [측정변수명], [표준화회귀계수] 추정치를 차례대로 입력한다. 입력을 마친 후에는 [Amos에서 CR과 AVE 계산 Excel Calculator 1(Shin Gunkwon)]으로 저장한다. 입력 후에 자동 계산된 CR과 AVE는 시트 우측에 표시된다. 입력 완료된 내용은 Excel Calculator를 불러서 참조하기 바란다. 독자들은 독자용으로 제공된 Excel Calculator를 이용해서 직접 계산해 보면 된다.

Excel Calculator에서 계산된 CR과 AVE를 잠재변수별로 정리해 보면 다음과 같다. CR이 0.7 이상이어서 개념신뢰도가 있으며, AVE가 0.5 이상이므로 모든 잠재변수의 집중타당도는 확보되었다고 평가된다.

AMOS에서 CR과 AVE의 계산 Excel Calculator

(Copyright 2023 by Shin Gunkwon, Hoseo University)

NAVI(항해용이성)							
측정변수명	표준화회귀계수	표준화회귀계수^2	1-표준화회귀계수^2	1-표준화회귀계수^2	표준화회귀계수 합	AVE	CR
NAVI1	**0.871**	0.7586	0.2414	0.2414	3.369	**0.713**	**0.908**
NAVI2	**0.902**	0.8136	0.1864	0.1864			
NAVI3	**0.858**	0.7362	0.2638	0.2638			
NAVI4	**0.738**	0.5446	0.4554	0.4554			

잠재변수	측정변수	표준화회귀계수	CR	AVE
NAVI (항해용이성)	NAVI1	0.871	0.908	0.713
	NAVI2	0.902		
	NAVI3	0.858		
	NAVI4	0.738		
SAT (고객만족도)	SAT1	0.915	0.940	0.798
	SAT2	0.938		
	SAT3	0.880		
	SAT4	0.836		
RELI (고객신뢰)	RELI1	0.873	0.924	0.803
	RELI2	0.920		
	RELI3	0.895		
CIU (지속사용의도)	CIU1	0.878	0.880	0.785
	CIU2	0.894		

【주】 수용기준: CR≥0.7 이상, AVE≥0.5 이상

❻ 실행 결과에서 상관관계(Correlations)를 입수한다. 판별타당도를 평가하려면 앞에서 계산한 AVE와 상관계수가 필요하다.

Correlations: (Group number 1 - Default model)

			Estimate
NAVI	<-->	SAT	.774
NAVI	<-->	RELI	.748
NAVI	<-->	CIU	.688
SAT	<-->	RELI	.858
SAT	<-->	CIU	.851
RELI	<-->	CIU	.853
e3	<-->	e4	.219

❼ 잠재변수 간의 상관관계를 표 형식으로 만든 후 상관관계(상관계수)를 적어 넣는다. 앞에서 계산한 AVE를 대각선에 입력하여 표를 완성한다. AVE는 상관관계와 구분을 위해서 진하게 표시하기로 한다. 표에서 대각선 값은 AVE를 표시한 것이다.

	NAVI	SAT	RELI	CIU
NAVI	**0.713**			
SAT	0.774	**0.798**		
RELI	0.748	0.858*	**0.803**	
CIU	0.688	0.851	0.853	**0.785**

주: 1) * RELI와 SAT의 상관계수 제곱(r^2)=0.858×0.858=0.736
2) 대각선으로 표시된 것은 AVE를 나타냄

Correlations: (Group number 1 - Default model)

			Estimate
NAVI	<-->	SAT	.774
NAVI	<-->	RELI	.748
NAVI	<-->	CIU	.688
SAT	<-->	RELI	.858
SAT	<-->	CIU	.851
RELI	<-->	CIU	.853

잠재변수 간 상관계수 중에서 가장 큰 것은 0.858(SAT과 RELI)이며, 이의 제곱으로 계산되는 결정계수 r^2은 0.736(0.858×0.858)이다. 잠재변수의 AVE가 잠재변수 간의 상관계수 제곱(결정계수)보다 크다면 판별타당도를 확보했다고 판단할 수 있다. 그런데 이 사례에서는 NAVI의 AVE가 0.713으로 잠재변수 간의 결정계수인 0.736보다 작으므로 부분적인 판별타당도를 확보하였다고 평가할 수 있다.

■ 최종 측정모형의 선택

측정모형의 수정(측정오차항 간의 상관 연결)을 가지고 분석한 결과 CR이 0.7 이상 그리고 AVE가 0.5 이상이므로 개념신뢰도와 집중타당도는 확보되었다고 평가할 수 있다. 그러나 판별타당도의 경우 NAVI의 AVE가 결정계수보다 작게 나타나 부분적인 판별타당도를 확보하였다. 따라서 이 책에는 NAVI(항해용이성)의 표준화회귀계수 중에서 그 값이 가장 작은 측정변수인 NAVI4를 제거[5]하여 판별타당도를 높일 수 있는 방법을 탐색하기로 한다.

통계실습 3-6 증권거래시스템 사례: 개념타당도의 평가

증권거래시스템 사례에서 부분적인 판별타당도을 확보하여 잠재변수 NAVI의 측정변수 중에서 표준화회귀계수가 가장 작은 NAVI4를 제거하여 판별타당도를 개선시키고자 한다. 이를 위해서 측정모형의 수정(측정오차항 간의 상관 연결)을 사용하기로 한다. 개념타당도의 평가에 필요한 CR과 AVE를 계산하고 개념타당도(집중타당도와 판별타당도)를 평가하시오.

실습 따라하기

❶ [통계실습 3-4]에서 실습한 [제1부 통계분석과 논문작성 기초다지기(제1장-제6장)-제1부 통계분석-제3장] 폴더 안에 있는 [통계실습 3-4 측정모형의 수정(측정오차항 간의 상관 연결)]을 이용하기로 한다. 만약 초기 화면에 이 파일이 불러져 있지 않다면 [File-Open]에서 파일을 선택해서 [열기] 버튼을 클릭해 불러들인다.

❷ 잠재변수 [NAVI]의 측정변수인 NAVI4를 제거한다. 제거한 후에는 초기 화면의 메뉴에서 [File-Save as]로 들어간 후에 [제1부 통계분석과 논문작성 기초다지기(제1장-제6장)-제1부 통계분석-제3장] 폴더 안에 파일명을 [통계실습 3-6 측정모형의 수정(NAVI4 제거)]로 해서 저장한다. [모형 적합도] 결과에서 SRMR을 얻기 위해서 [Plugins] 메뉴에서 [Standardized RMR]을 체크한다. 분석 실행 도구상자( )를 클릭해 CFA를 실행한다.

5) 개념타당도가 확보되지 않은 잠재변수별로 표준화회귀계수가 가장 작은 측정변수들을 제거(NAVI4)하면 어느 정도 타당도를 높일 수 있다.

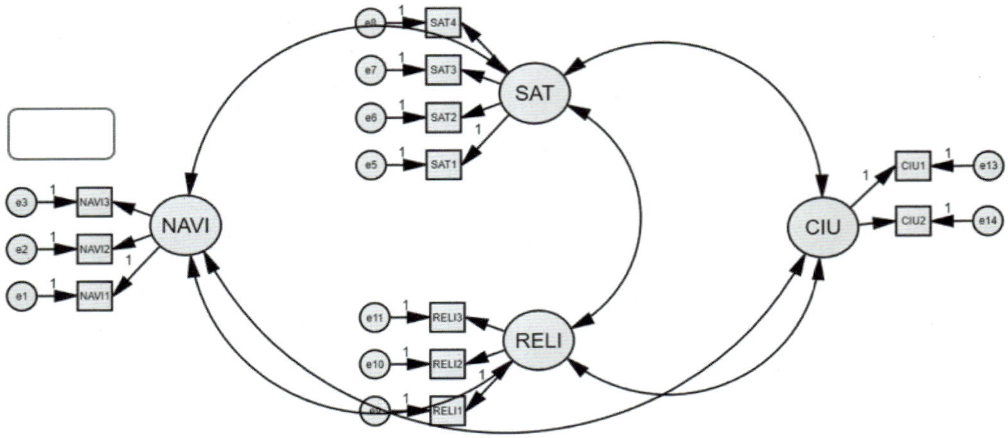

❸ 실행 결과에서 표준화회귀계수 추정치를 입수한다.

Standardized Regression Weights

			Estimate
NAVI1	<---	NAVI	.869
NAVI2	<---	NAVI	.907
NAVI3	<---	NAVI	.857
SAT1	<---	SAT	.915
SAT2	<---	SAT	.938
SAT3	<---	SAT	.880
SAT4	<---	SAT	.836
RELI1	<---	RELI	.873
RELI2	<---	RELI	.921
RELI3	<---	RELI	.895
CIU1	<---	CIU	.878
CIU2	<---	CIU	.894

❹ 실습 파일이 있는 곳에서 [제1부 통계분석과 논문작성 기초다지기(제1장–제6장)–제1부 통계분석–신뢰도타당도분석] 폴더 안에 있는 [Amos에서 CR과 AVE 계산 Excel Calculator 1(Shin Gunkwon)]을 불러온다. 잠재변수 [NAVI]의 측정변수명에 있는 [NAVI4]와 [표준화회귀계수]의 입력 내용을 삭제한다.

❺ Excel Calculator에 잠재변수별로 [잠재변수명], [측정변수명], [표준화회귀계수] 추정치를 차례대로 입력한다. 입력을 마친 후에는 [Amos에서 CR과 AVE 계산 Excel Calculator 2(Shin Gunkwon)]으로 저장한다. 입력 완료된 내용은 Excel Calculator를 불러서 참조하기 바란다.

AMOS에서 CR과 AVE의 계산 Excel Calculator

(Copyright 2023 by Shin Gunkwon, Hoseo University)

NAVI(항해용이성)							
측정변수명	표준화회귀계수	표준화회귀계수^2	1-표준화회귀계수^2	1-표준화회귀계수^2	표준화회귀계수 합	AVE	CR
NAVI1	**0.869**	0.7552	0.2448	0.2448	2.633	**0.771**	**0.910**
NAVI2	**0.907**	0.8226	0.1774	0.1774			
NAVI3	**0.857**	0.7344	0.2656	0.2656			

Excel Calculator에서 계산된 CR과 AVE를 잠재변수별로 정리해 보면 다음과 같다. CR이 0.7 이상이어서 개념신뢰도가 있으며, AVE가 0.5 이상이므로 모든 잠재변수의 집중타당도는 확보되었다고 평가된다.

잠재변수(개념)	측정항목	표준화회귀계수	CR	AVE
NAVI (항해용이성)	NAVI1	0.869	0.910	0.771
	NAVI2	0.907		
	NAVI3	0.857		
SAT (고객만족도)	SAT1	0.915	0.940	0.798
	SAT2	0.938		
	SAT3	0.880		
	SAT4	0.836		
RELI (고객신뢰)	RELI1	0.873	0.925	0.804
	RELI2	0.921		
	RELI3	0.895		
CIU (지속사용의도)	CIU1	0.878	0.880	0.785
	CIU2	0.894		

【주】 수용기준: CR≥0.7 이상, AVE≥0.5 이상

❻ 실행 결과에서 상관관계(Correlations)를 입수한다. 판별타당도를 평가하려면 앞에서 계산한 AVE와 상관계수가 필요하다.

Correlations: (Group number 1 - Default model)

			Estimate
NAVI	<-->	SAT	.772
NAVI	<-->	RELI	.744
NAVI	<-->	CIU	.685
SAT	<-->	RELI	.858
SAT	<-->	CIU	.851
RELI	<-->	CIU	.853

❼ 잠재변수 간의 상관관계를 표 형식으로 만든 후 상관계수를 적어 넣는다. 앞에서 계산한 AVE를 대각선에 입력하여 표를 완성한다. AVE는 상관관계와 구분을 위해서 진하게 표시하기로 한다. 표에서 대각선 값은 AVE를 표시한 것이다. 잠재변수 간 상관계수 중에서 가장 큰 것은 0.858(SAT과 RELI)이며, 이의 제곱, 즉 결정계수는 0.736(0.858×0.858)이다. 잠재변수의 AVE가 잠재변수 간의 상관계수 제곱(결정계수)보다 크다면 판별타당도를 확보했다고 판단할 수 있다. 그런데 이 사례에서는 AVE가 잠재변수 간의 상관계수가 가장 큰 경우의 결정계수 0.736보다 모두 크므로 판별타당도를 확보하였다.

	NAVI	SAT	RELI	CIU
NAVI	**0.771**			
SAT	0.772	**0.798**		
RELI	0.744	0.858*	**0.804**	
CIU	0.685	0.851	0.853	**0.785**

주: 1) * RELI와 SAT의 상관계수 제곱(r^2)=0.858×0.858=0.736
2) 대각선으로 표시된 것은 AVE를 나타냄

⇧

Correlations: (Group number 1 - Default model)

			Estimate
NAVI	<-->	SAT	.772
NAVI	<-->	RELI	.744
NAVI	<-->	CIU	.685
SAT	<-->	RELI	.858
SAT	<-->	CIU	.851
RELI	<-->	CIU	.853

▶ 측정모형의 수정(NAVI4 제거)에 대한 적합도 평가 결과는 [표 3-10]과 같다. 적합도는 χ^2(p)=75.625(0.007), Q값(χ^2/df)=1.576, SRMR=0.021, TLI=0.984, RMSEA =0.054로 적합도지수가 전반적으로 우수함을 알 수 있다. 모형 적합도에 대한 자세한 출력 결과는 각자가 확인해 보기 바란다.

표 3-10 측정모형의 수정(NAVI4 제거)의 적합도 평가 결과

모형	χ^2(p)	χ^2/df(Q값)	SRMR	TLI	RMSEA
최초 측정모형	123.254(0.004)	1.450	0.028	0.983	0.048
측정모형의 수정 (RELI4와 CIU3 제거)	95.594(0.002)	1.593	0.022	0.982	0.055
측정모형의 수정 (측정오차항 간의 상관 연결)	89.076(0.005)	1.536	0.021	0.983	0.052
측정모형의 수정 (NAVI4 제거)	75.625(0.007)	1.576	0.021	0.984	0.054

【주】 적합도지수의 수용기준: Q값<3 미만, SRMR<0.08 미만, TLI≥0.9 이상, RMSEA<0.08 미만

▶ 측정모형의 수정(NAVI4 제거)을 가지고 분석한 결과 표준화회귀계수가 0.7 이상이어서 개별 측정변수의 신뢰도가 있으며, CR이 0.7 이상이어서 개념신뢰도가 확보되었다. AVE가 0.5 이상이므로 집중타당도는 확보되었다고 평가할 수 있다. 또한 모든 잠재변수의 AVE값이 결정계수인 0.736보다 크므로 판별타당도가 확보되었다고 평가할 수 있다. 따라서 이 사례에서는 측정모형의 수정(NAVI4 제거)을 최종적인 측정모형으로 선택하기로 한다.

▶ 이상의 여러 가지 과정을 통해서 우리들은 최종적인 측정모형을 선택하였다. 이제는 측정모형을 토대로 구조모형분석을 수행하여야 한다. 이에 대해서는 제4장에서 설명될 것이다.

측정도구의 신뢰도와 타당도를 분석하기 위해서 확인적 요인분석(Confirmatory Factor Analysis: CFA)을 수행하였다. CFA의 실행 결과는 [표 3-11]과 같다. 모형의 평가와 수정과정에서 최초의 잠재변수에 포함되어 있었던 측정변수 NAVI4, RELI4, CIU3은 제거되었다. 모형 적합도에 대한 평가 결과 적합도지수가 χ^2(p)=75.625(0.007), Q값(χ^2/df)=1.576, SRMR=

0.021, TLI=0.984, RMSEA=0.054의 값을 보여서 만족스러운 적합도를 나타냈다.

▌표 3-11 ▌CFA에 의한 측정모형 분석 결과

잠재변수	측정변수	표준화회귀계수	표준오차	CR	AVE
항해용이성 (NAVI)	NAVI1	0.869	–	0.910	0.771
	NAVI2	0.907	0.057		
	NAVI3	0.857	0.060		
고객만족도 (SAT)	SAT1	0.915	–	0.940	0.798
	SAT2	0.938	0.045		
	SAT3	0.880	0.047		
	SAT4	0.836	0.057		
고객신뢰 (RELI)	RELI1	0.873	–	0.925	0.804
	RELI2	0.921	0.054		
	RELI3	0.895	0.058		
지속사용의도 (CIU)	CIU1	0.878	–	0.880	0.785
	CIU2	0.894	0.063		
적합도 χ^2=75.625(df=48, p=0.007), χ^2/df(Q값)=1.576, SRMR=0.021, TLI=0.984, RMSEA=0.054					

【주】 수용기준: CR≥0.7 이상, AVE≥0.5 이상

[표 3-11]에 제시된 것처럼 측정변수들의 모든 표준화회귀계수가 0.7 이상이어서 개별 측정변수의 신뢰도는 확보되었다. 또한 CR이 0.7 이상이어서 개념신뢰도가 확보되었다. AVE가 0.5 이상으로 나타나 잠재변수들의 집중타당도는 확보되었다.

▌표 3-12 ▌잠재변수 간의 판별타당도 분석 결과: 상관행렬과 AVE

	항애용이성	고객만족도	고객신뢰	지속사용의도
항해용이성	0.771			
고객만족도	0.772	0.798		
고객신뢰	0.744	0.858*	0.804	
지속사용의도	0.685	0.851	0.853	0.785

【주】 1) * 고객신뢰와 고객만족도의 상관계수 제곱(r^2)=0.858×0.858=0.736
2) 대각선으로 표시된 것은 AVE를 나타냄.

한편 [표 3-12]와 같이 잠재변수 간의 판별타당도를 분석하기 위해서 변수 간의 상관행렬과 AVE와의 관련성을 확인하였다. 잠재변수 간의 상관계수 중에서 가장 큰 것은 0.858(고객만족도와 고객신뢰)이었으며, 이의 제곱으로 계산되는 결정계수는 0.736(0.858×0.858)이었다. 잠재변수의 AVE가 잠재변수 간의 결정계수보다 크다면 판결타당도를 확보했다고 판단할 수 있다. 그런데 이 사례에서는 AVE가 잠재변수 간의 상관계수가 가장 큰 경우의 결정계수 0.736보다 모두 크므로 판별타당도를 확보하였다.

제3장의 핵심내용 요약

- 모든 측정변수들은 측정오차항을 가지고 있어야 하며, 측정모형을 그릴 때 모든 잠재변수 간을 상관(↔)으로 연결해야 한다.
- 측정모형이 식별되려면 모든 잠재변수별로 1개의 준거변수(Reference variable)를 가지고 있어야 한다.
- 모형 수정을 위한 진단지표로는 수정지수(Modification index: M.I.)가 많이 사용된다. 디폴트값은 4로 지정되어 있으나 적어도 5 이상을 지정하는 경우가 많으며, 보수적인 경우에는 10 이상으로 설정해야 한다.
- 위반추정치란 측정모형이나 구조모형에서 수용한계를 벗어난 추정계수를 말한다. 위반추정치가 없으면 여러 가지 적합도지수를 이용하여 모형 적합도를 평가해야 한다.
- 측정모형을 수정할 경우에는 M.I.값이 가장 크고 +(정)의 큰 모수변화를 가져오는 것부터 한 번에 하나씩 동일한 잠재변수 내 측정오차항 간을 상관(↔)으로 연결한다.
- CR은 0.7 이상, AVE는 0.5 이상이면 측정모형의 집중타당도(혹은 수렴타당도)는 확보되었다고 판단할 수 있다. 또한 잠재변수의 AVE가 각 잠재변수 간의 상관계수 제곱, 즉 결정계수(r^2)가 가장 큰 경우보다 크다면 판별타당도를 확보했다고 판단할 수 있다.
- 측정모형분석을 하는 가장 큰 이유는 측정도구의 신뢰도와 타당도를 검증하기 위한 것이다. 모형 적합도가 만족스럽고 개별 측정변수들의 신뢰도와 개념타당도(Construct validity)가 검증되면 구조모형분석을 시행할 수 있다.

참고문헌

김계수. (2013). AMOS 18 구조방정식모형 분석. 한나래아카데미.

김진호, 홍세희, 추병대. (2007). 경영학 연구에서의 구조방정식 모형의 적용: 문헌 연구와 비판. *경영학 연구*, 36(4), 897-923.

배병렬. (2021). AMOS 27 구조방정식모델링. 도서출판 청람.

신건권. (2023). 석박사학위와 학술논문 작성 중심의 SmartPLS 4.0 구조방정식모델링. 도서출판 청람.

신건권. (2023). SPSS 29와 PROCESS macro 4.0을 이용한 회귀분석 따라하기. 도서출판 청람.

신건권. (2023). 석박사학위와 학술논문 작성 중심의 SPSS 29 논문통계분석. 도서출판 청람.

AMOS 29 User's Guide.

Fornell, C., & Larcker, D.F. (1981). Evaluating structural equation models with unobservable variables and measurement error. *Journal of Marketing Research*, 18(1), 39-50.

Jöreskog, K.G. and Sörbom, D. (1989). *LISREL 7: A guide to the program and applications*, Chicago: SPSS Publications.

제 4 장 통계분석과 논문작성의 기본 절차(3): 구조모형분석

6 제5단계: 구조모형분석

6.1 구조모형의 평가

우리들은 앞장에서 **최종적인 측정모형**을 선택하는 과정을 살펴보았다. 측정모형이 확정되면 이제 구조모형분석으로 넘어갈 수 있다. **구조모형**(Structural model)의 **평가**는 [그림 4-1]과 같이 ① **모형 적합도(Model fit)에 대한 평가**, ② **추정된 회귀계수의 통계적 유의성**, ③ **내생잠재변수의 다중상관자승(SMC)** 그리고 ④ **추정된 회귀계수의 부호 등에 대한 검토**로 구분된다.

그림 4-1 ▮ 구조모형의 평가

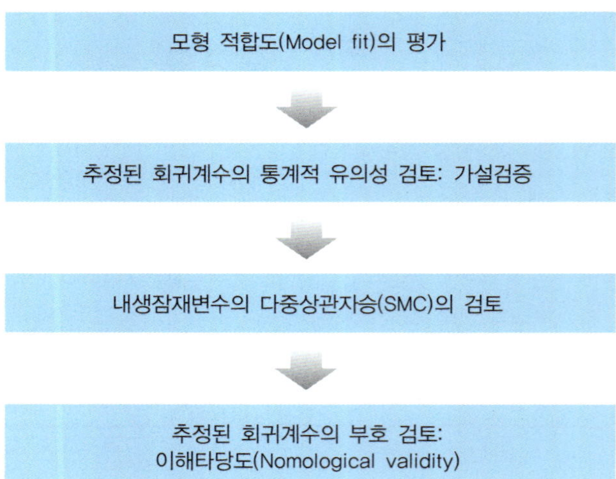

■ 구조모형의 적합도 평가

구조모형의 적합도 평가는 측정모형과 동일한 적합도지수를 사용한다. 구조모형은 측정모형을 토대로 구축되기 때문에 모형 적합도가 측정모형과 크게 달라지지 않는다. 그러나 경쟁모형의 개발이나 잠재변수 간의 가설 관계에 대한 추가/제거 등과 같이 구조모형을 수정하는 경우에는 구조모형과 측정모형의 적합도가 다른 결과를 나타낼 수 있다.

■ 추정된 회귀계수의 통계적 유의성 검토: 가설검증

추정된 회귀계수에 대한 통계적 유의성 평가는 **임계치**(Critical Value: C.R.)[1]를 이용하며, 이를 통해 연구에서 설정한 가설을 검증한다. 여기에서 C.R.은 회귀분석의 t값과 동일하다. 회귀계수 추정치는 **표준화회귀계수**(Standardized regression weights)[2]와 **비표준화회귀계수**(Regression weights)를 제공해 주며,[3] 결과 보고 시에는 비표준화회귀계수의 값도 제시하는 것이 좋다. 전자에서는 표준화회귀계수 추정치만을 제시하며, 후자의 경우에는 ① 비표준화회귀계수(모수추정치), ② S.E.(표준오차), ③ C.R., ④ p값을 제공해 준다. 일반적으로 회귀계수(경로계수)는 **유의수준 0.05 수준에서** C.R.(임계치)가 절대값 ±1.96보다 크면 유의적이라고 판단하며(양측검증), 방향성 가설인 경우는 절대값 ±1.645 이상이면 유의적이라고 판단한다(단측검증).[4]

■ 내생잠재변수의 다중상관자승(SMC)의 검토

구조모형에서 **내생잠재변수**의 SMC(회귀분석에서 R^2과 동일)는 **독립변수들이 종속변수를 어느 정도 설명하는가**를 의미하며, 독립변수들에 의해서 종속변수가 설명되는 정도인 설명력을 나타낸다. SMC가 높을수록 구조모형이 잘 설정되었음을 의미하며, 어느 정도의 SMC가 좋은가에 대한 명확한 기준은 없다(배병렬, 2021).

---

1) 모수추정치(회귀계수)의 통계적 유의성을 검토할 때 사용하는 C.R.(임계치, Critical Value)과 개념타당도를 평가할 때 사용되는 CR(Composite Reliability)은 동일한 영어 명칭을 가지고 있지만 동일하지 않음에 유의하기 바란다.

2) 표준화회귀계수(Standardized regression weights)는 모두 동일한 분산을 가지고 있으며 최대 절대값 1을 넘지 않는다. 만약 1을 넘는다면 위반추정치를 의미한다.

3) 비표준화회귀계수(Regression weights)는 다중회귀분석에서의 회귀계수와 동일하다.

4) 가설 관계에 방향성(+ 혹은 −)이 있으면 단측검증을 하며, 관계의 방향성이 없으면 양측검증을 한다. 검증 유형에 따라 사용되는 임계치(C.R.)는 다르다.

■ 추정된 회귀계수의 부호 검토

구조모형의 실행을 통해 추정된 회귀계수의 부호가 연구가설의 방향(+ 혹은 −)과 일치하는지를 검토해야 한다. 이를 연구자들은 법칙타당도 혹은 이해타당도(Nomological validity)의 검증이라고 한다. 예컨대 ① 연구자가 설정한 잠재변수(연구변수) 간의 관계에 대한 가설의 방향과 ② 구조모형의 추정을 통해 얻은 결과가 동일하면 법칙타당도가 있다고 평가한다. 그러나 연구자가 설정한 가설관계와 구조모형분석을 통해 얻은 추정된 회귀계수의 부호가 다르게 나타났다면 이는 법칙타당도를 위반한 것으로 볼 수 있다.

법칙타당도가 위반된 경우에는 그 이유를 규명하여 기술해야 하며, 기존이론에 대한 추가적인 검토를 통해 가설방향을 다시 설정할 수도 있다. 추정된 회귀계수의 부호가 일치하지 않는데도 불구하고 통계적 유의성이 있는 것으로 나타나면 이는 기각하는 것이 바람직하다.

6.2 구조모형 설정: 구조모형 그리기

우리들은 앞장에서 [그림 3-6] 측정모형의 수정(NAVI4 제거)을 최종적인 측정모형으로 선택하였다. 초기의 측정모형에서 여러 번의 수정과정을 거쳐 확정된 최종적인 측정모형은 [그림 4-2]와 같다.

그림 4-2 ▌(최종적으로 선정된) 측정모형 예시

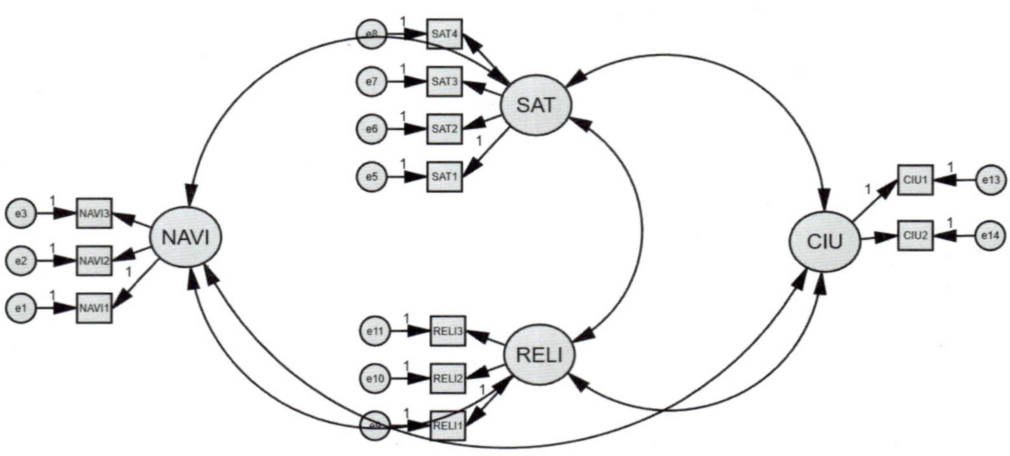

측정모형분석을 통해서 측정도구의 신뢰도와 타당도가 검증되었으면 이제 구조모형분석을 위해서 구조모형[5]을 설정해야 한다. 여기에서 구조모형 설정이란 측정모형을 토대로 잠재변수들을 가설적 관계에 따라 연결하는 작업을 말한다. 연구자는 가설적 관계에 따라 잠재변수 간을 연결할 때 연구모형이 재귀모형(일방향 모형 Recursive model)인지 비재귀모형(양방향 모형 Non-recursive model)인지에 따라서 단방향 화살표(→) 혹은 양방향 화살표(⇄)를 이용할 수 있다. 대다수의 연구들은 재귀모형에 해당하므로 구조모형은 단방향 화살표로 연결하는 경우가 많다.

구조모형을 그릴 때 몇 가지 유의사항은 다음과 같다.

그림 4-3 구조모형 설정: 구조모형 그리기 예시

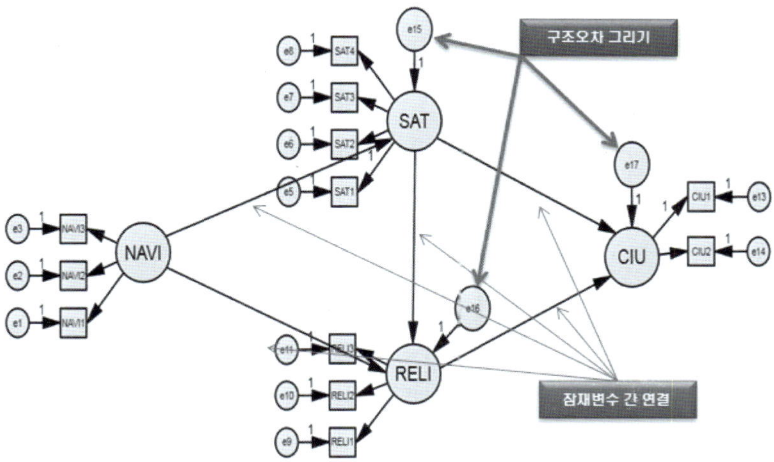

- 외생잠재변수가 2개 이상이면 외생잠재변수 간을 상관(↔)으로 연결한다.
- 내생잠재변수(다른 잠재변수로부터 화살표를 받는 변수)는 모두 구조오차를 모형에 표시해야 한다. 구조오차항의 명칭은 일련번호순(e15, e16, e17)으로 지정한다. 연구자에 따라서는 측정오차와 구조오차를 구분하기 위해서 구조오차항의 명칭을 e 대신 d로 표시하기도 한다. 구조오차를 d로 명칭을 부여하려면 d1, d2, d3 등으로 표시하면 된다.

5) 구조모형은 이론모형, 개념적 연구모형, 연구모형과 유사한 개념이다.

▶ 연구자가 **연구모형**(제2장 [그림 2-2]의 개념적 연구모형 참조)에서 설정한 **가설적 관계**(혹은 인과관계)에 따라 단방향 화살표 혹은 양방향 화살표로 **잠재변수 간을 연결**한다.

통계실습 4-1

구조모형 설정: 구조모형 그리기

최종 측정모형을 이용해 **구조모형**을 그리시오.

실습 따라하기

❶ 최종적인 측정모형 초기 화면의 메뉴에서 [File-Open]으로 들어간 후 [제1부 통계분석과 논문작성 기초다지기(제1장-제6장)-제1부 통계분석-제3장] 폴더 안에 있는 파일 [통계실습 3-6 측정모형의 수정(NAVI4 제거)]을 불러들인다. 이미 불러져 있다면 이 작업은 생략해도 된다. [File-Save As]을 클릭하여 [제1부 통계분석과 논문작성 기초다지기(제1장-제6장)-제1부 통계분석-제4장] 폴더 안에 [파일명]을 '통계실습 4-1 구조모형'으로 입력한 후 [확인] 버튼을 클릭하여 저장한다.

❷ 왼쪽에 있는 도구상자 중에서 ✗(대상 지우기 도구상자)를 왼쪽 마우스를 클릭해 선택한 후 잠재변수 간에 상관(↔)으로 연결되어 있는 것을 제거한다.

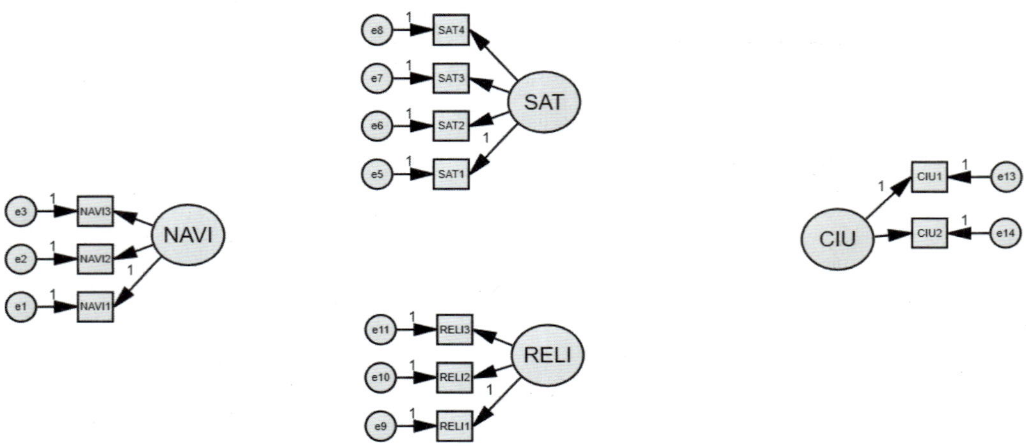

❸ 가설적 관계에 따라서 단방향 화살표(→)로 연결한다.

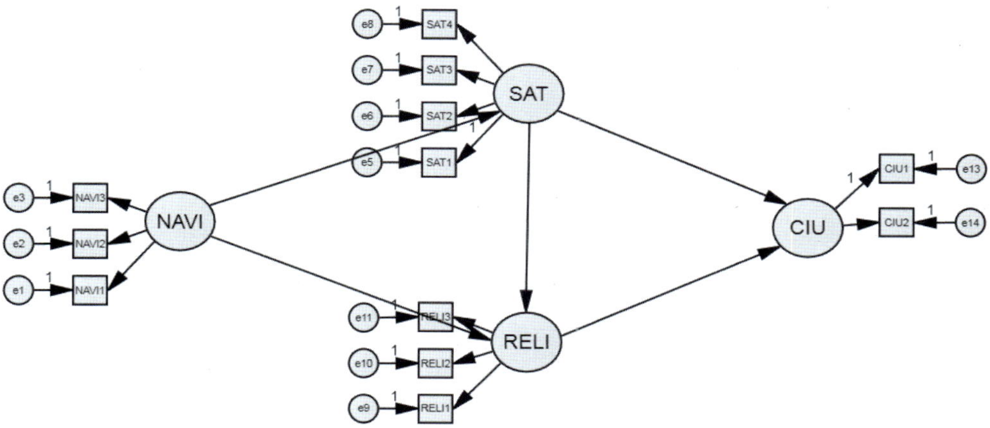

❹ 외생변수(NAVI)에 의해서 영향을 받는 내생변수들(SA¯, RELI, CIU)은 구조오차를 입력해야 한다. 먼저, (오차항 그리기 도구상자)를 클릭하여 선택한 후 마우스를 잠재변수 [SAT]의 [원]으로 가져가서 마우스의 왼쪽 버튼을 한 번만 클릭하면 오차항이 그려진다. 다음으로, [RELI]의 [원]으로 가져가서 마우스의 왼쪽 버튼을 한 번만 클릭하면 오차항이 그려진다. 마지막으로, [CIU]의 [원]으로 가져가서 마우스의 왼쪽 버튼을 한 번만 클릭하면 오차항이 그려진다. 물론 마우스의 왼쪽 버튼을 계속 클릭하여 구조오차의 위치를 원하는 모양으로 회전시킬 수 있다.

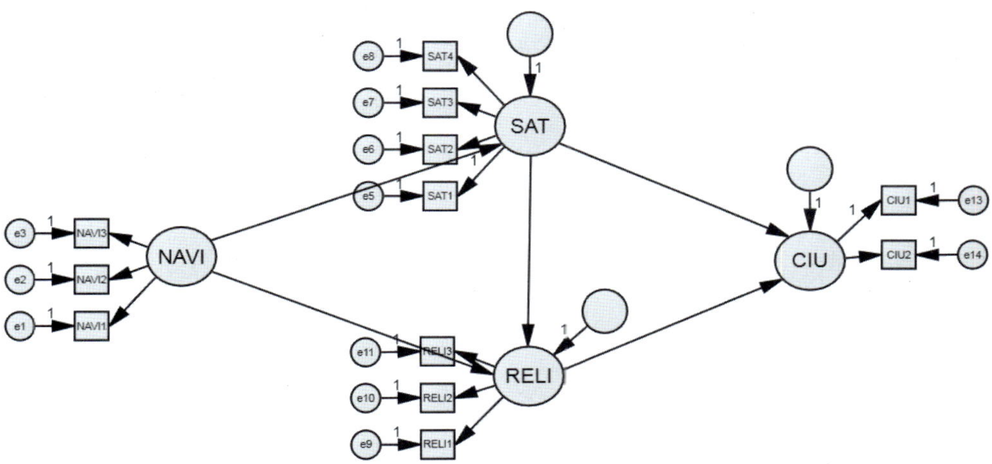

❺ Plugins 메뉴에서 [Name Unobserved Variables]를 클릭하면 자동적으로 구조오차 [e15], [e16], [e17]가 입력된다. 최종적으로 완료된 구조모형은 다음과 같다. 그리기가 완료된 파일은 수시로 (저장하기 도구상자)를 클릭해 저장해 두는 것이 필요하다. 최종적으로 그려진 구조모형은 다음과 같다.

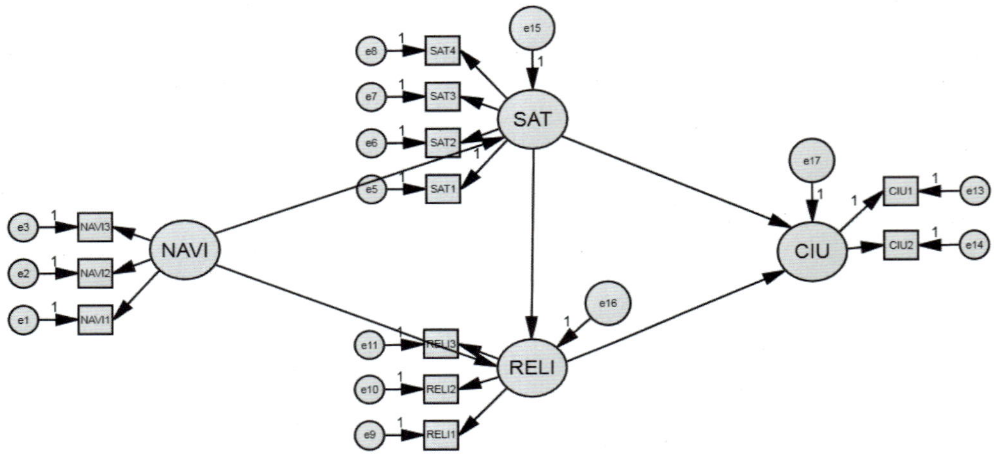

6.3 SEM분석을 이용한 구조모형분석

(1) SEM분석 실행과 구조모형 식별

■ SEM분석 실행

구조모형 그리기가 완료되면 이제 SEM분석을 실행해야 한다. 구조모형분석을 하는 가장 중요한 이유는 연구자가 설정한 연구가설을 검증하기 위한 것이다.

▶ 그림 4-4 ▌ SEM분석의 실행 절차

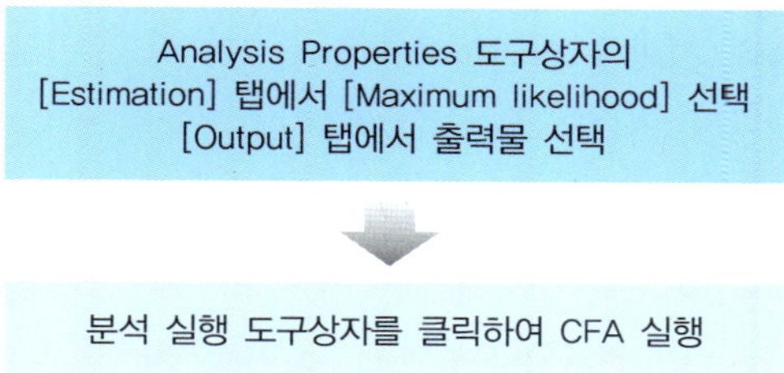

[Output] 탭에서 매개효과분석을 하는 경우에는 [Indirect, direct & total effects]를 체크하고 그렇지 않은 경우에는 체크하지 않아도 된다.

먼저, Analysis Properties(분석속성 지정 창)의 도구상자( )를 클릭하여 들어간 후 Estimation 탭에서 [Maximum likelihood(최대우도법)]이 선택되어 있는가를 확인하고 Output 탭에서 [그림 4-5]와 같이 원하는 출력물을 선택한다.

▶ 그림 4-5 ▌ Analysis Properties 지정 창에서 [Output] 선택 예시

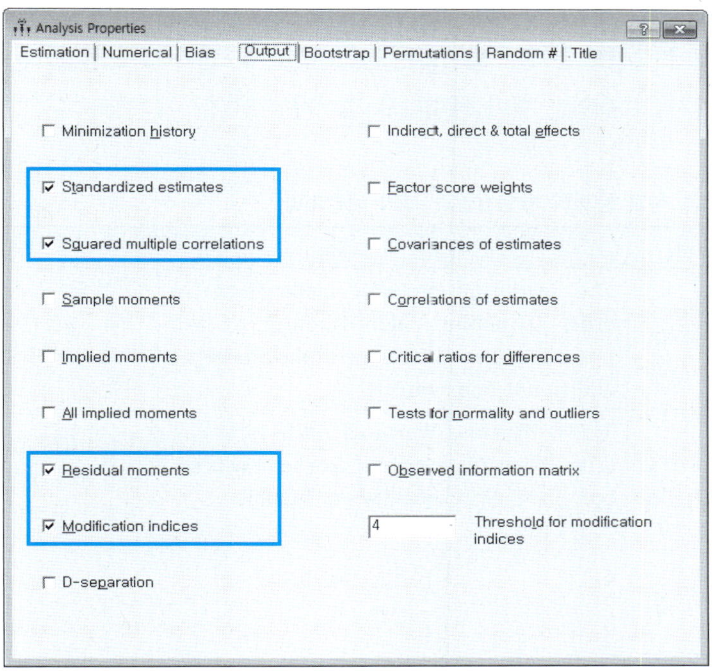

다음으로, 분석 실행 도구상자( )를 클릭하여 SEM분석을 실행한다. 실행 후에는 분석 결과 보기 도구상자( )를 클릭하여 출력 결과를 확인한다.

■ 구조모형 식별

모형이 식별되지 않으면 SEM분석의 실행이 중단되거나 의미가 없는 추정 결과를 얻게 된다. 식별 문제(Identification problem)가 없으려면 추정할 모수가 고유해(Unique solution)를 얻기에 충분한 정보를 가지고 있어야 한다.

식별 문제가 발생되면 다양한 에러메시지(Error message)가 나타나며, 이에 대한 적절한 조치를 취해야 한다.[6] 문제가 있으면 SEM분석 실행 후에 [Note for Model(모형 요약)]을 클릭해 보면 에러메시지가 나타나 있음을 알 수 있다. 또한 위반추정치가 있는 경우에는 그 발생원인을 찾아내어 해결해야 한다. 이외에도 식별 문제를 해결하려면 최소한의 모수를 가지는 구조모형을 설정해야 하며, 문제가 있는 변수는 제거해야 한다. 식별 문제가 없으면 구조모형 실행 후에 모형관리 창에 [OK: Default model]이라고 나타난다.

구조모형분석에서 식별 문제가 발생되는 상황은 [표 4-1]과 같다. 식별 문제로 에러메시지가 나타나면 반드시 그 원인을 찾아 해결하고 넘어가야 한다.

| 표 4-1 | 구조모형 식별 문제의 발생원인과 그의 해결방법

식별 문제의 원인	에러메시지 내용	해결방법
잠재변수와 측정변수 간의 경로계수에 준거변수를 설정하지 않은 경우	The model is probably unidentified. In order to achieve idenfifiability, it will probably be necessary to impose 1 additional constraint	한 개의 잠재변수에 대한 여러 개의 측정변수 중에서 하나를 '1'로 고정하여 준거변수를 설정한다.
내생잠재변수에 구조오차를 설정하지 않은 경우	경고메시지(Amos Warning) 창이 나타남 (The following variables are endogenous, but have no residual(error) variable * RELI	측정오차항과 마찬가지로 화살표를 받는 모든 내생잠재변수에 대해서 구조오차항을 설정한다.

6) 위반추정치와 그에 대한 해결방법은 제3장에서 설명한 것을 참조하기 바란다. 이미 이 사례에서는 제3장의 측정모형분석을 통해서 위반추정치가 없는 것으로 규명되었기 때문에 이 장에서도 위반추정치의 문제는 발생하지 않을 것으로 예상된다.

측정변수와 측정오차항 간의 경로계수에 '1'을 부여하지 않은 경우	The model is probably unidentified. In order to achieve idenfifiability, it will probably be necessary to impose 1 additional constraint	측정변수와 측정오차항 간에 '1'을 부여한다.
잠재변수의 명칭을 부여하지 않은 경우	AmosGraphics 창에 1 variable is unnamed	명칭을 부여한다.
측정변수의 명칭과 [데이터 파일] 내의 명칭과 다른 경우	The variable, NAVI, is represented by a rectangle in the path diagram, but it is not an observed variable	명칭을 통일시킨다.
모형 설정은 문제가 없는데 부적해를 얻은 경우	출력물(Notes for Group/Model)을 클릭하면 메시지가 나타남 This solution is not admissible	음오차분산이 나오는 경우처럼 수용할 수 없는 부적해를 얻은 경우에는 오차분산을 아주 작은 값(예: 0.005)으로 설정한다(제3장 참조).
구조모형 경로도에 잘못된 기호가 그려져 있는 경우	AmosGraphics 창에 1 variable is unnamed	불필요한 네모나 동그라미 및 화살표 등을 삭제한다.

그림 4-6 ▌식별 문제의 예시 (1)

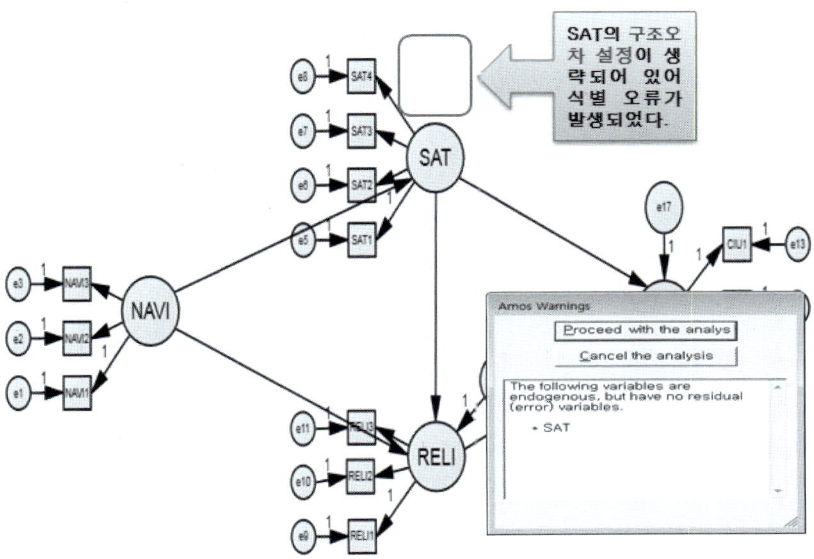

▶ 그림 4-7 ▌ 식별 문제의 예시 (2)

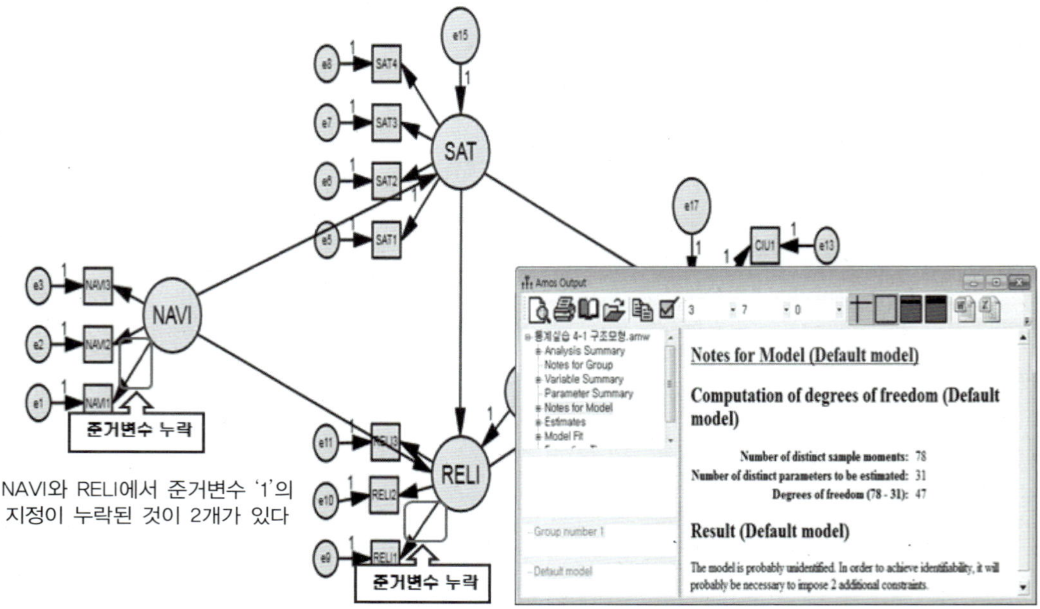

(2) 구조모형 추정 결과의 해석과 적합도 평가

■ 구조모형 추정 결과와 평가

구조모형에 식별 문제가 없으면 SEM분석이 성공적으로 실행되며, 모수추정치(추정된 회귀계수)와 기타 출력물을 얻을 수 있게 된다. 구조모형의 추정 후에는 분석 결과를 평가해야 한다.

통계실습 4-2 구조모형 실행과 결과 출력 그리고 평가

최초 구조모형인 [그림 4-1 구조모형]을 가지고 실행한 후 결과를 출력해 평가하시오.

실습 따라하기

❶ 실습할 파일은 앞에서 사용한 [제1부 통계분석과 논문작성 기초다지기(제1장-제6장)-제1부 통계분석-제3장] 폴더 안에 있는 [통계실습 4-1 구조모형]을 이용하기로 한다. 만약 초기 화면에 이 파일이 불러져 있지 않다면 [File-Open]에서 파일을 선택해서 [열기] 버튼을 클릭해 불러들인다.

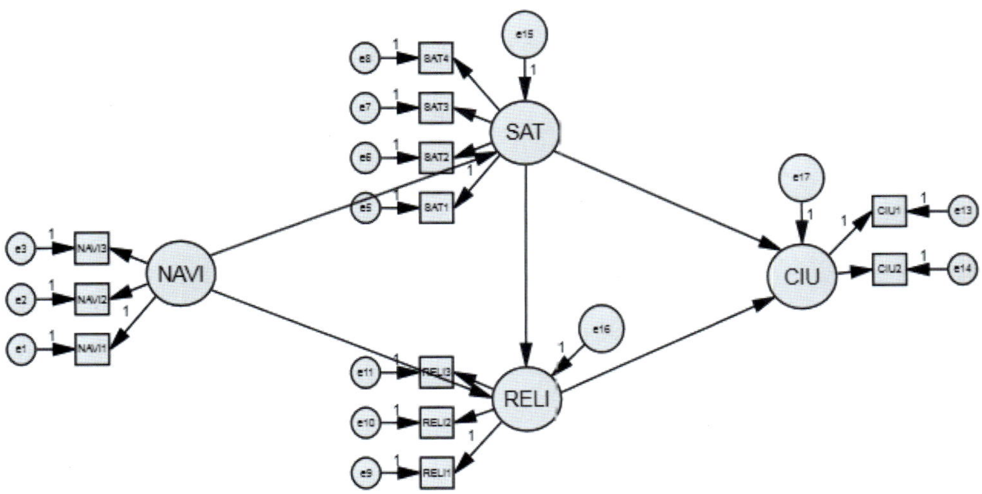

❷ Analysis Properties(분석속성 지정 창)의 도구상자( )를 클릭하여 들어간 후 Estimation 탭에서 [Maximum likelihood(최대우도법)]이 선택되어 있는가를 확인하고 Output 탭에서 원하는 출력물을 선택한다. 수정지수(M.I.)는 디폴트로 [4]로 설정되어 있다.

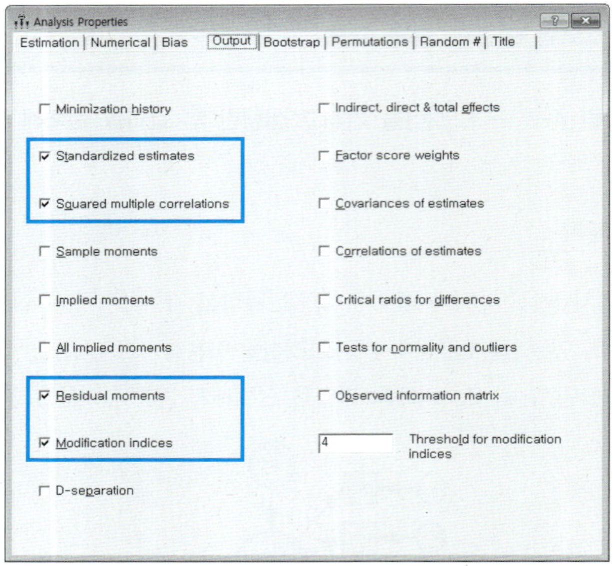

❸ [모형 적합도] 결과에서 SRMR을 얻기 위해서 [Plugins] 메뉴에서 [Standardized RMR]을 체크한다. 분석 실행 도구상자( )를 클릭해 CFA를 실행한다. 실행 후에는 분석 결과 보기 도구상자( )를 클릭해 출력된 결과들을 확인한다.

▌표 4-2 ▌ 최초 구조모형의 추정 결과와 설명

① Notes for Group(집단 요약)

Notes for Group (Group number 1)

The model is recursive.
Sample size = 200

[해설] 재귀모형(Recursive model)이며, 표본크기는 200개이다.

② Variable Summary(변수 요약)

Variable Summary (Group number 1)

Your model contains the following variables (Group number 1)

Observed, endogenous variables

NAVI1
NAVI2
NAVI3
SAT1
SAT2
SAT3
SAT4
RELI1
RELI2
RELI3
CIU1
CIU2

Unobserved, endogenous variables

SAT
RELI
CIU

Unobserved, exogenous variables

NAVI
e1
e2
e3
e5
e6
e7
e8
e9
e10
e11
e13
e14
e16
e17
e15

Variable counts (Group number 1)

Number of variables in your model:	31
Number of observed variables:	12
Number of unobserved variables:	19
Number of exogenous variables:	16
Number of endogenous variables:	15

[해설] 구조모형 내의 총 변수의 수는 31개이다. 관측변수는 12개, 비관측변수는 19개, 외생변수는 16개, 내생변수 15개이다.

③ Parameter Summary(모수 요약)

Parameter Summary (Group number 1)

	Weights	Covariances	Variances	Means	Intercepts	Total
Fixed	19	0	0	0	0	19
Labeled	0	0	0	0	0	0
Unlabeled	13	0	16	0	0	29
Total	32	0	16	0	0	48

[해설] 고정모수는 19개, 자유모수는 29개, 총 모수의 수는 48개이다.

④ Notes for Model(모형 요약)

Notes for Model (Default model)

Computation of degrees of freedom (Default model)

Number of distinct sample moments:	78
Number of distinct parameters to be estimated:	29
Degrees of freedom (78 - 29):	49

Result (Default model)

Minimum was achieved
Chi-square = 75.722
Degrees of freedom = 49
Probability level = .008

[해설] 카이자승(χ^2) 75.722, 자유도 49, 유의수준 0.008이다. p값이 0.05보다 작으므로 이 지수만을 보면 모형이 적합하지 않다고 보아야 한다. 그러나 SEM분석에서는 이 지수만을 가지고 적합도를 판단해서는 안 되며 다른 지수들을 함께 고려하여 모형 적합도를 평가해야 한다.

⑤ Estimates(추정치): 회귀계수, 표준화회귀계수, 분산, 다중상관치

▶ 회귀계수(비표준화회귀계수)

Estimates (Group number 1 - Default model)

Scalar Estimates (Group number 1 - Default model)

Maximum Likelihood Estimates

Regression Weights: (Group number 1 - Default model)

			Estimate	S.E.	C.R.	P	Label
SAT	<---	NAVI	.757	.063	11.969	***	
RELI	<---	NAVI	.180	.069	2.600	.009	
RELI	<---	SAT	.642	.075	8.583	***	
CIU	<---	SAT	.444	.103	4.306	***	
CIU	<---	RELI	.503	.115	4.388	***	
NAVI1	<---	NAVI	1.000				
NAVI2	<---	NAVI	.988	.057	17.262	***	
NAVI3	<---	NAVI	.950	.060	15.811	***	
SAT1	<---	SAT	1.000				
SAT2	<---	SAT	1.047	.045	23.316	***	
SAT3	<---	SAT	.919	.047	19.519	***	
SAT4	<---	SAT	.986	.057	17.280	***	
RELI1	<---	RELI	1.000				
RELI2	<---	RELI	1.019	.054	18.907	***	
RELI3	<---	RELI	1.036	.058	17.863	***	
CIU1	<---	CIU	1.000				
CIU2	<---	CIU	1.047	.063	16.541	***	

[해설] 모든 경로의 부호가 가설화된 방향과 같고 통계적으로 유의성이 있었다.

Standardized Regression Weights: (Group number 1 - Default model)

			Estimate
SAT	<---	NAVI	.771
RELI	<---	NAVI	.201
RELI	<---	SAT	.703
CIU	<---	SAT	.451
CIU	<---	RELI	.466
NAVI1	<---	NAVI	.869
NAVI2	<---	NAVI	.906
NAVI3	<---	NAVI	.858
SAT1	<---	SAT	.915
SAT2	<---	SAT	.938
SAT3	<---	SAT	.880
SAT4	<---	SAT	.836
RELI1	<---	RELI	.873
RELI2	<---	RELI	.921
RELI3	<---	RELI	.895
CIU1	<---	CIU	.878
CIU2	<---	CIU	.894

[해설] 개별 측정변수들(NAVI1 0.869부터 CIU2 0.894까지)은 모두 0.7 이상으로 신뢰도가 있는 것으로 나타났다. 표준화회귀계수도 1.0을 초과하는 경우는 없는 것으로 나타났다.

▶분산

Variances: (Group number 1 - Default model)

	Estimate	S.E.	C.R.	P	Label
NAVI	.934	.124	7.547	***	
e15	.365	.051	7.154	***	
e16	.186	.030	6.140	***	
e17	.193	.038	5.119	***	
e1	.304	.042	7.218	***	
e2	.198	.034	5.890	***	
e3	.302	.040	7.493	***	
e5	.175	.023	7.511	***	
e6	.135	.021	6.489	***	
e7	.222	.027	8.358	***	
e8	.377	.042	8.890	***	
e9	.234	.030	7.905	***	
e10	.140	.022	6.350	***	
e11	.201	.027	7.354	***	
e13	.261	.041	6.396	***	
e14	.241	.042	5.755	***	

[해설] 분산추정치(Estimate)를 보면 음오차분산은 없는 것으로 나타났다.

▶다중상관치

Squared Multiple Correlations: (Group number 1 - Default model)

	Estimate
SAT	.595
RELI	.753
CIU	.780
CIU2	.799
CIU1	.771
RELI3	.801
RELI2	.848
RELI1	.762
SAT4	.699
SAT3	.774
SAT2	.880
SAT1	.837
NAVI3	.736
NAVI2	.821
NAVI1	.755

[해설] 구조모형에서는 내생변수에 대한 SMC를 보아야 한다. SAT의 SMC는 0.595로 NAVI가 59.5%를 설명한다. RELI의 SMC는 0.753으로 SAT과 NAVI가 RELI를 75.3%를 설명한다. CIU의 SMC는 0.780으로 NAVI, SAT, RELI가 78.0%를 설명하고 있음을 의미한다.

⑥ Standardized Residual Covariances(표준화 잔차공분산)

Standardized Residual Covariances (Group number 1 - Default model)

	CIU2	CIU1	RELI3	RELI2	RELI1	SAT4	SAT3	SAT2	SAT1	NAVI3	NAVI2	NAVI1
CIU2	.000											
CIU1	.000	.000										
RELI3	-.076	.225	.000									
RELI2	.236	.026	-.014	.000								
RELI1	-.220	-.381	-.006	.018	.000							
SAT4	.009	.276	.095	-.351	.008	.000						
SAT3	.043	-.076	-.434	-.350	-.681	.269	.000					
SAT2	.017	.017	-.053	.179	.204	-.276	.143	.000				
SAT1	-.046	-.081	.085	.135	.498	.179	-.225	.017	.000			
NAVI3	.259	.506	.058	-.422	.281	.505	.737	-.117	-.078	.000		
NAVI2	-.459	-.064	.489	.024	.066	.217	.206	-.108	-.062	-.061	.000	
NAVI1	-.311	-.104	-.158	-.537	.496	-.371	-.221	-.122	.056	.044	.028	.000

[해설] 표준화 잔차공분산의 절대값이 4 이상이 없는 것으로 나타나 모형 수정의 필요성은 없는 것으로 나타났다.

⑦ Modification Indices(수정지수)

Modification Indices (Group number 1 - Default model)

Covariances: (Group number 1 - Default model)

	M.I.	Par Change
e7 <--> e16	7.061	-.049
e7 <--> e9	6.851	-.051
e6 <--> e8	5.275	-.046
e5 <--> e9	4.866	.040
e3 <--> e7	6.984	.059
e2 <--> e11	4.275	.042
e1 <--> e9	6.746	.062

Variances: (Group number 1 - Default model)

	M.I.	Par Change

Regression Weights: (Group number 1 - Default model)

	M.I.	Par Change
SAT3 <--- RELI1	4.161	-.074

[해설] M.I.지수(수정지수)를 보면 동일 잠재변수 내에 상관(↔)으로 연결할 것이 없으므로 모형 수정의 필요성이 없음을 알 수 있다. 이는 제3장의 측정모형분석에서 이미 적합도를 검토하는 과정에서 신뢰도가 낮은 측정변수들을 제거했기 때문으로 볼 수 있다.

■ 최초 구조모형의 적합도 평가

[표 4-4]는 최초 구조모형의 적합도에 대한 Output이다. 이 출력물을 가지고 많은 연구자들이 사용하는 적합도를 중심으로 요약하면 [표 4-3]과 같다.

▌표 4-3▐ 최초 구조모형의 적합도 평가 결과

모형	χ^2(p)	χ^2/df(Q값)	SRMR*	TLI	RMSEA
구조모형	75.722(0.008)	1.545	0.021	0.985	0.052

【주】 적합도지수의 수용기준: Q값<3 미만, SRMR<0.08 미만, TLI≥0.9 이상, RMSEA<0.08 미만
* SRMR은 측정모형 실행 전 [Plugins] 메뉴에 있는 [Standardized RMR]을 클릭하면 출력됨.

표에 제시된 것처럼 최초 구조모형의 적합도 평가 결과 χ^2값은 기준에 미치지 못하지만, χ^2/df(Q값)이 3보다 작으므로 전반적인 적합도는 만족스럽다고 판단할 수 있다. 나머지 적합도 지수들을 살펴보아도 모형의 적합도는 만족스러운 것으로 나타났다.

▌표 4-4▐ 최초 구조모형의 적합도 평가 결과

Model Fit Summary

CMIN

Model	NPAR	CMIN	DF	P	CMIN/DF
Default model	29	75.722	49	.008	1.545
Saturated model	78	.000	0		
Independence model	12	2439.054	66	.000	36.955

RMR, GFI

Model	RMR	GFI	AGFI	PGFI
Default model	.022	.941	.906	.591
Saturated model	.000	1.000		
Independence model	.671	.169	.018	.143

Baseline Comparisons

Model	NFI Delta1	RFI rho1	IFI Delta2	TLI rho2	CFI
Default model	.969	.958	.989	.985	.989
Saturated model	1.000		1.000		1.000
Independence model	.000	.000	.000	.000	.000

RMSEA

Model	RMSEA	LO 90	HI 90	PCLOSE
Default model	.052	.027	.075	.411
Independence model	.425	.411	.440	.000

Standardized RMR

Default model
Standardized RMR = .0206

Close

(3) 수정지수를 이용한 구조모형 수정과 적합도 개선

구조모형의 수정방법으로는 ① M.I.지수를 이용해 오차항을 상관(↔)으로 연결하는 방법, ② 잠재변수 간을 인과관계(→)로 연결하거나 제거하는 방법, ③ 잠재변수를 추가하거나 제거하는 방법[7] 등이 사용된다.

구조모형을 수정하려면 다음의 두 가지 지침을 준수해야 한다. 먼저, 여러 개의 수정을 한 번에 하는 것은 바람직하지 않으며, 한 번에 하나씩만 수정해야 한다. 다음으로, 모형 수정에서는 통계분석 결과에 의존하기보다는 무엇을 어떻게 수정할 것인가에 대해서 사전에 생각해 두어야 하며, 반드시 이론적 정당성을 확보할 수 있어야 한다.

구조모형의 적합도를 개선하려면 인과관계(→)를 추가(모수의 추가)하고, 간명도를 개선하려면 [그림 4-8]과 같이 인과관계(→)를 제거하는 방법(모수의 제거)을 이용할 수 있다.

그림 4-8 ▌구조모형 적합도의 개선 예시: 인과관계(→)의 추가

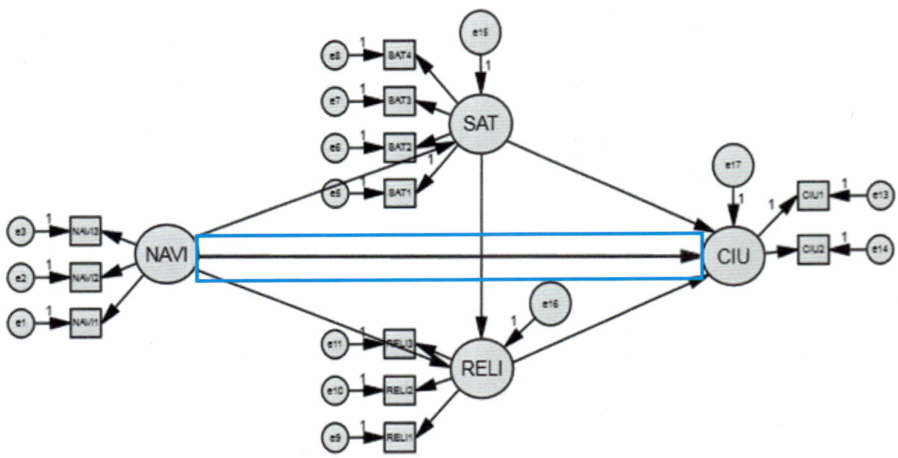

이 사례의 경우는 측정모형분석에서 이미 적합도 개선을 위해 몇 가지 조치를 하였다. 따라서 [표 4-2]의 ⑦ M.I.(수정지수)에서 제시된 것처럼 수정을 필요로 하는 경우는 없는 것으로 나타났다. 이 장에서는 연구자들이 반드시 이해해야 할 부분이기 때문에 구조모형의 수정 필요성이 없긴 하지만 M.I.지수를 이용해 오차항(측정오차항, 구조오차항)을 상관(↔)으로 연결하는 방법을 소개한다.

M.I. 지수의 Covariances 출력물을 이용해서 오차항 간(혹은 잠재변수와 오차항 간)을 상관(↔)으로 연결하면 모형 적합도를 높일 수 있다. 그렇다고 아무렇게나 측정오차항을 연결해서

7) 보통은 주어진 잠재변수를 유지하면서 구조모형을 수정하게 되지만, 때로는 새로운 잠재변수를 추가하거나 기존 잠재변수 중에서 필요하지 않다고 생각되는 것을 제거할 수도 있다.

는 안 된다. 이는 다음과 같은 몇 가지 원칙에 따라서 수행되어야 한다. 즉 구조모형에서는 수정지수(M.I.)를 이용해서 연구모형을 수정하는 과정에서 상관(⇄)으로 연결할 수 있는 경우와 없는 경우가 있다. 먼저, 공분산의 연결을 통해 구조모형의 수정이 가능한 경우는 다음과 같다.

- 외생잠재변수의 측정오차 간, 내생잠재변수의 측정오차 간 그리고 내생잠재변수 간은 실질적인 해석이 가능하면 연결할 수 있다.
- 동일 잠재변수 내 측정변수의 오차항 간에는 실질적인 하석이 가능하면 연결할 수 있다.
- 내생 잠재변수의 구조오차 간에는 실질적인 해석이 가능하면 연결할 수 있다.

그림 4-9 ❙ 공분산 연결을 통한 구조모형 수정이 가능한 경우 (1)

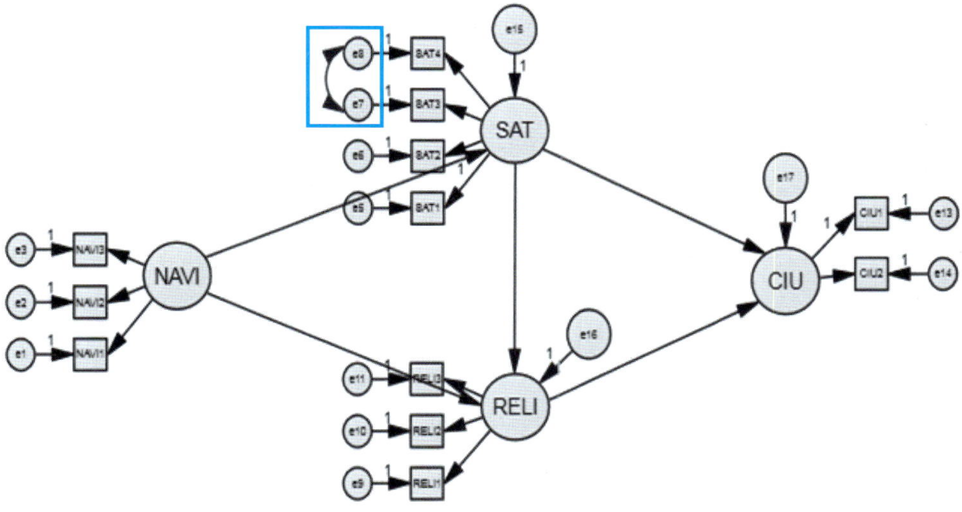

동일 잠재변수 내의 측정오차 간에는 상관(↔)으로 연결할 수 있다.

그림 4-10 ▌ 공분산 연결을 통한 구조모형 수정이 가능한 경우 (2)

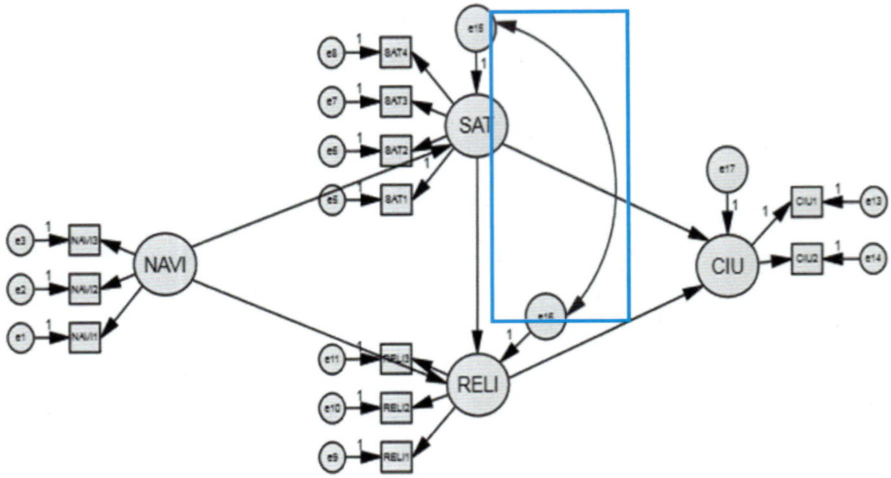

내생잠재변수의 구조오차 간에는 상관(↔)으로 연결할 수 있다.

다음으로, 공분산의 설정을 통해 구조모형의 수정이 불가능한 경우는 다음과 같다. 이 경우에는 상관(↔)으로 연결해서는 안 된다.

- ▣ 외생잠재변수와 내생잠재변수의 측정오차 간에는 상관으로 연결해서는 안 된다.
- ▣ 잠재변수와 잠재변수의 구조오차 간에는 상관으로 연결해서는 안 된다.
- ▣ 잠재변수의 측정오차항과 잠재변수의 구조오차항 간에는 상관으로 연결해서는 안 된다.

그림 4-11 ▌공분산 설정을 통한 구조모형 수정이 불가능한 경우

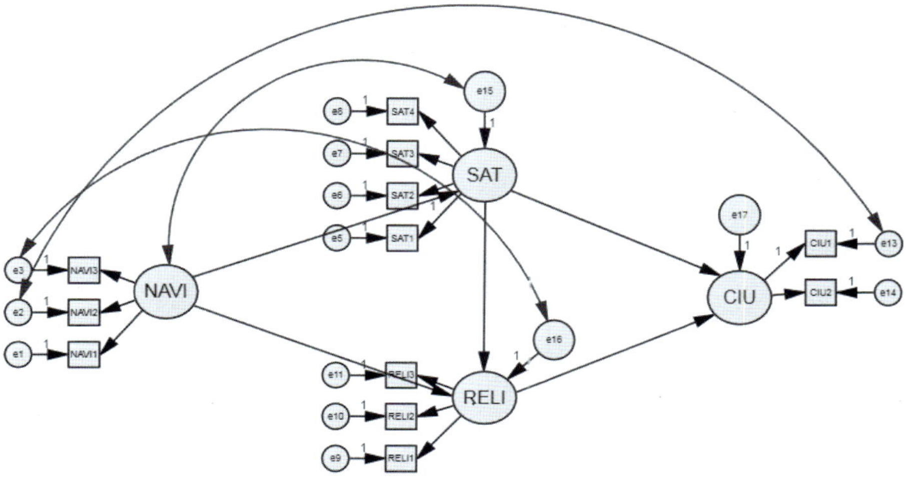

① 외생잠재변수의 측정오차와 내생잠재변수의 측정오차 간에는 상관(↔)으로 연결할 수 없다.
② 잠재변수와 잠재변수의 구조오차 간에는 상관(↔)으로 연결할 수 없다.
③ 잠재변수의 측정오차와 잠재변수의 구조오차 간에는 상관(↔)으로 연결할 수 없다.

(4) 최종 구조모형 선택

최초 구조모형에 대한 추정 결과 위반추정치나 모형 적합도 등을 분석한 결과 큰 문제가 없는 것으로 나타났다. 또한 가설의 방향과 가설검증 결과의 경로의 부호가 동일한 방향이므로 **법칙타당도**가 있다.

이상과 같은 분석 결과에 따라서 증권거래시스템 사례는 최초 구조모형을 **최종 구조모형으로 채택**하기로 한다. 최종 구조모형에 대한 분석 결과를 요약하면 [그림 4-12], [표 4-5]와 같다. 표에 제시된 것처럼 최초 구조모형의 적합도 평가 결과 χ^2**값**은 기준에 미치지 못하지만 SRMR, TLI, RMSEA 등의 적합도지수를 볼 때 모형의 적합도는 **만족스러운 것**으로 나타났다. 또한 구조모형에서 SAT, RELI, CIU의 **SMC**는 각각 **0.595, 0.753, 0.780**으로 모형의 설명력은 높은 것으로 나타났다([표 4-2] 참조).

▶ 그림 4-12 ▍증권거래시스템 사례의 가설검증 결과 도형

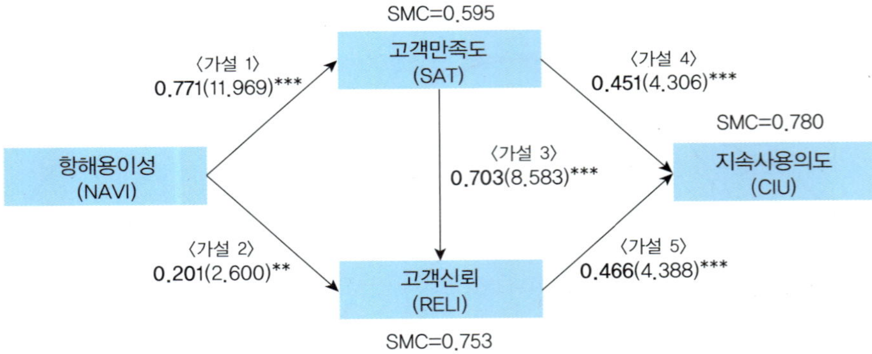

【주】 **p<0.01, ***p<0.001 수준에서 유의함.

▍표 4-5 ▍증권거래시스템 사례의 가설검증 결과

가설(경로)	비표준화 회귀계수	표준화 회귀계수	표준오차	t값	SMC	채택 여부
가설 1(NAVI → SAT)	0.757	0.771	0.063	11.969***	0.595	채택
가설 2(NAVI → RELI)	0.180	0.201	0.069	2.600**	0.753	채택
가설 3(SAT → RELI)	0.642	0.703	0.075	8.583***		채택
가설 4(SAT → CIU)	0.444	0.451	0.103	4.306***	0.780	채택
가설 5(RELI → CIU)	0.503	0.466	0.115	4.388***		채택
적합도 χ^2=75.722(df=49, p=0.008), χ^2/df(Q값)=1.545, SRMR=0.021, TLI=0.985, RMSEA=0.052						

【주】 **p<0.01, ***p<0.001 수준에서 유의함.

증권거래시스템 사례에 대한 가설검증 결과 항해용이성은 고객만족도와 고객신뢰에 정의 유의한 영향을 미쳤다. 고객만족도는 고객신뢰와 지속사용의도에 유의한 영향을 미쳤다. 고객신뢰는 지속사용의도에 정의 유의한 영향을 미쳤다.

제4장의 핵심내용 요약

- 측정모형분석을 통해서 측정변수들에 대한 신뢰도와 타당도가 검증되었으면 구조모형분석을 위해서 구조모형을 설정해야 한다.
- 외생잠재변수가 2개 이상 있는 경우에는 외생잠재변수 간을 상관(↔)으로 연결한다.
- 내생잠재변수(다른 잠재변수로부터 화살표를 받는 변수)는 모두 구조오차를 모형에 표시해야 한다.
- SEM분석에서 식별 문제가 발생되면 다양한 에러메시지가 나타나며, 이에 대한 적절한 조치를 취해야 한다.
- SEM분석에서 구조모형의 평가요소는 추정된 회귀계수의 방향성 검토, 추정된 회귀계수의 통계적 유의성 검토, 위반추정치의 검토, 다중상관치의 검토 등이 필요하다.
- 구조모형의 수정방법으로는 ① M.I.지수를 이용해 오차항을 상관(↔)으로 연결하는 방법, ② 잠재변수 간을 인과관계(→)로 연결하는 방법, ③ 잠재변수를 추가하거나 제거하는 방법 등이 사용된다.
- 구조모형을 수정하려면 여러 개의 수정을 한 번에 하는 것은 바람직하지 않으며, 한 번에 하나씩만 수정해야 한다.
- 구조모형에서는 수정지수(M.I.)를 이용해서 연구모형을 수정하는 과정에서 상관(↔)으로 연결할 수 있는 경우와 없는 경우가 있으므로 신중하게 연결한다.

참고문헌

배병렬. (2021). AMOS 27 구조방정식모델링. 도서출판 청람.

AMOS 29 User's Guide.

Jöreskog, K.G. and Sörbom, D. (1989). *LISREL 7: A guide to the program and applications*, Chicago: SPSS Publications.

제 5 장 분석 결과 제시와 체크리스트: 논문작성 표와 그림 작성

지금까지 우리들은 기초통계분석(제2장), 측정모형분석(제3장), 구조모형분석(제4장)을 수행하였다. 이 장에서는 분석 결과를 요약하여 어떻게 학위와 학술논문에 표와 그림으로 제시할 것인가에 대해서 살펴보기로 하자.

1 분석 결과의 제시에서 요구되는 체크리스트

SEM의 효율적 활용과 SEM분석의 결과 제시를 위한 체크리스트(Checklists)는 여러 학자들에 의해서 개발되었다(김용겸, 2007; Schumacker와 Lomax, 2010). 이는 통계적 기법을 활용하는 연구자가 통계학에 대한 이해 부족으로부터 범할 수 있는 통계적 오류를 줄이기 위해서 개발되었다. 따라서 체크리스트를 잘 활용할 경우 통계적 오류를 줄일 수 있을 뿐만 아니라 통계적 기법을 효율적으로 활용할 수 있게 해준다.

이 책에서는 기존에 개발된 체크리스트를 참조하여 저자가 CFA와 SEM분석 결과를 제시하는 데 활용할 수 있는 체크리스트를 개발하였다(신건권, 2023). 이 체크리스트는 연구자가 공통적으로 적용할 수 있는 가장 이상적인 경우를 가정하여 제안한 것이다. 그러나 연구자가 실제의 연구에서 모든 체크리스트의 내용을 반영하여 논문을 작성한다는 것은 어렵다고 볼 수 있다. 그러므로 이 책의 저자는 연구자가 자신의 분석 결과의 제시에 가장 적합한 체크리스트를 준비하여 논문작성에 활용할 것을 추천한다.

■ 연구조사 설계

연구조사 설계의 체크리스트에는 연구목적, 이론적 배경, 연구모형과 가설, 변수의 조작적 정의, 데이터 수집방법, 표본크기의 결정 등이 포함된다.

- ▶ 연구목적, 기존 이론 및 선행연구를 기술하였는가?
- ▶ 개념적 연구모형과 가설을 기술하였는가?
- ▶ 변수의 조작적 정의를 기술하였는가?
- ▶ 데이터 수집방법에 대해 기술하였는가?
- ▶ 표본크기가 적절한지에 대해 기술하였는가?
- ▶ 표본의 일반적 특성에 대해 기술하였는가?
- ▶ 표본 추출과정에 대해 기술하였는가?

■ 데이터 준비 및 점검

데이터 준비와 점검의 체크리스트에는 데이터 정확성 검토, 입력 형태, 기술통계량, 상관행렬, 평균 및 표준편차, 결측 데이터, 다중공선성, 이상치, 다변량정규성 등이 포함된다.

- ▶ 데이터 입력의 형태(원 데이터/공분산행렬)에 대해 기술하였는가?
- ▶ 기술통계량 등을 통해 데이터 입력의 정확성을 검토하고 기술하였는가?
- ▶ 평균과 표준편차 등의 변수의 분포에 대해 기술하였는가?
- ▶ 결측 데이터(Missing value)에 대해 기술하였는가?
- ▶ 데이터의 다중공선성(Multicollinearity)의 문제에 대해 기술하였는가?
- ▶ 데이터의 이상치를 점검하고 기술하였는가?
- ▶ 다변량정규성(Multivariate normality)을 점검하고 기술하였는가?
- ▶ 데이터의 변환이 있는 경우 이에 대해 기술하였는가?
- ▶ 측정변수의 항목 수가 적절하고 이에 대해 기술하였는가?

■ 기초통계분석

기초통계분석의 체크리스트에는 신뢰도분석, 탐색적 요인분석, 빈도분석과 기술통계량 등이 포함된다. 이에 대한 분석 결과는 생략되는 경우도 있으나 논문심사자들은 이들 정보에 대해서 요구하므로 필요시 제시하여야 한다.

- ▶ 신뢰도분석을 수행하고 기술하였는가?

- 탐색적 요인분석을 수행하고 기술하였는가?
- 기술통계분석을 수행하고 기술하였는가?

■ 측정모형분석

측정모형분석의 체크리스트에는 측정모형의 식별, 모형 적합도, 척도의 신뢰도와 타당도 등이 포함된다.

- 사용한 확인적 요인분석(CFA) 프로그램을 기술하였는가?
- 측정모형이 어떻게 식별되었는가를 기술하였는가?
- 개별 측정변수의 신뢰도 평가 결과를 기술하였는가?
- 개념신뢰도와 개념타당도를 기술하였는가?
- 잠재변수 간 상관관계에 대해 기술하였는가?
- 개념신뢰도와 개념타당도분석 과정에서 제거된 변수에 대해 기술하였는가?
- 측정모형 적합도에 대해 기술하였는가?
- 측정모형의 수정을 한 경우에 이에 대해 기술하였는가?
- 측정모형 추정 후 위반추정치와 이의 해결방법에 대해 기술하였는가?
- 최종적으로 선정된 측정모형에 대해 기술하였는가?

■ 구조모형분석

구조모형분석의 체크리스트에는 구조모형의 식별, 위반추정치와 이의 해결방법, 모형 적합도, 모형수정, 최종 구조모형의 도달 과정, 추정된 회귀계수의 방향성, 다중상관자승 보고 등이 포함된다.

- 사용한 SEM분석 프로그램과 버전을 기술하였는가?
- 어떤 추정법을 사용했는지를 기술하였는가?
- 구조모형이 어떻게 식별되었는가를 기술하였는가?
- 구조모형의 적합도, 모수치(표준화회귀계수와 비표준화회귀계수) 및 표준오차를 기술하였는가?

- 구조모형의 수정을 한 경우에 이에 대해 기술하였는가?
- 구조모형 추정 후 위반추정치와 이의 해결방법에 대해 기술하였는가?
- 최초모형(제안모형)부터 수정모형과 경쟁모형에 도달하는 과정을 기술하였는가?
- 최종모형을 어떻게 선정하고 평가했는가를 기술하였는가?
- 모형 수정의 경우에 이에 대한 이론적 근거를 기술하였는가?
- 추정된 회귀계수의 방향성과 유의성을 검토하고 기술하였는가?
- 내생잠재변수의 다중상관자승(SMC)을 기술하였는가?
- 표준화회귀계수와 비표준화회귀계수를 기술하였는가?
- 직접효과와 간접효과를 구분해 분석하고 기술하였는가?
- 가설검증 결과를 기술하였는가?
- 경쟁모형(Alternative model, or Rival model)이 있는 경우 이에 대해 기술하였는가?

2 분석 결과의 제시

모든 분석이 완료되었으면 이제 분석 결과를 다른 연구자나 독자들이 쉽게 이해할 수 있도록 제시해야 한다. 앞에서도 설명한 것처럼 이 책에서 제시한 모든 체크리스트를 고려하여 논문작성을 한다는 것은 현실적으로 어려운 부분이 있다. 예컨대 기본적으로 SEM분석을 사용한 경우 탐색적 요인분석이나 Cronbach α에 의한 신뢰도분석 등과 같은 통계분석 결과는 생략해도 된다. 왜냐하면 탐색적 요인분석이나 신뢰도분석 결과는 CFA를 수행한 경우 이들 내용을 모두 포괄하였다고 볼 수 있기 때문이다. 그러나 석박사학위나 기타 학술논문의 심사자들은 경우에 따라서 CFA 결과와 함께 이들 분석 결과를 요구하는 경우도 있다. 이때에는 연구자는 심사자의 요구를 반영하여 탐색적 요인분석과 Cronbach α에 의한 신뢰도분석 결과를 제시하여야 한다.

지금부터는 일반적으로 많은 연구들에서 분석 결과로 제시할 것을 요구하는 내용을 중심으로 연구자들이 논문작성 과정에서 어떻게 표를 작성하고 그림을 그릴 것인가를 중심으로 논의하고자 한다. 한편 논문작성을 위한 표와 그림은 최종적인 측정모형과 구조모형분석 결과를 중심으로 제시될 것이다.

2.1 연구모형과 가설

연구모형은 개념적 연구모형(Conceptual research model)과 통계적 연구모형(Statistical research model)으로 구분할 수 있다. 전자는 연구에서 가설화된 개념들 간의 관계를 나타낸 것이며, 후자는 측정모형과 구조모형 등에 대해 통계적으로 검증의 대상이 되는 것을 말한다.

일반적으로 논문에서는 개념적 연구모형(보통 이는 '연구모형'이라는 명칭으로 사용됨)을 제시하고, 통계분석 결과를 제시할 때 통계적 연구모형의 형식을 보완적으로 이용하는 경우가 많다. 통계적 연구모형은 잠재변수, 측정변수, 측정오차항, 구조오차항, 준거변수, 상관(↔)과 인과관계(→) 등으로 구성되어 있으며, CFA 분석과정을 통해 최종적으로 어떤 변수가 제거되고 선택되었는가를 파악하기 위한 기초가 된다. 다음의 [그림 5-1]과 [그림 5-2]는 각각 연구모형과 통계적 모형을 제시한 것이다.

그림 5-1 증권거래시스템 사례의 연구모형

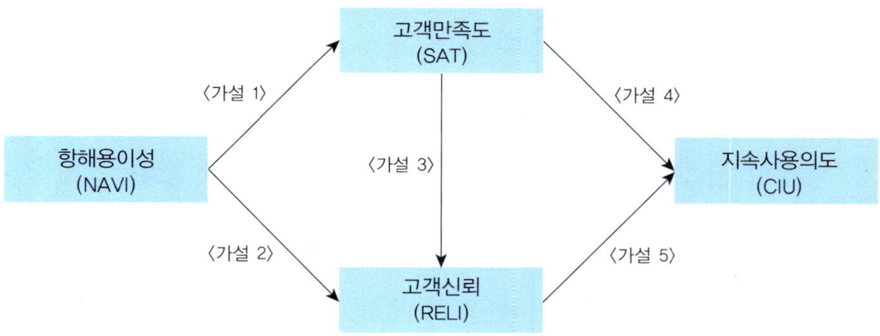

그림 5-2 ▌ 증권거래시스템 사례의 통계적 연구모형

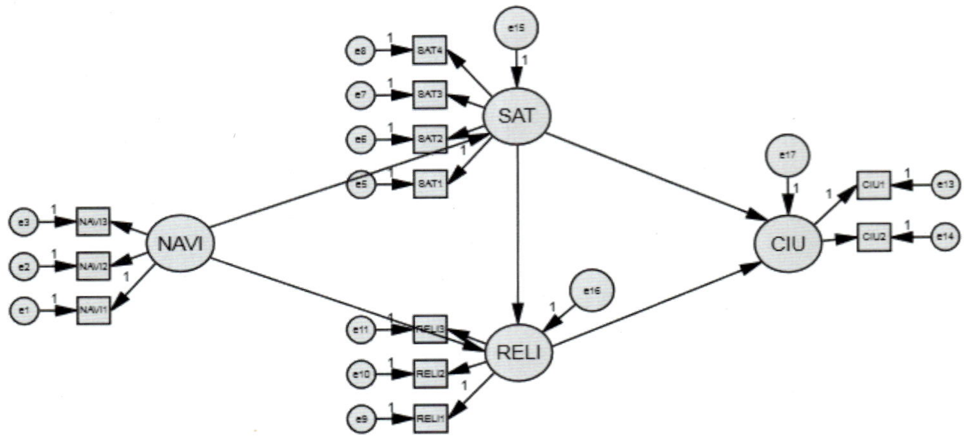

위의 [그림 5-1]에서 제시된 연구모형에서 표시된 가설들은 이론적 배경과 선행연구의 결과를 토대로 다음과 같이 설정할 수 있다.

〈가설 1〉 증권거래시스템의 항해용이성은 고객만족도에 정의 유의한 영향을 미칠 것이다.
〈가설 2〉 증권거래시스템의 항해용이성은 고객신뢰에 정의 유의한 영향을 미칠 것이다.
〈가설 3〉 증권거래시스템에 대한 고객만족도는 고객신뢰에 정의 유의한 영향을 미칠 것이다.
〈가설 4〉 증권거래시스템의 항해용이성은 지속사용의도에 정의 유의한 영향을 미칠 것이다.
〈가설 5〉 증권거래시스템에 대한 고객만족도는 지속사용의도에 정의 유의한 영향을 미칠 것이다.
〈가설 6〉 증권거래시스템에 대한 고객신뢰는 지속사용의도에 정의 유의한 영향을 미칠 것이다.

2.2 변수의 조작적 정의

변수에 대한 조작적 정의는 뒤에서 제시하게 될 최종적인 측정모형에서 채택된 잠재변수와 측정변수를 기준으로 제시하여야 한다. [표 5-1]은 잠재변수(혹은 구성개념, 연구변수), 요약 기호, 조작적 정의 및 측정변수(혹은 측정항목)를 제시한 것이다. 연구자는 변수에 대한 조작적 정의를 표로 요약하고 그 내용을 간략하게 논문에 기술할 수 있다.

표 5-1 변수의 조작적 정의 제시

변수명	기호	조작적 정의	측정항목	관련 연구
항해 용이성 (NAVI)	NAVI1 NAVI2 NAVI3	HTS의 메뉴 간 이동용이성의 정도	① 다루기 쉬운 메뉴 ② 메뉴 간 이동이 자연스럽고 예측가능 ③ 원하는 콘텐츠를 자유롭게 선택가능	최용길, 최동춘 및 이성수(2007), 구자철 외(2009), 노찬숙과 정철호(2009) 등
고객 만족도 (SAT)	SAT1 SAT2 SAT3 SAT4	HTS가 제공하는 기능과 서비스 및 거래처리 속도에 대한 만족도	① 전반적 기능에 대한 만족도 ② 전반적 서비스에 대한 만족도 ③ 메뉴 구성과 기능에 대한 만족도 ④ 거래처리 속도에 대한 만족도	이원호(2003), 김창수 외(2010), Deng 외(2010), Afsar 외(2010) 등
고객 신뢰 (RELI)	RELI1 RELI2 RELI3 RELI4	HTS가 신속·정확한 증권거래서비스를 제공하고 이를 통해 신의와 약속을 지킬 것이라는 믿음	① 신의와 약속의 준수 ② 신속한 증권거래서비스 제공 ③ 정확한 증권거래서비스 제공 ④ 최소한의 손해도 주지 않음	이원준과 박상철, 2004; 이용균과 이민우, 2006 등
지속 사용의도 (CIU)	CIU1 CIU2 CIU3	현재와 미래에도 HTS를 지속적으로 사용하겠다는 의도	① 현 시스템을 이용해 지속적 증권거래 ② 향후에도 지속사용의도 ③ 거래수수료 인상 시에도 지속 사용의도	Davis(1989), 서창교와 성석주(2004), 김형준과 정철호(2008), 유재현과 박철(2010)

2.3 기초통계분석

이 사례는 설문지법을 이용해 통계분석에 필요한 자료를 수집하였으며, 잠재변수(구성개념)는 7점 척도로 측정하였다. 표본크기는 200개로 결측치가 있는 표본 10개를 제외한 것이며, 권장수준에 해당된다. 일반적으로 기술통계량과 기초통계분석에서는 표본의 일반적 특성과 신뢰도분석 그리고 탐색적 요인분석 결과를 제시한다. 이들 분석 결과의 제시에서도 최종적인 측정모형을 기준으로 보고한다. 따라서 보고를 위해서는 최초의 분석 결과가 아닌 최종적으로 선택된 변수들을 가지고 분석을 수행하여야 한다.

표본의 일반적 특성은 [표 5-2]와 같으며, 빈도분석을 통해 얻은 결과를 제시한다. 빈도분석을 수행할 때는 반드시 [빈도표 출력]에 체크해야 한다.

표 5-2 표본의 일반적 특성

구분		빈도	비율	구분		빈도	비율
성별	남성	122	61.0	직업	학생	3	1.5
	여성	78	39.0		교육직	3	1.5
합계		200	100		사무직	78	39.0
연령	20~29세	33	16.5		자영업	20	10.0
	30~39세	71	35.5		주부	25	12.5
	40~49세	57	28.5		연구직	1	0.5
	50~59세	30	15.0		기술직	6	3.0
	60세 이상	9	4.5		영업직	34	17.0
					기타	30	15.0
합계		200	100	합계		200	100
HTS 사용기간	1년 미만	12	6.0	HTS를 이용한 투자금액	200만원 이하	12	6.0
	1년	18	9.0		200~500만원	18	9.0
	2년	39	19.5		500~1,000만원	44	22.0
	3년	35	17.5		1,000~2,000만원	50	25.0
	4년	13	6.5		2,000~3,000만원	17	8.5
	5년	20	10.0		3,000~4,000만원	25	12.5
	5년 이상	63	31.5		4,000만원 이상	34	17.0
합계		200	100	합계		200	100

4개의 잠재변수(구성개념)에 대한 신뢰도분석 결과는 [표 5-3]과 같다. 신뢰도분석은 측정모형분석 과정에서 일부 측정변수가 제거되었으므로 각자가 다시 수행하기 바란다. 신뢰도분석은 잠재변수별로 수행하면 된다. 신뢰도분석 결과는 CFA분석 결과와 함께 보고하는 경우가 많으며 표와 같이 개별적으로 보고하는 경우는 거의 없다.

표 5-3 신뢰도분석 결과

변수명	기호	최초 설문문항 수	최종 설문문항 수	Cronbach α 계수
항해용이성	NAVI	4	3	0.909
고객만족도	SAT	4	4	0.939
고객신뢰	RELI	4	3	0.924
지속사용의도	CIU	3	2	0.879

잠재변수의 기술통계량에 대한 분석 결과는 [표 5-4]와 같다. 표준편차가 3 이상, 왜도의 절대값이 3보다 큰 경우 그리고 첨도의 절대값이 10 이상이 없으므로 개별 측정변수들은 정규분포를 가지며, 이상치가 없는 것으로 볼 수 있다.

표 5-4 개별 측정변수의 기술통계량

측정변수	기호	N	평균	표준편차	왜도	첨도
다루기 쉬운 메뉴	NAVI1	200	4.61	1.115	-0.411	0.140
메뉴 간 이동이 자연스럽고 예측가능	NAVI2	200	4.67	1.057	-0.184	0.110
원하는 콘텐츠를 자유롭게 선택가능	NAVI3	200	4.69	1.073	-0.108	-0.540
전반적 기능에 대한 만족도	SAT1	200	4.90	1.040	-0.106	-0.316
전반적 서비스에 대한 만족도	SAT2	200	4.95	1.062	-0.246	-0.438
메뉴 구성과 기능에 대한 만족도	SAT3	200	4.91	0.993	-0.346	-0.193
거래처리 속도에 대한 만족도	SAT4	200	4.91	1.122	-0.512	-0.073
신의와 약속의 준수	RELI1	200	4.68	0.995	-0.291	-0.056
신속한 증권거래서비스 제공	RELI2	200	4.80	0.962	-0.171	-0.480
정확한 증권거래서비스 제공	RELI3	200	4.84	1.006	-0.111	-0.001
현 시스템을 이용해 지속적 증권거래	CIU1	200	5.14	1.069	-0.273	-0.469
향후에도 지속적인 사용의도	CIU2	200	5.17	1.099	-0.365	-0.341

차원 축소를 위해서 탐색적 요인분석을 수행한 결과는 [표 5-5]와 같다. 탐색적 요인분석은 분석과정에서 RELI4가 제거되었다. 요인회전방법으로는 직접오블리민 방식을 이용했고 요인 수는 4개로 추출하는 방법을 선택하였다. SEM분석에서는 일반적으로 탐색적 요인분석을 수행하지 않아도 된다. 왜냐하면 CFA를 수행하면 적합하지 않은 측정항목을 발견하여 제거할 수 있고,

CFA를 제대로 수행하여 최종적인 측정모형을 선정했다면 이미 탐색적 요인분석을 한 것과 같은 결과를 얻을 수 있기 때문이다. 또한 SEM분석에서는 탐색적 요인분석 결과를 제시하는 경우 [표 5-5]와 같이 신뢰도계수를 함께 보고하는 경우가 많다.

▌표 5-5 ▌탐색적 요인분석과 신뢰도분석 결과

변수		요인1	요인2	요인3	요인4
요인	측정문항				
항해용이성 (NAVI)	NAVI1 NAVI2 NAVI3 NAVI4		0.846 0.820 0.875 0.743		
고객만족도 (SAT)	SAT1 SAT2 SAT3 SAT4			−0.841 −0.867 −0.891 −0.785	
고객신뢰 (RELI)	RELI1 RELI2 RELI3				−0.668 −0.661 −0.632
지속사용의도 (CIU)	CIU1 CIU2 CIU3	0.652 0.925 0.590			
고유값 설명분산(%) 누적분산(%)		9.151 65.367 65.367	1.148 8.200 73.567	0.694 4.954 78.521	0.610 4.360 82.881
Cronbach α 계수		0.842	0.939	0.924	0.879
KMO 측도=0.943 Bartlett의 χ^2=2651.990, df=91, p=0.000					

2.4 측정모형분석

이 연구에서는 잠재변수와 측정변수에 대한 신뢰도와 타당도검증을 위해서 신뢰도검증과 CFA를 실시하였다. CFA는 측정모형분석을 통해서 측정도구의 신뢰도와 타당도를 검증하는 방법이다. 모형추정을 위해 최대우도법(Maximum likelihood method)을 이용하였다. 식별 문제와 위반 추정치는 없었다.

이 사례에서는 최초 측정모형에 대한 분석 결과 다중상관자승(SMC)이 0.5 미만인 측정변수(RELI4, CIU3)는 제거하였다. 또한 개념타당도의 평가 과정에서 잠재변수 NAVI로 인해 부분적인 판별타당도를 나타내어 하나의 측정변수(NAVI4)를 제거하였다. 최종적으로 선택된 측정모형에 대한 모형 적합도에 대한 평가 결과 적합도지수가 χ^2(p) = 75.625(0.007), Q값(χ^2/df) = 1.576, SRMR = 0.021, TLI = 0.984, RMSEA = 0.054의 값을 보여서 만족스러운 적합도를 나타냈다.

측정모형분석을 통해서 논문작성에 필요한 개념신뢰도와 개념타당도(집중타당도와 판별타당도)를 보고하기 위해서 표를 작성하는 방법은 다음과 같다.

- ▣ 표준화회귀계수에는 최종적인 측정모형분석 결과 중에서 Estimates의 Standardized Regression Weights를 잠재변수의 측정변수별로 차례대로 옮겨적는다.
- ▣ 표준오차는 Estimates의 Regression Weights(비표준화회귀계수)에서 S.E.를 찾아 잠재변수의 측정변수별로 옮겨적는다. 준거변수는 해당사항이 없으므로 −표시를 한다. 여기에서 S.E.(Standard Error)는 표준오차를 의미한다.
- ▣ 측정모형분석을 통해 얻은 CR과 AVE값을 잠재변수(혹은 구성개념)별로 옮겨적는다.
- ▣ 신뢰도계수(Cronbach α)는 탐색적 요인분석을 수행하지 않고 CFA만을 수행한 경우에 신뢰도분석 결과를 옮겨적는다.
- ▣ 표 하단에는 측정모형에 대한 적합도지수에 대한 값을 옮겨적는다.

표 5-6 최종 측정모형의 분석 결과 (1): 회귀추정치

① Notes for Model(모형 요약)

Notes for Group (Group number 1)

The model is recursive.
Sample size = 200

② Estimates(추정치): Standardized Regression Weights(표준화회귀계수)

Standardized Regression Weights: (Group number 1 - Default model)

			Estimate
NAVI1	<---	NAVI	.869
NAVI2	<---	NAVI	.907
NAVI3	<---	NAVI	.857
SAT1	<---	SAT	.915
SAT2	<---	SAT	.938
SAT3	<---	SAT	.880
SAT4	<---	SAT	.836
RELI1	<---	RELI	.873
RELI2	<---	RELI	.921
RELI3	<---	RELI	.895
CIU1	<---	CIU	.878
CIU2	<---	CIU	.894

③ Estimates(추정치): Regression Weights(비표준화회귀계수)

Estimates (Group number 1 - Default model)

Scalar Estimates (Group number 1 - Default model)

Maximum Likelihood Estimates

Regression Weights: (Group number 1 - Default model)

			Estimate	S.E.	C.R.	P	Label
NAVI1	<---	NAVI	1.000				
NAVI2	<---	NAVI	.989	.057	17.275	***	
NAVI3	<---	NAVI	.950	.060	15.797	***	
SAT1	<---	SAT	1.000				
SAT2	<---	SAT	1.047	.045	23.301	***	
SAT3	<---	SAT	.919	.047	19.520	***	
SAT4	<---	SAT	.986	.057	17.280	***	
RELI1	<---	RELI	1.000				
RELI2	<---	RELI	1.019	.054	18.899	***	
RELI3	<---	RELI	1.036	.058	17.864	***	
CIU1	<---	CIU	1.000				
CIU2	<---	CIU	1.047	.063	16.541	***	

표 5-7 최종 측정모형의 분석 결과 (2): 적합도지수

④ Model Fit Summary(모형 적합도 요약)

Model Fit Summary

CMIN

Model	NPAR	CMIN	DF	P	CMIN/DF
Default model	30	75.625	48	.007	1.576
Saturated model	78	.000	0		
Independence model	12	2439.054	66	.000	36.955

RMR, GFI

Model	RMR	GFI	AGFI	PGFI
Default model	.022	.941	.904	.579
Saturated model	.000	1.000		
Independence model	.671	.169	.018	.143

Baseline Comparisons

Model	NFI Delta1	RFI rho1	IFI Delta2	TLI rho2	CFI
Default model	.969	.957	.988	.984	.988
Saturated model	1.000		1.000		1.000
Independence model	.000	.000	.000	.000	.000

Parsimony-Adjusted Measures

Model	PRATIO	PNFI	PCFI
Default model	.727	.705	.719
Saturated model	.000	.000	.000
Independence model	1.000	.000	.000

NCP

Model	NCP	LO 90	HI 90
Default model	27.625	7.866	55.310
Saturated model	.000	.000	.000
Independence model	2373.054	2215.302	2538.143

FMIN

Model	FMIN	F0	LO 90	HI 90
Default model	.380	.139	.040	.278
Saturated model	.000	.000	.000	.000
Independence model	12.257	11.925	11.132	12.754

RMSEA

Model	RMSEA	LO 90	HI 90	PCLOSE
Default model	.054	.029	.076	.372
Independence model	.425	.411	.440	.000

AIC

Model	AIC	BCC	BIC	CAIC
Default model	135.625	139.819	234.575	264.575
Saturated model	156.000	166.903	413.269	491.269
Independence model	2463.054	2464.731	2502.634	2514.634

ECVI

Model	ECVI	LO 90	HI 90	MECVI
Default model	.682	.582	.821	.703
Saturated model	.784	.784	.784	.839
Independence model	12.377	11.584	13.207	12.386

HOELTER

Model	HOELTER .05	HOELTER .01
Default model	172	194
Independence model	8	8

[표 5-8]을 작성하려면 [표 5-6]과 [표 5-7]의 출력물이 필요하다. 이들 자료를 토대로 CFA에 의한 측정모형분석 결과를 제시하면 [표 5-8]과 같다. 표에 대한 해석은 이 책의 제3장을 참조하기 바란다.

표 5-8 CFA에 의한 측정모형의 분석 결과

잠재변수	측정변수	표준화회귀계수	표준오차	CR	AVE
항해용이성 (NAVI)	NAVI1	0.869	–	0.910	0.771
	NAVI2	0.907	0.057		
	NAVI3	0.857	0.060		
고객만도 (SAT)	SAT1	0.915	–	0.940	0.798
	SAT2	0.938	0.045		
	SAT3	0.880	0.047		
	SAT4	0.836	0.057		
고객신뢰 (RELI)	RELI1	0.873	–	0.925	0.804
	RELI2	0.921	0.054		
	RELI3	0.895	0.058		
지속사용의도 (CIU)	CIU1	0.878	–	0.880	0.785
	CIU2	0.894	0.063		
적합도 χ^2=75.625(df=48, p=0.007), χ^2/df(Q값)=1.576, SRMR=0.021, TLI=0.984, RMSEA=0.054					

【주】 수용기준: CR≥0.7 이상, AVE≥0.5 이상

측정모형분석을 통해서 논문작성에 필요한 판별타당도를 보고하기 위해서 표를 작성하는 방법은 다음과 같다.

▣ 최종 측정모형분석 결과 중 Estimates의 Output 중에서 잠재변수(혹은 구성개념) 간 Correlations (상관관계)를 표에 옮겨적는다.

▣ 최종적인 측정모형분석 결과를 가지고 계산한 AVE값을 대각선으로 옮겨적는다.

[표 5-9]를 작성하려면 최종적인 측정모형분석에서 얻은 Output에서 Correlations 추정 결과와 [통계실습 3-6]에 제시된 AVE값에 대한 정보가 필요하다. 판별타당도에 대한 분석 결과 제시를 위해 완성된 것은 [표 5-10]과 같다.

표 5-9 판별타당도 분석을 위한 상관관계 분석 결과

⑤ Correlations(상관계수)

Correlations: (Group number 1 - Default model)

			Estimate
NAVI	<-->	SAT	.772
NAVI	<-->	RELI	.744
NAVI	<-->	CIU	.685
SAT	<-->	RELI	.858
SAT	<-->	CIU	.851
RELI	<-->	CIU	.853

표 5-10 잠재변수 간의 판별타당도 분석 결과: 상관행렬과 AVE

구분	항해용이성	고객만족도	고객신뢰	지속사용의도
항해용이성	0.771			
고객만족도	0.772	0.798		
고객신뢰	0.744	0.858*	0.804	
지속사용의도	0.685	0.851	0.853	0.785

【주】 1) * 고객신뢰와 고객만족도의 상관계수 제곱(r^2)=0.858×0.858=0.736
2) 대각선으로 표시된 것은 AVE를 나타냄.

2.5 구조모형분석

이 사례는 Amos 29 버전을 이용했으며, SEM분석에 의한 모형추정을 위해서 최대우도법을 사용하였다. 구조모형 추정과정에서 식별 문제와 위반추정치는 없는 것으로 나타났다. [표 5-11]은 이미 [표 4-2]에서 제시한 Output과 같다.

표 5-11 최종 구조모형의 추정 결과

① Notes for Model(모형 요약)

Notes for Group (Group number 1)

The model is recursive.
Sample size = 200

② Estimates(추정치): Regression Weights(비표준화회귀계수)

Estimates (Group number 1 - Default model)

Scalar Estimates (Group number 1 - Default model)

Maximum Likelihood Estimates

Regression Weights: (Group number 1 - Default model)

			Estimate	S.E.	C.R.	P	Label
SAT	<---	NAVI	.757	.063	11.969	***	
RELI	<---	NAVI	.180	.069	2.600	.009	
RELI	<---	SAT	.642	.075	8.583	***	
CIU	<---	SAT	.444	.103	4.306	***	
CIU	<---	RELI	.503	.115	4.388	***	
NAVI1	<---	NAVI	1.000				
NAVI2	<---	NAVI	.988	.057	17.262	***	
NAVI3	<---	NAVI	.950	.060	15.811	***	
SAT1	<---	SAT	1.000				
SAT2	<---	SAT	1.047	.045	23.316	***	
SAT3	<---	SAT	.919	.047	19.519	***	
SAT4	<---	SAT	.986	.057	17.280	***	
RELI1	<---	RELI	1.000				
RELI2	<---	RELI	1.019	.054	18.907	***	
RELI3	<---	RELI	1.036	.058	17.863	***	
CIU1	<---	CIU	1.000				
CIU2	<---	CIU	1.047	.063	16.541	***	

③ Estimates(추정치): Standardized Regression Weights(표준화회귀계수)

Standardized Regression Weights: (Group number 1 - Default model)

			Estimate
SAT	<---	NAVI	.771
RELI	<---	NAVI	.201
RELI	<---	SAT	.703
CIU	<---	SAT	.451
CIU	<---	RELI	.466
NAVI1	<---	NAVI	.869
NAVI2	<---	NAVI	.906
NAVI3	<---	NAVI	.858
SAT1	<---	SAT	.915
SAT2	<---	SAT	.938
SAT3	<---	SAT	.880
SAT4	<---	SAT	.836
RELI1	<---	RELI	.873
RELI2	<---	RELI	.921
RELI3	<---	RELI	.895
CIU1	<---	CIU	.878
CIU2	<---	CIU	.894

④ Estimates(추정치): Squared Multiple Correlations(다중상관치)

Squared Multiple Correlations: (Group number 1 - Default model)

	Estimate
SAT	.595
RELI	.753
CIU	.780
CIU2	.799
CIU1	.771
RELI3	.801
RELI2	.848
RELI1	.762
SAT4	.699
SAT3	.774
SAT2	.880
SAT1	.837
NAVI3	.736
NAVI2	.821
NAVI1	.755

표 5-12 최종 구조모형의 모형 적합도의 추정 결과

Model Fit Summary

CMIN

Model	NPAR	CMIN	DF	P	CMIN/DF
Default model	29	75.722	49	.008	1.545
Saturated model	78	.000	0		
Independence model	12	2439.054	66	.000	36.955

RMR, GFI

Model	RMR	GFI	AGFI	PGFI
Default model	.022	.941	.906	.591
Saturated model	.000	1.000		
Independence model	.671	.169	.018	.143

Baseline Comparisons

Model	NFI Delta1	RFI rho1	IFI Delta2	TLI rho2	CFI
Default model	.969	.958	.989	.985	.989
Saturated model	1.000		1.000		1.000
Independence model	.000	.000	.000	.000	.000

RMSEA

Model	RMSEA	LO 90	HI 90	PCLOSE
Default model	.052	.027	.075	.411
Independence model	.425	.411	.440	.000

Standardized RMR

Default model
Standardized RMR = .0206

Close

구조모형분석 결과의 제시방법은 ① 표를 통해 제시하는 방법, ② 그림을 통해서 제시하는 방법 그리고 ③ 양자를 모두 이용하는 방법 중에서 선택할 수 있다. 일반적으로 구조모형분석은 가설검증을 위해서 시행된다.

먼저, 구조모형분석을 통해서 논문작성에 필요한 표를 작성하는 방법은 다음과 같다.

- 비표준화회귀계수에는 최종 구조모형분석 결과 중 Estimates의 Regression Weights(비표준화회귀계수)를 옮겨적는다.
- 표준화회귀계수에는 최종 구조모형분석 결과 중 Estimates의 Standardized Regression Weights(표준화회귀계수)를 옮겨적는다.
- 표준오차와 t값은 최종적인 구조모형분석 결과 중 Estimates의 Regression Weights(비표준화회귀계수)에서 S.E.와 C.R.을 찾아 경로별로 옮겨적는다. 여기에서 C.R.(Critical Value)은 t값을 의미한다.
- SMC는 Estimates의 Squared Multiple Correlations에서 찾아 옮겨적는다.
- 채택 여부는 가설의 기각과 채택 여부를 적는다.
- 표 제일 하단에는 구조모형에 대한 적합도지수에 대한 값을 옮겨적는다.

표 5-13 증권거래시스템 사례의 가설검증 결과

가설(경로)	비표준화 회귀계수	표준화 회귀계수	표준오차	t값	SMC	채택 여부
가설 1(NAVI → SAT)	0.757	0.771	0.063	11.969***	0.595	채택
가설 2(NAVI → RELI)	0.180	0.201	0.069	2.600**	0.753	채택
가설 3(SAT → RELI)	0.642	0.703	0.075	8.583***		채택
가설 4(SAT → CIU)	0.444	0.451	0.103	4.306***	0.780	채택
가설 5(RELI → CIU)	0.503	0.466	0.115	4.388***		채택
적합도 χ^2=75.722(df=49, p=0.008), χ^2/df(Q값)=1.545, SRMR=0.021, TLI=0.985, RMSEA=0.052						

【주】 **p<0.05, ***p<0.01 수준에서 유의함.

다음으로, 그림을 통해 구조모형분석 결과를 제시하는 방법을 소개하기로 한다. [그림 5-3]과 같이 분석 결과를 그림으로 제시하면 독자들이 쉽게 이해할 수 있어서 유용하다. 구조모형분석을 통해서 논문작성에 필요한 그림을 작성하는 방법은 다음과 같다.

- ▣ 각 가설에 해당하는 경로에 최종 구조모형분석 결과 중 Estimates의 Standardized Regression Weights(표준화회귀계수)를 옮겨적는다. 괄호 안에는 Regression Weights(비표준화회귀계수)의 C.R.을 옮겨적고 괄호 밖에는 유의수준을 적는다. 계수 옆에는 유의수준을 표시해 준다.
- ▣ 내생변수에는 SMC(혹은 R^2)를 옮겨적는다. 최종적인 구조모형분석 결과 중 Estimates의 Squared Multiple Correlations(다중상관자승)을 옮겨적는다.

그림 5-3 ▌ 증권거래시스템 사례의 가설검증 결과 도형

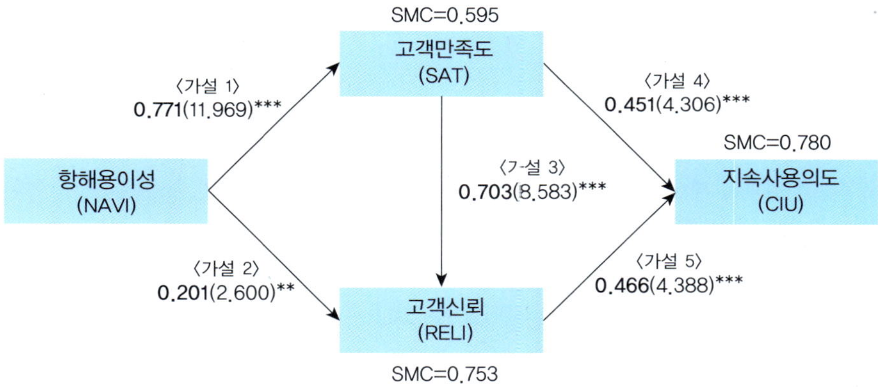

【주】 **$p<0.05$, ***$p<0.01$ 수준에서 유의함.

지금까지 우리들은 SEM분석 결과를 제시하는 방법을 학습하였다. 이외에도 직 · 간접효과, 공분산행렬(상관행렬), 경쟁모형 등에 대한 결과제시가 필요할 수도 있다. 이는 연구자들에 따라서 필요시 선택해야 할 문제라고 판단된다.

제5장의 핵심내용 요약

- 모든 분석이 완료되었으면 분석 결과를 다른 연구자나 독자들이 쉽게 이해할 수 있도록 제시해야 한다.
- 기존에 개발된 체크리스트를 참조하여 CFA와 SEM분석 결과를 제시하는 데 활용할 수 있는 연구조사 설계, 데이터 준비 및 점검, 기초통계분석, 측정모형분석 및 구조모형분석 등으로 구분하여 체크리스트를 개발하였다. 이들 체크리스트는 연구자들이 공통적으로 적용할 수 있는 가장 이상적인 경우를 가정하여 제안한 것이다.
- 일반적으로 기술통계량과 기초통계분석에서는 표본의 일반적 특성과 신뢰도분석 그리고 탐색적 요인분석 결과를 제시한다. 이들 분석 결과의 제시에서도 최종적인 측정모형을 기준으로 보고한다.
- 측정모형분석 결과를 제시할 때는 개별 측정변수의 신뢰도와 개념신뢰도 및 개념타당도(집중타당도와 판별타당도)를 보고해야 한다.
- 구조모형분석 결과의 제시방법은 ① 표를 통해 제시하는 방법, ② 그림을 통해서 제시하는 방법 그리고 ③ 양자를 모두 이용하는 방법 중에서 선택할 수 있다.
- 구조모형분석 결과를 제시할 때의 가장 중요한 것은 가설검증을 위한 표나 그림으로 작성하는 것이다.

참고문헌

김용겸. (2007). 구조방정식모형의 효율적 활용을 위한 점검표의 개발. *기업경영연구*, 24, 19-34.
배병렬. (2021). AMOS 27 구조방정식모델링. 도서출판 청람.
신건권. (2023). 석박사학위와 학술논문 작성 중심의 SmartPLS 4.0 구조방정식모델링. 도서출판 청람.
신건권. (2023). SPSS 29와 PROCESS macro 4.0을 이용한 회귀분석 따라하기. 도서출판 청람.
신건권. (2023). 석박사학위와 학술논문 작성 중심의 SPSS 29 논문통계분석. 도서출판 청람.
AMOS 29 User's Guide.

제 6 장 학위 및 학술논문 작성을 위한 팁들

연구자가 아무리 좋은 연구주제를 선정하고 아무리 풍부한 자료를 수집했다 하더라도 그것을 제대로 논문으로 구성하여 작성하지 못한다면 학술성을 구비한 논문이 될 수 없다.

이 장에서는 석박사학위와 학술논문이라는 형식의 글을 어떻게 구성하여 작성할 것인가에 대한 주제를 중심으로 ① 논문의 의의, 형태 및 요건, ② 논문작성의 주요 단계, ③ 논문의 구성과 구성별 작성 요령, ④ 연구계획서 작성 요령 그리고 ⑤ 기존 문헌과 자료의 수집방법 등에 대해서 살펴보기로 하자.

1 논문의 의의, 형태 및 요건

1.1 논문의 의의

논문이란 무엇인가?라는 질문에 선뜻 대답하기란 그리 쉬운 것은 아니다. 일반적으로 논문이란 어떤 문제에 대한 학술적인 연구 결과를 과학적이고 체계적으로 작성한 글을 말한다. 여기에서 '학술적'이라는 말은 연구과정이 과학적이고 체계적인 방법에 따라 전개되었다는 의미로 볼 수 있다.

▶ 논문이란 어떤 주제와 문제에 대하여 학술적으로 연구와 조사를 시행하고, 그 연구결과를 체계적이며 논리적으로 일관성 있게 일정한 양식과 형식에 맞추어 제시한 글이다.

- 논문이란 특정한 주제에 대한 자신의 주장을 학문적으로 서술한 글이다.
- 논문이란 학술적 의의가 있는 어떤 주제에 대한 연구자의 견해를 논리적이며 과학적으로 정리한 글이다.

1.2 논문의 형태

논문의 형태는 다양하게 분류될 수 있으나 일반적으로 학위논문(Thesis or Dissertation), 학술논문(Article), 소논문(Paper) 및 비평논문(Review paper) 등으로 구분할 수 있다.

- 학위논문이란 학위(석사와 박사)를 취득하기 위해 작성되는 글을 말한다. 이는 학술논문과 달리 지도교수가 지도하고 심사라는 과정을 거쳐 인정된 글을 말한다. 석사학위논문은 Thesis, 박사학위논문은 Dissertation이라 한다.
- 학술논문이란 자신의 전공 분야에서 관심을 가지고 있는 특정한 주제나 원리를 선택하여 그동안에 이루어진 선행연구 결과와는 차별화된 새로운 데이터와 연구방법, 재구성 및 결론 등을 도출해 내는 논리적이고 체계적인 글을 말한다.
- 소논문이란 대학과 대학원 과정에서 교수가 학기 중 과목별로 제출을 요구하는 짧은 비평글을 말한다. 학기 중이나 학기 말에 제출하게 되므로 시간적 제약이 있고, 위탁자(담당교수)를 대상으로 한다.
- 비평논문이란 특정한 주제나 전문 분야와 관련된 논문이나 저서를 소개하는 비판적 해석을 목적으로 하는 글을 말한다. 이는 여러 다른 자료를 참조하여 한 문헌에 대해 심도 있게 해석하는 문헌비평논문, 특정 주제와 관련된 여러 문헌을 비교하면서 비평한 주제비평논문 그리고 특정 주제나 사물에 대해 논하는 글인 평론 등으로 구분할 수 있다.

1.3 논문의 요건

학술논문, 석사학위논문, 박사학위논문(Dissertation), 소논문, 비평논문 등은 [그림 6-1]과 같이 일정한 기본요건을 구비해야 한다.

그림 6-1 논문과 논문작성자의 기본요건

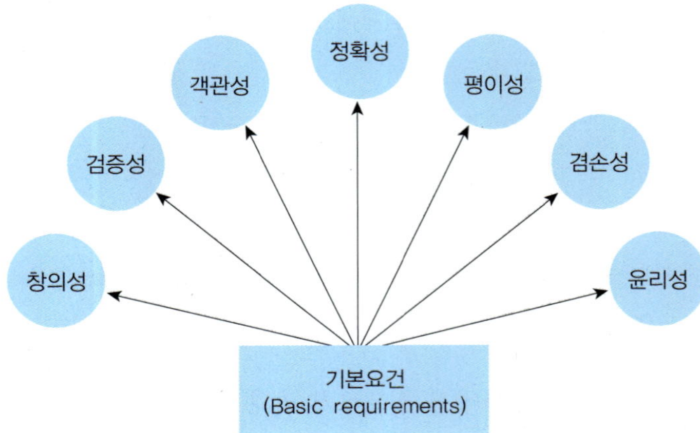

- 논문의 생명은 **창의성**이다. 연구주제가 학문적으로 중요한 문제이어야 하며, 다른 선행연구와 차별화될 수 있는 **창의성**(Originality)이 있어야 한다. 새로이 발표되는 논문은 **데이터, 연구방법, 연구결과 및 해석** 중에서 어느 한 가지 이상에 있어서 새로움이 있어야 창의성이 있다고 판단할 수 있다.
- 논문은 관찰과 실험을 통해 입증가능해야 하며, 반복적인 재현가능성, 즉 **검증가능성**(Verifiability)이 있어야 한다. 따라서 재현이 불가능하거나, 재현할 때마다 내용이 달라지면 검증가능성이 없다고 보아야 한다. 그러므로 논문에는 논증의 증거, 데이터의 출처, 연구과정과 방법, 주제에 대한 접근방식, 현실상황과의 관계, 결과에 대한 평가기준 등이 정확하게 명시되어야 한다.
- 논문은 내용이나 데이터, 태도, 서술 등에 있어 모두 **객관성**을 유지하여야 한다. 논문작성 과정에서 연구자의 단순한 의견, 맹목적 주장, 근거 없는 추측, 지나친 확신 등은 지양되어야 한다.
- 논문의 연구 자체뿐만 아니라 데이터, 인용, 통계, 인명 등은 **정확성**이 있어야 한다. 특히 논문에 제시되는 통계 데이터는 매우 작은 오차도 없도록 주의해야 한다. 따라서 논문작성 과정과 사용된 데이터에는 가공적이거나 조금이라도 거짓이 포함되어서는 안 된다.

- 논문은 독자들이 쉽게 이해하고 읽을 수 있도록 간결하고 명확하며 평이한 문장으로 서술하여 평이성 혹은 가독성(Readability)을 확보해야 한다.
- 논문작성자는 자신이 쓰는 영역에 대해 다른 사람보다 더 잘 안다고 생각하여 계몽적인 입장에 설 수가 있는데, 이 보다는 함께 논의에 참여한다는 입장에서 겸손한 표현을 사용하여 겸손성을 가져야 한다. 따라서 자신의 논지에 대해서 '전무후무하게', '절대적으로', '명백히' 등과 같은 표현은 지양하는 것이 좋다.
- 논문작성자는 표절을 하지 않아야 하며, 연구자로서의 윤리를 준수하는 윤리성을 가져야 한다.

2 논문작성의 주요 단계

논문작성의 주요 단계는 [표 6-1]과 같이 요약할 수 있다.

- 일반적으로 논문작성의 과정은 [표 6-1]과 같이 ① 연구주제의 발견, ② 기존이론과 문헌에 기초한 연구모형과 가설설정, ③ 데이터 수집과 연구방법 결정, ④ 통계분석과 재구조화, ⑤ 논문 집필, ⑥ 편집과 참고문헌 정리 등을 거친다.
- 논문을 작성한다는 것은 흥미로우면서도 처음에는 막연한 문제의 설정으로부터 시작되기 때문에 연구자들은 많은 어려움을 느끼기도 한다.
- 논문작성의 과정은 정형화되어 있는 것은 아니며, 연구의 성격이나 연구자에 따라서 달라질 수 있다.
- 연구주제는 어떤 주제 영역에 대한 근본적인 관심으로부터 다른 연구자의 책이나 학술논문, 학위논문 등을 정독하는 과정에서 발견할 수 있다.
- 좋은 논문을 작성하려면 해당 연구 분야나 인접 분야의 최고수준에 있는 논문들을 정독하는 과정을 계속하는 것이 필요하다. 연구자가 주장하려고 하는 쟁점이 무엇이며, 그 쟁점을 어떤 데이터 수집과정과 통계분석방법을 이용하여 해결했는지 등을 체계적으로 학습하는 것이 필요하다.

▶ 연구자는 자신이 전공하는 학문 분야에서 적절한 문제의식에 따라 학문적으로 의미 있는 쟁점(Issue)을 찾아내고 문제 제기를 해야 한다. 또한 제기된 쟁점에 대한 자기의 주장이 분명하여야 한다.

▶ 논문을 작성하는 과정에서 문제의식 → 제기하는 쟁점 → 주장 → 주장에 대한 논증이 연구자가 작성하는 논문의 중심축을 형성하도록 노력해야 한다.

표 6-1 논문작성의 주요 단계

단계	연구자의 과업
연구문제의 발견	• 연구주제 탐색과 결정 • 주제 영역을 확정하고 문헌과 데이터에 대한 초기수집 실시 • 문헌과 데이터를 여러 번 읽고 이해 • 문헌목록을 작성 • 어느 정도의 넓은 범위의 논문제목 결정 • 논문제목은 연구진행 중에 계속적으로 범위를 좁히고 명확하게 정함
연구모형과 가설설정	• 기존문헌 정리 • 기존문헌에 기초한 선행연구 수행 • 기존이론과 선행연구에 기초한 연구모형과 가설설정
데이터 수집과 연구방법 결정	• 각종 문헌(학술잡지, 신문기사, 단행본, 전공입문서적 등)의 수집 • 각종 데이터(통계자료, 설문 결과 등) 수집과 예비분석 시행 • 제목에 맞추어 데이터를 검토 • 연구방법론의 결정(질적 연구, 양적 연구)
통계분석과 재구조화	• 데이터 입수가능성, 분석방법의 적합성 등을 고려 • 분석된 결과를 해석하고 재구조화
논문 집필	• 논문 개요와 목차의 작성 • 구성된 목차에 따라 본격적으로 논문작성 • 초고 집필과 검토: 학술대회 등에 참가하여 작성된 초고논문을 발표 • 최종적인 논문작성 완료
편집과 참고문헌 정리	• 참고문헌, 인용, 각주 등의 표기 • 표절 예방을 위해서 반드시 참고문헌 확인 • 학회 학술지 등이 요구하는 규격에 맞게 수정 • 논문게재 신청과 수정 보완 그리고 최종논문의 제출

3 논문의 구성과 구성별 작성 요령

3.1 논문의 구성

논문의 구성은 보통 서론, 본론 및 결론의 체계를 가지고 있다. 그러나 논문의 형태(학술논문/학위논문)에 따라서 논문의 구성은 약간씩 차이가 있을 수 있다. 또한 학회지나 대학원에 따라서 논문편집을 위한 규정을 두고 있는 경우가 많으므로 일관된 형식은 존재하지 않는다고 보아야 할 것이다. 따라서 지금부터는 SEM분석을 사용한 경우에 논문의 형태에 따른 논문의 구성을 예시적으로 제시하기로 한다.

■ 학술논문의 구성

표 6-2 국내 학술논문의 구성 예시 (1)

논문제목: 온라인 증권거래시스템의 항해용이성이 고객의 지속적 사용의도에 미치는 영향

요약
Ⅰ. 서론
Ⅱ. 이론적 배경
  2.1 항해용이성의 정의
  2.2 선행연구의 검토
Ⅲ. 연구설계 및 방법
  3.1 연구모형 및 연구가설
    3.1.1 항해용이성, 고객만족도, 고객신뢰 및 지속사용의도의 관계
    3.1.2 고객만족도와 고객신뢰의 관계
  3.2 변수의 정의 및 측정
  3.3 데이터수집 및 분석방법
Ⅳ. 연구결과
  4.1 신뢰도와 타당도분석
  4.2 가설검증
Ⅴ. 결론
  5.1 결과 요약 및 논의
  5.2 연구의 한계 및 향후 연구방향
참고문헌
부록: 설문지
Abstract

표 6-3 국내 학술논문의 구성 예시 (2)

논문제목: 소셜커머스 수용에 있어서 지각된 위험의 영향력: 집단주의 조절효과분석

요약
Ⅰ. 서론
Ⅱ. 이론적 배경
  2.1 소셜커머스의 개념 및 특징
  2.2 지각된 유형
    2.2.1 지각된 위험에 대한 이론
    2.2.2 지각된 위험의 분류
  2.3 집단주의
  2.4 기술수용모형
Ⅲ. 연구설계
  3.1 연구모형 및 연구가설
  3.2 변수정의 및 측정항목
Ⅳ. 가설설정 및 분석결과
  4.1 자료의 수집 및 표본의 특징
  4.2 경쟁모형 비교
  4.3 측정도구의 신뢰성 및 타당성 분석
  4.4 가설검정
Ⅴ. 결론
  5.1 토의 및 시사점
  5.2 한계점 및 향후 연구방향
참고문헌
Abstract

표 6-4 국내 학술논문의 구성 예시 (3)

논문제목: 개인의 가치, 특성, 품질이 IPTV 양방향서비스 수용에 미치는 영향: TAM의 확장모형

요약
Ⅰ. 서론
Ⅱ. 기술수용에 관련된 기존 이론의 문헌 고찰
  2.1 신기술 수용에 관련된 연구
    2.1.1 합리적 행동이론
    2.1.2 계획된 행동이론
    2.1.3 분해된 계획행동이론
    2.1.4 기술수용모형
  2.2 확장된 기술수용모형(TAM2)과 선행연구의 정리

Ⅲ. 연구모형 및 가설
  3.1 연구모형
  3.2 연구가설
    3.2.1 개인의 사회적 가치와 지각변수 간의 관계
    3.2.2 서비스 품질과 지각변수와 사용의도 간의 관계
    3.2.3 개인의 주도적 특징과 지각변수 간의 관계
    3.2.4 지각변수와 사용의도 간의 관계
Ⅳ. 연구방법
  4.1 연구대상
  4.2 연구방법
Ⅴ. 가설검증 및 분석결과
  5.1 연구결과
    5.1.1 표본의 특성
    5.1.2 측정모형의 평가
    5.1.3 구조모형의 평가
Ⅵ. 결론과 합의
  6.1 연구결과의 함의
  6.2 연구결과의 시사점
  6.3 연구의 한계 및 향후 연구방향
참고문헌
Abstract

표 6-5 국외 학술논문의 구성 예시 (1)

Title: Perceived Security and World Wide Web Purchase Intention

Abstract
Introduction
Theoretical Perspective
Method
Perceived Web Security Scale Development
  Construct Validity
  Convergent and Discriminant Validity
  Model Testing
Post-hoc Analyses
  Power Analysis
  Bootstrap Resampling of the Data Set
Discussion and Conclusions
References
Appendix

표 6-6 국외 학술논문의 구성 예시 (2)

Title: Customer Perceived Value, Satisfaction, and Loyalty: The Role of Switching Costs

Abstract
Introduction
Conceptual Framework and Hypotheses
    Customer Loyalty
    Customer-Perceived Value
    The Mediation Role of Customer Satisfaction in the Value-Loyalty Relationship
    The Moderation Role of Switching Costs
Research Design and Method
    Survey Instrument Development
    Pretest
    Data Collection
Measure Validation
Results
    The Structural Model
    Moderating Effects of Switching Costs on Customer Loyalty
Discussion
    Key Drivers of Loyalty
    When Do Switching Costs Matter?
Limitations
Conclusion
References
Appendix

■ 학위논문의 구성

표 6-7 학위논문의 구성 예시

논문제목: 홈트레이딩시스템의 품질요인이 고객충성도에 미치는 영향

국문요약
Ⅰ. 서론
    1. 문제 제기 및 연구목적
    2. 연구방법 및 구성
Ⅱ. 이론적 배경 및 선행연구
    1. 홈트레이딩시스템의 의의와 국내현황
    2. 기술수용모델

3. 서비스와 시스템의 품질평가모델
4. 선행연구의 검토
   가. 증권거래의 고객만족과 충성도 영향요인 연구
   나. 정보기술 활용능력의 조절효과 연구
   다. 증권거래 이외의 관련 선행연구
      a. 회계 분야
      b. 정보시스템 분야
      c. 마케팅 분야
   라. 선행연구에 대한 평가

Ⅲ. 연구설계 및 방법
1. 연구모형
   가. 외생변수
      a. 디자인품질
      b. 정보품질
      c. 보안품질
   나. 고객만족도와 충성도
   다. 고객특성변수: IT 활용능력
2. 변수의 정의 및 측정
3. 연구가설
   가. 디자인품질이 고객만족도에 미치는 영향
   나. 정보품질이 고객만족도에 미치는 영향
   다. 보안품질이 고객만족도에 미치는 영향
   라. 고객만족도가 고객충성도에 미치는 영향
   마. 고객특성(IT 활용능력)의 조절 영향
4. 설문지 구성

Ⅳ. 연구결과
1. 신뢰도 및 타당도분석
   가. 탐색적 요인분석과 신뢰도분석
   나. 확인적 요인분석
      a. 전체모형에 대한 CFA
      b. IT 활용능력 집단별 CFA
2. 표본의 특성 및 기술통계 분석
   가. 표본의 특성
   나. 기술통계분석
3. 가설검증
   가. 연구모형의 적합도 검증
   나. 가설검증 1: 〈가설 1〉~〈가설 4〉의 검증
   다. 가설검증 2: 〈가설 5〉의 검증
      a. 개별표본분석
      b. HIT/LIT 집단에 대한 MSEM분석

c. HIT/LIT 집단의 차이에 대한 비교와 평가
라. 가설검증 결과 논의
Ⅴ. 결론
1. 연구결과의 요약
2. 연구의 시사점
3. 연구의 한계와 향후 연구방향
참고문헌
Abstract
설문지

3.2 구성별 작성 요령

(1) 논문제목과 저자

논문제목은 논문의 주요 아이디어를 간략히 요약한 것으로 독자들의 관심을 유도하고 색인을 만드는 데 사용된다. 그러므로 논문제목에는 중심단어 혹은 키워드(Keyword)를 여러 개 포함하는 것이 요구된다.

- 논문제목은 독자들이 제목만으로도 무슨 연구인지를 쉽게 파악할 수 있도록 포괄적이면서 간결하고 명료하며 문법적으로도 정확해야 한다.
- 가능하면 독자들의 관심과 흥미를 유발할 수 있는 제목이 좋다.
- 연구계획서를 작성하는 단계에서의 논문제목은 가칭으로 정하는 경우가 많으며 지속적으로 수정하고 보완할 수 있다.
- 논문제목은 가능한 한 적은 단어를 사용하고 필요하고 정확한 정보를 알기 쉽게 제공해야 한다.
- 중심단어로부터 시작하는 것이 좋으며, 총 단어 수는 10~15개가 적절하다.
- 논문제목은 너무 길거나 의문형의 제목은 가급적 피하는 것이 좋다.
- 표준화되지 않은 약어(Abbreviation)는 사용하지 않는 것이 좋다.
- 효과 혹은 활동에 따른 변화에 초점을 두고 있는 논문의 경우에는 방향성(양과 음)도 제시할 수 있다.

- 연구자의 **주관적인 평가를 내포하는 제목**('획기적인, 참신한, 효율적인, 바람직한')은 사용하지 않는 것이 좋다.
- '…에 관한 연구', '…에 대한 조사', '…에 대한 관찰', '…의 결과', '…에 대한 예비조사' 등의 제목은 사용하지 않는 것이 좋다.
- 필요한 경우에는 논문제목에 **부제**(Sub title)를 추가해도 된다.

논문저자(Author)는 학위논문과 같이 단독저자인 경우도 있고, 학술지에 게재하는 논문과 같이 여러 명의 저자가 있는 경우도 있다. 후자의 경우어는 누구를 저자에 포함시킬 것인가, 어떤 순서로 저자를 배열할 것인가, **제1저자, 교신저자, 공동저자**를 어떻게 정할 것인가, 저자의 소속을 어떻게 제시할 것인가에 대한 결정을 내려야 한다. 논문 저자에서 **교신저자**(Corresponding author)는 해당 논문에 대한 이메일을 주고받으며 심사자의 수정요구가 있을 때 수정책임 등을 지는 저자를 말하며 보통 제1저자와 동등한 위치에 있다고 볼 수 있다.

표 6-8 논문제목, 저자, 소속 및 저자표시의 예시

Review of Accounting and Policy Studies, 2020 25(4), 59 – 80
ISSN 2635 – 8611
https://doi.org/10.21737/RAPS.2020.11.25.4.59

이지키핑 회계프로그램을 적용한 교회회계시스템 구축 및 실무 사례*

A Building and Practical Case of Church Accounting System Applying EASY Keeping Development Framework

신건권(Gun – Kwon Shin)**

• 접수일자 : 2020.9.8. • 최종수정일자 : 2020.10.14. • 게재확정일자 : 2020.10.19.

* 이 논문은 2018년 호서대학교 교내연구비 지원으로 연구되었음(20180332).
본 논문은 활동㈜의 회계시스템 개발 프레임워크인 이지키핑을 사용하였습니다.

** 호서대학교 기술경영전문대학원 교수 (제1저자)

(2) 요약과 중심단어

요약 혹은 초록(Abstract)은 논문의 첫 인상을 결정하는 중요한 부분이며, 독자들이 논문의 내용을 파악하는 데 도움을 준다. 요약은 논문 내용을 평가하는 것이 아니며 보고하는 것이다. 요약은 일반적으로 국문논문의 경우 국문초록과 영문초록을 모두 작성하는 경우가 많다. 한편 중심단어 혹은 키워드(Keywords)는 보통 3~5개 정도로 선택한다.

▌표 6-9 ▌논문 초록(Abstract)의 예시

〈요 약〉

본 연구는 대학의 전산회계교육용 소프트웨어를 대상으로 하여 품질요인(지각된 디자인과 상호작용성품질)이 사용자만족도와 충성도에 미치는 영향을 규명하였다. 4년제 대학에서 전산회계 교과목을 수강하는 학생들을 대상으로 설문지를 배포하였으며, 최종 유효 설문지는 208매이었다. 수집된 자료에 의한 신뢰성·타당성분석과 가설검증을 수행하기 위해서 SPSS와 AMOS 구조방정식모형(Structural Equation Model: SEM)을 이용하였다.

연구결과를 요약하면 다음과 같다. 첫째, 대학의 전산회계교육용 소프트웨어에 대한 지각된 디자인품질(Perceived Design Quality)은 사용자만족도에 정의 유의한 영향을 미쳤다. 둘째, 대학의 전산회계교육용 소프트웨어에 대한 지각된 상호작용성품질 중에서 지각된 사용자통제성(Perceived User Control)은 사용자만족도에 정의 유의한 영향을 미쳤다. 셋째, 대학의 전산회계교육용 소프트웨어에 대한 지각된 상호작용성품질 중에서 지각된 반응속도(Perceived Response Time)는 사용자만족도에 정의 유의한 영향을 미쳤다. 넷째, 대학의 전산회계교육용 소프트웨어에 대한 사용자만족도는 사용자충성도에 정의 유의한 영향을 미쳤다. 마지막으로, 성별집단(gender group)의 차이에 따라 대학의 전산회계교육용 소프트웨어에 대한 품질요인과 사용자만족도 및 충성도 간의 관계에 조절효과(moderating effect)가 있는 것으로 나타났다. 또한 개별 표본분석을 수행한 결과, 남학생들은 상호작용성품질 중에서 반응속도를 중요시하는 반면 여학생들은 남학생들보다 디자인품질과 상호작용성품질 중에서 사용자통제성을 중요하게 생각하고 있는 것으로 나타났다.

본 연구의 결과는 우리나라 4년제 대학의 전산회계 실무교육의 개선과 전산회계 소프트웨어 개발업체에게 사용자들의 만족도와 충성도 결정요인을 파악하여 제공함으로써 프로그램 개발과 개선에 유용한 기초자료를 제공할 수 있을 것이다.

한글색인어 : 지각된 디자인품질, 지각된 상호작용성품질, 사용자만족도, 사용자충성도

- 요약은 짧을수록 좋다. 요약에는 참고문헌 인용이나 표, 그림을 사용하지 않으며 150~250개 단어로 작성한다. 국내 학회지의 경우 400단어나 그 이상의 요약을 요구하는 경우도 있다.
- 요약은 단락을 구분하지 않는 경우가 많으나 연구목적, 연구대상과 방법, 연구 결과 요약 및 결론 등을 구분해 기술하는 구조화된 요약(Structural abstract)을 요구하는 경우도 있다.

- 구조화된 요약을 하지 않는 경우에도 서론, 연구대상과 방법, 연구 결과 및 결론 등이 내용 속에 포함되어 있어야 한다.
- 논문과 내용을 정확히 반영해야 하며, 본문에 나오지 않는 내용은 언급하지 않는 것이 좋다.
- 가능하면 약어를 사용하지 않는 것이 좋다.
- (1) (2) (3)… 등으로 번호를 붙이거나 줄을 바꾸는 방법은 사용하지 않는 것이 좋다.
- 연구 결과가 가지는 시사점을 간략하게 기술해야 한다.
- 요약의 크기, 방법은 학회지마다 다를 수 있으므로 투고하려는 학회지의 편집규정을 준수하여 작성해야 한다.
- 요약문의 끝에는 중심단어(Keywords)로 3~5개 정도를 제시한다.

(3) 서론

서론(Introduction)에는 연구를 수행한 이유와 필요성 등에 대한 문제 제기를 선행연구를 토대로 기술해야 하며, 서론의 끝에는 연구목적을 제시하고, 이어서 세부적인 연구목표와 논문의 기대효과를 간략하게 제시한다.

- 서론에서는 ① 문제 제기, ② 선행연구, ③ 선행연구의 문제점, ④ 문제점의 해결방법, ⑤ 연구목적, ⑥ 연구의 기대효과 등의 요소가 포함되어야 한다.
- 서론은 독자들이 흥미와 관심을 가질 수 있는 첫 문장으로 시작해야 하며, 서론의 전체적인 내용이 너무 길지 않도록 유의해야 한다.
- 문제 제기에서는 이 연구주제가 왜 중요하며 흥미롭고 논란의 대상이 될 수 있는가를 간략하게 제시하되 교과서적 내용을 인용하는 것은 피해야 한다.
- 연구배경과 필요성에서는 연구목적과 관련 있는 선행연구를 소개하고 선행연구의 한계를 지적하며 이를 통해 이 연구 수행의 타당도를 입증한다. 또한 자신의 연구가 선행연구와 어떤 차별성이 있는가를 부각시켜야 한다.
- 서론에서는 지나치게 많은 선행연구를 인용해서는 안 된다. 많은 선행연구를 고찰하되 중요한 참고문헌만을 인용하여야 한다. 또한 선행연구와 자신의 연구를 차별화시키기 위해서 연구방법이나 기타 여러 가지 한계가 있는 논문을 인용할 수도 있다.

- ▶ 연구목적을 제시할 때는 첫째, 둘째 등을 이용하고 번호 (1) 1) 등을 사용하지 않도록 주의한다.
- ▶ 논문의 분야에 익숙하지 않은 독자들도 서론을 읽은 후에 왜 이 연구를 수행했는지와 어떻게 선행연구의 문제점을 개선시켰는지를 알 수 있도록 기술되어야 한다.
- ▶ 선행연구를 비판할 때는 객관적인 표현을 사용해야 한다.

(4) 이론적 배경과 선행연구의 검토

연구와 관련성이 있는 **이론적 배경**(Theoretical background)이 있으면 간략하게 기술하고, 관련 **선행연구의 검토**를 통해 문제점이 무엇인가를 발견하고 이 연구가 선행연구와 어떻게 다른지에 대해서 기술한다. 이를 통해 자신의 연구가 왜 필요하고 중요한가에 대해 부각시킨다.

(5) 연구설계와 방법

연구설계와 방법에서는 연구대상의 선택기준과 분류방법, 연구방법 등을 명확하게 기술해야 한다. 이에는 ① **연구모형**, ② **변수의 정의와 측정**, ③ **연구가설**, ④ **설문지의 구성**, ⑤ **데이터 수집과 분석방법** 등이 포함된다.

- ▶ 연구방법에 대한 기술은 **재현가능성**이 있도록 정확하고 자세해야 한다.
- ▶ 연구대상과 방법 등에 대한 내용을 **그림**으로 나타내면 독자들의 이해도를 높일 수 있다.
- ▶ 데이터 수집과 분석방법에서는 변수에 대한 설명, 결측치의 처리방법, 가설검증에 사용된 통계처리방법 등을 기술한다.

(6) 연구 결과

연구 결과(Results)는 연구를 통하여 얻어진 결과를 표나 그림으로 제시하면서, 통계적 데이터분석 결과를 보여주는 부분이며, 결론을 정당화할 수 있도록 결과를 자세히 제시해야 한다.

- ▶ 연구 결과에는 얻은 결과를 모두 나열하는 것이 아니고 **쟁점을 해결하는 데에 필요한 부분**만 기술해야 한다.

- 연구 결과는 조사한 내용을 하나의 문단으로 나열하기보다는 주제별로 구분하여 기술하는 것이 좋다.
- 연구 결과를 기술할 때는 통계적 검증결과를 적절히 활용하여 기술함으로써 독자들이 객관적인 판단을 할 수 있도록 해야 한다.
- 연구 결과를 제시할 때는 현재형과 과거형만을 사용한다. 다른 사람의 특정 연구 결과를 인용할 때는 과거형을, 정의하기 · 이론의 일반적 기술 · 가설 · 연구자의 의견이나 진술 등은 현재형을 사용한다.
- 연구 결과를 제시할 때는 표와 그림을 적절히 활용해야 하며, 지나치게 많은 표와 그림은 독자들에게 혼란을 줄 수 있다. 따라서 간단히 기술할 수 있는 것은 표나 그림으로 제시하지 않으며, 동일한 결과를 표와 그림으로 동시에 제시하지 않는 것이 좋다.
- 표와 그림을 먼저 제시하지 말고 그 표와 그림의 내용을 먼저 설명한 후 적당한 위치에 표와 그림을 위치시켜야 한다. 또한 표와 그림의 내용은 모두 설명할 필요는 없으며 연구 결과의 제시에 꼭 필요한 부분만을 기술하면 된다.
- 연구 결과를 제시하면서 고찰적 내용을 포함시키는 것은 바람직하지 않으며, 연구 결과를 다른 선행연구의 결과와 비교하거나 연구자의 주관적 해석을 기술할 때는 고찰 부분에서 해야 한다.
- 동일한 연구 결과를 논문의 여러 곳에서 반복해서 제시하지 않아야 한다.

(7) 고찰

고찰(Discussion)은 연구자가 데이터에서 얻을 수 있는 새로운 사실이나 주장이 옳음을 논리적 해석을 통해 입증하는 부분으로, 연구 결과를 평가하고 해석하며 유용한 정보를 이끌어내고 결론을 도출하는 과정이다. 여기에서는 주요 연구 결과를 설명하며, 연구방법의 문제점을 기술하며, 다른 사람의 연구결과와 비교하며, 연구 결과가 의미하는 시사점에 대해서 논의해야 한다.

- 고찰에서는 연구 결과의 제시를 반복하는 것이 아니라 연구 결과의 의미와 해석에 대해 논의해야 한다.
- 자신의 연구 결과를 평가할 때는 겸손한 마음이 필요하며, 지나친 우월감을 나타내는 단어를 사용하지 않아야 한다.

- 고찰에서는 서론에서 제기한 연구목적에 대한 논의로부터 시작해야 한다.
- 고찰에서는 연구를 통해 알게 된 새로운 사실, 지식, 개념에 대해서 논의해야 한다. 따라서 연구 결과에서 언급되지 않은 사항에 대해서는 고찰하지 않도록 주의해야 한다.
- 연구 결과에 대한 다른 해석의 가능성에 대해서 기술해야 한다.
- 연구 결과의 주요 내용과 그 중요성에 대해서 기술해야 한다.
- 예상치 못한 연구 결과가 나온 경우에는 의도를 하지 않았거나 중요하지 않은 변수라 하더라도 그 점을 기술한다.
- 고찰에서는 이전에 보고되었던 논문들에 대해서 언급해야 하며, 현재의 연구와 차이점이 있는 경우 그에 대해서 설명해야 한다.

(8) 결론

결론(Conclusion)은 논문의 문제 제기와 목적에 대한 결론을 기술한다. 고찰에서 논의된 것을 반복하지 않도록 주의하여야 한다.

- 결론에서는 연구 결과를 요약한다.
- 연구 결과의 학문적인 시사점과 실무적인 시사점을 기술해야 한다.
- 연구의 한계와 향후 연구방향에 대해서 기술한다. 즉 연구 결과에 내재된 한계를 가감없이 기술해야 하며, 연구가 가지는 장점에 대해서도 기술하여야 한다.

(9) 참고문헌

참고문헌(References)은 논문작성에 직접적으로 사용된 것만을 정리해야 하며, 참고하지 않은 것을 넣지 않도록 유의해야 한다. 참고문헌의 작성방법은 대학원이나 학회에 따라 다르며 통일된 기준은 없다.

- 참고문헌의 내용은 정확하고 또 형식에 맞추어 작성해야 한다.
- 학술지마다 투고규정이 서로 다르므로 논문게재를 준비하는 연구자는 반드시 자신이 제출하고자 하는 학회 학술지의 투고규정을 숙지한 후 논문을 작성해야 한다.
- 참고문헌은 쉽게 찾아볼 수 있도록 순서별로 정리한다.

- 너무 많은 참고문헌을 인용하는 것은 바람직하지 않으며, 연구주제와 관련된 중요한 참고문헌을 엄선하여 제시하는 것이 좋다. 보통은 20~40개 정도가 적절하다.
- 참고문헌은 가능하면 최근에 발표된 논문을 많이 인용하는 것이 좋다.
- 본문에 인용된 문헌과 참고문헌은 일치해야 한다. 본문에 인용된 문헌이 참고문헌에서 누락되어서는 안 된다.

(10) 부록

부록(Appendix)은 본문의 번잡을 피하고 간결하게 만들기 위해서 부가적인 설명이나 설문지 등을 수록하는 부분이다. 부록 사항에는 조사양식, 설문지, 도표, 법조문, 연표, 지도, 문서 등이 포함된다.

4 논문계획서 작성 요령

연구를 성공적으로 수행하여 목적을 달성하려면 체계적인 논문작성 계획을 수립해야 한다. 그 중에서도 논문계획서(혹은 연구계획서, Proposal)의 작성은 연구를 성공적으로 수행하는 데 매우 중요한 역할을 한다. 먼저, 논문계획서를 작성하면 연구문제와 연구진행과정에 대해 보다 조직적으로 사고할 수 있도록 하며, 이를 통해 연구계획의 결점이나 불합리한 점을 파악하여 교정할 수 있게 한다. 다음으로, 연구 진행에 앞서서 필요한 데이터의 수집과 진행절차를 분명히 해준다. 마지막으로, 지도교수와 타인에게 논문계획에 대한 비평을 받고자 할 때 기본적인 의사소통의 도구로 활용할 수 있다.

일반적으로 논문계획서에는 ① 연구주제명, ② 연구의 필요성, ③ 연구목적, ④ 연구를 위한 질문들, ⑤ 연구내용과 범위, ⑥ 연구방법론, ⑦ 기대효과, ⑧ 논문의 한계, ⑨ 가상논문 목차, ⑩ 참고문헌 등이 포함되어야 한다.

5 기존 문헌과 데이터의 수집방법

논문을 작성하려면 방대한 양의 문헌과 통계분석에 필요한 데이터를 수집해야 한다. 도서나 학술 논문을 수집하려면 인터넷을 통해 **전자도서관** 혹은 **웹사이트**에 접속하거나 직접 **도서관**(대학도서관, 국회도서관, 국립중앙도서관, 한국사회과학도서관 등)을 방문해야 한다. 그러나 최근에는 직접 도서관에 가지 않고도 **전자도서관**을 통해서 필요한 문헌을 얼마든지 쉽게 입수할 수 있다. 전자도서관에서 관련 문헌을 입수하려면 대학의 각종 전자도서관에 접속이 가능한 컴퓨터를 이용하거나 원하는 전자도서관 혹은 인터넷 웹사이트에 회원 가입을 한 후 사용하면 된다.

데이터의 수집은 **2차데이터**를 수집하거나 실험에 의한 수집, 설문지에 의한 데이터 수집 등과 같은 **1차데이터**를 입수할 수 있다.

기존문헌을 입수할 수 있는 **주요 전자도서관** 혹은 **인터넷 웹사이트**를 제시하면 [표 6-10]과 같다. 연구자들은 이들 웹사이트에 접속하여 간단한 입력(키워드, 저자 등)으로 필요한 학술연구나 도서 등을 입수할 수 있다.

표 6-10 문헌 수집을 위한 주요 전자도서관과 도서관 웹사이트 주소 예시

학술정보 DB명	웹사이트 주소
한국교육학술정보원	http://www.keris.or.kr/rss/rss_index.jsp
DBpia	http://www.dbpia.co.kr
한국학술정보(KISS)	http://kiss.kstudy.com
ProQuest	http://search.proquest.com
Google 학술검색	http://scholar.google.co.kr
국가과학기술정보센터(NDSL)	http://www.ndsl.kr/index.do
국회전자도서관	http://dl.nanet.go.kr/index.do
국립중앙도서관 지식정보 통합검색	http://www.nl.go.kr
국가전자도서관	http://www.dlibrary.go.kr
한국사회과학자료원	http://www.kossda.or.kr

제6장의 핵심내용 요약

- 논문이란 어떤 문제에 대한 학술적인 연구 결과를 과학적이고 체계적으로 작성한 글을 말한다.
- 논문의 형태는 다양하게 분류될 수 있으나 일반적으로 학위논문(Thesis or Dissertation), 학술논문(Article), 소논문(Paper) 및 비평논문(Review paper) 등으로 구분할 수 있다.
- 논문작성자와 논문이 갖추어야 할 기본요건은 창의성, 검증성, 객관성, 정확성, 평이성, 겸손성, 윤리성이다.
- 일반적으로 논문작성의 과정은 ① 연구주제의 발견, ② 기존이론과 문헌에 기초한 연구모형과 가설설정, ③ 데이터 수집과 연구방법 결정, ④ 통계분석과 재구조화, ⑤ 논문 집필, ⑥ 편집과 참고문헌 정리 등을 거친다.
- 일반적으로 논문계획서에는 ① 연구주제명, ② 연구의 필요성, ③ 연구목적, ④ 연구를 위한 질문들, ⑤ 연구내용과 범위, ⑥ 연구방법론, ⑦ 기대효과, ⑧ 논문의 한계, ⑨ 가상논문 목차, ⑩ 참고문헌 등이 포함되어야 한다.

참고문헌

김해준. (2009). 학위 논문 작성법. 고려대학교 보건대학원.

노미진, 이경탁. (2012). 소셜커머스 수용에 있어서 지각된 위험의 영향력: 집단주의 조절효과 분석. *경영학연구*, 41(1), 57-87.

신건권. (2020). 이지키핑 회계프로그램을 적용한 교회회계시스템 구축 및 실무 사례. *회계와정책연구*, 25(4), 59-80.

신건권, 손성진. (2012). 대학 전산회계교육용 소프트웨어의 품질요인이 사용자만족도와 충성도에 미치는 영향: 성별 조절효과를 중심으로. *회계정보연구*, 20(1), 269-293.

이동규. (2010). 홈트레이딩시스템의 품질요인이 고객충성도에 미치는 영향. 호서대학교 대학원 박사학위 논문.

이상호, 김재범. (2007). 개인의 가치, 특성, 품질이 IPTV 양방향서비스 수용에 미치는 영향 연구: TAM의 확장모형. *경영학연구*, 36(7), 1751-1783.

Salisbury, W.D., Pearson, R.A., Pearson, A.W. and Miller, D.W. (2001). Perceived security and World Wide Web purchase intention. *Industrial Management & Data Systems*, 101(4), 165-176.

Yang, Z. and Peterson, R.T. (2004). Customer perceived value, satisfaction, and loyalty: The role of switching costs. *Psychology & Marketing*, 21(10), 799-822.

제 2 부 SPSS/Amos 29를 이용한 기본실습 따라하기

제 7 장 사용자충성도 영향요인 사례 기본실습 따라하기

이 장에서는 사용자충성도 영향요인 사례를 통해 논문을 작성하고 통계분석을 하는 방법을 제시하고 있다. 주요 내용에는 논문작성에 필요한 연구조사 설계, 데이터 수집과 입력 및 점검, 기초통계분석, 측정모형분석 그리고 구조모형분석이 포함된다.

1 연구조사 설계

1.1 연구주제의 선정과 문제 제기

사용자충성도 영향요인 사례의 연구 대상은 전산회계 소프트웨어이다. 대학 전산회계교육용 소프트웨어의 품질요인으로는 지각된 디자인품질, 사용자통제성 및 반응속도를 선정하였다. 이 사례의 연구목적은 대학 전산회계교육용으로 사용되고 있는 소프트웨어를 대상으로 하여, 소프트웨어의 품질요인이 사용자만족도와 충성도에 미치는 영향을 규명하는 것이다.

연구논문 제목
전산회계소프트웨어의 품질요인이 사용자만족도와 충성도에 미치는 영향

1.2 연구모형과 가설설정

선행연구에 기초하여 [그림 7-1], [그림 7-2]와 같이 연구모형과 통계적 연구모형을 개발하였다. 외생잠재변수는 지각된 디자인품질, 지각된 사용자통제성, 지각된 반응속도이며 내생잠재변수는 사용자만족도와 사용자충성도이다.

그림 7-1 ❚ 연구모형

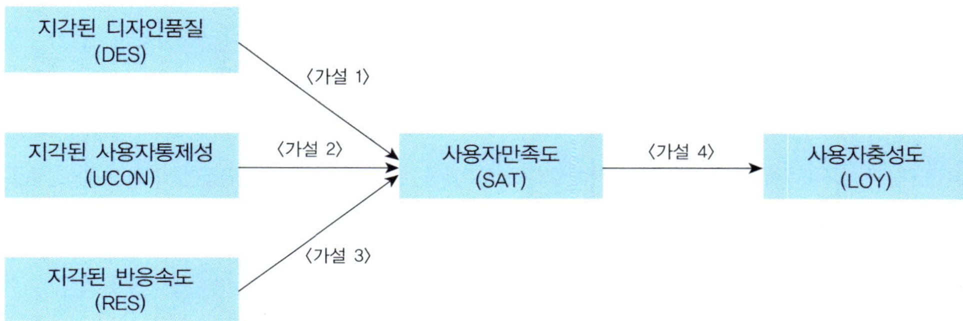

그림 7-2 ❚ 통계적 연구모형

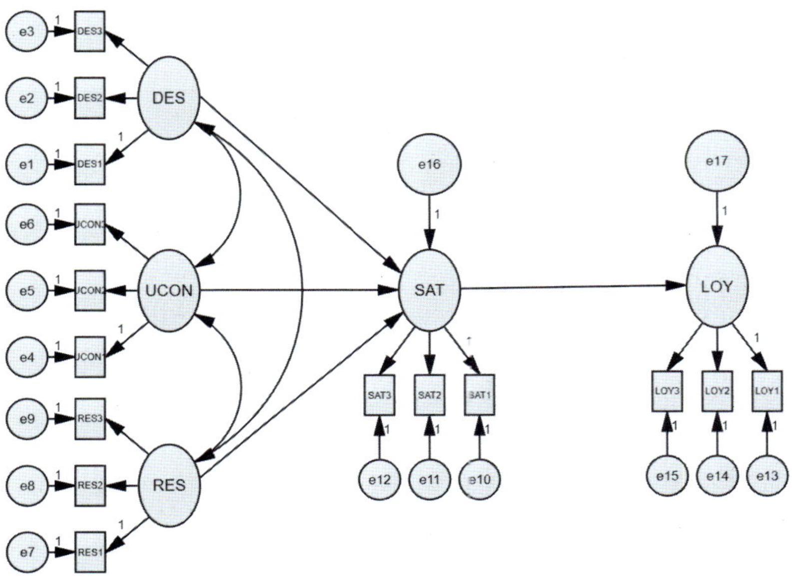

- DES: 지각된 디자인품질
- UCON: 지각된 사용자통제성
- RES: 지각된 반응속도
- 외생잠재변수: DES, UCON, RES
- 내생잠재변수: SAT, LOY
- 매개변수: SAT

선행연구에 기초해 다음과 같이 가설을 설정하였다.

▌표 7-1▐ 연구가설

〈가설 1〉 대학 전산회계교육용 소프트웨어에 대한 지각된 디자인품질은 사용자만족도에 정의 유의한 영향을 미칠 것이다.
〈가설 2〉 대학 전산회계교육용 소프트웨어에 대한 지각된 사용자통제성은 사용자만족도에 정의 유의한 영향을 미칠 것이다.
〈가설 3〉 대학 전산회계교육용 소프트웨어에 대한 지각된 반응속도는 사용자만족도에 정의 유의한 영향을 미칠 것이다.
〈가설 4〉 대학 전산회계교육용 소프트웨어에 대한 사용자만족도는 사용자충성도에 정의 유의한 영향을 미칠 것이다.

1.3 변수의 조작적 정의

변수에 대한 조작적 정의는 [표 7-2]와 같다.

▌표 7-2▐ 변수의 조작적 정의

연구변수	기호	조작적 정의	측정항목	관련 연구
지각된 디자인품질 (DES)	DES1 DES2 DES3	프로그램의 디자인품질에 대한 사용자의 지각수준	① 편리한 메뉴 구성 ② 시각적으로 세련된 디자인 ③ 편리한 사용자 인터페이스 디자인	Bai et al.(2008), 이동규(2010), 신건권(2011a)
지각된 사용자 통제성 (UCON)	UCON1 UCON2 UCON3	프로그램에서 사용자가 자유롭게 선택하고 통제할 수 있는 부분에 대한 지각수준	① 프로그램 메뉴 간 이동이 자연스럽고 예측가능 ② 프로그램에서 원하는 정보를 자유롭게 선택가능 ③ 프로그램에서 사용자가 통제할 수 있는 부분이 있음	최용길 외(2007), 임채숙(2010), 신건권(2011b)
지각된 반응속도 (RES)	RES1 RES2 RES3	프로그램의 신속한 접속에 대한 사용자의 지각수준	① 빠른 접속속도 ② 메뉴 클릭시 즉시 정보를 자유롭게 선택가능 ③ 프로그램의 사용자요구에 대한 신속한 반응정도	

사용자 만족도 (SAT)	SAT1 SAT2 SAT3	사용자의 전산회계프로그램에 대한 서비스와 기능에 대한 만족정도	① 전반적 기능 만족 ② 메뉴 구성과 기능 만족 ③ 제공정보 만족	최용길 외(2007), Chang & Chen (2008), Deng et al.(2010), 황인준과 이성일(2010), 신건권(2011a)
사용자 충성도 (LOY)	LOY1 LOY2 LOY3	사용자들이 전산회계프로그램을 지속적으로 이용하고 다른 사람에게 추천하는 행동	① 프로그램에 대한 지속적 이용의도 ② 현재 사용 중인 프로그램을 타인에게 추천 ③ 향후에도 현재 사용 중인 프로그램을 우선적으로 사용	

1.4 설문지의 구성

이 사례의 설문지는 [표 7-3]과 같다.

표 7-3 설문지

NeoPlus 회계프로그램의 대학생 사용자에 대한

설 문 지

안녕하십니까? 바쁘신 중에서도 본 설문에 귀중한 시간을 할애해 주셔서 대한히 감사드립니다. 본 설문의 모든 내용은 무기명으로 처리되며, 오로지 통계목적으로만 활용할 것임을 약속드립니다.

년 월 연구자 ○○○ 올림

❑ **설문에 대한 답변 요령**

각 설문문항에 대한 응답은 **1(전혀 그렇지 않다)**부터 **7(매우 그렇다)**까지로 되어 있으며, 귀하가 **NeoPlus회계프로그램**을 사용하시면서 느꼈던 것에 **"✔"표시** 혹은 **"0"표시**를 해주시면 됩니다.

전혀 그렇지 않다	아니다	약간 아니다	보통이다	약간 그렇다	그렇다	매우 그렇다
1	2	3	4	5	6	7

Ⅰ. 전산회계프로그램의 품질

(1-3문항: 디자인품질, 4-6문항: 사용자통제성, 7-9문항: 반응속도)

설문문항	귀하의 응답						
1. 메뉴 구성이 보기에 편하다	1	2	3	4	5	6	7
2. 디자인이 시각적으로 세련되었다	1	2	3	4	5	6	7
3. 편리한 사용자 인터페이스를 가지고 있다	1	2	3	4	5	6	7
4. 프로그램 메뉴 간 이동이 자연스럽고 예측가능하다	1	2	3	4	5	6	7
5. 프로그램에서 원하는 회계정보를 자유롭게 선택할 수 있다	1	2	3	4	5	6	7
6. 프로그램에서 내가 통제할 수 있는 부분(정보출력 등)이 있다	1	2	3	4	5	6	7
7. 프로그램에 대한 접속속도가 빠르다	1	2	3	4	5	6	7
8. 프로그램의 메뉴 클릭시 정보를 즉시 얻을 수 있다	1	2	3	4	5	6	7
9. 프로그램은 나의 요구에 신속하게 반응한다	1	2	3	4	5	6	7

Ⅱ. 프로그램의 사용자만족도와 사용자충성도

(1-3문항: 사용자만족도, 4-6문항: 사용자충성도)

설문문항	귀하의 응답						
1. 실제 사용경험에 비추어 프로그램의 기능에 전반적으로 만족한다	1	2	3	4	5	6	7
2. 나는 프로그램의 메뉴 구성과 기능에 대해서 만족한다	1	2	3	4	5	6	7
3. 나는 프로그램의 제공정보에 대해서 만족한다.	1	2	3	4	5	6	7
4. 현재 사용중인 프로그램을 계속해 이용할 예정이다	1	2	3	4	5	6	7
5. 현재 사용중인 프로그램을 다른 사람들에게 추천해 줄 것이다	1	2	3	4	5	6	7
6. 향후에도 현재 사용 중인 프로그램을 우선적으로 사용할 것이다	1	2	3	4	5	6	7

Ⅲ. 응답자의 일반적 사항

☞ 각 설문문항에 **"0"표시**를 해주세요.

1. 귀하의 성별은? ① 남자 ② 여자
2. 귀하가 프로그램을 사용한 기간은?
   ① 1년 미만 ② 1년 ③ 2년 ④ 3년 ⑤ 4년 ⑥ 5년 ⑦ 5년 이상
3. 귀하의 학년은?
   ① 1학년 ② 2학년 ③ 3학년 ④ 4학년
4. 귀하의 NeoPlus 회계프로그램을 학습한 정도는?
   ① 전산회계2급 ② 전산회계1급 ③ 전산세무회계2급 ④ 전산세무회계1급

2 데이터 수집과 입력

2.1 데이터 수집

이 사례는 4년제 대학에서 전산회계교육용으로 사용되고 있는 소프트웨어를 연구대상으로 하였고, 분석을 위한 자료 수집은 설문지법을 이용하였다. 설문지는 총 210명에게 직접 배포하고 회수하였으며, 부실 기재로 판단되는 10부는 제외하였다. 최종적으로 통계자료분석에 사용된 유효표본은 200부이었다.

2.2 데이터 파일 만들기

통계실습 7-1 SPSS 29에 의해 데이터 파일 만들기

수집된 200부의 자료를 가지고 SPSS 29를 이용해 [데이터 파일]을 만드시오.

실습 따라하기

❶ SPSS 29를 실행하여 초기 화면으로 들어간다.

❷ [파일–새로 만들기–데이터]를 클릭한 후 Data Editor 화면에서 좌측 하단에 있는 [변수 보기] 탭에서 [이름]에 [DES1]을 1개 입력한 후 [데이터 보기] 탭으로 이동한다. [파일–다른 이름으로 저장]을 클릭한 후 [제2부 기본실습따라하기(제7장)–제2부 통계분석데이터]로 찾아 들어간 후 [파일 이름]에 '제2부 통계실습데이터(제7장)'이라는 파일명을 적은 후 [저장] 버튼을 클릭한다.

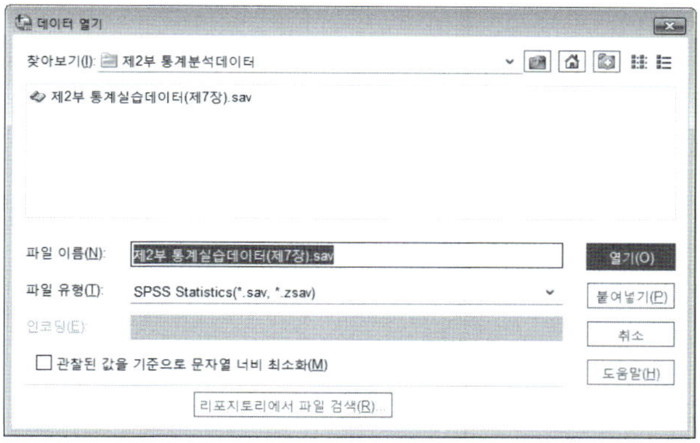

❸ Data Editor의 입력 화면의 좌측 하단에 있는 [변수 보기] 탭에 나머지 [변수명]과 [기타 필요한 사항(유형, 측도 등)]을 입력하여 완료한다. 입력을 마친 후에는 [데이터 보기] 탭으로 이동한다.

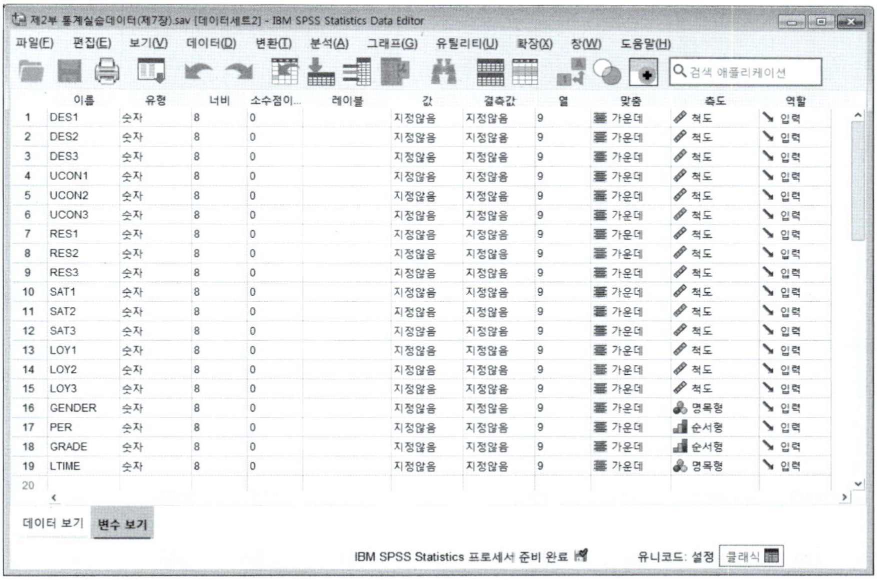

	이름	유형	너비	소수점이...	레이블	값	결측값	열	맞춤	측도	역할
1	DES1	숫자	8	0		지정않음	지정않음	9	가운데	척도	입력
2	DES2	숫자	8	0		지정않음	지정않음	9	가운데	척도	입력
3	DES3	숫자	8	0		지정않음	지정않음	9	가운데	척도	입력
4	UCON1	숫자	8	0		지정않음	지정않음	9	가운데	척도	입력
5	UCON2	숫자	8	0		지정않음	지정않음	9	가운데	척도	입력
6	UCON3	숫자	8	0		지정않음	지정않음	9	가운데	척도	입력
7	RES1	숫자	8	0		지정않음	지정않음	9	가운데	척도	입력
8	RES2	숫자	8	0		지정않음	지정않음	9	가운데	척도	입력
9	RES3	숫자	8	0		지정않음	지정않음	9	가운데	척도	입력
10	SAT1	숫자	8	0		지정않음	지정않음	9	가운데	척도	입력
11	SAT2	숫자	8	0		지정않음	지정않음	9	가운데	척도	입력
12	SAT3	숫자	8	0		지정않음	지정않음	9	가운데	척도	입력
13	LOY1	숫자	8	0		지정않음	지정않음	9	가운데	척도	입력
14	LOY2	숫자	8	0		지정않음	지정않음	9	가운데	척도	입력
15	LOY3	숫자	8	0		지정않음	지정않음	9	가운데	척도	입력
16	GENDER	숫자	8	0		지정않음	지정않음	9	가운데	명목형	입력
17	PER	숫자	8	0		지정않음	지정않음	9	가운데	순서형	입력
18	GRADE	숫자	8	0		지정않음	지정않음	9	가운데	순서형	입력
19	LTIME	숫자	8	0		지정않음	지정않음	9	가운데	명목형	입력
20											

❹ Data Editor의 입력 화면의 [데이터 보기] 탭에서 수집한 데이터를 변수별로 모두 입력한다. 독자들은 데이터를 직접 입력할 필요는 없으며, [도서출판 청람]의 홈페이지에 있는 모든 실습 파일을 바탕화면에 복사한 후 필요한 파일을 찾아서 확인하면 된다.

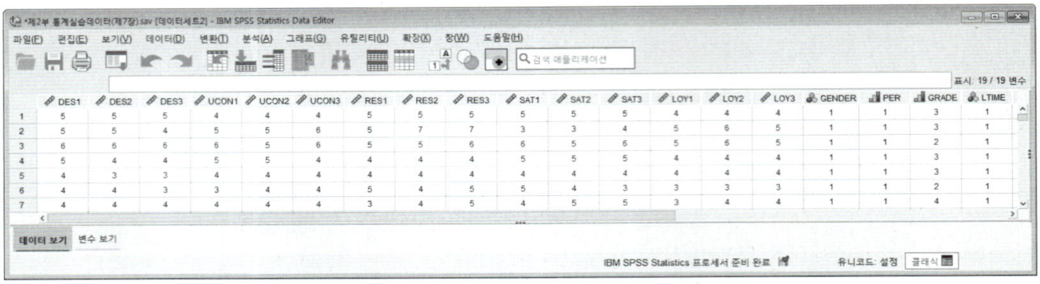

3 기초통계분석

3.1 표본의 일반적 특성

표본의 일반적 특성을 분석하기 위해 [분석] 메뉴에서 [빈도분석]을 시행한다.

통계실습 7-2 표본의 일반적 특성: 빈도분석

사용자충성도 영향요인 사례의 [데이터 파일]을 가지고 빈도분석을 하시오.

실습 따라하기

❶ SPSS 29에서 실습 파일이 있는 '제2부 통계실습데이터(제7장)'을 클릭해 불러들인다.

❷ [분석-기술통계량-빈도분석]을 차례대로 클릭하여 [빈도분석] 창이 나타나면 [GENDER]를 클릭한 후 Shift를 누른 상태에서 [LTIME]까지 선택한다. [빈도분석] 창의 가운데에 있는 ➡을 클릭한다. 그러면 왼쪽 창에 있던 변수들이 오른쪽으로 이동된다.

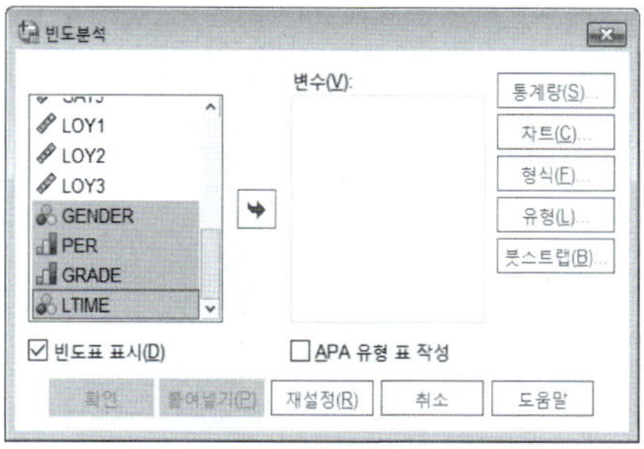

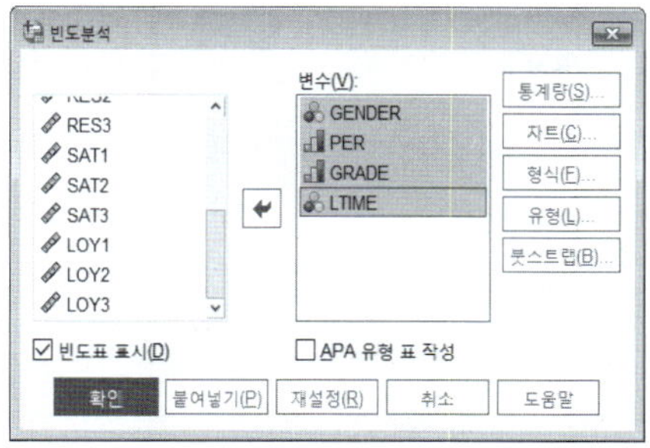

❸ [빈도분석] 창의 [통계량] 버튼을 그대로 두고 ☑ 빈도표 출력(D)이 체크되었는지를 확인한다. [확인] 버튼을 클릭해 빈도분석을 하면 결과가 출력된다.

앞에서 수행한 **빈도분석 결과의 출력물**을 보고 이 사례의 **표본의 일반적 특성**을 요약하면 [표 7-4]와 같다.

표 7-4 표본의 일반적 특성

구분		빈도	비율	구분		빈도	비율
성별	남성	71	35.5	프로그램 사용기간	1년 미만	136	68.0
	여성	129	64.5		1년	31	15.5
합계		200	100		2년	18	9.0
학년	1학년	0	0		3년	11	5.5
	2학년	46	23.0		4년 이상	4	2.0
	3학년	115	57.5				
	4학년	39	19.5				
합계		200	100	합계		200	100
더존회계 프로그램 학습정도	전산회계1급	55	27.5				
	전산회계2급	145	72.5				
합계		200	100				

3.2 기술통계량과 데이터 점검

개별 측정변수의 기술통계량을 분석하기 위해서는 [분석] 메뉴에서 [기술통계]분석을 시행하면 된다.

통계실습 7-3 개별 측정변수의 기술통계량: 기술통계분석

사용자충성도 영향요인 사례의 [데이터 파일]을 가지고 기술통계분석을 하시오.

실습 따라하기

❶ SPSS 29의 실습 파일이 있는 곳에서 '제2부 통계실습데이터(제7장)'을 클릭해 불러들인다.

❷ [분석–기술통계량–기술통계]를 차례대로 클릭하여 [기술통계] 창이 나타나면 Shift를 누른 상태에서 [DES1]부터 [LOY3]까지 선택한다. [기술통계] 창의 가운데에 있는 ➡을 클릭한다. 그러면 왼쪽 창에 있던 변수들이 오른쪽으로 이동된다.

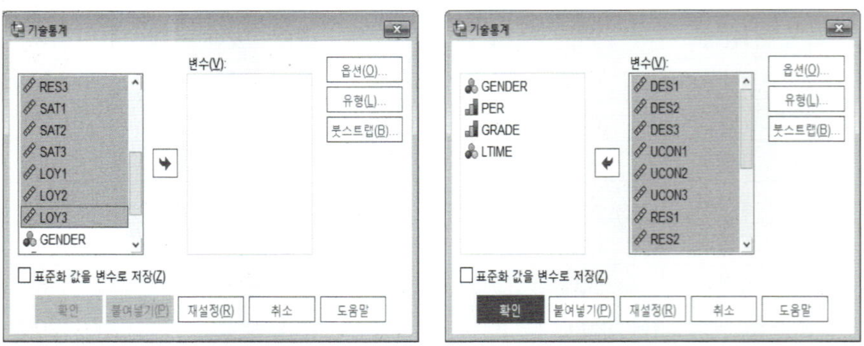

❸ [기술통계] 창의 [옵션] 버튼을 클릭하여 출력을 원하는 항목(평균, 표준편차, 첨도, 왜도]을 선택한 후 [계속] 버튼을 클릭한다.

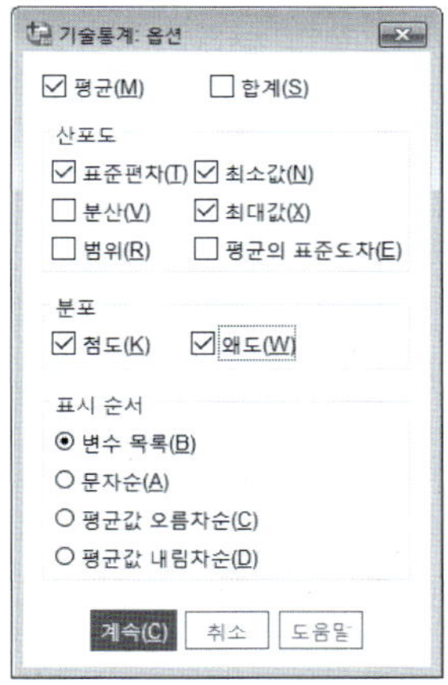

❹ [기술통계] 창에서 ☑표준화 값을 변수로 저장(Z)에 체크를 하고 [확인] 버튼을 클릭해 분석을 시행하면 결과가 나타난다. 각 사례의 Z-value는 해당 변수명 앞에 Z가 붙여진 변수명으로 [제2부 통계실습데이터(제7장)] 파일에 추가된다. 예컨대 측정변수 DES1은 ZDES1로 저장된다. 저장된 값을 보려면 [기술통계]분석 결과에서 빠져 나간 후 [제2부 통계실습데이터(제7장)] 파일을 보면 된다.

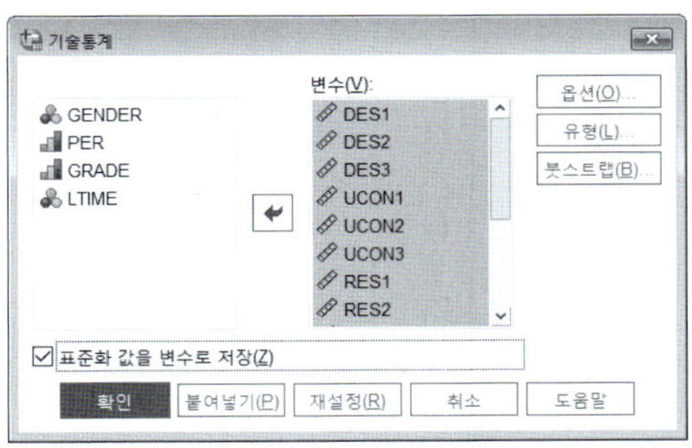

❺ [데이터 파일] '제2부 통계실습데이터(제7장)'에 들어가 보면 Z-value가 출력되어 있음을 알 수 있다. 새롭게 추가된 Z-value 변수들은 원래의 데이터 오른쪽에 추가된다.

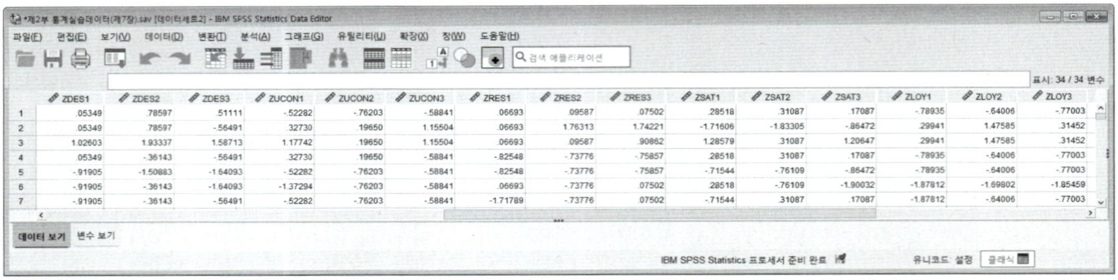

[통계실습 7-3]에서 출력된 200개 사례에 대한 Z-value를 검토해 본 결과, ±3 이상인 경우가 없으므로 일변량 이상치가 없다고 판단할 수 있다. 기술통계분석 결과는 [표 7-5]와 같다.

표 7-5 측정변수의 기술통계량

변수		표본수	평균	표준편차	왜도	첨도
잠재변수	측정변수					
DES	DES1	200	4.94	1.028	−0.169	−0.900
	DES2	200	4.31	0.872	0.214	−0.174
	DES3	200	4.52	0.929	0.439	−0.394
UCON	UCON1	200	4.62	1.176	−0.298	0.018
	UCON2	200	4.80	1.043	−0.143	0.048
	UCON3	200	4.68	1.147	−0.204	−0.463
RES	RES1	200	4.93	1.121	−0.176	−0.760
	RES2	200	4.89	1.200	−0.270	−0.265
	RES3	200	4.91	1.200	−0.337	−0.093
SAT	SAT1	200	4.72	0.999	−0.134	−0.478
	SAT2	200	4.71	0.933	−0.103	−0.761
	SAT3	200	4.84	0.966	−0.137	−0.755
LOY	LOY1	200	4.72	0.918	0.142	−0.444
	LOY2	200	4.60	0.945	0.180	−0.859
	LOY3	200	4.71	0.922	0.143	−0.432

3.3 신뢰도분석

통계실습 7-4 신뢰도분석

사용자충성도 영향요인 사례의 [데이터 파일]을 가지고 신뢰도분석을 하시오.

실습 따라하기

1. SPSS 29의 실습 파일이 있는 곳에서 '제2부 통계실습데이터(제7장)'을 클릭해 불러들인다.
2. [분석–척도분석–신뢰도분석]을 차례대로 클릭하여 [신뢰도분석] 창이 나타나면 Shift 를 누른 상태에서 첫 번째 잠재변수의 측정변수들인 [DES1]부터 [DES3]까지 선택한다. 창의 가운데에 있는 ➔ 을 클릭한다. 그러면 왼쪽 창에 있던 선택된 [측정변수]들이 오른쪽으로 이동된다.

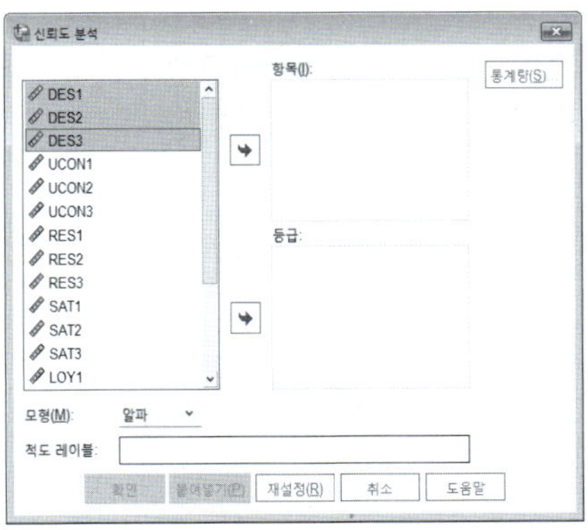

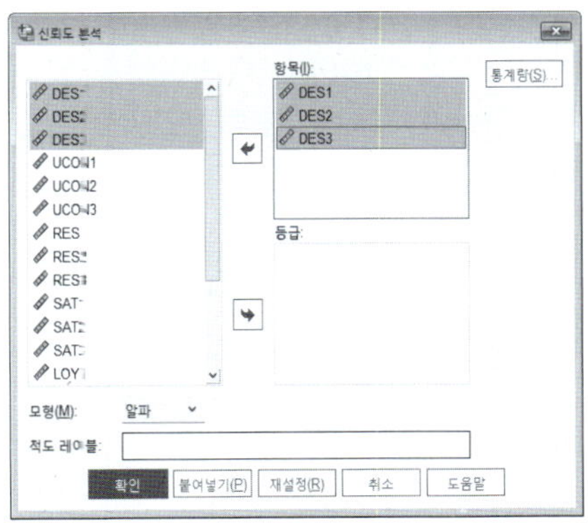

3. [통계량]은 그대로 디폴트값으로 하고 [확인] 버튼을 클릭해 신뢰도분석을 시행하면 결과가 출력된다.
4. 위와 같은 방법으로 나머지 잠재변수에 대해서도 분석을 시행하여 완료한다.

5개의 잠재변수에 대한 신뢰도분석 결과는 [표 7-6]과 같다. 분석 결과 Cronbach α 계수가 모든 잠재변수에 대해 0.8 이상으로 신뢰도가 높은 것으로 나타났다.

표 7-6 신뢰도분석 결과

잠재변수명	기호	최초 설문문항 수	최종 설문문항 수	Cronbach α 계수
지각된 디자인품질	DES	3	3	0.836
지각된 사용자통제성	UCON	3	3	0.864
지각된 반응속도	RES	3	3	0.877
사용자만족도	SAT	3	3	0.880
사용자충성도	LOY	3	3	0.913

3.4 탐색적 요인분석

통계실습 7-5 탐색적 요인분석

사용자충성도 영향요인 사례의 [데이터 파일]을 가지고 탐색적 요인분석을 하시오. 요인추출방법으로는 공통요인방법인 최대우도법, 요인 수는 고정된 요인 수인 5개, 회전방법으로는 직접오블리민을 적용하시오.

실습 따라하기

❶ SPSS 29의 실습 파일이 있는 곳에서 '제2부 통계실습데이터(제7장)'을 클릭해 불러들인다.

❷ [분석 – 차원 축소 – 요인분석]을 차례대로 클릭하여 [요인분석] 창이 나타나면 [측정변수]인 [DES1]부터 [LOY3]까지 Shift를 누른 상태에서 마우스 왼쪽 버튼을 클릭하여 선택한 후 [요인분석] 창의 가운데에 있는 ➡을 클릭한다. 그러면 왼쪽 창에 있던 [측정변수]들이 오른쪽으로 이동된다. 이 작업은 통계분석을 시행할 대상 변수를 선정하는 것이다.

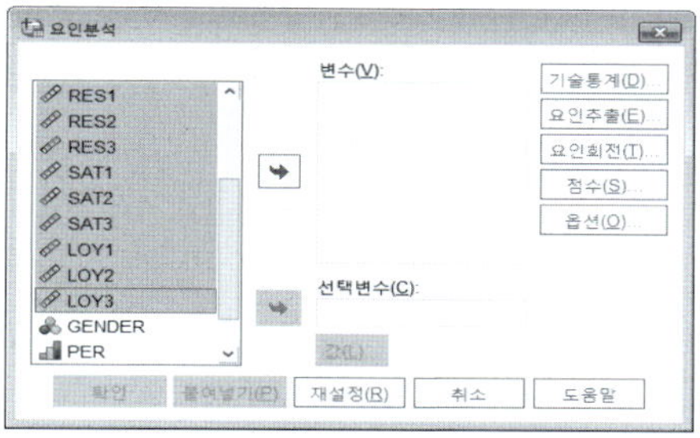

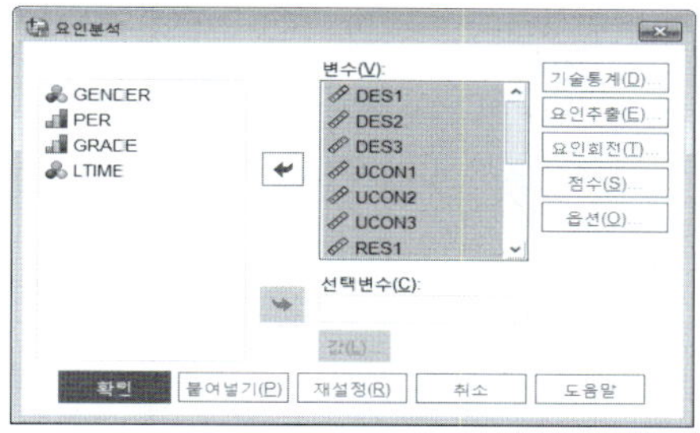

❸ [요인분석] 창의 오른쪽에 있는 [기술통계] 버튼을 클릭하여 [KMO와 Bartlett의 구형성검증]을 선택한 후 [계속] 버튼을 클릭한다.

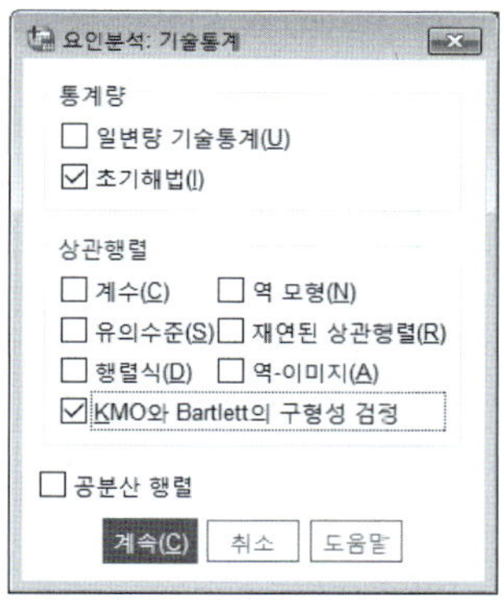

❹ [요인분석] 창의 오른쪽에 있는 [요인추출] 버튼을 클릭하여 [방법]에 [최대우도]를 선택하고, [추출]에 [고정된 요인 수]를 선택한다. 추출할 요인 수를 이 사례의 잠재변수 수인 [5개]로 입력한다.

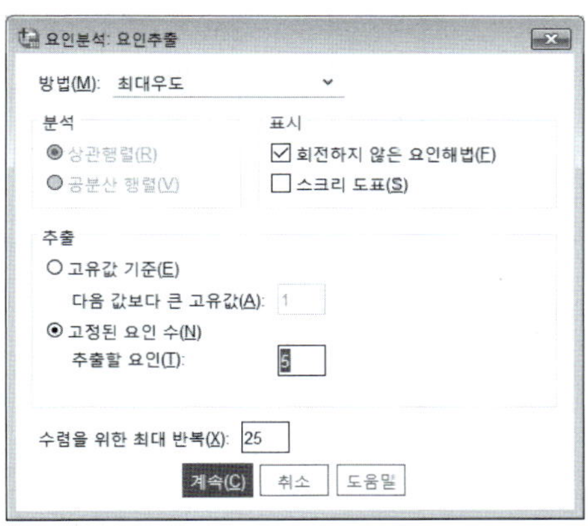

❺ [요인분석] 창의 오른쪽에 있는 [요인회전] 버튼을 클릭하여 회전방법은 [직접오블리민(Direct Olimin)]을 선택한 후 [계속] 버튼을 클릭한다.

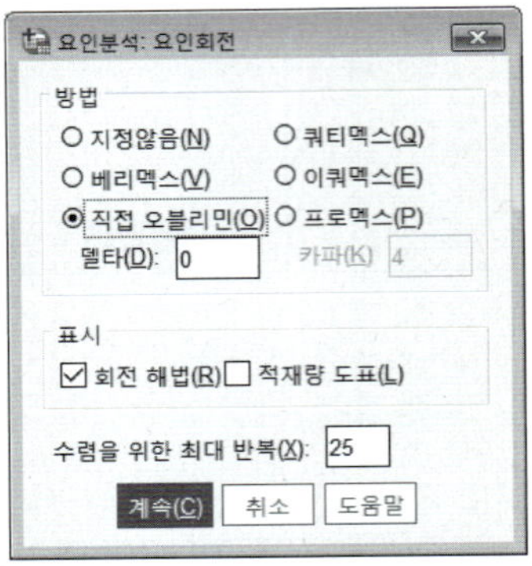

❻ [요인분석] 창에서 [옵션] 버튼을 클릭한 후 창의 [계수표시형식]에서 [작은 계수 표시 안 함]을 체크하고 [절대값(아래)]에 [0.40]을 입력한 후 [계속] 버튼을 클릭한다.

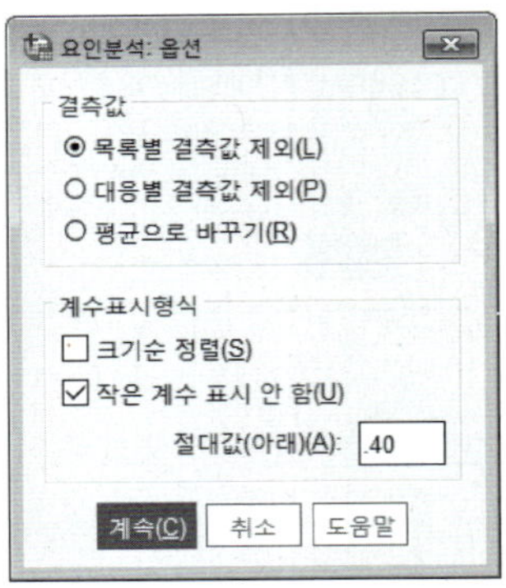

❼ [요인분석] 창에서 좌측 하단에 있는 [확인] 버튼을 클릭하여 요인분석을 시행한다. 그러면 요인분석 결과가 나타난다.

탐색적 요인분석의 Output를 가지고 **잠재변수**(구성개념)에 대한 **탐색적 요인분석 결과**를 요약하면 [표 7-7]과 같다.

표 7-7 탐색적 요인분석 결과

변수		요인1	요인2	요인3	요인4	요인5
요인	측정문항					
DES	DES1 DES2 DES3			0.617 0.899 0.767		
UCON	UCON1 UCON2 UCON3					0.708 0.973 0.678
RES	RES1 RES2 RES3				−0.608 −0.907 −0.763	
SAT	SAT1 SAT2 SAT3	0.823 0.792 0.583				
LOY	LOY1 LOY2 LOY3		−0.920 −0.819 −0.864			
고유값 설명분산(%) 누적분산(%)		7.445 49.636 49.636	1.685 11.231 60.867	1.260 8.401 69.269	0.927 6.179 75.448	0.823 5.483 80.931
KMO 측도=0.886 Bartlett의 χ^2=2075.183, df=105, p=0.000						

측정도구의 타당도검증을 위해서 탐색적 요인분석(EFA)을 수행하였다. 요인추출방법으로는 최대우도법, 요인 수는 고정된 요인 수로 5개, 회전방법으로는 직접오블리민을 적용하였다.

분석 결과 KMO 표본적합도는 0.886으로 0.8 이상으로 나타나 변수와 케이스의 수가 적절하며, Bartlett 구형성검증 결과 χ^2=2075.183, df=105, p=0.000으로 p<0.05이므로 변수들 간의 상관관계가 존재하는 것으로 확인되어 전반적으로 요인분석의 수행이 가능한 것으로 나타났다. 한편 추출 제곱합 적재량에서 전체 누적변량은 72.052이어서 60% 이상으로 나타나 적합한 수준이었다. 분석 결과 요인은 5개로 잘 묶였고 모든 문항의 요인적재량이 0.4 이상으로 나타나 요인들 간의 판별타당도는 확보된 것으로 볼 수 있다.

4 측정모형분석

4.1 측정모형 그리기

측정모형은 측정도구의 신뢰도와 타당도검증을 위해서 사용된다. 측정모형은 CFA(확인적 요인분석)를 수행하여 분석한다. CFA를 실행하려면 측정모형을 그려야 한다.

측정모형을 그릴 때 몇 가지 유의사항은 다음과 같다.

- 모든 잠재변수 간을 공분산으로 설정, 즉 상관(↔)으로 연결해야 한다.
- 모든 측정변수들은 측정오차항이 있어야 한다.
- 모형 식별을 위해서 잠재변수별로 1개의 측정변수에 대한 회귀계수 중에서 하나를 '1'로 지정한다. 이를 준거변수(Reference variable)의 지정이라 한다.

측정모형을 그릴 때 외생잠재변수가 2개 이상인 경우에는 잠재변수 간을 공분산으로 설정해야 한다. 이를 위해서는 잠재변수 간을 상관(↔)으로 연결해야 한다.

통계실습 7-6 사용자충성도 영향요인 사례: CFA를 위한 최초 측정모형 그리기

CFA를 위한 사용자충성도 영향요인 사례의 최초 측정모형을 그리시오. 단, 잠재변수는 5개, 측정변수는 15개이다.

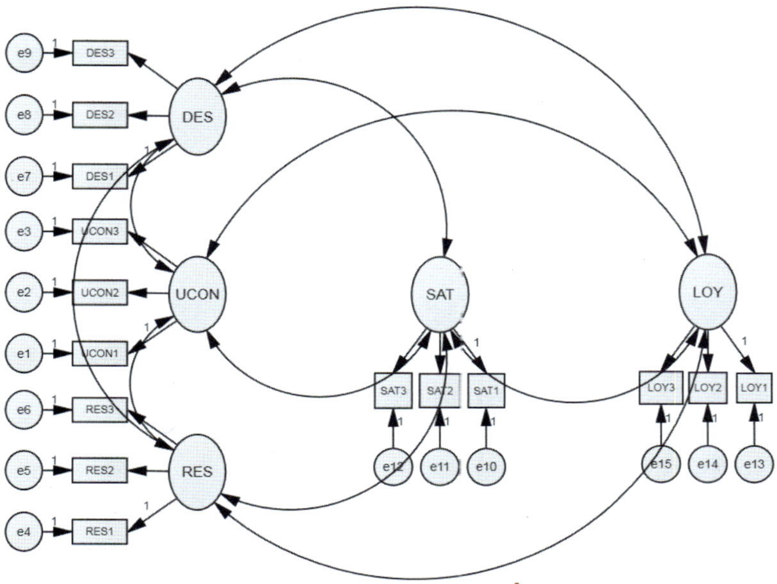

【주】 1) 잠재변수: 지각된 디자인품질(Perceived Design Quality: DES), 지각된 사용자통제성(Perceived User Control: UCON), 지각된 반응속도(Perceived Responsiveness Speed: RES), 사용자만족도(User Satisfaction: SAT), 사용자충성도(User Loyalty: LOY)

2) DES의 측정변수는 3개(DES1, DES2, DES3), UCON의 측정변수는 3개(UCON1, UCON2, UCON3), RES의 측정변수는 3개(RES1, RES2, RES3), SAT의 측정변수는 3개(SAT1, SAT2, SAT3), LOY의 측정변수는 3개(LOY1, LOY2, LOY)

3) 외생변수: DES, UCON, DES 내생변수: SAT, LOY

실습 따라하기

❶ 초기 화면 메뉴에서 [View-Interface Properties]로 들어간 후 [Paper Size]를 [Landscape-A4]로 변경하여 입력화면의 바탕크기를 키운다.

❷ 초기 화면의 왼쪽에 있는 도구상자 (데이터 파일 선택하기)를 마우스로 선택하여 클릭하여 들어간 후에 [Data Files] 창의 [File Name]을 클릭한다. 실습 파일이 있는 곳에서 [제2부 기본실습따라하기(제7장)-제2부 통계분석데이터-제2부 통계실습데이터(제7장)]으로 가서 [제2부 통계실습데이터(제7장)]을 선택한 후 [열기] 버튼을 클릭해 선택한다. [OK] 버튼을 클릭해 빠져 나간다. 그러면 앞으로 그릴 측정모형의 각 측정변수에 데이터를 연결할 수 있는 준비가 완료된다.

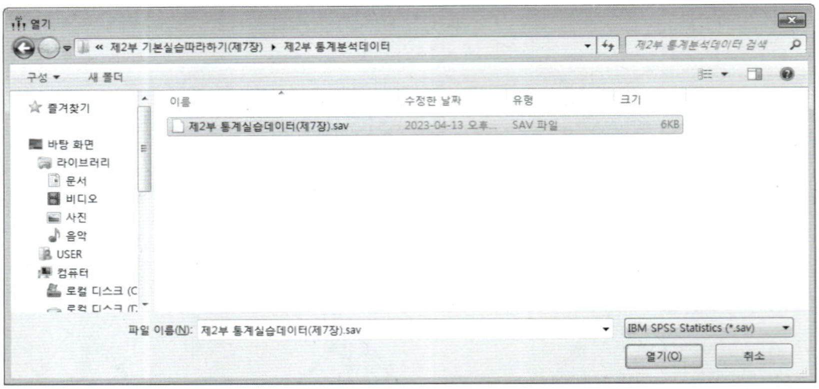

❸ 개별 측정모형을 그린다. 그리기의 방법에 대해서는 이 책의 제1장을 참조한다.

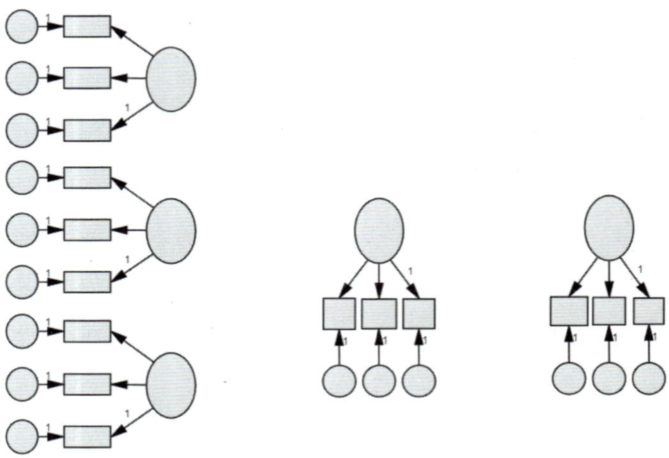

❹ 잠재변수의 변수명을 입력한다. 첫 번째 잠재변수의 [원]에서 마우스 오른쪽 버튼을 클릭하여 [Object Properties]를 선택한 후 [Font size]에 [20]을 입력하고 [Variable name]에 [DES]를 입력하고, 나머지 잠재변수명에 대해서도 같은 방법으로 차례대로 클릭해 입력한다.

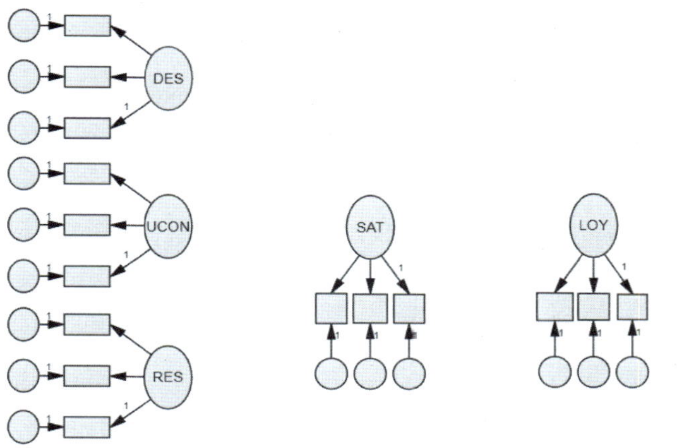

❺ 측정변수의 변수명을 입력한다. 도구상자에서 (데이터 파일을 모형의 변수명에 연결하기)를 클릭한다. 그러면 [Variables in Dataset]에 있는 [측정변수]들을 보여준다. 잠재변수에 측정변수들 중에서 회귀계수가 1로 표시되어 있는 것부터 차례대로 드래그하여 입력한다. 입력이 완료된 화면은 다음과 같다. 자세한 것은 제1장의 입력방법을 참조한다.

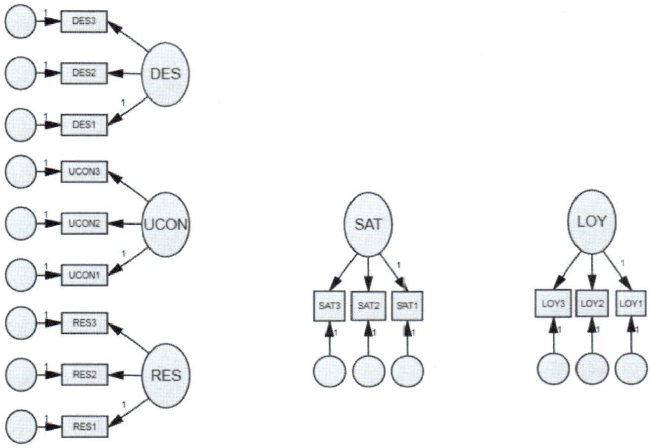

❻ 오차항의 변수명을 입력한다. 오차항은 한 번에 한 개씩 입력해도 되지만 자동으로 입력하는 방법을 사용하는 것이 편리하다. Plugins 메뉴에서 [Name Unobserved Variables]를 클릭하면 자동으로 15개의 오차항이 한 번에 모두 입력이 완료된다.

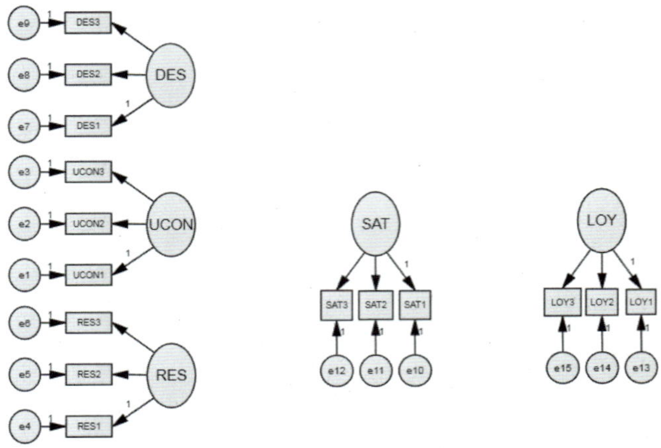

❼ 모든 잠재변수 간을 상관(↔)으로 연결한다. 이를 위해서는 도구상자 (대상 1개 선택하기)를 클릭한 후 잠재변수 [DES], [UCON], [RES], [SAT], [LOY]를 각각 클릭해 선택한다. 그러면 잠재변수 [원]이 파란색으로 바뀐다. Plugins 메뉴에서 [Draw Covariances]를 클릭하면 자동으로 잠재변수 간을 상관(↔)으로 연결할 수 있다. 측정모형 그리기를 모두 마쳤으면 도구상자 (선택 대상 모두 해제하기)를 클릭해 입력을 마친다.

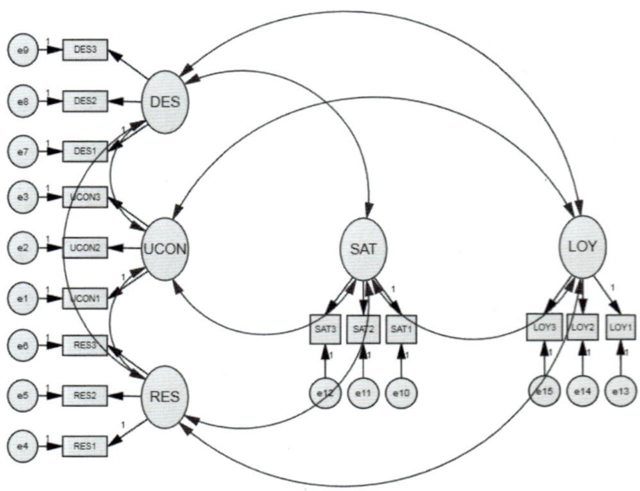

4.2 CFA를 이용한 측정모형분석

(1) CFA 실행과 주요 확인사항 검토

측정모형 그리기가 완료되면 이제 CFA를 실행해야 한다. 측정모형분석을 통해 측정모형의 적합도와 측정도구(측정변수와 잠재변수)의 신뢰도와 타당도를 검증한다. 실행 후에 적합도가 낮은 경우에는 모형 적합도를 높이기 위한 작업을 수행한다. CFA를 실행한 후에 식별 문제가 없으면 [모형관리 창]에 [OK: Default model]이 나타난다. 식별 문제(Identification problem)가 있으면 CFA를 실행할 수 없으므로 필요한 조치를 해야 한다.

CFA를 위한 실행 절차는 다음과 같다.

- ▶ 초기 화면의 [Analysis Properties 도구상자]( )에서 [Estimation] 탭과 [Output] 탭을 지정한다.
- ▶ 분석 실행 도구상자( )를 클릭하여 CFA를 실행한다.
- ▶ 분석 결과 보기 도구상자( )를 클릭해 출력물들을 확인한다.

측정모형 평가 이전의 주요 확인사항은 다음과 같다.

- ▶ 헤이우드 케이스(Heywood case)[1]가 있는지 확인한다. 이는 표준화된 회귀계수가 1을 초과하는 비정상적인 수치이면서 음오차분산(Negative error variance)을 보이는 경우이다.
- ▶ 잠재변수 간 극단적인 상관관계(상관계수 0.9 이상)가 있는지 확인한다.

1) 헤이우드 케이스는 잠재변수의 분산과 측정오차의 분산이 더해져서 측정변수의 분산이 되어야 하는데, 잠재변수의 분산이 관측변수의 분산을 100% 이상으로 설명하게 되면 부득이하게 측정오차의 분산이 음(-)이 되는 비정상적인 현상이 발생하게 되는 경우이다.

통계실습
7-7 사용자충성도 영향요인 사례: 최초 측정모형과 CFA의 실행

사용자충성도 영향요인 사례의 최초 측정모형을 이용하여 CFA를 실행하시오. 실행 후에는 위반추정치와 식별 문제가 있는지 검토하시오.

실습 따라하기

❶ 앞에서 이미 우리들은 [통계실습 7-6]에서 측정모형 그리기를 완료하였다. 완료 후에 해당 그림을 [제2부 기본실습따라하기(제7장)-제2부 통계분석-제2부 통계분석(제7장)] 폴더 안에 파일명을 [그림 7-7 측정모형]으로 저장하였다. [그림 7-7 측정모형]을 사용해서 CFA를 실행하기로 한다.

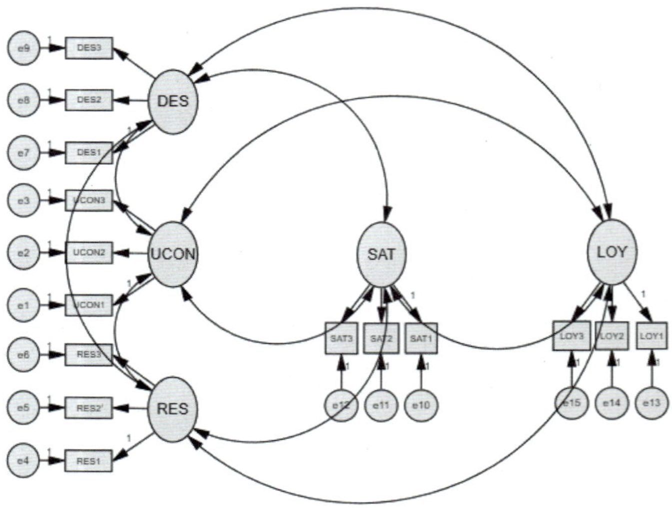

❷ Analysis Properties(분석속성 지정 창)의 도구상자( )를 클릭하여 들어간 후 Estimation 탭에서 [Maximum likelihood(최대우도법)]이 선택되어 있는가를 확인하고 Output 탭에서 원하는 출력물을 선택한다. 수정지수(M.I.)는 디폴트로 [4]로 설정되어 있다.

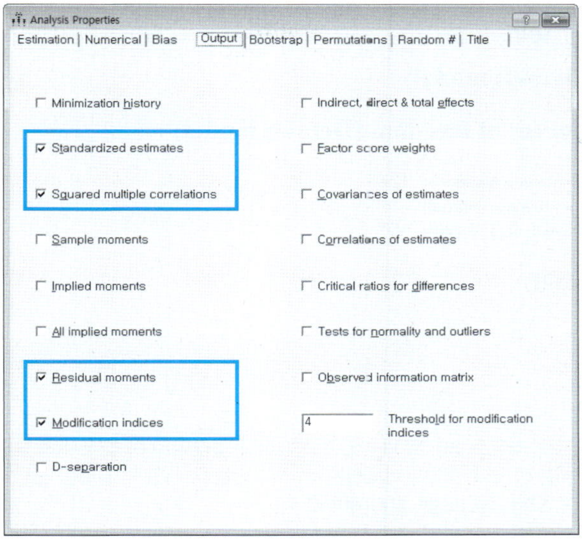

❸ [모형 적합도] 결과에서 SRMR을 얻기 위해서 [Plugins] 메뉴에서 [Standardized RMR]을 체크한다. 분석 실행 도구상자( )를 클릭해 CFA를 실행한다.

CFA가 실행되면 최초 측정모형에 대한 모형추정 결과가 출력된다. 출력물을 검토하여 위반 추정치가 있는지를 확인하고 있으면 해결하여야 한다.

| 표 7-8 | 최초 측정모형의 주요 추정 결과

① Notes for Group(집단 요약)

Notes for Group (Group number 1)

The model is recursive.
Sample size = 200

[해설] 재귀모형(Recursive model)이며, 표본크기는 200개이다.

② Notes for Model(모형 요약)

Notes for Model (Default model)

Computation of degrees of freedom (Default model)

Number of distinct sample moments:	120
Number of distinct parameters to be estimated:	40
Degrees of freedom (120 - 40):	80

Result (Default model)

Minimum was achieved
Chi-square = 148.275
Degrees of freedom = 80
Probability level = .000

[해설] 카이자승(χ^2) 148.275, 자유도 80, 유의수준 0.000이다. p값이 0.05보다 작으므로 이 지수만을 보면 측정 모형은 적합하지 않다. 그러나 SEM분석에서는 이 지수만을 가지고 적합도를 판단해서는 안 되며 다른 지수들을 함께 고려하여 모형 적합도를 평가해야 한다.

③ Estimates(추정치)

▶ 회귀계수(비표준화회귀계수)

Regression Weights: (Group number 1 - Default model)

			Estimate	S.E.	C.R.	P	Label
UCON1	<---	UCON	1.000				
UCON2	<---	UCON	.864	.060	14.321	***	
UCON3	<---	UCON	.841	.069	12.208	***	
RES1	<---	RES	1.000				
RES2	<---	RES	1.184	.092	12.897	***	
RES3	<---	RES	1.214	.092	13.202	***	
DES1	<---	DES	1.000				
DES2	<---	DES	.846	.079	10.661	***	
DES3	<---	DES	.994	.086	11.499	***	
SAT1	<---	SAT	1.000				
SAT2	<---	SAT	.952	.061	15.614	***	
SAT3	<---	SAT	.885	.066	13.351	***	
LOY1	<---	LOY	1.000				
LOY2	<---	LOY	1.026	.062	16.534	***	
LOY3	<---	LOY	1.018	.060	16.949	***	

[해설] 모든 개별 측정변수들은 통계적으로 유의한 것으로 나타났다.

▶ 회귀계수(표준화회귀계수)

Standardized Regression Weights: (Group number 1 - Default model)

			Estimate
UCON1	<---	UCON	.875
UCON2	<---	UCON	.852
UCON3	<---	UCON	.754
RES1	<---	RES	.779
RES2	<---	RES	.861
RES3	<---	RES	.883
DES1	<---	DES	.773
DES2	<---	DES	.771
DES3	<---	DES	.850
SAT1	<---	SAT	.864
SAT2	<---	SAT	.881
SAT3	<---	SAT	.791
LOY1	<---	LOY	.879
LOY2	<---	LOY	.876
LOY3	<---	LOY	.891

[해설] 표준화회귀계수 추정치는 1을 초과하는 경우는 없어서 위반추정치는 없었다.

▶ 분산

Variances: (Group number 1 - Default model)

	Estimate	S.E.	C.R.	P	Label
UCON	1.054	.142	7.425	***	
RES	.757	.120	6.315	***	
DES	.628	.103	6.068	***	
SAT	.741	.100	7.397	***	
LOY	.648	.085	7.664	***	
e1	.323	.057	5.708	***	
e2	.296	.046	6.438	***	
e3	.564	.068	8.310	***	
e4	.492	.060	8.248	***	
e5	.370	.056	6.617	***	
e6	.315	.054	5.891	***	
e7	.424	.057	7.496	***	
e8	.307	.041	7.527	***	
e9	.239	.042	5.671	***	
e10	.252	.037	6.748	***	
e11	.194	.031	6.195	***	
e12	.347	.042	8.192	***	
e13	.191	.028	6.723	***	
e14	.206	.030	6.804	***	
e15	.174	.028	6.282	***	

[해설] 분산추정치(Variances)를 보면 음오차분산은 없는 것으로 나타났다.

▶ 다중상관자승

Squared Multiple Correlations: (Group number 1 - Default model)

	Estimate
LOY3	.794
LOY2	.768
LOY1	.772
SAT3	.626
SAT2	.776
SAT1	.746
DES3	.722
DES2	.594
DES1	.597
RES3	.780
RES2	.742
RES1	.606
UCON3	.569
UCON2	.726
UCON1	.766

[해설] 측정모형에 대한 개별 측정변수의 신뢰도는 SMC에 의해서 평가할 수 있다. SMC가 신뢰도가 있으려면 0.5 이상이어야 하며, 0.5 미만인 경우에는 제거하는 것이 좋다. 모든 측정변수들은 SMC가 0.5 이상으로 나타나 신뢰도가 있으며 제거할 측정변수는 없는 것으로 나타났다.

▶ 상관관계

Correlations: (Group number 1 - Default model)

			Estimate
UCON	<-->	RES	.707
UCON	<-->	SAT	.620
UCON	<-->	LOY	.447
UCON	<-->	DES	.557
RES	<-->	SAT	.674
RES	<-->	LOY	.470
RES	<-->	DES	.621
SAT	<-->	LOY	.667
DES	<-->	SAT	.645
DES	<-->	LOY	.466

[해설] 잠재변수 간의 상관계수는 0.9 이상이 없어서 극단적인 상관관계는 없는 것으로 나타났다.

▶ 표준화 잔차공분산

Standardized Residual Covariances (Group number 1 - Default model)

	LOY3	LOY2	LOY1	SAT3	SAT2	SAT1	DES3	DES2	DES1	RES3	RES2	RES1	UCON3	UCON2	UCON1
LOY3	.000														
LOY2	-.086	.000													
LOY1	.072	.014	.000												
SAT3	.151	.348	-.287	.000											
SAT2	-.253	.049	-.444	-.096	.000										
SAT1	.568	.170	-.151	-.159	.140	.000									
DES3	-.291	.289	-.098	.429	.161	-.244	.000								
DES2	-.748	.351	-.841	.437	-.922	-1.229	.245	.000							
DES1	.448	.670	.394	.421	.681	.628	-.253	.019	.000						
RES3	-.695	.698	-.899	.859	.114	-.198	-.225	.360	.427	.000					
RES2	-1.085	.526	-.016	-.035	-1.044	-.959	-.331	-.656	.285	..24	.000				
RES1	1.283	.926	.922	1.764	.708	.907	.236	-.725	1.013	-..42	-.091	.000			
UCON3	.062	1.418	-.578	.226	.457	.882	.899	-.334	-.044	-.273	.268	.096	.000		
UCON2	-.267	-.046	-.988	-.424	-.330	-1.072	-.565	-1.047	-.283	-.613	.000	-.563	.377	.000	
UCON1	-.030	1.134	-.374	.708	.313	-.082	.617	-.414	.775	-.061	.687	.477	-.405	.050	.000

[해설] 표준화 잔차공분산의 절대값이 4 이상이 없는 것으로 나타나 모형 수정의 필요성은 없는 것으로 나타났다.

④ 수정지수(M.I.)

Modification Indices (Group number 1 - Default model)

Covariances: (Group number 1 - Default model)

			M.I.	Par Change
e10	<-->	e15	5.239	.048
e8	<-->	e12	4.902	.062
e6	<-->	e14	4.758	.057
e6	<-->	e13	7.291	-.068
e6	<-->	e8	7.871	.085
e5	<-->	SAT	9.686	-.095
e5	<-->	UCON	4.244	.084
e5	<-->	e15	10.291	-.082
e5	<-->	e13	8.364	.075
e4	<-->	SAT	4.116	.066
e4	<-->	e15	8.328	.078
e4	<-->	e14	7.580	-.079
e4	<-->	e8	4.987	-.074
e3	<-->	e14	4.699	.066
e3	<-->	e10	6.558	.087

[해설] M.I.지수(수정지수)를 보면 동일 잠재변수 내의 오차항 간에 상관(↔)으로 연결할 것이 없으므로 모형 수정의 필요성이 없음을 알 수 있다.

이상에서 살펴본 것처럼 측정모형의 출력 결과에 의하면 표준화회귀계수가 1을 초과하는 경우, 오차분산이 음인 경우 그리고 잠재변수 간 상관관계가 0.9 이상으로 극단적인 경우는 없는 것으로 나타났다. 따라서 측정모형의 평가 이전의 주요 확인사항을 검토한 결과 위반추정치는 없음을 알 수 있다.

이 장에서 사용된 사례에서는 위반추정치가 없는 것으로 나타났다.

(2) 측정모형의 적합도 평가

모형의 위반추정치가 없다면 **적합도지수**를 이용하여 **모형 적합도**를 **평가**해야 한다. [표 7-9]는 적합도 출력 결과를 제시한 것이다.

표 7-9 최초 측정모형의 적합도지수 출력 결과

Model Fit Summary

CMIN

Model	NPAR	CMIN	DF	P	CMIN/DF
Default model	40	148.275	80	.000	1.853
Saturated model	120	.000	0		
Independence model	15	2137.850	105	.000	20.360

RMR, GFI

Model	RMR	GFI	AGFI	PGFI
Default model	.045	.915	.873	.610
Saturated model	.000	1.000		
Independence model	.477	.241	.132	.211

Baseline Comparisons

Model	NFI Delta1	RFI rho1	IFI Delta2	TLI rho2	CFI
Default model	.931	.909	.967	.956	.966
Saturated model	1.000		1.000		1.000
Independence model	.000	.000	.000	.000	.000

RMSEA

Model	RMSEA	LO 90	HI 90	PCLOSE
Default model	.065	.049	.082	.062
Independence model	.312	.300	.324	.000

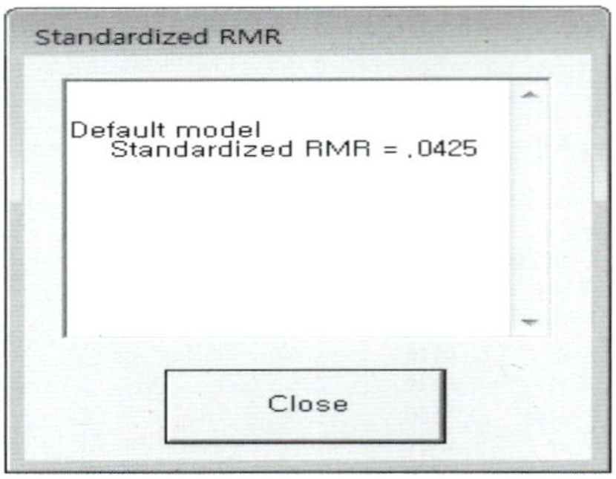

표 7-10 최초 측정모형의 적합도 평가 결과

모형	χ^2(p)	χ^2/df(Q값)	SRMR*	TLI	RMSEA
측정모형	148.275(0.000)	1.853	0.043	0.956	0.065

【주】 적합도지수의 수용기준: Q값<3 미만, SRMR<0.08 미만, TLI≥0.9 이상, RMSEA<0.08 미만
* SRMR은 측정모형 실행 전 [Plugins] 메뉴에 있는 [Standardized RMR]을 클릭하면 출력됨.

χ^2(p)는 148.275(0.000)로 수용기준에 미치지 못하여(p>0.05) 측정모형이 기각되었지만, 나머지 적합도지수인 χ^2/df(Q값), SRMR, TLI, RMSEA을 보면 측정모형의 적합도지수가 수용기준을 모두 만족하여 적합한 것으로 나타났다.

(3) 개별 측정변수의 신뢰도 평가와 모형의 수정

■ 개별 측정변수의 신뢰도 평가

[표 7-8]의 다중상관자승의 추정치에 의하면 측정모형의 출력 결과에서 표준화회귀계수가 0.7 이상이며, SMC가 0.5 미만인 경우는 없어서 제거할 측정변수는 없는 것으로 나타났다. 따라서 개별 측정변수들은 신뢰도를 확보하였다고 평가된다.

■ 측정모형의 수정

[표 7-8]에서 제시된 것처럼 측정모형의 SMC가 0.5 미만이고, 표준화회귀계수가 0.7 이상이며, 표준화잔차공분산의 절대값이 4 이상이 없으므로 모형 수정의 필요성은 없는 것으로 나타났다. 따라서 측정변수를 제거하거나 M.I.지수를 통해 공분산 설정을 하지 않기로 한다.

(4) 개념신뢰도와 개념타당도의 평가와 최종 측정모형의 선택

측정모형의 적합도를 평가한 후에는 측정모형의 개념신뢰도와 개념타당도를 평가해야 한다. 이는 집중타당도(Convergent validity)와 판별타당도(Discriminant validity)로 구분해서 실시한다.

- 개념신뢰도는 CR(합성신뢰도)이 0.7 이상이어서 확보되었다.
- 집중타당도와 판별타당도를 평가하기 위해서는 AVE(평균분산추출)지수를 알아야 한다. Amos에서는 AVE지수를 자동적으로 계산해 주지 않으므로 연구자들이 Excel Sheet 등에 계산식을 집어넣어 수동으로 계산해야 한다.
- 잠재변수(개념)의 집중타당도는 AVE≥0.5 이상이면 있다고 평가한다.
- 잠재변수(개념) 간의 판별타당도는 두 잠재변수 간에 구한 AVE가 각 잠재변수의 상관계수의 제곱값, 즉 결정계수(r^2)보다 크면(AVE≥r^2) 두 잠재변수 간에는 판별타당도가 확보되었다고 평가한다. 반대로 결정계수가 AVE보다 큰 경우가 있으면 부분적인 판

별타당도를 확보했다고 평가한다.

통계실습 7-8 사용자충성도 영향요인 사례: 개념타당도의 평가

사용자충성도 영향요인 사례의 개념타당도를 평가하는 데 필요한 CR과 AVE를 계산하고 개념타당도(집중타당도와 판별타당도)를 평가하시오.

실습 따라하기

❶ [통계실습 7-7]에서 측정모형을 실행하여 얻은 출력물을 이용해 CR과 AVE를 계산하기로 한다.

❷ 실행 결과에서 표준화회귀계수 추정치를 입수한다.

Standardized Regression Weights: (Group number 1 - Default model)

			Estimate
UCON1	<---	UCON	.875
UCON2	<---	UCON	.852
UCON3	<---	UCON	.754
RES1	<---	RES	.779
RES2	<---	RES	.861
RES3	<---	RES	.883
DES1	<---	DES	.773
DES2	<---	DES	.771
DES3	<---	DES	.850
SAT1	<---	SAT	.864
SAT2	<---	SAT	.881
SAT3	<---	SAT	.791
LOY1	<---	LOY	.879
LOY2	<---	LOY	.876
LOY3	<---	LOY	.891

❸ 실습 파일이 있는 곳에서 [제2부 기본실습따라하기(제7장)–제2부 통계분석–신뢰도타당도분석] 폴더 안에 있는 [Amos에서 CR과 AVE 계산 Excel Calculator(Shin Gunkwon)]을 불러온다.

❹ Excel Calculator에 잠재변수별로 [잠재변수명], [측정변수명], [표준화회귀계수] 추정치를 차례대로 입력한다. 입력을 마친 후에는 [Amos에서 CR과 AVE 계산 Excel Calculator(Shin Gunkwon)]으로 저장한다.

AMOS에서 CR과 AVE의 계산 Excel Calculator

(Copyright 2023 by Shin Gunkwon, Hoseo University)

DES(지각된 디자인품질)							
측정변수명	표준화회귀계수	표준화회귀계수^2	1-표준화회귀계수^2	1-표준화회귀계수^2	표준화회귀계수 합	AVE	CR
DES1	**0.773**	0.5975	0.4025	0.4025	2.394	**0.638**	**0.841**
DES2	**0.771**	0.5944	0.4056	0.4056			
DES3	**0.850**	0.7225	0.2775	0.2775			

잠재변수	측정변수	표준화회귀계수	CR	AVE
지각된 디자인품질 (DES)	DES1	0.773	0.841	0.638
	DES2	0.771		
	DES3	0.850		
지각된 사용자통제성 (UCON)	UCON1	0.875	0.868	0.687
	UCON2	0.852		
	UCON3	0.754		
지각된 반응속도 (RES)	RES1	0.779	0.879	0.709
	RES2	0.861		
	RES3	0.883		
사용자만족도 (SAT)	SAT1	0.864	0.883	0.716
	SAT2	0.881		
	SAT3	0.791		
사용자충성도 (LOY)	LOY1	0.879	0.913	0.778
	LOY2	0.876		
	LOY3	0.891		

【주】 수용기준: CR≥0.7 이상, AVE≥0.5 이상

❺ 실행 결과에서 상관관계(Correlations)를 입수한다. 판별타당도를 평가하려면 앞에서 계산한 AVE와 상관계수가 필요하다.

Correlations: (Group number 1 - Default model)

			Estimate
UCON	<-->	RES	.707
UCON	<-->	SAT	.620
UCON	<-->	LOY	.447
UCON	<-->	DES	.557
RES	<-->	SAT	.674
RES	<-->	LOY	.470
RES	<-->	DES	.621
SAT	<-->	LOY	.667
DES	<-->	SAT	.645
DES	<-->	LOY	.466

❻ 잠재변수(개념) 간의 상관관계를 표 형식으로 만든 후 상관계수를 적어 넣는다. 앞에서 계산한 AVE를 대각선에 입력하여 표를 완성한다. AVE는 상관관계와 구분을 위해서 진하게 표시하기로 한다. 표에서 대각선 값은 AVE를 표시한 것이다.

	DES	UCON	RES	SAT	LOY
DES	**0.638**				
UCON	0.557	**0.687**			
RES	0.621	0.707*	**0.709**		
SAT	0.645	0.620	0.672	**0.716**	
LOY	0.466	0.447	0.470	0.667	**0.778**

주: 1) * UCON과 RES의 상관계수 제곱(r^2)=0.707×0.707=0.499
2) 대각선으로 표시된 것은 AVE를 나타냄

Correlations: (Group number 1 - Default model)

			Estimate
UCON	<-->	RES	.707
UCON	<-->	SAT	.620
UCON	<-->	LOY	.447
UCON	<-->	DES	.557
RES	<-->	SAT	.674
RES	<-->	LOY	.470
RES	<-->	DES	.621
SAT	<-->	LOY	.667
DES	<-->	SAT	.645
DES	<-->	LOY	.466

4.3 측정모형분석 결과의 제시와 최종 측정모형의 선택

■ 측정모형분석 결과의 제시

측정모형분석이 완료되었으면 논문작성에 필요한 표를 작성해야 한다. 측정모형분석을 통해서 논문작성에 필요한 개념신뢰도와 개념타당도(집중타당도와 판별타당도)를 보고하기 위해서 표를 작성하는 방법은 다음과 같다.

- ▣ 표준화회귀계수에는 최종적인 측정모형분석 결과 중에서 Estimates의 Standardized Regression Weights를 잠재변수의 측정변수별로 차례대로 옮겨적는다.
- ▣ 표준오차는 Estimates의 Regression Weights(비표준화회귀계수)에서 S.E.를 찾아 잠재변수의 측정변수별로 옮겨적는다. 준거변수는 해당사항이 없으므로 –표시를 한다. 여기에서 S.E.(Standard Error)는 표준오차를 의미한다.
- ▣ 측정모형분석을 통해 얻은 CR과 AVE값을 잠재변수(혹은 구성개념)별로 옮겨적는다.
- ▣ 표 하단에는 측정모형에 대한 적합도지수에 대한 값을 옮겨적는다. χ^2과 χ^2/자유도(Q값)은 CMIN에서 찾아 적어넣으면 된다. 모형 적합도(Model fit)에서 CMIN과 χ^2은 같은 용어이다. 나머지 적합도지수들도 찾아 적어넣는다.

CFA를 이용한 개념신뢰도와 집중타당도의 평가 결과는 [표 7-11]과 같다.

❙ 표 7-11 ❙ 측정모형의 분석 결과: 개별 측정변수의 신뢰도와 개념신뢰도 및 집중타당도의 평가 결과

잠재변수	측정변수	표준화회귀계수	표준오차	CR	AVE
지각된 디자인품질 (DES)	DES1	0.773	–	0.841	0.638
	DES2	0.771	0.060		
	DES3	0.850	0.069		
지각된 사용자통제성 (UCON)	UCON1	0.875	–	0.868	0.687
	UCON2	0.852	0.092		
	UCON3	0.754	0.092		
지각된 반응속도 (RES)	RES1	0.779	–	0.879	0.709
	RES2	0.861	0.079		

	RES3	0.883	0.086		
사용자만족도 (SAT)	SAT1	0.864	-	0.883	0.716
	SAT2	0.881	0.061		
	SAT3	0.791	0.066		
사용자충성도 (LOY)	LOY1	0.879	-	0.913	0.778
	LOY2	0.876	0.062		
	LOY3	0.891	0.060		
적합도 χ^2=148.275(df=80, p=0.000), χ^2/df(Q값)=1.853, SRMR=0.043, TLI=0.956, RMSEA=0.065					

【주】 수용기준: CR≥0.7 이상, AVE≥0.5 이상

CR이 0.7 이상이어서 개념신뢰도는 확보되었다. 또한, AVE가 0.5 이상이므로 모든 잠재변수의 집중타당도는 확보되었다고 평가된다.

측정모형분석을 통해서 논문작성에 필요한 판별타당도를 보고하기 위해서 표를 작성하는 방법은 다음과 같다. 판별타당도에 대한 표의 완성 결과는 [표 7-12]와 같다.

▣ 최종 측정모형분석 결과 중 Estimates의 Output 중에서 잠재변수(혹은 구성개념) 간 Correlations (상관관계)를 표에 옮겨적는다.

▣ 최종적인 측정모형분석 결과를 가지고 계산한 AVE값을 대각선으로 옮겨적는다.

▎표 7-12 ▎잠재변수 간의 판별타당도 분석 결과: 상관행렬과 AVE

	지각된 디자인품질	지각된 사용자통제성	지각된 반응속도	사용자 만족도	사용자 충성도
지각된 디자인품질	0.638				
지각된 사용자통제성	0.557	0.687			
지각된 반응속도	0.621	0.707*	0.709		
사용자만족도	0.645	0.620	0.672	0.716	
사용자충성도	0.466	0.447	0.470	0.667	0.778

【주】 1) * 지각된 사용자통제성과 지각된 반응속도의 상관계수 제곱(r^2)=0.707×0.707=0.499
2) 대각선으로 표시된 것은 AVE를 나타냄.

[표 7-12]와 같이 잠재변수 간의 판별타당도를 분석하기 위해서 변수 간의 상관행렬과 AVE와의 관련성을 확인하였다. 변수 간 상관계수 중에서 가장 큰 것은 0.707(지각된 사용자통제성과 지각된 반응속도)이며, 이의 제곱, 즉 결정계수는 0.499(0.707×0.707)이었다. 잠재변수의 AVE가 잠재변수 간의 상관계수 제곱(결정계수)보다 크다면 판별타당도를 확보했다고 판단할 수 있다. 그런데 이 사례에서는 잠재변수의 AVE가 잠재변수 간의 상관계수가 가장 큰 경우의 결정계수 0.499보다 모두 크므로 판별타당도를 확보하였다.

■ 최종 측정모형의 선택

이 연구에서는 측정도구에 대한 신뢰도와 타당도검증을 위해서 CFA를 실시하였다. CFA는 측정모형분석을 통해서 측정도구의 신뢰도와 타당도를 검증하는 방법이다. 모형추정을 위해 최대우도법(Maximum likelihood method)을 이용하였다. 식별 문제와 헤이우드 케이스 등 위반추정치는 없었다.

이 사례에서는 측정모형에 대한 모형 적합도에 대한 평가 결과 적합도지수가 χ^2/df(Q값)=1.853, SRMR=0.043, TLI=0.956, RMSEA=0.065의 값을 보여서 만족스러운 적합도를 나타냈다.

사용자충성도 영향요인 사례에 대한 측정모형분석 결과 표준화회귀계수가 0.7 이상이고 개별 측정변수들의 SMC가 0.5 이상이어서 개별 측정변수들은 신뢰도가 있으며, CR이 0.7 이상이어서 개념신뢰도가 확보되었다. AVE가 0.5 이상이므로 집중타당도는 확보되었다고 평가할 수 있다. 또한 결정계수보다 AVE값이 모두 크므로 개념의 판별타당도는 확보되었다. 따라서 이 사례에서는 최초의 측정모형을 최종적인 측정모형으로 선택하기로 한다. 이제는 측정모형의 신뢰도와 타당도가 확보되었으므로 구조모형분석을 수행해야 한다.

5 구조모형분석

5.1 구조모형 그리기

우리들은 앞장에서 최종적인 측정모형을 선택하는 과정을 살펴보았다. 측정모형이 확정되면 이제 구조모형분석으로 넘어갈 수 있다. 구조모형(Structural model)의 평가는 ① 모형 적합도(Model fit)에 대한 평가, ② 추정된 회귀계수의 통계적 유의성 검토, ③ 다중상관자승(SMC)의 검토 그리고 ④ 추정된 회귀계수의 부호 검토로 구분된다.

측정모형분석에 의해 측정도구의 신뢰도와 타당도가 검증되었으면 이제 구조모형을 설정해야 한다. 구조모형을 그리는 방법은 다음과 같다.

- 외생잠재변수가 2개 이상 있는 경우에는 외생잠재변수 간을 상관(↔)으로 연결해야 한다.
- 내생잠재변수(다른 잠재변수로부터 화살표를 받는 변수)는 모두 구조오차를 모형에 표시해야 한다.
- 연구자가 연구모형에서 설정한 가설적 관계(혹은 인과관계)에 따라 인과관계(→)로 잠재변수 간을 연결하면 된다.

그림 7-3 최종적으로 선정된 측정모형

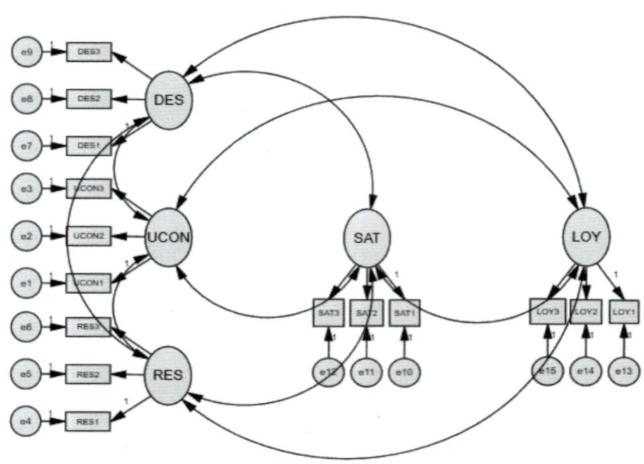

통계실습 7-9

구조모형 설정: 구조모형 그리기

최종 측정모형을 이용해 최초 구조모형을 그리시오.

실습 따라하기

❶ 최종적인 측정모형 초기 화면의 메뉴에서 [File-Open]으로 들어간 후 [제2부 기본실습따라하기(제7장)-제2부 통계분석-제2부 통계분석(제7장)] 폴더 안에 있는 파일인 [그림 7-7 측정모형]을 불러들인다. 이미 불러져 있다면 이 작업은 생략해도 된다. [File-Save As]를 클릭하여 [제2부 기본실습따라하기(제7장)-제2부 통계분석-제2부 통계분석(제7장)] 폴더 안에 [파일명]을 '그림 7-9 구조모형'으로 입력한 후 [저장] 버튼을 클릭하여 저장한다.

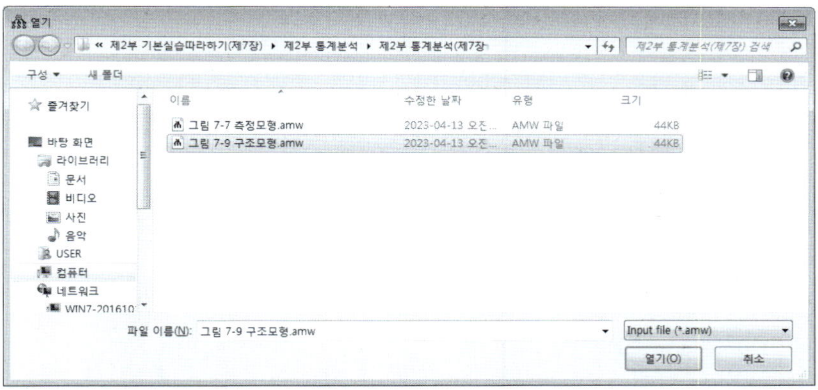

❷ 왼쪽에 있는 도구상자 중에서 X(대상 지우기 도구상자)를 왼쪽 마우스로 클릭해 선택한 후 외생잠재변수 간은 상관으로 연결되어야 하기 때문에 잠재변수 간의 상관(↔)은 그대로 두고, 나머지 상관에 대해서만 삭제한다.

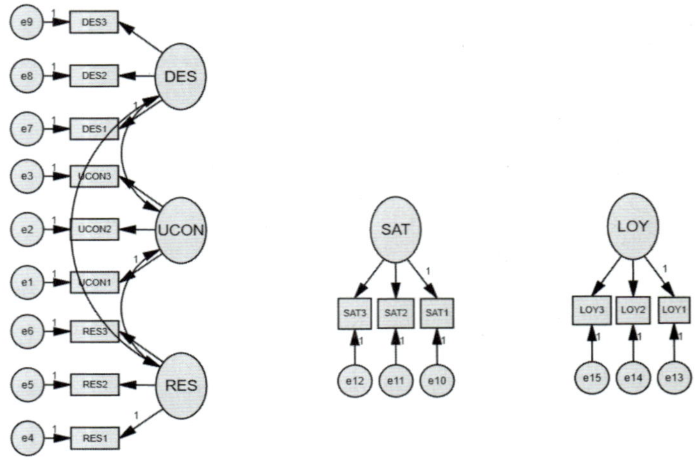

❸ 가설적 관계에 따라서 인과관계를 단방향 화살표(→)로 연결한다.

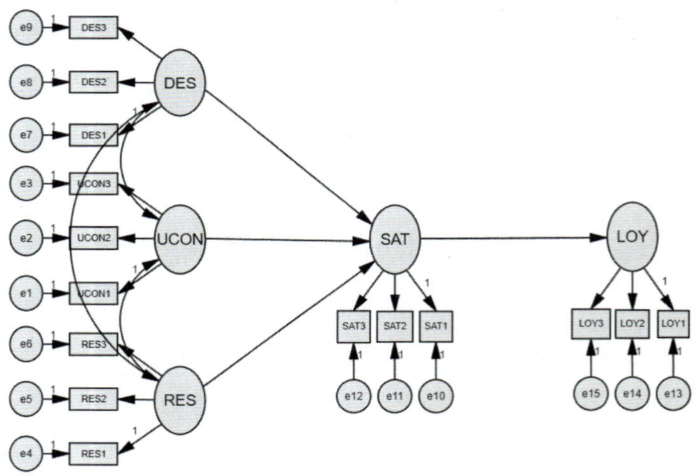

❹ 외생변수(DES, UCON, RES)에 의해서 영향을 받는 내생변수들(SAT, LOY)은 구조오차를 입력해야 한다. 먼저, 옴(오차항 그리기 도구상자)를 클릭하여 선택한 후 마우스를 잠재변수 [SAT]의 [원]으로 가져가서 마우스의 왼쪽 버튼을 한 번만 클릭하면 오차항이 그려진다. 다음으로, [LOY]의 [원]으로 가져가서 마우스의 왼쪽 버튼을 한 번만 클릭하면 오차항이 그려진다.

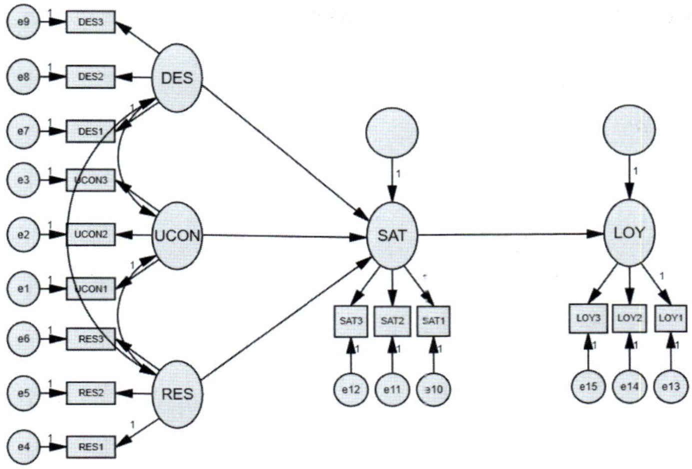

❺ Plugins 메뉴에서 [Name Unobserved Variables]를 클릭하면 자동적으로 구조오차 [e16], [e17]가 입력된다. 최종적으로 완료된 구조모형은 다음과 같다. 그리기가 완료된 파일은 수시로 (저장하기 도구상자)를 클릭해 저장해 두는 것이 필요하다. 최종적으로 그려진 구조모형은 다음과 같다.

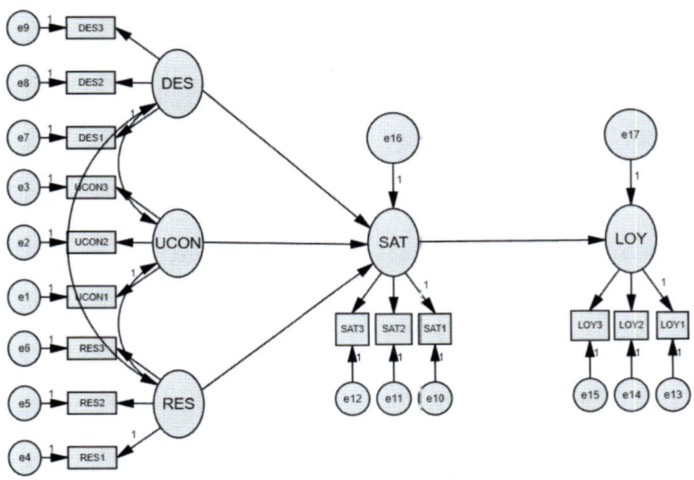

5.2 SEM분석의 실행과 구조모형 식별

■ SEM분석 실행

구조모형 그리기가 완료되었으면 이제 SEM분석을 실행해야 한다. Analysis Properties(분석 속성 지정 창)의 도구상자( )를 클릭하여 들어간 후 Output 탭에서 다음과 같이 원하는 출력물을 선택한 후 분석 실행 도구상자( )를 클릭해 SEM분석을 실행하면 된다.

▶ 그림 7-4 ▎Analysis Properties 지정 창에서 Output 선택

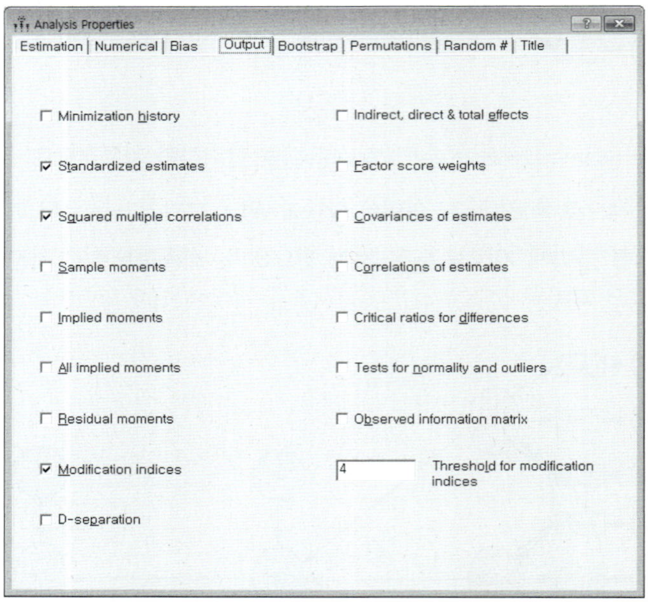

■ 구조모형 식별

구조모형을 실행한 결과 모형관리 창에 [OK: Default model]이라고 나타나 식별 문제가 없는 것으로 나타났다.

▣ 구조모형분석 실행 결과 식별 문제가 없는 것으로 나타났다.

5.3 구조모형 추정 결과의 해석과 적합도 평가

■ 구조모형 추정 결과와 해석

구조모형에 식별 문제가 없으면 SEM분석이 성공적으로 실행되며, 모수추정치(추정된 회귀계수)와 기타 출력물을 얻을 수 있게 된다. 구조모형의 추정 후에는 분석 결과를 평가해야 한다.

통계실습 7-10 구조모형 실행과 결과 출력 그리고 평가

최초 구조모형인 [그림 7-9 구조모형]을 가지고 실행한 후 결과를 출력해 평가하시오.

실습 따라하기

❶ 실습 파일은 [제2부 기본실습따라하기(제7장)-제2부 통계분석-제2부 통계분석(제7장)] 폴더 안에 [파일명]을 '그림 7-9 구조모형'을 이용하기로 한다. 만약 초기 화면에 이 파일이 불러져 있지 않다면 [File-Open]에서 파일을 선택해서 [열기] 버튼을 클릭해 불러들인다.

❷ Analysis Properties(분석속성 지정 창)의 도구상자( )를 클릭하여 들어간 후 Estimation 탭에서 [Maximum likelihood(최대우도법)]이 선택되어 있는가를 확인하고 Output 탭에서 원하는 출력물을 선택한다. 수정지수(M.I.)는 디폴트로 [4]로 설정되어 있다.

❸ [모형 적합도] 결과에서 SRMR을 얻기 위해서 [Plugins] 메뉴에서 [Standardized RMR]을 체크한다. 분석 실행 도구상자( )를 클릭해 CFA를 실행한다. 실행 후에는 분석 결과 보기 도구상자( )를 클릭해 출력된 결과들을 확인한다.

▌표 7-13 ▌최초 구조모형의 주요 추정 결과

① Notes for Group(집단 요약)

Notes for Group (Group number 1)

The model is recursive.
Sample size = 200

[해설] 재귀모형(Recursive model)이며, 표본크기는 200개이다.

② Notes for Model(모형 요약)

Notes for Model (Default model)

Computation of degrees of freedom (Default model)

Number of distinct sample moments:	120
Number of distinct parameters to be estimated:	37
Degrees of freedom (120 - 37):	83

Result (Default model)

Minimum was achieved
Chi-square = 148.925
Degrees of freedom = 83
Probability level = .000

[해설] 카이자승(χ^2) 148.925, 자유도 83, 유의수준 0.000이다. p값이 0.05보다 작으므로 이 지수만을 보면 모형이 적합하지 않다고 보아야 한다. 그러나 SEM분석에서는 이 지수만을 가지고 적합도를 판단해서는 안 되며 다른 지수들을 함께 고려하여 모형 적합도를 평가해야 한다.

③ Estimates(추정치)

▶ 회귀계수(비표준화회귀계수)

Regression Weights: (Group number 1 - Default model)

			Estimate	S.E.	C.R.	P	Label
SAT	<---	DES	.360	.094	3.844	***	
SAT	<---	UCON	.178	.079	2.258	.024	
SAT	<---	RES	.317	.101	3.132	.002	
LOY	<---	SAT	.630	.067	9.392	***	
UCON1	<---	UCON	1.000				
UCON2	<---	UCON	.864	.060	14.318	***	
UCON3	<---	UCON	.841	.069	12.209	***	
RES1	<---	RES	1.000				
RES2	<---	RES	1.184	.092	12.897	***	
RES3	<---	RES	1.214	.092	13.203	***	
DES1	<---	DES	1.000				
DES2	<---	DES	.846	.079	10.656	***	
DES3	<---	DES	.995	.087	11.496	***	
SAT1	<---	SAT	1.000				
SAT2	<---	SAT	.951	.061	15.588	***	
SAT3	<---	SAT	.887	.066	13.354	***	
LOY1	<---	LOY	1.000				
LOY2	<---	LOY	1.024	.062	16.511	***	
LOY3	<---	LOY	1.018	.060	16.981	***	

[해설] 모든 경로의 부호가 가설화된 방향과 같고 유의적이어서 가설이 모두 채택되었음을 보여준다.

▶ 회귀계수(표준화회귀계수)

Standardized Regression Weights: (Group number 1 - Default model)

			Estimate
SAT	<---	DES	.332
SAT	<---	UCON	.212
SAT	<---	RES	.321
LOY	<---	SAT	.673
UCON1	<---	UCON	.875
UCON2	<---	UCON	.852
UCON3	<---	UCON	.754
RES1	<---	RES	.779
RES2	<---	RES	.861
RES3	<---	RES	.883
DES1	<---	DES	.772
DES2	<---	DES	.771
DES3	<---	DES	.850
SAT1	<---	SAT	.863
SAT2	<---	SAT	.879
SAT3	<---	SAT	.791
LOY1	<---	LOY	.879
LOY2	<---	LOY	.875
LOY3	<---	LOY	.892

[해설] 개별 측정변수들(UCON1 0.875부터 LOY3까지)은 모두 0.7 이상으로 신뢰도가 있는 것으로 나타났다. 표준화회귀계수도 1.0을 초과하는 경우는 없는 것으로 나타났다.

▶ 상관관계

Correlations: (Group number 1 - Default model)

			Estimate
UCON	<-->	RES	.707
UCON	<-->	DES	.557
RES	<-->	DES	.621

[해설] 상관계수는 0.9 이상이 없어서 극단적인 상관관계는 없는 것으로 나타났다.

▶ 다중상관자승

Squared Multiple Correlations: (Group number 1 - Default model)

	Estimate
SAT	.565
LOY	.453
LOY3	.795
LOY2	.766
LOY1	.773
SAT3	.626
SAT2	.773
SAT1	.744
DES3	.723
DES2	.594
DES1	.596
RES3	.780
RES2	.742
RES1	.606
UCON3	.569
UCON2	.726
UCON1	.765

[해설] 구조모형에서는 내생변수에 대한 SMC를 보아야 한다. SAT의 SMC는 0.565로 외생변수들이 SAT을 56.5%를 설명하고 있음을 나타낸다. LOY의 SMC는 0.453으로 외생변수와 SAT이 LOY를 45.3%를 설명하고 있음을 의미한다.

④ Modification Indices(수정지수)

Modification Indices (Group number 1 - Default model)

Regression Weights: (Group number 1 - Default model)

			M.I.	Par Change
LOY3	<---	RES2	5.150	-.068
LOY2	<---	RES	4.231	.094
LOY2	<---	UCON	5.282	.090
LOY2	<---	DES2	4.399	.091
LOY2	<---	RES3	6.498	.080
LOY2	<---	RES2	4.389	.066
LOY2	<---	UCON3	8.760	.098
LOY2	<---	UCON1	6.080	.079
LOY1	<---	UCON3	4.557	-.068
RES2	<---	SAT2	5.682	-.130
RES1	<---	LOY	4.536	.149
RES1	<---	LOY3	8.338	.169
RES1	<---	LOY1	4.268	.122
RES1	<---	SAT3	5.158	.127
RES1	<---	SAT1	4.403	.113
UCON2	<---	SAT1	4.507	-.097

[해설] 회귀계수에서 제공하는 M.I.지수(수정지수)를 보면 잠재변수 간을 인과관계(→)로 연결할 것이 없으므로 구조모형을 수정할 필요가 없다.

구조모형분석 결과에 의하면 위반추정치는 없는 것으로 나타났다.

▣ 구조모형분석 결과 위반추정치(가설방향과의 불일치, 표준화회귀계수가 1.0을 초과하는 경우, 잠재변수 간 상관관계 0.9 이상)는 없는 것으로 나타났다.

■ 최초 구조모형의 적합도 평가

표 7-14 ▌구조모형의 추정 결과

Model Fit Summary

CMIN

Model	NPAR	CMIN	DF	P	CMIN/DF
Default model	37	148.925	83	.000	1.794
Saturated model	120	.000	0		
Independence model	15	2137.850	105	.000	20.360

RMR, GFI

Model	RMR	GFI	AGFI	PGFI
Default model	.046	.915	.877	.633
Saturated model	.000	1.000		
Independence model	.477	.241	.132	.211

Baseline Comparisons

Model	NFI Delta1	RFI rho1	IFI Delta2	TLI rho2	CFI
Default model	.930	.912	.968	.959	.968
Saturated model	1.000		1.000		1.000
Independence model	.000	.000	.000	.000	.000

RMSEA

Model	RMSEA	LO 90	HI 90	PCLOSE
Default model	.063	.046	.079	.093
Independence model	.312	.300	.324	.000

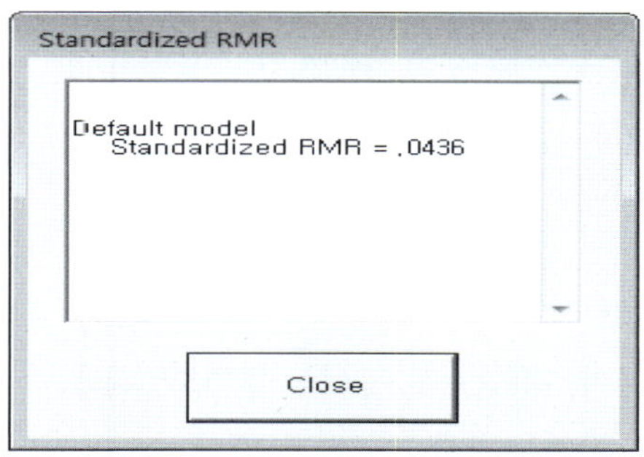

[표 7-14]는 최초 구조모형의 적합도에 대한 Output이다. 이 출력물을 가지고 연구자들이 많이 사용하는 적합도를 중심으로 요약하면 [표 7-15]와 같다.

표 7-15 ▌최초 구조모형의 적합도 평가

모형	χ^2(p)	χ^2/df(Q값)	SRMR*	TLI	RMSEA
구조모형	148.925(0.000)	1.794	0.044	0.959	0.063

【주】 적합도지수의 수용기준: Q값<3 미만, SRMR<0.08 미만, TLI≥0.9 이상, RMSEA<0.08 미만
* SRMR은 측정모형 실행 후 [Plugins] 메뉴에 있는 [Standardized RMR]을 클릭해 출력함.

표에 제시된 것처럼 최초 구조모형의 적합도 평가 결과 χ^2값은 기준에 미치지 못하지만 SRMR, TLI, RMSEA 등의 적합도지수를 볼 때 모형의 적합도는 만족스러운 것으로 나타났다. 따라서 이 사례의 경우에는 구조모형을 수정할 필요가 없다고 판단된다.

5.4 최종 구조모형의 선택

최초 구조모형에 대한 추정 결과 위반추정치나 모형 적합도 등을 분석한 결과 큰 문제가 없는 것으로 나타났다. 또한 가설의 방향과 가설검증 결과의 경로의 부호가 동일한 방향이므로 법칙타당도가 있다. 따라서 이 장의 사례는 최초 구조모형을 최종 구조모형으로 채택할 수 있다. 또한 구조모형에서 SAT, LOY의 SMC는 각각 0.565, 0.453으로 모형의 설명력은 높은 것으로 나타났다.

5.5 구조모형분석 결과의 제시

최종 구조모형이 선택되었으면 이제 논문작성에 필요한 표와 그림을 작성해야 한다. 구조모형분석 결과의 제시방법은 ① 표를 통해 제시하는 방법, ② 그림을 통해서 제시하는 방법 그리고 ③ 양자를 모두 이용하는 방법 중에서 선택할 수 있다. 구조모형분석 결과를 제시하는 방법에 대해서는 이미 제5장에서 자세히 살펴보았으므로 참고하기 바란다. 사용자충성도 영향요인 사례의 가설검증 결과는 [표 7-16]과 같다.

표 7-16 사용자충성도 영향요인 사례의 가설검증 결과

가설(경로)	비표준화 회귀계수	표준화 회귀계수	표준오차	t값	SMC	채택 여부
가설 1(DES → SAT)	0.360	0.332	0.094	3.844***	0.565	채택
가설 2(UCON → SAT)	0.178	0.212	0.079	2.258*		채택
가설 3(RES → SAT)	0.317	0.321	0.101	3.132**		채택
가설 4(SAT → LOY)	0.630	0.673	0.067	9.392***	0.453	채택
적합도 χ^2=148.925(df=83, p=0.000), χ^2/df(Q값)=1.794, SRMR=0.044, TLI=0.959, RMSEA=0.063						

【주】 *p<0.05, **p<0.01, ***p<0.001 수준에서 유의함.

다음으로, 그림을 통해 구조모형분석 결과를 제시하면 [그림 7-5]와 같다.

그림 7-5 ▌사용자충성도 영향요인 사례의 가설검증 결과 도형

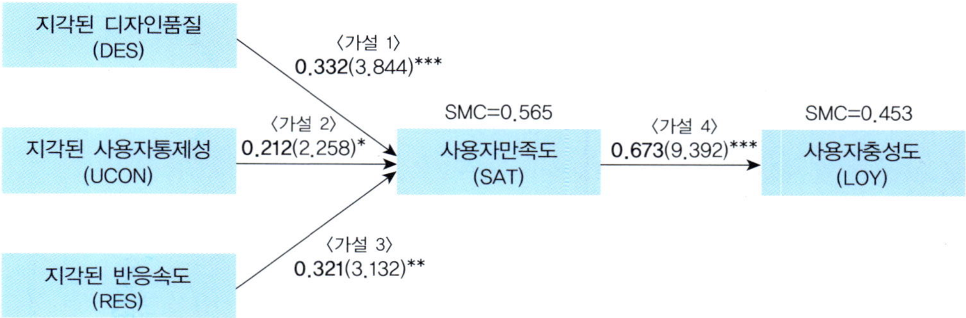

【주】 *p<0.05, **p<0.01, ***p<0.001 수준에서 유의함.

사용자충성도 영향요인 사례에 대한 가설검증 결과 지각된 디자인품질, 사용자통제성 및 반응속도는 사용자만족도에 정의 유의한 영향을 주었다. 또한 사용자만족도는 사용자충성도에 유의한 영향을 미쳤다.

제7장의 핵심내용 요약

- 논문작성의 주요 내용에는 논문작성에 필요한 연구조사 설계, 데이터 수집과 입력 및 점검, 기초통계분석, 측정모형분석 그리고 구조모형분석 등이 포함된다.
- 측정모형을 그릴 때는 모든 잠재변수 간을 상관(↔)으로 연결해야 한다.
- CFA가 실행되면 측정모형에 대한 모형추정 결과가 출력된다. 출력물을 검토하여 위반추정치가 있는지 확인하고 위반추정치가 있으면 해결해야 한다.
- 구조모형을 그릴 때 외생잠재변수가 2개 이상 있는 경우에는 외생잠재변수 간을 상관(↔)으로 연결해야 하며, 내생잠재변수(다른 잠재변수로부터 화살표를 받는 변수)는 모두 구조오차를 모형에 표시해야 한다.
- 구조모형분석에서는 구조모형이 식별 문제가 있는가를 검토해야 한다. 구조모형에 식별 문제가 없는 것으로 확인되면 이제 최초의 구조모형분석 결과를 평가 · 해석하고 위반추정치가 없는지를 확인해야 한다.

|Key Article|

신건권, 손성진. (2012). 대학 전산회계교육용 소프트웨어의 품질요인이 사용자만족도와 충성도에 미치는 영향. *회계정보연구*, 30(1), 269-293.

참고문헌

김경규, 박석원. (1997). 정보시스템 사용자 만족에 관한 실증 연구. *경영학연구*, 26(1), 93~113.

박인곤, 신동희. (2010). 스마트폰 이용자들의 이용과 충족, 의존도, 수용자 혁신성이 스마트폰 이용만족에 미치는 영향에 관한 연구. *언론과학연구*, 10(4), 192-225.

손명걸. (2011). 전산회계프로그램의 품질과 사용자의 IT 활용능력이 사용자만족도와 충성도에 미치는 영향: 대학생과 현업실무자의 비교를 중심으로. 호서대학교대학원 석사학위논문.

신건권, 손성진. (2011). 혁신성향과 IT 활용능력이 온라인 증권거래시스템 HTS의 수용에 미치는 영향. *회계연구*, 16(1), 207-226.

신건권a. (2011). 증권거래시스템 HTS의 지각된 품질수준이 관계품질과 고객충성도에 미치는 영향. *국제회계연구*, 39, 213-234.

신건권b. (2011). 온라인 증권거래시스템 HTS의 상호작용성이 고객의 시스템 수용에 미치는 영향. *회계연구*, 16(3), 177-196.

이동규. (2010). 홈트레이딩시스템의 품질요인이 고객충성도에 미치는 영향. 호서대학교대학원 박사학위논문.

이학식, 김장현, 김형식. (2009). 공평성 지각이 소비자 감정과 만족에 미치는 영향: 성별의 조절적 역할. *마케팅연구*, 24(2), 21-49.

임채숙. (2010). 정보화 시대의 디자인 경영에 있어 품질경쟁력에 의한 제품디자인의 파급효과. *한국디자인문화학지*, 16(4), 464-474.

최동락. (2011). 회계정보시스템 품질과 만족 간의 사용자 특성 조절효과. 대구대학교 대학원 박사학위논문.

최승호. (2006). 회계계정보시스템 특성이 계속적 이용에 미치는 영향. *회계정보연구*, 24(3), 97-116.

최용길, 최동춘, 이성수. (2007). 온라인 커뮤니티의 상호작용성 구성요인이 관계품질과 고객충성도에 미치는 영향에 관한 연구. *품질경영학회지*, 35(4), 123-139.

황인준, 이성일. (2010). 기술수용모형의 확장을 통한 스마트폰의 채택의도 파악 연구. *대한산업공학회 추계학술대회 논문집*.

Bai, B., R. Law and Wen, I. (2008). The impact of website quality on customer satisfaction and purchase intentions: Evidence from Chinese online visitors. *International Journal of Hospitality Management*, 27, 391-402.

Chang, H.H. and Chen, W. (2008). The impact of customer interface quality, satisfaction and switching costs on e-loyalty: Internet experience as a moderator. *Computers in*

Human Behavior, 24, 2927–2944.

Davis, F.D. (1989). Perceived Usefulness, Perceived Ease of Use, and User Acceptance of Information Technology. *MIS Quarterly*, 13(3), 318–339.

DeLone, W.H. and McLean. E.R. (1992). Information system success: The quest for the dependent variable. *Information Systems Research*, 3(1), 60–95.

Deng Zhaohua · Yaobin Lu · Kwok Kee Wei · Jinlong Zhang. (2010). Understanding customer satisfaction and loyalty: An empirical study of mobile instant messages in China. *International Journal of Information Management*, 30, 289–300.

Ives, B., M.H. Olson and Barouddi. J.J. (1983). The measurement of user information satisfaction. *Communications of the ACM*, 26, 785–793.

Nolan, R. and Seward. H. (1974). *Measuring user satisfaction to evaluate information systems, managing the data resource function*, West Publishing Co., 253–275.

Ong, C.S. and Lai. J.Y. (2006). Gender differences in perceptions and relationships among dominants of e-Learning acceptance. *Computers in Human Behavior*, 22, 816–829.

Seddon, P.B. and Kiew. M.Y. (1994). A partial test and development of DeLone and McLean model of IS success. *IS: Proceedings of the International Conference on Information Systems*, Vancouver, Canada, 99–110.

제 8 장 스마트폰 사례 기본실습 따라하기

이 장에서는 스마트폰 사례를 통해 논문을 작성하고 통계분석을 하는 방법을 제시하고 있다. 주요 내용에는 논문작성에 필요한 연구조사 설계, 데이터 수집과 입력 및 점검, 기초통계분석, 측정모형분석 그리고 구조모형분석이 포함된다.

1 연구조사 설계

1.1 연구주제의 선정과 문제 제기

스마트폰 사례의 연구 대상은 스마트폰 사용자이다. 스마트폰 채택의도의 영향요인으로는 지각된 기능적 속성(Perceived Functional Attributes: FA), 지각된 유용성(Perceived Usefulness: PU) 및 지각된 유희성(Perceived Playfulness: PP)을 선정하였다. 이 사례의 연구목적은 스마트폰 사용자의 지각된 기능적 속성, 지각된 유용성 및 유희성이 채택의도에 미치는 영향을 규명하는 것이다.

연구논문 제목
스마트폰 사용자의 지각된 기능적 속성, 지각된 유용성과 유희성이 채택의도에 미치는 영향

1.2 연구모형과 가설설정

선행연구에 기초하여 [그림 8-1], [그림 8-2]와 같이 연구모형과 통계적 연구모형을 개발하였다. 외생잠재변수는 지각된 기능적 속성이며 내생잠재변수는 지각된 유용성, 지각된 유희성과 채택의도이다.

그림 8-1 ▌ 연구모형

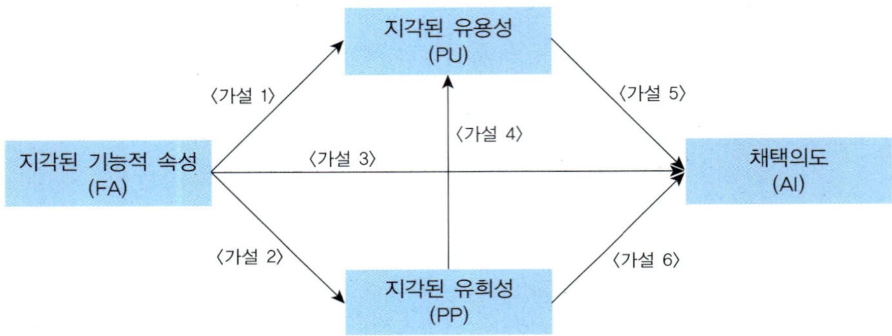

그림 8-2 ▌ 통계적 연구모형

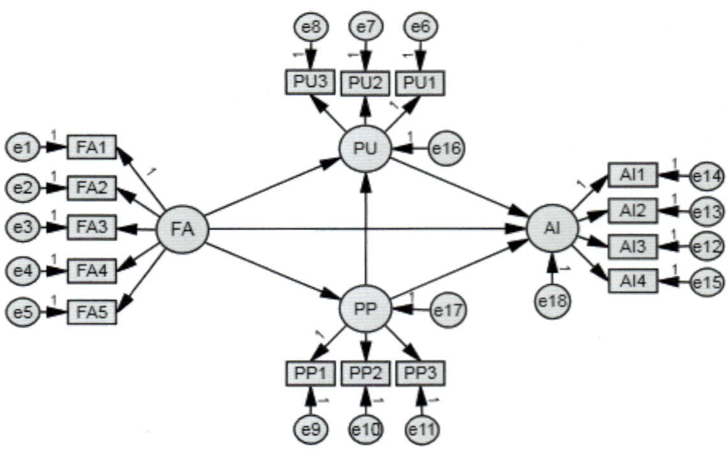

• FA: 지각된 기능적 속성 • PU: 지각된 유용성 • PP: 지각된 유희성 • AI: 채택의도
• 외생잠재변수: FA • 내생 잠재변수: PU, PP, AI • 매개변수: PU, PP

선행연구에 기초해 다음과 같이 가설을 설정하였다.

❙ 표 8-1 ❙ 연구가설

〈가설 1〉 스마트폰 사용자의 지각된 기능적 속성은 지각된 유용성에 정의 유의한 영향을 미칠 것이다.
〈가설 2〉 스마트폰 사용자의 지각된 기능적 속성은 지각된 유희성에 정의 유의한 영향을 미칠 것이다.
〈가설 3〉 스마트폰 사용자의 지각된 기능적 속성은 채택의도에 정의 유의한 영향을 미칠 것이다.
〈가설 4〉 스마트폰 사용자의 지각된 유희성은 지각된 유용성에 정의 유의한 영향을 미칠 것이다.
〈가설 5〉 스마트폰 사용자의 지각된 유용성은 채택의도에 정의 유의한 영향을 미칠 것이다.
〈가설 6〉 스마트폰 사용자의 지각된 유희성은 채택의도에 정의 유의한 영향을 미칠 것이다.

1.3 변수의 조작적 정의

변수에 대한 조작적 정의는 [표 8-2]와 같다.

❙ 표 8-2 ❙ 변수의 조작적 정의

연구변수	기호	조작적 정의	측정항목	관련 연구
지각된 기능적 속성 (FA)	FA1 FA2 FA3 FA4 FA5	스마트폰이 가지고 있는 기능적 속성(혹은 제품 기능)의 사용정도	① 적절한 운영체제(OS) 사용 ② 적절한 무선인터넷기능 사용 ③ 적절한 멀티미디어기능 사용 ④ 적절한 디스플레이기능(사용자 인터페이스) 사용 ⑤ 적절한 멀티태스킹 및 RFID 기술 사용	이상조와 조재립(2005), 이종오 외(2006), 강영모와 이성주(2011) 등
지각된 유용성 (PU)	PU1 PU2 PU3	스마트폰의 사용이 개인의 업무에 유용하며 업무수행능력을 향상시킬 것이라는 믿음	① 일(업무)에의 유용성 ② 업무수행능력 향상 ③ 스마트폰기능의 유용성	이종오 외(2006), 황인준과 이성일(2010), 김수현(2010), 이용일(2010), 최민수(2011) 등
지각된 유희성 (PP)	PP1 PP2 PP3	스마트폰을 사용함으로써 사용자가 즐거움을 얻을 수 있다는 믿음	① 사용의 흥미성 ② 시간을 보내기가 좋음 ③ 흥미 있는 어플리케이션이 많음	김수현(2010), 김수현 외(2011), 손승현 외(2011) 등
채택의도 (AI)	AI1 AI2 AI3 AI4	스마트폰을 지속적으로 사용하거나 향후 사용할 의도	① 지속적 사용의도 ② 스마트폰을 이용한 제품 및 서비스의 지속적 구매의도 ③ 이용요금 지불의사 ④ 스마트폰의 필요성	

1.4 설문지의 구성

이 사례의 설문지는 [표 8-3]과 같다.

❙ 표 8-3 ❙ 설문지

스마트폰 사용자의 스마트폰 사용에 대한

설 문 지

안녕하십니까? 바쁘신 중에서도 이 설문에 귀중한 시간을 할애해 주셔서 대한히 감사드립니다. 이 설문의 모든 내용은 무기명으로 처리되며, 오로지 통계목적으로만 활용할 것임을 약속드립니다.

○○○○년 ○○월 ○○일 연구자 ○○○ 올림

❏ **설문에 대한 답변 요령**

각 설문문항에 대한 응답은 **1(전혀 그렇지 않다)**부터 **7(매우 그렇다)**까지로 되어 있으며, 그 중에서 귀하가 **스마트폰**을 사용하시면서 느꼈던 것에 **"✔"표시** 혹은 **"O"표시**를 해주시면 됩니다.

전혀 그렇지 않다	아니다	약간 아니다	보통이다	약간 그렇다	그렇다	매우 그렇다
1	2	3	4	5	6	7

Ⅰ. 스마트폰의 기능적 속성

설문문항	귀하의 응답					
1. 내가 현재 사용하는 스마트폰은 적절한 운영체제(OS)를 사용하고 있다고 생각한다.	1	2	3	4	5	6	7
2. 내가 현재 사용하는 스마트폰은 적절한 무선인터넷기능을 제공한다고 생각한다.	1	2	3	4	5	6	7
3. 내가 현재 사용하는 스마트폰은 적절한 멀티미디어(디지털카메라, MP3, 게임)기능을 제공한다고 생각한다.	1	2	3	4	5	6	7
4. 내가 현재 사용하는 스마트폰은 적절한 사용자 인터페이스(디스플레이)기능을 제공한다고 생각한다.	1	2	3	4	5	6	7
5. 내가 현재 사용하는 스마트폰은 적절한 멀티태스킹(동시작업)기능과 RFID기술을 제공한다고 생각한다.	1	2	3	4	5	6	7

Ⅱ. 스마트폰의 지각된 유용성, 유희성 및 채택의도
(1-3문항: 유용성, 4-6문항: 유희성, 7-10문항: 채택의도)

설문문항	귀하의 응답						
1. 스마트폰은 내가 하는 일(혹은 업무)에 유용하다.	1	2	3	4	5	6	7
2. 스마트폰의 사용이 내 업무 수행능력을 향상시킨다.	1	2	3	4	5	6	7
3. 나는 스마트폰의 기능들이 나에게 유용하다고 생각한다.	1	2	3	4	5	6	7
4. 스마트폰은 사람들에게 흥미를 준다.	1	2	3	4	5	6	7
5. 스마트폰은 시간을 보내기가 좋다.	1	2	3	4	5	6	7
6. 스마트폰은 흥미있는 어플리케이션이 많다.	1	2	3	4	5	6	7
7. 나는 앞으로도 계속 스마트폰을 사용할 것이다.	1	2	3	4	5	6	7
8. 나는 스마트폰을 이용해서 제품 및 서비스를 지속적으로 구매할 것이다.	1	2	3	4	5	6	7
9. 나는 스마트폰의 이용요금을 기꺼이 지불할 의향이 있다.	1	2	3	4	5	6	7
10. 스마트폰은 나에게 필요하다.	1	2	3	4	5	6	7

Ⅲ. 응답자의 일반적 사항

☞ 각 설문문항에 **"✔"표시**를 해주세요.

1. 귀하의 성별은? ① 남자 ② 여자
2. 귀하의 연령은? 만 (　　　)세
3. 귀하가 스마트폰을 사용한 기간은?
   ① 1년 미만 ② 1년 ③ 2년 ④ 3년 ⑤ 3년 이상

2 데이터 수집과 입력

2.1 데이터 수집

이 사례는 스마트폰을 사용 중인 대학생들을 대상으로 하였고, 분석을 위한 자료 수집은 설문지법을 이용하였다. 설문지는 총 500명에게 배포하여 320부를 회수하였으며, 회수율은 64%이었다. 부실 기재된 것으로 판단되는 20부를 제외하였으며 최종적으로 통계자료분석에 사용된 유효 표본은 300부이었다.

2.2 데이터 파일 만들기

통계실습 8-1 SPSS 29에 의해 데이터 파일 만들기

수집된 300부의 자료를 가지고 SPSS 29를 이용해 [데이터 파일]을 만드시오.

실습 따라하기

❶ SPSS 29를 실행하여 초기 화면으로 들어간다.

❷ [파일-새로 만들기-데이터]를 클릭한 후 Data Editor 화면에서 좌측 하단에 있는 [변수 보기] 탭에서 [이름]에 [FA1]을 1개 입력한 후 [데이터 보기] 탭으로 이동한다. [파일-다른 이름으로 저장]을 클릭한 후 [제2부 기본실습따라하기(제8장)-제2부 통계분석데이터]로 찾아 들어간 후 [파일 이름]에 '제2부 통계실습데이터(8장)'이라는 파일명을 적은 후 [저장] 버튼을 클릭한다.

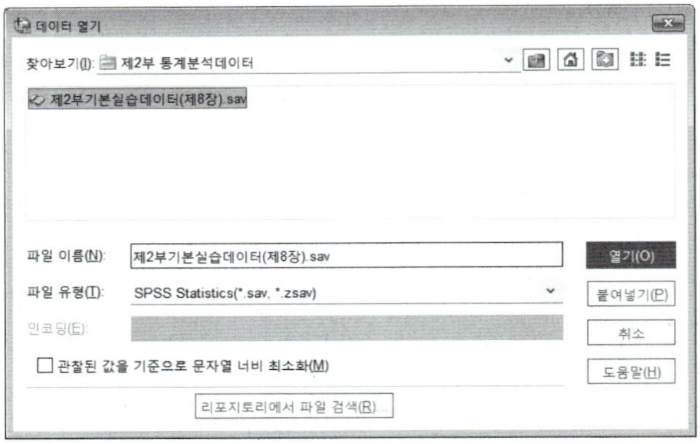

❸ Data Editor의 입력 화면의 좌측 하단에 있는 [변수 보기] 탭에 나머지 [변수명]과 [기타 필요한 사항(유형, 척도 등)]을 입력하여 완료한다. 입력을 마친 후에는 [데이터 보기] 탭으로 이동한다.

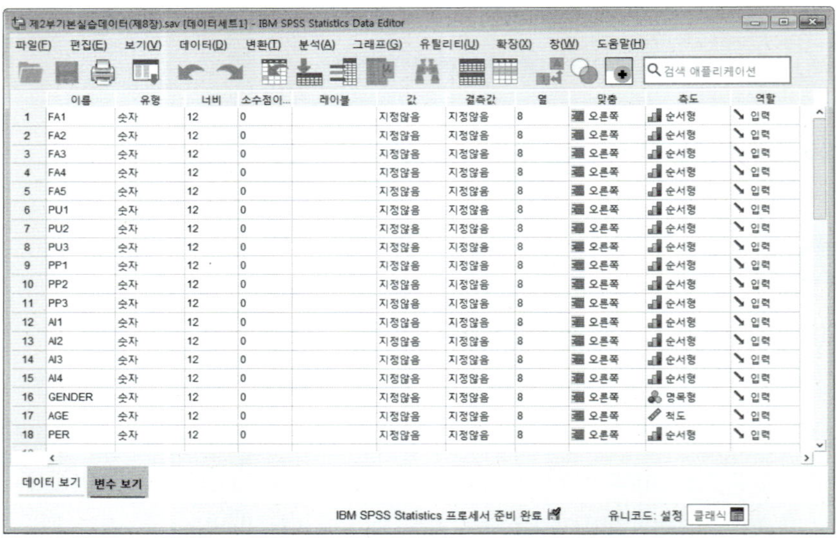

❹ Data Editor의 입력 화면의 [데이터 보기] 탭에서 수집한 데이터를 변수별로 모두 입력한다. 독자들은 데이터를 직접 입력할 필요는 없으며, 실습 파일에 있는 모든 파일을 바탕화면에 복사한 후 필요한 파일을 찾아서 확인하면 된다.

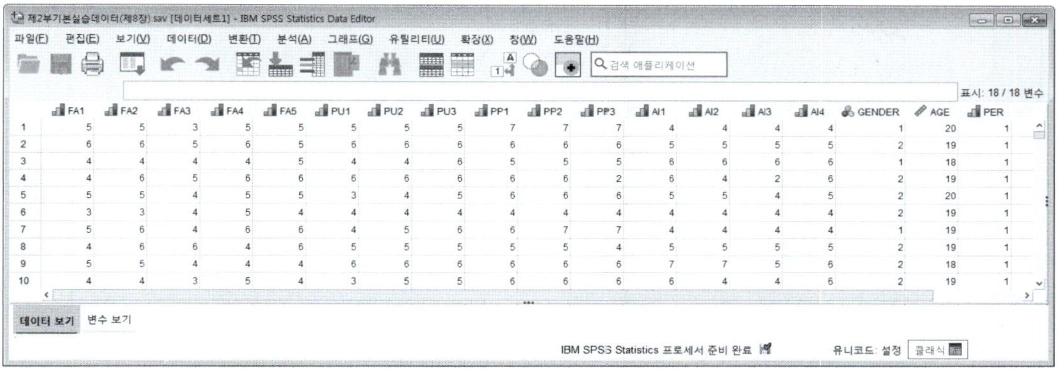

3 기초통계분석

3.1 표본의 일반적 특성

표본의 일반적 특성을 분석하기 위해 [분석] 메뉴에서 [빈도분석]을 시행한다.

통계실습 8-2 표본의 일반적 특성: 빈도분석

스마트폰 사례의 [데이터 파일]을 가지고 빈도분석을 하시오.

실습 따라하기

❶ SPSS 29의 실습 파일이 있는 곳에서 '제2부 통계실습데이터(제8장)'을 클릭해 불러들인다.

❷ [분석-기술통계량-빈도분석]을 차례대로 클릭하여 [빈도분석] 창이 나타나면 [GENDER]를 클릭한 후 Shift를 누른 상태에서 [PER]까지 선택한다. [빈도분석] 창의 가운데에 있는 ➡을 클

릭한다. 그러면 왼쪽 창에 있던 변수들이 오른쪽으로 이동된다.

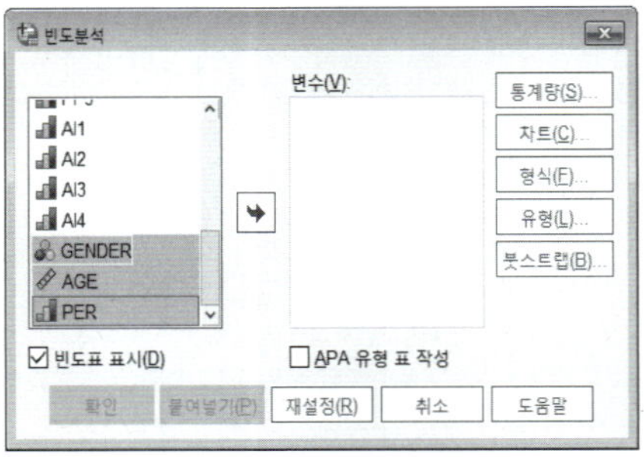

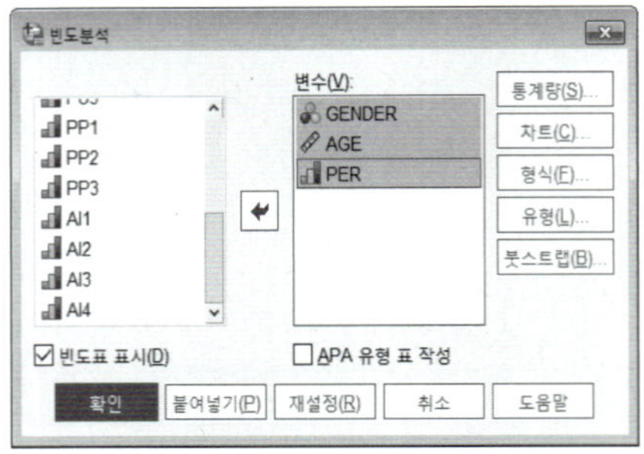

❸ [빈도분석] 창의 [통계량] 버튼을 그대로 두고 ☑ 빈도표 출력(D)이 체크되었는지를 확인한다. [확인] 버튼을 클릭해 빈도분석을 하면 결과가 출력된다.

앞에서 수행한 빈도분석 결과의 출력물을 보고 이 사례의 표본의 일반적 특성을 요약하면 [표 8-4]와 같다.

표 8-4 표본의 일반적 특성

구분		빈도	비율	구분		빈도	비율
성별	남성	145	48.3	연령	18세	30	10.0
	여성	155	51.7		19세	89	29.7
합계		300	100		20세	53	17.7
사용기간	1년 미만	205	68.3		21세	28	9.3
	1년	74	24.7		22세	32	10.7
	2년	19	6.3		23세	28	9.3
	3년	0	0		24세	20	6.7
	3년 이상	2	0.7		25세	10	3.3
					26세	4	1.3
					27세	6	2.0
합계		300	100	합계		300	100

3.2 기술통계량과 데이터 점검

개별 측정변수의 기술통계량을 분석하기 위해서는 [분석] 메뉴에서 [기술통계]분석을 시행하면 된다.

통계실습 8-3 개별 측정변수의 기술통계량: 기술통계분석

스마트폰 사례의 [데이터 파일]을 가지고 기술통계분석을 하시오.

실습 따라하기

❶ SPSS 29의 실습 파일이 있는 '제2부 통계실습데이터(제8장)'을 클릭해 불러들인다.

❷ [분석-기술통계량-기술통계]를 차례대로 클릭하여 [기술통계] 창이 나타나면 Shift를 누른 상태에서 [FA1]부터 [AI4]까지 선택한다. [기술통계] 창의 가운데에 있는 ➡을 클릭한다. 그러면 왼쪽 창에 있던 변수들이 오른쪽으로 이동된다.

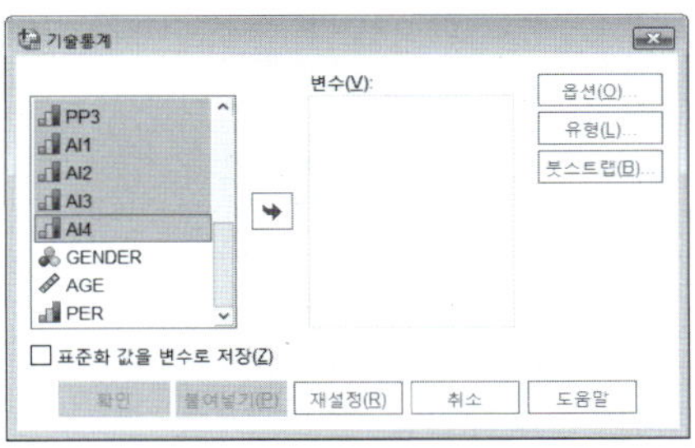

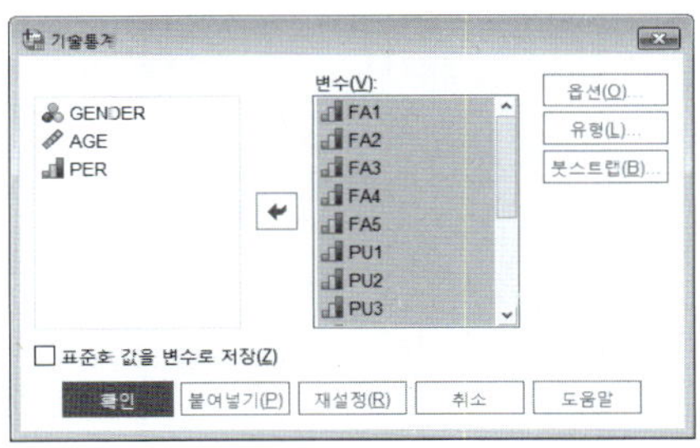

❸ [기술통계] 창의 [옵션] 버튼을 클릭하여 출력을 원하는 항목(평균, 표준편차, 첨도, 왜도)을 선택한 후 [계속] 버튼을 클릭한다.

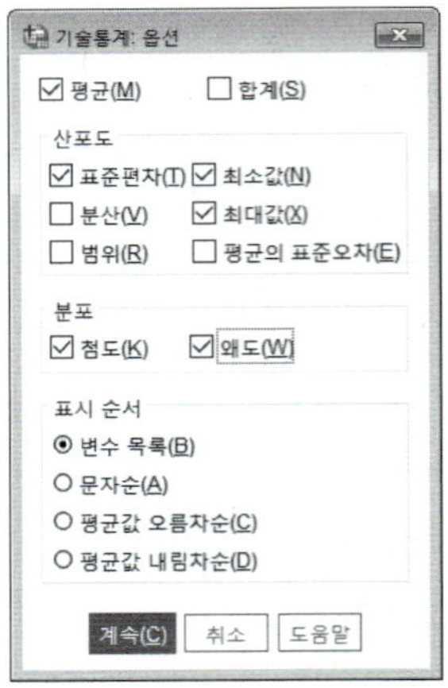

❹ [기술통계] 창에서 ☑표준화 값을 변수로 저장(Z)에 체크를 하고 [확인] 버튼을 클릭해 분석을 시행하면 결과가 나타난다. 각 사례의 Z-value는 해당 변수명 앞에 Z가 붙여진 변수명으로 [제2부 통계실습데이터(제8장)] 파일에 추가된다. 예컨대 측정변수 FA1은 ZFA1으로 저장된다. 저장된 값을 보려면 [기술통계]분석 결과에서 빠져 나간 후 [제2부 통계실습데이터(제8장)] 파일을 보면 된다.

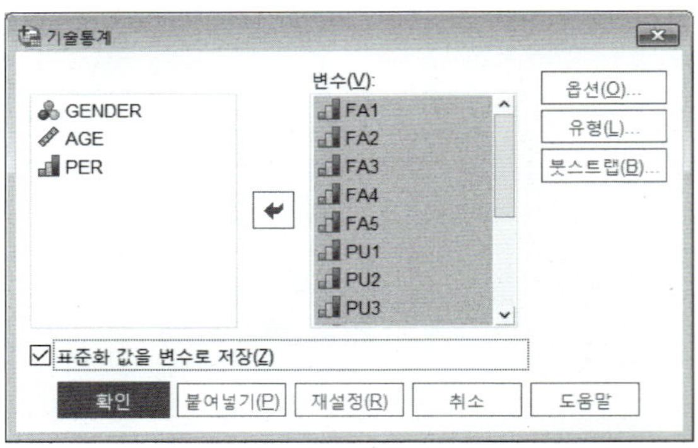

❺ [데이터 파일] '제2부 통계실습데이터(제8장)'에 들어가 보면 Z-value로 변환된 변수들이 입력되었음을 알 수 있다. 새롭게 추가된 Z변수들은 원래의 데이터 [오른쪽]에 추가된다.

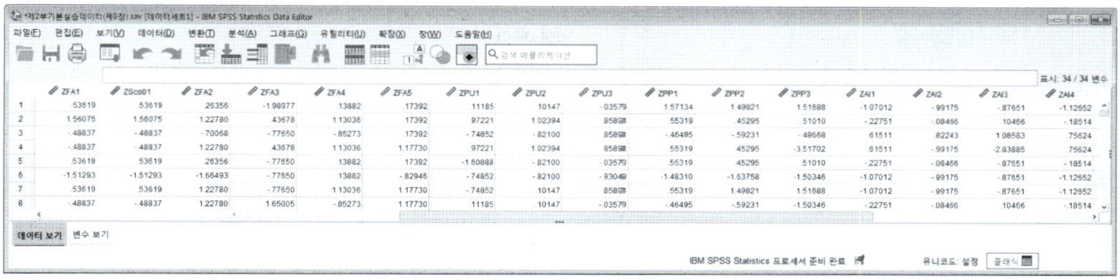

[통계실습 8-3]에서 출력된 300개 사례에 대한 Z-value을 검토해 본 결과, ±3 이상인 경우가 없으므로 일변량 이상치가 없다고 판단할 수 있다. 기술통계량분석 결과는 [표 8-5]와 같다.

표 8-5 측정변수의 기술통계량

측정변수	기호	N	평균	표준편차	왜도	첨도
적절한 운영체제(OS) 사용	FA1	300	4.48	0.976	0.055	0.009
적절한 무선인터넷기능 사용	FA2	300	4.73	1.037	−0.049	−0.657
적절한 멀티미디어기능 사용	FA3	300	4.64	0.824	−0.256	0.117
적절한 디스플레이기능(사용자 인터페이스) 사용	FA4	300	4.86	1.009	0.127	−0.393
적절한 멀티태스킹 및 RFID기술 사용	FA5	300	4.83	0.997	−0.014	−0.341
일(업무)에의 유용성	PU1	300	4.87	1.162	0.088	−0.754
업무수행능력 향상	PU2	300	4.89	1.084	0.125	−0.682
스마트폰기능의 유용성	PU3	300	5.04	1.118	−0.007	−0.776
사용의 흥미성	PP1	300	5.46	0.982	−0.209	−0.433
시간을 보내기가 좋음	PP2	300	5.57	0.957	−0.445	0.254
흥미 있는 어플리케이션이 많음	PP3	300	5.49	0.993	−0.414	0.214
지속적인 사용의도	AI1	300	5.27	1.187	−0.052	−1.095
스마트폰을 이용한 제품 및 서비스의 지속적 구매의도	AI2	300	5.09	1.102	−0.005	−0.619
이용요금 지불의사	AI3	300	4.89	1.019	0.082	−0.362
스마트폰의 필요성	AI4	300	5.20	1.062	−0.063	−0.844

3.3 신뢰도분석

통계실습 8-4 신뢰도분석

스마트폰 사례의 [데이터 파일]을 가지고 신뢰도분석을 하시오.

실습 따라하기

❶ SPSS 29의 실습 파일이 있는 곳에서 '제2부 통계실습데이터(제8장)'을 클릭해 불러들인다.

❷ [분석-척도분석-신뢰도분석]을 차례대로 클릭하여 [신뢰도분석] 창이 나타나면 Shift를 누른 상태에서 첫 번째 잠재변수의 측정변수들인 [FA1]부터 [FA5]까지 선택한다. 창의 가운데에 있는 을 클릭한다. 그러면 왼쪽 창에 있던 선택된 [측정변수]들이 오른쪽으로 이동된다.

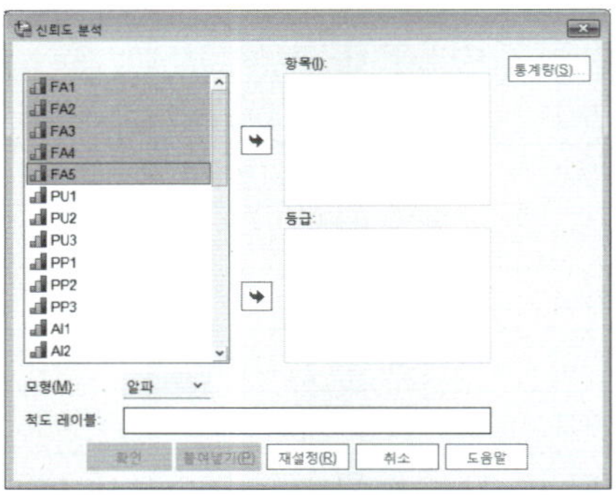

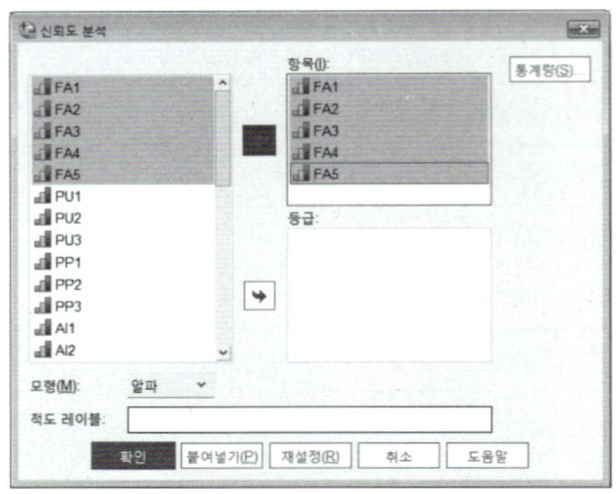

❸ [통계량]은 그대로 디폴트값으로 하고 [확인] 버튼을 클릭해 신뢰도분석을 시행하면 결과가 출력된다.

❹ 위와 같은 방법으로 나머지 잠재변수에 대해서도 분석을 시행하여 완료한다.

4개의 잠재변수에 대한 신뢰도분석 결과는 [표 8-6]과 같다. 분석 결과 Cronbach α 계수가 모든 잠재변수에 대해 0.8 이상으로 신뢰도가 높은 것으로 나타났다.

표 8-6 신뢰도분석 결과

변수명	기호	최초 설문문항 수	Cronbach α 계수
지각된 기능적 속성	FA	5	0.868
지각된 유용성	PU	3	0.852
지각된 유희성	PP	3	0.910
채택의도	AI	4	0.885

3.4 탐색적 요인분석

통계실습 8-5 탐색적 요인분석

스마트폰 사례의 [데이터 파일]을 가지고 탐색적 요인분석을 하시오. 요인추출방법으로는 공통요인 방법인 최대우도법, 요인 수는 고정된 요인 수인 4개, 회전방법으로는 직접오블리민을 적용하시오.

실습 따라하기

❶ SPSS 29의 실습 파일이 있는 곳에서 '제2부 통계실습데이터(제8장)'을 클릭해 불러들인다.

❷ [분석 – 차원 축소 – 요인분석]을 차례대로 클릭하여 [요인분석] 창이 나타나면 [측정변수]인 [FA1]부터 [AI4]까지 Shift 를 누른 상태에서 마우스 왼쪽 버튼을 클릭하여 선택한 후 [요인분석] 창의 가운데에 있는 ➡을 클릭한다. 그러면 왼쪽 창에 있던 [측정변수]들이 오른쪽으로 이동된다. 이 작업은 통계분석을 시행할 대상 변수를 선정하는 것이다.

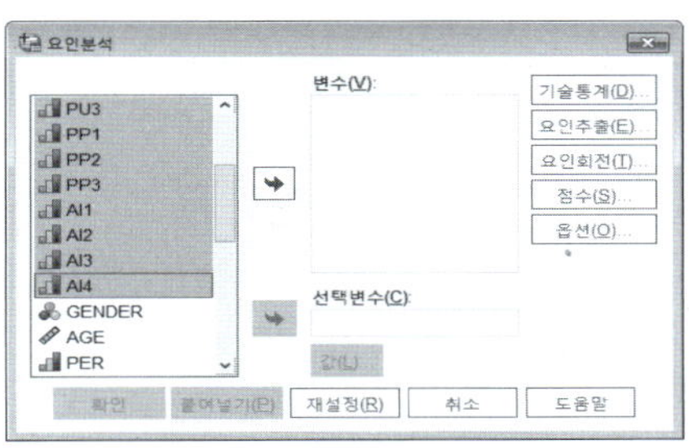

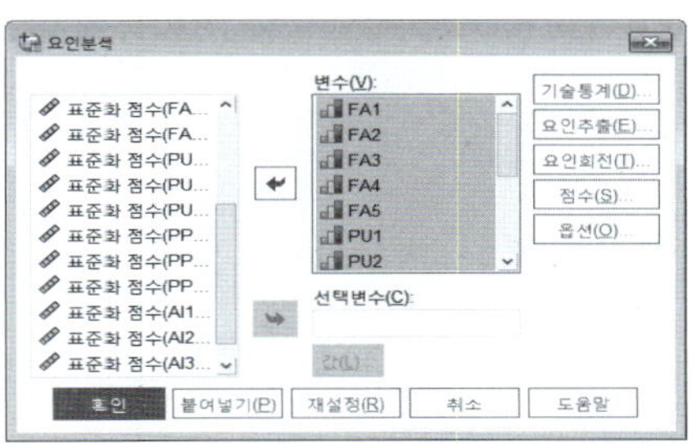

❸ [요인분석] 창의 오른쪽에 있는 [기술통계] 버튼을 클릭하여 [KMO와 Bartlett의 구형성검증]을 선

택한 후 [계속] 버튼을 클릭하다.

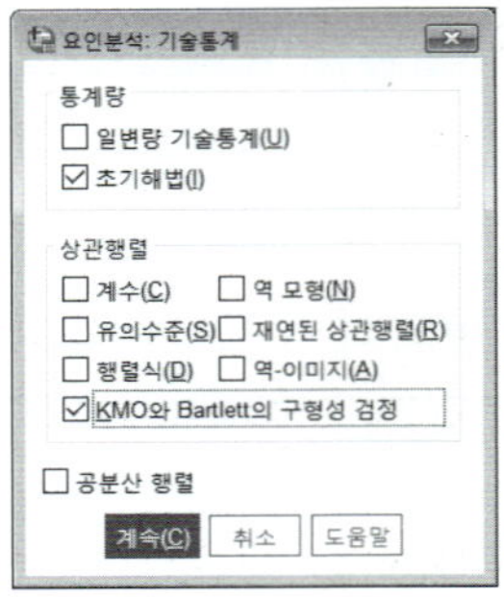

❹ [요인분석] 창의 오른쪽에 있는 [요인추출] 버튼을 클릭하여 [방법]에 [최대우도]를 선택하고, [추출]에 [고정된 요인 수]를 선택한다. 추출할 요인 수를 이 사례의 잠재변수 수인 [4]개로 입력한다.

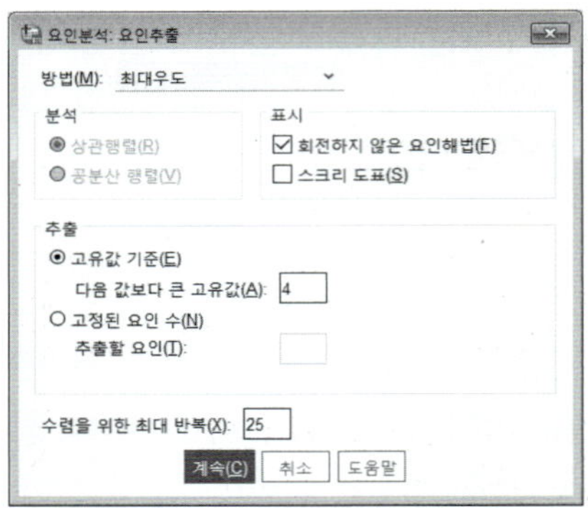

❺ [요인분석] 창의 오른쪽에 있는 [요인회전] 버튼을 클릭하여 회전방법은 [직접오블리민(Direct Olimin)]을 선택한 후 [계속] 버튼을 클릭한다.

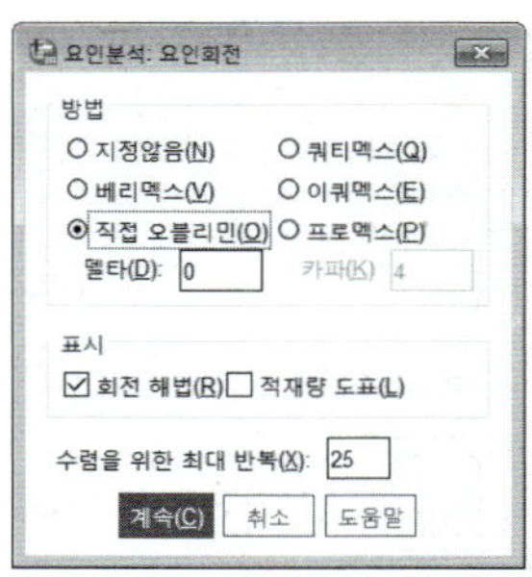

❻ [요인분석] 창에서 [옵션] 버튼을 클릭한 후 창의 [계수표시형식]에서 [작은 계수 표시 안 함]을 체크하고 [절대값(아래)]에 [0.40]을 입력한 후 [계속] 버튼을 클릭한다.

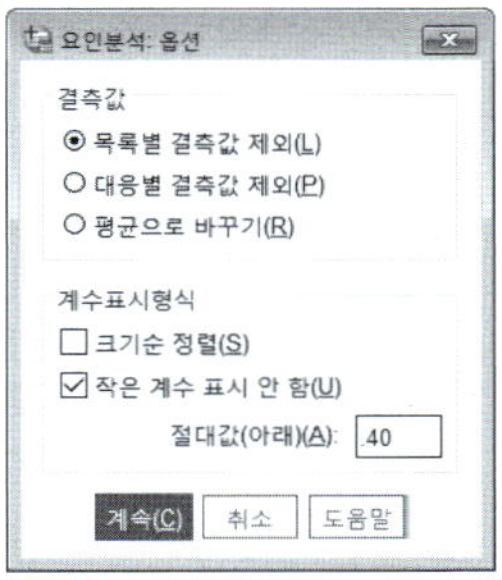

❼ [요인분석] 창에서 좌측 하단에 있는 [확인] 버튼을 클릭하여 요인분석을 시행한다. 그러면 요인분석 결과가 나타난다.

탐색적 요인분석의 Output을 가지고 **잠재변수**(구성개념)에 대한 **탐색적 요인분석 결과**를 요약하면 [표 8-7]과 같다.

표 8-7 탐색적 요인분석 결과

변수		요인1	요인2	요인3	요인4
요인	측정문항				
지각된 기능적 속성 (FA)	FA1				0.661
	FA2				0.729
	FA3				0.614
	FA4				0.848
	FA5				0.787
지각된 유용성 (PU)	PU1		−0.697		
	PU2		−0.968		
	PU3		−0.637		
지각된 유희성 (PP)	PP1	0.809			
	PP2	0.908			
	PP3	0.816			

채택의도 (AI)	AI1			0.781	
	AI2			0.821	
	AI3			0.733	
	AI4			0.798	
고유값		7.226	1.566	1.287	1.139
설명분산(%)		48.175	10.441	8.578	7.595
누적분산(%)		48.175	58.616	67.193	74.788
KMO 측도=0.902 Bartlett의 χ^2=2863.844, df=105, p=0.000					

측정도구의 타당도검증을 위해서 탐색적 요인분석(EFA)을 수행하였다. 요인추출방법으로는 최대우도법, 요인 수는 고정된 요인 수로 4개, 회전방법으로는 직접오블리민을 적용하였다.

KMO 표본적합도는 0.902로 0.8 이상으로 나타나 변수와 케이스의 수가 적절하며, Bartlett 구형성검증 결과 χ^2=2863.844, df=105, p=0.000으로 $p<0.05$이므로 변수들 간의 상관관계가 존재하여 요인분석의 수행이 가능한 것으로 나타났다. 한편 추출 제곱합 적재량에서 전체 누적변량은 66.387이어서 60% 이상이었다. 요인은 4개로 잘 묶였고 모든 문항의 요인적재량이 0.4 이상으로 나타나 요인들 간의 판별타당도는 확보되었다.

4 측정모형분석

4.1 측정모형 그리기

측정모형은 측정도구의 신뢰도와 타당도검증을 위해서 사용된다. 측정모형은 CFA(확인적 요인분석)를 수행하여 분석한다. CFA를 실행하려면 측정모형을 그려야 한다.

측정모형을 그릴 때 몇 가지 유의사항은 다음과 같다.

- 모든 잠재변수 간을 공분산으로 설정, 즉 상관(↔)으로 연결한다.
- 모든 측정변수들은 측정오차항이 있어야 한다.
- 모형 식별을 위해서 잠재변수별로 1개의 측정변수에 대한 회귀계수 중에서 하나를 '1'로

지정한다. 이를 준거변수(Reference variable)의 지정이라 한다.

통계실습 **8-6**

스마트폰 사례: CFA를 위한 최초 측정모형 그리기

CFA를 위한 스마트폰 사례의 최초 측정모형을 그리시오. 단, 잠재변수는 4개, 측정변수는 15개이다.

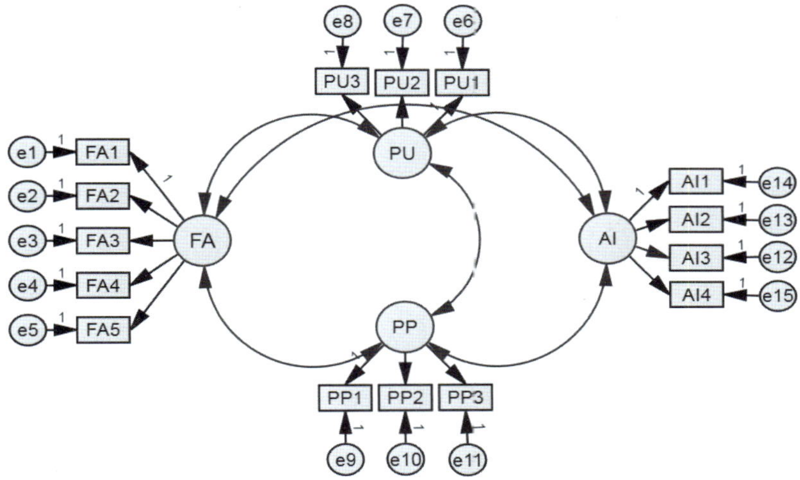

【주】 1) 잠재변수: 지각된 기능적 속성(FA), 지각된 유용성(PU), 지각된 유희성(PP), 채택의도(AI)
2) 외생잠재변수: FA, 내생잠재변수: PU, PP, AI

실습 따라하기

❶ 초기 화면 메뉴에서 [View–Interface Properties]로 들어간 후 [Paper Size]를 [Landscape–A4]로 변경하여 입력화면의 바탕크기를 키운다.

❷ 초기 화면의 왼쪽에 있는 도구상자 (데이터 파일 선택하기)를 마우스로 선택하여 클릭하여 들어간 후에 [Data Files] 창의 [File Name]을 클릭한다. 실습 파일이 있는 곳에서 [제2부 기본실습따라하기(제8장)–제2부 통계분석데이터–제2부 통계실습데이터(제8장)]으로 가서 [제2부 통계실습데이터(제8장)]을 선택한 후 [열기] 버튼을 클릭해 선택한다. [OK] 버튼을 클릭해 빠져 나간다. 그러면 앞으로 그릴 측정모형의 각 측정변수에 데이터를 연결할 수 있는 준비가 완료된다.

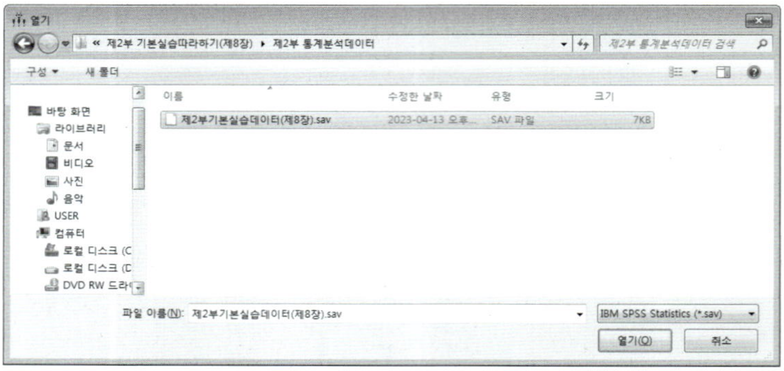

❸ 개별 측정모형을 그린다. 그리기의 방법에 대해서는 이 책의 제1장을 참조한다.

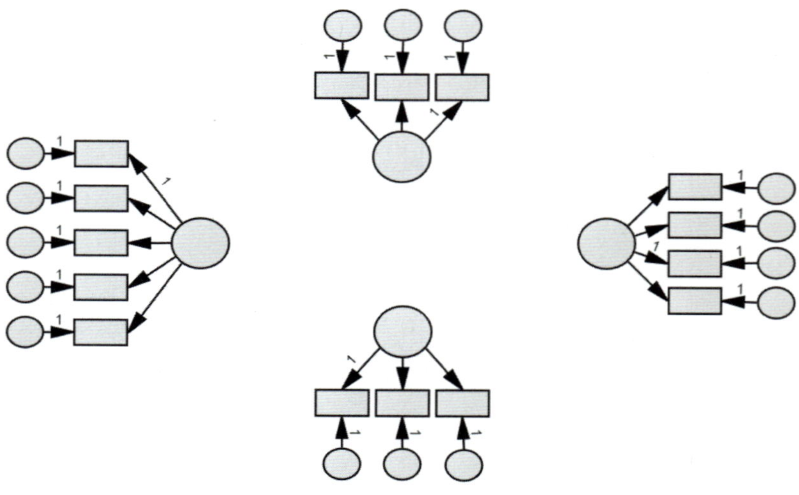

❹ 잠재변수의 변수명을 입력한다. 첫 번째 잠재변수의 [원]에서 마우스 오른쪽 버튼을 클릭하여 [Object Properties]를 선택한 후 [Font size]에 [20]을 입력하고 [Variable name]에 [FA]를 입력하고, 나머지 잠재변수명에 대해서도 같은 방법으로 차례대로 클릭해 입력한다.

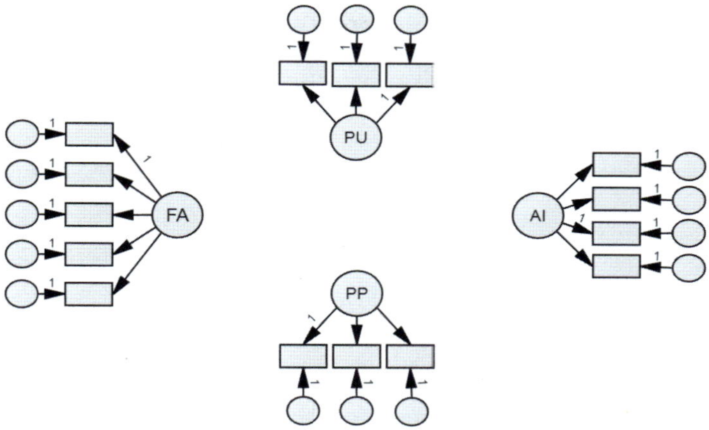

❺ 측정변수의 변수명을 입력한다. 도구상자에서 (데이터 파일을 모형의 변수명에 연결하기)를 클릭한다. 그러면 [Variables in Dataset]에 있는 [측정변수]들을 보여준다. 잠재변수에 측정변수들 중에서 회귀계수가 1로 표시되어 있는 것부터 차례대로 드래그하여 입력한다. 입력이 완료된 화면은 다음과 같다. 자세한 것은 제1장의 입력방법을 참조한다.

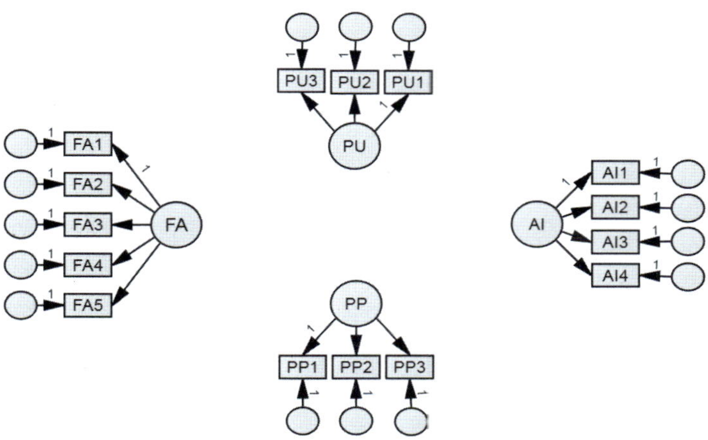

❻ 오차항의 변수명을 입력한다. 오차항은 한 번에 한 개씩 입력해도 되지만 자동으로 입력하는 방법을 사용하는 것이 편리하다. Plugins 메뉴에서 [Name Jnobserved Variables]를 클릭하면 자동으로 15개의 오차항이 한 번에 모두 입력이 완료된다.

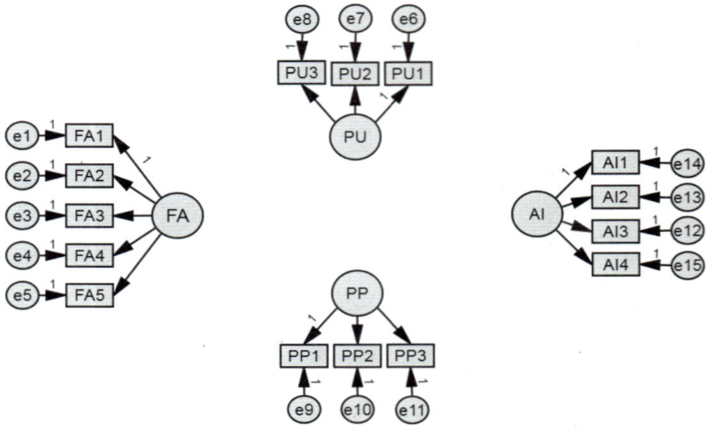

❼ 모든 잠재변수 간을 상관(↔)으로 연결하여야 한다. 이를 위해서는 도구상자 (대상 1개 선택하기)를 클릭한 후 잠재변수 [FA], [PU], [PP], [AI]를 각각 클릭해 선택한다. 그러면 잠재변수 [원]이 [파란색]으로 바뀐다. Plugins 메뉴에서 [Draw Covariances]를 클릭하면 자동으로 잠재변수 간을 상관(↔)으로 연결할 수 있다. 측정모형 그리기를 모두 마쳤으면 도구상자 (선택 대상 모두 해제하기)를 클릭해 입력을 마친다.

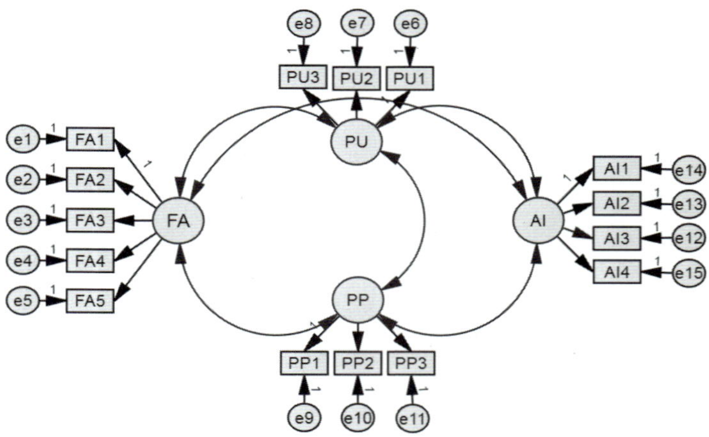

4.2 CFA를 이용한 측정모형분석

(1) CFA 실행과 주요 확인사항 검토

측정모형 그리기가 완료되면 이제 CFA를 실행해야 한다. 측정모형분석을 통해 측정모형의 적합도와 측정도구(측정변수와 잠재변수)의 신뢰도와 타당도를 검증한다. 실행 후에 적합도가 낮은 경우에는 모형 적합도를 높이기 위한 작업을 수행한다. CFA를 실행한 후에 식별 문제가 없으면 [모형관리 창]에 [OK: Default model]이 나타난다. 식별 문제(Identification problem)가 있으면 CFA를 실행할 수 없으므로 필요한 조치를 해야 한다.

CFA의 실행 절차는 다음과 같다.

- 초기 화면의 [Analysis Properties 도구상자]( )에서 [Estimation] 탭과 [Output] 탭을 지정한다.
- 분석 실행 도구상자( )를 클릭하여 CFA를 실행한다.
- 분석 결과 보기 도구상자( )를 클릭해 출력물들을 확인한다.

측정모형 평가 이전의 주요 확인사항은 다음과 같다.

- 헤이우드 케이스, 즉 표준화회귀계수가 1을 초과하고, 음오차분산이 있는지 확인한다.
- 잠재변수 간 극단적인 상관관계(상관계수 0.9 이상)가 있는지 확인한다.

통계실습 8-7 **스마트폰 사례: 최초 측정모형과 CFA의 실행**

스마트폰 사례의 최초 측정모형을 이용하여 CFA를 실행하시오. 실행 후에는 위반추정치와 식별 문제가 있는지 검토하시오.

실습 따라하기

❶ 앞에서 우리는 [통계실습 8-6]에서 측정모형 그리기를 완료하였다. 측정모형을 [제2부 기본실습따라하기(제8장)-제2부 통계분석-제2부 통계분석(제8장)] 폴더 안에 파일명을 [통계실습 8-7 최초 측정모형]으로 저장하였다. [통계실습 8-7 최초 측정모형]을 사용해 CFA를 실행하기로 한다.

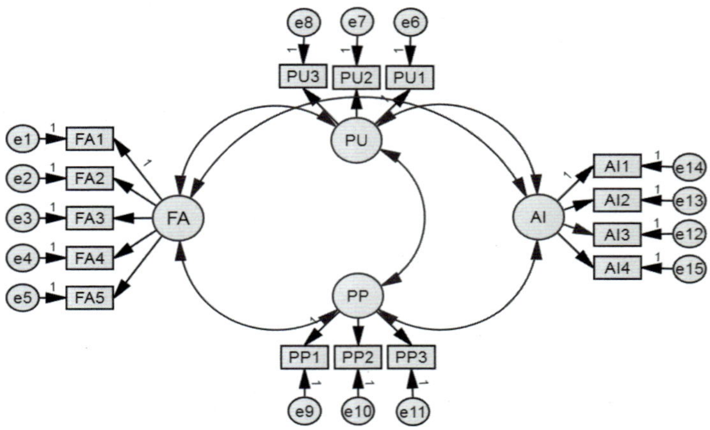

❷ Analysis Properties(분석속성 지정 창)의 도구상자( )를 클릭하여 들어간 후 Estimation 탭에서 [Maximum likelihood(최대우도법)]이 선택되어 있는가를 확인하고 Output 탭에서 원하는 출력물을 선택한다. 수정지수(M.I.)는 디폴트로 [4]로 설정되어 있다.

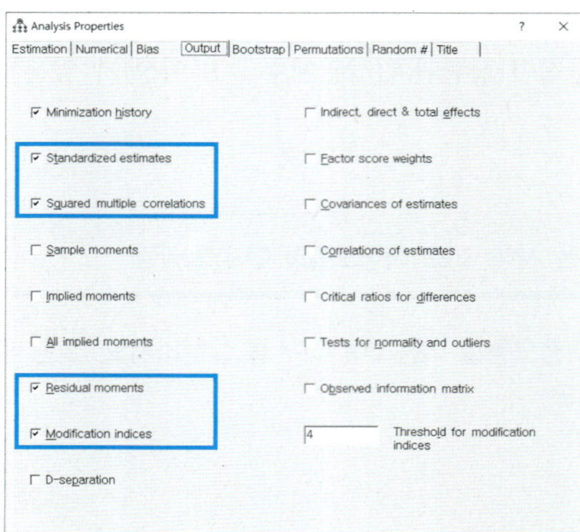

❸ [모형 적합도] 결과에서 SRMR을 얻기 위해서 [Plugins] 메뉴에서 [Standardized RMR]을 체크한다. 분석 실행 도구상자( )를 클릭해 CFA를 실행한다.

CFA가 실행되면 최초 측정모형에 대한 모형추정 결과가 출력된다. 출력물을 검토하여 위반 추정치가 있는지를 확인하고 있으면 해결해야 한다.

표 8-8 최초 측정모형의 주요 추정 결과

① Notes for Group(집단 요약)

Notes for Group (Group number 1)

The model is recursive.
Sample size = 300

[해설] 재귀모형(Recursive model)이며, 표본크기는 300개이다.

② Notes for Model(모형 요약)

Notes for Model (Default model)

Computation of degrees of freedom (Default model)

Number of distinct sample moments:	120
Number of distinct parameters to be estimated:	36
Degrees of freedom (120 - 36):	84

Result (Default model)

Minimum was achieved
Chi-square = 182.017
Degrees of freedom = 84
Probability level = .000

[해설] 카이자승(χ^2) 182.017, 자유도 84, 유의수준 0.000이다. p값이 0.05보다 작으므로 이 지수만을 보면 측정모형은 적합하지 않다. 그러나 SEM분석에서는 이 지수만을 가지고 적합도를 판단해서는 안 되며 다른 지수들을 함께 고려하여 모형 적합도를 평가해야 한다.

③ Estimates(추정치)

▶ 회귀계수(비표준화회귀계수)

Regression Weights: (Group number 1 - Default model)

			Estimate	S.E.	C.R.	P	Label
FA1	<---	FA	1.000				
FA2	<---	FA	1.072	.069	15.545	***	
FA3	<---	FA	.639	.058	10.931	***	
FA4	<---	FA	.968	.068	14.190	***	
FA5	<---	FA	.935	.068	13.788	***	
PU1	<---	PU	1.000				
PU2	<---	PU	1.046	.071	14.839	***	
PU3	<---	PU	.999	.071	13.978	***	
PP1	<---	PP	1.000				
PP2	<---	PP	.950	.047	20.056	***	
PP3	<---	PP	1.005	.049	20.668	***	
AI3	<---	AI	.724	.051	14.153	***	
AI2	<---	AI	.936	.051	18.303	***	
AI1	<---	AI	1.000				
AI4	<---	AI	.837	.051	16.445	***	

[해설] 모든 개별 측정변수들은 통계적으로 유의한 것으로 나타났다.

▶ 회귀계수(표준화회귀계수)

Standardized Regression Weights: (Group number 1 - Default model)

			Estimate
FA1	<---	FA	.814
FA2	<---	FA	.821
FA3	<---	FA	.616
FA4	<---	FA	.763
FA5	<---	FA	.745
PU1	<---	PU	.774
PU2	<---	PU	.868
PU3	<---	PU	.804
PP1	<---	PP	.887
PP2	<---	PP	.865
PP3	<---	PP	.882
AI3	<---	AI	.722
AI2	<---	AI	.863
AI1	<---	AI	.857
AI4	<---	AI	.801

[해설] 표준화회귀계수 추정치는 1을 초과하는 경우는 없어서 위반추정치는 없었다. 표준화회귀계수는 0.7 이상(탐색적 연구는 0.5 이상)이어야 개별 측정변수가 신뢰도가 있다고 판단한다. 그러나 FA3은 표준화회귀계수가 0.616이므로 제거를 검토해야 한다.

Variances: (Group number 1 - Default model)

	Estimate	S.E.	C.R.	P	Label
FA	.629	.077	8.205	***	
PU	.806	.107	7.533	***	
PP	.756	.079	9.528	***	
AI	1.030	.115	8.945	***	
e1	.321	.035	9.181	***	
e2	.350	.039	9.019	***	
e3	.420	.037	11.296	***	
e4	.424	.042	10.081	***	
e5	.440	.043	10.301	***	
e6	.541	.057	9.521	***	
e7	.289	.043	6.724	***	
e8	.441	.050	8.852	***	
e9	.205	.026	7.849	***	
e10	.229	.026	8.713	***	
e11	.219	.027	8.085	***	
e12	.495	.046	10.783	***	
e13	.309	.037	8.260	***	
e14	.374	.044	8.477	***	
e15	.403	.041	9.818	***	

[해설] 분산추정치(Variances)를 보면 음오차분산은 없는 것으로 나타났다.

▶ 다중상관자승

Squared Multiple Correlations: (Group number 1 - Default model)

	Estimate
AI4	.642
AI1	.734
AI2	.745
AI3	.522
PP3	.777
PP2	.749
PP1	.787
PU3	.646
PU2	.753
PU1	.598
FA5	.556
FA4	.582
FA3	.379
FA2	.674
FA1	.662

[해설] 측정모형에 대한 개별 측정변수의 신뢰도는 SMC에 의해서 평가할 수 있다. SMC가 신뢰도가 있으려면 0.5 이상이어야 하며, 0.5 미만인 경우에는 제거하는 것이 좋다. FA3은 SMC가 0.379로 0.5 미만이어서 제거하는 것이 바람직한 것으로 판단된다.

▶ 상관관계

Correlations: (Group number 1 - Default model)

			Estimate
FA	<-->	PU	.589
FA	<-->	PP	.601
FA	<-->	AI	.597
PU	<-->	PP	.614
PU	<-->	AI	.597
PP	<-->	AI	.621

[해설] 잠재변수 간의 상관계수는 0.9 이상이 없어서 극단적인 상관관계는 없는 것으로 나타났다.

▶표준화 잔차공분산

Standardized Residual Covariances (Group number 1 - Default model)

	AI4	AI1	AI2	AI3	PP3	PP2	PP1	PU3	PU2	PU1	FA5	FA4	FA3	FA2	FA1
AI4	.000														
AI1	.203	.000													
AI2	-.513	.188	.000												
AI3	.967	-.982	.373	.000											
PP3	-.174	.613	.264	.324	.000										
PP2	-.692	.504	-.103	-1.605	.116	.000									
PP1	-.588	.386	.258	-.992	-.126	.036	.000								
PU3	.055	.033	.363	.012	.510	.332	1.392	.000							
PU2	.817	-.565	-.381	.337	-.338	-1.178	.177	-.012	.000						
PU1	.619	-.569	.083	-.061	-.338	-.412	.186	-.450	.298	.000					
FA5	-.751	-.397	-.700	-.441	-.280	-.224	.523	1.205	-.688	.030	.000				
FA4	-.991	.308	-1.241	-.456	-.761	-.754	-.062	.533	-1.134	.502	1.895	.000			
FA3	-.624	.626	-.066	-.280	-.573	-.926	-.345	1.148	-.491	.558	.034	.324	.000		
FA2	-.350	.639	.333	.692	.082	-.487	.274	.495	-.712	-.424	-.444	-.668	.198	.000	
FA1	-.195	.752	.487	.982	.962	.336	.522	.775	.110	.279	-.846	-.432	-.391	.708	.000

[해설] 표준화 잔차공분산의 절대값이 4 이상이 없는 것으로 나타나 모형 수정의 필요성은 크지 않은 것으로 나타났다.

④ 수정지수(M.I.)

Covariances: (Group number 1 - Default model)

			M.I.	Par Change
e15	<-->	PU	5.283	.069
e14	<-->	PU	4.934	-.068
e13	<-->	e15	6.595	-.065
e12	<-->	e15	9.593	.092
e12	<-->	e14	15.248	-.117
e11	<-->	e12	8.550	.070
e10	<-->	e12	9.207	-.072
e9	<-->	PU	4.247	.048
e7	<-->	e15	7.482	.075
e7	<-->	e10	5.065	-.049
e4	<-->	e14	4.199	.060
e4	<-->	e13	6.119	-.066
e4	<-->	e6	4.059	.067
e4	<-->	e5	33.974	.168
e2	<-->	e4	6.599	-.069
e1	<-->	e11	4.159	.042
e1	<-->	e5	9.235	-.079
e1	<-->	e2	10.038	.076

[해설] 모형 수정의 진단지표로 가장 많이 이용되고 있는 M.I.지수(수정지수)에 대한 결과이다. 모형 적합도가 낮거나 좋지 않으면 M.I.지수를 이용하여 모형 수정을 해야 한다. e4와 e5 간의 M.I.지수가 33.974이고 이들 간을 연결하면 모수변화가 0.168이므로 모형 적합도가 개선될 것으로 판단된다. 따라서 이 사례에서는 모형 적합도의 개선을 위해서 e4와 e5 간의 공분산을 설정하기로 한다.

이상에서 살펴본 것처럼 측정모형의 출력 결과에 의하면 표준화회귀계수가 1을 초과하는 경우, 오차분산이 음인 경우 그리고 잠재변수 간 상관관계가 0.9 이상으로 극단적인 경우는 없는 것으로 나타났다. 따라서 측정모형의 평가 이전의 주요 확인사항을 검토한 결과 **위반추정치는 없음**을 알 수 있다.

이 장에서 사용된 사례에서는 위반추정치가 없는 것으로 나타났다.

(2) 측정모형의 적합도 평가

모형의 위반추정치가 없다면 **적합도지수**를 이용하여 **모형 적합도**를 **평가**해야 한다. [표 8-9]는 적합도 출력 결과를 제시한 것이다.

표 8-9 최초 측정모형의 적합도지수 출력 결과

Model Fit Summary

CMIN

Model	NPAR	CMIN	DF	P	CMIN/DF
Default model	36	182.017	84	.000	2.167
Saturated model	120	.000	0		
Independence model	15	2920.828	105	.000	27.817

RMR, GFI

Model	RMR	GFI	AGFI	PGFI
Default model	.039	.925	.892	.647
Saturated model	.000	1.000		
Independence model	.464	.254	.147	.222

Baseline Comparisons

Model	NFI Delta1	RFI rho1	IFI Delta2	TLI rho2	CFI
Default model	.938	.922	.965	.956	.965
Saturated model	1.000		1.000		1.000
Independence model	.000	.000	.000	.000	.000

RMSEA

Model	RMSEA	LO 90	HI 90	PCLOSE
Default model	.062	.050	.075	.049
Independence model	.299	.290	.309	.000

Standardized RMR

Default model
Standardized RMR = .0366

Close

표 8-10 최초 측정모형의 적합도 평가 결과

모형	χ^2(p)	χ^2/df(Q값)	SRMR*	TLI	RMSEA
최초 측정모형	182.017(0.000)	2.167	0.037	0.956	0.062

【주】 적합도지수의 수용기준: Q값<3 미만, SRMR<0.08 미만, TLI≥0.9 이상, RMSEA<0.08 미만
* SRMR은 측정모형 실행 전 [Plugins] 메뉴에 있는 [Standardized RMR]을 클릭하면 출력됨.

χ^2(p)는 182.017(0.000)로 수용기준에 미치지 못하여 측정모형이 기각되었지만, 나머지 적합도지수인 χ^2/df(Q값), SRMR, TLI, RMSEA을 보면 측정모형의 적합도는 만족스러운 것으로 나타났다.

(3) 개별 측정변수의 신뢰도 평가와 모형의 수정

■ 개별 측정변수의 신뢰도 평가

최초 측정모형의 적합도 평가 결과는 [표 8-8]과 [표 8-9]에 제시하였다. 추정 결과에 의하면 FA3의 표준화회귀계수가 0.7 미만이고 SMC가 0.379이어서 측정변수의 신뢰도가 낮은 것으로 나타났다. 또한 FA의 경우에는 제거 가능한 측정변수가 존재(측정변수 5개 항목)하므로 이 사례에서는 FA3을 잠재변수의 측정변수에서 제거하기로 한다. 그러나 측정변수의 항목이 4개 미만이라면 변수 제거 여부는 심사숙고하여 결정해야 한다. 왜냐하면 변수 제거를 통해서 모형 적합도와 측정변수의 신뢰도는 개선될 여지가 있지만 변수의 조작적 정의에 반드시 필요한 측정변수가 제거된다면 내용타당도가 확보되지 않을 가능성이 높아지기 때문이다.

측정변수 FA3 제거

■ 측정변수 제거를 통한 측정모형의 수정

이 사례에서는 모형 적합도가 만족스럽고 측정모형의 SMC가 0.5 미만이고 표준화잔차공분산의 절대값이 4 이상이 없으므로 모형 수정의 필요성은 낮은 것으로 나타났다. 그러나 측정변수 FA3는 신뢰도가 낮으므로 제거하는 모형 수정을 하기로 한다.

통계실습
8-8 스마트폰 사례: 측정모형의 수정(변수 제거)

스마트폰 사례의 최초 측정모형에서 측정변수 1개(FA3)를 제거한 후 파일명을 '통계실습 8-8 측정모형 수정(FA3의 제거)'으로 저장하고 CFA를 실행하시오.

실습 따라하기

❶ 이미 설정되어 있는 최초 측정모형인 [통계실습 8-7 최초 측정모형]을 불러들인다. 측정변수 FA3을 최초 측정모형에서 제거하고 [File-Save As]에서 [통계실습 8-8 측정모형의 수정(FA3의 제거)]으로 저장한다. 제거 후의 측정모형은 다음과 같다.

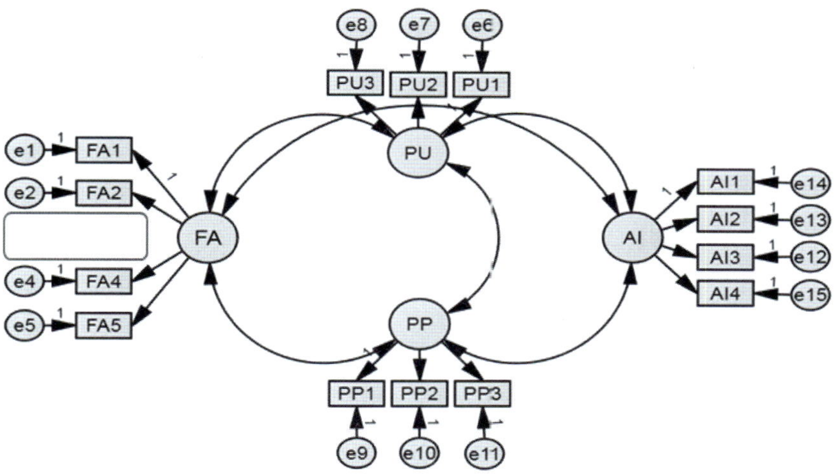

❷ [모형 적합도] 결과에서 SRMR을 얻기 위해서 [Plugins] 메뉴에서 [Standardized RMR]을 체크한다. 분석 실행 도구상자()를 클릭해 CFA를 실행한다.

CFA를 실행하면 [통계실습 8-8 측정모형의 수정(FA3의 제거)]에 대한 모형추정 결과가 출력된다. 모형 적합도 등의 출력물을 검토한다.

▌표 8-11 ▌측정모형의 수정(FA3의 제거) 주요 추정 결과

① Notes for Model(모형 요약)

Notes for Model (Default model)

Computation of degrees of freedom (Default model)

Number of distinct sample moments:	105
Number of distinct parameters to be estimated:	34
Degrees of freedom (105 - 34):	71

Result (Default model)

Minimum was achieved
Chi-square = 173.344
Degrees of freedom = 71
Probability level = .000

[해설] 카이자승(χ^2) 173.344, 자유도 71, 유의수준 0.000이다. p값이 0.05보다 작으므로 이 지수만을 보면 측정 모형은 적합하지 않다. 그러나 SEM분석에서는 이 지수만을 가지고 적합도를 판단해서는 안 되며 다른 지수들을 함께 고려하여 모형 적합도를 평가해야 한다.

② Estimates(추정치)

▶ 회귀계수(비표준화회귀계수)

Regression Weights: (Group number 1 - Default model)

			Estimate	S.E.	C.R.	P	Label
FA1	<---	FA	1.000				
FA2	<---	FA	1.060	.069	15.419	***	
FA4	<---	FA	.952	.068	14.012	***	
FA5	<---	FA	.923	.067	13.678	***	
PU1	<---	PU	1.000				
PU2	<---	PU	1.048	.071	14.844	***	
PU3	<---	PU	.998	.071	13.960	***	
PP1	<---	PP	1.000				
PP2	<---	PP	.950	.047	20.058	***	
PP3	<---	PP	1.005	.049	20.674	***	
AI3	<---	AI	.725	.051	14.157	***	
AI2	<---	AI	.936	.051	18.284	***	
AI1	<---	AI	1.000				
AI4	<---	AI	.838	.051	16.441	***	

[해설] 모든 개별 측정변수들은 통계적으로 유의한 것으로 나타났다.

▶ 회귀계수(표준화회귀계수)

Standardized Regression Weights: (Group number 1 - Default model)

			Estimate
FA1	<---	FA	.821
FA2	<---	FA	.819
FA4	<---	FA	.757
FA5	<---	FA	.742
PU1	<---	PU	.773
PU2	<---	PU	.869
PU3	<---	PU	.803
PP1	<---	PP	.887
PP2	<---	PP	.865
PP3	<---	PP	.882
AI3	<---	AI	.723
AI2	<---	AI	.863
AI1	<---	AI	.856
AI4	<---	AI	.802

[해설] 측정변수의 모든 표준화회귀계수는 0.7 이상(탐색적 연구는 0.5 이상)으로 나타났다.

▶ 다중상관자승

Squared Multiple Correlations: (Group number 1 - Default model)

	Estimate
AI4	.642
AI1	.733
AI2	.745
AI3	.523
PP3	.777
PP2	.749
PP1	.787
PU3	.644
PU2	.755
PU1	.598
FA5	.551
FA4	.573
FA2	.671
FA1	.675

[해설] 모든 측정변수의 SMC는 0.5 이상으로 나타나 개별 측정변수의 신뢰도는 확보되었다.

▶ 상관관계

Correlations: (Group number 1 - Default model)

			Estimate
FA	<-->	PU	.586
FA	<-->	PP	.608
FA	<-->	AI	.598
PU	<-->	PP	.614
PU	<-->	AI	.597
PP	<-->	AI	.621

[해설] 잠재변수 간의 상관계수는 0.9 이상이 없어서 극단적인 상관관계는 없는 것으로 나타났다.

③ Modification Indices(수정지수)

Modification Indices (Group number 1 - Default model)

Covariances: (Group number 1 - Default model)

			M.I.	Par Change
e15	<-->	PU	5.155	.068
e14	<-->	PU	4.709	-.067
e13	<-->	e15	6.691	-.066
e12	<-->	PP	4.163	-.060
e12	<-->	e15	9.453	.091
e12	<-->	e14	15.239	-.117
e11	<-->	e12	8.461	.069
e10	<-->	e12	9.300	-.072
e9	<-->	PU	4.326	.049
e7	<-->	e15	7.340	.074
e7	<-->	e10	5.145	-.049
e5	<-->	e8	4.029	.063
e4	<-->	e14	4.806	.065
e4	<-->	e13	5.938	-.066
e4	<-->	e7	4.066	-.057
e4	<-->	e6	4.537	.072
e4	<-->	e5	36.972	.179
e2	<-->	e4	4.878	-.061
e1	<-->	e5	10.851	-.085
e1	<-->	e2	8.699	.071

[해설] M.I.지수가 가장 크고 큰 모수 변화는 e4와 e5 간이며 이를 공분산으로 연결하면 모형 적합도를 개선할 수 있음을 알 수 있다.

표 8-12 측정모형의 수정(FA3의 제거) 모형 적합도 추정 결과

Model Fit Summary

CMIN

Model	NPAR	CMIN	DF	P	CMIN/DF
Default model	34	173.344	71	.000	2.441
Saturated model	105	.000	0		
Independence model	14	2790.519	91	.000	30.665

RMR, GFI

Model	RMR	GFI	AGFI	PGFI
Default model	.039	.923	.886	.624
Saturated model	.000	1.000		
Independence model	.483	.257	.143	.223

Baseline Comparisons

Model	NFI Delta1	RFI rho1	IFI Delta2	TLI rho2	CFI
Default model	.938	.920	.962	.951	.962
Saturated model	1.000		1.000		1.000
Independence model	.000	.000	.000	.000	.000

RMSEA

Model	RMSEA	LO 90	HI 90	PCLOSE
Default model	.069	.056	.083	.008
Independence model	.315	.305	.325	.000

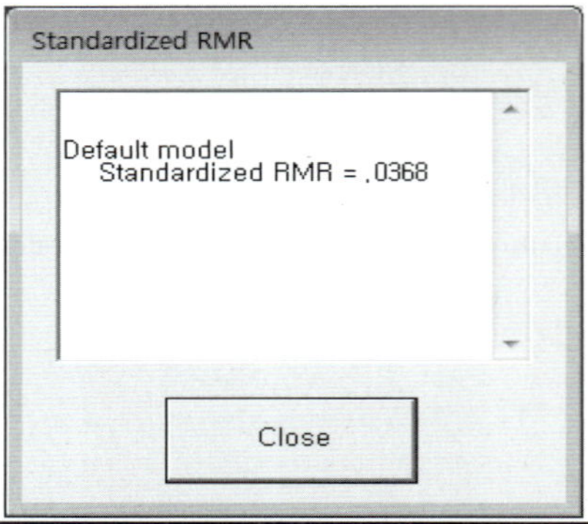

[표 8-13]은 최초 측정모형과 측정모형의 수정(FA3의 제거)의 적합도 추정 결과를 요약한 것이다. 측정모형의 적합도가 약간 좋아졌으나 크게 개선되었다고는 볼 수 없다. 그러나 FA3을 제거한 후 [측정모형의 수정(FA3의 제거)]을 실행한 결과 모든 측정변수들의 표준화회귀계수 0.7 이상, SMC 0.5 이상이므로 개별 측정변수들의 신뢰도는 모두 확보되었음을 알 수 있다.

표 8-13 최초 측정모형과 측정모형의 수정(FA3의 제거)의 적합도 평가 결과 비교

모형	χ^2(p)	χ^2/df(Q값)	SRMR*	TLI	RMSEA
최초 측정모형	182.017(0.000)	2.167	0.037	0.956	0.062
측정모형의 수정 (FA3의 제거)	173.344(0.000)	2.441	0.037	0.951	0.069

【주】 적합도지수의 수용기준: Q값<3 미만, SRMR<0.08 미만, TLI≥0.9 이상, RMSEA<0.08 미만
* SRMR은 측정모형 실행 전 [Plugins] 메뉴에 있는 [Standardized RMR]을 클릭하면 출력됨.

■ 공분산 설정을 통한 측정모형의 수정

[표 8-11]에서 Modifications Indices(수정지수)를 보면 M.I.지수가 가장 크고 +(정)의 큰 모수변화를 가져오는 가장 큰 측정오차항 간은 e4와 e5이다. 따라서 이를 상관(↔)으로 연결하면 모형 적합도가 개선될 것으로 예상된다.

통계실습 8-9 스마트폰 사례: M.I.지수에 의한 측정모형의 수정

스마트폰 사례의 측정모형의 수정(FA3의 제거)을 이용하여 M.I.지수(수정지수)에 의해 측정모형을 수정하시오.

실습 따라하기

❶ [측정모형의 수정(FA3의 제거)]를 불러들인다. 이미 불러져 있으면 이 과정은 생략한다. [제2부 기본실습따라하기(제8장)–제2부 통계분석–제2부 통계분석(제8장)] 폴더 안에 파일명을 [File–Save As]로 들어간 후 [통계분석 8-9 측정모형의 수정(e4와 e5 간 연결)]로 저장한다.

❷ ↔(상관관계 그리기 도구상자)를 이용하여 e4와 e5 간을 상관(↔)으로 연결한다.

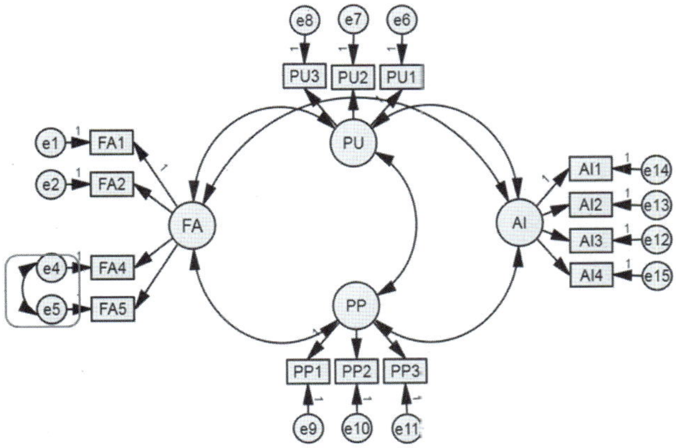

❸ [모형 적합도] 결과에서 SRMR을 얻기 위해서 [Plugins] 메뉴에서 [Standardized RMR]을 체크한다. 분석 실행 도구상자( )를 클릭해 CFA를 실행한다.

표 8-14 측정모형의 수정(e4와 e5 간 연결) 주요 추정 결과

① Notes for Model(모형 요약)

Notes for Model (Default model)

Computation of degrees of freedom (Default model)

Number of distinct sample moments:	105
Number of distinct parameters to be estimated:	35
Degrees of freedom (105 - 35):	70

Result (Default model)

Minimum was achieved
Chi-square = 128.595
Degrees of freedom = 70
Probability level = .000

[해설] 카이자승(χ^2) 128.595, 자유도 70, 유의수준 0.000이다.

② Estimates(추정치)

▶회귀계수(비표준화회귀계수)

Regression Weights: (Group number 1 - Default model)

			Estimate	S.E.	C.R.	P	Label
FA1	<---	FA	1.000				
FA2	<---	FA	1.047	.066	15.912	***	
FA4	<---	FA	.842	.066	12.692	***	
FA5	<---	FA	.809	.066	12.244	***	
PU1	<---	PU	1.000				
PU2	<---	PU	1.051	.071	14.850	***	
PU3	<---	PU	.997	.072	13.931	***	
PP1	<---	PP	1.000				
PP2	<---	PP	.951	.047	20.030	***	
PP3	<---	PP	1.007	.049	20.678	***	
AI3	<---	AI	.726	.051	14.169	***	
AI2	<---	AI	.937	.051	18.295	***	
AI1	<---	AI	1.000				
AI4	<---	AI	.838	.051	16.419	***	

[해설] 모든 개별 측정변수들은 통계적으로 유의한 것으로 나타났다.

▶회귀계수(표준화회귀계수)

Standardized Regression Weights: (Group number 1 - Default model)

			Estimate
FA1	<---	FA	.851
FA2	<---	FA	.839
FA4	<---	FA	.694
FA5	<---	FA	.675
PU1	<---	PU	.773
PU2	<---	PU	.871
PU3	<---	PU	.801
PP1	<---	PP	.886
PP2	<---	PP	.865
PP3	<---	PP	.883
AI3	<---	AI	.723
AI2	<---	AI	.863
AI1	<---	AI	.856
AI4	<---	AI	.801

[해설] 표준화회귀계수는 0.7 이상(탐색적인 연구는 0.5 이상)이어야 하지만 FA4와 FA5는 각각 0.694와 0.675이므로 약간 낮게 나타났다. 그러나 이들 2개 측정변수를 모두 제거하면 개별 변수들의 신뢰도는 향상될 수

있겠지만 연구자가 원하는 해당 잠재변수의 측정이 어렵다고 판단된다. 따라서 이들 측정변수들은 제거하지 않기로 한다.

▶ 다중상관자승

Squared Multiple Correlations: (Group number 1 - Default model)

	Estimate
AI4	.642
AI1	.732
AI2	.746
AI3	.523
PP3	.779
PP2	.749
PP1	.785
PU3	.642
PU2	.758
PU1	.597
FA5	.455
FA4	.481
FA2	.704
FA1	.725

[해설] FA4와 FA5의 SMC는 0.5 미만으로 나타나 신뢰도가 낮게 나타났다. 그러나 이들 2개 측정변수를 모두 제거하면 개별 변수들의 신뢰도는 향상될 수 있겠지만 연구자가 원하는 연구변수 개념에 대한 내용타당도를 확보할 수 없게 된다. 따라서 이들 측정변수들은 제거하지 않기로 한다. 물론 후에 개념타당도를 평가해서 집중타당도와 판별타당도가 확보되지 않는다면 이들 변수의 제거도 고려해야 한다.

▶ 상관관계

Correlations: (Group number 1 - Default model)

			Estimate
FA	<-->	PU	.585
FA	<-->	PP	.613
FA	<-->	AI	.610
PU	<-->	PP	.613
PU	<-->	AI	.596
PP	<-->	AI	.621
e4	<-->	e5	.426

[해설] 잠재변수 간의 상관계수는 0.9 이상이 없어서 극단적인 상관관계는 없는 것으로 나타났다.

③ Modification Indices(수정지수)

Modification Indices (Group number 1 - Default model)

Covariances: (Group number 1 - Default model)

			M.I.	Par Change
e15	<-->	PU	5.281	.069
e14	<-->	PU	4.441	-.065
e13	<-->	e15	6.681	-.066
e12	<-->	PP	4.331	-.061
e12	<-->	e15	9.422	.091
e12	<-->	e14	15.277	-.117
e11	<-->	e12	8.342	.069
e10	<-->	e12	9.406	-.073
e9	<-->	PU	4.662	.051
e7	<-->	e15	7.280	.074
e7	<-->	e10	5.286	-.050
e4	<-->	e14	6.764	.072
e4	<-->	e13	4.879	-.056
e4	<-->	e6	5.016	.071

[해설] M.I.지수이며 수정할 것이 없는 것으로 나타났다.

▌표 8-15 ▌측정모형의 수정(e4와 e5 간 연결) 모형 적합도 추정 결과

Model Fit Summary

CMIN

Model	NPAR	CMIN	DF	P	CMIN/DF
Default model	35	128.595	70	.000	1.837
Saturated model	105	.000	0		
Independence model	14	2790.519	91	.000	30.665

RMR, GFI

Model	RMR	GFI	AGFI	PGFI
Default model	.036	.944	.916	.629
Saturated model	.000	1.000		
Independence model	.483	.257	.143	.223

Baseline Comparisons

Model	NFI Delta1	RFI rho1	IFI Delta2	TLI rho2	CFI
Default model	.954	.940	.978	.972	.978
Saturated model	1.000		1.000		1.000
Independence model	.000	.000	.000	.000	.000

RMSEA

Model	RMSEA	LO 90	HI 90	PCLOSE
Default model	.053	.038	.067	.353
Independence model	.315	.305	.325	.000

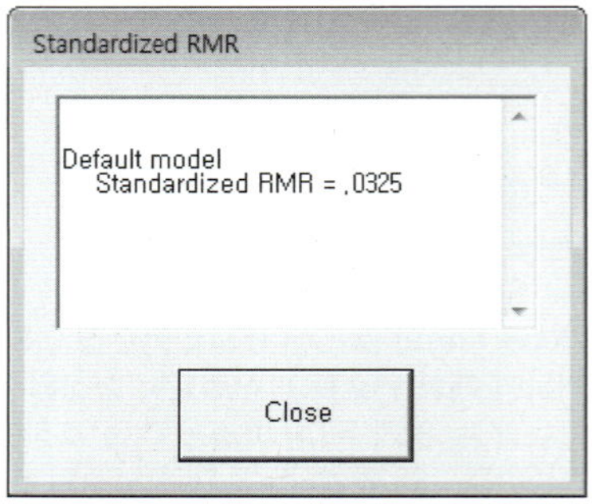

최초 측정모형과 측정모형의 수정(FA3의 제거)보다 측정모형의 수정(e4와 e5 간 연결)의 모형 적합도는 [표 8-16]과 같이 적합도가 개선되었음을 알 수 있다.

▌표 8-16 ▌측정모형의 수정(FA3의 제거)에서 e4와 e5 간 연결 후 적합도 평가 결과 비교

모형	χ^2(p)	χ^2/df(Q값)	SRMR*	TLI	RMSEA
최초 측정모형	182.017(0.000)	2.167	0.037	0.956	0.062
측정모형의 수정 (FA3의 제거)	173.344(0.000)	2.441	0.037	0.951	0.069
측정모형의 수정 (e4와 e5 간 연결)	128.595(0.000)	1.837	0.033	0.972	0.053

【주】 적합도지수의 수용기준: Q값<3 미만, SRMR<0.08 미만, TLI≥0.9 이상, RMSEA<0.08 미만
* SRMR은 측정모형 실행 전 [Plugins] 메뉴에 있는 [Standardized RMR]을 클릭하면 출력됨.

(4) 개념신뢰도와 개념타당도의 평가

측정모형의 적합도를 평가한 후에는 측정모형의 개념신뢰도와 개념타당도를 평가해야 한다. 개념

타당도는 집중타당도와 판별타당도로 구분해서 실시한다. CR과 AVE의 계산 시에는 측정모형의 수정(e4와 e5 간 연결)의 실행 결과를 이용한다.

- 개념신뢰도는 CR≥0.7 이상이면 확보되었다고 평가한다.
- 잠재변수의 집중타당도는 AVE≥0.5 이상이면 있다고 평가한다.
- 잠재변수(개념) 간의 판별타당도는 두 잠재변수 간에 구한 AVE가 각 잠재변수의 상관계수의 제곱값, 즉 결정계수(r^2)보다 크면(AVE≥r^2) 두 잠재변수 간에는 판별타당도가 확보되었다고 평가한다.

통계실습 8-10 스마트폰 사례: 개념신뢰도와 개념타당도의 평가

스마트폰 사례의 개념신뢰도와 개념타당도를 평가하는 데 필요한 CR과 AVE를 계산하고 개념신뢰도와 개념타당도(집중타당도와 판별타당도)를 평가하시오.

실습 따라하기

❶ [통계실습 8-9]에서 측정모형의 수정(e4와 e5 간 연결)을 실행하여 얻은 출력물을 이용해 CR과 AVE를 계산하기로 한다.

❷ 실행 결과에서 표준화회귀계수 추정치를 입수한다.

Standardized Regression Weights: (Group number 1 - Default model)

			Estimate
FA1	<---	FA	.851
FA2	<---	FA	.839
FA4	<---	FA	.694
FA5	<---	FA	.675
PU1	<---	PU	.773
PU2	<---	PU	.871
PU3	<---	PU	.801
PP1	<---	PP	.886
PP2	<---	PP	.865
PP3	<---	PP	.883
AI3	<---	AI	.723
AI2	<---	AI	.863
AI1	<---	AI	.856
AI4	<---	AI	.801

❸ 실습 파일에서 [제2부 기본실습따라하기(제8장)-제2부 통계분석-신뢰도타당도분석] 폴더 안에 있는 [Amos에서 CR과 AVE 계산 Excel Calculator(Shin Gunkwon)]을 불러온다.

❹ Excel Calculator에 잠재변수별로 [잠재변수명], [측정변수명], [표준화회귀계수] 추정치를 차례대로 입력한다. 입력을 마친 후에는 [Amos에서 CR과 AVE 계산 Excel Calculator (Shin Gunkwon)]로 저장한다.

AMOS에서 CR과 AVE의 계산 Excel Calculator

(Copyright 2023 by Shin Gunkwon, Hoseo University)

FA(지각된 기능적 속성)							
측정변수명	표준화회귀계수	표준화회귀계수^2	1-표준화회귀계수^2	1-표준화회귀계수^2	표준화회귀계수 합	AVE	CR
FA1	**0.851**	0.7242	0.2758	0.2758	3.059	**0.591**	**0.851**
FA2	**0.839**	0.7039	0.2961	0.2961			
FA4	**0.694**	0.4816	0.5184	0.5184			
FA5	**0.675**	0.4556	0.5444	0.5444			

잠재변수	측정변수	표준화회귀계수	CR	AVE
지각된 기능적 속성 (FA)	FA1	0.851	0.851	0.591
	FA2	0.839		
	FA4	0.694		
	FA5	0.675		
지각된 유용성 (PU)	PU1	0.773	0.856	0.666
	PU2	0.871		
	PU3	0.801		
지각된 유희성 (PP)	PP1	0.886	0.910	0.771
	PP2	0.865		
	PP3	0.883		
채택의도 (AI)	AI1	0.856	0.886	0.660
	AI2	0.863		
	AI3	0.723		
	AI4	0.801		

【주】 수용기준: CR≥0.7 이상, AVE≥0.5 이상

❺ 실행 결과에서 상관관계(Correlations)를 입수한다. 판별타당도를 평가하려면 앞에서 계산한 AVE와 상관계수가 필요하다.

Correlations: (Group number 1 - Default model)

			Estimate
FA	<-->	PU	.585
FA	<-->	PP	.613
FA	<-->	AI	.610
PU	<-->	PP	.613
PU	<-->	AI	.596
PP	<-->	AI	.621
e4	<-->	e5	.426

❻ 잠재변수(개념) 간의 상관관계를 표 형식으로 만든 후 상관계수를 적어 넣는다. 앞에서 계산한 AVE를 대각선에 입력하여 표를 완성한다. AVE는 상관관계와 구분을 위해서 진하게 표시하기로 한다. 표에서 대각선 값은 AVE를 표시한 것이다.

	FA	PU	PP	AI
FA	**0.591**			
PU	0.585	**0.666**		
PP	0.613	0.613	**0.771**	
AI	0.610	0.596	0.621*	**0.660**

주: 1) * PP와 AI의 상관관계 제곱(r^2)=0.621×0.621=0.385
2) 대각선으로 표시된 것은 AVE를 나타냄

⇧

Correlations: (Group number 1 - Default model)

			Estimate
FA	<-->	PU	.585
FA	<-->	PP	.613
FA	<-->	AI	.610
PU	<-->	PP	.613
PU	<-->	AI	.596
PP	<-->	AI	.621
e4	<-->	e5	.426

4.3 측정모형분석 결과의 제시와 최종 측정모형의 선택

■ 측정모형분석 결과의 제시

측정모형분석이 완료되었으면 논문작성에 필요한 표를 작성해야 한다. CFA를 이용한 측정모형의 평가를 위해 완성된 표는 [표 8-17]과 같다. CR이 0.7 이상이어서 개념신뢰도는 확보되었다. 또한, AVE가 0.5 이상이므로 모든 잠재변수의 집중타당도는 확보되었다고 평가된다.

표 8-17 측정모형의 분석 결과: 개념신뢰도와 집중타당도 평가 결과

잠재변수	측정변수	표준화회귀계수	표준오차	CR	AVE
지각된 기능적 속성 (FA)	FA1	0.851	–	0.851	0.591
	FA2	0.839	0.066		
	FA4	0.694	0.066		
	FA5	0.675	0.066		
지각된 유용성 (PU)	PU1	0.773	–	0.856	0.666
	PU2	0.871	0.071		
	PU3	0.801	0.072		
지각된 유희성 (PP)	PP1	0.886	–	0.910	0.771
	PP2	0.865	0.047		
	PP3	0.883	0.049		
채택의도 (AI)	AI1	0.856	–	0.886	0.660
	AI2	0.863	0.051		
	AI3	0.723	0.051		
	AI4	0.801	0.051		
적합도 χ^2=128.595(df=70, p=0.000), χ^2/df(Q값)=1.837, SRMR=0.033, TLI=0.972, RMSEA=0.053					

【주】 수용기준: CR≥0.7 이상, AVE≥0.5 이상

측정모형분석을 통해서 논문작성에 필요한 판별타당도를 보고하기 위해서 완성된 표는 [표 8-18]과 같다.

▌표 8-18▐ 잠재변수 간의 판별타당도분석 결과: 상관행렬과 AVE

	지각된 기능적 속성	지각된 유용성	지각된 유희성	채택의도
지각된 기능적 속성	0.591			
지각된 유용성	0.585	0.566		
지각된 유희성	0.613	0.313	0.771	
채택의도	0.610	0.596	0.621*	0.660

【주】 1) * 지각된 유희성과 채택의도의 상관계수 제곱(r^2)=0.621×0.621=0.385
2) 대각선으로 표시된 것은 AVE를 나타냄.

[표 8-18]과 같이 잠재변수 간의 판별타당도를 분석하기 위해서 변수 간의 상관행렬과 AVE와의 관련성을 확인하였다. 변수 간 상관계수 중에서 가장 큰 것은 0.621(지각된 유희성과 채택의도)이며, 이의 제곱, 즉 결정계수는 0.385(0.621×0.621)이었다. 잠재변수의 AVE가 잠재변수 간의 상관계수 제곱(결정계수)보다 크다면 판별타당드를 확보했다고 판단할 수 있다. 그런데 이 사례에서는 잠재변수의 AVE가 잠재변수 간의 상관계수가 가장 큰 경우의 결정계수 0.385보다 모두 크므로 판별타당도를 확보하였다.

■ 최종 측정모형의 선택

이 연구에서는 측정도구에 대한 신뢰도와 타당도검증을 위해서 CFA를 실시하였다. 모형추정을 위해 최대우도법(Maximum likelihood method)을 이용하였다. 식별 문제와 헤이우드 케이스 등 위반추정치는 없었다.

이 사례에서는 측정모형에 대한 모형 적합도에 대한 평가 결과 적합도지수가 χ^2/df(Q값)=1.837, SRMR=0.033, TLI=0.972, RMSEA=0.053의 값을 보여서 만족스러운 적합도를 나타냈다.

이 사례에 대한 측정모형분석 결과 개별 측정변수들의 표준화회귀계수가 0.7 이상이고 SMC가 0.5 이상이므로 개별 측정변수들의 신뢰도가 있으며, CR이 0.7 이상이어서 개념신뢰도는 확보되었다. AVE가 0.5 이상이므로 집중타당도는 확보되었다고 평가할 수 있다. 또한 결정계수보다 AVE값이 모두 크므로 개념의 판별타당도는 확보되었다. 따라서 이 사례에서는 측정모형의 수정(e4와 e5 간 연결)을 최종적인 측정모형으로 선택하기로 한다. 이제는 측정모형의 신뢰도와 타당도가 확보되었으므로 구조모형분석을 수행해야 한다.

5 구조모형분석

5.1 구조모형 그리기

측정모형이 확정되면 이제 구조모형분석으로 넘어간다. 구조모형(Structural model)의 평가는 ① 모형 적합도(Model fit)에 대한 평가, ② 추정된 회귀계수의 통계적 유의성, ③ 다중상관자승(SMC) 및 ④ 추정된 회귀계수의 부호 등의 검토로 구분된다.

측정모형분석에 의해 측정도구의 신뢰도와 타당도가 검증되었으면 이제 구조모형을 설정해야 한다. 구조모형을 그리는 방법은 다음과 같다.

- 외생잠재변수가 2개 이상 있는 경우에는 외생잠재변수 간을 상관(↔)으로 연결해야 한다.
- 내생잠재변수(다른 잠재변수로부터 화살표를 받는 변수)는 모두 구조오차를 모형에 표시해야 한다.
- 연구자가 연구모형에서 설정한 가설적 관계(혹은 인과관계)에 따라 단방향 화살표(→)로 잠재변수 간을 연결하면 된다.

그림 8-3 ▌최종적으로 선정된 측정모형

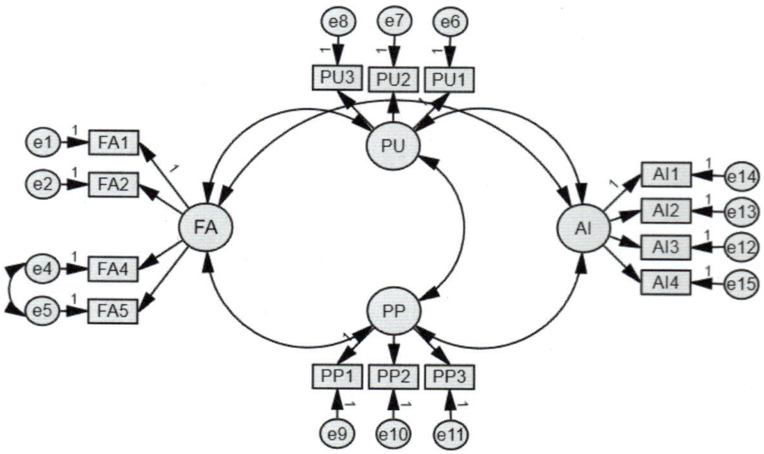

통계실습 8-11 구조모형 설정: 구조모형 그리기

최종 측정모형으로 확정된 측정모형의 수정(e4와 e5 간 연결)을 이용해 최초 구조모형을 그리시오.

실습 따라하기

❶ 최종적인 측정모형 초기 화면의 메뉴에서 [File-Open]으로 들어간 후 [제2부 기본실습따라하기(제8장)-제2부 통계분석-제2부 통계분석(제8장)] 폴더 안에 있는 파일인 [통계실습 8-9 측정모형의 수정(e4와 e5 간 연결)]을 선택한 후 [열기] 버튼을 클릭해 불러들인다. 이미 불러져 있다면 이 작업은 생략해도 된다. [File-Save As]을 클릭하여 [제2부 기본실습따라하기(제8장)-제2부 통계분석-제2부 통계분석(제8장)] 폴더 안에 [파일명]을 '통계실습 8-11 최초 구조모형'으로 입력한 후 [저장] 버튼을 클릭하여 저장한다.

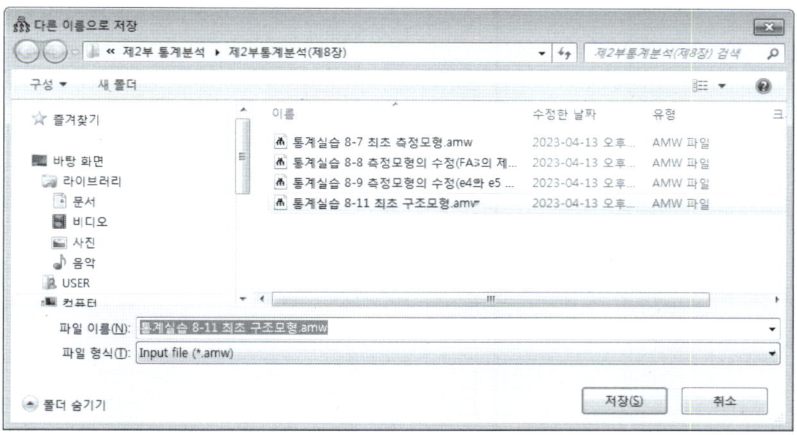

❷ 왼쪽에 있는 도구상자 중에서 ✗(대상 지우기 도구상자)를 왼쪽 마우스로 클릭해 선택한 후 외생 잠재변수는 1개이므로 외생잠재변수 간의 공분산의 설정이 필요없으므로 모든 잠재변수 간에 상관(↔)으로 연결되어 있는 것을 삭제한다.

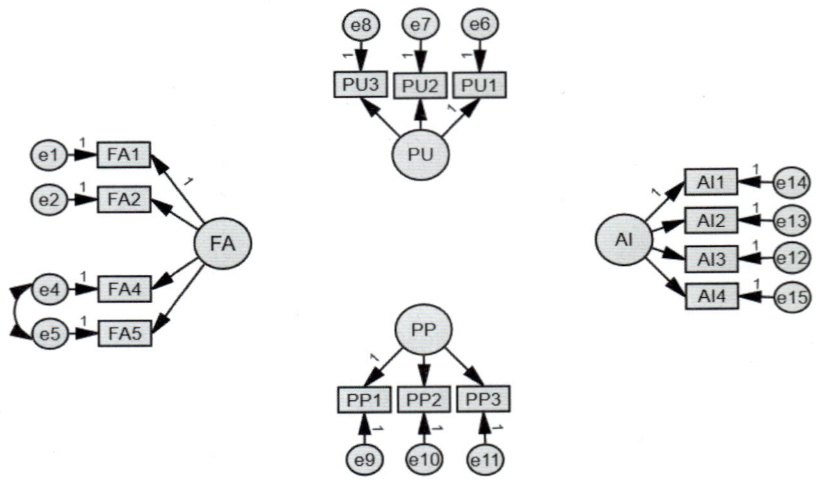

❸ 가설적 관계에 따라서 인과관계를 단방향 화살표(→)로 연결한다.

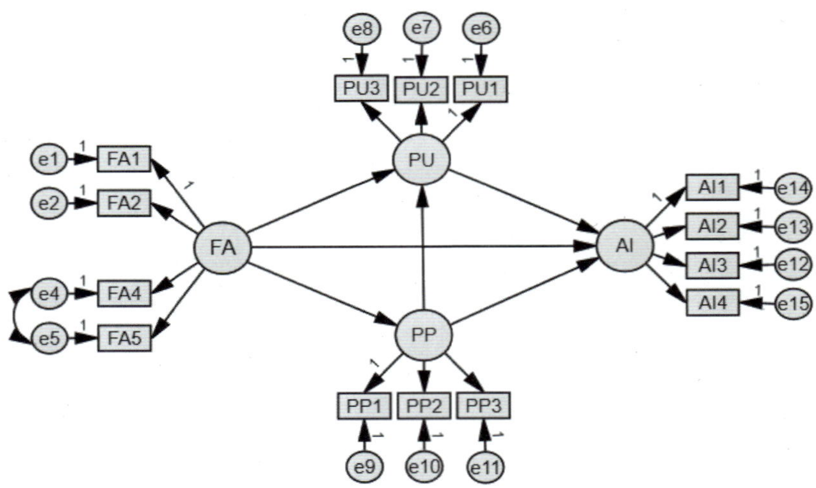

❹ 외생변수(FA)에 의해서 영향을 받는 내생변수들(PU, PP, AI)은 구조오차를 입력해야 한다. (오차항 그리기 도구상자)를 클릭하여 선택한 후 마우스를 잠재변수 [PU]의 [원]으로 가져가서 마우스의 왼쪽 버튼을 한 번만 클릭하면 오차항이 그려진다. 마우스를 한 번씩 더 클릭하면 그려진 오차항의 위치가 회전된다. 회전시켜 오차항의 위치를 변경시킨다. 나머지 구조오차를 설정해야 할 [PP]와

[AI]에 대해서도 같은 방법으로 차례대로 오차항을 그린다.

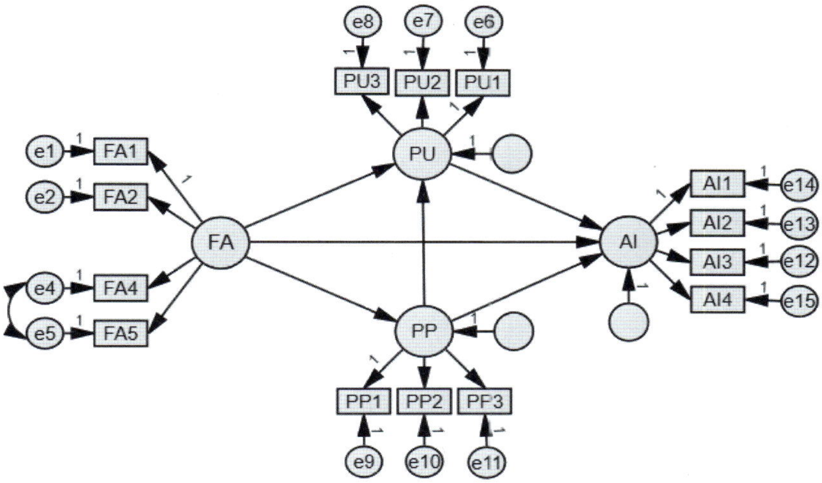

❺ Plugins 메뉴에서 [Name Unobserved Variables]를 클릭하면 자동적으로 구조오차 [e16], [e17], [e18]이 입력된다. 최종적으로 완료된 구조모형은 다음과 같다. 그리기가 완료된 파일은 수시로 (저장하기 도구상자)를 클릭해 저장해 두는 것이 필요하다. 최종적으로 그려진 구조모형은 다음과 같다.

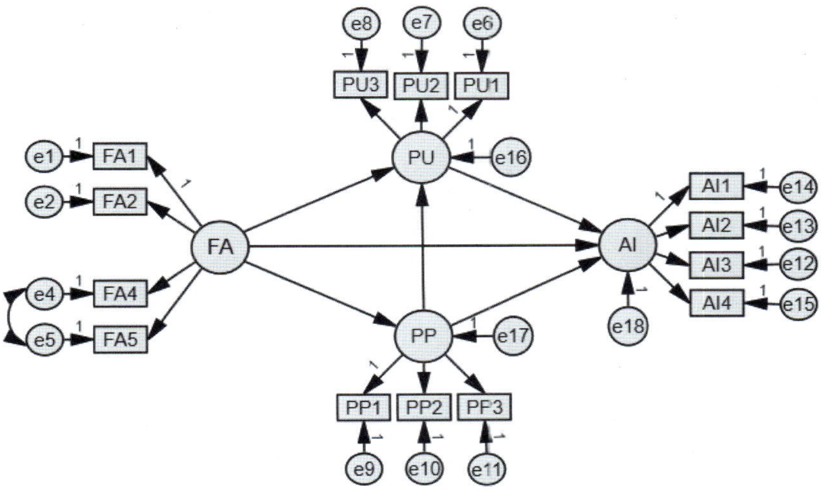

5.2 SEM분석의 실행과 구조모형 식별

■ SEM분석 실행

구조모형 그리기가 완료되면 이제 SEM분석을 실행해야 한다. Analysis Properties(분석속성 지정 창)의 도구상자( )를 클릭해 들어간 후 Output 탭에서 다음과 같이 원하는 출력물을 선택한 후 분석 실행 도구상자( )를 클릭해 SEM분석을 실행한다.

▶ 그림 8-4 ▌Analysis Properties 지정 창에서 Output 선택

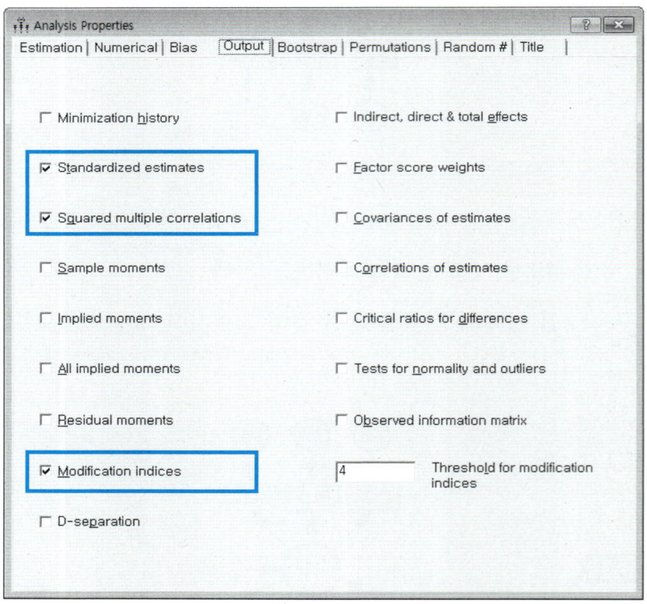

■ 구조모형 식별

구조모형을 실행한 결과 모형관리 창에 [OK: Default model]이라고 나타나 식별 문제는 없는 것으로 나타났다.

▣ 구조모형분석 실행 결과 식별 문제는 없는 것으로 나타났다.

5.3 구조모형 추정 결과의 해석과 적합도 평가

■ 구조모형 추정 결과와 해석

구조모형에 식별 문제가 없으면 SEM분석이 성공적으로 실행되며, 모수추정치(추정된 회귀계수)와 기타 출력물을 얻을 수 있게 된다. 구조모형의 추정 후에는 분석 결과를 평가해야 한다.

통계실습 8-12 구조모형 실행과 결과 출력 그리고 평가

최초 구조모형인 [통계실습 8-11 최초 구조모형]을 가지고 실행한 후 결과를 출력해 평가하시오.

실습 따라하기

❶ 실습 파일은 [제2부 기본실습따라하기(제7장)-제2부 통계분석-제2부 통계분석(제7장)] 폴더 안에 있는 파일인 '통계실습 8-11 최초 구조모형'을 이용하기로 한다. 만약 초기 화면에 이 파일이 불러져 있지 않다면 [File-Open]에서 파일을 선택해서 [열기] 버튼을 클릭해 불러들인다.

❷ Analysis Properties(분석속성 지정 창)의 도구상자( )를 클릭하여 들어간 후 Estimation 탭에서 [Maximum likelihood(최대우도법)]이 선택되어 있는가를 확인하고 Output 탭에서 원하는 출력물을 선택한다. 수정지수(M.I.)는 디폴트로 [4]로 설정되어 있다.

❸ [모형 적합도] 결과에서 SRMR을 얻기 위해서 [Plugins] 메뉴에서 [Standardized RMR]을 체크한다. 분석 실행 도구상자( )를 클릭해 CFA를 실행한다. 실행 후에는 분석 결과 보기 도구상자( )를 클릭해 출력된 결과들을 확인한다.

표 8-19 최초 구조모형의 주요 추정 결과

① Notes for Group(집단 요약)

Notes for Group (Group number 1)

The model is recursive.
Sample size = 300

[해설] 재귀모형(Recursive model)이며, 표본크기는 300개이다.

② Notes for Model(모형 요약)

Notes for Model (Default model)

Computation of degrees of freedom (Default model)

Number of distinct sample moments:	105
Number of distinct parameters to be estimated:	35
Degrees of freedom (105 - 35):	70

Result (Default model)

Minimum was achieved
Chi-square = 128.595
Degrees of freedom = 70
Probability level = .000

[해설] 카이자승(χ^2) 128.595, 자유도 70, 유의수준 0.000이다. p값이 0.05보다 작으므로 이 지수만을 보면 모형이 적합하지 않다고 보아야 한다. 그러나 SEM분석에서는 이 지수만을 가지고 적합도를 판단해서는 안 되며 다른 지수들을 함께 고려하여 모형 적합도를 평가해야 한다.

③ Estimates(추정치)

▶회귀계수(비표준화회귀계수)

Regression Weights: (Group number 1 - Default model)

			Estimate	S.E.	C.R.	P	Label
PP	<---	FA	.642	.065	9.924	***	
PU	<---	FA	.362	.081	4.449	***	
PU	<---	PP	.421	.077	5.485	***	
AI	<---	PU	.283	.083	3.401	***	
AI	<---	PP	.342	.086	3.996	***	
AI	<---	FA	.347	.090	3.841	***	
FA1	<---	FA	1.000				
FA2	<---	FA	1.047	.066	15.912	***	
FA4	<---	FA	.842	.066	12.692	***	
FA5	<---	FA	.809	.066	12.244	***	
PU1	<---	PU	1.000				
PU2	<---	PU	1.051	.071	14.850	***	
PU3	<---	PU	.997	.072	13.931	***	
PP1	<---	PP	1.000				
PP2	<---	PP	.951	.047	20.030	***	
PP3	<---	PP	1.007	.049	20.678	***	
AI3	<---	AI	.726	.051	14.169	***	
AI2	<---	AI	.937	.051	18.295	***	
AI1	<---	AI	1.000				
AI4	<---	AI	.838	.051	16.419	***	

[해설] 모든 경로의 부호가 가설화된 방향과 같고 통계적으로 유의적이다.

▶회귀계수(표준화회귀계수)

Standardized Regression Weights: (Group number 1 - Default model)

			Estimate
PP	<---	FA	.613
PU	<---	FA	.335
PU	<---	PP	.408
AI	<---	PU	.251
AI	<---	PP	.293
AI	<---	FA	.284
FA1	<---	FA	.851
FA2	<---	FA	.839
FA4	<---	FA	.694
FA5	<---	FA	.675
PU1	<---	PU	.773
PU2	<---	PU	.871
PU3	<---	PU	.801
PP1	<---	PP	.886
PP2	<---	PP	.865
PP3	<---	PP	.883
AI3	<---	AI	.723
AI2	<---	AI	.863
AI1	<---	AI	.856
AI4	<---	AI	.801

[해설] 개별 측정변수들 중에서 FA4와 FA5의 표준화회귀계수는 0.5 이상이고, 나머지는 모두 0.7 이상으로 나타났다. 표준화회귀계수 중에서 1을 넘는 경우는 없었다.

▶분산추정치

Variances: (Group number 1 - Default model)

	Estimate	S.E.	C.R.	P	Label
FA	.688	.080	8.605	***	
e17	.472	.055	8.576	***	
e16	.446	.064	6.933	***	
e18	.509	.064	7.999	***	
e1	.262	.036	7.317	***	
e2	.318	.041	7.760	***	
e4	.526	.050	10.492	***	
e5	.539	.051	10.647	***	
e6	.542	.057	9.533	***	
e7	.283	.043	6.584	***	
e8	.446	.050	8.904	***	
e9	.206	.026	7.891	***	
e10	.229	.026	8.720	***	
e11	.217	.027	8.050	***	
e12	.493	.046	10.776	***	
e13	.308	.037	8.248	***	
e14	.376	.044	8.511	***	
e15	.403	.041	9.825	***	

[해설] 분산추정치를 보면 음오차분산은 없는 것으로 나타났다.

▶ 다중상관자승

Squared Multiple Correlations: (Group number 1 - Default model)

	Estimate
PP	.375
PU	.446
AI	.505
AI4	.642
AI1	.732
AI2	.746
AI3	.523
PP3	.779
PP2	.749
PP1	.785
PU3	.642
PU2	.758
PU1	.597
FA5	.455
FA4	.481
FA2	.704
FA1	.725

[해설] 구조모형에서는 내생변수에 대한 SMC를 보아야 한다. PP, PU, AI의 SMC는 각각 0.375, 0.446, 0.505로 나타났다.

④ Modification Indices(수정지수)

Modification Indices (Group number 1 - Default model)

Regression Weights: (Group number 1 - Default model)

			M.I.	Par Change
AI4	<---	AI3	4.116	.080
AI1	<---	AI3	6.787	-.106
AI1	<---	FA4	4.536	.087
AI3	<---	PP2	5.240	-.103
PP3	<---	AI3	5.957	.077
PP2	<---	AI3	6.467	-.080
PP2	<---	PU2	4.351	-.061
PP1	<---	PU3	4.099	.057
PU3	<---	PP1	4.401	.093
PU3	<---	FA5	6.873	.115
PU2	<---	PP2	4.151	-.083
PU2	<---	FA4	4.894	-.086

[해설] 회귀계수에서 제공하는 M.I.지수(수정지수)를 보면 잠재변수 간을 인과관계(→)로 연결할 것이 없으므로 구조모형을 수정할 필요가 없다.

구조모형분석 결과에 의하면 위반추정치는 없는 것으로 나타났다.

■ 구조모형분석 결과 위반추정치(가설방향과의 불일치, 헤이우드 케이스)가 없는 것으로 나타났다.

■ 최초 구조모형의 적합도 평가

[표 8-20]은 최초 구조모형의 적합도에 대한 Output이다.

표 8-20 최초 구조모형의 추정 결과

Model Fit Summary

CMIN

Model	NPAR	CMIN	DF	P	CMIN/DF
Default model	35	128.595	70	.000	1.837
Saturated model	105	.000	0		
Independence model	14	2790.519	91	.000	30.665

RMR, GFI

Model	RMR	GFI	AGFI	PGFI
Default model	.036	.944	.916	.629
Saturated model	.000	1.000		
Independence model	.483	.257	.143	.223

Baseline Comparisons

Model	NFI Delta1	RFI rho1	IFI Delta2	TLI rho2	CFI
Default model	.954	.940	.978	.972	.978
Saturated model	1.000		1.000		1.000
Independence model	.000	.000	.000	.000	.000

RMSEA

Model	RMSEA	LO 90	HI 90	PCLOSE
Default model	.053	.038	.067	.353
Independence model	.315	.305	.325	.000

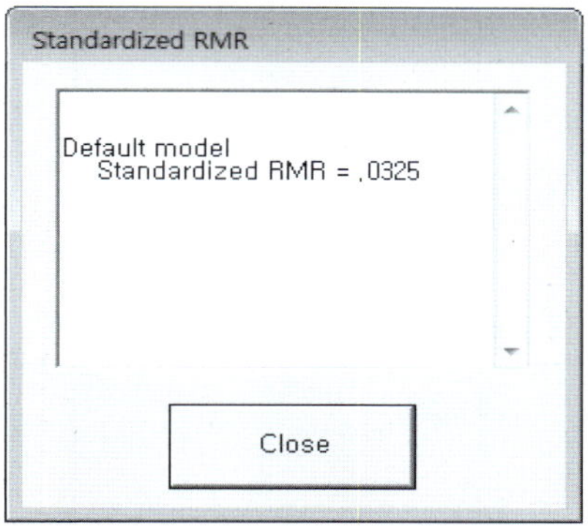

표 8-21 최초 구조모형의 적합도 평가

모형	χ^2(p)	χ^2/df(Q값)	SRMR*	TLI	RMSEA
구조모형	128.595(0.000)	1.837	0.033	0.972	0.053

【주】 적합도지수의 수용기준: Q값<3 미만, SRMR<0.08 미만, TLI≥0.9 이상, RMSEA<0.08 미만
* SRMR은 측정모형 실행 전 [Plugins] 메뉴에 있는 [Standardized RMR]을 클릭하면 출력됨.

표에 제시된 것처럼 최초 구조모형의 적합도 평가 결과 χ^2값은 기준에 미치지 못하지만,

SRMR, TLI, RMSEA 등의 적합도지수를 볼 때 모형의 적합도는 만족스러운 것으로 나타났다. 따라서 이 사례의 경우에는 구조모형을 수정할 필요가 없다고 판단된다.

5.4 최종 구조모형의 선택

최초 구조모형에 대한 추정 결과 위반추정치나 모형 적합도 등을 분석한 결과 큰 문제가 없는 것으로 나타났다. 또한 가설의 방향과 가설검증 결과의 경로의 부호가 동일한 방향이므로 법칙타당도가 있다. 따라서 이 장의 사례는 최초 구조모형을 최종 구조모형으로 채택할 수 있다. 또한 구조모형에서 PU, PP, AI의 SMC는 각각 0.446, 0.375, 0.505로 모형의 설명력은 높은 것으로 나타났다.

5.5 구조모형분석 결과의 제시

최종 구조모형이 선택되었으면 이제 논문작성에 필요한 표와 그림을 작성해야 한다. 구조모형분석을 통해 수행한 가설검증 결과는 [표 8-22]와 같다.

표 8-22 스마트폰 사례의 가설검증 결과

가설(경로)	비표준화 회귀계수	표준화 회귀계수	표준오차	t값	SMC	채택 여부
가설 1(FA → PU)	0.362	0.335	0.081	4.449***	0.446	채택
가설 2(FA → PP)	0.642	0.613	0.065	9.924***	0.375	채택
가설 3(FA → AI)	0.347	0.284	0.090	3.841***	0.505	채택
가설 4(PP → PU)	0.421	0.408	0.077	5.485***	0.446	채택
가설 5(PU → AI)	0.283	0.251	0.083	3.401***	0.505	채택
가설 6(PP → AI)	0.342	0.293	0.086	3.996***		채택
적합도 χ^2=128.595(df=70, p=0.000), χ^2/df(Q값)=1.837, SRMR=0.033, TLI=0.972, RMSEA=0.053						

【주】 ***$p<0.001$ 수준에서 유의함.

다음으로, 그림을 통해 구조모형분석 결과를 제시하면 [그림 8-5]와 같다.

그림 8-5 ▌스마트폰 사례의 가설검증 결과 도형

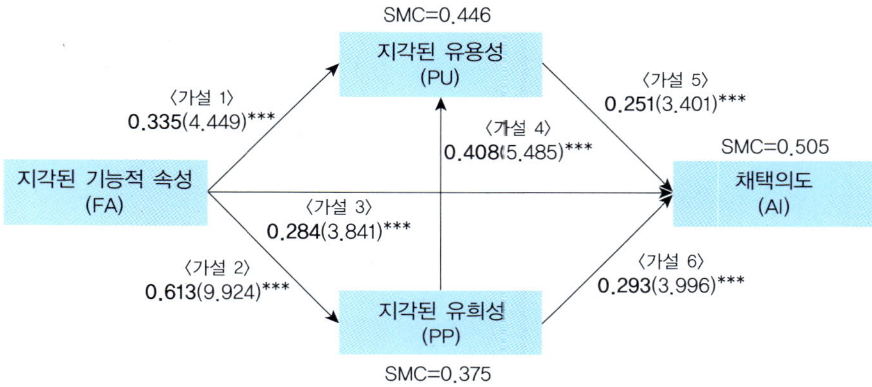

【주】 ***$p<0.001$ 수준에서 유의함.

스마트폰 사례에 대한 가설검증 결과 지각된 기능적 속성은 지각된 유용성, 유희성 및 채택의도에, 지각된 유희성은 유용성에 그리고 지각된 유용성과 유희성은 채택의도에 정의 유의한 영향을 미쳤다.

제8장의 핵심내용 요약

- 표본의 일반적 특성을 분석하기 위해서 [분석] 메뉴에서 [빈도분석]을 시행하면 된다.
- 개별 측정변수의 기술통계량을 분석하기 위해서는 [분석] 메뉴에서 [기술통계]분석을 시행하면 된다.
- 신뢰도분석은 잠재변수별로 시행하면 된다.
- 탐색적 요인분석의 수행방법은 ① 모든 외생변수와 내생변수를 일괄적으로 투입해 분석하는 방법과 ② 외생변수와 내생변수로 구분하고 이를 별도로 투입해 분석하는 방법이 있다. 일반적으로는 전자를 사용하는 것이 바람직하나 연구자에 따라서는 후자를 선택하는 경우도 있다.
- 측정모형은 잠재변수와 측정변수의 신뢰도와 타당도검증을 위해서 사용된다. 측정모형은 CFA(확인적 요인분석)을 수행하여 검증할 수 있다.
- 최초 측정모형과 데이터 파일을 연결하고 분석을 통해 얻을 Output의 내용이 결정되면 CFA를 실행할 수 있다.
- 측정모형의 적합도를 평가하고 위반추정치가 없으면 이제 측정모형분석을 수행할 수 있다. CFA를 수행한 후에 신뢰도와 타당도가 있는가를 평가하여야 하며, 이의 확보가 되지 않았으면 지속적으로 측정모형에 대한 수정과정을 거쳐야 한다.
- 구조모형분석의 기본적인 목표는 연구자가 설정한 가설을 검증하는 것이다.
- 구조모형분석의 핵심 주제는 ① 구조모형 그리기, ② SEM분석의 실행과 구조모형 식별, ③ 구조모형의 분석 결과와 해석, ④ 구조모형의 적합도 평가, ⑤ 구조모형의 수정과 적합도 평가, ⑥ 최종 구조모형의 선택이다.
- 구조모형에 식별 문제가 없는 것으로 확인되면 최초의 구조모형분석 결과를 평가 · 해석하고 위반추정치가 없는지를 확인해야 한다.
- 구조모형은 적합도의 개선을 위해 측정변수의 오차항 간이나 구조오차항 간에는 실질적인 해석과 이론적 배경이 뒷받침될 수 있다면 상관(↔)으로 연결할 수 있다.

[Key Article]

박지형, 신건권. (2011). 스마트폰의 지각된 기능적 속성과 개인 혁신성이 사용자의 채택의도와 실제사용도에 미치는 영향. *경영교육연구*, 26(5), 191-214.

참고문헌

강영모, 이성주. (2010). 스마트폰의 구매결정 요인-휴대폰 사용자와의 비교분석. *2010년 대한산업공학회 추계학술대회 논문집.*

김민규, 김주환. (2006). 잠재적 사용자의 성향이 DMB 사용의도에 미치는 영향에 관한 연구. *한국방송학보*, 20(5), 7-36.

김수연, 이상훈, 황현석. (2011). 스마트폰 수용에 영향을 미치는 요인에 관한 연구. *Entrue Journal of Information Technology*, 10(1). 29-39.

김수현. 2010. 스마트폰에 대한 지각특성이 스마트폰 채택의도에 미치는 영향. *한국콘텐츠학회논문지*, 10(9), 318-326.

문영주, 이종호. (2010). 오픈마켓에서의 쇼핑가치가 신뢰성, 재구매의도에 미치는 영향 연구: 사회적 실재감의 조절효과 분석. *경영교육논총*, 61, 227-248.

박인곤, 신동희. (2010). 스마트폰 이용자들의 이용과 충족, 의존도, 수용자 혁신성이 스마트폰 이용만족에 미치는 영향에 관한 연구. *언론과학연구*, 10(4). 192-225.

박지형, 신건권. (2011). 스마트폰의 지각된 기능적 속성과 개인 혁신성이 사용자의 채택의도와 실제사용도에 미치는 영향. *경영교육연구*, 26(5), 191-214.

박재진. (2004). 소비자 혁신성이 온라인쇼핑 행동에 미치는 영향: 혁신기술수용모델을 중심으로. *광고연구*, 63, 79-101.

배재권, 정화민. (2008). 스마트폰의 기능적 속성이 채택 결정요인에 미치는 영향. *e-비즈니스연구*, 9(4), 337-361.

손승혜, 최윤정, 황하성. (2011). 기술수용모델을 이용한 초기 이용자들의 스마트폰 채택 행동 연구. *한국언론학보*, 55(2), 227-251.

신건권, 손성진. (2011). 혁신성향과 IT 활용능력이 온라인 증권거래시스템 HTS의 수용에 미치는 영향. *회계연구*, 16(1), 207-226.

신건권. (2023). 석박사학위와 학술논문 작성 중심의 SmartPLS 4.0 구조방정식모델링. 도서출판 청람.

신건권. (2023). SPSS 29와 PROCESS macro 4.0을 이용한 회귀분석 따라하기. 도서출판 청람.

신건권. (2023). 석박사학위와 학술논문 작성 중심의 SPSS 29 논문통계분석. 도서출판 청람.

유재현, 박철. (2010). 기술수용모델(Technology Acceptance Model) 연구에 대한 종합적 고찰. *Entrue Journal of Information Technology*, 9(2), 31-50.

이봉규, 여윤기, 김기연, 이종훈. (2010). 신뢰와 인지적 몰입 매개변수가 스마트폰의 사용과 만족도에 미치는 영향 분석. *정보처리학회논문지*, 17D(6), 471-480.

이상조, 조재립. (2005). 제품속성에 따른 구매결정요인의 우선순위선정에 관한 연구–휴대폰 단말기 시장을 중심으로. *대한산업공학회 2005 추계학술대회 논문집*.

이원호. (2003). 웹기반 사이버트레이딩시스템에 대한 충성도에 영향을 미치는 핵심요인. 국민대학교 대학원 박사학위논문.

이용일. (2010). 스마트폰 유통에 따른 대학생의 기술 수용의도 및 만족에 관한 연구. *유통경영학회지*, 13(5), 93–110.

이종오, 황재훈, 강소라, 이선로. (2006). 기능적 속성을 고려한 기술수용모형(TAM)의 확장연구–휴대폰의 채택 사례를 중심으로. *Journal of Information Technology Applications & Management*, 13(1), 39–66.

임재희, 이숙영. (2003). ERP시스템 품질이 정보시스템 성과에 미치는 영향에 관한 연구. *경영교육논총*, 32, 3–27.

정준구, 장기진. (2010). 실사용자를 중심으로 한 스마트폰 수용 요인에 관한 연구. *e–비즈니스연구*, 11(4), 361–379.

최민수. (2011). 개인의 혁신성, 사회적 영향력, 사용자 인터페이스 요인이 스마트폰 수용에 미치는 영향에 관한 연구–확장된 기술수용모델을 중심으로. 이화여자대학교 대학원 박사학위논문.

황인준, 이성일. (2010). 기술수용모형의 확장을 통한 스마트폰의 채택의도 파악 연구. *대한산업공학회 2005 추계학술대회 논문집*.

황현정, 권업. (2010). 국내 게임 산업의 지속적 경쟁우위: Day–Wensley모형과 VRIN모형의 통합적 연구. *경영교육논총*, 61, 203–226.

Davis, F.D. (1989). Perceived usefulness, perceived ease of use, and user acceptance of information technology. *MIS Quarterly*, 13(3), 318–339.

Green, P.E. and Srinivasan, V. (1990). Conjoint analysis in marketing: New developments with implications for research and practice. *Journal of Marketing*, 54(4), 1–19.

Moon, J.W. and Kim, Y.G. (2001). Extending the TAM for a World–Wide–Web context. *Information and Management*, 38(4), 217–230.

Myers, J.H. and Alpert, M.I. (1968). Determinant buying attitude: Meaning and measurement. *Journal of Marketing*, 32(4), 13–20.

제 3 부

SPSS/Amos 29 고급 측정모델링의 이해와 적용

제 9 장 고급 측정모델링 (1)

제3부 SPSS/Amos 29 고급 측정모델링의 이해와 적용

1 구조방정식모델링: 측정모델링과 구조모델링

1.1 측정모형과 구조모형

구조방정식모형(Structural Equation Model: SEM)은 [그림 9-1]과 같이 측정모형(Measurement model)과 구조모형(Structural model)으로 구분된다.[1]

▶ 그림 9-1 ▌ 구조방정식모형: 측정모형과 구조모형

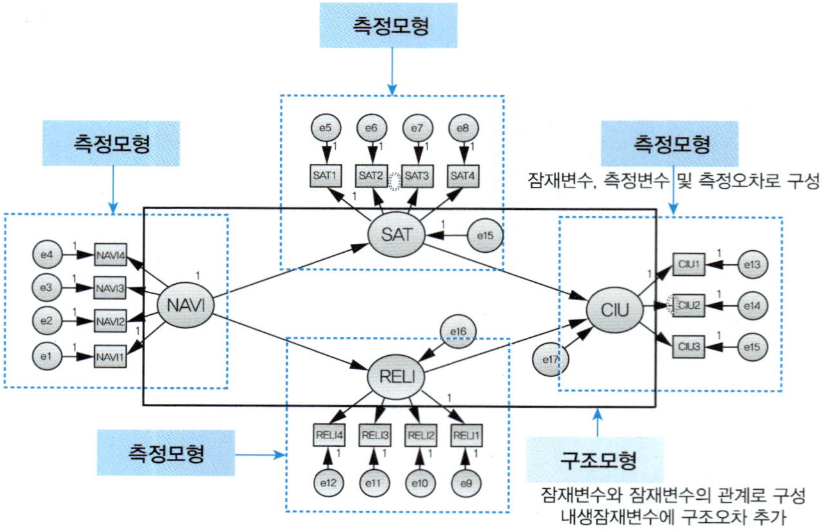

1) 구조방정식모형에서 측정모형은 외부모형(Outer model), 구조모형은 내부모형(Inner model)이라고도 불린다.

측정모형은 CFA(확인적 요인분석)을 통해 가설검증 이전에 측정도구의 신뢰도와 타당도 분석을 수행하기 위한 모형으로 잠재변수, 측정변수 및 측정오차로 구성된다. 구조모형은 SEM분석을 통해 연구자가 설정한 연구가설을 검증하기 위한 것으로 잠재변수(연구변수) 간을 인과관계(→)로 연결한 경로모형(Path model)을 말한다. 보통 구조모형은 이론모형(Theoretical model), 인과모형(Causal model)이라고도 불린다.

구조방정식모형=측정모형+구조모형

[그림 9-1]은 구조방정식모형을 제시한 것이다. 이 모형은 크게 측정모형(점선 표시, 4개 모형)과 구조모형(실선 표시, 1개 모형)으로 구분된다. 측정모형은 1개의 잠재변수, 1개 이상의 측정변수와 측정오차로 이루어져 있다. 그림에서 측정모형은 4개이며, 구조모형은 1개이다. 측정모형에서 잠재변수 NAVI, SAT, RELI는 4개의 측정변수와 측정오차로 그리고 CIU는 3개의 측정변수와 측정오차로 구성되어 있다.

1.2 측정모델링과 구조모델링

연구자가 우수한 품질의 논문을 작성하기 위해서는 최선의 구조방정식모델링(Structural Equation Modeling)의 과정을 통해 연구모형을 구축해야 한다.

연구모형(Research model)은 구조방정식모델링의 과정을 통해서 개발된다. 연구모형의 개발은 연구자들에게 있어서 매우 중요한 부분이다. 연구모형에 어떤 잠재변수를 포함시킬 것인지, 몇 개의 잠재변수로 할 것인지 등을 결정해야 한다. 연구자들은 연구모형과 데이터가 얼마나 잘 적합한가를 의미하는 모형 적합도만을 가지고 연구모형을 결정해서는 안 된다. 적합도가 높기 때문에 좋은 연구모형이라고 생각하는 것은 잘못이다. 왜냐하면 적합도가 높은 연구모형이나 다수의 연구가설이 채택된 연구모형이 반드시 좋은 것이 아닐 수도 있기 때문이다. 따라서 선행연구의 이론적 배경이나 논리적인 근거를 토대로 현실 상황을 고려한 연구모형의 설정이 요구된다. 또한 구조방정식모델링에서 중요한 과업은 잠재변수(연구변수)의 중복이 없이, 누락이 없이 연구목적의 달성에 필요한 모든 변수가 포함되도록 연구모형을 설정해야 한다.

측정모형을 구축할 경우에도 개별 측정모형에 대한 측정변수의 수는 최소 3개 이상이 되어야 통계적으로 의미가 있으며, 각 측정모형의 측정변수의 수도 비슷하게 구성하는 것이 결과 왜곡을 방지할 수 있으며 논리적 설득력을 가질 수 있다. 측정변수의 수는 대개의 경우 3개 이상이 추천되고 있지만 선행연구의 결과를 토대로 신뢰도와 타당도의 검토 과정에서 측정변수들이 탈락될 수 있는 가능성에 대비해 5개 이상으로 하는 것도 좋은 대안이 될 수 있다.

그림 9-2 ▌구조방정식모델링: 측정모델링과 구조모델링

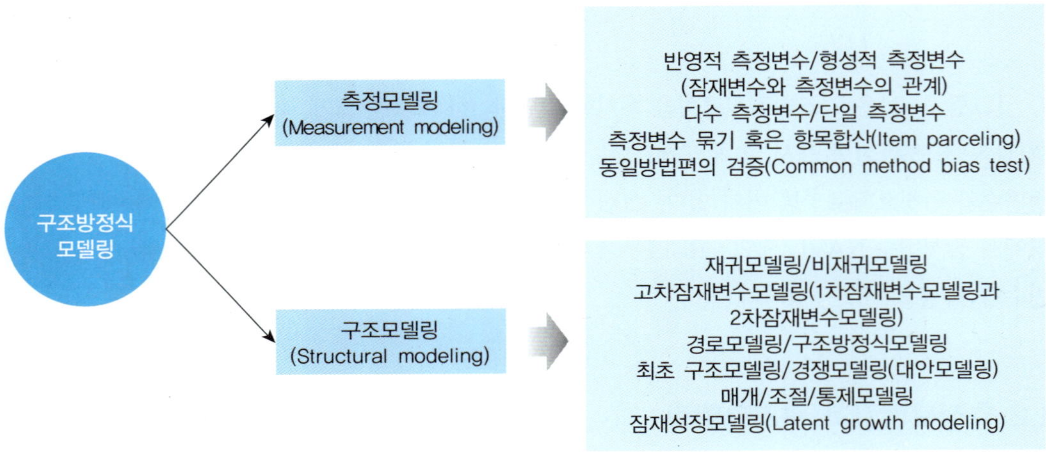

Amos 프로그램을 이용한 구조방정식모델링은 [그림 9-2]와 같이 크게 측정모델링(Measurement modeling)과 구조모델링(Structural modeling)으로 구분된다. 전자는 측정모형을 구축하는 것을 말하며, 후자는 구조모형을 구축하는 것을 의미한다.

측정모델링은 특정 잠재변수(One latent variable)와 이를 직접적으로 측정하는 측정변수들(Measurement variables) 간의 관계, 측정오차(Measurement error)와 구조오차(Structural error)를 어떻게 구축할 것인가와 관련된다. 측정모델링과 관련이 있는 주요 주제는 ① 반영적 측정변수(Reflective measurement variables)와 형성적 측정변수(Formative measurement variables)의 사용 결정(잠재변수와 측정변수의 관계 결정), ② 다수 측정변수(Multiple measurement variables)와 단일 측정변수(Single measurement variables)의 사용 결정, ③ 측정변수의 묶기 혹은 문항합산(Item parceling), ④ 동일방법편의(Common method bias) 검증이 있다.

구조모델링은 잠재변수와 잠재변수의 관계 그리고 내생잠재변수의 분산 중에서 외생잠재변수에 의해 설명되지 못한 부분인 구조오차(Structural error)[2]를 어떻게 구축할 것인가와 관련된다. 구조모델링과 관련이 있는 주요 주제는 ① 재귀모형(Recursive model)과 비재귀모형(Non-recursive model), ② 고차잠재변수모형(Higher-order latent construct model)[3]: 1차잠재변수모형(First-order latent construct model)과 2차잠재변수모형(Second-order latent construct model), ③ 경로모델링과 구조방정식모델링(Path modeling and Structural equation modeling), ④ 최초 구조모델링과 경쟁모델링(대안모델링), ⑤ 매개/조절/통제모델링(Mediation, moderation and control modeling), ⑥ 잠재성장모델링(Latent Growth Modeling: LGM)이 있다.

2 반영적 · 형성적 측정모형과 측정모델링

2.1 반영적 측정모형과 형성적 측정모형

측정모형은 [그림 9-3]과 같이 잠재변수와 측정변수의 인과관계의 방향에 따라 반영적 측정모형(Reflective measurement model)과 형성적 측정모형(Formative measurement model)으로 구분된다. 전자는 인과관계의 방향, 즉 화살표의 방향이 잠재변수에서 측정변수로 표시된다. 이때 잠재변수는 원인변수이고 측정변수는 결과변수가 된다. 후자는 인과관계의 방향이 측정변수에서 잠재변수로 표시된다. 여기에서 측정변수는 원인변수이고 잠재변수는 결과변수가 된다.

2) 구조오차는 방정식오차(Equation error), 잔차(Residual), 예측오차(Prediction error), 교란(Disturbance) 등의 다양한 명칭으로 불린다.

3) 고차잠재변수모형은 계층적 성분모형(Hierarchical components model) 혹은 고차요인모형(Higher-order factor model)이라고도 불린다.

그림 9-3 ▍반영적 측정모형과 형성적 측정모형

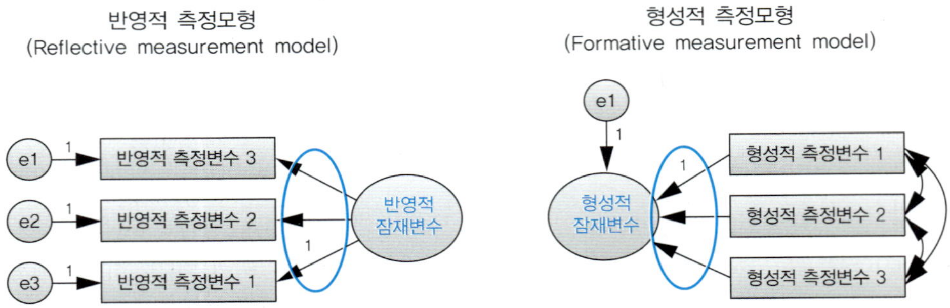

반영적 잠재변수(Reflective latent variable)는 측정변수가 잠재변수(구성개념)의 실제값을 반영하는 경우이며, 형성적 잠재변수(Formative latent variable)는 측정변수가 잠재변수의 값을 형성(결정)하는 경우를 의미한다.[4] 반영적 측정모형에서는 모든 반영적 측정변수에 측정오차(Measurement error, 그림에서 e1~e3)를 표시하며, 이는 측정변수의 분산 중에서 반영적 잠재변수가 설명하지 못하는 부분이다. 형성적 측정모형에서는 형성적 측정변수 간에 상관(↔)을 설정하며, 형성적 측정변수에 의해서 결정되는 잠재변수에만 측정오차(그림에서 e1)[5]를 표시하며, 이는 형성적 측정변수들이 형성적 잠재변수를 설명하지 못하는 부분이다.

반영적 측정변수들로 구성된 반영적 측정모형과 형성적 측정변수들로 구성된 형성적 측정모형의 차이점은 [표 9-1]과 같다(김종인, 2012; 임명성, 2013; 이현숙, 나우열, 2018; 신건권, 2018 등). 반영적 측정모형에서는 인과관계의 방향(화살표)은 잠재변수(원인)에서 측정변수(결과)로 연결되며, 측정변수 간의 상관관계가 높으며, 측정변수에는 측정오차가 존재하며, 측정변수 중에서 일부 항목을 제거해도 큰 문제가 되지 않으며, 신뢰도와 타당도검증을 엄격하게 실시해야 한다. 이에 반해 형성적 측정모형에서는 인과관계가 측정변수(원인)에서 잠재변수(결과)로 연결되며, 측정변수 간에는 낮은 상관관계를 가지며, 측정변수에는 측정오차항이 존재하지 않으

4) 반영적 측정변수는 반영적 지표(Reflective indicator), 형성적 측정변수는 형성적 지표(Formative indicator) 혹은 조형적 지표, 조형적 측정변수라고도 한다.

5) 측정오차와 구조오차는 모두 오차항(Error term) 혹은 잔차(Residual)라는 용어를 사용하기도 하지만 구분해서 사용하는 것이 좋다. 특히 구조오차는 방해오차(Disturbance error), 설명오차라는 용어를 사용하기도 한다. 일반적으로 구조방정식모델링(측정모델링과 구조모델링)에서 측정오차는 ⓔ, ⓓ를 모두 사용하고 있으며, 특히 형성적 측정모델링에서 측정오차를 ⓓ로 표시하기도 한다. 그러나 많은 연구자들은 구조방정식모델링에서 ⓔ와 ⓓ를 구분하지 않고 ⓔ로 표시하기도 한다.

며, 잠재변수에 구조오차항이 존재하며, 측정변수들은 선행연구에서 이론적인 근거가 충분하지 않다면 거의 제거가 허용되지 않으며, 신뢰도와 타당도검증은 실시하지 않아도 되며, 오히려 측정변수 간 다중공선성을 검증하는 것이 가장 중요하다.

표 9-1 반영적 측정모형과 형성적 측정모형의 차이 비교

구분	반영적 측정모형	형성적 측정모형
인과관계의 방향 (화살표의 방향)	잠재변수(원인) → 측정변수(결과)	측정변수(원인) → 잠재변수(결과)
측정변수 간 상관관계	측정변수 간 상관관계가 높음 (내적 일관성이 중요)	측정변수 간 상관관계가 낮음 (내적 일관성이 중요하지 않음)
오차	측정변수에 측정오차 존재	잠재변수에 측정오차 존재
측정변수의 제거 가능성	일부 측정변수 제거 가능	측정변수 제거는 거의 불가능[제거하면 잠재변수(개념)의 개념을 설명하기 어려움]
신뢰도와 타당도검증	매우 엄격한 적용 - 신뢰도, 타당도검증 실시 - 모형 적합도는 중요 - 측정변수 간 다중공선성은 상관계수가 0.9 이상이 아니면 문제가 되지 않음	매우 느슨한 적용 -선행연구에서 이론적 근거가 충분하면 신뢰도, 타당도검증 실시하지 않아도 됨 -모형 적합도는 중요치 않음 -측정변수 간 다중공선성 검증

▶ 사회과학자들이 많은 연구에서 연구모형을 구축할 때 반영적 측정모형을 주로 사용해 왔으나 최근에는 형성적 측정모형의 중요성을 인식하고 있으며 이에 대한 관심도 높아지고 있다.

▶ 반영적 측정모형과 형성적 측정모형의 측정변수들에 대한 설정은 가장 현실에 가까운 성과평가와 올바른 인과모형을 검증하는 데 있어서 중요하다. 형성적 측정모형을 사용해야 하는데 연구자가 잘못 반영적 측정모형으로 분석한다면 분석 결과를 오도할 수 있다.

▶ 구조방정식모형을 적용한 연구들은 거의 반영적 측정변수를 적용해 왔으며, 형성적 측정변수들을 적용한 경우는 그리 많지 않았다. 왜냐하면 형성적 측정모형을 분석할 수 있는 구조방정식모델링 통계프로그램이 부족하고 모형 오설정(Model misspecification)과 식별과정에서 오류 등이 발생될 수 있기 때문이다. 물론 이러한 문제에 대한 해결책은 거의 대부분 제시된 상태라고 보여진다.

- Amos 통계프로그램은 반영적 측정모형을 분석하기에 적합하게 개발되었으며, 형성적 측정모형을 적용하려면 형성적 잠재변수의 결과변수로서 두 개 이상의 반영적 결과변수를 설정해야 하기 때문에 Amos에서는 형성적 측정모형을 연구모형에 포함시키는 것이 쉽지만은 않다. 이러한 형성적 잠재변수의 식별 문제를 해결하려면 하나의 잠재변수가 형성적 측정변수와 반영적 측정변수를 동시에 가지도록 설정하는 MIMIC 모형(Multiple Indicator Multiple Cause Model)을 도입해야 한다. 그러나 SmartPLS 프로그램의 경우에는 형성적 측정모형을 사용해도 이러한 식별 문제는 발생되지 않는다.
- 형성적 측정모형이 고차요인 구조로 되어 있는 경우, 즉 1차요인은 반영적, 2차요인구조는 형성적 측정모형으로 정의되는 경우에는 1차요인구조에 대해서는 신뢰도와 타당도검증을 수행해야 한다.
- 형성적 측정모형에서는 측정변수들이 잠재변수에 미치는 상대적 영향력을 분석할 수 있는 장점이 있어서 실무에서 유용한 정보를 제공한다.
- 반영적 측정모형에서 반영적 측정변수들 간에는 어느 정도 상관관계가 높을수록 좋으며(물론 상관계수가 0.9 이상이면 다중공선성의 문제를 발생시킬 수 있음), 중복되거나 유사한 설문문항들로도 구성할 수 있기 때문에 상호 호환성이 높다. 따라서 일부의 측정변수를 제거해도 잠재변수의 개념 형성에 큰 영향을 미치지 않는다면 반영적 측정변수가 적합하다. 반면 형성적 측정모형에서 형성적 측정변수들 간에는 상관관계가 낮을수록 좋고 독립적인 설문문항으로 구성되기 때문에 하나의 형성적 측정변수를 제거할 경우 잠재변수에 큰 영향을 미치면 형성적 측정변수가 적합하다.
- 반영적 측정모형에서는 측정변수 간에 정의 상관관계가 존재하는 항목들만 포함한다. 이에 반해 형성적 측정모형에서는 정과 부의 상관관계뿐만 아니라 전혀 상관관계가 없는 측정변수도 포함이 가능하며 측정변수들 간에 상충관계가 있을 때에도 그 의미가 중요하면 해당 측정변수를 제거하지 않을 수 있다.
- 형성적 측정모형을 포함하는 구조방정식모형분석은 공분산에 기초를 두고 있는 Amos 프로그램이나 PLS(Partial Least Squares)에 기반을 두고 있는 SmartPLS에서 분석이 가능하다. 그러나 Amos 프로그램에서는 형성적 측정모형만 독립적으로 설정하는 경우 모형의 식별 문제가 발생할 수 있다. 따라서 형성적 측정모형이 연구모형에 포함되어 있는 경우에는 Amos 프로그램보다는 모형 설정 과정에서 식별 문제가 거의

발생하지 않는 SmartPLS 등을 사용하는 것도 좋은 하나의 대안이 될 수 있다.

구조방정식모델링에서 **반영적 잠재변수**(Reflective construct)와 **형성적 잠재변수**(Formative construct)의 측정방법을 올바로 선택하는 것이 중요하다. 앞에서도 설명한 것처럼 전자는 측정변수가 잠재변수의 실제값을 반영하는 경우이며, 후자는 측정변수가 잠재변수의 값을 형성(결정)하는 경우를 의미한다.

그림 9-4 ▌ 반영적 잠재변수와 형성적 잠재변수의 예시: 호텔시설만족도(上)와 서비스만족도(下)

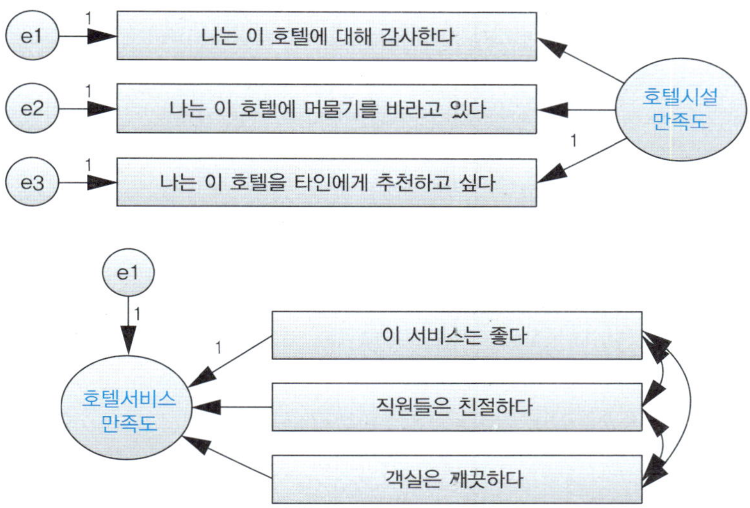

[그림 9-4]에서 **호텔시설만족도**는 반영적 잠재변수로서 호텔시설에 대한 고객만족도가 변화가 있을 때(원인) 잠재변수를 구성하는 측정변수들이 이러한 변화를 반영한다(결과). 이는 측정변수들이 호텔시설만족도에 대한 실제값을 반영하고 있는 경우를 말한다. 이에 반해 **호텔서비스만족도**는 형성적 잠재변수로서 좋은 서비스, 직원의 친절성, 객실의 청결성에 따라서 호텔서비스만족도가 달라진다. 이는 측정변수(원인)에 따라 호텔서비스만족도(결과)가 달라지는 경우이다.

반영적 잠재변수와 형성적 잠재변수의 측정방법에 대한 관련 사례를 제시하면 [표 9-2]와 같다. 다만 Amos 프로그램을 사용하는 경우 형성적 측정변수들로 구성되는 형성적 측정모형을 적용하는 경우에는 적어도 1개 이상의 경로가 나가야 하기 때문에 제시된 사례 중에서 기업파산,

시스템도입성과, 조직성과 등의 형성적 잠재변수는 최종 종속변수로 사용하기 어렵다. 따라서 최종적인 종속변수에는 형성적 잠재변수를 구성하는 형성적 측정변수들을 항목합산시켜 1개의 측정변수로 변환시켜 적용하는 것을 고려해야 하며, 형성적 잠재변수를 최종 종속변수로 연구모형 속에 포함시켜 연구하려면 SmartPLS 프로그램을 사용하는 것이 좋다(신건권, 2023).

표 9-2 반영적 측정모형과 형성적 측정방법의 선택 사례

방법 선택	예시	설명
반영적 잠재변수	호텔시설만족도	호텔시설에 대한 고객만족도가 변화되었을 때 그 결과로 호텔시설에 대한 감사, 호텔 체류 결정, 호텔의 타인 추천 등의 태도가 생긴다.
	고객충성도	고객충성도가 변화되었을 때 그 결과로 숙박권 구매의도, 친구에게 구전의도, 지속적인 숙박의도 등의 태도가 생긴다.
	폐기종 증상	짧은 심박동, 쉽게 피로함을 느낌, 쉰 목소리, 허파의 기능성 감소 등은 폐기종이라는 결과의 증상을 반영한다.
형성적 잠재변수	폐기종 유발	흡연, 독소 노출 정도, 만성기관지염 등의 요인에 의해 폐기종이 발생한다.
	기업파산	기업파산은 총매출, 자산, 부채, 지출, 보유자본, 주식 등에 의해 결정된다.
	시스템 도입성과	시스템 도입성과는 납기 향상, 유연성 증가, 품질 향상, 비용절감 등에 의해서 결정된다.
	조직성과	측정변수인 생산성, 수익성, 시장점유율 등에 의해서 조직성과가 결정된다.

예컨대 사회적 편견이라는 형성적 잠재변수가 성별, 인종, 교육수준이라는 세 가지 측정변수들을 가진다고 하자. 이때 사회적 편견이 성별, 인종 및 교육수준을 바꾸는 것이 아니라 성별, 인종 및 교육수준(원인)에 따라 사회적 편견(결과)이 달라질 수 있다. 즉 사회적 편견이 줄었다고 해서 자신의 성별을 바꿀 수 있는 것은 아니다. 한편 사회경제적 지위(Social Economic Status: SES)라는 형성적 잠재변수를 살펴보자. 사회경제적 지위가 직업, 연봉, 사회적 평판 등의 측정변수에 영향을 미치는 것이 아니라 직업, 연봉, 사회적 평판 등이 복합적으로 작용해서 결정된다. 이때 직업, 연봉, 사회적 평판 등의 측정변수 변화가 다른 측정변수의 변화와 연관되어 있지 않으며 공통의 주제를 나타내고 있지 않음을 알 수 있다.

2.2 반영적 측정모델링과 형성적 측정모델링

측정모델링이란 측정모형을 구축하는 것을 말한다. 연구자는 반영적 측정모델링을 할 것인지, 형성적 측정모델링을 할 것인지를 결정해야 한다. [그림 9-5]는 반영적 측정모형과 형성적 측정모형 중에서 어떤 것을 선택할 것인지에 대한 일반적인 지침이다(신건권, 2023 등). 이러한 지침은 연구자가 잠재변수에 대한 개념화와 연구목적 등에 따라서 결정해야 한다.

그림 9-5 ▎반영적 측정모형과 형성적 측정모형의 선택 지침

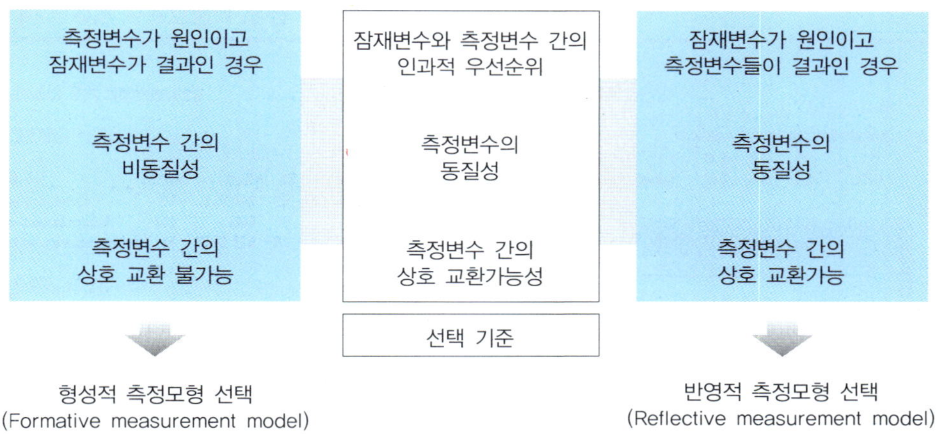

첫째, 잠재변수와 측정변수 간의 인과적 우선순위에 따라 측정변수가 원인이고 잠재변수가 결과라면 형성적 측정모형을, 잠재변수가 원인이고 측정변수들이 결과라면 반영적 측정모형을 선택한다.

둘째, 측정변수의 동질성이 없으면 형성적 측정모형을, 동질성이 있으면 반영적 측정모형을 선택한다.

마지막으로, 측정변수 간의 상호 교환가능성을 기준으로 선택할 수 있다. 예컨대 측정변수 간의 상호 교환이 불가능한 경우에는 형성적 측정모형을, 상호교환이 가능한 경우에는 반영적 측정모형을 선택한다. 따라서 형성적 측정모형에서는 보통 형성적 측정변수의 제거를 허용하지 않는다. 왜냐하면 형성적 측정모형에서 한 개의 형성적 측정변수를 제거하면 원래의 형성적 잠재변수의 성격을 심하게 변화시켜서 일반적인 연구의 개념으로 사용할 수 없기 때문이다.

Amos 프로그램을 사용하여 형성적 측정모델링을 하는 경우에는 모형의 식별 문제(Identification problem)가 발생될 수 있다. 이러한 식별 문제를 해결하려면 [그림 9-6]과 같이 몇 가지 모형 식별 요건들이 충족되어야 한다.

그림 9-6 ▌형성적 측정모델링에서 모형 식별의 요건

형성적 측정모델링에서
모형 식별의 요건
(Requirements for model identification)

- ✔ 형성적 잠재변수로부터 다른 잠재변수 혹은 변수로 두 개의 경로(인과관계, 혹은 화살표)가 나가야 함 (Two path emitting rule)
- ✔ MIMIC 모형(Multiple Indicators and Multiple Causes Model)의 사용
- ✔ 형성적 잠재변수로부터 한 개의 경로(인과관계, 혹은 화살표)만 나가는 경우에는 형성적 잠재변수의 오차분산을 0으로 지정
- ✔ 형성적 측정변수에는 측정오차항을 설정하지 않으며 형성적 잠재변수에 측정오차항을 설정
- ✔ 모든 형성적 측정변수들 간에는 공분산(상관)을 설정
- ✔ 형성적 측정변수 중 1개에는 준거변수 1을 지정
- ✔ 모든 잠재변수(혹은 측정변수)와 오차항 간에는 계수를 1을 지정

- ▶ 형성적 잠재변수로부터 다른 잠재변수 혹은 변수로 두 개의 경로(인과관계 혹은 화살표)가 나가야 한다. 이를 '2개 경로 나가기 규칙'(Two path emitting rule)이라고 한다. 따라서 연구모형에서 형성적 잠재변수로부터 2개의 경로가 나가면 형성적 측정모형을 외생변수와 매개변수로는 사용할 수 있으나 최종적인 종속변수로는 사용할 수 없다.
- ▶ 복수의 형성적 측정변수들과 복수의 반영적 측정변수들을 가지는 MIMIC 모형을 설정한다.
- ▶ 형성적 잠재변수로부터 한 개의 경로만 나가는 경우에는 형성적 잠재변수의 오차분산을 '0'으로 지정해야 한다.
- ▶ 형성적 측정변수들은 측정오차항이 존재하지 않으며 형성적 잠재변수에 측정오차항을 설정한다.
- ▶ 모든 형성적 측정변수들 간에는 공분산을 설정해야 하며, 형성적 측정변수 중 하나에는

준거변수 '1'을 지정해야 한다.

Amos 프로그램을 이용한 구조방정식모델링에서는 형성적 측정변수들을 가지는 측정모형이 연구모형 속에 포함되는 경우에 식별 문제가 발생하는 경우가 많으며, 형성적 측정변수를 사용하는 것이 용이하지 않은 편이다. 물론 이러한 식별 문제를 해결하기 위해서는 형성적 측정변수들을 자유롭게 사용할 수 있는 SmartPLS 프로그램을 사용하는 것도 좋은 하나의 대안이 될 수 있다(신건권, 2023).

지금부터는 형성적 측정모델링에서 식별 문제를 해결할 수 있는 몇 가지 예시를 제시하고자 한다. 식별 문제를 해결하기 위해서는 [그림 9-7]과 같이 형성적 잠재변수에서 다른 잠재변수(혹은 측정변수)로 최소 2개 이상의 경로가 나가야 한다. 부득이 1개 경로만 나가는 경우에는 식별 문제를 해결하기 위해서 형성적 잠재변수의 오차항의 분산을 '0'으로 지정해야 한다. 이외에도 식별 문제를 해결하기 위한 일반적인 방법으로는 MIMIC 모형을 사용하는 것이 좋다.

그림 9-7 ▌ 형성적 측정모델링에서 식별 문제의 해결방법

1. 형성적 잠재변수에서 반영적 측정변수로 2개 경로가 나가는 MIMIC 모형

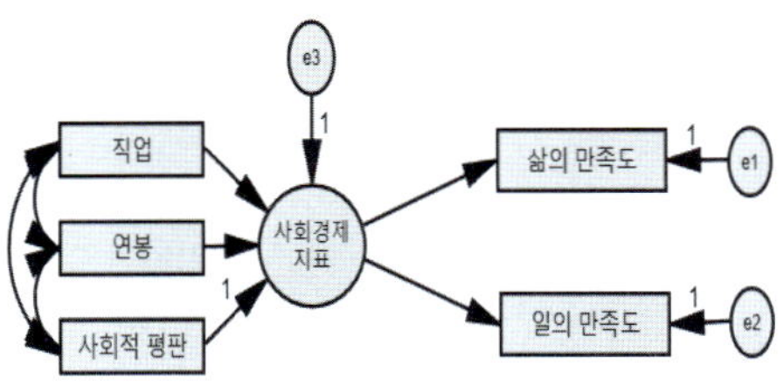

형성적 잠재변수 1개: 형성적 측정변수 3개
반영적 측정변수 2개
형성적 측정변수 간 상관 설정(↔)
형성적 잠재변수에서 2개 경로가 나감(식별 문제 발생하지 않음)
형성적 잠재변수인 사회경제지표에 오차항 표시
: e3

2. 형성적 잠재변수에서 반영적 측정변수로 2개 경로가 나가는 MIMIC 모형

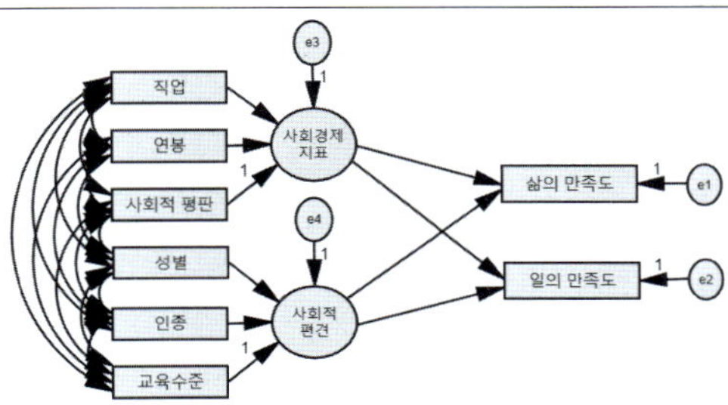

형성적 잠재변수 2개: 형성적 측정변수 각 3개
반영적 측정변수 2개
모든 형성적 측정변수 간 상관 설정(↔)
형성적 잠재변수에서 각각 2개 경로가 나감
형성적 잠재변수인 사회경제지표와 사회적 편견에 오차항 표시: e3과 e4

3. 형성적 잠재변수에서 반영적 측정변수로 1개 경로만 나가는 일반적 모형

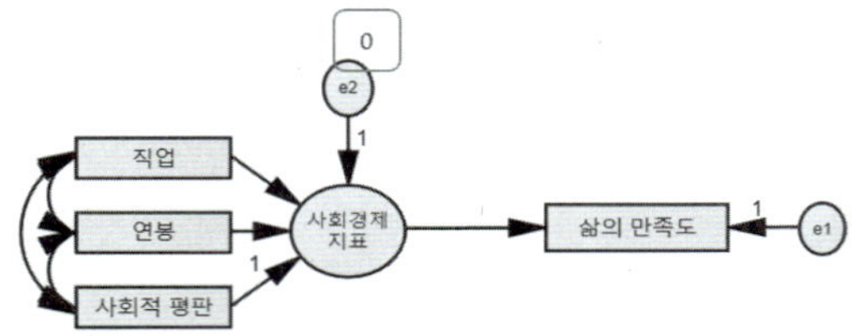

형성적 잠재변수 1개: 형성적 측정변수 3개
반영적 측정변수 1개
형성적 측정변수 간 상관 설정(↔)
형성적 잠재변수에서 1개 경로만 나감(식별 문제 발생)
형성적 잠재변수인 사회경제지표에 오차항 표시하고 식별 문제 해결을 위해서 오차항 e2의 분산을 '0'으로 지정

4. 형성적 잠재변수에서 반영적 잠재변수로 2개 경로가 나가는 일반적 모형

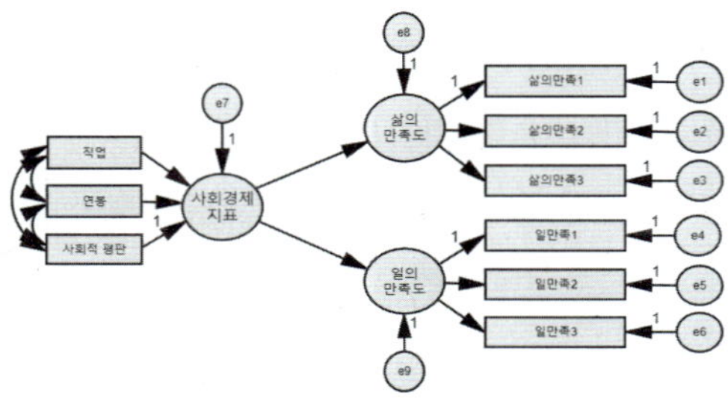

형성적 잠재변수 1개: 형성적 측정변수 3개
반영적 잠재변수 2개: 반영적 측정변수 각 3개
내생 잠재변수에 구조오차 표시: e8과 e9
형성적 측정변수 간 상관 설정(↔)
형성적 잠재변수에서 2개 경로가 나감(식별 문제 발생하지 않음)
형성적 잠재변수인 사회경제지표에 오차항 표시: e7

5. 형성적 잠재변수에서 반영적 잠재변수로 1개 경로만 나가는 일반적 모형

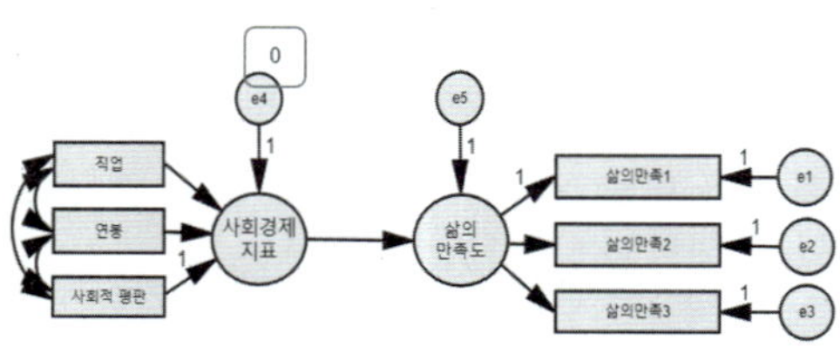

형성적 잠재변수 1개: 형성적 측정변수 3개
반영적 잠재변수 1개: 반영적 측정변수 3개
내생 잠재변수에 구조오차 표시: e5
형성적 측정변수 간 상관 설정(↔)
형성적 잠재변수에서 1개 경로가 나감(식별 문제 발생)
형성적 잠재변수인 사회경제지표에 오차항 표시하고 식별 문제 해결을 위해서 오차항 e4의 분산을 '0'으로 지정

6. 형성적 잠재변수와 반영적 잠재변수가 2개 이상인 경우에서 2개 경로와 1개 경로가 나가는 경우가 모두 포함된 일반적 모형

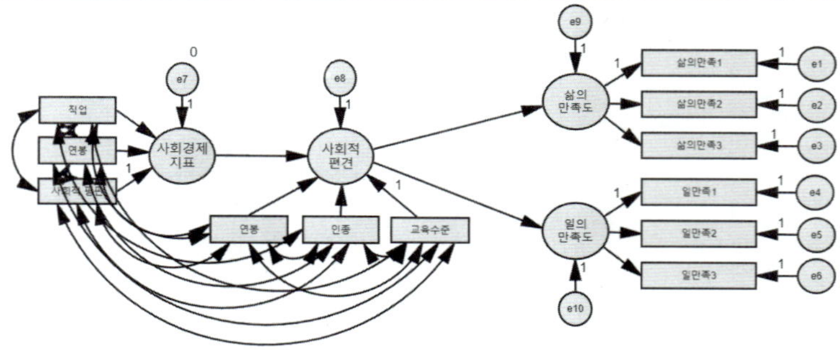

형성적 잠재변수 2개: 형성적 측정변수 각 3개
반영적 잠재변수 2개: 반영적 측정변수 각 3개
내생 잠재변수에 구조오차 표시: e8, e9, e10
모든 형성적 측정변수 간 공분산 설정(↔)

형성적 잠재변수인 사회경제지표에서 형성적 잠재변수 사회적 편견으로 1개 경로가 나감(식별 문제 발생)
형성적 잠재변수인 사회경제지표와 사회적 편견에 오차항 e7과 e8을 표시하고 식별 문제 해결을 위해서 오차항 e7의 분산을 '0'으로 지정
형성적 잠재변수 사회적 편견에서 반영적 잠재변수로 2개 경로가 나감(2개의 경로가 나감으로 식별 문제가 발생하지 않음)

3 다수와 단일 측정변수의 선택과 측정모델링

3.1 측정모델링에서 다수와 단일 측정변수의 선택

연구자들은 측정모형의 구축 시 [그림 9-8]과 같이 잠재변수(혹은 연구변수)를 **다수 측정변수**(Multiple measurement variables 혹은 다중지표 Multiple indicators)와 **단일 측정변수**(Single measurement variables 혹은 단일지표 Single indicator) 중에서 선택할 수 있다.

그림 9-8 | 측정모형의 구성: 단일 측정변수(左)와 다수 측정변수(右)의 선택

잠재변수가 단일 측정변수로 측정된 경우	잠재변수가 다수의 측정변수로 측정된 경우
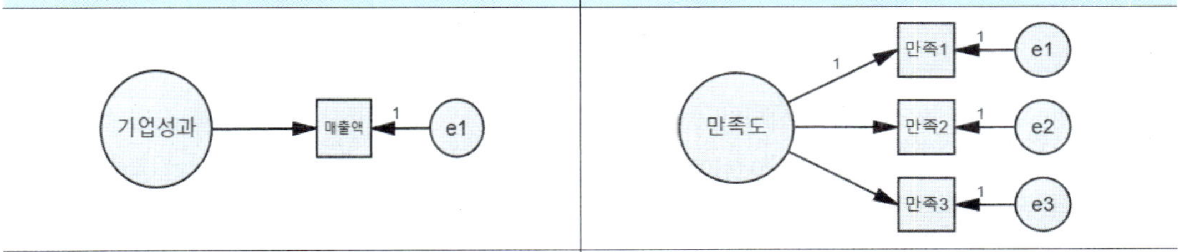	
요인적재량과 오차분산의 고정이 필요	아무런 설정이 필요 없음

단일 측정변수로 구축된 잠재변수 측정모형은 처음부터 한 개의 측정변수(혹은 설문문항)로 측정한 경우이다. 그러나 연구자들은 잠재변수를 측정할 때 처음에는 **다수의 측정변수(다중지표)**

로 측정하였으나 후에 단일 측정변수를 가지는 측정모형으로 변환시켜 사용하는 경우가 있다. 이때 단일 측정변수를 가지는 잠재변수 측정모형으로 구축하기 위해서 다수의 측정변수(설문 문항들)를 이용해 요인분석(Exploratory Factor Analysis) 등을 수행할 수 있으며, 분석 결과에 따라 단일 측정변수로 항목합산(혹은 측정변수 묶기, Item parceling)을 수행한다. 일반적으로 항목합산에서는 다수 측정변수로 측정된 값들을 모두 더해서 통합하거나 평균하는 작업을 통해 단일 측정변수를 갖는 잠재변수 측정모형으로 구축할 수 있다.

- ▶ 잠재변수에 대한 측정모델링을 할 때 모든 잠재변수들에 대해서 2개 이상의 다수의 측정변수들을 가지고 측정하는 것이 일반적이다. 이렇게 하면 측정모형이 과소식별되는 위험을 피할 수 있다. 그러나 잠재변수를 구성할 때 다수 측정변수로 개발하는 것이 불가능하여 단일 측정변수로 설정할 수도 있다.
- ▶ 측정모형을 구성하는 측정변수가 단일인 경우(단일 측정변수를 가지는 잠재변수)는 선호되지 않으며 다수의 측정변수들을 가지는 잠재변수(다수의 측정변수를 가지는 잠재변수)를 구성하는 것이 바람직하다.

3.2 잠재변수를 단일 측정변수로 구축하는 경우의 측정모델링

Amos 프로그램에서는 잠재변수를 단일 측정변수로 구성하는 경우에는 다소 복잡한 설정 과정을 거쳐야 한다. 잠재변수의 측정모형 구축 시 단일 측정변수의 기본적인 설정방법은 [그림 9-9], [표 9-3]과 같이 ① 다수 측정변수를 단일 측정변수로 변환한 경우, ② 처음부터 단일 측정변수로 측정한 경우로 구분할 수 있다.

- ▶ 잠재변수가 단일 측정변수인 경우에는 잠재변수와 측정변수 간의 단방향 화살표(→)에 요인적재량을 '1'이나 '크론바흐 알파계수를 반영해 계산된 값'으로 설정(입력)해야 한다.
- ▶ 잠재변수가 단일 측정변수인 경우에는 오차분산값을 설정(입력)해야 한다. 만약 단일 측정변수로 구성된 측정모형인데도 불구하고 측정오차항의 오차분산값을 설정하지 않으면 식별 문제가 발생되어 모형이 실행되지 않는다.

그림 9-9 ▌ 잠재변수가 단일 측정변수로 측정된 경우의 측정변수 설정

① 잠재변수와 측정변수 간의 화살표를 선택한 후 [Object Properties]이 나타나면 [Parameters]의 [Regression weight]에 가상으로 1.341을 입력한다. ② 측정오차항 e1을 선택한 후 [Object Properties]이 나타나면 [Parameters]의 [Variance]에 가상으로 0.824라고 입력한다.	잠재변수와 측정변수 간의 요인적재량으로 1.341이 입력되었음을 확인할 수 있다. 다만 화살표 위에 숫자가 입력된 것이 아니라 잠재변수 쪽에 입력되었다는 점을 이해하기 바란다. 측정오차항에 오차분산이 오차항 상단 우측에 0.824가 입력되었음을 확인할 수 있다.

표 9-3 ▌ 단일 측정변수의 요인적재량과 오차분산의 설정방법

구분	설정방법	요인적재량	오차분산
잠재변수의 다수 측정변수를 단일 측정변수로 변환한 경우	방법1	α(크론바흐 알파계수)$\times\sigma$(변환된 단일 측정변수의 표준편차)의 값으로 고정	$(1-\alpha)\times$분산(변환된 단일 측정변수의 분산)의 값으로 고정
	방법2	1로 고정	0으로 고정
	방법3	$\sqrt{\alpha}$(크론바흐 알계파계수의 제곱근)으로 고정	$1-\alpha$로 고정
	방법4	1로 고정	$(1-\alpha)\times\sigma^2$(변환된 단일 측정변수의 분산)의 값으로 고정
	방법5	1로 고정	$1-\alpha$로 고정
처음부터 잠재변수를 단일 측정변수로 측정한 경우	위의 모든 방법 가능	가장 일반적으로 사용되는 방법은 4이며 이 경우 1로 고정	처음부터 잠재변수가 단일 측정변수로 측정되었으면 크론바흐 알파계수를 구할 수 없으므로 보통 신뢰도계수 추정치로 0.7(혹은 0.8)을 사용한다. 방법4를 적용한다면 $(1-0.7)\times\sigma^2$(단일 측정변수의 분산[6])의 값으로 고정

단일 측정변수는 잠재변수와 측정변수 간의 요인적재량과 측정오차항의 오차분산을 고정시켜야 한다. 고정시킬 요인적재량(Factor loading)과 오차분산(Error variance)을 계산하기 위

6) 여기에서 분산은 여러 측정변수를 단일 측정변수로 변환한 경우의 분산값이 아니라 처음부터 단일 측정변수로 측정한 단일 측정변수의 분산값을 의미한다.

해서는 보통 **크론바흐 알파계수**(Cronbach's alpha coefficient)**와 단일 측정변수**(① 처음부터 단일 측정변수로 측정한 경우의 단일 측정변수, ② 여러 개의 측정변수를 단일 측정변수로 변환시킨 경우의 단일 측정변수)**의 표준편차(SD), 분산(Variance)에 대한 정보**가 필요하다.

여러 개로 구성되어 있는 잠재변수의 측정변수들을 단일 측정변수로 변환한 경우에는 **고정시킬 요인적재량**을 계산하여야 한다. 이를 위해서는 다섯 가지 방법 중에서 2를 제외한 방법 1, 3, 4, 5는 크론바흐 알파계수에 대한 정보가 필요하다. 또한 고정시킬 **측정오차항의 오차분산**을 계산하여야 한다. 그런데 신뢰도분석을 통해 크론바흐 알파계수를 얻으려면 최소한 2개 이상의 측정변수(혹은 설문문항)를 가져야만 한다. 왜냐하면 측정변수가 1개 미만이면 크론바흐 알파계수를 출력할 수 없기 때문이다. 따라서 처음부터 잠재변수를 단일 측정변수로 측정한 경우에는 크론바흐 알파계수를 얻을 수 없으므로 **크론바흐 알파계수는 추정치를 사용**할 수밖에 없으며, 보통 크론바흐 알파계수는 대신 **0.7(혹은 0.8)**을 사용한다.

한편 연구자가 **단일 측정변수로 구성된 잠재변수 측정모형**에서 **신뢰도를 추정할 수 없거나 신뢰도를 반영할 필요가 없다고 판단**되면 단일 측정변수로 구성된 잠재변수를 단일 측정변수를 갖는 잠재변수 측정모형[잠재변수인 원(O)을 사용하지 않음]으로 설정하는 대신 **측정변수만 있는 측정모형**[측정변수인 사각형(ㅁ)을 사용]으로 설정하여야 한다.

그림 9-10 | 잠재변수는 없고 단일 측정변수만 있는 경우의 측정변수 설정

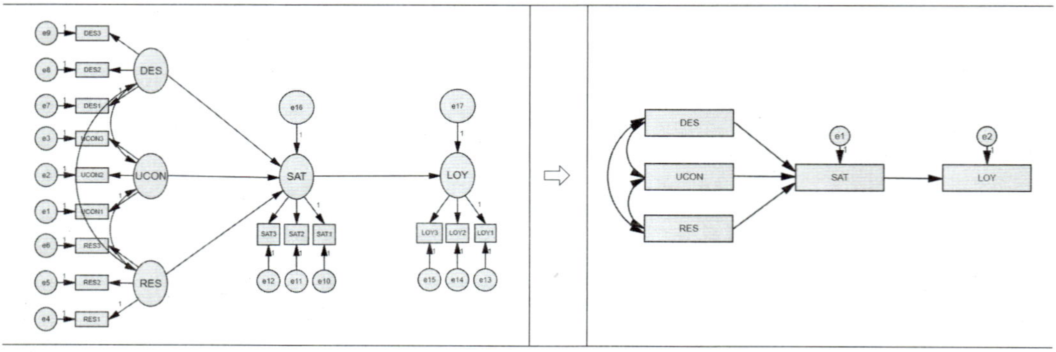

연구자가 연구모형에서 잠재변수(연구변수)를 다수 측정변수로 측정하였다가 측정변수 묶기(혹은 평균)를 하거나 처음부터 단일 측정변수로 연구변수를 측정한 경우에 크론바흐 알파계수를 추정할 수 없거나 신뢰도를 반영할 필요가 없다고 판단되면 위의 그림과 같이 잠재변수를 원으로 설정하는 대신 사각형으로 설정할 수 있다. 이때는 측정변수가 잠재변수의 값을 완벽하게 측정한 것으로 가정하는 것이다(단일 측정변수를 가지는 연구변수라 하더라도 요인적재량과 측정오차항의 오차분산 설정이 필요 없다).

통계실습 9-1 잠재변수의 여러 측정변수가 단일 측정변수로 변환된 경우

다음에 주어진 구조방정식모형을 이용해 각 잠재변수의 측정변수들을 단일 측정변수로 변환시킨 후에 잠재변수와 측정변수 간의 요인적재량과 측정오차항의 오차분산을 설정하시오. 구조방정식모형을 설정한 후에는 실행하시오. 이 실습은 이 책 제7장 사용자충성도 영향요인 사례 기본실습의 데이터와 구조모형을 그대로 이용한다. 요인적재량과 오차분산의 설정방법은 [표 9-3]의 방법4를 적용한다.

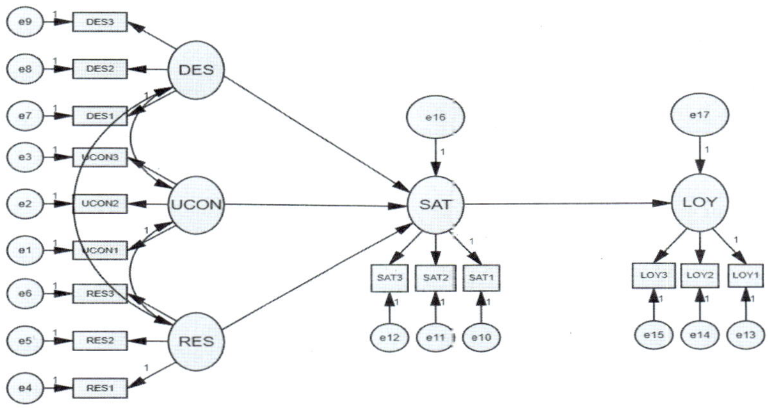

실습 따라하기

❶ SPSS 29의 초기 화면의 메뉴에서 [파일–열기–데이터]로 들어간 후 [제2부 기본실습따라하기(제7장)–제2부 통계분석데이터] 폴더 안에 있는 파일 [제2부 통계실습데이터(제7장)]을 불러들인다. [File–Save As]을 클릭하여 [제3부 고급 측정모델링의 이해와 적용(제9장–제10장)–제3부 통계분석데이터] 폴더 안에 [파일명]을 '제3부 통계실습데이터(통계실습 9–1)'로 입력한 후 [저장] 버튼을 클릭하여 저장한다.

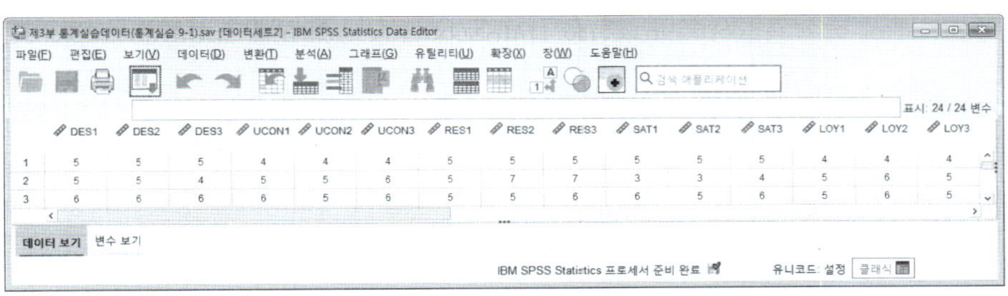

❷ 잠재변수는 5개(DES, UCON, RES, SAT, LOY)이며 각 잠재변수는 3개의 측정변수들을 가지고 있다. 제7장에서 이미 탐색적 요인분석을 통해서 측정변수들이 각 요인에 잘 적재되고 있음을 확인하였다(제7장 요인분석 결과 참조). 따라서 잠재변수별 측정변수를 평균하여 단일 측정변수인 새로운 변수 5개(DES_m, UCON_m, RES_m, SAT_m, LOY_m)를 만들기로 한다. 예컨대 SPSS의 [변환-변수 계산]에서 숫자표현식에 (DES1+DES2+DES3)/3을 입력하여 목표변수(새로운 변수) DES_m을 만들면 된다. 이와 같은 방법으로 나머지 잠재변수(UCON_m, RES_m, SAT_m, LOY_m)에 대해서도 측정변수들을 평균하여 새로운 변수들을 모두 만든다. 최종적으로 만들어진 것은 다음 화면과 같다. 지금까지 작업한 내용을 (저장하기 도구상자)를 클릭해 저장한다.

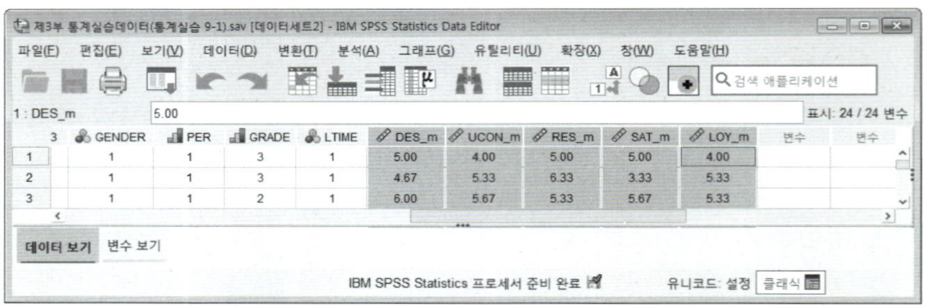

❸ 각 잠재변수별로 분석에 사용한 측정변수의 크론바흐 알파계수(Cronbach's alpha)를 계산한다. 이미 제7장에서 계산했으므로 그대로 사용하여 정리하면 다음과 같다.

잠재변수명	분석에 사용된 측정변수	Cronbach α 계수	새로운 변수 (단일 측정변수)
DES	DES1, DES2, DES3	0.836	DES_m
UCON	UCON1, UCON2, UCON3	0.864	UCON_m
RES	RES1, RES2, RES3	0.877	RES_m
SAT	SAT1, SAT2, SAT3	0.880	SAT_m
LOY	LOY1, LOY2, LOY3	0.913	LOY_m

❹ 단일 측정변수의 요인적재량과 오차분산의 설정은 가장 일반적으로 이용되는 방법4를 이용하기로 한다. 잠재변수와 측정변수 간의 요인적재량은 '1'로 고정시키며, 측정오차항의 오차분산은 $(1-\alpha)\times\sigma^2$(변환된 단일 측정변수의 분산)의 값으로 고정하기로 한다. 이를 위해서는 새로운 변수로 변환된 단일 측정변수들(DES_m, UCON_m, RES_m, SAT_m, LOY_m)의 분산을 구해야 한다. SPSS의 [분석-기술통계량-기술통계]로 들어가서 새로운 변수들을 선택한 후 [옵션]에서 [분산]만 체크하고 [확인] 버튼을 클릭한다. 방법1의 요인적재량 고정값의 계산요소로 표준편차가 필요한 경우에는 [표준편차]도 체크하면 된다.

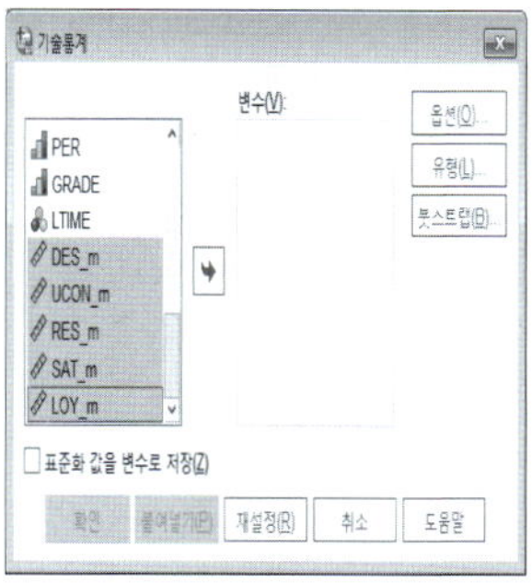

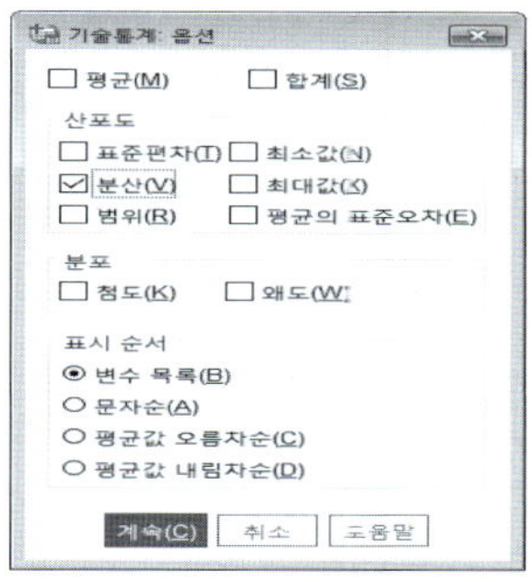

기술통계량

	N	분산
DES_m	200	.673
UCON_m	200	.992
RES_m	200	1.106
SAT_m	200	.753
LOY_m	200	.735
유효 N(목록별)	200	

잠재변수명	단일 측정변수	오차분산 $(1-\alpha)\times\sigma^2$
DES	DES_m	(1−0.836)×0.673=0.094
UCON	UCON_m	(1−0.864)×0.992=0.135
RES	RES_m	(1−0.877)×1.106=0.136
SAT	SAT_m	(1−0.880)×0.753=0.090
LOY	LOY_m	(1−0.913)×0.735=0.064

❺ ① 초기 화면의 메뉴에서 [File-Open]으로 들어간 후 [제2부 기본실습따라하기(제7장)-제2부 통계분석-제2부 통계분석(제7장)] 폴더 안에 있는 파일인 [그림 7-9 구조모형]을 불러들인다. 초기 화면의 왼쪽에 있는 도구상자 (데이터 파일 선택하기)를 마우스로 선택해 클릭한 후에 [Data Files] 창의 [File Name]을 클릭한다. ② 실습 데이터가 있는 곳인 [제3부 고급 측정모델링의 이해와 적용(제9장-제10장)-제3부 통계분석데이터] 폴더에 있는 [제3부 통계실습데이터(제9장)]을 선택한 후 [열기] 버튼을 클릭해 선택한다. [OK] 버튼을 클릭해 빠져 나간다. [File-Save As]을 클릭하여 [제3부 고급 측정모델링의 이해와 적용(제9장-제10장)-제3부 통계분석(제9장)] 폴더 안에

[파일명]을 '9-1 구조모형'으로 입력한 후 [저장] 버튼을 클릭하여 저장한다. [그림 7-9 구조모형]을 다음과 같이 각 잠재변수가 단일 측정변수를 가지는 것으로 수정한다.

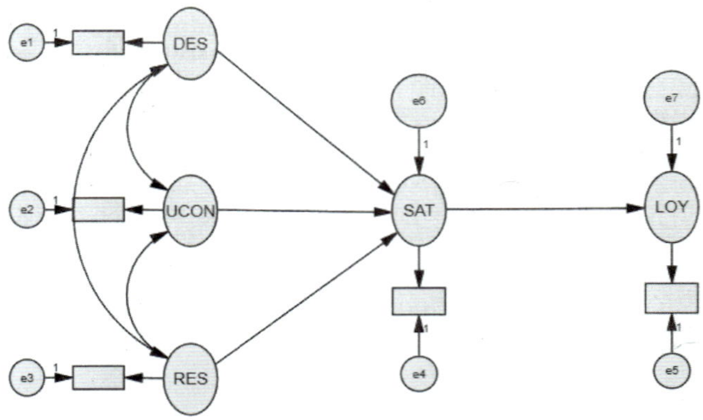

❻ 도구상자에서 (데이터 파일을 모형의 변수명에 연결하기)를 클릭해 단일 측정변수들을 각 잠재변수에 연결한다.

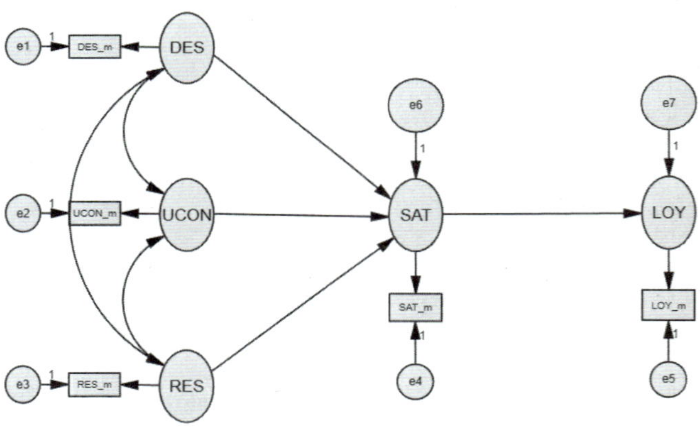

❼ 각각의 잠재변수별로 잠재변수와 측정변수 간의 경로에 요인적재량으로 '1'을 입력하고, 각 측정변수의 오차분산값(e1부터 e7까지)을 모두 입력해 고정시킨다. 입력을 완료한 후 모습은 다음과 같다.

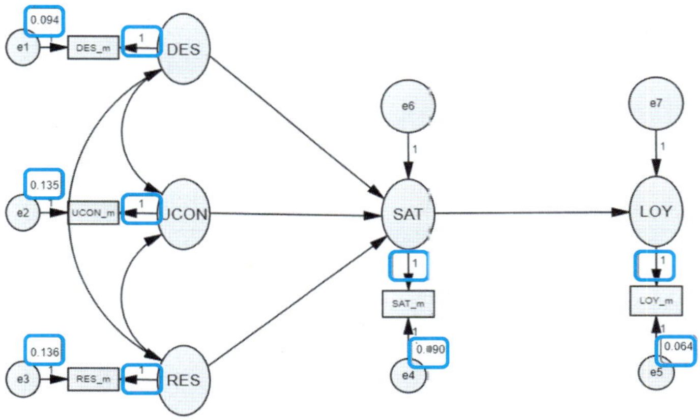

❽ [모형 적합도] 결과에서 SRMR을 얻기 위해서 [Plugins] 메뉴에서 [Standardized RMR]을 체크한다. 분석 실행 도구상자( )를 클릭해 CFA를 실행한다.

제7장의 사용자충성도 영향요인 사례를 가지고 각 잠재변수를 단일 측정변수를 가지는 측정모형으로 만들어서 분석한 가설검증 결과는 [표 9-4]와 같다.

표 9-4 사용자충성도 영향요인 사례의 가설검증 결과: 단일 측정변수의 사용

가설(경로)	비표준화 회귀계수	표준화 회귀계수	표준오차	t값	SMC	채택 여부
가설 1(DES → SAT)	0.332	0.311	0.087	3.820***	0.589	채택
가설 2(UCON → SAT)	0.182	0.207	0.083	2.192**		채택
가설 3(RES → SAT)	0.299	0.362	0.084	3.546***		채택
가설 4(SAT → LOY)	0.682	0.677	0.063	10.761***	0.459	채택
적합도 χ^2=0.505(df=3, p=0.918), χ^2/df(Q값)=0.168, SRMR=0.008, TLI=1.021, RMSEA=0.000						

【주】 **p<0.05, ***p<0.01 수준에서 유의함.

통계실습 9-2 잠재변수의 측정변수가 처음부터 단일 측정변수로 측정된 경우

다음에 주어진 구조방정식모형을 이용해 1개의 잠재변수가 처음부터 1개의 측정변수로 측정된 경우에 잠재변수와 측정변수 간의 요인적재량과 측정오차항의 오차분산을 설정하시오. 구조방정식모형을 설정한 후에는 실행하시오. 요인적재량과 오차분산의 설정방법은 [표 9-3]의 방법3을 적용하여 처음부터 단일 측정변수로 측정된 잠재변수 SAT만 설정하기로 한다. 참고로 잠재변수는 DES와 UCON 그리고 SAT이며 DES는 3개 측정변수, UCON은 2개 측정변수 그리고 SAT은 1개 측정변수(OSAT: 전반적인 만족도)로 구성되어 있다.

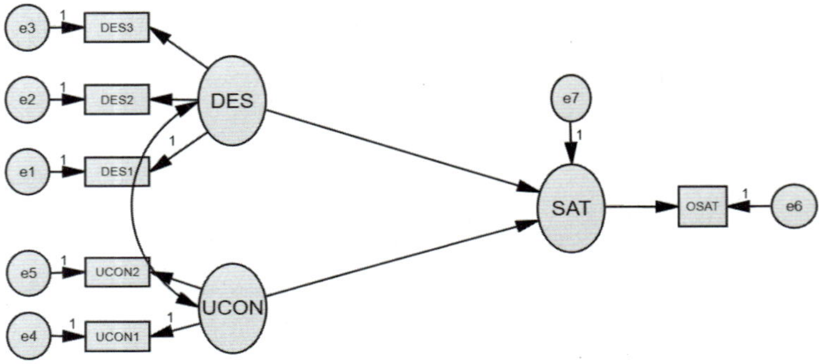

실습 따라하기

❶ 초기 화면의 메뉴에서 [File-Open]으로 들어간 후 [제3부 고급 측정모델링의 이해와 적용(제9장-제10장)-제3부 통계분석-제3부 통계분석(제9장)] 폴더 안에 있는 이미 저자가 그려 놓은 파일인 '그림 9-2 구조모형'을 불러들인다.

❷ 분석에 사용할 데이터 파일을 지정한다. 다음과 같이 지정되어 있다면 이 과정은 생략한다. 만약 지정되어 있지 않다면 초기 화면의 왼쪽에 있는 도구상자 (데이터 파일 선택하기)를 마우스로 선택해 클릭한 후에 [Data Files] 창의 [File Name]을 클릭해 다음과 같이 [제3부 통계실습데이터(통계실습 9-2)]를 지정한다.

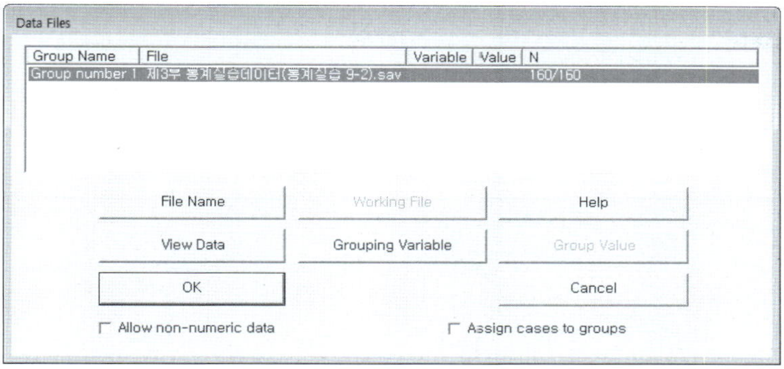

❸ 단일 측정변수의 요인적재량과 오차분산의 설정은 보편적인 기준으로 사용되고 있는 α가 0.8인 방법3을 적용하기로 한다. 잠재변수와 측정변수 간의 요인적재량은 '$\sqrt{\alpha}$' (0.8944)로 고정시키며, 측정오차항의 오차분산은 $(1-\alpha)$의 값(0.2)으로 고정하기로 한다(SAT은 단일 측정변수로 측정하였기 때문에 크론바흐 알파계수를 계산할 수 없으며 이의 추정치로 0.8을 사용하기로 한다). 설정을 마쳤으면 [저장] 버튼을 클릭하여 저장한다.

잠재변수명	단일 측정변수	요인적재량 $\sqrt{\alpha}$	오차분산 $(1-\alpha)$
SAT	OSAT	$\sqrt{0.8}$ = 0.8944	(1−0.8)=0.2

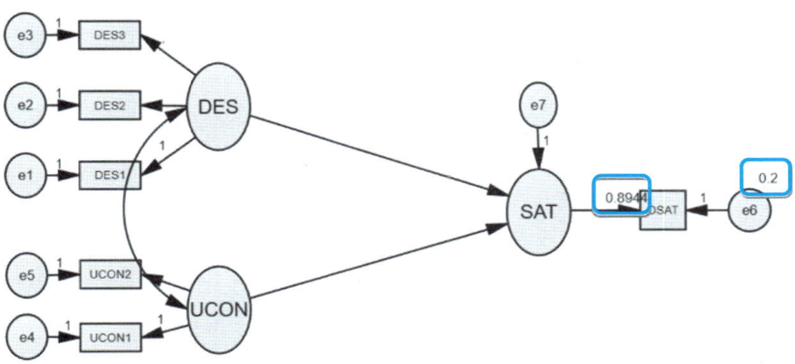

❹ [모형 적합도] 결과에서 SRMR을 얻기 위해서 [Plugins] 메뉴에서 [Standardized RMR]을 체크한다. 분석 실행 도구상자( )를 클릭해 CFA를 실행한다.

연구모형에서 잠재변수 [SAT]을 단일 측정변수로 측정한 사례를 가지고 분석한 가설검증 결과는 [표 9-5]와 같다.

▌표 9-5 ▌잠재변수를 처음부터 단일 측정변수로 측정한 사례의 가설검증 결과

가설(경로)	비표준화 회귀계수	표준화 회귀계수	표준오차	t값	SMC	채택 여부
가설 1(DES → SAT)	0.495	0.484	0.113	4.392***	0.543	채택
가설 2(UCON → SAT)	0.260	0.353	0.079	3.290***		채택
적합도 χ^2=6.861(df=7, p=0.444), χ^2/df(Q값)=0.980, SRMR=0.028, TLI=1.001, RMSEA=0.000						

【주】 ***p<0.01 수준에서 유의함.

통계실습 9-3

단일 측정변수인 잠재변수에서 신뢰도를 반영하지 않는 경우

다음에 주어진 구조방정식모형을 보면 단일 측정변수를 가지고 있는 잠재변수가 포함되어 있음을 알 수 있다. 만약 연구자가 측정모형 요인적재량과 오차분산의 설정과정에서 신뢰도를 반영하지 않으려고 하는 경우에 구조방정식모형을 설정한 후 실행하시오. [통계실습 9-3]의 모형을 사용한다. 참고로 SAT은 1개 측정변수(OSAT: 전반적인 만족도)로 구성되어 있는 잠재변수이다.

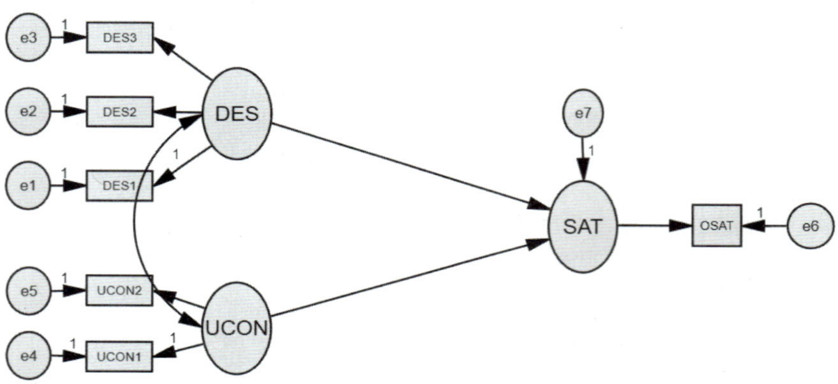

실습 따라하기

❶ 초기 화면의 메뉴에서 [File–Open]으로 들어간 후 [제3부 고급 측정모델링의 이해와 적용(제9장–제10장)–제3부 통계분석–제3부 통계분석(제9장)] 폴더 안에 있는 이미 저자가 그려 놓은 파일인 '그림 9–2 구조모형'을 불러들인다. 메뉴에서 [File–Save as]로 들어간 후 하단에 있는 [파일 이름]에 [그림 9–3 구조모형]을 입력한 후 [저장] 버튼을 클릭하여 저장한다.

❷ '그림 9–3 연구모형'을 다음과 같이 수정한 후 [저장] 버튼을 클릭하여 저장한다. 수정된 모형을 보면 잠재변수 [원]이 측정변수 [사각형]으로 변경되었으며, 이때는 요인적재량과 오차분산의 지정이 필요 없고 측정오차항도 없음을 알 수 있다.

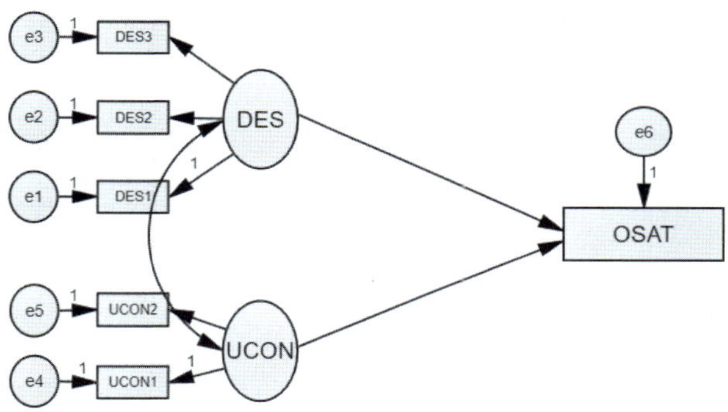

❸ 분석에 사용할 데이터 파일을 지정한다. 다음과 같이 지정되어 있다면 이 과정은 생략한다. 만약 지정되어 있지 않다면 초기 화면의 왼쪽에 있는 도구상자 (데이터 파일 선택하기)를 마우스로 선택해 클릭한 후에 [Data Files] 창의 [File Name]을 클릭해 다음과 같이 [제3부 통계실습데이터(통계실습 9–3)]을 지정한다.

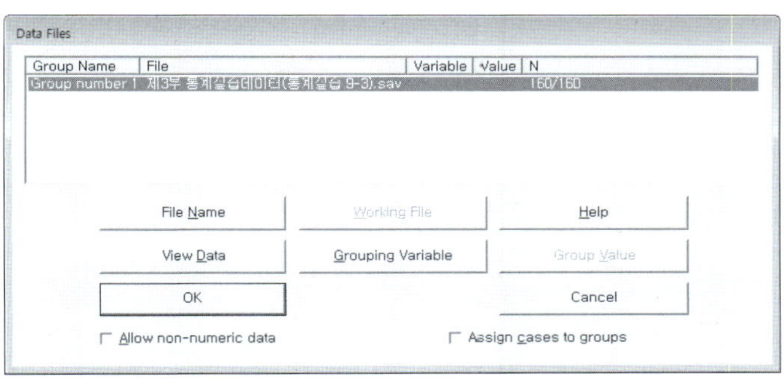

❹ [모형 적합도] 결과에서 SRMR을 얻기 위해서 [Plugins] 메뉴에서 [Standardized RMR]을 체크한다. 분석 실행 도구상자( )를 클릭해 CFA를 실행한다.

단일 측정변수를 가지고 있는 잠재변수(원)를 사용하지 않고 단일 측정변수를 가지는 연구변수(사각형)로 수정한 사례에서 신뢰도를 반영하지 않을 때의 가설검증 결과는 [표 9-6]과 같다.

표 9-6 단일 측정변수의 연구변수에서 신뢰도를 반영하지 않는 경우의 가설검증 결과

가설(경로)	비표준화 회귀계수	표준화 회귀계수	표준오차	t값	SMC	채택 여부
가설 1(DES → OSAT)	0.443	0.410	0.101	4.392***	0.391	채택
가설 2(UCON → OSAT)	0.232	0.300	0.071	3.290***		채택

적합도 χ^2=6.861(df=7, p=0.444), χ^2/df(Q값)=0.980, SRMR=0.028, TLI=1.001, RMSEA=0.000

【주】 ***$p<0.01$ 수준에서 유의함.

[통계실습 9-2](잠재변수의 측정변수가 처음부터 단일 측정변수로 측정된 경우-신뢰를 반영하는 경우)와 [통계실습 9-3](단일 측정변수의 연구변수에서 신뢰도를 반영하지 않는 경우)의 분석 결과를 살펴보면 [통계실습 9-2]의 SMC(0.543)가 [통계실습 9-3]의 SMC(0.391)보다 설명력이 더 높게 나타났음을 알 수 있다. 따라서 이 책에서는 연구자들이 단일 측정변수의 측정모형을 구축할 때 신뢰도를 반영하여 요인적재량과 오차분산을 지정하는 방법을 사용할 것을 권장한다.

제9장의 핵심내용 요약

- 연구자가 우수한 품질의 논문을 작성하기 위해서는 최선의 구조방정식모델링(Structural Equation Modeling)의 과정을 통해 연구모형을 구축해야 한다.
- 구조방정식모델링은 측정모델링(Measurement modeling)과 구조모델링(Structural modeling)으로 구분된다.
- 측정모델링이란 측정모형을 구축하는 것을 말한다. 연구자는 반영적 측정모델링을 할 것인지, 형성적 측정모델링을 할 것인지를 결정해야 한다.
- 측정모형은 잠재변수와 측정변수의 인과관계의 방향에 따라 반영적 측정모형(Reflective measurement model)과 형성적 측정모형(Formative measurement model)으로 구분된다.
- 반영적 측정모형에서는 인과관계의 방향(화살표)이 잠재변수(원인)에서 측정변수(결과)로 연결되며, 측정변수 간의 상관관계가 높으며, 측정변수에는 측정오차가 존재하며, 측정변수 중에서 일부 항목을 제거해도 큰 문제가 되지 않으며, 신뢰도와 타당도검증을 엄격하게 실시해야 한다.
- 형성적 측정모형에서는 인과관계가 측정변수(원인)에서 잠재변수(결과)로 연결되며, 측정변수 간의 상관관계를 가지며, 측정변수에는 측정오차항이 존재하지 않으며 잠재변수에 구조오차항이 존재하며, 측정변수들은 선행연구에서 이론적인 근거가 충분하지 않다면 거의 제거가 허용되지 않으며, 신뢰도와 타당도검증은 실시하지 않아도 되며, 오히려 측정변수 간 다중공선성을 검증하는 것이 중요하다.
- 형성적 측정모델링에서 식별 문제를 해결하기 위해서는 형성적 잠재변수에서 다른 잠재변수(혹은 측정변수)로 최소 2개 이상의 경로가 나가야 한다. 부득이 1개 경로만 나가는 경우에는 식별 문제를 해결하기 위해서 형성적 잠재변수의 오차항의 분산을 '0'으로 지정해야 한다.
- 측정모형의 구축 시 잠재변수(혹은 연구변수)를 다수 측정변수(Multiple measurement variables)와 단일 측정변수(Single measurement variables) 중에서 선택할 수 있다.
- 잠재변수가 단일 측정변수인 경우에는 잠재변수와 측정변수 간의 단방향 화살표(→)에 요인적재량을 '1'이나 '크론바흐 알파계수를 반영해 계산된 값'으로 설정해야 한다.
- 잠재변수가 단일 측정변수인 경우에는 오차분산값을 설정(입력)해야 한다.

참고문헌

김중인. (2012). 반영지표 vs. 조형지표: 이론적 논의, 실증적 비교, 그리고 실무적 유용성. *마케팅연구*. 27(4), 199-226.

김창규, 박원희. (2016). 정보시스템 성과 평가 모형 방법론 개발에 관한 연구. *한국산학기술학회 논문지*, 17(8), 527-535.

배병렬. (2021). Amos 27 구조방정식모델링. 도서출판 청람.

신건권. (2023). 석박사학위와 학술논문 작성 중심의 SmartPLS 4.0 구조방정식모델링. 도서출판 청람.

신건권. (2023). SPSS 29와 PROCESS macro 4.0을 이용한 회귀분석 따라하기. 도서출판 청람.

신건권. (2023). 석박사학위와 학술논문 작성 중심의 SPSS 29 논문통계분석. 도서출판 청람.

이학식, 임지훈. (2015). 구조방정식 모형분석과 Amos 22. 집현재.

이현숙, 나우열. (2018). 형성적 측정구조에 기반한 교직 스트레스 검사 개발 및 타당화: PLS-SEM과 CB-SEM 모형 적용. *교육평가연구*, 31(4), 885-911.

임명성. (2013). 고차 요인의 형성적 측정방법에 대한 식별 및 분석방법. *디지털융복합연구*, 11(3), 101-113.

AMOS 29 User's Guide.

제10장 고급 측정모델링 (2)

1 측정변수 묶기(Item parceling)를 통한 측정모델링

1.1 측정변수 묶기의 필요성

구조방정식모형을 이용한 국내외 연구들에서는 측정모형의 간명성 확보와 모형 단순화의 수단으로 측정변수 묶기(Measurement variable parceling, or Item parceling) 혹은 항목합산을 빈번하게 활용하고 있다. 특히 측정변수의 수(설문문항의 수)가 많아지면 모형 적합도와 회귀계수 추정치의 유의성 등의 측면에서 문제가 발생할 가능성이 있다. 따라서 연구자들은 측정변수의 수가 너무 많은 경우에는 측정변수 묶기를 이용해 측정변수의 수를 줄여야 한다.

- 측정변수 묶기는 통상 측정변수가 다수로 구성된 경우 이들 다수의 측정변수들을 각 잠재변수별로 꾸러미로 묶은 다음 꾸러미별로 각각 합산(Total score)하거나 평균(Mean)을 구해 새로운 측정변수로 통합(혹은 변환)하는 것을 말한다.
- 측정변수 묶기는 주로 측정모델링에서 사용될 수 있는 방법으로 두 개 이상의 측정변수들의 점수를 합산하거나 평균을 내어 만든 꾸러미를 경로모형의 변수로 이용하거나, 측정모형에서 잠재변수(구성개념)의 측정변수로 사용하는 것이다. 묶기에서 합산점수와 평균점수가 모두 사용될 수 있지만 평균점수를 사용하는 것이 권장된다. 다만 탐색적 요인분석(EFA)의 [점수]에서 [변수로 저장](☐ 변수로 저장(S))을 통해 생성된 요인점수(단일의 요인점수)를 꾸러미로 생각해서 적용하면 아예 Amos 프로그램이 실행되지 않으므로 유의해야 한다. 왜냐하면 [변수로 저장]을 사용해서 생성된 요인은 요인 간의 상

관이 모두 1이 되기 때문이다.

- 측정변수 묶기에서 잠재변수(요인)당 꾸러미는 최소로 2개도 사용될 수 있으나 3~4개가 권장된다.
- 측정변수 묶기를 사용하면 그렇지 않은 경우보다 모형에서 추정해야 할 모수(비표준화 회귀계수, 혹은 요인부하량, 측정오차의 분산 등)의 수가 적어지고 보다 간명한 모형을 만들 수 있어서 안정적인 추정 결과를 얻을 수 있게 된다.
- 측정변수 묶기를 하기 전에 전체 측정변수들에 대한 신뢰도와 타당도 그리고 단일차원성(Unidimensionality)이 검증되어야 한다. 척도의 단일차원성이 충족되지 않았음에도 불구하고 측정변수 묶기를 실시하면 측정모형의 잠재변수 구조가 왜곡되거나 척도의 하위차원들이 불명확해지는 문제가 발생될 수 있다. 단일차원성의 검증을 위해서는 단일 잠재변수별로 신뢰도검증, 탐색적 요인분석(EFA), 확인적 요인분석(CFA)을 시행해야 한다.
- 잠재변수의 측정변수들이 일차원성 가정을 만족하는 경우에는 어떤 측정변수 묶기방법을 사용하든 추정 결과에 큰 차이가 발생되지 않는다.
- 잠재변수가 다차원적 하위요인(Latent variable with multi-dimensionality)을 가지고 있으며(다차원성 가정이 충족되는 경우) 이론적인 근거가 있는 경우에는 단일 차원으로 측정변수 묶기를 하는 것은 바람직하지 않으며 하위요인별로 묶기를 해야 한다.
- 각 잠재변수(구성개념)에 대해 너무 많은 측정변수들을 사용하면 모형 적합도 주요 지수들이 수용기준인 0.9 미만으로 떨어지는 현상이 발생되어 모형을 수용할 수 없는 심각한 문제를 발생시킬 수 있다.
- 데이터가 잘 수집된 경우(Clean and well conditional data)에는 측정변수 묶기를 사용하지 않는 것이 더 적합하다.
- 연구자가 새로운 척도를 개발하는 경우라면 측정변수 묶기를 사용하지 않는 것이 좋다. 왜냐하면 측정변수 묶기를 사용하면 개별 측정변수 자체가 사라지고 그 특성 파악이 어렵기 때문이다.
- 표본크기가 작은 경우나 데이터분포가 정규분포가 아닌 경우에는 다수의 측정변수에 대한 묶기는 모수를 추정하는 데 있어서 유용한 방법이다.
- 측정변수 묶기를 하면 [그림 10-1]과 같이 꾸러미의 분포(Distribution of parcels)가 정규분포(Normal distribution)에 근접하게 되며 표본들이 최대우도법에 적합할

수 있게 된다. 결국 잠재변수들을 구성하는 몇 개의 측정변수를 가지고 꾸러미로 묶기 하면 정규분포가 아니었던 데이터 분포가 정규분포에 근접하게 되어 Amos의 추정방법인 최대우도법이 요구하는 다변량정규성의 가정을 충족할 가능성이 높아진다.

그림 10-1 ▌측정변수 묶기의 효과: 데이터분포가 정규분포에 근접하는 현상

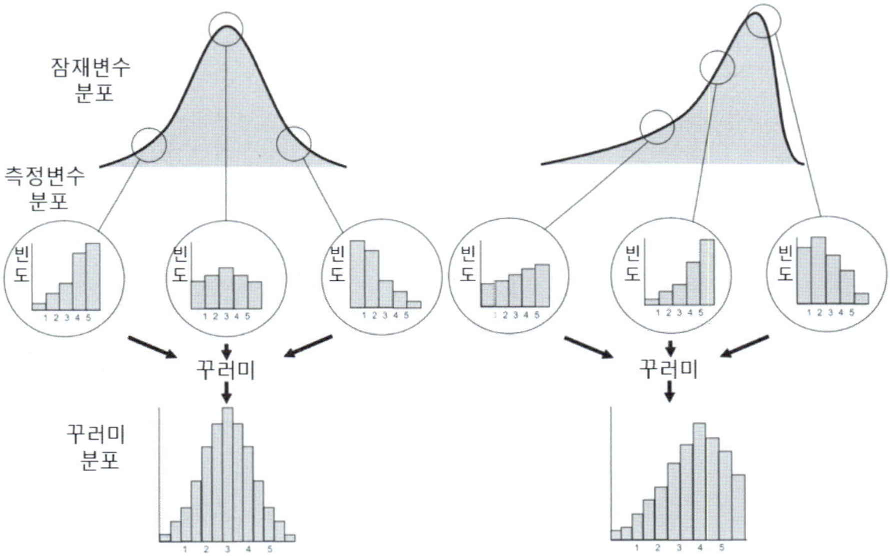

자료원: Matsunaga(2008)의 논문 p.266의 내용을 일부 수정하여 인용함.

1.2 측정변수 묶기의 장 · 단점

측정변수 묶기의 장 · 단점은 [표 10-1]과 같다.

표 10-1 ▌측정변수 묶기의 장 · 단점

장점	단점
추정해야 할 모수(계수)의 수가 줄어들어 모형이 간명해져 모형의 복잡성(Complexity)이 줄어들며, 표본 수가 적은 경우에도 좋은 모형 적합도를 얻을 가능성이 높아진다.	잠재변수의 측정변수들에 대한 특징이 사라질 수 있으며, 이로 인해 개별 측정변수들의 정보손실(Loss of information)이 발생할 수 있다.

묶기를 하지 않은 경우보다 공통분산(Common variance)은 커지지만 상대적으로 오차분산이 작아지게 되어 모형의 전반적인 적합도(Model fit)가 향상되며, 측정변수의 신뢰도와 타당도가 증가한다. 측정변수의 수가 적어지게 되어 측정오차도 줄어들 수 있다.	원래의 잠재변수(요인) 구조가 애매모호하게 되거나 모수 추정치에 편의(Bias)를 발생시킬 가능성이 있다.
Amos에서 적용하는 추정방법인 최대우도법이 요구하는 다변량정규성의 가정을 충족할 가능성이 높아진다.	측정변수 묶기가 3개 미만인 경우에는 해가 구해지지 않거나 부적해를 얻을 가능성이 존재한다. 또한 측정변수의 수가 줄어들기 때문에 식별 문제가 발생될 수 있다.
측정변수 묶기를 하면 잠재변수에 대한 대표성을 확보하게 되어 보다 안정적이고 정확한 모수추정(Stability of estimation)이 가능해진다.	모형이 잘못 설정된 경우에도 양호한 적합도지수를 보여서 오히려 모형의 설정 오류를 발견하지 못할 수도 있다.

측정변수 묶기를 하면 개별 측정변수(개별 항목)를 이용한 분석보다 데이터의 다변량정규성이 확보되며, 이로 인해 더 안정적이고 정확한 모수 추정이 가능하며, 다수의 측정변수들을 사용함으로써 발생할 수 있는 추정 모수 수의 증가를 막아서 모형의 간명성을 높일 수 있으며, 모형 적합도가 향상되는 장점이 있다. 그러나 단일차원성에 대한 검증 없이 측정변수 묶기를 사용하면 원래의 잠재변수들이 가지고 있는 의미가 왜곡될 수 있는 가능성이 높아지며 개별 측정변수의 정보손실이나 꾸러미의 수가 감소할수록 모수 추정의 편향 증가 등을 가져올 수 있다.

1.3 측정변수 묶기의 방법

측정변수 묶기의 방법은 다양한 것들이 제시되고 있다(우종필, 2014). 측정변수의 수를 줄이기 위한 가장 일반적인 방법은 이론적 근거를 기초로 CFA를 실시한 후에 하위요인별로 꾸러미를 묶는 방법이 많이 사용되며, 이는 선행연구에서 제시된 하위요인들을 기준으로 타당도검증을 수행한 후에 평균이나 총점 등을 이용해 꾸러미로 묶는 방법이다. 이외에도 전체 측정변수들(항목들)을 대상으로 1요인 CFA를 실시한 후에 평균이나 총점 등을 이용해 꾸러미로 묶는 방법,[1] 그리고 이론적 근거가 없을 때 EFA를 실시한 후에 추출된 요인을 대상으로 타당도를 검증한 후 하

1) 이 방법(전체 측정변수들을 단일 측정변수로 묶어 통합하는 방법)은 경로분석(Path analysis)에서 사용되는 가장 일반적인 것이지만 현재는 Amos 구조방정식모델링에서는 많이 사용되고 있지 않다.

위요인별 꾸러미로 묶는 방법이 사용된다.

그림 10-2 | 측정변수 묶기의 일반적인 방법들

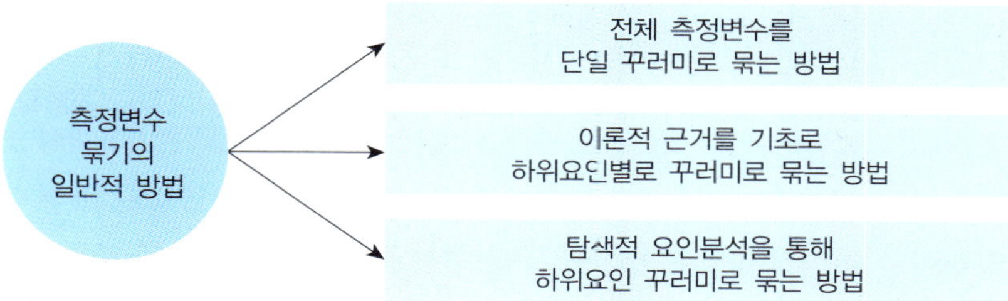

측정변수 묶기를 수행하기 전에 반드시 확인해야 할 것은 **꾸러미의 수**와 적절한 측정변수 묶기 방법을 선택하는 것이다. 잠재변수를 구성하는 측정변수들이 **단일차원성**을 형성하고 있다면 **어떤 묶기방법을 사용해도 유사한 결과**가 나오지만, 측정변수들이 **다차원적 구조**를 가지고 있다면 **묶기방법**에 따라 모형 적합도나 모수추정 결과, 해석 등이 영향을 받을 수 있으므로 **적합한 측정변수 묶기방법**을 선택해야 한다.

측정변수 묶기를 수행할 때 지켜야 할 몇 가지 **유의사항**은 다음과 같다.

첫째, 일반적으로 **세 개 혹은 네 개의 측정변수 묶기**가 추천된다. 물론 개별 측정문항들의 수가 부족한 경우에는 두 개의 측정변수 묶기도 사용가능하다.

둘째, 측정변수 묶기를 하기 전에 반드시 **잠재변수의 차원성**(Dimensionality), 즉 단일차원성과 다차원성을 확인해야 한다. 이때 차원성에 대한 이론적인 근거를 확보하는 것이 중요하다.

셋째, 꾸러미에 할당되는 **측정변수의 수**는 동일하지 않아도 된다.

마지막으로, 연속형 조절변수를 이용해 조절효과분석을 수행하는 경우 독립변수와 조절변수의 측정변수 중에서 수가 적은 것을 기준으로 정리한 후 **대응된 쌍**(Matched-pairs)을 만든다.

지금부터 소개하는 측정변수 묶기의 방법은 이지현과 김수영(2016)의 연구에서 제시된 것으로, 여러 논문에서 많이 사용되고 있는 것들 중에서 실질적으로 중요하다고 판단되는 **측정변수 묶기 알고리즘(혹은 항목합산)**이다. 각 알고리즘을 설명하는 과정에서 그림에 오차항을 넣어야 하지만 편의상 생략하였다. 실제로 측정모형을 그려서 실습할 때는 오차항을 모형 속에 포함시켜야 한다.

(1) 랜덤 알고리즘

랜덤 알고리즘(Random algorithm)은 잠재변수의 일차원성의 가정이 충족되는 경우에 사용할 수 있는 것으로 측정변수들(문항들)을 각 꾸러미에 무작위로 할당하는 알고리즘이다. 이는 무선 알고리즘, 무선묶음 등으로 불려지며 모든 개별 측정변수들이 서로 교환가능하다는 가정하에서 사용할 수 있다. 이 알고리즘을 적용하는 경우에도 각 꾸러미별로 크론바흐 알파계수를 계산하여 이 값이 0.6 이상일 때 꾸러미별로 평균을 구해 합산된 값을 측정변수로 사용하는 것이 좋다.

랜덤 알고리즘은 매번 알고리즘을 실시할 때마다 다른 모형 추정 결과를 가져올 수 있다. 또한 현실적으로 잠재변수의 완전한 일차원성 가정을 만족한다는 것은 어려울 수 있으므로 이 방법의 정당성은 높지 않은 편이다. 예컨대 1개의 잠재변수를 구성하는 9개의 측정변수에 대해 1요인 CFA를 수행하여 3개의 꾸러미를 만든다고 하자. 랜덤 알고리즘에서는 잠재변수의 일차원성이 검증되었다면 만들고자 하는 꾸러미에 아무런 제약없이 연구자가 마음대로 무작위적으로 측정변수들을 할당하면 된다.

그림 10-3 ▌랜덤 알고리즘에 의한 측정변수들의 꾸러미 묶기와 합산

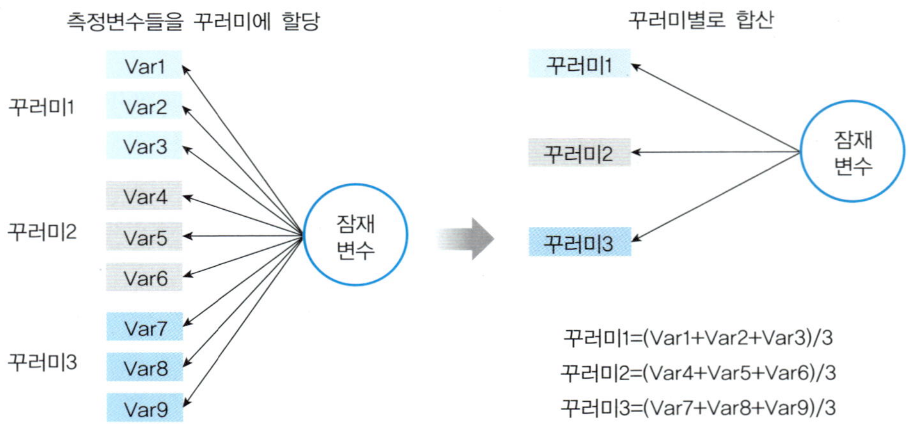

(2) 요인 알고리즘

요인 알고리즘(Factorial algorithm)은 측정변수들의 비표준화회귀계수 크기를 기준으로 측정변수들을 묶는 방법이다. 1요인 CFA를 수행한 후 비표준화회귀계수가 큰 것부터 차례대로 하나씩 각 꾸러미에 할당하고, 다음에는 역순으로 다시 측정변수들을 차례대로 하나씩 각 꾸러미에 할당하고, 마지막으로 다시 차례대로 할당하는 방법이다. 예컨대 1개의 잠재변수를 구성하는 9개의 측정변수에 대해 1요인 CFA를 수행하여 3개의 꾸러미를 만든다고 하자.

표 10-2 1요인 확인적 요인분석 결과: 크기순 배열(내림차순)

측정변수 (설문문항)	QL8	QL9	QL4	QL7	QL6	QL5	QL1	QL3	QL2
비표준화 회귀계수	1.550	1.539	1.444	1.311	1.209	1.164	1.000	0.932	0.755

비표준화회귀계수가 제일 큰 것 QL8(1.550)을 꾸러미1에, 그 다음 큰 것 QL9(1.539)를 꾸러미2, 그 다음 큰 것 QL4(1.444)를 꾸러미3에 할당한다. 그 다음 비표준화회귀계수를 역순으로 QL7(1.311)을 꾸러미3에, QL6(1.209)을 꾸러미2에, QL5(1.164)를 꾸러미1에 할당한다. 그 다음 비표준화회귀계수 QL1(1.000)을 꾸러미1에, QL3(0.932)을 꾸러미2에, QL2(0.755)를

그림 10-4 요인 알고리즘에 의한 측정변수들의 꾸러미 묶기와 합산

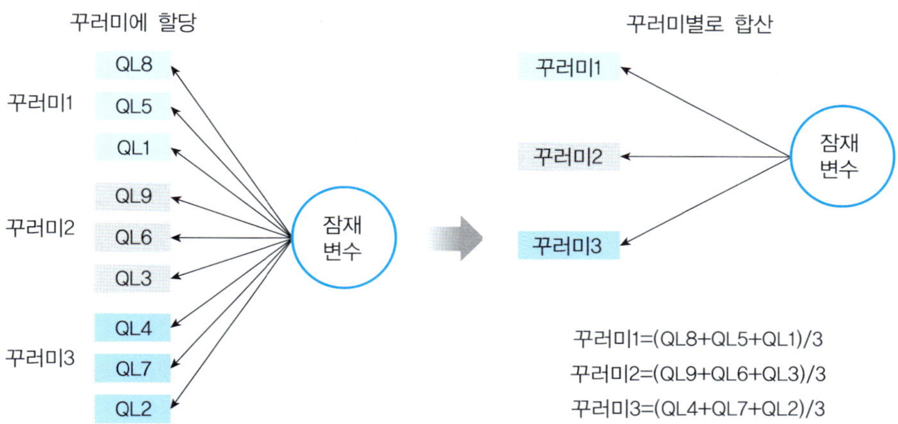

꾸러미3에 할당한다. 만약 측정변수가 10개라고 가정하고 CFA를 수행한 결과 비표준화회귀계수가 낮은 것이 2개가 있다면 꾸러미에 할당하지 않고 제외해도 된다.

(3) 내용기반 알고리즘

내용기반 알고리즘(Content-based algorithm)은 잠재변수에 대한 이론적 근거와 내용에 기반하여 측정변수들을 꾸러미에 할당하는 방법으로, 잠재변수를 구성하는 여러 개의 측정변수들 중에서 내용적으로 유사한 것들끼리 꾸러미를 만든다. 이 방법은 잠재변수가 하위요인들을 가지고 있는 경우에 적용할 수 있다. 또한 하위요인별로 꾸러미를 만들기 때문에 하위요인별로 평균치라는 의미를 가지게 되므로 각 꾸러미의 의미가 있으며, 다중집단분석에서 적용될 수 있다.

그림 10-5 ▌내용기반 알고리즘에 의한 측정변수들의 꾸러미 묶기와 합산

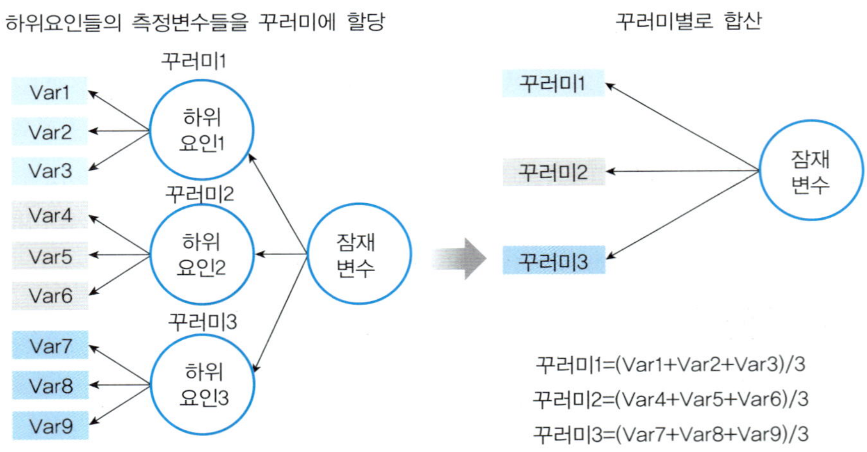

(4) 상관 알고리즘

상관 알고리즘(Correlational algorithm)은 이변량 상관계수를 이용해 측정변수들을 꾸러미에 할당하는 방법이다. **1단계**에서 모든 측정변수 간의 **이변량 상관계수**를 계산한다. 이 값을 이용해 가장 높은 상관을 보이는 측정변수 쌍을 꾸러미1에 할당하고, 그 다음 상관을 보이는 측정변수 쌍을 꾸러미2에 할당한다. 그 다음 상관을 보이는 측정변수 쌍을 꾸러미3에 할당한다. 이러한 순서대로 연구자가 계획한 개수의 꾸러미에 쌍으로 할당한다. **2단계**에서는 **1단계에서 만들어진 꾸**

러미(각 꾸러미는 두 측정변수의 평균을 생성해 이용)와 남은 측정변수들 간 이변량 상관계수를 다시 계산한다. 각 꾸러미와 가장 높은 상관을 보이는 측정변수를 상응하는 꾸러미에 할당한다. 즉, 모든 꾸러미가 하나의 추가적인 측정변수를 할당받게 된다. 이러한 방식으로 모든 측정변수들이 소진될 때까지 동일한 과정을 반복한다.

상관 알고리즘에서 측정변수들을 각 꾸러미에 할당하는 절차는 [그림 10-6]과 같다.

그림 10-6 ▌상관 알고리즘에서 측정변수들의 꾸러미 할당방법

데이터 파일을 부른 후에 SPSS [분석-상관분석-이변량 상관]에서 측정변수들 간의 이변량 상관계수 출력

↓

출력된 상관계수를 보고 가장 높은 상관을 보이는 측정변수 쌍을 차례대로 각 꾸러미에 할당 (PARCEL1, PARCEL2, PARCEL3…)

↓

SPSS [변환-변수 계산] 메뉴를 이용해 각 꾸러미에 할당된 측정변수 쌍의 평균으로 꾸러미 변수 생성 [예: (측정변수8+측정변수9)/2=PARCEL1…]

↓

데이터 파일에 새로 생성된 꾸러미(PARCEL1, 2, 3…)와 앞에서 할당되지 않고 남아 있는 측정변수들을 이용해 이변량 상관계수 출력

↓

꾸러미와 가장 높은 상관을 보이는 남아 있는 측정변수를 각 꾸러미에 할당

통계실습 10-1 상관 알고리즘에 의한 측정변수들의 꾸러미 할당 실습

실습에 사용할 데이터 파일에는 홈트레이딩시스템의 품질수준을 측정한 9개의 측정변수들을 포함하고 있다. 이 측정변수들은 1개의 잠재변수를 구성하는 것들이다. 9개의 측정변수들을 상관 알고리즘에 의해 3개의 꾸러미에 할당하시오. 단 데이터 파일은 제3부 상관알고리즘 실습데이터(제10장)를 이용한다.

실습 따라하기

❶ SPSS 초기 화면의 메뉴에서 [파일–열기–데이터]로 들어간 후 실습 파일이 있는 [제3부 고급 측정모델링의 이해와 적용(제9장–제10장)–제3부 통계분석데이터] 폴더 안에 있는 파일인 [제3부 상관알고리즘 실습데이터(통계실습 10–1)]을 불러들인다.

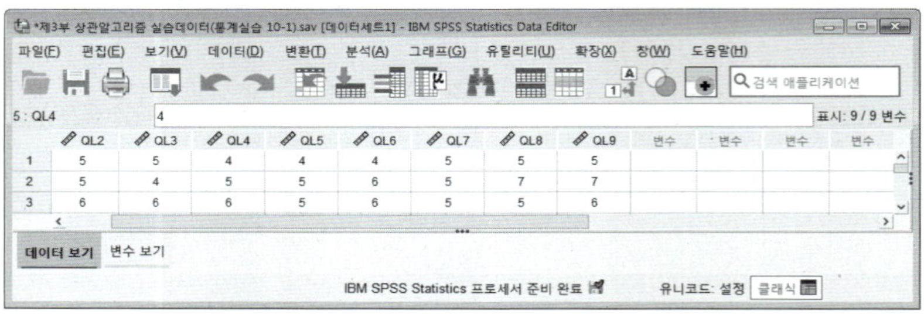

❷ [분석–상관분석–이변량 상관]으로 들어간 후 [이변량 상관계수] 창에서 왼쪽에 있는 측정변수들을 모두 오른쪽 [변수]로 옮긴다. 좌하단에 있는 [확인] 버튼을 클릭해 실행한다.

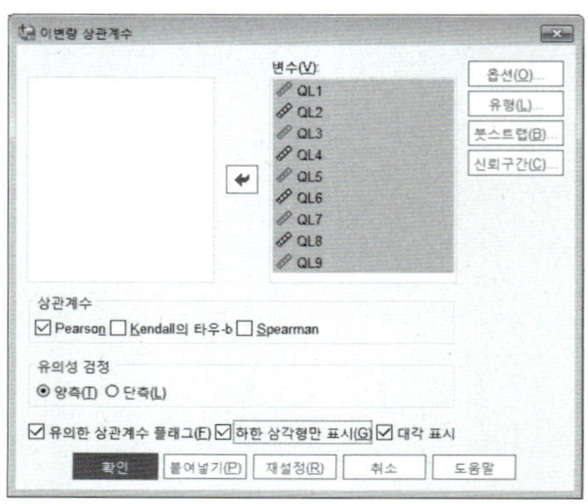

❸ 앞에서 Pearson 이변량 상관계수의 출력 결과를 가지고 개별 측정변수 간 상관계수를 표 형태로 요약하면 다음과 같다. 가장 큰 이변량 상관을 보이는 측정변수 쌍은 QL8과 QL9(0.771)이므로 이를 꾸러미1에 할당한다. 그 다음 상관을 보이는 측정변수 쌍은 QL4와 QL5(0.750)이므로 꾸러미2에 할당한다. 마지막으로 그 다음 상관을 보이는 측정변수 쌍은 QL2와 QL3(0.676)이므로 꾸러미3에 할당한다.

〈개별 측정변수 간 상관계수〉

측정변수 (설문문항)	QL1	QL2	QL3	QL4	QL5	QL6	QL7	QL8	QL9
QL1	1								
QL2	0.597	1							
QL3	0.635	0.676	1						
QL4	0.435	0.344	0.462	1					
QL5	0.345	0.287	0.360	0.750	1				
QL6	0.321	0.299	0.425	0.626	0.675	1			
QL7	0.460	0.318	0.429	0.519	0.425	0.423	1		
QL8	0.435	0.362	0.429	0.588	0.519	0.480	0.663	1	
QL9	0.456	0.450	0.448	0.542	0.483	0.450	0.675	0.771	1

❹ [변환–변수 계산] 메뉴를 이용해 각 꾸러미에 할당된 측정변수 쌍의 평균으로 새로운 3개 꾸러미 변수(PARCEL1, PARCEL2, PARCEL3)를 생성한다.

(QL8+QL9)/2=PARCEL1, (QL4+QL5)/2=PARCEL2, (QL2+QL3)/2=PARCEL3

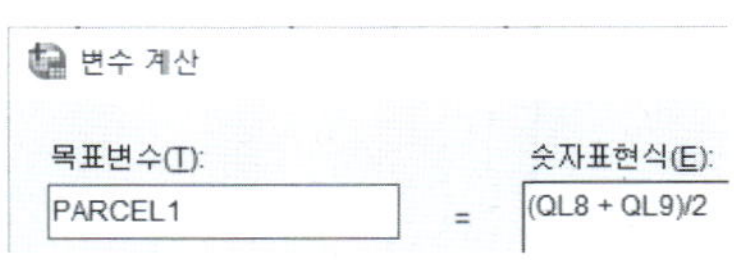

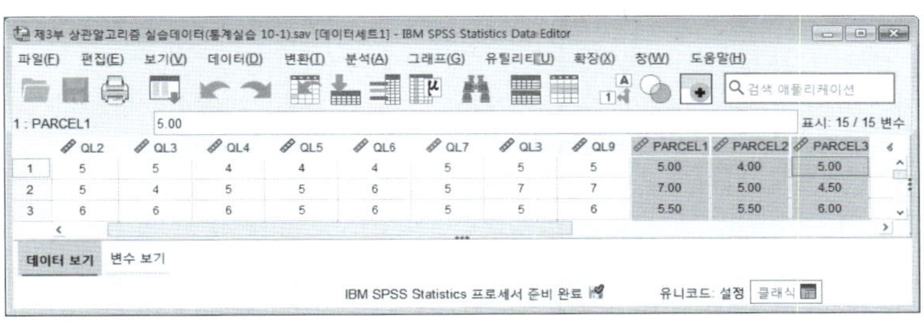

❺ 데이터 파일에 새로 만들어진 3개의 꾸러미와 남은 개별 측정변수(QL1, QL6, QL7) 간의 이변량 상관계수를 출력한다. [분석–상관분석–이변량 상관]으로 들어간 후 [이변량 상관계수] 창에서 왼쪽에 있는 측정변수들을 모두 오른쪽 [변수]로 옮긴다. 좌하단에 있는 [확인] 버튼을 클릭해 실행한다.

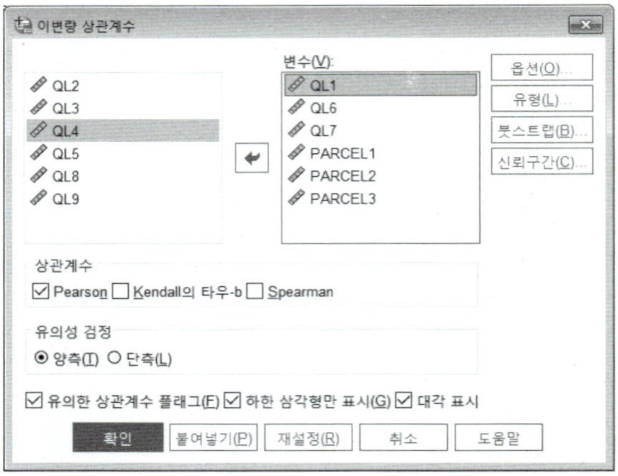

❻ 앞에서 Pearson 이변량 상관계수의 출력 결과를 가지고 각 꾸러미와 개별 측정변수 간 상관계수를 표 형태로 요약하면 다음과 같다.

〈각 꾸러미와 개별 측정변수 간 상관계수〉

측정변수 (설문문항)	QL1	QL6	QL7	PARCEL1	PARCEL2	PARCEL3
QL1	1					
QL6	0.321	1				
QL7	0.450	0.423	1			
PARCEL1	0.473	0.494	0.711	1		
PARCEL2	0.420	0.693	0.508	0.607	1	
PARCEL3	0.674	0.397	0.410	0.491	0.429	1

QL1은 꾸러미3(PARCEL3 0.674)과 가장 큰 상관을 보이므로 꾸러미3에 할당한다. QL6은 꾸러미2(PARCEL2 0.693)와 가장 큰 상관을 보이므로 꾸러미2에 할당한다. 마지막으로 QL7은 꾸러미1(PARCEL1 0.711)과 가장 큰 상관을 보이므로 꾸러미1에 할당한다.

❼ 최종적으로 꾸러미1에는 QL7, QL8, QL9가 할당되었고 꾸러미2에는 QL4, QL5, QL6이 그리고 꾸러미3에는 QL1, QL2, QL3이 할당되었음을 알 수 있다. 이제 SPSS 초기 화면에서 [변환–변수 계산] 메뉴를 이용해 각 꾸러미에 최종적으로 할당된 측정변수 쌍의 평균으로 새로운 3개 꾸러미 변수(꾸러미1, 꾸러미2, 꾸러미3)를 생성한다.

(QL7+QL8+QL9)/3=꾸러미1, (QL4+QL5+QL6)/3=꾸러미2, (QL1+QL2+QL3)/3=꾸러미3

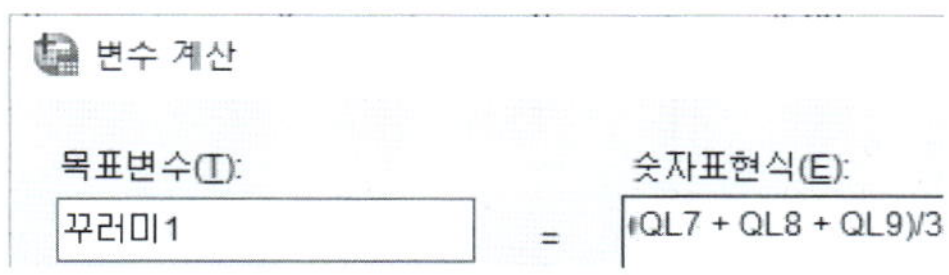

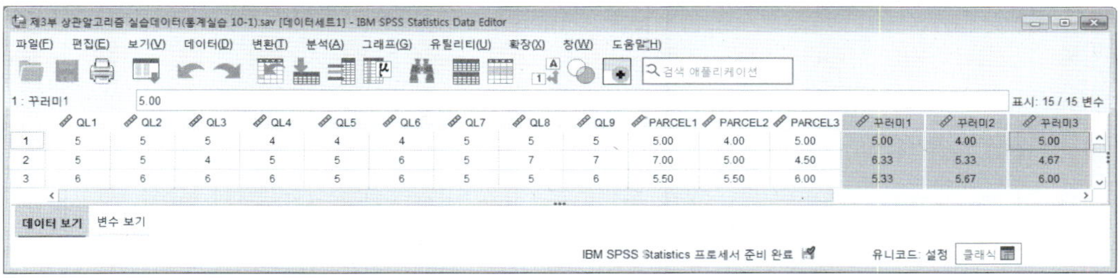

❽ 할당된 꾸러미를 이용해 측정모형을 만들면 다음과 같다. 이렇게 완성된 측정모형은 이후 분석에서 이용할 수 있다. 측정모형은 [제3부 고급 측정모델링의 이해와 적용(제9장–제10장)–제3부 통계분석–제3부 통계분석(제10장)]에 [통계실습 10–1] '상관 알고리즘 측정모형'으로 저장하였다.

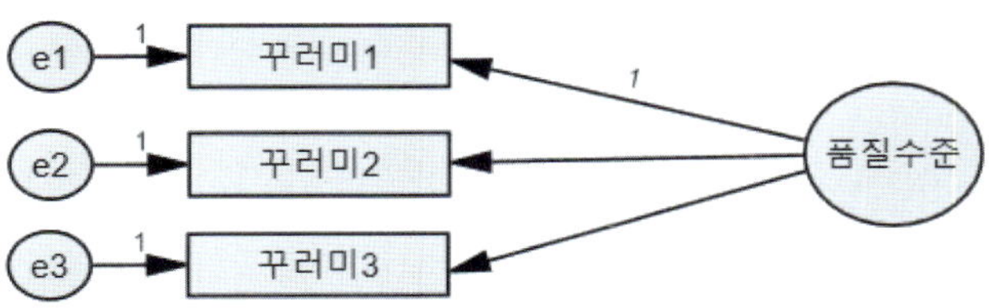

(5) 방사 알고리즘

방사 알고리즘(Radial algorithm)은 앞에서 설명한 요인 알고리즘과 상관 알고리즘을 결합한 방법이다. 방사 알고리즘에서 측정변수들을 각 꾸러미에 할당하는 절차는 [그림 10–7]과 같다.

그림 10-7 ❙ 방사 알고리즘에서 측정변수들의 꾸러미 할당방법

데이터 파일을 부른 후에 1요인 CFA를 통해 개별 측정변수들의 비표준화회귀계수 추정

↓

개별 측정변수의 비표준화회귀계수 차이 계산

↓

개별 측정변수 간에 가장 작은 비표준화회귀계수 차이를 보이는 측정변수 쌍부터 차례대로 각 꾸러미에 할당(PARCEL1, PARCEL2, PARCEL3…)

↓

SPSS [변환-변수 계산] 메뉴를 이용해 각 꾸러미에 할당된 측정변수 쌍의 평균으로 꾸러미 변수 생성 [예: (측정변수3+측정변수6)/2=PARCEL1…]

↓

데이터 파일에 새로 생성된 꾸러미(PARCEL1, 2, 3…)와 앞에서 할당되지 않고 남아 있는 측정변수들을 이용해 1요인 CFA를 통해 비표준화회귀계수 추정

↓

꾸러미와 가장 작은 비표준화회귀계수 차이를 보이는 남아 있는 측정변수를 각 꾸러미에 할당

통계실습 10-2 방사 알고리즘에 의한 측정변수들의 꾸러미 할당 실습

실습에 사용할 데이터 파일에는 홈트레이딩시스템의 품질수준을 측정한 9개의 측정변수들을 포함하고 있다. 이 측정변수들은 1개의 잠재변수를 구성하는 것들이다. 9개의 측정변수들을 방사 알고리즘에 의해 3개의 꾸러미에 할당하시오. 단, 데이터 파일은 제3부 방사알고리즘 실습데이터(제10장)를 이용한다.

실습 따라하기

❶ Amos를 실행하여 초기 화면에서 [File-Open]으로 들어간 후 [제3부 고급 측정모델링의 이해와 적용(제9장-제10장)-제3부 통계분석-제3부 통계분석(제10장)] 폴더 안에 있는 파일인 [통계실습 10-2 방사 알고리즘 측정모형 (1)]을 불러들인다.

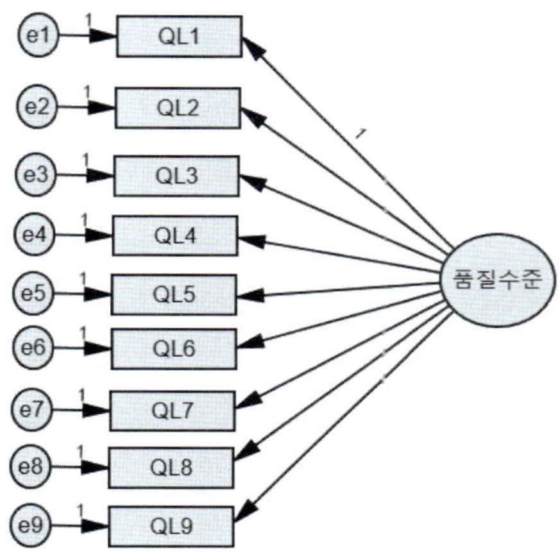

❷ 1요인 CFA를 통해 추정한 비표준화회귀계수는 다음과 같다.

Regression Weights: (Group number 1 - Default model)

			Estimate	S.E.	C.R.	P	Label
QL9	<---	품질수준	1.539	.174	8.859	***	
QL2	<---	품질수준	.755	.114	6.604	***	
QL3	<---	품질수준	.933	.126	7.425	***	
QL4	<---	품질수준	1.444	.168	8.600	***	
QL5	<---	품질수준	1.164	.145	8.037	***	
QL6	<---	품질수준	1.209	.157	7.703	***	
QL7	<---	품질수준	1.311	.158	8.317	***	
QL8	<---	품질수준	1.550	.174	8.899	***	
QL1	<---	품질수준	1.000				

아래에서 (1)은 개별 측정변수들의 비표준화회귀추정치를 크기순(내림차순)으로 배열한 것이며, (2)는 개별 측정변수의 비표준화회귀계수의 차이이다. (3)은 (2)를 크기순(오름차순)으로 정렬한 것이다. 이제 (3)의 결과를 가지고 비표준화회귀계수 차이가 가장 작은 차이를 보이는 QL8과 QL9 쌍(0.011)을 꾸러미1에, 그 다음으로 작은 차이를 보이는 QL6과 QL5 쌍(0.045)을 꾸러미2에, 마지막으로 작은 차이를 보이는 QL1과 QL3 쌍(0.067)을 꾸러미3에 할당하면 된다.

(1) 1요인 CFA에 의한 비표준화회귀추정치의 결과: 크기순 배열(내림차순)

측정변수 (설문문항)	QL8	QL9	QL4	QL7	QL6	QL5	QL1	QL3	QL2
표준화회귀계수	1.550	1.539	1.444	1.311	1.209	1.164	1.000	0.933	0.755

(2) 개별 측정변수의 비표준화회귀추정치의 차이

측정변수 (설문문항)	QL8 −QL9	QL9 −QL4	QL4 −QL7	QL7 −QL6	QL6 −QL5	QL5 −QL1	QL1 −QL3	QL3 −QL2
표준화회귀계수 차이	0.011	0.095	0.133	0.102	0.045	0.164	0.067	0.178

(3) 개별 측정변수의 비표준화회귀추정치의 차이: 크기순 배열(오름차순)

측정변수 (설문문항)	QL8 −QL9	QL6 −QL5	QL1 −QL3	QL9 −QL4	QL7 −QL6	QL4 −QL7	QL5 −QL1	QL3 −QL2
표준화회귀계수 차이	**0.011**	**0.045**	**0.067**	0.095	0.102	0.133	0.164	0.178

❸ SPSS 초기 화면의 메뉴에서 [파일−열기−데이터]로 들어간 후 실습 파일이 있는 [제3부 고급 측정모델링의 이해와 적용(제9장−제10장)−제3부 통계분석데이터] 폴더 안에 있는 파일인 [제3부 방사알고리즘 실습데이터(통계실습 10−2)]를 불러들인다. SPSS [변환−변수 계산] 메뉴를 이용해 각 꾸러미에 할당된 측정변수 쌍의 평균으로 3개의 꾸러미 변수를 데이터 파일인 '제3부 방사알고리즘 실습데이터(제10장)에 생성한다.

(QL8+QL9)/2=PARCEL1, (QL6+QL5)/2=PARCEL2, (QL1+QL3)/2=PARCEL3

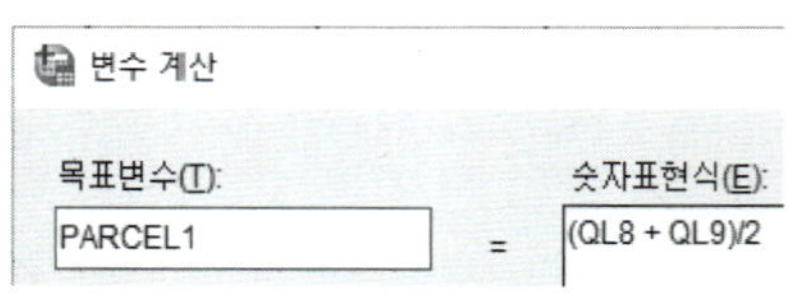

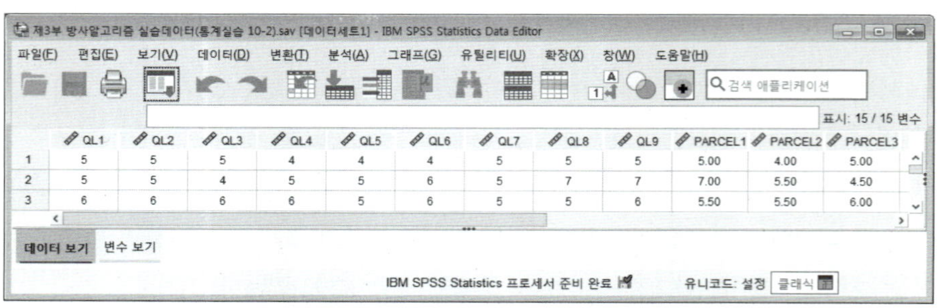

❹ Amos에서 [File-Open]으로 들어간 후 [제3부 고급 측정모델링의 이해와 적용(제9장-제10장)-제3부 통계분석-제3부 통계분석(제10장)] 폴더 안에 있는 파일인 [통계실습 10-2 방사 알고리즘 측정모형 (2)]를 불러들인다. 데이터 파일에 새로 생성된 꾸러미(PARCEL1, 2, 3)와 앞에서 할당되지 않고 남아 있는 측정변수들(QL2, 4, 7)을 이용해 1요인 CFA를 통해 비표준화회귀계수를 추정한다.

Regression Weights: (Group number 1 - Default model)

			Estimate	S.E.	C.R.	P	Label
PARCEL2	<---	품질수준	.806	.074	10.875	***	
PARCEL3	<---	품질수준	.653	.067	9.807	***	
QL2	<---	품질수준	.513	.068	7.555	***	
QL4	<---	품질수준	1.006	.086	11.694	***	
QL7	<---	품질수준	.888	.083	10.682	***	
PARCEL1	<---	품질수준	1.000				

아래에서 표는 개별 측정변수들의 비표준화회귀추정치를 크기순(내림차순)으로 배열한 것이다. 표에서 PARCEL1은 QL4와 가장 작은 비표준화회귀계수 차이를 보이므로 QL4는 PARCEL1에, PARCEL2는 QL7과 가장 작은 차이를 보이므로 QL7은 PARCEL2에 그리고 마지막으로 PARCEL3은 QL2와 가장 작은 차이를 보이므로 QL2는 PARCEL3에 할당한다.

〈1요인 CFA에 의한 표준화회귀추정치의 결과: 크기순 배열(내림차순)〉

측정변수 (설문문항)	QL4	PARCEL1	QL7	PARCEL2	PARCEL3	QL2
표준화회귀계수	1.006	1.000	0.888	0.806	0.653	0.513

❺ 최종적으로 PARCEL1에는 QL4, QL8, QL9가 그리고 PARCEL2에는 QL5, QL6, QL7이 그리고 PARCEL3에는 QL1, QL2, QL3이 포함된다. 이제 SPSS [변환-변수 계산]을 이용해 각 꾸러미에 최종적으로 할당된 측정변수 쌍의 평균으로 새로운 3개 꾸러미 변수(꾸러미1, 꾸러미2, 꾸러미3)를 생성한다.

(QL4+QL8+QL9)/3=꾸러미1, (QL5+QL6+QL7)/3=꾸러미2, (QL1+QL2+QL3)/3=꾸러미3

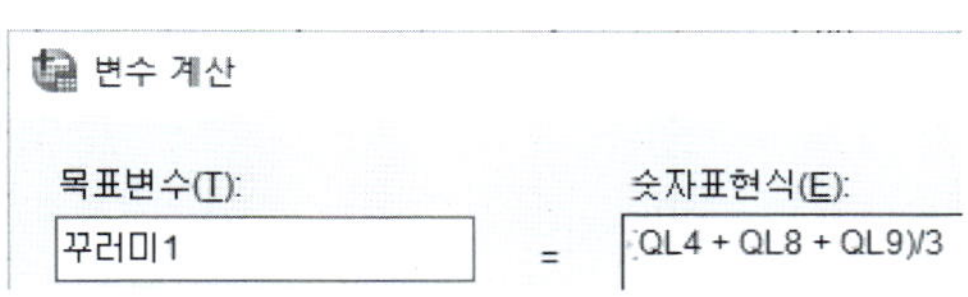

❻ 할당된 꾸러미를 이용해 측정모형을 만들면 다음과 같다. 이렇게 완성된 측정모형은 이후 분석에서 이용할 수 있다. 측정모형은 [제3부 고급 측정모델링의 이해와 적용(제9장-제10장)-제3부 통계분석-제3부 통계분석(제10장)]에 [통계실습 10-3] '방사 알고리즘 측정모형'으로 저장하였다.

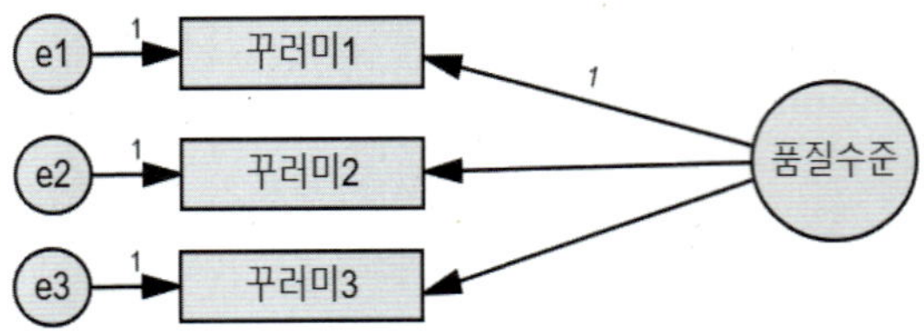

1.4 측정변수 묶기방법의 선택

측정변수 묶기의 방법은 다양한 것들이 제시되고 있지만 연구자의 연구목적, 측정변수의 수, 측정변수들의 차원성 검증이나 이론적 근거 등을 고려하여 선택해야 한다.

측정변수 묶기의 방법을 살펴보기 전에 연구자의 목적이 무엇인가를 파악해야 한다. 만약 연구자의 연구목적이 새로운 척도 개발, 즉 측정변수 고유의 특성을 확인하는 것이라면 측정변수 묶기를 사용할 필요가 없다. 물론 측정변수의 수가 많지 않다면 측정변수 묶기를 하지 않아도 된다. 그러나 연구목적의 달성을 위해서 구조방정식모형을 사용해 모수를 추정하고 검증하는 경우라면 측정변수 묶기 작업을 수행할 수도 있다.

측정변수 묶기의 방법의 전제 조건과 사용가능한 방법들은 [그림 10-8]과 같다.

그림 10-8 ▌측정변수 묶기(Item paceling) 방법의 선택

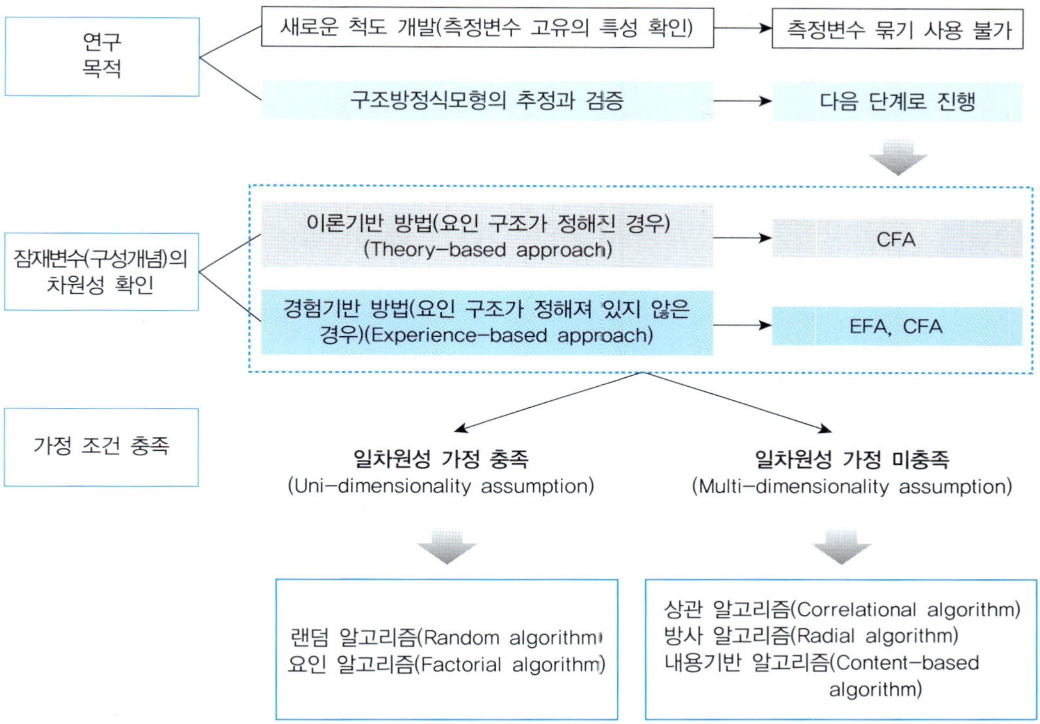

연구에서 측정변수 묶기가 필요한 경우에는 먼저, 잠재변수(구성개념)의 차원성(Dimensionality)을 검증해야 한다. 해당 잠재변수에 대해서 선행연구들에서 요인구조가 명확히 확립되어 있는 경우에는 이론기반 방법(Theory-based approach)을 적용하며 이때는 1요인 CFA를 실시하여 일차원성을 검증한다. 여기에서 이론기반 방법이란 충분한 선행연구들이 존재하며 잠재변수와 이를 구성하는 측정변수들이 이론적으로 정해져 있고 그 근거가 분명한 경우를 의미한다. 반면에 해당 잠재변수에 대해서 선행연구들과 요인구조에 대한 사전지식이 거의 없을 뿐만 아니라 요인구조가 명확하게 확립되어 있지 않으며 탐색적 성격의 초기 단계의 연구라면 경험기반 방법(Experience-based approach)을 적용하며 이때는 EFA와 CFA를 이용해 일차원성을 검증한다.

다음으로, 잠재변수를 구성하는 측정변수들이 일차원성 가정(Uni-dimensionality assumption)

을 충족하면 랜덤 알고리즘과 요인 알고리즘을 적용해 측정변수 묶기를 수행한다. 그러나 어떤 잠재변수가 다차원성 가정(Multi-dimensionality assumption)을 만족하는 경우에는 상관 알고리즘, 방사 알고리즘 및 내용기반 알고리즘을 적용한다.

2 공통방법편의의 개념과 원인 그리고 해결방법

2.1 공통방법편의의 개념과 원인

공통방법분산(Common Method Variance: CMV)은 측정하고자 하는 잠재변수(구성개념)가 아닌 측정방법으로 기인하는 분산을 의미한다. 일반적으로 총분산은 참분산(요인분산), 체계적 분산(공통방법분산), 비체계적 분산(오차분산)의 합으로 구성된다. 보통 CMV가 추정치의 편향과 왜곡을 발생시키는 현상을 공통방법편의(Common Method Bias: CMB) 혹은 동일방법편의라고 한다.

설문지법을 이용해 분석 데이터를 수집하는 경우에는 CMB가 개입될 수 있다. 이는 동일한 응답자를 대상으로 동일한 방법(Common method)으로 연구변수들에 대한 데이터를 수집할 때 발생할 수 있는 측정에 있어서의 편향 및 왜곡을 의미한다(Podsakoff와 Organ, 1986; Williams, Hartman 및 Cavazotte, 2010; 박원우 외, 2017 등). 일반적으로 CMB가 발생하면 연구변수 간의 상관이 실제보다 부풀려지거나 상관관계가 실제로는 존재치 않으나 존재하는 것처럼 나타나 추정 결과의 정확성과 타당도를 훼손할 수 있다. 그러나 일부 연구자들은 CMB가 존재한다고 하더라도 연구 결과의 타당성을 의심해야 할 정도로 큰 지장을 초래하지 않는다고 주장하고 있다(Johnson과 Hall, 2005 등).

CMB의 발생원인이나 원천은 [그림 10-9]와 같이 매우 다양하다. 이에는 ① 독립변수와 종속변수가 동일한 응답자에 의해 측정됨으로써 발생하는 동일한 응답자효과(Common rater effect), ② 설문문항이 가지고 있는 속성 또는 특성 때문에 발생하는 설문문항 특성효과(Item characteristic effect), ③ 설문문항 맥락 때문에 발생하는 설문문항 맥락효과(Item context effect), ④ 측정 맥락 때문에 발생하는 측정맥락효과(Measurement context effect) 등이 포함된다.

▶ 그림 10-9 ▎CMB의 발생원인

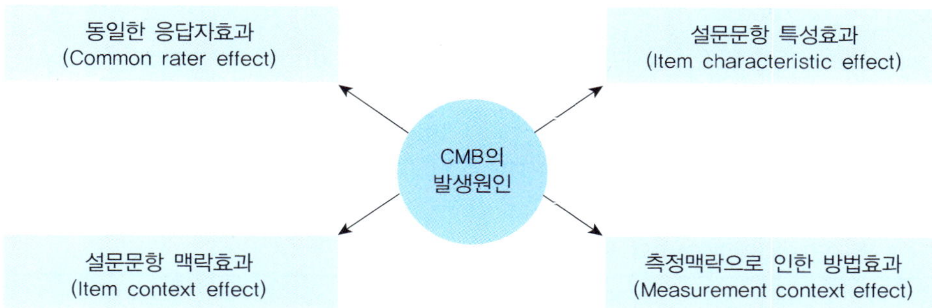

CMB의 발생원인을 요약하면 [표 10-3]과 같다(Podsakoff et al., 2003).

▎표 10-3 ▎CMB의 발생원인

구분	발생원인
동일한 응답자효과	응답의 일관성 동기, 암묵적 이론(전혀 관련성이 없는데 상관이 있는 것으로 착각하여 관련성이 있을 것이라고 믿는 것), 사회적 바람직성(사회규범이나 기준과 관련되어 자신을 사회적으로 선호되는 사람으로 나타내려는 경향, Social desirability), 관대화 편의(실제보다 높게 응답), 묵인 편의(문항 내용에 관계없이 무조건 예 혹은 아니오로 대답), 개인의 정서상태(긍정적/부정적 정서에 의해 영향), 응답자의 일시적 기분상태
설문문항 특성효과	사회적 바람직성 설문문항, 설문문항의 요구특성(응답의 단서 제공), 설문문항의 복잡성과 애매모호성, 동일척도 사용(리커트척도, 어의차이척도), 동일한 척도기준점 사용(전혀 그렇지 않다, 보통이다, 매우 그렇다) 역문항 사용
설문문항 맥락효과	설문문항 점화효과(먼저 제시된 문항이 다음의 제시 문항에 영향, Item priming effects), 설문문항의 내재성(중립성을 띤 문항이 긍정문항 옆에 가면 긍정적 문항이 됨), 맥락적으로 유도된 기분(첫 설문문항이 응답자의 기분을 유도하여 다음 문항에 영향), 척도 길이(척도가 소수 항목인 경우 이전 항목이 다음 항목의 응답에 영향), 설문문항이 다른 개념에 묶여 있을 때
측정맥락효과	동일한 시점에서 측정, 동일한 장소에서 측정, 서로 다른 개념을 동일한 매체에 의해 측정 (예) 인쇄설문지/구글독스설문지-전산화된 설문지에서 사회적 바람직성에 대한 왜곡이 적게 나타남

2.2 공통방법편의의 해결방법

CMB의 문제를 해결하는 방법에는 연구설계와 자료수집 단계에서 CMB를 제거하는 사전적 해결방법(Ex−ante method)과 통계처리 단계에서 사후적으로 CMB를 해결하는 사후적 해결방법(Ex−post method)이 있다. 전자는 절차적 통제방법(Procedural remedy)인 반면 후자는 통계적 통제방법(Statistical remedy)이다.

연구단계에 따른 CMB의 해결방안을 요약하면 [표 10−4]와 같다.

▌표 10−4▐ 연구단계에 따른 CMB의 해결방안

구분	단계	해결방법	구체적인 적용 예시
사전적 통제 (절차적 통제)	연구설계	측정 원천의 분리	독립변수와 종속변수를 다른 평가자와 원천으로부터 측정한다(실제로는 매우 적용이 어려운 방법이다). (예) 리더 행동변수는 종업원으로부터 측정하고 종업원 성과변수는 리더로부터 측정, 조직문화는 핵심정보원으로부터 측정하고 조직성과는 2차 자료를 통해 측정
		측정 환경의 분리 −시간적 분리 −공간적 분리 −심리적 분리 −방법론적 분리	시간, 공간, 심리 및 방법 등을 독립변수와 종속변수로 분리해서 달리 측정(독립변수와 종속변수를 서로 다른 대상으로부터 얻거나, 혹은 동일한 대상이라면 시간적, 공간적 및 심리적으로 분리된 상황에서 측정) 다른 측정장소 사용(다른 방, 다른 장소)
	자료수집	좋은 설문지 개발 질문의 순서 역산문항 사용 여러 척도의 사용 마커변수 추가 (Marker variable)	독립변수와 종속변수를 측정하는 척도형태(리커트 척도/어의차이척도), 측정매체의 다양화(설문방식을 온라인, 오프라인 등으로 구분), 설문문항을 가치중립적으로 명료하게 다듬고 응답자의 익명성 보장, 진실한 응답 요청, 설문문항의 명확성 확보(이중질문 회피), 긍정적 설문문항과 부정적 설문문항 수의 균형 유지, 설문문항 작성 시 유의사항(단순, 명료, 명확, 간결, 구체성 등), 설문문항의 순서나 보기의 순서를 뒤섞는 방법, 설문지 설계 시 마커변수의 측정을 위한 설문지 구성
사후적 통제 (통계적 통제)	통계분석	Harman의 단일요인검증 CFA 마커기법 직접 측정한 잠재방법요인기법 측정하지 않은 잠재방법요인기법 구조계수의 유의성 변화 검토	통계기법에 의한 CMB의 발견과 통계적 해결 − Harman의 단일요인검증은 사용하기는 매우 간편하나 연구자들이 많이 사용하지는 않는 방법임 − CFA 마커기법과 직접 측정한 잠재방법요인기법의 사용 권장

2.3 공통방법편의의 통계적인 해결방법

CMB의 문제해결을 위해서는 사전적인 해결방법을 활용하는 것이 좋으나 현실적으로는 거의 어렵다고 볼 수 있다. 이런 이유로 연구자들은 통계적인 방법을 이용하여 CMB를 진단하고 통제하는 사후적인 해결방법을 적용하는 경우가 많다. CMB를 사후적으로 해결하는 주요 통계적인 방법으로는 ① 하만의 단일요인검증(Harman's single factor test), ② 확인적 요인분석 마커기법(CFA marker technique), ③ 직접 측정한 잠재방법요인기법(Directly measured latent method factor technique), ④ 측정하지 않은 잠재방법요인기법(Unmeasured latent method factor technique, or Common latent factor technique: CLF), ⑤ 구조모형 비표준화회귀계수 유의성 변화 검토 등이 있다. 이들 방법 중에서 연구자들은 Harman의 단일요인검증보다는 CLF, CFA 마커기법, 직접 측정한 잠재방법요인기법의 사용을 권장하고 있다.

지금부터는 연구자들이 많이 사용하고 있는 CMB의 통계적 해결방법들을 중심으로 논의하고 실습하고자 한다.

(1) 하만의 단일요일검증

하만의 단일요인검증(Harman's single factor test)은 연구에 포함된 모든 측정변수들을 대상으로 EFA를 이용해 회전되지 않은 해(Unrotated solution) 내에 하나의 지배적 요인(One dominant factor)이 존재하는지를 평가하는 방법이다(Harman, 1960). 이는 적용하기가 쉽고 직관적인 장점이 있으나 작은 수준 혹은 중간 수준의 CMB를 제대로 탐지하지 못한다는 단점을 가지고 있다.

EFA를 수행한 결과에서 가장 많은 설명력을 차지하는 첫 번째 요인의 설명력이 전체 설명력의 절반 이상(50%)을 차지하지 않는다면 CMB로 인한 왜곡현상이 크지 않은 것으로 판단한다. 즉 지배적인 단일요인이 전체 설명력의 50% 이상이면 CMB가 존재한다고 보며, 50% 미만이면 CMB가 없다고 해석한다.

- 요인분석을 수행할 때 연구에 포함된 모든 잠재변수의 측정변수들(설문문항들)을 포함시킨다.
- 요인추출방법으로는 주축요인추출(Principal Axis Factoring: PAF)을, [표시]는 [회

전하지 않은 요인해법]을 적용한다.

- 추출할 요인 수의 결정은 고유값(Eigenvalue) 기준을 적용하지 않고 [고정된 요인 수]를 '1'로 고정하는 방법을 사용한다.
- 요인회전방법은 [지정하지 않음]을 선택한다.

그림 10-10 ▌Harman의 단일요인검증 모형 예시

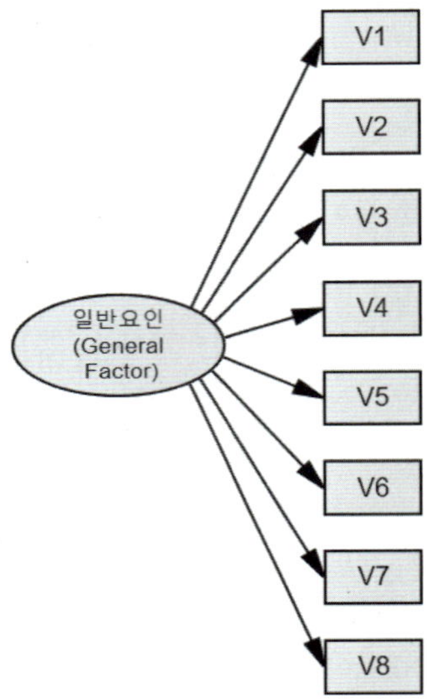

통계실습 10-3

Harman의 단일요인검증 실습

하만의 단일요인검증(Harman's single factor test)을 수행하시오. 단, 데이터 파일은 제3부 CMV 실습데이터(제10장)를 이용한다.

실습 따라하기

❶ SPSS를 실행하여 초기 화면에서 [파일-열기-데이터]로 들어간 후 [제3부 고급 측정모델링의 이해와 적용(제9장-제10장)-제3부 통계분석데이터] 폴더 안에 있는 파일인 [제3부 CMV 실습데이터(제10장)]을 불러들인다.

❷ [분석-차원축소] 메뉴에서 [요인분석]으로 들어가서 [요인분석] 창에서 모든 측정변수들을 [변수]로 옮긴다. [요인추출] 보조창에서 요인추출 [방법]으로 [주축 요인추출] 그리고 [표시]에 [회전하지 않은 요인해법]을 선택하고, [추출]에서 [고정된 요인 수]로 '1'을 입력한다.

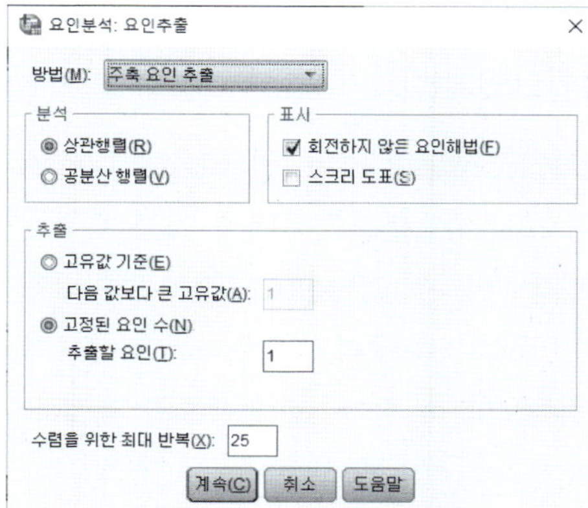

❸ [요인회전] 보조창에서 [방법]으로 [지정않음]을 선택한 후 [계속] 버튼을 클릭한다. 마지막으로 [요인분석] 창에서 [확인] 버튼을 클릭해 실행한다.

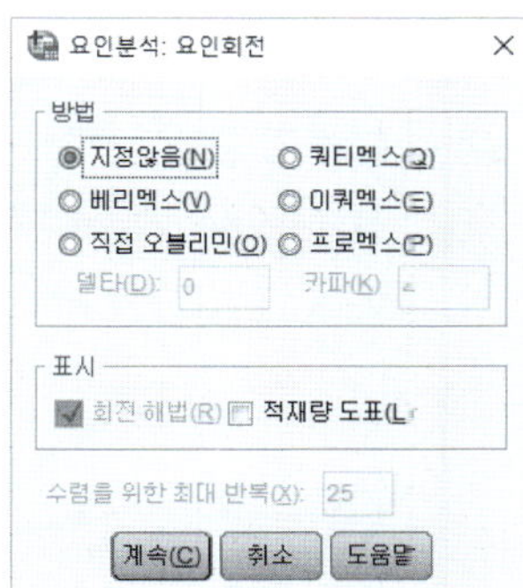

❹ EFA의 실행 결과는 다음과 같다.

설명된 총분산

요인	초기 고유값			추출 제곱합 적재량		
	전체	% 분산	누적 %	전체	% 분산	누적 %
1	6.948	49.629	49.629	6.415	45.821	45.821

요인회전을 하지 않은 주축 요인 추출방법으로 EFA를 실행한 결과 추출된 제곱합 적재량이 45.821로 나타났다. 단일요인의 설명력이 전체 설명력의 절반 이상인 50%를 넘지 않아 CMB가 없다고 볼 수 있다.

(2) 측정하지 않은 잠재방법요인기법

측정하지 않은 잠재방법요인기법(Unmeasured latent method factor technique)은 잠재방법요인을 측정하지 않은 기법으로, 방법분산의 원천을 직접 측정하지 않은 방법분산인 CMV를 이용하여 CMB를 탐지하는 방법이다. 이 기법은 CMV를 통해 모형 내의 모든 측정변수들 간의 공통분산을 탐지할 수 있고 마커변수를 이용하지 않는다는 점에서 편리함이 있기는 하나 종종 식별 문제가 발생될 수도 있음에 유의해야 한다. 식별 문제를 해결하기 위해서 CMV의 분산을 '1'로 지정하는 작업이 필요하다.

잠재방법요인을 측정하지 않은 잠재방법요인기법의 모형 예시는 [그림 10-11]과 같다.

그림 10-11 측정하지 않은 잠재방법요인기법(Unmeasured CMV) 모형 예시

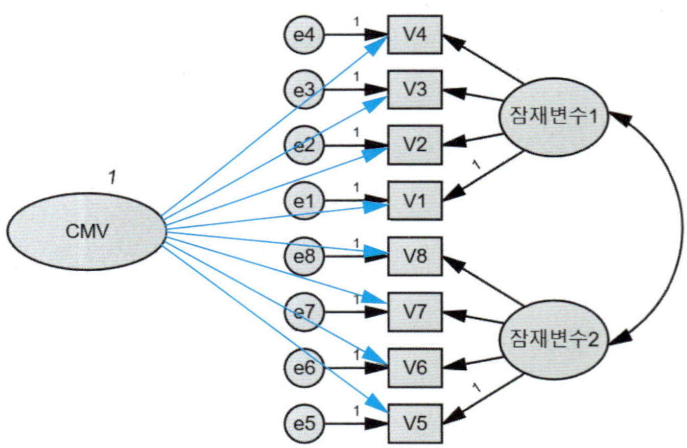

측정하지 않은 잠재방법요인기법의 적용 절차는 [그림 10-12]와 같다. 이 기법은 CMV가 없는 모형과 있는 모형을 추정하여 양 모형의 각 측정변수들에 대한 표준화회귀계수의 차이를 계산한다. 양 모형의 계수 차이가 0.2보다 크면 CMB가 있다고 해석하고 0.2 미만이면 CMB가 없

다고 해석한다. 이는 **표준화회귀계수의 차이검증**이라 한다. 이외에도 **방법분산의 비율검증**을 수행하여 CMB의 존재 여부를 탐지할 수 있다.

그림 10-12 ▎ 측정하지 않은 잠재방법요인기법(Unmeasured CMV)의 적용 절차

CMV가 없는 CFA모형을 추정한다.

↓

CMV가 없는 CFA모형에 공통잠재요인(CMV)을 추가하고 CMV와 모든 측정변수들을 연결한다.

↓

CMV가 있는 CFA모형과 없는 모형의 표준화회귀계수를 비교하여 차이(Delta)를 계산한다.

↓

표준화회귀계수의 차이가 0.2보다 크면 CMB가 있다고 해석한다.
CMV가 있는 CFA모형을 추정한 표준화회귀계수를 제곱하여 방법분산을 계산하고 방법분산이 차지하는 비율이 25% 이상이면 CMB가 있다고 해석한다.

↓

CMB가 없으면 잠재변수 CMV와 이에 연결된 모든 경로계수 선을 제거한 후 구조모형을 구축하여 가설검증을 시행한다.
CMB가 존재하면 CMV가 있는 모형을 이용해서 잠재변수(연구변수)별로 측정변수들을 회귀 대체(Regression Imputation)시켜 합산한 새로운 CMB가 조정된 변수들을 이용해서 구조모형을 만들고 가설검증을 수행한다.

통계실습 10-4 측정하지 않은 잠재방법요인기법(Unmeasured CMV) 실습

잠재방법요인을 측정하지 않은 잠재방법요인기법을 0 용해 CMV를 탐지하고 CMB가 발견되는 경우에 해결방법을 제시하시오. 단, 데이터 파일은 제3부 CMV 실습데이터(제10장)를 이용한다.

실습 따라하기

❶ 측정하지 않은 CMV가 없는 CFA모형인 [통계실습 10-4] 측정하지 않은 잠재방법요인기법 측정모형_CMV가 없는 모형을 불러들인다(모형 그리기 실습은 각자가 해보기 바란다). 실습데이터가 불려져 있는지를 확인한 후 그렇지 않다면 데이터 파일 선택 도구상자( )를 클릭해 선택한다. 이미 불러져 있으면 바로 분석 실행 도구상자( )를 클릭해 실행한다. CMV가 포함되지 않은 측정모형과 실행 결과는 다음과 같다.

측정하지 않은 잠재방법요인기법_CMV가 없는 모형

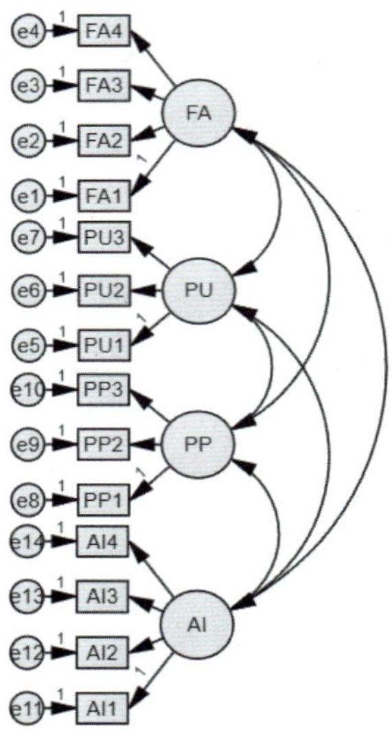

잠재방법요인을 측정하지 않은 CMV가 없는 측정모형분석 결과(No CMV)

Model Fit Summary

CMIN

Model	NPAR	CMIN	DF	P	CMIN/DF
Default model	34	173.344	71	.000	2.441

Standardized Regression Weights

			Estimate
FA1	<---	FA	.821
FA2	<---	FA	.819
FA3	<---	FA	.757
FA4	<---	FA	.742
PU1	<---	PU	.773
PU2	<---	PU	.869
PU3	<---	PU	.803
PP1	<---	PP	.887
PP2	<---	PP	.865
PP3	<---	PP	.882
AI1	<---	AI	.856
AI2	<---	AI	.863
AI3	<---	AI	.723
AI4	<---	AI	.802

❷ 측정하지 않은 CMV가 있는 CFA모형인 [통계실습 10-4] 측정하지 않은 잠재방법요인기법 측정모형_CMV가 있는 모형을 불러들인 후 실행한다. 실행 버튼을 클릭하면 다음과 같은 경고창(Amos Warnings)이 나타난다. 무시하고 [Proceed with the analysis]를 클릭해 실행한다.

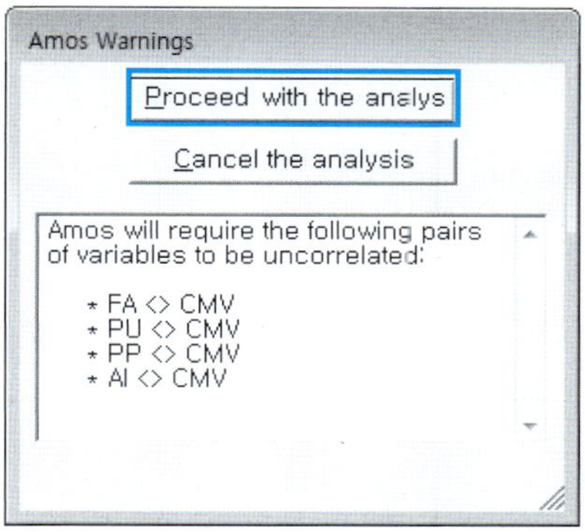

측정모형에서 공통잠재요인으로 CMV를 추가하고 이를 모든 측정변수에 연결한다. CMV의 분산을 '1'로 지정한다(측정모형 그리기는 각자가 해보기 바란다). 측정하지 않은 CMV가 포함되어 있는 측정모형과 실행 결과는 다음과 같다.

측정하지 않은 잠재방법요인기법_CMV가 있는 모형

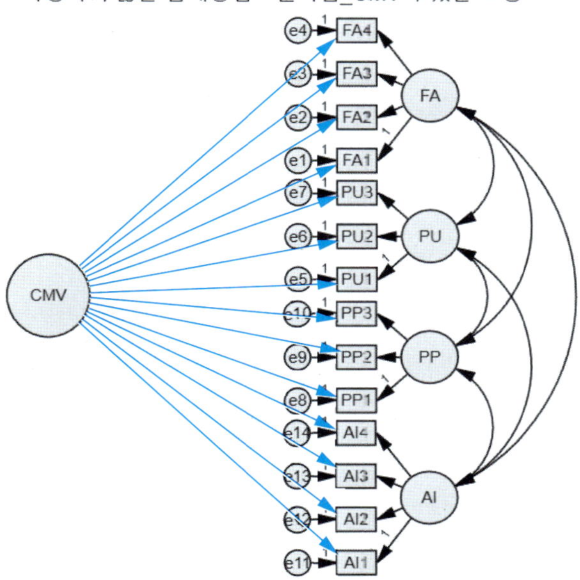

잠재방법요인을 측정하지 않은 CMV가 있는 측정모형분석 결과(With CMV)

Model Fit Summary

CMIN

Model	NPAR	CMIN	DF	P	CMIN/DF
Default model	48	119.419	57	.000	2.095

Standardized Regression Weights

			Estimate
FA1	<---	FA	.738
FA2	<---	FA	.745
FA3	<---	FA	.768
FA4	<---	FA	.739
PU1	<---	PU	.711
PU2	<---	PU	.782
PU3	<---	PU	.756
PP1	<---	PP	.857
PP2	<---	PP	.865
PP3	<---	PP	.824
AI1	<---	AI	.896
AI2	<---	AI	.675
AI3	<---	AI	.361
AI4	<---	AI	.604

❸ 이제 앞의 Amos ❶과 ❷의 출력물을 가지고 측정하지 않은 CMV가 없는 모형과 있는 표준화회귀 추정치의 값을 정리해 CMB의 존재 여부를 확인해야 한다. 이를 위해 이 실습에서는 Excel 프로그램을 연 후 Amos 출력물에서 복사하여 [통계실습 10-4] CMV의 검증 결과라는 이름으로 저장한 후 붙여넣기를 하였다. 내용에서 [차이]는 왼쪽 No CMV model의 표준화회귀계수에서 오른쪽 With CMV model의 표준화회귀계수를 빼기 하여 계산된 값이다. 표준화회귀계수의 차이검증 결과에 의하면 14개의 측정변수 중에서 AI3의 경우만 차이가 0.362로 0.2 이상으로 나타나 CMB가 있는 것으로 분석되었다.

Standardized Regression Weights: (No CMV model)				Standardized Regression Weights: (With CMV model)				
			Estimate				Estimate	차이
FA1	<---	FA	0.821	FA1	<---	FA	0.738	0.083
FA2	<---	FA	0.819	FA2	<---	FA	0.745	0.074
FA3	<---	FA	0.757	FA3	<---	FA	0.768	-0.011
FA4	<---	FA	0.742	FA4	<---	FA	0.739	0.003
PU1	<---	PU	0.773	PU1	<---	PU	0.711	0.062
PU2	<---	PU	0.869	PU2	<---	PU	0.782	0.087
PU3	<---	PU	0.803	PU3	<---	PU	0.756	0.047
PP1	<---	PP	0.887	PP1	<---	PP	0.857	0.030
PP2	<---	PP	0.865	PP2	<---	PP	0.865	0.000
PP3	<---	PP	0.882	PP3	<---	PP	0.824	0.058
AI1	<---	AI	0.856	AI1	<---	AI	0.896	-0.040
AI2	<---	AI	0.863	AI2	<---	AI	0.675	0.188
AI3	<---	AI	0.723	AI3	<---	AI	0.361	0.362
AI4	<---	AI	0.802	AI4	<---	AI	0.604	0.198

CMV의 존재 여부를 확인하는 방법은 ① 표준화회귀계수 차이 검증, ② 방법분산의 비율검증이 사용될 수 있다. 방법분산(Method variance)의 비율을 계산하려면 측정하지 않은 잠재방법요인기법_CMV가 있는 모형의 표준화회귀계수 추정치에서 CMV에서 측정변수로 연결된 회귀선의 추정결과(측정변수 ← CMV)를 이용하면 된다. 방법분산 비율은 이 표준화회귀계수의 값을 제곱한 후에 더해서 평균을 내면 된다. 만약 이 비율이 25% 이상이면 CMB가 있다고 해석하고, 25% 미만이면 CMB가 없다고 해석할 수 있다. 방법분산 비율의 계산 결과 방법분산이 14.3%로 나타나 25% 미만으로 CMB가 없다고 볼 수 있다(엑셀 파일인 [통계실습 10-4] CMV의 검증 결과를 참조하기 바람).

Standardized Regression Weights

			Estimate
FA1	<---	FA	.738
FA2	<---	FA	.745
FA3	<---	FA	.768
FA4	<---	FA	.739
PU1	<---	PU	.711
PU2	<---	PU	.782
PU3	<---	PU	.756
PP1	<---	PP	.857
PP2	<---	PP	.865
PP3	<---	PP	.824
AI1	<---	AI	.896
AI2	<---	AI	.675
AI3	<---	AI	.361
AI4	<---	AI	.604
FA4	<---	CMV	.185
FA3	<---	CMV	.157
FA2	<---	CMV	.316
FA1	<---	CMV	.338
PU3	<---	CMV	.284
PU2	<---	CMV	.374
PU1	<---	CMV	.301
PP3	<---	CMV	.315
PP2	<---	CMV	.155
PP1	<---	CMV	.225
AI4	<---	CMV	.529
AI3	<---	CMV	.790
AI2	<---	CMV	.506
AI1	<---	CMV	.293

방법분산 비율의 계산			표준화회귀계수	표준화회귀계수 제곱
FA4	<---	CMV	0.185	0.034
FA3	<---	CMV	0.157	0.025
FA2	<---	CMV	0.316	0.100
FA1	<---	CMV	0.338	0.114
PU3	<---	CMV	0.284	0.081
PU2	<---	CMV	0.374	0.140
PU1	<---	CMV	0.301	0.091
PP3	<---	CMV	0.315	0.099
PP2	<---	CMV	0.155	0.024
PP1	<---	CMV	0.225	0.051
AI4	<---	CMV	0.529	0.280
AI3	<---	CMV	0.790	0.624
AI2	<---	CMV	0.506	0.256
AI1	<---	CMV	0.293	0.086
			Sum	2.004
			Mean	0.143
				(2.004/14)

CMB의 검증 결과를 요약하면 다음과 같다.

검증방법	검증 결과
표준화회귀계수 차이검증	14개 측정변수 중에서 CMB가 의심되는 것은 AI3의 경우만 CMB가 있는 것으로 나타났다.
방법분산의 비율검증	방법분산이 14.3%로 나타나 25% 미만이므로 CMB는 없는 것으로 나타났다.

4 지금부터는 이 실습 문제에서 CMB가 있다고 가정하고 구조모형을 이용해 가설검증을 수행해 보고자 한다. CMB가 있으면 [통계실습 10-4] 측정하지 않은 잠재방법요인기법 측정모형_CMV가 있는 모형에서 [Analyze-Data Imputation] 메뉴로 들어간다. 경고창이 나타나면 [Proceed with the analysis]를 클릭해 실행한다. 그러면 다음과 같은 [Amos Data Imputation] 창이 뜬다. 우측 하단에 있는 [Impute]를 클릭하면 [제3부 고급 측정모델링의 이해와 적용(제9장–제10장)–제3부 통계분석데이터] 폴더 안에 있는 CMB가 조정된 새로운 파일인 [제3부 CMV 실습데이터(제10장)_ C]가 생성된다. 이 새로운 데이터 파일에는 잠재변수들에 포함된 측정변수들이 단일측정변수(FA, PU, PP, AI)로 만들어져 있음을 확인할 수 있다.

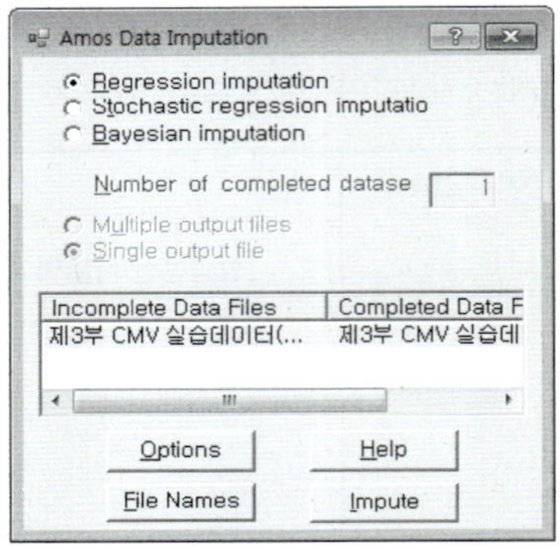

❺ 측정하지 않은 CMV가 있는 CFA모형인 제3부 통계분석(제10장) 폴더에 있는 [통계실습 10–4] 측정하지 않은 잠재방법요인기법 측정모형_CMV를 조정한 구조모형을 불러들인다(모형 그리기 실습은 각자가 해보기 바란다). 불러들일 실습데이터는 ❹에서 생성된 새로운 파일이며, 이는 제3부 통계분석데이터 폴더 안에 있는 [제3부 CMV 실습데이터(제10장)_C]이다. 이미 불러져 있으면 바로 분석 실행 도구상자( )를 클릭해 실행한다. CMV가 조정된 구조모형(가설검증)의 실행 결과는 다음과 같다.

측정하지 않은 잠재방법요인기법_CMV를 조정한 구조모형

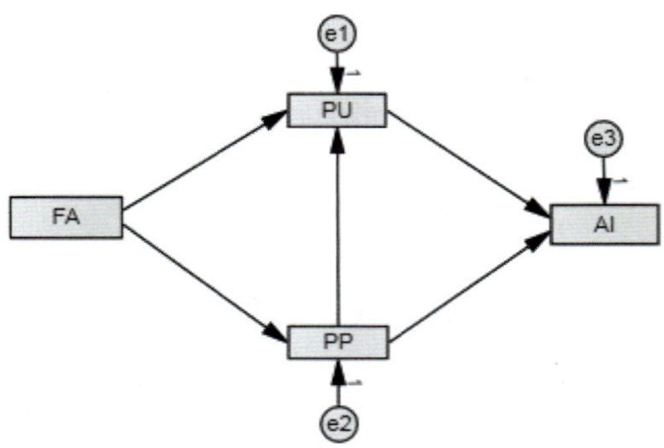

잠재방법요인을 측정하지 않은 CMV가 조정된 구조모형 실행 결과

Model Fit Summary

카이제곱(CMIN) 19.519(DF=1)

Q(CMIN/DF) 19.519

GFI 0.969

SRMR 0.046

CFI 0.962

RMSEA 0.249

Regression Weights

			Estimate	S.E.	C.R.	P	Label
PP	<---	FA	.741	.055	13.518	***	
PU	<---	FA	.358	.061	5.862	***	
PU	<---	PP	.406	.051	7.985	***	
AI	<---	PU	.222	.076	2.923	.003	
AI	<---	PP	.619	.071	8.667	***	

Standardized Regression Weights

			Estimate
PP	<---	FA	.616
PU	<---	FA	.317
PU	<---	PP	.432
AI	<---	PU	.170
AI	<---	PP	.503

(3) 직접 측정한 잠재방법요인기법

직접 측정한 잠재방법요인기법(Directly measured latent method factor technique)은 잠재방법요인인 공통잠재요인(Common Latent Factor: CLF)을 적용하는 기법이다. 이는 자료수집 단계에서 방법분산을 야기시킬 것으로 예상되는 잠재방법요인(CLF)을 미리 측정한 후 해당 잠재변수가 연구에 포함된 측정변수에 모두 연결되도록 모형을 설정해 CMB를 탐지하는 방법이다. 이러한 변수의 예로는 사회적 바람직성(Social desirability) 등이 있다. 이 기법은 잠재방법요인의 측정오차를 추정할 수 있다는 장점이 있는 반면 CMB의 원천을 미리 알아야 하고 이를 측정해야 한다는 단점을 가지고 있다.

직접 측정한 잠재방법요인기법의 모형 예시는 [그림 10-13]과 같다.

Donavan, Brown 및 Mowen(2004)은 사회적 바람직성의 영향을 알아보기 위해서 [연구1]에서 1~4번 문항의 사회적 바람직성 문항(Social Desirable Responding: SDR)을 이용해 항목합산을 통해 단일지표 문항으로 만든 후에 이를 연구변수에 연결하는 방법을 사용하였다. [연구2]에서는 1~6번 문항을 이용해 항목합산을 통해 단일지표 문항으로 만든 후에 연구모형의 설정에 적용하였다. 사회적 바람직성을 측정한 6개 설문문항에는 다음과 같은 것들이 포함되었다. ① 나는 다른 사람을 나를 위해 종종 이용하는 경우가 있다, ② 나는 때로는 용서하고 잊어버리기보다는 복수하려고 한다, ③ 나는 때때로 내 방식대로 일을 해야 한다고 주장한다, ④ 나는 때때로 험담하는 것을 좋아한다, ⑤ 나는 고의로 누군가의 기분을 상하게 하는 말을 한 적이 없다,

⑥ 나는 내가 실수를 할 때마다 기꺼이 그것을 인정할 용의가 있다.

그림 10-13 ▌잠재방법요인을 직접 측정한 잠재방법요인기법의 모형 예시

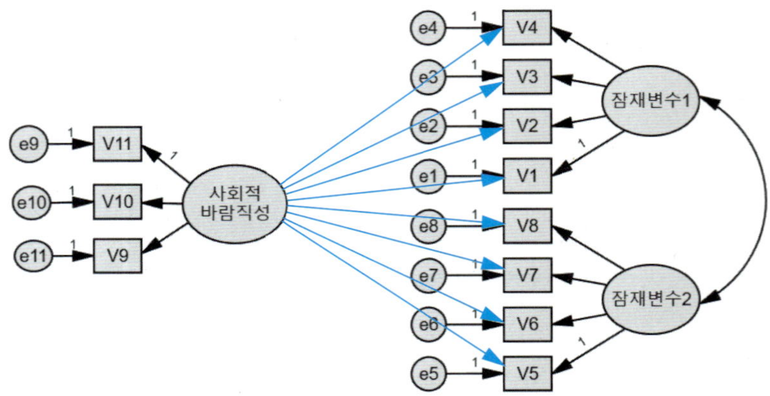

통계실습 10-5 직접 측정한 잠재방법요인기법(Measured CLF) 실습

잠재방법요인을 직접 측정한 잠재방법요인기법을 이용해 CMB를 탐지하시오. 단, 데이터 파일은 제3부 CMV 실습데이터(제10장)를 이용한다. 잠재방법요인(CLF)은 사회적 바람직성(SDR)의 3개 문항으로 측정하였다. CLF가 없는 모형과 있는 모형의 차이검증의 방법으로는 카이제곱차이 비교검증(χ^2 difference comparison test)을 이용하시오.

실습 따라하기

❶ 직접 측정한 잠재방법요인기법 측정모형_CLF(사회적 바람직성)가 없는 CFA모형인 [통계실습 10-5] 직접 측정한 잠재방법요인기법 측정모형_CLF(사회적 바람직성)가 없는 모형을 불러들인다(모형 그리기 실습은 각자가 해보기 바란다). 실습데이터가 불러져 있는지를 확인한 후 문제가 없으면 바로 분석 실행 도구상자( )를 클릭해 실행한다. CLF(사회적 바람직성)가 포함되지 않은 측정모형과 실행 결과는 다음과 같다.

직접 측정한 잠재방법요인기법_CLF(사회적 바람직성)가 없는 모형

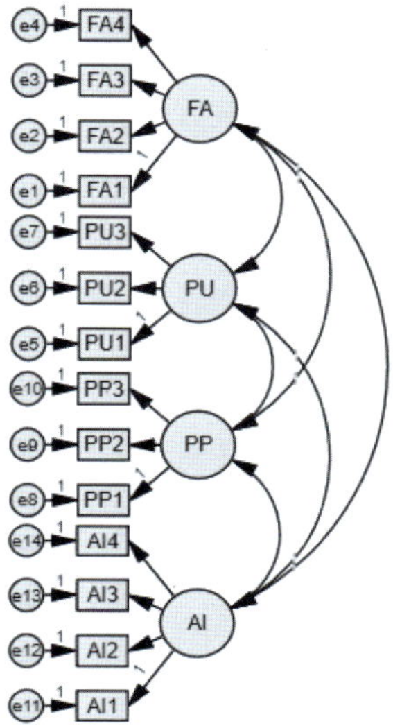

직접 측정한 잠재방법요인기법 측정모형_ CLF(사회적 바람직성)가 없는 모형의 분석 결과(No CLF)

Model Fit Summary

CMIN

Model	NPAR	CMIN	DF	P	CMIN/DF
Default model	34	173.344	71	.000	2.441

❷ 직접 측정한 잠재방법요인기법 측정모형_CLF(사회적 바람직성)가 있는 CFA모형인 [통계실습 10-5] 직접 측정한 잠재방법요인기법 측정모형_CLF(사회적 바람직성)가 있는 모형을 불러들인다(모형 그리기 실습은 각자가 해보기 바란다). 실습데이터가 불러져 있는지를 확인한 후 문제가 없으면 바로 분석 실행 도구상자( )를 클릭해 실행한다. 실행 버튼을 클릭하면 다음과 같은 경고창이 나타난다. 무시하고 [Proceed with the analysis]를 클릭해 실행한다. CLF(사회적 바람직성)가 포함되어 있는 측정모형과 실행 결과는 다음과 같다.

직접 측정한 잠재방법요인기법_CLF(사회적 바람직성)가 있는 모형

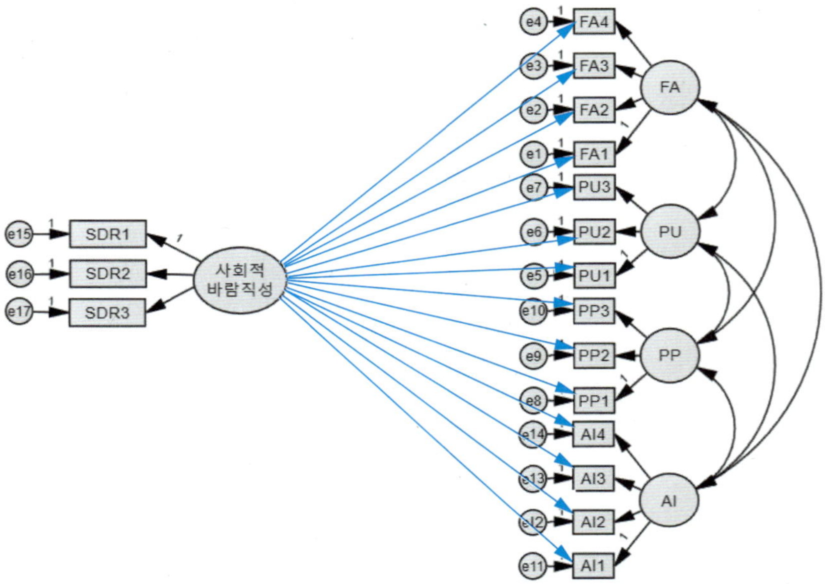

직접 측정한 잠재방법요인기법 측정모형_ CLF(사회적 바람직성)가 있는 모형의 분석 결과(With CLF)

Model Fit Summary

CMIN

Model	NPAR	CMIN	DF	P	CMIN/DF
Default model	54	197.256	99	.000	1.992

❸ CLF가 없는 모형과 있는 모형의 실행 결과를 통해 얻은 모형 적합도를 이용해 카이제곱 차이비교 검증을 수행한 결과는 다음과 같다. 양 모형의 $\Delta\chi^2$=23.912, Δdf=28이며 이는 유의수준 0.05(df=28)에서 임계치인 41.3보다 작으므로 유의적인 차이가 아니며 CMB가 없다고 볼 수 있다. 따라서 구조모형분석 단계로 넘어가 가설검증을 수행하면 된다.

모형	카이제곱	DF	비고
CLF(사회적 바람직성)가 없는 모형	197.256	99	
CLF(사회적 바람직성)가 있는 모형	173.344	71	
차이(없는 모형-있는 모형)	$\Delta\chi^2$ 23.912	Δdf 28	카이제곱 임계치(df=28) 41.3

(4) CFA 마커기법

CFA 마커기법 혹은 확인적 요인분석 마커기법(Confirmatory factor analysis marker technique)은 Williams, Hartman 및 Cavazotte(2010)가 개발한 기법으로 CLF 기법을 확장한 것이다. 이는 연구변수들과 이론적 토대에서 전혀 무관한 마커변수(Marker variable)를 도입하여 CMB의 측정과 통제를 시도한다는 점에서 특징이 있다. 마커변수란 "연구에 포함된 잠재변수와 이론적으로 아무런 관련이 없는 변수"를 말한다(배병렬, 2021). 예컨대 마커변수의 예로 파란색 태도(Blue attitude)를 들 수 있다(Simmering et al., 2015). 이 변수의 측정항목에는 다음의 것들이 포함되었다. ① 나는 다른 색보다 파란색을 좋아한다, ② 나는 파란색을 좋아한다, ③ 나는 파란색 옷을 좋아한다, ④ 나는 나의 다음 차가 파란색이길 바란다.

마커변수의 도입과 관련해 몇 가지 유의할 사항은 다음과 같다(최성원, 2021).

- 마커변수는 연구변수와 이론적인 관련성이 없어야 하며 동일한 방식(형식과 내용)으로 측정되어야 한다. 인구통계학적 변수인 응답자의 연령과 성별 등은 마커변수로는 부적절하다. 왜냐하면 다른 연구변수와 동일한 방식으로 측정되지 않기 때문이다. 이상적인 마커변수(Ideal marker variables)의 예를 들면 직무만족과 조직몰입에 대한 연구를 수행하는 경우 두 개념과 이론적으로 거리가 있는 결혼만족도나 학습의욕과 같은 마커변수를 사용해야 한다.

표 10-5 조직연구 분야 등에서 제시된 이상적인 마커변수의 예

구분	마커변수의 예
마커변수 (Marker variables)	경쟁강도, 환경 역동성, 기업 재임기간, 창의적 자기효능감, 삶의 만족도, 관료주의, 사회적 바람직성, 직장-가정 갈등, 조직시민행동, 불공정성, 브랜드 태도, 인터넷 이용, 직무성과, 기회주의, 자아개념 명료성, 신뢰(Trust), 업무몰입, 모호함에 대한 인내(Tolerance ambiguity), 패션 의식, 글로벌 지향성, 불면증, 권력거리지수, 외향성(Extraversion), 경제적 자유주의, 개인적 고통(Personal distress), 마키아벨리즘(Machiavellism), 파란색에 대한 태도(Blue attitude) 등

- 인구통계학적 변수들과 지식 확인적 문항은 마커변수로 사용하지 않는 것이 좋다.
- 마커변수는 설문지를 통한 자료수집 단계에서 3개 이상의 문항을 포함시켜 놓아야

CFA 마커기법을 적용할 수 있다.

그림 10-14 CFA 마커기법의 모형 설정과 추정의 적용 단계와 평가

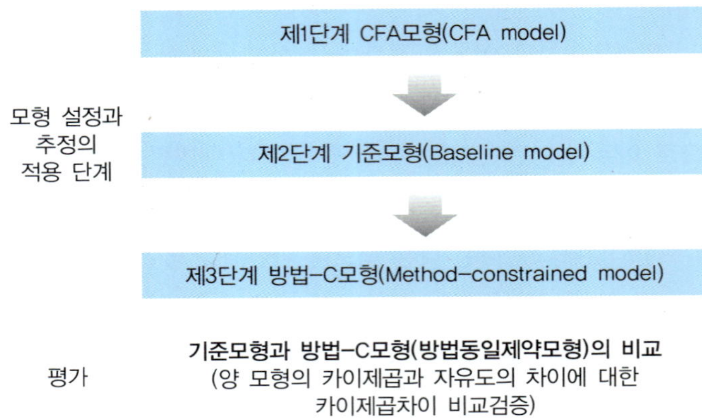

최초에 개발된 기법에는 CMB를 탐지하기 위해서 5단계 모형[① CFA모형, ② 기준모형(Baseline model), ③ 방법-C모형(방법동일제약모형), ④ 모형-U(방법비제약모형), ⑤ 모형-R(실질적 잠재변수 간 상관제약모형)]을 제시하고 비교하였다. 이 책에서는 CMB의 탐지를 위해서 3단계 모형까지만 소개하고자 한다. 최종적으로는 기준모형(Baseline model)과 방법-C모형(Mothod-C model: Method-constrained model)의 추정 결과를 이용해서 카이제곱 차이비교검증을 수행한다. 이러한 모형 비교의 목적은 '마커변수가 측정변수들에 미치는 영향이 없다'는 귀무가설을 검증하기 위한 것이다. 검증 결과 카이제곱 차이의 p-value가 유의수준 0.05보다 작으면 CMB가 있다고 해석하고, 0.05보다 크면 CMB가 없다고 해석한다.

3단계 모형의 단계별 설정과 추정의 적용 절차를 제시하면 다음과 같다.

제1단계는 잠재변수와 마커변수를 모두 포함하고 있는 CFA모형을 설정하고 추정하는 것이다. 모든 잠재변수와 마커변수 간에는 1단계의 모형의 추정을 통해서 2단계에서 필요한 마커변수의 요인적재량과 오차분산 추정치를 구하는 것이 핵심이다. 이를 위해서 준거변수 설정법이 아닌 단위분산 설정법을 이용한다. 전자는 잠재변수에서 측정변수로 향하는 경로 중에서 하나를 '1'로 고정하는 것이며, 후자는 잠재변수의 분산을 '1'로 고정하는 방식이다.

▶ 그림 10-15 ▍CFA 마커기법의 모형 설정 1: 제1단계 CFA모형

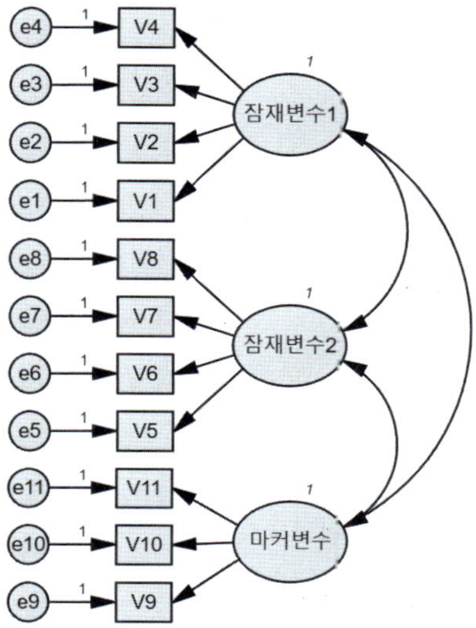

제2단계는 기준모형(Baseline model)을 설정하고 추정한다. 먼저, 잠재변수 간에는 상관으로 연결하고 잠재변수와 마커변수 간에는 상관을 설정하지 않는다. 다음으로, 제1단계 CFA모형 추정을 통해 얻은 마커변수의 비표준화된 요인적재량(Amos Output에서 Regression Weights의 추정치)과 오차분산(Variances의 추정치)의 값으로 고정한다.

▶ 그림 10-16 ▍CFA 마커기법의 모형 설정 2: 제2단계 기준모형

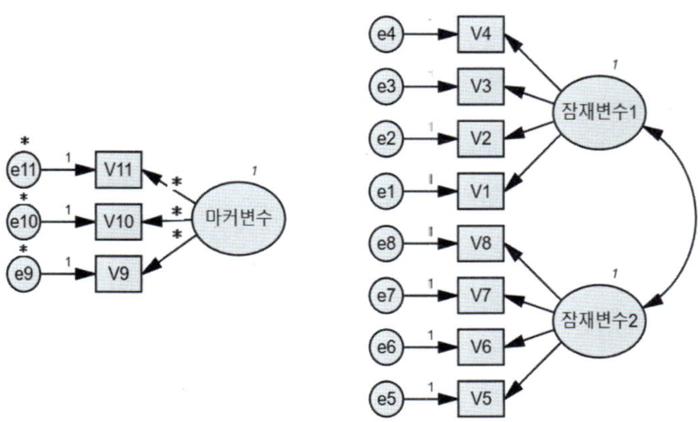

【주】 마커변수에 *표시는 제1단계에서 추정된 요인적재량과 오차분산으로 대체될 숫자임.

제3단계는 **방법-C모형(방법동일제약모형: Method-constrained model)**을 설정하고 추정한다. 3단계의 설정 방법은 제2단계의 기준모형과 동일하지만 **마커변수**로부터 모든 잠재변수에 해당하는 **측정변수로 연결**하고 해당 경로들을 'a'로 동일하게 제약한다. 제약 문자는 'a'가 아닌 다른 문자를 사용해도 가능하다.

그림 10-17 | CFA 마커기법의 모형 설정 3: 제3단계 방법-C모형(방법동일제약모형)

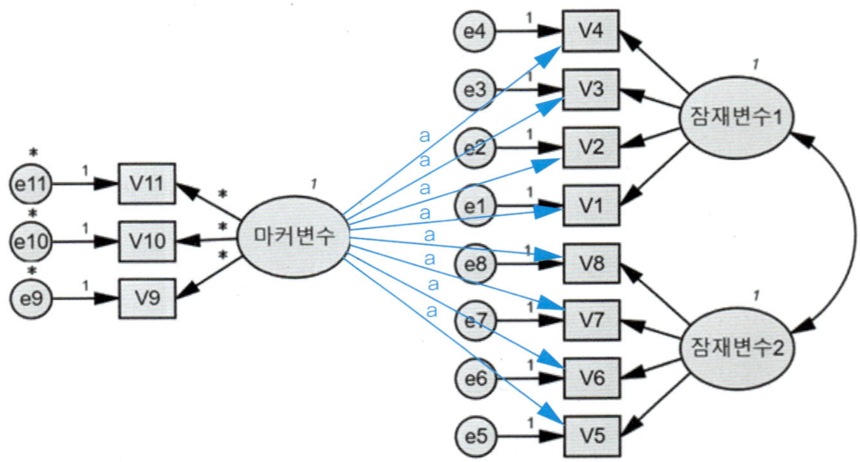

【주】 1) 마커변수에 *표시는 제1단계에서 추정된 요인적재량과 오차분산으로 대체될 숫자이며,
2) 마커변수와 잠재변수의 측정변수들 간의 경로에 표시된 'a'는 해당 경로를 동일하게 제약한 것임.

통계실습 10-6 CFA 마커기법 실습

CFA 마커기법을 이용해 CMB를 탐지하시오. 단 데이터 파일은 제3부 CMV 실습데이터(제10장)를 이용한다. 마커변수(Marker variable)로는 사회적 바람직성(SDR)의 3개 문항을 이용한다. 모형 비교를 위해서는 카이제곱차이 비교검증을 이용하시오.

실습 따라하기

❶ CFA 마커기법의 제1단계 CFA모형을 설정하고 추정한다. 이를 위해서 [통계실습 10-6] CFA 마커기법(제1단계 CFA모형)을 불러들인다(모형 그리기 실습은 각자가 해보기 바란다). 잠재변수와 마커변수들은 단위분산 설정법을 이용해 각 잠재변수의 분산을 '1'로 고정한다. 또한 모든 잠재변수와 마커변수들 간에도 상관으로 연결한다. 실습데이터가 불러져 있는지를 확인한 후 문제가 없으면 바로 분석 실행 도구상자( )를 클릭해 실행한다. 제1단계 CFA모형을 추정한 결과는 다음과 같다. 제1단계에서 얻어야 하는 추정치는 모형 적합도, 마커변수의 요인적재량(비표준화회귀계수, Regression Weights)과 오차분산 추정치이다.

CFA 마커기법(제1단계 CFA모형)

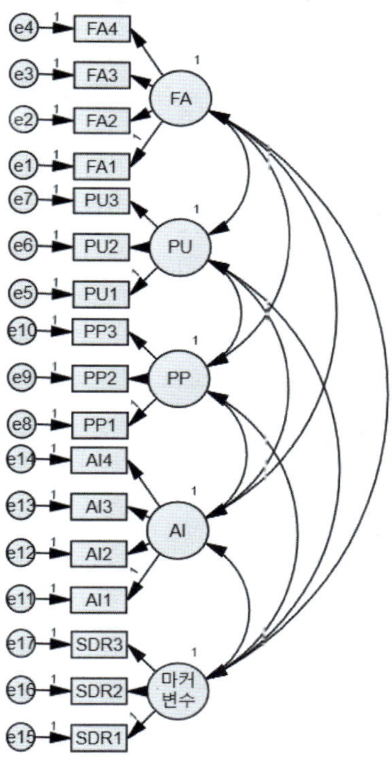

제1단계 CFA모형의 추정 결과

Model Fit Summary

CMIN

Model	NPAR	CMIN	DF	P	CMIN/DF
Default model	44	223.642	109	.000	2.052

Regression Weights

			Estimate	S.E.	C.R.	P	Label
FA1	<---	FA	.800	.048	16.517	***	
FA2	<---	FA	.847	.052	16.428	***	
FA3	<---	FA	.763	.052	14.717	***	
FA4	<---	FA	.739	.052	14.324	***	
PU1	<---	PU	.898	.060	15.081	***	
PU2	<---	PU	.936	.053	17.629	***	
PU3	<---	PU	.899	.056	15.948	***	
PP1	<---	PP	.869	.046	19.039	***	
PP2	<---	PP	.826	.045	18.328	***	
PP3	<---	PP	.875	.046	18.898	***	
AI1	<---	AI	1.014	.057	17.875	***	
AI2	<---	AI	.950	.052	18.100	***	
AI3	<---	AI	.736	.053	13.963	***	
AI4	<---	AI	.850	.053	16.177	***	
SDR1	<---	마커_변수	.638	.141	4.528	***	
SDR2	<---	마커_변수	.371	.080	4.658	***	
SDR3	<---	마커_변수	.735	.156	4.727	***	

Variances

	Estimate	S.E.	C.R.	P	Label
FA	1.000				
PU	1.000				
PP	1.000				
AI	1.000				
마커_변수	1.000				
e1	.309	.035	8.731	***	
e2	.355	.040	8.809	***	
e3	.432	.043	9.969	***	
e4	.443	.044	10.166	***	
e5	.539	.057	9.504	***	
e6	.296	.043	6.849	***	
e7	.436	.050	8.789	***	
e8	.206	.026	7.887	***	
e9	.229	.026	8.723	***	
e10	.218	.027	8.067	***	
e11	.375	.044	8.488	***	
e12	.309	.037	8.256	***	
e13	.494	.046	10.778	***	
e14	.402	.041	9.813	***	
e15	1.777	.207	8.604	***	
e16	.522	.065	8.016	***	
e17	1.884	.246	7.663	***	

❷ CFA 마커기법의 제2단계 기준모형(Baseline model)을 설정하고 추정한다. 이를 위해서 [통계실습 10-6] CFA 마커기법(제2단계 기준모형)을 불러들인다(모형 그리기 실습은 각자가 해보기 바란다). 잠재변수 간에는 상관으로 연결하고 잠재변수와 마커변수 간에는 연결하지 않는다. 제1단계 CFA모형에서 얻은 마커변수의 요인적재량(비표준화회귀계수)과 오차분산 추정치로 고정시킨다. 실습데이터가 불러져 있으면 분석 실행 도구상자( )를 클릭해 실행한다. 경고창이 나타나면 무시하고 [Proceed with the analysis]를 클릭해 실행한다.

CFA 마커기법(제2단계 기준모형)

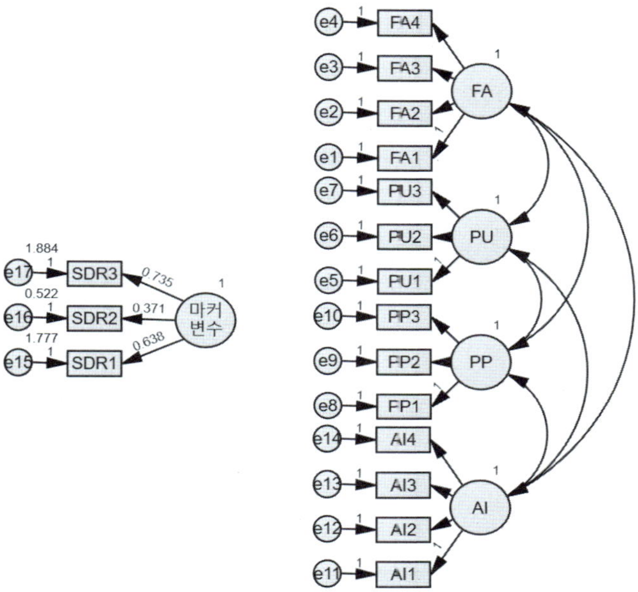

제2단계 기준모형(Baseline model)의 추정 결과

Model Fit Summary

CMIN

Model	NPAR	CMIN	DF	P	CMIN/DF
Default model	30	250.091	123	.000	2.033

❸ CFA 마커기법의 제3단계 방법-C모형(Method-C model), 즉 방법동일제약모형을 설정하고 추정한다. 이를 위해서 [통계실습 10-6] CFA 마커기법(제3단계 방법-C모형)을 불러들인다(모형 그리기 실습은 각자가 해보기 바란다). 제2단계와 모형의 설정방법은 동일하지만 마커변수로부터 모든 잠재변수에 해당하는 측정변수로 회귀선을 연결하고 해당 경로를 대상속성에서 모두 'a'로 고정시켜 제약한다. 실습데이터가 불러져 있으면 분석 실행 도구상자(▦)를 클릭해 실행한다. 경고창이 나타나면 무시하고 [Proceed with the analysis]를 클릭해 실행한다.

CFA 마커기법(제3단계 방법-C모형)

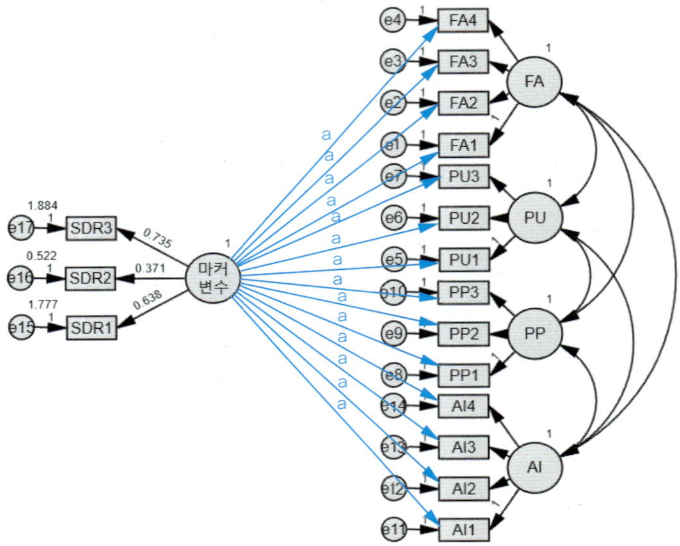

제3단계 방법-C모형(Method-C model)의 추정 결과

Model Fit Summary

CMIN

Model	NPAR	CMIN	DF	P	CMIN/DF
Default model	31	248.632	122	.000	2.038

❹ 기준모형과 방법-C모형에 대해서 카이제곱 차이비교검증을 수행한 결과는 다음과 같다. 양 모형의 $\Delta\chi^2$=1.459, Δdf=1이며 이는 유의수준 0.05(df=1)에서 임계치인 3.84보다 작으므로 유의적인 차이가 아니며 CMB가 없다고 볼 수 있다. 따라서 구조모형분석 단계로 넘어가 가설검증을 수행하면 된다.

모형	카이제곱	DF	비고
기준모형(Baseline model)	250.091	123	
방법-C모형(Model-C model)	248.632	122	
차이(기준모형-방법-C모형)	$\Delta\chi^2$ 1.459	Δdf 1	카이제곱 임계치(df=1) 3.84

(5) 구조모형 비표준화회귀계수의 유의성 변화 검토

구조모형 비표준화회귀계수의 유의성 변화 검토는 CMV가 없는 구조모형과 있는 구조모형의 추정 결과로 얻은 비표준화회귀계수의 유의성 변화를 검토하는 방법이다. 양 모형의 검토 결과 비표준화회귀계수의 유의성에서 변화가 없으면 CMB가 없은 것으로 해석하고 유의성에서 변화가 있으면 CMB가 있는 것으로 해석한다.

통계실습 10-7 구조모형 비표준화회귀계수의 유의성 변화 검토 실습

구조모형 비표준화회귀계수의 유의성 변화 검토를 이용해 CMB를 탐지하시오. 단 데이터 파일은 제3부 CMV 실습데이터(제10장)를 이용한다. CMV변수로는 사회적 바람직성(SDR)의 3개 문항을 이용한다.

실습 따라하기

❶ CMV가 없는 구조모형(No CMV structural model)을 설정하고 추정한다. 이를 위해서 [통계실습 10-7] CMV가 없는 구조모형을 불러들인다(모형 그리 기 실습은 각자가 해보기 바란다).

CMV가 없는 구조모형(No CMV structural model)의 설정과 추정 결과: 비표준화회귀계수

CMV가 없는 구조모형(No CMV model)

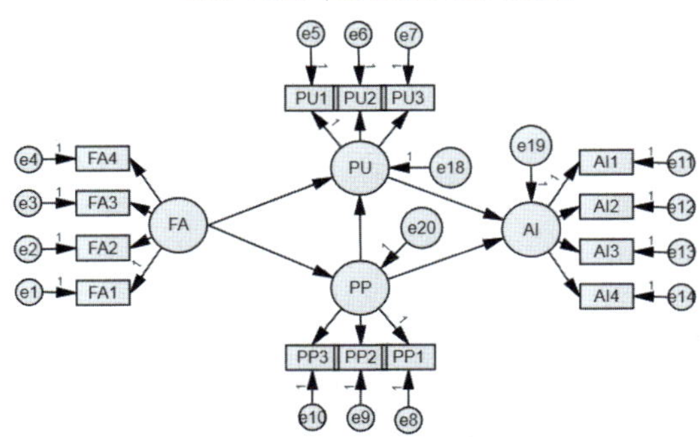

Regression Weights

			Estimate	S.E.	C.R.	P	Label
PP	<---	FA	.672	.068	9.889	***	
PU	<---	FA	.402	.085	4.744	***	
PU	<---	PP	.407	.076	5.351	***	
AI	<---	PU	.404	.082	4.948	***	
AI	<---	PP	.475	.082	5.823	***	

❷ CMV가 있는 구조모형(With CMV structural model)을 설정하고 추정한다. 이를 위해서 [통계실습 10-7] CMV가 있는 구조모형을 불러들인다(모형 그리기 실습은 각자가 해보기 바란다).

CMV가 있는 구조모형(No CMV structural model)의 설정과 추정 결과: 비표준화회귀계수

CMV가 있는 구조모형(With CMV model)

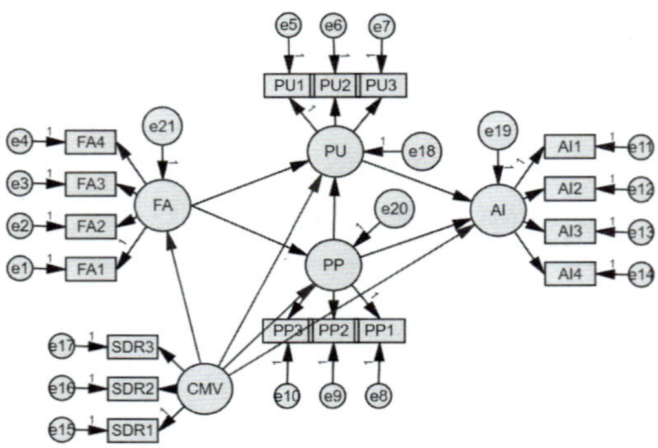

Regression Weights

			Estimate	S.E.	C.R.	P	Label
FA	<---	CMV	.080	.117	.683	.494	
PP	<---	FA	.660	.068	9.700	***	
PP	<---	CMV	.207	.114	1.822	.069	
PU	<---	FA	.416	.086	4.856	***	
PU	<---	PP	.379	.079	4.803	***	
PU	<---	CMV	.160	.114	1.403	.161	
AI	<---	PU	.413	.083	4.971	***	
AI	<---	PP	.480	.083	5.816	***	
AI	<---	CMV	-.075	.118	-.631	.528	

❸ CMV가 없는 모형과 있는 모형의 실행 결과를 통해 얻은 비표준화회귀계수의 추정 결과는 다음과 같다. 구조모형의 비표준화회귀계수에 대한 유의성에서 변화가 있었는지를 검토해보자. 양 모형에 대한 [가설 경로의 유의성 변화]에 대한 분석 결과 유의성에 변화가 없는 것으로 나타나 CMB가 없다고 해석할 수 있다.

가설 경로	CMV가 없는 구조모형 (No CMV모형)	CMV가 있는 구조모형 (With CMV모형)	비고
FA → PP	0.672***	0.660***	무변화
FA → PU	0.402***	0.416***	무변화
PP → PU	0.407***	0.379***	무변화
PU → AI	0.404***	0.413***	무변화
PP → AI	0.475***	0.480***	무변화

【주】 ***$p<0.001$

제10장의 핵심내용 요약

- 구조방정식모형을 이용한 국내외 연구들에서는 측정모형의 간명성 확보와 모형 단순화의 수단으로 측정변수 묶기 혹은 항목합산(Item parceling)을 빈번하게 활용하고 있다.
- 랜덤 알고리즘(Random algorithm)은 잠재변수의 일차원성의 가정이 충족되는 경우에 사용할 수 있는 것으로 측정변수들(문항들)을 각 꾸러미에 무작위로 할당하는 알고리즘이다.
- 요인 알고리즘(Factorial algorithm)은 측정변수들의 비표준화회귀계수 크기를 기준으로 측정변수들을 묶는 방법이다.
- 내용기반 알고리즘(Content-based algorithm)은 잠재변수에 대한 이론적 근거와 내용에 기반하여 측정변수들을 꾸러미에 할당하는 방법으로, 잠재변수를 구성하는 여러 개의 측정변수들 중에서 내용적으로 유사한 것들끼리 꾸러미를 만든다.
- 상관 알고리즘(Correlational algorithm)은 이변량 상관계수를 이용해 측정변수들을 꾸러미에 할당하는 방법이다.
- 방사 알고리즘(Radial algorithm)은 요인 알고리즘과 상관 알고리즘을 결합한 방법이다.
- 측정변수 묶기의 방법은 다양한 것들이 제시되고 있지만 연구자의 연구목적, 측정변수의 수, 측정변수들의 차원성 검증이나 이론적 근거 등을 고려하여 선택해야 한다.
- 잠재변수를 구성하는 측정변수들이 일차원성 가정(Uni-dimensionality assumption)을 충족하면 랜덤 알고리즘과 요인 알고리즘을 적용해 측정변수 묶기를 수행한다. 그러나 어떤 잠재변수가 다차원성 가정(Multi-dimensionality assumption)을 만족하는 경우에는 상관 알고리즘, 방사 알고리즘 및 내용기반 알고리즘을 적용한다.
- 공통방법분산(Common Method Variance: CMV)은 측정하고자 하는 잠재변수(구성개념)가 아닌 측정방법으로 기인하는 분산을 의미한다. 보통 CMV가 추정치의 편향과 왜곡을 발생시키는 것을 동일방법편의 혹은 공통방법편의(Common Method Bias: CMB)라고 한다.
- CMB의 발생원인이나 원천은 ① 독립변수와 종속변수가 동일한 응답자에 의해 측정됨으로써 발생하는 동일한 응답자효과(Common rater effect), ② 설문문항이 가지고 있는 속성 또는 특성 때문에 발생하는 설문문항 특성효과(Item characteristic effect), ③ 설문문항 맥락 때문에 발생하는 설문문항 맥락효과(Item context effect), ④ 측정 맥락 때문에 발생하는 측정맥락효과(Measurement context effect) 등이 포함된다.

- CMB의 문제를 해결하는 방법에는 연구설계와 자료수집 단계에서 CMB를 제거하는 사전적 해결방법(*Ex-ante* method)과 통계처리 단계에서 사후적으로 CMB를 해결하는 사후적 해결방법(*Ex-post* method)이 있다. 전자는 절차적 통제방법(Procedural remedy)인 반면, 후자는 통계적 통제방법(Statistical remedy)이다.
- CMB를 사후적으로 해결하는 주요 통계적인 방법으로는 ① 하만의 단일요인검증(Harman's single factor test), ② 확인적 요인분석 마커기법(CFA marker technique), ③ 직접 측정한 잠재방법요인기법(Directly measured latent method factor technique), ④ 측정하지 않은 잠재방법요인기법(Unmeasured latent method factor technique, or Common latent factor technique: CLF) ⑤ 구조계수 유의성 변화 검토 등이 있다.

참고문헌

박원우, 김미숙, 정상명, 허규만. (2007). 동일방법편의(Common Method Bias)의 원인과 해결방안. *인사조직연구*, 15, 89-133.

배병렬. (2021). Amos 27 구조방정식모델링. 도서출판 청람.

신건권. (2023). 석박사학위와 학술논문 작성 중심의 SmartPLS 4.0 구조방정식모델링. 도서출판 청람.

신건권. (2023). SPSS 29와 PROCESS macro 4.0을 이용한 회귀분석 따라하기. 도서출판 청람.

신건권. (2023). 석박사학위와 학술논문 작성 중심의 SPSS 29 논문통계분석. 도서출판 청람.

우종필. (2014). 우종필교수의 구조방정식모델 개념과 이해. 한나래.

이지현, 김수영. (2016). 문항묶음: 원리의 이해와 적용. 한국심리학회지: 일반, 35(2), 327-353.

이학식, 임지훈. (2015). 구조방정식 모형분석과 Amos 22. 집현재.

최성원. (2021). 동일방법편의 확인 및 대응을 위한 CFA 마커 테크닉의 고찰과 용례. *경영교육연구*, 36(2), 245-265.

AMOS 29 User's Guide.

Donavan, D.T., Brown, T.J., & Mowen, J.C. (2004). Internal benefits of service-worker customer orientation: Job satisfaction, commitment, and organizational citizenship behaviors. *Journal of Marketing*, 68(1), 128-146.

Harman, H.H. (1960). Modern factor analysis. Chicago, IL: University of Chicago Press.

Johnson, S.E., & Hall, A. (2005). The prediction of safe lifting behavior: An application of the theory of planned behavior. *Journal of Safety Research*, 36(1), 63-73.

Matsunaga, M. (2008). Item parceling in structural equation modeling: A primer. communication methods and measures, 2(4), 260-293.

Podsakoff, P.M., MacKenzie, S.B, J-Y, Lee & Podsakoff, N.P. (2003). Common method biases in behavioral research: A critical review of the literature and recommended remedies. *Journal of Applied Psychology*, 88(5), 879-903.

Podsakoff, P.M., & Organ, D.W. (1986). Self-reports in organizational research: Problems and prospects. *Journal of Management*, 12(4), 531-544.

Simmering, M.J., Fuller, C.M., Richardson, H. A., Ocal, Y., & Atinc, G.M. (2015). Marker variable choice, reporting, and interpretation in the detection of common method variance: A review and demonstration. Organizational *Research Methods*, 18(3), 473-511.

Williams, L.J., Hartman, N., & Cavazotte, F. (2010). Method variance and marker variables: A review and comprehensive CFA marker technique. *Organizational Research Methods*, 13(3), 477–514.

제 4 부 SPSS/Amos 29 고급 구조모델링의 이해와 적용

제11장 고급 구조모델링: 구조모형의 수정과 선택

1 수정지수를 이용한 구조모형의 수정

구조방정식모델링은 측정모델링과 구조모델링으로 구분된다. 측정모델링에서는 확인적 요인분석(CFA)에 의한 잠재변수와 측정변수의 신뢰도와 타당도분석의 과정을 통해 측정모형을 확정한다. Amos에서는 모형 수정(Model modification)을 위해 보통 측정오차항 간을 상관으로 연결했을 때 줄어드는 카이제곱값(χ^2)을 알려주는 수정지수(M.I.)와 추정된 모수 변화량을 나타내는 모수 변화(Parameter change: Par change)가 사용된다. χ^2은 낮을수록 좋은 적합도를 의미하기 때문에 Amos 출력 결과의 공분산(Covariance)에서 제공하고 있는 M.I. 지수가 가장 큰 값을 상관으로 설정하면 모형 적합도는 높아진다. 따라서 측정변수들의 측정오차항 간을 상관(↔)으로 연결할 때는 M.I.지수가 가장 큰 값부터 작은 값의 순서로 한 번에 하나씩 상관으로 연결해야 한다. 측정모형의 수정에 대해서는 이미 이 책의 제1부와 제2부에서 설명하였으므로 여기에서는 자세한 논의는 생략하기로 한다.

그러면 구조모형(Structural model)은 어떻게 수정해야 할까? 측정모형의 수정에서는 출력결과에서 M.I. 지수를 공분산(Covariance)에서 제공되는 것을 이용했지만 구조모형에서는 회귀계수(Regression weights)에서 제공되는 것을 참조해야 한다. 회귀계수에서는 변수 간 인과관계(→)를 설정해줌으로써 χ^2을 줄일 수 있는 변수 간의 관계를 보여준다. 따라서 회귀계수에 의해서 구조모형을 수정할 경우에는 회귀계수에서 제공되는 M.I.지수가 가장 큰 값부터 작은 값의 순서로 한 번에 하나씩 인과관계(→)로 연결하고 모형을 실행하는 과정을 반복해서 분석해야 한다. 한 가지 더 변수 간의 인과관계의 설정에서 유의할 점은 M.I.지수도 가장 크고 모수변화(Par change)도 큰 경우를 고려하여 인과관계로 연결해야 한다는 것이다.

▌표 11-1 ▌Modification Indices의 Regression Weights에서 제공하는 M.I.지수

Regression Weights: (Group number 1 - Default model)

			M.I.	Par Change
LOY3	<---	RES2	5.150	-.068
LOY2	<---	RES	4.231	.094
LOY2	<---	UCON	5.282	.090
LOY2	<---	DES2	4.399	.091
LOY2	<---	RES3	6.498	.080
LOY2	<---	RES2	4.389	.066
LOY2	<---	UCON3	8.760	.098
LOY2	<---	UCON1	6.080	.079
LOY1	<---	UCON3	4.557	-.068
RES2	<---	SAT2	5.682	-.130
RES1	<---	LOY	4.536	.149
RES1	<---	LOY3	8.338	.169
RES1	<---	LOY1	4.268	.122
RES1	<---	SAT3	5.158	.127
RES1	<---	SAT1	4.403	.113
UCON2	<---	SAT1	4.507	-.097

회귀계수를 이용한 인과관계(→)의 설정은 하나하나가 가설을 설정하는 것이 되기 때문에 신중하게 인과관계로 연결해야 한다. 먼저, 변수 간의 인과관계의 설정이 가능한 경우는 다음과 같다.

▶ 잠재변수(혹은 연구변수) 간의 관계를 인과관계로 연결할 수 있다.

다음으로, 인과관계를 설정할 수 없는 경우는 다음과 같다. [표 11-1]에서 제시된 회귀계수의 M.I. 지수에 대한 출력 결과에서는 잠재변수와 잠재변수를 인과관계(→)로 연결할 수 있는 것은 하나도 없음을 알 수 있다. 만약 LOY ← UCON의 M.I. 지수와 모수변화값이 출력물에 있고 이들 값이 가장 크다면 인과관계로 연결하면 된다.

▶ 잠재변수와 측정변수 간의 인과관계는 설정하지 않아야 한다.
▶ 측정변수 간의 인과관계는 설정하지 않아야 한다.

2 구조모형의 선택

2.1 재귀모형과 비재귀모형

(1) 재귀모형과 비재귀모형의 개념과 특징

구조모형은 재귀모형(Recursive model)과 비재귀모형(Non-recursive model)으로 구분된다. 전자는 잠재변수(경로모형에서는 측정변수) 간의 관계를 순차적인 한 방향으로만, 즉 한 방향의 화살표(→)로만 설정하는 모형을 말한다. 이는 인과관계(Causal relationship)가 한 방향으로만 설정되기 때문에 일방향 모형(Unidirectional model) 혹은 비순환모형이라고도 한다. 후자는 내생잠재변수 간의 관계를 양방향 인과관계(혹은 상호인과관계, Reciprocal relationship)나 순환적 인과관계(Feedback loop)로 설정하는 모형을 말한다. 이는 인과관계가 아닌 양방향 화살표로 표시되는 인과관계(⇄) 혹은 순환적 인과관계(예: A → B → C → A)로 내생잠재변수 간의 관계를 설정하기 때문에 양방향 모형(Bidirectional model) 혹은 순환적 모형이라고도 한다. 후자의 경우에는 모형의 추정과정에서 식별 문제가 발생될 수 있기 때문에 내생잠재변수들의 구조오차들(Structural errors) 간을 상관(↔)으로 설정하는 경우가 많다.

연구자들은 구조모델링을 할 때 재귀모형과 비재귀모형 중에서 하나를 선택할 수 있다. 대부분의 구조방정식모델링을 사용한 연구에서는 재귀모형을 사용하고 있으며, 일부의 선행연구들에서 비재귀모형을 사용하고 있다.

구조방정식 전용 프로그램 중에서 Amos는 비재귀모형을 사용할 수 있도록 개발되어 있다는 장점을 가지고 있다. 그러나 비재귀모형을 사용하면 모형이 식별되지 않는 경우도 있고 추정 자체가 되지 않는 경우도 발생된다. 이러한 문제를 해결하기 위해서 Amos를 이용한 구조모델링에서는 경제학에서 많이 사용되는 도구변수(Instrumental variable)[1]의 사용이 추천되고 있기도 하다. 또한 Amos를 사용해 비재귀모형을 추정한 후에 추정된 결과를 보면 비정상적인 수치(표준화회귀추정치가 1를 넘는 경우)를 보이기도 하는데, 이는 비재귀모형을 사용해 추정할 때 재귀모형에서만 적합한 하삼각행렬(Lower triangular), 즉 우리가 일반적으로 사용하는 공분산행렬

1) 독립변수와 종속변수에 영향을 미치는 U가 있을 때 U에 대한 상관성은 낮으면서, X에 대한 상관성이 높은 새로운 변수를 찾는 것 그리고 그 새로운 변수를 도구변수라고 한다.

(상관행렬)의 구조를 그대로 사용하기 때문에 나타나는 문제이다.

비재귀모형을 추정하면 잠재변수 간 양방향 인과관계에 대한 안정성지수(Stability index)가 출력된다. 이 지수가 −1부터 +1 사이에 있으면 안정적이며 모형을 추정할 때 사용된 데이터가 비재귀모형에 잘 맞는다고 해석한다. 반면에 안정성지수가 범위(−1부터 +1)를 벗어나면 데이터가 비재귀모형에 잘 맞지 않는다고 해석한다.

(2) 재귀모형과 비재귀모형의 기본 형태

어떤 구조모형이 재귀모형과 비재귀모형 중에서 어느 것에 해당되는지는 내생잠재변수들 간의 인과관계가 ① 단방향 화살표(→)인지, 아니면 ② 상호 인과관계(⇄)인지를 확인하면 된다. 구조모형이 전자에 속하면 재귀모형에 해당되며, 후자에 속하면 비재귀모형에 해당된다고 보면 된다. 한 가지 더 유의해서 보아야 할 점은 내생잠재변수 간의 관계가 순환적 인과관계(순환되는 피드백 루프)를 가지고 있는지를 확인하는 것이다. 만약 구조모형이 순환적 인과관계를 가지고 있다면 이것도 비재귀모형에 해당된다.

재귀모형의 기본 형태를 제시하면 [표 11-2]와 같다.

표 11-2 재귀모형의 기본 형태

번호	재귀모형	특징
1	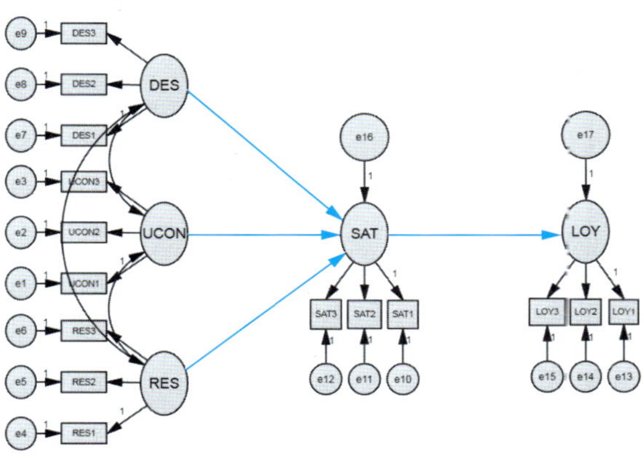	•잠재변수 간 화살표가 단방향(→)으로 되어 있음(일방향 인과관계) •상호 인과관계 혹은 순환적 인과관계가 없음

비재귀모형의 기본 형태를 제시하면 [표 11-3]과 같다.

표 11-3 재귀모형의 기본 형태

번호	비재귀모형	특징
1	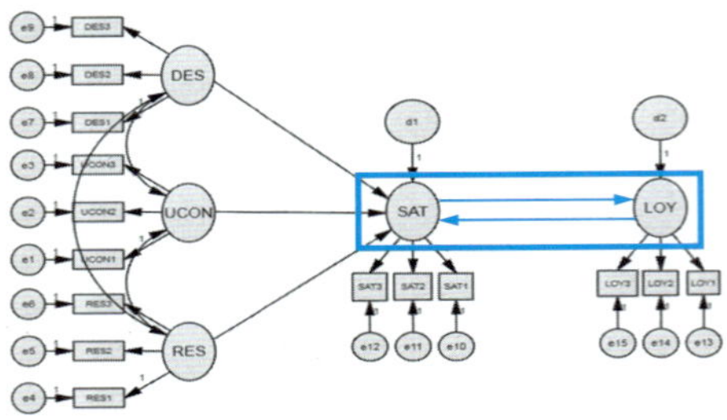	〔양방향 비재귀모형〕 (Non-recursive model) •내생잠재변수 간 화살표가 상호 인과관계(⇄)로 되어 있음
2	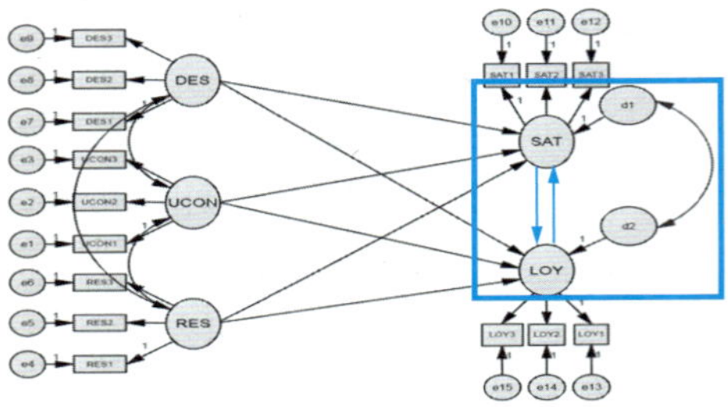	〔양방향 비재귀모형〕 (Non-recursive model) •내생잠재변수 간 화살표가 상호 인과관계(⇄)로 되어 있음 •내생잠재변수의 구조오차 간 화살표가 상관(↔)으로 연결되어 있음
3	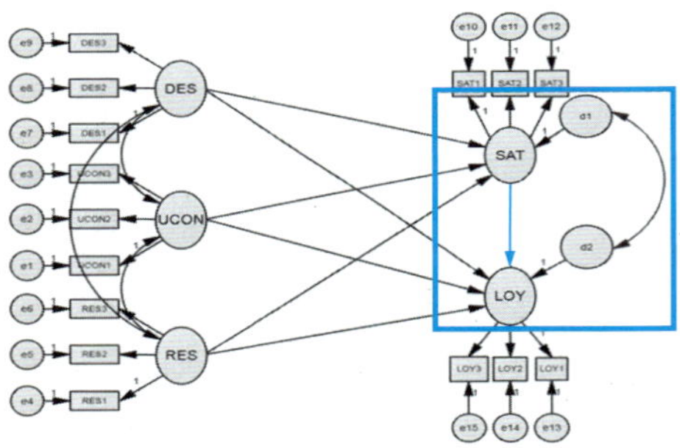	〔부분적으로 재귀적인 비재귀모형〕 (Partially recursive non-recursive model) •내생잠재변수 간 화살표가 단방향(→)으로 되어 있음(단방향 인과관계): 내생변수 간 직접효과가 있는 경우 •내생잠재변수의 구조오차 간 화살표가 상관(↔)으로 연결되어 있음
4	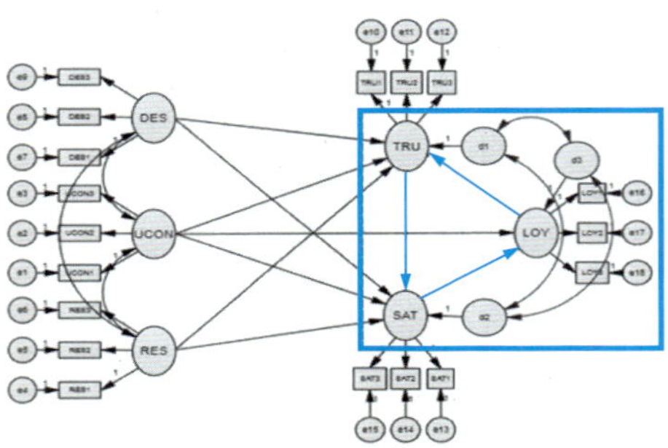	〔순환적 비재귀모형〕 (Non-recursive model) •내생잠재변수 간 화살표가 순환적 인과관계로 설정되어 있음(순환적 인과관계) •내생잠재변수의 구조오차 간 화살표가 상관(↔)으로 연결되어 있음

(3) 비재귀모형에 대한 선행연구의 적용사례

연구자들은 대부분 재귀모형을 사용해 분석한다. 그러나 일부의 연구들에서는 비재귀모형을 사용하는 경우도 있다. 재귀모형의 적용사례는 SEM을 이용한 대부분의 연구에서 흔히 볼 수 있으므로 이에 대해서는 예시하지 않기로 한다. 하지만 내생잠재변수들 간의 관계는 양방향 인과관계나 순환적 인과관계를 가지는 경우도 있을 수 있으므로 지금부터는 **비재귀모형의 국내외 적용사례**를 중심으로 제시하기로 한다. 다만 비재귀모형을 적용한 연구들을 보면 **잠재변수를 연구변수로 사용한 경우(구조방정식모형)**도 있지만 **측정변수 1개로 구성되는 연구변수를 사용한 경우(경로모형)**도 있어서 함께 제시하려고 한다.

■ 해외연구 사례

① Collier(2020)의 연구

Collier(2020)가 제시한 비재귀모형은 [그림 11-1]과 같다. 그림은 TRU(Trust)와 CONF (Confidence) 간의 관계를 **상호 인과관계**로 설정한 비재귀모형이다.

▶ 그림 11-1 ▌Collier(2020)의 비재귀모형

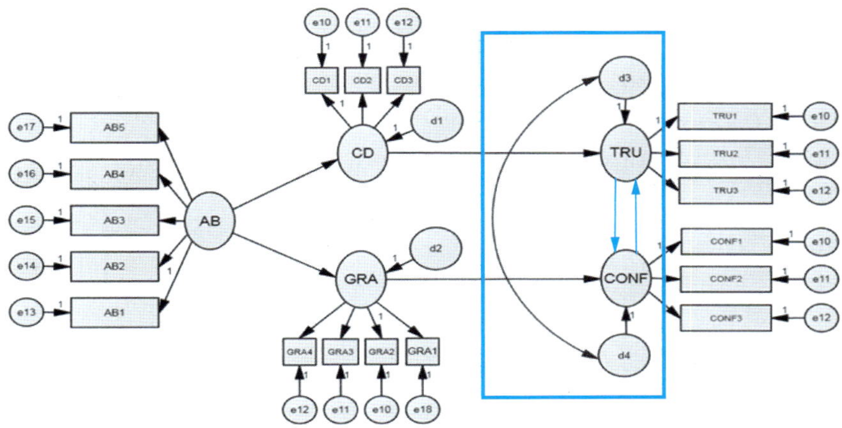

② Kitamura 외(2013)의 연구

Kitamura 외(2013)가 제시한 비재귀모형은 [그림 11-2]와 같다. 그림은 우울(Depression)과 구속실패(Bonding failure) 간을 **상호 인과관계**로 설정한 비재귀모형이다.

그림 11-2 | Kitamura 외(2013)의 비재귀모형

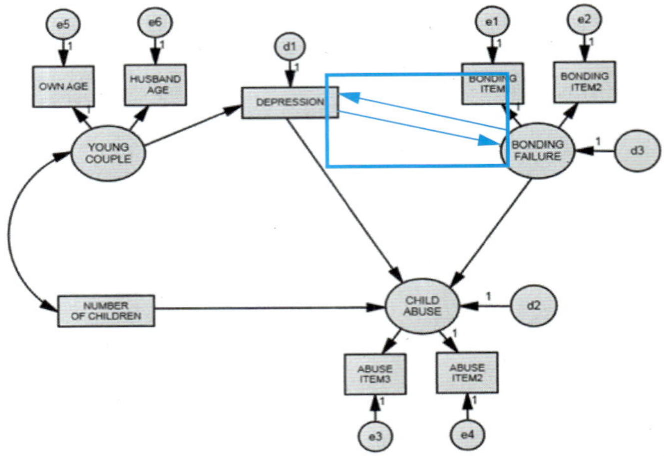

③ Van der Linden(2014)의 연구

Van der Linden(2014)이 제시한 비재귀모형은 [그림 11-3]과 같다. 그림은 위험지각(Risk Perception)과 부정적 정서(Negative Affect) 간을 **상호 인과관계**로 설정한 비재귀모형이다.

그림 11-3 | Van der Linden(2014)의 비재귀모형

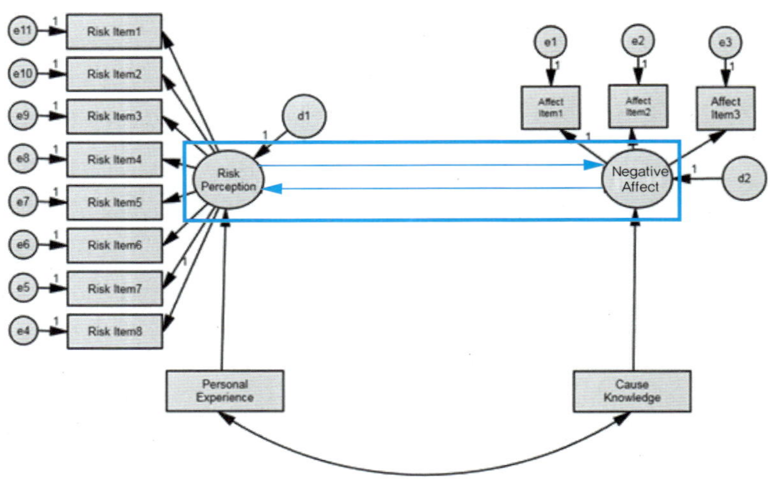

그림 11-4 | Van der Linden(2014)의 비재귀모형 실행 결과

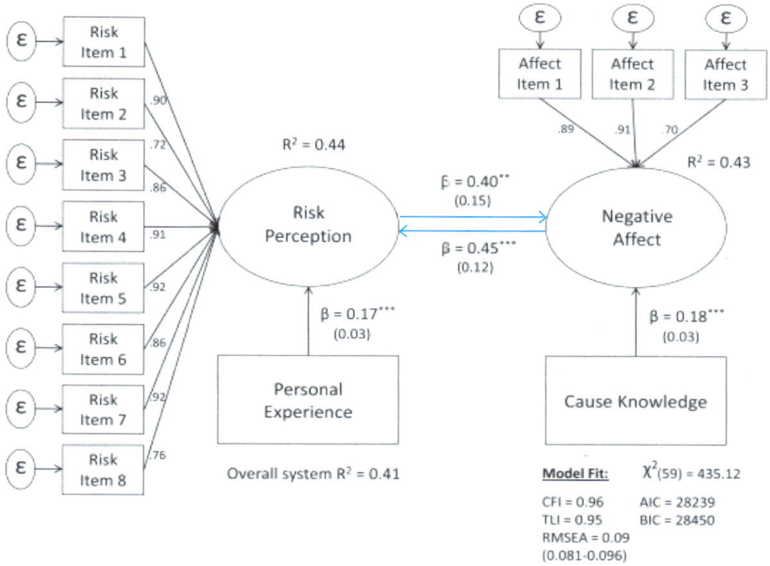

■ 국내연구 사례

① 박병선(2012)의 연구

박병선(2012)이 제시한 비재귀모형은 [그림 11-5]와 같다. 그림은 우울과 스트레스 간의 관계를 상호 인과관계로 설정한 비재귀모형이다. 성별과 연령집단에 따라 다중집단분석을 수행하였다. 전체집단을 대상으로 분석한 결과에서는 스트레스가 우울에 영향을 미쳤다. 성별과 연령집단으로 다중집단분석을 수행한 결과에서는 우울이 스트레스에 영향을 미치는 것으로 나타났다.

그림 11-5 | 박병선(2012)의 비재귀모형

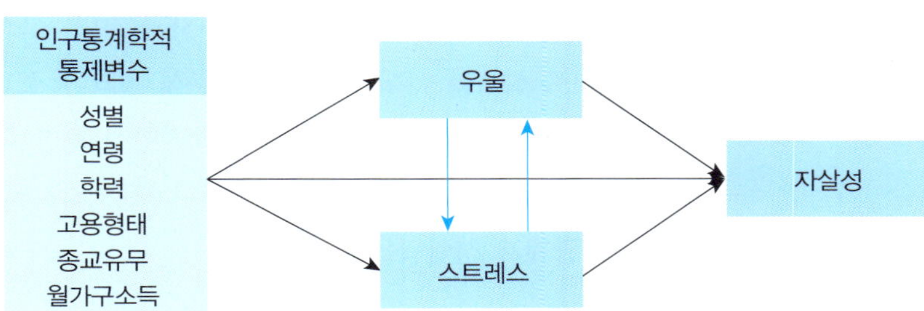

② 김태구와 이계희(2012)의 연구

김태구와 이계희(2012)가 제시한 비재귀모형은 [그림 11-6]과 같다. 그림은 우울과 스트레스 간의 관계를 상호 인과관계로 설정한 비재귀모형이다. 비재귀모형을 실행한 결과 서비스회복성과는 이직의도를 완화시킨다는 가설(서비스 회복성과 → 이직의도)과 이직의도가 서비스 회복성과를 경감시킨다는 가설(이직의도 → 서비스 회복성과)이 모두 지지되었다. 이러한 분석 결과를 통해서 볼 때 서비스 회복성과와 이직의도 간에는 재귀관계가 아니라 비재귀관계가 성립됨을 알 수 있다.

그림 11-6 김태구와 이계희(2012)의 비재귀모형

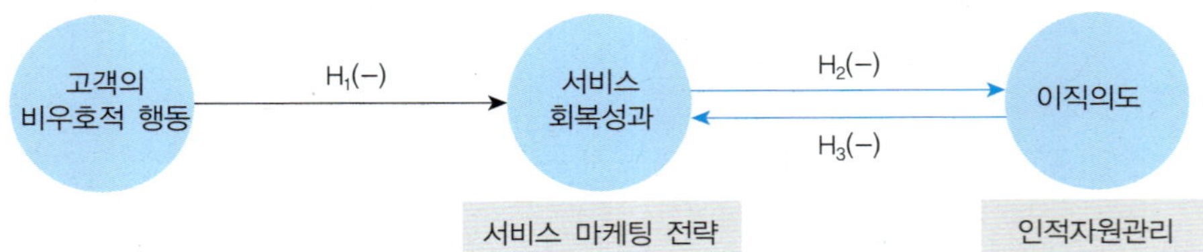

그림 11-7 김태구와 이계희(2012)의 비재귀모형의 실행 결과

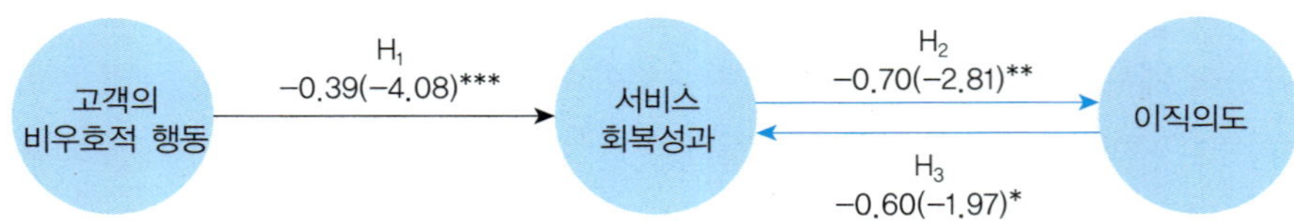

χ^2(51)=99.88, Q=1.96, GFI=0.95, RMSEA=0.05, AGFI=0.93, NFI=0.96, NNFI=0.97, CFI=0.98, PGFI=0.62, PNFI=0.74, AIC=153.88, BCC=155.92

③ 최창환, 김태구 및 이승곤(2013)의 연구

최창환, 김태구 및 이승곤(2013)이 제시한 비재귀모형은 [그림 11-8]과 같다. 그림은 감정고갈과 고객지향성의 관계를 상호 인과관계로 설정한 비재귀모형이다. 분석 결과 감정고갈이 고객지향성을 유의적으로 경감시키는(β =−0.305, p<0.001) 동시에 고객지향성 또한 감정고갈을 유의적으로 경감시키는(β =−0.107, p<0.05) 것으로 증명되어 가설이 모두 지지되었다. 따라서 감정고갈과 고객지향성 간에는 비재귀관계가 성립됨을 알 수 있다.

▶ 그림 11-8 ▌최창환, 김태구, 이승곤(2013)의 비재귀모형

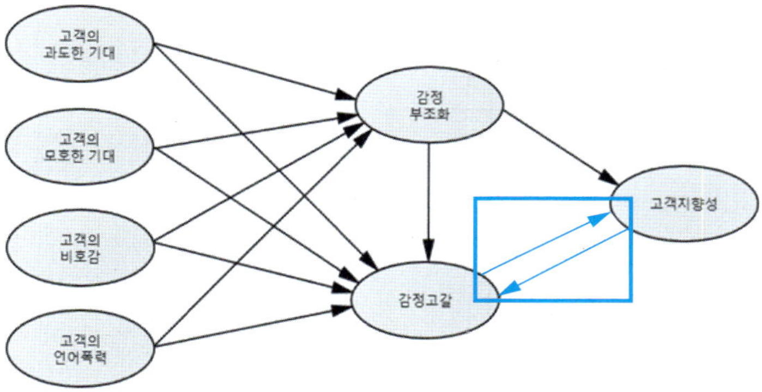

④ 김광지와 김영훈(2013)의 연구

김광지와 김영훈(2013)이 제시한 비재귀모형은 [그림 11-9]와 같다. 그림은 고객지향성(CO), 직무만족도(JS) 및 조직몰입(OC) 간의 관계를 순환적 인과관계로 설정한 비재귀모형이다. 분석 결과 CO가 JS에, JS가 OC에, OC가 CO에 유의한 영향을 미쳤다. 따라서 고객지향성, 직무만족도 및 조직몰입 간에는 순환적 인과관계가 성립됨을 알 수 있다.

▶ 그림 11-9 ▌김광지와 김영훈(2013)의 비재귀모형

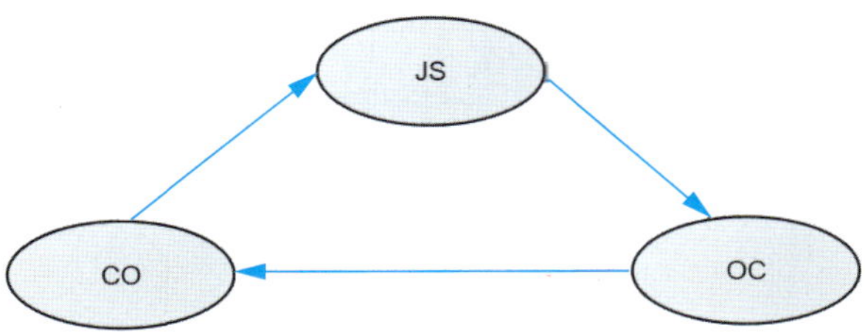

⑤ 김경수(2012)의 연구

김경수(2012)가 제시한 비재귀모형은 [그림 11-10]과 같다. 그림은 경영책임, 자원관리, 제품실현, 측정분석 및 개선 간의 관계를 순환적 인과관계로 설정한 비재귀모형이다. 분석 결과 경영책임이 자원관리에, 자원관리가 제품실현에, 측정분석 및 개선이 경영책임에 유의한 영향을 미쳤다. 따라서 경영책임, 자원관리, 제품실현, 측정분석 및 개선 간에는 순환적 인과관계가 성립됨을

알 수 있다.

그림 11-10 ▌ 김경수(2012)의 비재귀모형

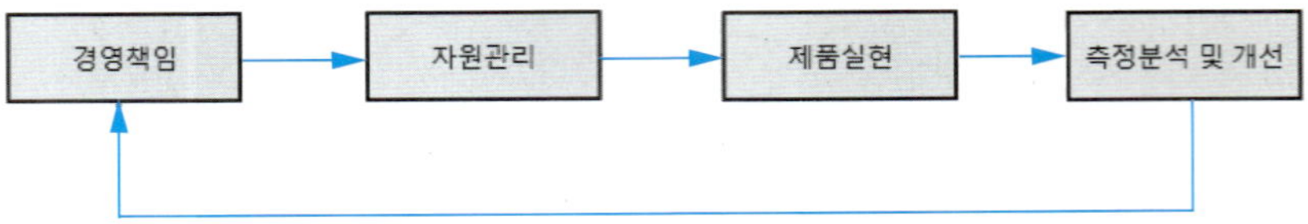

⑥ 박승범과 유달영(2022)의 연구

박승범과 유달영(2022)이 제시한 비재귀모형은 [그림 11-11]과 같다. 그림은 집단지성과 혁신활동 간의 관계를 상호 인과관계로 설정한 비재귀모형이다. 비재귀모형을 실행한 결과 집단지성은 혁신활동에, 혁신활동은 집단지성에 유의한 영향을 미쳤다. 따라서 집단지성과 혁신활동 간에는 비재귀관계가 성립됨을 알 수 있다.

그림 11-11 ▌ 유달영(2022)의 비재귀모형

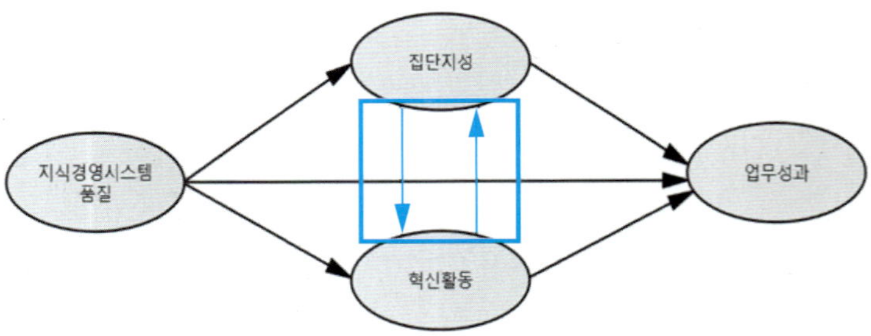

(4) 비재귀모형 실습

이 책의 제4장에서 다룬 증권거래시스템 사례 모형에서 주어진 잠재변수를 유지하면서 [SAT]와 [CIU] 간의 경로를 양방향 인과관계로 설정한 비재귀모형을 가지고 실습하기로 한다.

통계실습 11-1 비재귀모형의 실습

제4장의 증권거래시스템에서 사용한 [제안모형]을 이용하여 다음과 같이 [SAT]와 [CIU] 간을 상호 인과관계(⇄)로 설정한 비재귀모형을 가지고 실습하시오. 데이터 파일은 [제4부 증권거래시스템 실습 데이터(제11장)]을 이용한다.

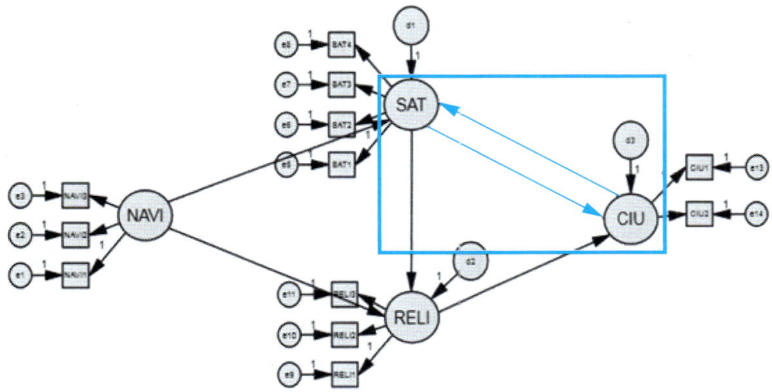

실습 따라하기

❶ Amos를 실행하여 초기 화면에서 [파일-열기-데이터]로 들어간 후 [제4부 고급 구조모델링의 이해와 적용(제11장)-제4부 통계분석] 폴더 안에 있는 파일인 [통계실습 11-1 증권거래시스템 구조모형]을 불러들인다. 이미 데이터 파일은 모형과 연결도어 있어서 별도의 작업이 필요 없다.

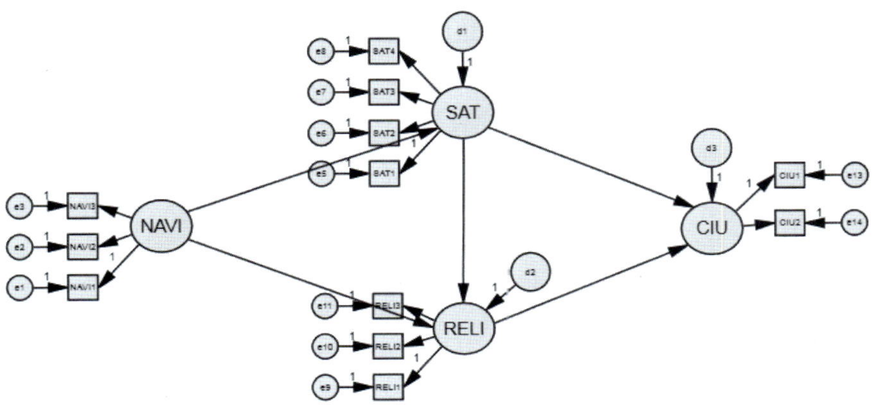

❷ [통계실습 11-1 증권거래시스템 구조모델]에서 [SAT]와 [CIU] 간의 경로를 상호 인과관계(⇄)로 설정하여 비재귀모형을 만들고 왼쪽 툴박스에 있는 [아이콘]을 클릭해 실행한다.

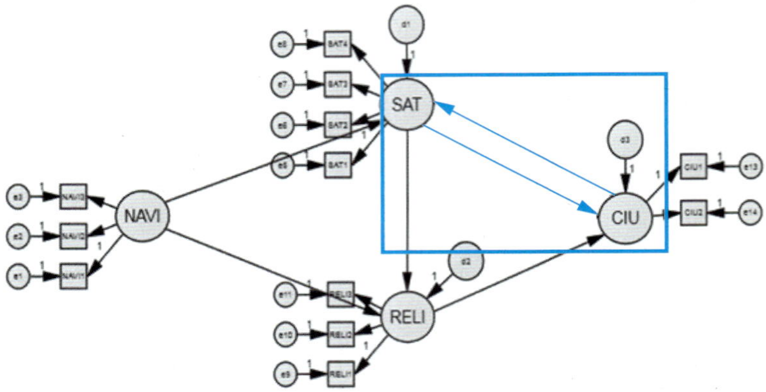

비재귀모형을 실행한 결과는 [표 11-4]와 같다. 분석 결과 SAT는 CIU에 유의한 영향을 미친다는 가설은 지지되었다. 하지만 CIU가 SAT에는 유의한 영향을 주지 않아서 가설은 지지되지 않았다. 이러한 분석 결과를 통해서 볼 때 SAT와 CIU 간에는 비재귀관계가 아니라 재귀관계가 성립되고 있음을 알 수 있다.

▌표 11-4 ▌증권거래시스템 비재귀모형의 실행 결과

Regression Weights: (Group number 1 - Default model)

			Estimate	S.E.	C.R.	P	Label
SAT	<---	NAVI	.718	.134	5.350	***	
RELI	<---	NAVI	.194	.083	2.335	.020	
NAVI1	<---	NAVI	1.000				
NAVI2	<---	NAVI	.989	.057	17.275	***	
NAVI3	<---	NAVI	.950	.060	15.797	***	
SAT1	<---	SAT	1.000				
SAT2	<---	SAT	1.047	.045	23.301	***	
SAT3	<---	SAT	.919	.047	19.520	***	
SAT4	<---	SAT	.986	.057	17.280	***	
RELI1	<---	RELI	1.000				
RELI2	<---	RELI	1.019	.054	18.899	***	
RELI3	<---	RELI	1.036	.058	17.864	***	
CIU1	<---	CIU	1.000				
CIU2	<---	CIU	1.047	.063	16.541	***	
CIU	<---	RELI	.513	.120	4.265	***	
RELI	<---	SAT	.625	.095	6.602	***	
CIU	<---	SAT	.424	.124	3.422	***	
SAT	<---	CIU	.060	.184	.325	.745	

2.2 구조모형의 선택 기준과 최종 선택

(1) 구조모형 선택을 위한 사전 지식

구조모형의 선택을 이해하기 위해서는 사전에 동치모형, 경쟁모형(대안모형), 위계모형(내포모형)과 비위계모형(비내포모형)의 개념과 내용에 대한 사전 지식이 필요하다.

■ 동치모형

동치모형(Equivalent model)은 연구모형인 제안모형과는 경로와 모양은 각각 다르지만 모형 적합도와 자유도가 동일한 다른 모형을 말한다. 이와 같이 제안모형과 관련된 다양한 동치모형들이 존재할 수 있으므로 제안모형의 연구 결과와 모형 적합도가 좋게 나왔다고 해도 쉽게 연구 결론을 내려서는 안 된다. 따라서 연구자들은 선행연구의 이론적 배경과 분석 결과의 해석가능성 등을 고려하여 최종 모형을 선정하는 노력이 필요하다.

■ 경쟁모형(대안모형)

연구자가 최초에 선행연구의 결과를 토대로 개발한 것을 연구모형(Research model)이라고 한다. 이는 제안모형(Proposed model)이라고도 불린다. 구조모형에서 잠재변수(개념) 간의 가설 관계에 대한 이론적인 정당성이 확보될 수 있다면 새로운 경쟁모형을 개발할 수 있다.

경쟁모형(Competing model, or Rival model)은 대안모형(Alternative model)이라고도 불리는 것으로 연구자가 선행연구나 이론을 토대로 처음 고안한 제안모형과 서로 비교하기 위해 만든 모형을 말한다. 경쟁모형은 연구의 시작 단계에서 제안모형을 추정하기 전에 미리 만드는 것이 필요하며, 최초모형인 제안모형과 경쟁모형을 비교한 후 그 중에서 하나를 최종 선택해야 한다.

구조방정식모델링에서는 연구자가 관련 이론과 선행연구 결과를 토대로 설정한 제안모형만을 가지고 연구의 결론을 내리기보다는 다양한 경쟁모형(대안모형)을 만들어 비교 분석한 후 최종 모형을 선택하는 것이 바람직하다.

그림 11-12 ▎ 경쟁모형의 개발전략

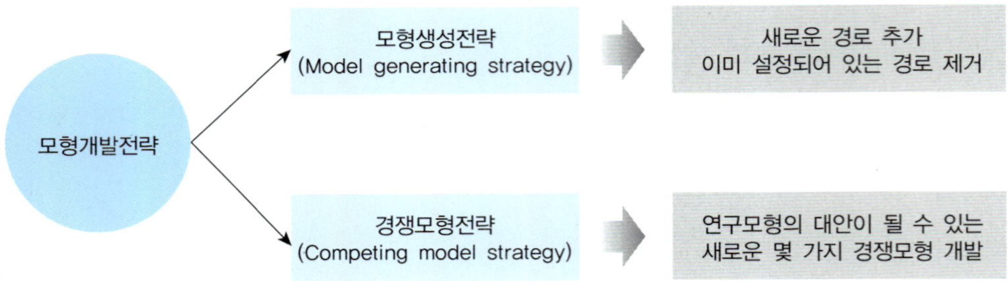

모형개발전략(Model development strategy)에는 [그림 11-12]와 같이 경쟁모형전략(Competing model strategy)과 모형생성전략(Model generating strategy)이 있다(배병렬, 2021). 전자는 연구모형인 제안모형과 경쟁할 수 있는 경쟁모형을 사전에 만든 후에 선행연구의 이론적 배경과 모형 적합도 등을 고려하여 제안모형과 경쟁모형을 비교해 최선의 모형을 선택하는 전략을 말한다. 후자는 연구모형인 제안모형을 추정한 다음 최초의 제안모형에서 경로를 하나 추가하거나 제거할 경로를 탐색하는 전략을 말한다. 구조방정식모델링에서 모형의 선택은 대부분 모형개발전략(경쟁모형전략과 모형생성전략)을 통해서 선택할 수 있지만 모형 선택을 위해서 공통적으로 적용할 수 있는 선택 기준은 ① 적합도지수인 TLI, CFI가 높은 모형, ② 유의한 경로계수의 비율이 높은 모형, ③ 종속변수의 분산을 설명한 정도인 R^2이 큰 모형, ④ PNFI(Parsimonious normed fit index) 값이 크고 RMSEA 값이 작은 모형이다(Morgan과 Hunt, 1994).

■ 위계모형(내포모형)과 비위계모형(비내포모형)

위계모형(Hierarchical model)은 내포모형, 둥지모형(Nested model)이라고도 하는 것으로 이는 특정 모형이 다른 모형의 하위집단이 되는 것을 의미하며, 동일한 수의 잠재변수를 가지고 있지만 관계를 바꿈으로써 다른 모형이 될 수 있는 모형을 말한다(배병렬, 2021). 이는 수정 전 모형과 수정 후 모형이 1개의 자유도 차이($\Delta df=\pm1$)를 갖는 유사한 모형이다. 즉 위계모형의 가장 일반적인 형태는 하나의 인과관계(→)를 추가하거나 제거하는 것이다. 반면에 비위계모형(Non-hierarchical model) 혹은 비둥지모형, 비내포모형(Non-nested model)이란 특정 모형이 다른 모형의 하위집단이 되지 않는 경우를 말한다. 이는 수정 전 모형과 수정 후 모형의 자유도가 ±2($\Delta df=\pm2$) 이상 차이가 나며 유사하지 않는 모형이다.

▶ 연구자가 연구모형을 수정할 때는 내포모형에서 해결하는 것이 좋다. 선행연구와 관계없이 너무나 많은 수정을 하여 전혀 새로운 수정모형을 제안한다면 논문을 읽는 독자들에게 많은 혼란을 일으킬 가능성이 있다(김계수, 2013).

그림 11-13 ▌ 제안모형과 경쟁모형(위계모형과 비위계모형)의 예시

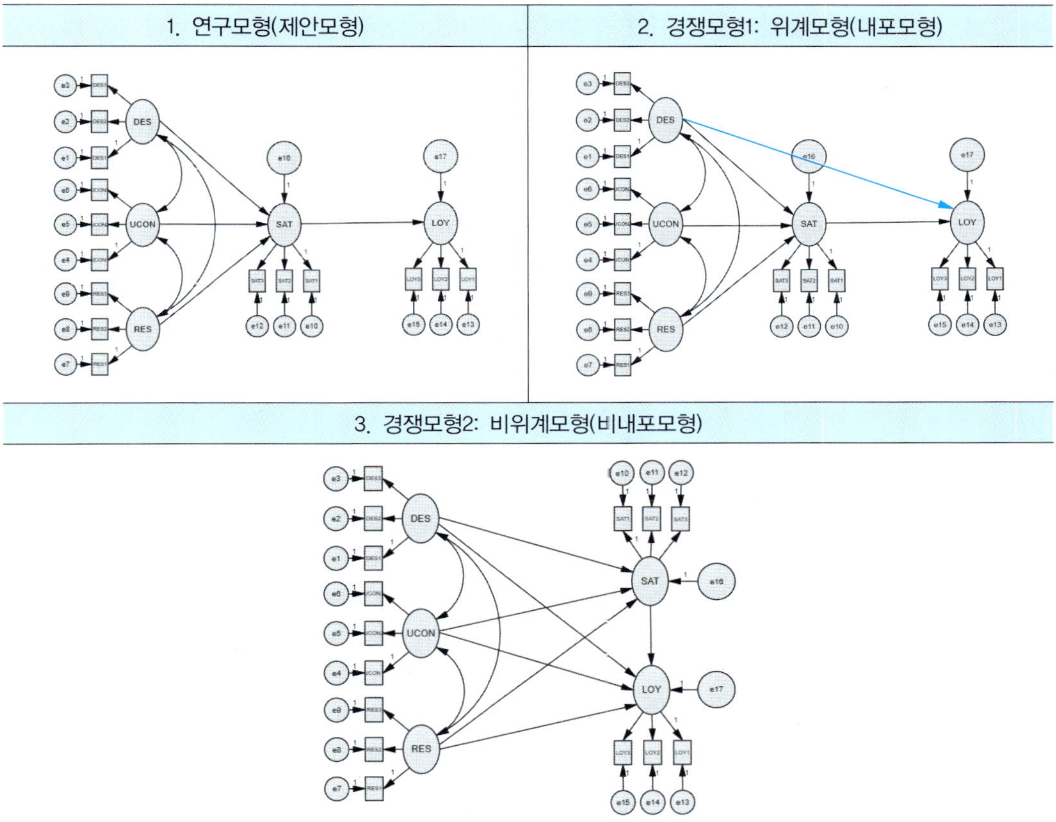

(2) 모형 비교를 통한 구조모형의 최종 선정

연구자들은 연구 초기에 설정한 제안모형(Proposed model)인 구조모형을 처음 그대로 최종 모형으로 선택하는 경우가 많은 편이다. 하지만 연구자들이 설정한 제안모형이 최선의 연구모형이라고 말하기는 어렵다. 왜냐하면 연구자가 설정한 제안모형에 대한 다수의 경쟁모형 혹은 대안모

형이 존재할 수 있기 때문이다. 따라서 연구자들은 제안모형에 대한 분석을 통해 가설이 채택된 경우에 분석을 종료할 수도 있지만 보다 엄격한 분석을 위해서는 제안모형 이외의 경쟁모형을 추가로 제시하고 분석하는 것이 좋다.

제안모형과 경쟁모형을 비교 평가한 후에는 연구 결과를 논문에 기술해야 한다. 먼저, 연구모형인 제안모형이 경쟁모형보다 우수한 모형으로 평가되면 제안모형을 최종 모형으로 기술한다. 다음으로, 연구모형인 제안모형보다 경쟁모형이 우수하면 이론적인 타당도를 고려한 가운데 연구모형과 경쟁모형을 함께 비교해 기술한다.

연구자들이 보다 나은 구조모형을 발견하기 위해서 제안모형 이외의 경쟁모형을 추가적으로 제시한 경우에는 최초의 제안모형과 새롭게 추가된 경쟁모형을 비교하는 과정을 거쳐서 그 중에서 우수한 모형을 선택해야 한다. 모형개발전략을 이용해서 최종 구조모형을 선택하는 방법은 다음과 같다.

- 비교할 두 모형(제안모형 대 경쟁모형)이 비위계모형(비내포모형)일 경우에는 두 모형을 추정한 후에 분석 결과에서 적합도지수(AIC, BIC, CAIC, ECVI, RMSEA 등)를 이용한다. 이 중에서 가장 많이 사용되는 것은 AIC와 BIC이다. 이때 한 가지 유의할 점은 적합도만 높다고 좋은 모형이 되는 것은 아니라는 것이며, 적합도와 함께 각 가설경로에 대한 추정 결과를 함께 고려하는 것이 필요하다.
- 비교할 두 모형(제안모형 대 경쟁모형)이 위계모형(내포모형)인 경우에는 두 모형을 추정한 후에 χ^2차이 통계치를 얻어서 카이제곱차이검증(χ^2 difference test)을 이용한다. χ^2차이검증의 통계치인 χ^2차이는 다음과 같이 계산된다.

$$\Delta\chi^2(\text{카이제곱차이}) = \text{간명한 모형(Simple model)의 } \chi^2 - \text{복잡한 모형(Complex model)의 } \chi^2$$

경쟁모형전략을 이용하는 경우에서 구조모형의 선정 기준은 [표 11-5]와 같다.

표 11-5 경쟁모형전략을 이용하는 경우에서 구조모형의 선정 기준

구분	선정 기준
비교할 두 모형이 위계모형(내포모형)인 경우	카이제곱차이검증 실시 자유도 1차이일 때 χ^2차이가 3.84 이상이면 유의수준 0.05에서 유의하다고 판단 자유도 1차이일 때 χ^2차이가 3.84 미만이면 유의수준 0.05에서 유의하지 않다고 판단 – χ^2차이: 유의적이면 복잡한 모형(Complex model) 혹은 자유도가 작은 모형 선택) – χ^2차이: 비유의적이면 간명한 모형 선택(Simple model) 혹은 자유도가 큰 모형 선택)
비교할 두 모형이 비위계모형(비내포모형)인 경우	비교대상 두 모형의 추정 후에 얻은 적합도지수(Fit index)를 비교해 선택(적합도지수값이 작을수록 모형 적합도가 좋은 것으로 판단) – AIC: 0에 가까울수록 적합도가 좋고 간명한 모형 – BIC, CAIC, ECVI 값이 작을수록 적합도가 좋은 모형 – RMSEA: 0.08 미만이면 좋은 모형

▶ 간명한 모형과 복잡한 모형을 구분하는 방법은 ① 비교 대상(예: 제안모형 대 경쟁모형)의 두 모형 중에서 χ^2이 큰 모형(자유도가 큰 모형)이 간명한 모형이며 ② χ^2이 작은 모형(자유도가 작은 모형)이 복잡한 모형이다. 간명한 모형을 귀무가설로, 복잡한 모형을 대립가설로 설정하면 다음과 같다.

H_0 간명한 모형을 선택한다.
H_1 복잡한 모형을 선택한다.

제안모형과 위계모형(내포모형)을 비교 평가하여 최종적인 모델을 선택하는 방법을 예시하면 [표 11-6]과 같다.

표 11-6 제안모형과 위계모형(내포모형)의 비교를 통한 구조모형의 선택 예시

비교 상황과 χ^2차이검증 결과	모형 선택
제안모형 추정 결과: χ^2(df=20)=14.000 위계모형 추정 결과: χ^2(df=19)=11.000 χ^2차이=3.000, 자유도 차이=1 χ^2차이 3은 3.84보다 작으므로 비유의적	이 상황은 제안모형이 간명한 모형이며 위계모형(내포모형)이 복잡한 모형이다. → 간명한 모형 선택(제안모형 선택)
제안모형 추정 결과: χ^2(df=20)=17.000 위계모형 추정 결과: χ^2(df=19)=13.000 χ^2차이=4.000, 자유도 차이=1 χ^2차이 4는 3.84보다 크므로 유의적	이 상황은 제안모형이 간명한 모형이며 위계모형(내포모형)이 복잡한 모형이다. → 복잡한 모형 선택(위계모형 선택)
제안모형 추정 결과: χ^2(df=19)=11.000 위계모형 추정 결과: χ^2(df=20)=14.000 χ^2차이=3.000, 자유도 차이=1 χ^2차이 3은 3.84보다 작으므로 비유의적	이 상황은 제안모형이 복잡한 모형이며 위계모형(내포모형)이 간명한 모형이다. → 간명한 모형 선택(위계모형 선택)
제안모형 추정 결과: χ^2(df=19)=13.000 위계모형 추정 결과: χ^2(df=20)=17.000 χ^2차이=4.000, 자유도 차이=1 χ^2차이 4는 3.84보다 크므로 유의적	이 상황은 제안모형이 복잡한 모형이며 위계모형(내포모형)이 간명한 모형이다. → 복잡한 모형 선택(제안모형 선택)

모형생성전략에서 구조모형의 수정방법은 [표 11-7]과 같이 요약할 수 있다. 구조모형의 수정은 반드시 통계분석 결과와 이론적 근거에 입각하여 이루어져야 한다. 단지 모형의 적합도 향상을 위한 목적으로 사용되는 것은 피해야 한다.

표 11-7 구조모형의 수정내용과 방법

구분	수정내용	수정방법
1	구조모형 적합도의 개선	경로 추가(모수의 추가 혹은 자유화)
2	구조모형 간명도의 개선	경로 제거(모수의 제거 혹은 0으로 고정)
3	잠재변수의 추가와 제거	새로운 잠재변수의 추가, 기존의 잠재변수의 제거

먼저, 모형 적합도를 개선하려면 특정 경로를 추가할 수 있다. 이는 모수의 추가 혹은 자유화라고도 한다. 다음으로, 모형 간명도를 개선하려면 특정 경로를 제거할 수 있다. 이는 모수의 제거 혹은 모수를 0으로 고정하는 방법이 있다. 마지막으로, 새로운 잠재변수를 추가하거나 기존의

잠재변수를 제거할 수 있다.

(3) 경쟁모형의 개발과 제안모형과의 비교 평가와 선택

이 책의 제4장에서 다룬 증권거래시스템 사례에서 주어진 잠재변수를 유지하면서 [NAVI]와 [CIU] 간의 경로를 추가하여 새로운 경쟁모형을 개발할 수 있다. 여기에서 사례의 제안모형은 경쟁모형에 내포된 내포모형(Nested model)이다.

통계실습 11-2 경쟁모형의 개발과 제안모형과의 비교 평가와 선택

제4장의 증권거래시스템에서 사용한 [제안모형]을 이용하여 다음과 같이 [NAVI→ CIU] 경로를 추가한 [경쟁모형]을 만든 후에 실행하고 제안모형과 경쟁모형을 비교 평가하여 우수한 모형을 최종 구조모형으로 선택하시오. 경쟁모형은 제안모형과 위계적인 관계(내포모형)이므로 χ^2차이검증(χ^2 difference test)을 수행해 모형을 비교 평가한다. 데이터 파일은 [제4부 증권거래시스템 실습 데이터(제11장)]을 이용한다.

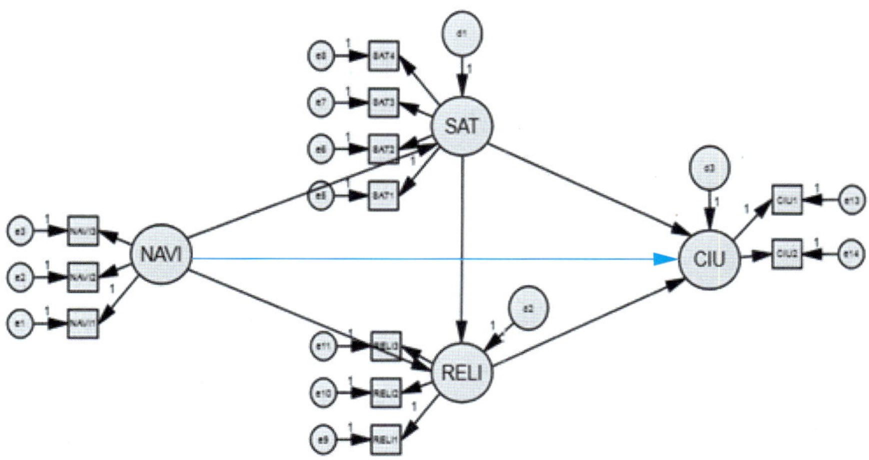

실습 따라하기

❶ Amos를 실행하여 초기 화면에서 [파일–열기–데이터]로 들어간 후 [제4부 고급 구조모델링의 이해와 적용(제11장)–제4부 통계분석] 폴더 안에 있는 파일인 [통계실습 11–2 증권거래시스템 구조모형]을 불러들인다. 이미 데이터 파일은 모형과 연결되어 있어서 별도의 작업이 필요 없다. 왼쪽 툴박스에 있는 을 클릭해 제안모델을 [실행]하여 χ^2과 자유도를 얻는다.

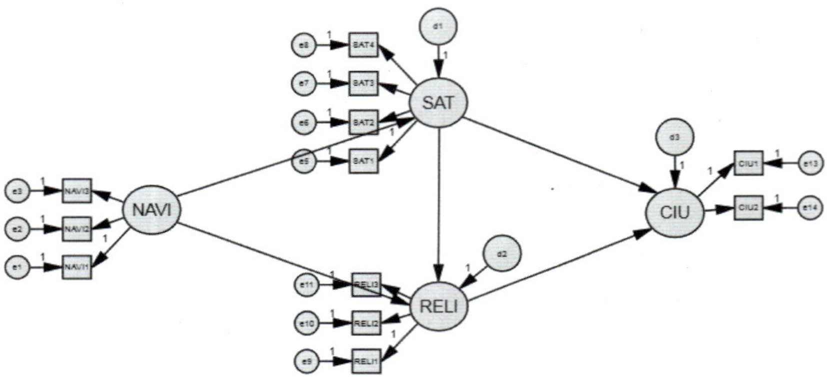

Notes for Model (Default model)

Computation of degrees of freedom (Default model)

Number of distinct sample moments:	78
Number of distinct parameters to be estimated:	29
Degrees of freedom (78 - 29):	49

Result (Default model)

Minimum was achieved
Chi-square = 75.722
Degrees of freedom = 49
Probability level = .008

❷ [통계실습 11–2 증권거래시스템 구조모델]에서 새로운 경로인 [NAVI→ CIU]를 추가해 [경쟁모형]을 만들고 실행한다. 왼쪽 툴박스에 있는 을 클릭해 경쟁모형을 [실행]하여 χ^2과 자유도를 얻는다.

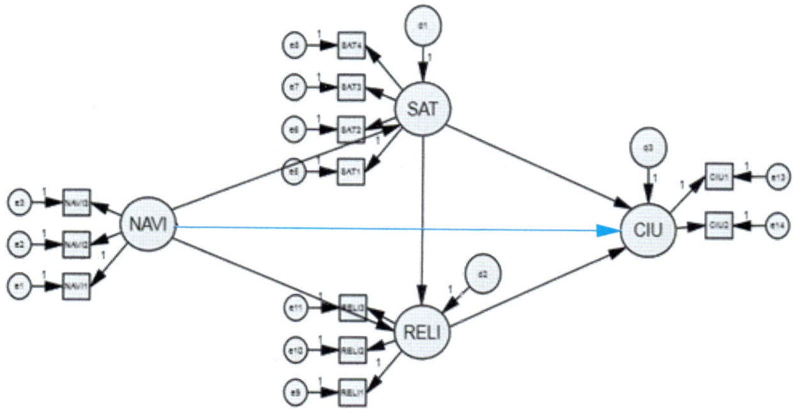

Notes for Model (Default model)

Computation of degrees of freedom (Default model)

Number of distinct sample moments:	78
Number of distinct parameters to be estimated:	30
Degrees of freedom (78 - 30):	48

Result (Default model)

Minimum was achieved
Chi-square = 75.625
Degrees of freedom = 48
Probability level = .007

제안모형과 경쟁모형을 실행하여 얻은 χ^2과 자유도는 [표 11-8]과 같다.

표 11-8 제안모형(연구모형)과 경쟁모형의 비교 평가

모형	χ^2(df)	χ^2차이검증
제안모형	75.722(49) [간명한 모형]	χ^2차이=간명모형 75.722−복잡모형 75.625 =0.097
경쟁모형	75.625(48) [복잡한 모형]	

제안모형과 경쟁모형의 χ^2차이는 75.722−75.625=0.097로 나타났다. 연구모형과 경쟁모

형의 χ^2차이는 0.097, 자유도 차이는 1이었다. χ^2**차이**인 **0.097**은 **3.84보다 작으므로 유의수준 0.05에서 양 모형 간에는 유의한 차이**가 없었다. 따라서 양 모형 간에는 통계적으로 유의한 차이가 없으므로 제안모형이 경쟁모형보다 우수함을 알 수 있다. 그러므로 이 실습 문제에서는 제안모형을 채택하기로 한다.

3 설정탐색의 의의와 실습

3.1 설정탐색의 의의

Amos에서는 연구자가 최종 모형을 선택할 수 있도록 지원하는 **모형 설정탐색**(Specification search) 기능을 제공하고 있다. 이 기능을 활용하면 최초의 제안모형에서 새로운 경로를 추가할 수 있는지를 탐색할 수 있다.

[그림 11-14]는 **설정탐색을 위한 모형을 예시**한 것이다. 제안모형과 이 **모형에 추가 설정하고 싶은 추가 경로를 지정한 후 설정탐색을 실행하여 최선의 모형을 선택**한다. 왼쪽 모형은 연구자가 최초에 설계한 제안모형이며, 오른쪽은 세 개의 경로 추가를 통해 설정탐색을 실행하기 위한 모형이다. 연구자는 제안모형에 ① DES → LOY, ② UCON → LOY, ③ RES → LOY의

그림 11-14 ❚ 설정탐색을 위한 모형

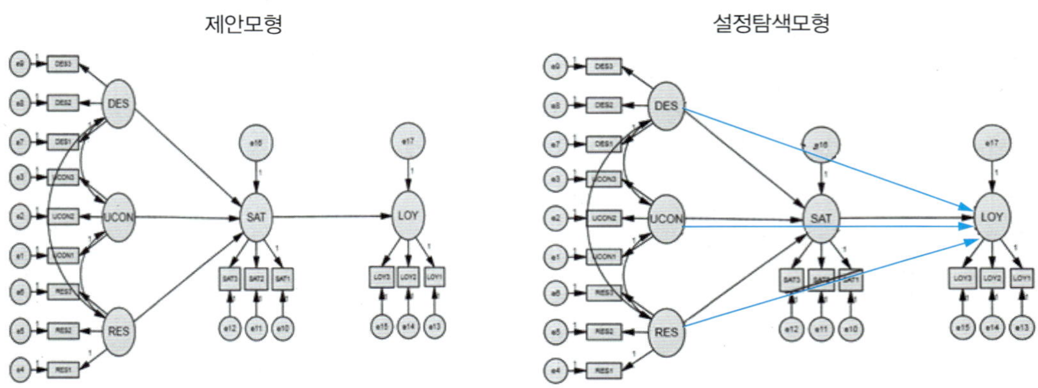

세 개 경로를 추가한 후 설정탐색을 통해 이들 경로의 추가가 모형 적합도를 향상시키는지를 확인할 수 있다.

설정탐색을 위해서는 [표 11-9]에 제시된 주요 도구상자를 이용해야 한다. 먼저, 설정탐색하고자 하는 구조모형을 불러들인 후에 기존의 제안모형에 새롭게 추가해 탐색하고자 하는 경로를 추가한다. 다음으로, 왼쪽 하단에 있는 설정탐색 아이콘인( )을 클릭하면 [그림 11-15]와 같이 설정탐색 초기화면이 나타난다. 이 경로선택 아이콘( )을 클릭한 상태에서 설정탐색하고자 하는 경로를 클릭하면 경로의 색상이 변한다. 마지막으로, 초기화면에서 설정탐색 실행( )을 클릭하면 탐색 결과가 출력된다. 이 결과를 보고 적합드지수가 가장 좋은 것으로 나타난 모형번호를 선택한 후 경로에 대한 결과를 보여주는 아이콘( )과 경로도 보기 아이콘( )을 차례대로 클릭하면 탐색된 최종 경로도가 나타난다.

그림 11-15 | 설정탐색의 초기화면

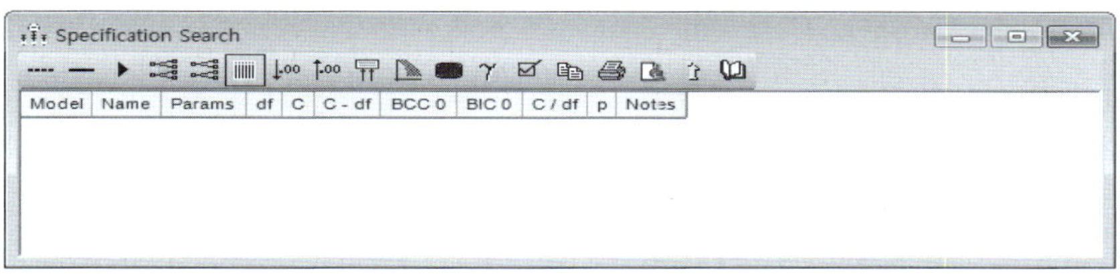

| 표 11-9 | 설정탐색을 위한 주요 도구상자 설명

도구상자	기능
	경로 선택을 지정할 때 사용하는 기능. 이를 선택한 상태에서 연구모형에서 선택하고 싶은 경로를 클릭하면 경로의 색깔이 변화됨
	점선으로 반전된 경로를 원래대로 복원하는 기능. 이를 선택한 상태에서 특정 경로를 클릭하면 점선으로 변했던 경로가 다시 실선으로 복원됨
	설정탐색의 실행 기능
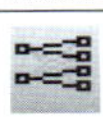	선택된 경로를 모두 보고자 할 때 사용
	선택된 경로를 모두 감추고자 할 때 사용
	설정탐색 결과를 보여주는 기능

	탐색 결과들의 소수점 이하 자리를 줄일 때 사용
	탐색 결과들의 소수점 이하 자리를 늘릴 때 사용
	중요한 모형들의 결과를 요약해서 보여주는 기능
	모형 적합도 결과를 그래프로 보여주는 기능
	경로도를 보여주는 기능
	경로도상에 경로에 대한 결과를 보여주는 기능

3.2 설정탐색의 실습

제7장에서 실습했던 구조모형을 가지고 설정탐색 실습을 하기로 한다.

통계실습 11-3 설정탐색 실습

다음의 [설정탐색을 위한 구조모형]을 가지고 제안모형에 3개의 경로(DES → LOY, UCON → LOY, RES → LOY)를 추가한 후 설정탐색을 실행하고 결과를 제시하시오. 데이터 파일은 [제4부 설정탐색 실습 데이터(제11장)]을 이용한다.

제안모형

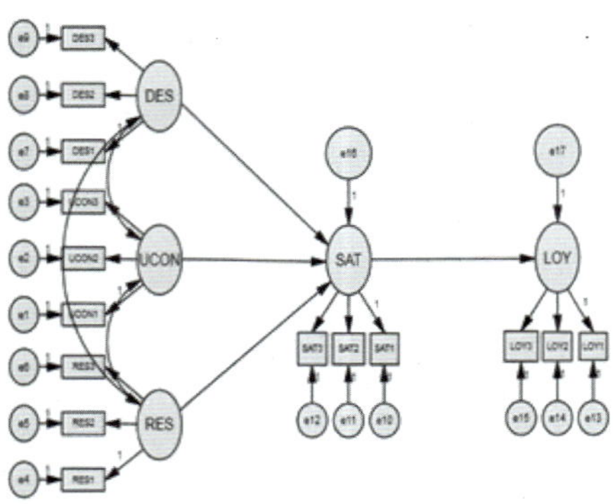

설정탐색모형

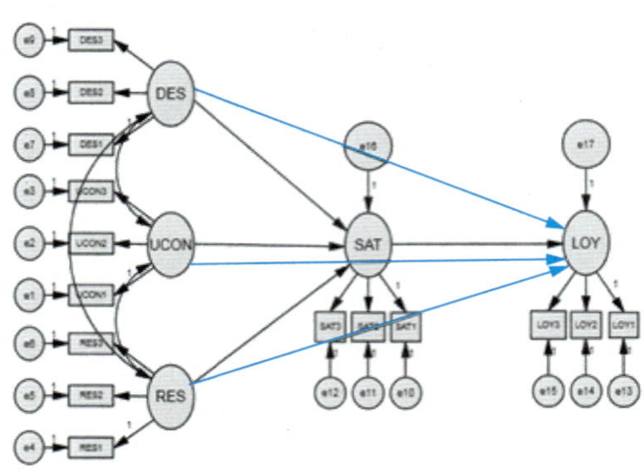

실습 따라하기

❶ Amos를 실행하여 초기 화면에서 [파일-열기-데이터]로 들어간 후 [제4부 고급 구조모델링의 이해와 적용(제11장)-제5부 통계분석] 폴더 안에 있는 파일인 [통계실습 11-3 설정탐색을 위한 구조모형]을 불러들인다. 이미 데이터 파일은 모형과 연결되어 있어서 별도의 작업이 필요 없다.

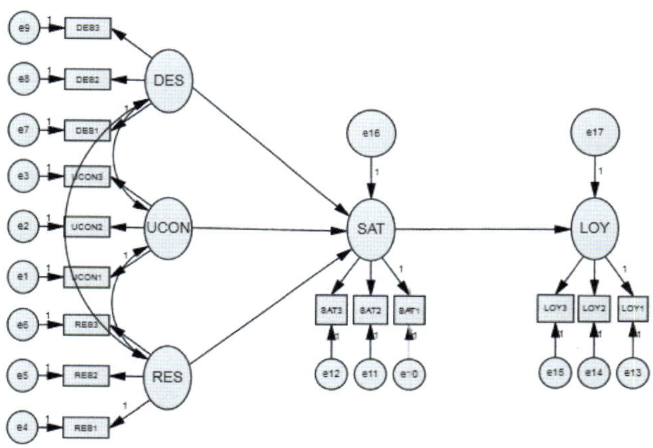

❷ [설정탐색을 위한 구조모형]에서 탐색하고자 하는 경로를 다음과 같이 추가한다.

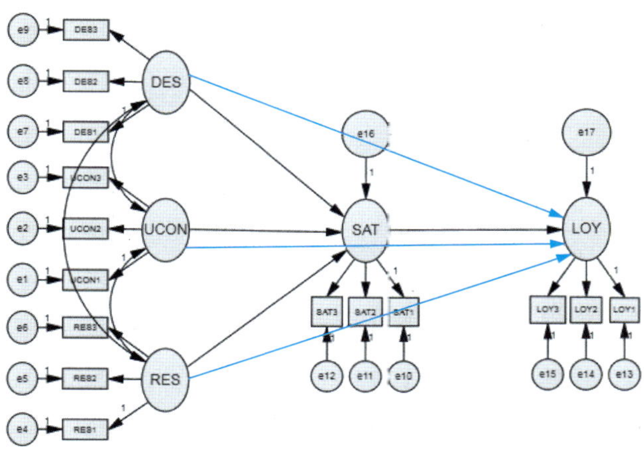

❸ 왼쪽 하단에 있는 설정탐색 아이콘(🔭)을 클릭하면 [설정탐색 초기화면]이 나타난다. 경로선택 아이콘(━)을 클릭한 상태(아이콘의 색상이 변함)에서 설정탐색하고자 하는 경로를 클릭하면 경로의 색상이 변한다.

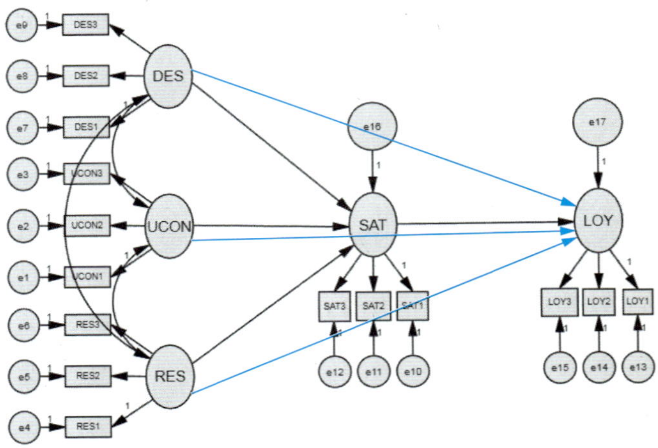

❹ 초기화면에서 설정탐색 실행(▶)을 클릭하면 탐색 결과가 출력된다. 결과를 보면 Model 1번의 BCC, BIC, C/df 등이 가장 작은 것으로 나타나 탐색된 모형 중에서 가장 좋은 모형이다.

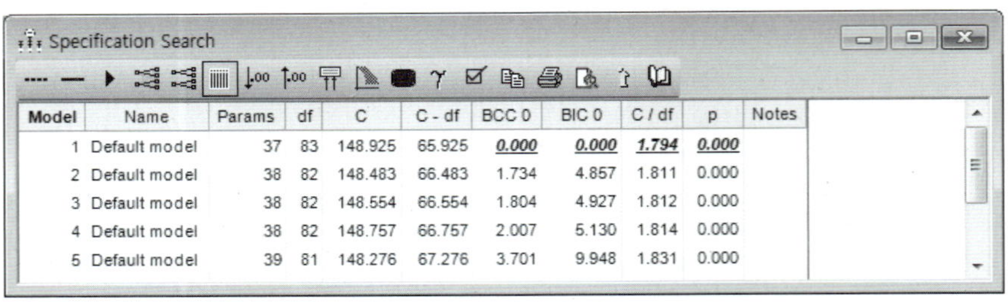
Specification Search

Model	Name	Params	df	C	C - df	BCC 0	BIC 0	C / df	p	Notes
1	Default model	37	83	148.925	65.925	0.000	0.000	1.794	0.000	
2	Default model	38	82	148.483	66.483	1.734	4.857	1.811	0.000	
3	Default model	38	82	148.554	66.554	1.804	4.927	1.812	0.000	
4	Default model	38	82	148.757	66.757	2.007	5.130	1.814	0.000	
5	Default model	39	81	148.276	67.276	3.701	9.948	1.831	0.000	

❺ 출력 결과를 보고 적합도지수가 가장 좋은 것으로 나타난 모형번호인 1번을 선택한 후 경로에 대한 결과를 보여주는 아이콘(Ƴ)과 경로도 보기 아이콘(■)을 차례대로 클릭하면 탐색된 최종 경로도가 나타난다. 최종 경로도를 보면 모형 1번의 경우에는 설정탐색을 위해서 새롭게 추가된 3개의 경로선이 모두 없어진 것을 확인할 수 있다(만약 새롭게 추가된 경로가 있는 모형 중에서 더 좋은 모형이 있다면 추가된 경로는 없어지지 않은 경로도를 보여주게 된다). 이러한 설정탐색의 결과는 최초의 제안모형이 가장 좋은 모형으로 선택될 수 있음을 의미한다.

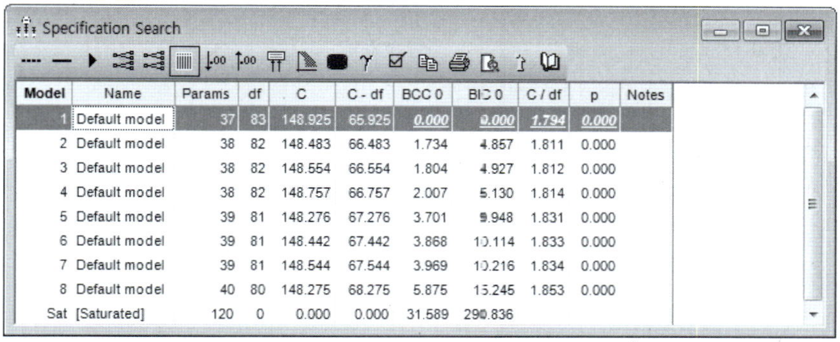

Specification Search

Model	Name	Params	df	C	C - df	BCC 0	BIC 0	C / df	p	Notes
1	Default model	37	83	148.925	65.925	0.000	0.000	1.794	0.000	
2	Default model	38	82	148.483	66.483	1.734	4.857	1.811	0.000	
3	Default model	38	82	148.554	66.554	1.804	4.927	1.812	0.000	
4	Default model	38	82	148.757	66.757	2.007	5.130	1.814	0.000	
5	Default model	39	81	148.276	67.276	3.701	9.948	1.831	0.000	
6	Default model	39	81	148.442	67.442	3.868	10.114	1.833	0.000	
7	Default model	39	81	148.544	67.544	3.969	10.216	1.834	0.000	
8	Default model	40	80	148.275	68.275	5.875	15.245	1.853	0.000	
Sat	[Saturated]	120	0	0.000	0.000	31.589	290.836			

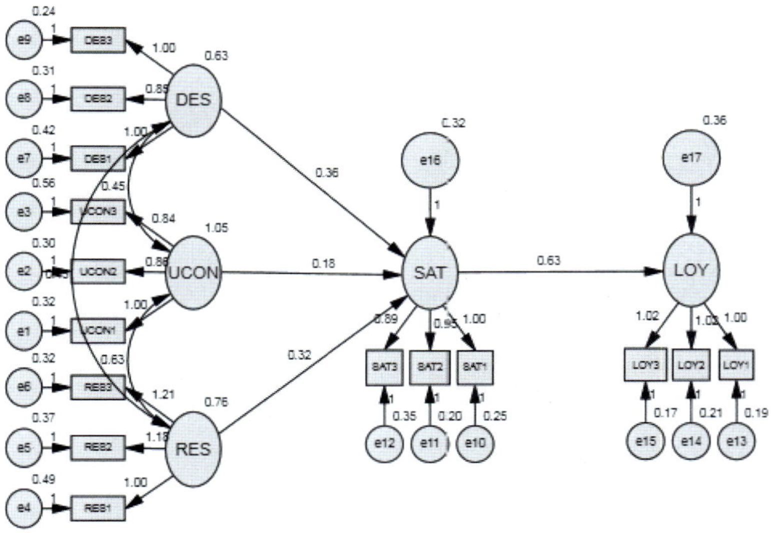

제11장의 핵심내용 요약

- 측정모형의 수정에서는 출력 결과에서 M.I. 지수는 공분산(Covariance)에서 제공되는 것을 이용했지만 구조모형에서는 회귀계수(Regression weights)에서 제공되는 것을 참조해야 한다.
- 회귀계수를 이용한 인과관계(→)의 설정은 하나하나가 가설을 설정하는 것이 되기 때문에 신중하게 인과관계로 연결해야 한다.
- 재귀모형(Recursive model)이란 잠재변수(경로모형에서는 측정변수) 간의 관계를 순차적인 한 방향으로만, 즉 한방향의 화살표(→)로만 설정하는 모형을 말한다.
- 비재귀모형(Non-recursive model)이란 내생잠재변수 간의 관계를 양방향 인과관계(혹은 상호인과관계 Reciprocal relationship)나 순환적 인과관계(Feedback loop)로 설정하는 모형을 말한다.
- 어떤 구조모형이 재귀모형과 비재귀모형 중에서 어느 것에 해당되는지는 내생잠재변수들 간의 인과관계가 ① 단방향 화살표(→)인지, 아니면 ② 양방향 화살표(⇄)인지를 확인하면 된다.
- 동치모형(Equivalent model)은 연구모형인 제안모형과는 경로와 모양은 각각 다르지만 모형 적합도와 자유도가 동일한 다른 모형을 말한다.
- 경쟁모형(Competing model, or Rival model)은 대안모형(Alternative model)이라고도 불리는 것으로 연구자가 선행연구나 이론을 토대로 처음 고안한 제안모형과 서로 비교하기 위해 만든 모형을 말한다.
- 모형개발전략(Model development strategy)에는 경쟁모형전략(Competing model strategy)과 모형생성전략(Model generating strategy)이 있다
- 위계모형(Hierarchical model)은 내포모형, 둥지모형(Nested model)이라고도 불리는 것으로 이는 특정 모형이 다른 모형의 하위집단이 되는 것을 의미하며, 동일한 수의 잠재변수를 가지고 있지만 관계를 바꿈으로써 다른 모형이 될 수 있는 모형을 말한다.
- 비위계모형(Non-hierarchical model) 혹은 비둥지모형, 비내포모형(Non-nested model)이란 특정 모형이 다른 모형의 하위집단이 되지 않는 경우를 말한다.
- 비교할 두 모형(제안모형 대 경쟁모형)이 위계모형(내포모형)인 경우에는 두 모형을 추정한 후에 χ^2차이 통계치를 얻어서 카이제곱차이검증(χ^2 difference test)을 이용한다.
- 비교할 두 모형(제안모형 대 경쟁모형)이 비위계모형(비내포모형)일 경우에는 두 모형을 추정한 후에 분석 결과에서 적합도지수(AIC, BIC, CAIC, ECVI, RMSEA 등)를 이용해 선택한다. 이 중에서 가장

많이 사용되는 적합도지수는 AIC와 BIC이다.

- 모형 설정탐색(Specification search) 기능을 활용하면 최초의 제안모형에서 새로운 경로를 추가할 수 있는지를 탐색할 수 있다.

참고문헌

김경수. (2012). 비재귀 구조회귀모형을 이용한 품질경영시스템 핵심요소 간의 순환관계 분석. *경영교육연구*, 27(2), 577–596.

김계수(2013), AMOS 18 구조방정식모형 분석, 한나래아카데미.

김광지, 김영훈. (2013). 비재귀모델을 이용한 외식기업 종사원의 고객지향성, 직무만족, 조직몰입의 인과관계연구. *한국조리학회지*, 19(2), 28–39.

김태구, 이계희. (2012). 일선 호텔직원의 지각된 고객의 비우호적 행동, 서비스 회복성과 및 이직의도 간의 구조적 관계: 서비스 회복성과와 이직의도 간의 비재귀관계. *관광연구저널*, 26(6), 97–116.

박병선. (2012). 자살성에 영향을 미치는 스트레스와 우울의 상호적 관계에 대한 경로분석: 성별 및 연령 집단별 비교. *보건사회연구*, 32(3), 485–521.

배병렬. (2021). Amos 27 구조방정식모델링. 도서출판 청람.

신건권. (2023). 석박사학위와 학술논문 작성 중심의 SmartPLS 4.0 구조방정식모델링. 도서출판 청람.

신건권. (2023). SPSS 29와 PROCESS macro 4.0을 이용한 회귀분석 따라하기. 도서출판 청람.

신건권. (2023). 석박사학위와 학술논문 작성 중심의 SPSS 29 논문통계분석. 도서출판 청람.

유달영, 박승범. (2022). 공공기관의 지식관리시스템 품질이 업무성과에 미치는 영향에 관한 연구. *한국IT 서비스학회지*, 21, 103–125.

최창환, 김태구, 이승곤. (2013). 호텔접점직원의 고객관련 사회적 스트레스 요인, 감정부조화, 감정고갈과 고객지향성의 구조적 관계: 감정고갈과 고객지향성의 비재귀관계. *호텔경영학연구*, 22(6), 309–330.

AMOS 29 User's Guide.

Collier, J.E. (2020). *Applied structural equation modeling using AMOS: Basic to advanced techniques*. Routledge.

Kitamura, T., Ohashi, Y., Kita, S., Haruna, M., & Kubo, R. (2013). Depressive mood, bonding failure, and abusive parenting among mothers with three–month–old babies in a Japanese community. *Open Journal of Psychiatry*, 3, 1–7.

Morgan, R.M., & Hunt, S.D. (1994). The commitment–trust theory of relationship marketing. *Journal of Marketing*, 58(3), 20–38.

Van der Linden, S. (2014). On the relationship between personal experience, affect and risk perception: The case of climate change. *European Journal of Social Psychology*, 44(5), 430–440.

제 5 부

SPSS/Amos 29 통제효과, 매개효과 및 조절효과분석

제12장 통제변수의 사용과 통제효과분석

1 구조방정식모형에서 통제변수의 사용

1.1 통계적인 통제방법을 통한 외생변수의 통제

사회과학연구에서는 독립변수와 종속변수 간의 인과관계를 확인하기 위해서 실험적인 연구방법(Experimental research method)과 비실험적인 연구방법(Non-experimental research method)을 사용하고 있다. 실험을 통한 연구방법은 엄격한 통제방법의 적용으로 정확한 인과관계의 추론이 가능하지만 자연스러운 현실 상황을 반영하지 못하여 연구 결과를 일반화시키기가 어렵다. 이러한 이유로 사회과학연구에서는 설문조사연구와 같은 비실험적인 연구방법이 많이 채택되고 있다.

사회과학연구에서 통제(Control)란 연구자가 설정한 연구가설 외의 다른 설명들을 제거하거나 배제시키기 위한 노력의 하나로 외생변수가 초래할 수 있는 좋지 못한 영향을 제거하는 활동을 말한다. 일반적으로 연구들에서 사용되고 있는 통제방법에는 ① 제거(Elimination), ② 무작위화(Randomization), ③ 균형화(Matching), ④ 통제변수의 사용방법(Use of control variable) 등이 있다. 예컨대 성별효과를 제거하기 위해서 남자와 여자 중에서 한 개의 성만을 고려하여 자료를 수집해 분석한다면 성별 효과를 제거할 수 있다. 또한 표본을 실험집단과 통제집단에 무작위로 배정하거나, 종속변수에 영향을 미치는 외생변수를 계층별로 대상자들을 분류하고 실험집단과 통제집단에 무작위로 배정할 수도 있다.

설문조사연구에서는 연구자들이 타당성 있는 연구 결과를 얻기 위해서 통제변수(Control variable)의 도입과 같은 통계적인 통제방법을 사용해 외생변수들을 통제하고 있다. 여기에서 외생변수를 통제한다는 의미는 외생변수가 종속변수에 미치는 영향을 최소화하고, 무의미하게 하거나, 분리하는 것을 말한다(A variable that is held constant during a test to prevent bias in results. You are 'controlling' for the effect of the variable in the results). 보통 외생변수의 통제가 필요한 이유는 하나의 종속변수를 설명하기 위해서 여러 개의 독립변수들을 고려하게 되는데, 이때 이러한 다변수적 특성으로 인해 연구자가 알아내고자 하는 변수 간의 관계가 혼재되어 왜곡된 결과를 나타내기 때문이다. 결국 연구자가 연구가설로서 주장하고자 하는 인과관계 가설 외의 다른 대체적 설명을 배제하려면 연구모형 속에 통제변수를 포함시키는 통계적인 통제방법을 통해 외생변수를 통제하는 것이 필요하다.

1.2 통제변수의 개념, 필요성, 사용 조건과 사용 시 권고사항

(1) 통제변수의 개념과 통제변수의 설정

통제변수(Control variable)란 외생변수의 하나로 독립변수와 종속변수 간의 인과관계에 영향을 주는 제3의 변수 중에서 연구자가 통제하려는 변수를 달한다. 보통 통제변수는 종속변수에 대한 영향을 최소화하거나 분리하기 위해서 연구모형에 포함시켜서 분석하는 외생변수를 말한다.

박원우, 고동운 및 윤은성(2010)은 [그림 12-1]과 같이 외생변수에 대한 구분을 통해서 어떤 외생변수를 통제변수로 사용해야 할지, 아니면 사용하지 말아야 할지에 대한 명확한 지침을 제공하였다. 이들은 외생변수(Exogenous variable)를 '종속변수에 영향을 미치는 원인변수 중에서 독립변수를 제외한 모든 다른 변수'를 의미한다고 정의한 후 외생변수를 두 차원으로 구분하였다. ① 독립변수와의 관계에서 '상관성(Correlation)' 여부를 한 차원으로 하여 '독립변수와 무상관(無相關) 외생변수'와 '독립변수와 유상관(有相關) 외생변수'로 구분하였다. 먼저, 외생변수는 독립변수와 무상관 관계에서 종속변수에 영향을 미칠 수 있는데, 이를 '독립변수와 무상관 외생변수'라고 한다. 이는 독립변수와는 상관관계가 없지만 종속변수에는 영향을 미치는 변수를 말한다. 이러한 외생변수를 통제하지 않으면 독립변수와 종속변수의 관계의 강도(Strength)를 변화시키지는 않지만 모형 추정에서 왜곡이 발생할 수 있고 독립변수가 설명하는 종속변수의 분산을 정확하게 평가할 수 없는 문제가 발생된다. 따라서 연구자들은 인과관계에 대한 타당성 있는 연구결과를 얻기 위해서 독립변수와 상관관계가 없는 외생변수들의 효과 또한 통제해야 한다. 다음으로,

외생변수는 독립변수와 유상관 관계에서 종속변수에 영향을 미칠 수 있는데, 이를 '**독립변수와 유상관 외생변수**'라고 한다. 이는 대부분의 사회과학연구에서 다수 채택되고 있는 것으로 독립변수와 상관관계가 있으면서 종속변수에는 영향을 미치는 변수를 말한다. 이러한 외생변수를 통제하지 않으면 독립변수와 종속변수의 관계를 잘못 해석할 가능성이 있게 된다. ② **통계적 통제가능성 여부를 한 차원**으로 하여 '**통계방법으로 통제가능한 외생변수**'와 '**통계방법으로 통제불가능한 외생변수**'로 구분하였다.

그림 12-1 ▌외생변수의 구분과 통제변수의 설정

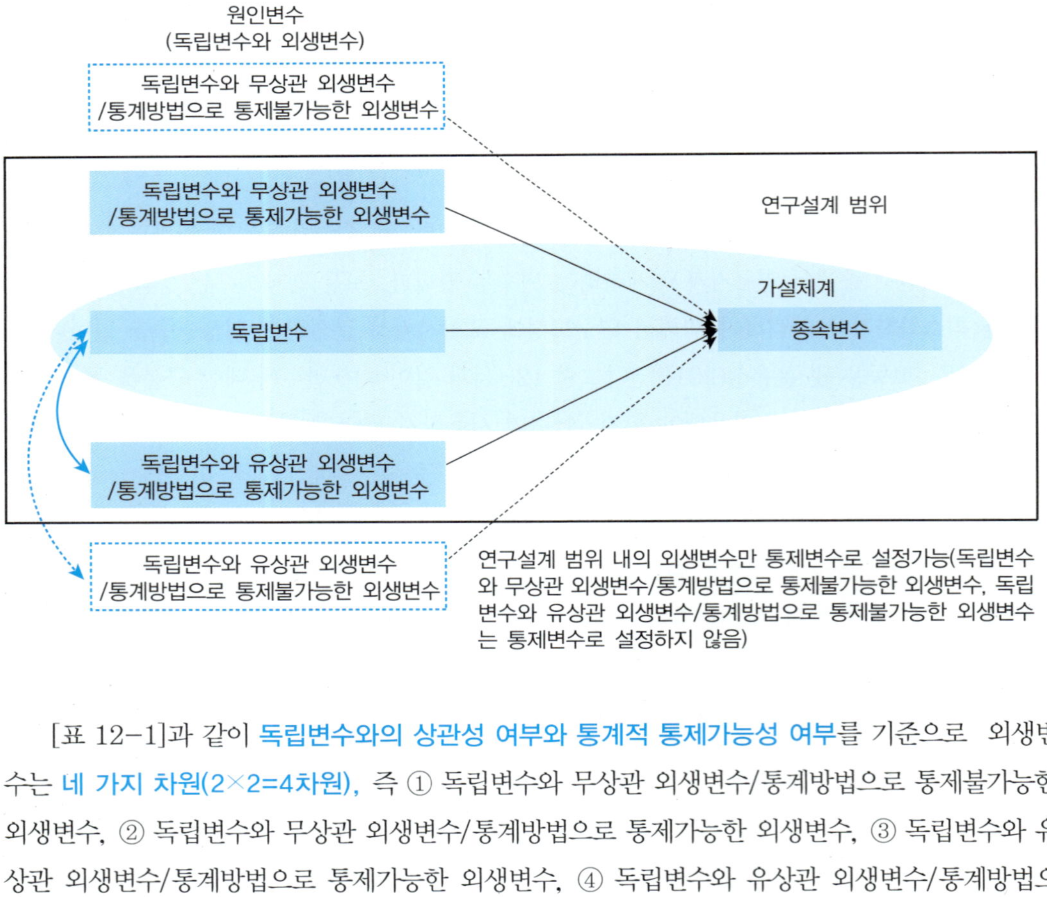

[표 12-1]과 같이 **독립변수와의 상관성 여부와 통계적 통제가능성 여부**를 기준으로 외생변수는 **네 가지 차원(2×2=4차원)**, 즉 ① 독립변수와 무상관 외생변수/통계방법으로 통제불가능한 외생변수, ② 독립변수와 무상관 외생변수/통계방법으로 통제가능한 외생변수, ③ 독립변수와 유상관 외생변수/통계방법으로 통제가능한 외생변수, ④ 독립변수와 유상관 외생변수/통계방법으로 통제불가능한 외생변수로 구분할 수 있다.

표 12-1 외생변수의 구분과 통제변수의 설정

구분		독립변수와 외생변수의 상관성 여부		통제변수의 설정 여부	
		무상관	유상관		
통계방법에 의한 통제 가능성	통제 가능	독립변수와 무상관 외생변수/통계방법으로 통제 가능한 외생변수(②): 통제하지 않을 경우 독립변수의 설명력을 정확하게 확인할 수 없음	독립변수와 유상관 외생변수/통계방법으로 통제 가능한 외생변수(③): 통제하지 않을 경우 독립변수와 종속변수와의 관계를 왜곡할 수 있음	⟶	구조방정식모델링에서 연구모형 속에 통제변수로 투입
	통제 불가능	독립변수와 무상관 외생변수/통계방법으로 통제 불가능한 외생변수(①)	독립변수와 유상관 외생변수/통계방법으로 통제 불가능한 외생변수(④)	⟶	구조방정식모델링에서 연구모형 속에 통제변수로 투입하지 않음

우리들은 [그림 12-1]에서 직사각형으로 표시된 연구설계 범위 내의 외생변수들에 대해서만 관심을 가지면 된다. 왜냐하면 통제불가능한 외생변수는 이 책에서 다루고자 하는 초점인 통제변수와는 거리가 있기 때문이다. 연구설계 범위 내에 포함된 **② 독립변수와 무상관 외생변수/통계방법으로 통제가능한 외생변수와 ③ 독립변수와 유상관 외생변수/통계방법으로 통제가능한 외생변수**는 구조방정식모델링에서 분석을 위한 **연구모형의 통제변수로 사용할 수 있음**을 의미한다. 그러나 점선으로 표시된 직사각형 밖의 원인변수들인 **① 독립변수와 무상관 외생변수/통계방법으로 통제불가능한 외생변수와 ④ 독립변수와 유상관 외생변수/통계방법으로 통제불가능한 외생변수**는 구조방정식모델링에서 **통제변수로 사용할 수 없음**을 의미한다.

(2) 통제변수의 필요성

비실험적 연구나 관찰조사연구에서는 통계적 통제방법(Statistical control method)을 사용해 외생변수를 통제한다. 따라서 이들 연구에서 통제변수의 사용은 독립변수의 설명력을 정확하게 확인할 수 있도록 하며 독립변수와 종속변수 간의 관계에 대한 왜곡을 방지할 수 있게 한다. 또한 통제변수의 사용은 독립변수와 종속변수의 관계에 대한 사실 확인과 정확한 인과관계의 추론을 위해서 필요하며, 독립변수와 종속변수 간의 관계를 흔동(Confounding)시키는 것을 통제하여 보다 정확한 회귀계수를 얻을 수 있게 한다. 이외에도 통제변수를 연구모형 속에 포함시키면 독립변수와 종속변수 간의 인과관계에 대한 확신을 증가시키며, 관계를 잘못 해석하는 것을 방지할 수 있으며, 정확하고 구체적인 관계를 이해하는 데 도움이 된다.

통제변수를 사용하는 이유는 제3의 변수가 독립변수와 종속변수 간의 인과관계에 미치는 영향력을 통제함으로써 독립변수와 종속변수 간의 순수한 인과관계(직접효과)를 파악하기 위한 것이다. 통제변수에 따라서 독립변수와 종속변수 간의 유의성 여부(유의적 관계/비유의적 관계)가 바뀐다면 그 독립변수는 종속변수에 미치는 영향력이 약한 것으로 보아야 한다. 이러한 의미에서 통제변수를 연구모형 속에 포함시키는 것이 필요하다. 그래야만 독립변수가 종속변수에 영향을 미친다는 타당성을 높일 수 있다.

박원우, 고동운 및 윤은성(2010)은 **통제변수의 사용이 필요한 이유**로 다음의 두 가지를 제시하였다. 첫째, 구조방정식모델링에서 통제변수가 필요한 이유는 **동치모형**(Equivalent model)이 존재하기 때문이다. 여기에서 동치모형이란 통계적으로 동일한 적합도를 가진 다른 대안적인 모형을 말한다. 동치모형의 존재는 연구자의 가설 외에 다른 가설도 충분히 데이터로 입증할 수 있음을 의미한다. 그런데 **인구통계학적 변수들을 통제변수**로 연구모형 속에 포함시키면 동치모형을 억제하는 효과를 얻을 수 있으므로 인구통계학적 변수들을 가급적 연구모형 속에 포함시키는 것이 필요하다. 둘째, 구조방정식모델링에서도 회귀분석과 동일하게 종속변수에 영향을 주는 **중요한 관련 변수들의 누락**(Omitted variables)은 모수 추정치의 편의와 부정확한 표준오차 등의 문제를 발생시킬 수 있다. 이러한 인과관계를 규명하는 데 있어서 발생될 수 있는 심각한 위협을 줄이기 위해서는 연구모형과 관련된 외생변수들을 통제변수로 도입해야 한다.

[그림 12-2]는 통제변수의 사용 예시와 의미를 제시한 것이다. **통제변수 미포함 모형**에서 라면 섭취량이 혈당에 미치는 효과는 총효과(Total effect)를 의미하며, 총효과에는 연령효과가 포함되어 있다고 볼 수 있다. 반면에 **통제변수 포함 모형**에서 연령을 모형에 포함시키면 이들이 가지는 효과만큼 가져가게 되고 라면 섭취량과 혈당을 통제하게 되므로 라면 섭취량이 혈당에 미치는 순수한 직접효과(Direct effect)를 파악할 수 있게 된다.

▶ 그림 12-2 ▮ **통제변수의 사용 예시와 의미**

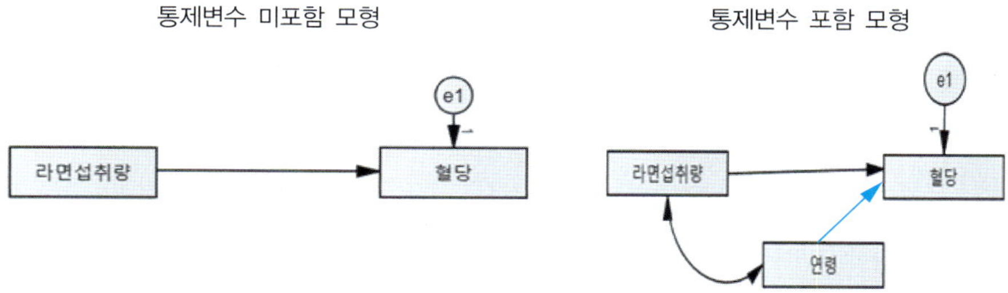

연구자들은 연구모형 속에 자신이 관심을 가지고 있는 종속변수에 영향을 미치고 있는 독립변수들을 최대한 포함하여 구성해야 한다. 다시 말해서 연구모형을 설정하는 과정에서 종속변수에 영향을 주는 중요한 독립변수들을 누락시켜서는 안 된다. 반대로 독립변수나 종속변수와 아무런 관련성이 없는 변수를 포함시키는 것도 피해야 한다. 예컨대 연구모형 속에 포함되어야 하는 필요한 외생변수, 즉 **편의**, **허위변수**, **억제변수**, **잡음** 등과 같은 장애변수(Nuisance variable)가 누락된다면 **모형에 대한 오설정 오류**(誤設定, Misspecification error)가 발생된다. 박원우, 고동운 및 윤은성(2010)은 장애변수들에 대한 통제를 하지 않았을 경우에 발생할 수 있는 여러 가지 문제들을 다음과 같이 제시하였다.

첫째, **편의**(Bias)는 한 변수 Z가 종속변수 Y와 인과관계를 가지고 있으며 독립변수 X와도 관련성을 가지고 있는 경우 만약 변수 Z를 통제하지 않는다면 X와 Y의 관계가 과소평가되거나 과대평가되는 문제가 발생된다.

둘째, 통제되지 않은 변수 Z가 독립변수 X 및 종속변수 Y와 인과관계가 있고 독립변수 X와 종속변수 Y는 실제적으로는 아무런 관계가 없지만 상관관계가 있는 것으로 나타나는 경우가 있는데, 이때 X는 **허위변수**(Spurious variable)일 가능성이 높다. 변수 Z를 모형에 포함하여 통제해야 한다.

셋째, **억제변수**(Suppressor variable)는 독립변수에서 관련성이 없거나 부적절한 분산을 제거할 수 있어서 참인 가설을 기각하는 사태를 예방할 수 있으므로 이를 모형 속에 포함해 통제해야 한다.

마지막으로, **잡음**(Noise)은 종속변수와는 관계가 있지만 독립변수와는 아무런 관계가 없는 변수이며 이를 통제하지 않는 경우 독립변수와 종속변스 간의 관계에는 영향을 미치지 않지만 종속변수의 실제적인 변동성을 측정할 수 없다는 문제점이 발생된다.

(3) 통제변수의 사용 조건과 사용 시 권고사항

통제변수를 연구모형 속에 포함시킬 때 고려해야 하는 조건들은 다음과 같다.

첫째, 통제변수로 사용되려면 단지 형식적으로 집어넣는 부분이라기보다는 이론적인 정당성(Theoretical justification)이나 실증적인 증거(Empirical evidence)가 있어야 하며, 연구자의 합리적인 추론에 의해 선택되어야 한다.

둘째, 통제변수는 선행연구를 기초로 사용하는 것이 바람직하며 독립변수 및 종속변수와 관련성이 있어야 한다. 그러므로 통제변수가 독립변수나 종속변수와 아무런 상관관계가 없고 이론적인 근거도 부족하다면 통제변수로 사용하지 않는 것이 좋다.

셋째, 통제변수는 개념적으로 그리고 실증적으로 종속변수와 유의미한 상관관계가 있거나 영향을 미쳐야 한다.

마지막으로, 통제변수가 포함된 모형과 그렇지 않은 모형에 대해서 통계분석을 실시한다. 이때 양자 간에 동일한 결과(Findings)를 나타냈다면 통제효과는 없으며 통제변수의 사용이 지지될 수 없음을 의미한다. 그러나 양자 간에 다른 결과를 나타냈다면 통제변수는 효과가 있고 비록 통제변수에 대해서는 연구가설로 기술하지는 않았지만 해당 통제변수의 사용이 지지될 수 있음을 의미한다.

통제변수의 사용 시 몇 가지 권고사항을 종합적으로 제시하면 다음과 같다(박원우, 고동운 및 윤은성, 2010 등).

- 연구모형 속에 포함시킬 각 통제변수는 이론적 정당성을 가지고 있어야 한다.
- 선행연구에서 사용한 통제변수를 사용해야 하며, 아무리 중요한 통제변수(Important control variable)라 하더라도 통제변수와 내생변수(매개변수, 종속변수) 간에 유의적 상관관계가 없거나 통제변수가 내생변수에 유의한 영향을 주지 않는다면 연구모형 속에 해당 통제변수를 포함시키지 말아야 한다.

- ▶ 통제변수에 대한 분석 결과의 보고는 독립변수보다는 약간 적게 초점을 두되 독립변수처럼 보고해야 한다.
- ▶ 통제변수가 범주형 변수(Categorical variables)라면 더미변수로 만든 후에 연구모형 속에 포함시켜야 한다.
- ▶ 구조방정식모형에서 통제변수의 활용을 강화해야 한다.
- ▶ 연구모형 속에 통제변수를 포함시켰다면 통제변수 선택의 이유와 이론적 배경과 근거 등을 구체적으로 제시해야 한다.
- ▶ 종속변수와의 관계를 뒷받침할 아무런 이론적 배경이 없거나 실제적으로 상관분석을 실시한 결과 종속변수 및 독립변수와 상관성이 없다면 통제변수로는 부적합하다. 따라서 독립변수와 종속변수와의 상관관계를 확인해 관련성 있는 통제변수를 포함시키는 노력이 필요하다.
- ▶ 통제변수를 사용했다면 해당 논문의 기술통계분석 부분에 해당 변수의 평균, 표준편차, 상관계수 등을 모두 제시해야 한다.
- ▶ 통제변수에 대한 유의수준을 제시하고, 분석 결과에 통제변수에 대한 결과도 제시하고 논의에 포함시켜야 한다.
- ▶ 구조방정식모형에서도 독립변수 외에 종속변수에 영향을 주는 다른 외생변수의 영향을 통제하기 위해서는 통제변수를 사용해야 한다.

2 통제변수의 설정방법과 적용사례

2.1 구조방정식모델링에서 통제변수의 설정방법

구조방정식모델링에서 통제변수는 ① 독립변수와의 상관성 여부(유상관성/무상관성)와 ② 통제변수가 내생연구변수에 주는 영향에 따라 다양하게 설정할 수 있다. 다음에 제시되는 예시 모형에서는 설명의 편의상 통제변수의 설정에서 잠재변수만 표시하고 각 잠재변수의 측정변수들은 생략하였다.

(1) 통제변수가 1개인 경우: 외생변수 2개, 종속변수 1개

외생독립변수가 2개이고 내생변수로 종속변수가 1개이며, 통제변수가 1개인 경우의 통제변수의 설정방법을 예시하면 [표 12-2]와 같다.

표 12-2 통제변수가 1개인 경우의 통제변수의 설정방법 예시 (1): 통제변수 1개, 외생독립변수 2개, 종속변수 1개

번호	통제변수(CV)의 설정	설정방법
1	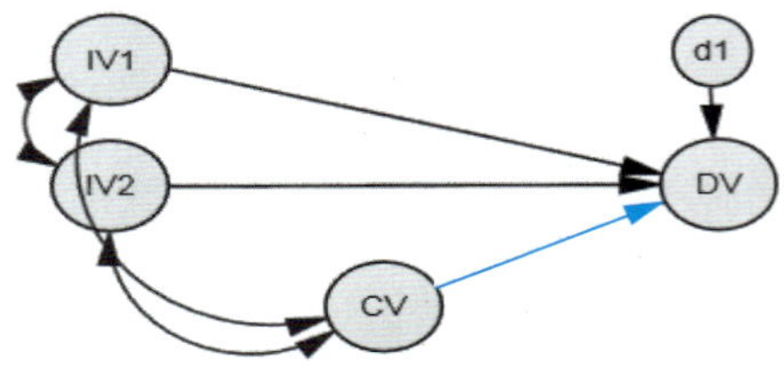	• 외생독립변수(IV) 간은 상관(↔) 연결 • CV는 독립변수와 유상관(有相關)이어서 상관으로 연결 • CV는 DV에 영향
2	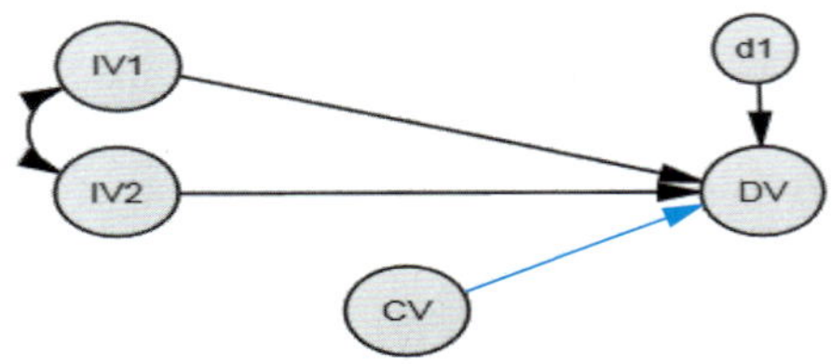	• 외생독립변수(IV) 간은 상관(↔) 연결 • CV는 독립변수와 무상관(無相關)이어서 상관으로 연결하지 않음 • CV는 DV에 영향

[표 12-2]에서 외생독립변수는 IV(Independent variable), 종속변수는 DV(Dependent variable), 통제변수는 CV(Control variable), d1은 구조오차(disturbance)를 말한다. ↔는 상관 연결을 의미한다.

(2) 통제변수가 1개인 경우: 외생변수 2개, 매개변수 1개, 종속변수 1개

외생독립변수가 2개이고 내생변수로 매개변수 1개와 종속변수가 1개이며, 통제변수가 1개인 경우의 통제변수의 설정방법을 예시하면 [표 12-3]과 같다. M은 매개변수(Mediator)이다.

표 12-3 통제변수가 1개인 경우의 통제변수의 설정방법 예시 (2): 통제변수 1개, 외생독립변수 2개, 매개변수 1개, 종속변수 1개

번호	통제변수(CV)의 설정	설정방법
1	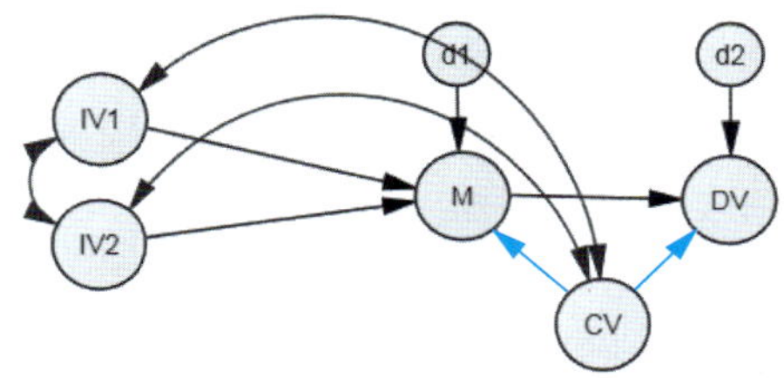	• 외생독립변수(IV) 간은 상관(↔) 연결 • CV는 독립변수와 유상관(有相關)이어서 상관으로 연결 • CV는 M과 DV에 영향
2	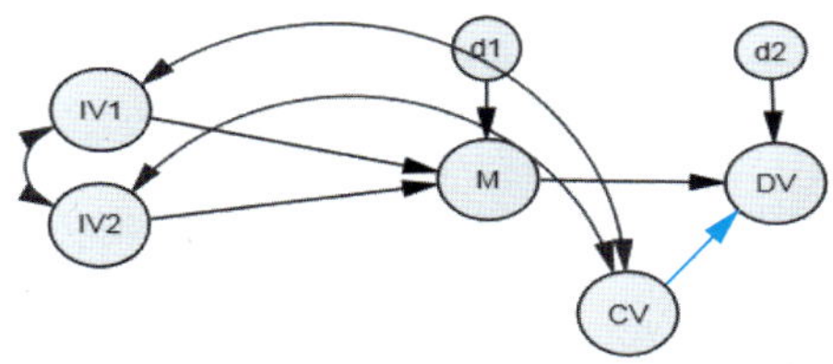	• 외생독립변수(IV) 간은 상관(↔) 연결 • CV는 독립변수와 유상관(有相關)이어서 상관으로 연결 • CV는 DV에 영향
3	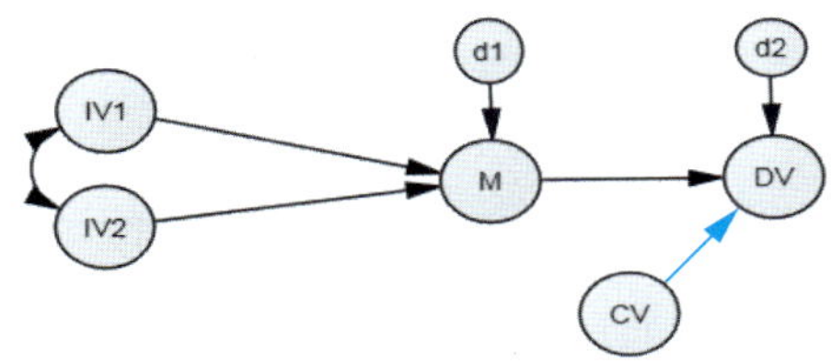	• 외생독립변수(IV) 간은 상관(↔) 연결 • CV는 독립변수와 무상관(無相關)이어서 상관으로 연결하지 않음 • CV는 DV에 영향
4	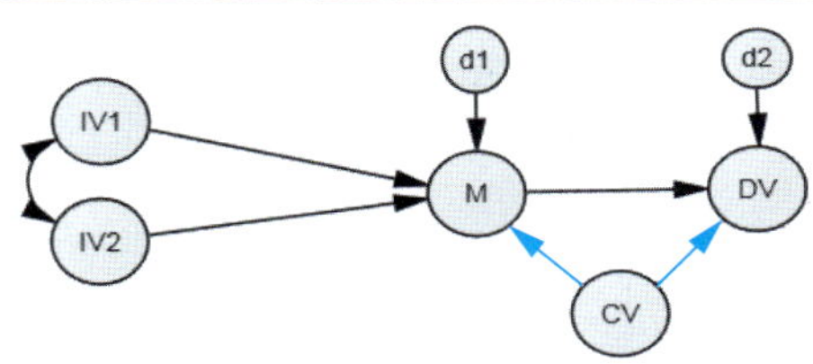	• 외생독립변수(IV) 간은 상관(↔) 연결 • CV는 독립변수와 무상관(無相關)이어서 상관으로 연결하지 않음 • CV는 M과 DV에 영향

(3) 통제변수가 1개인 경우: 외생변수 3개, 종속변수 2개

외생독립변수가 3개이고 내생변수로 종속변수가 2개이며, 통제변수가 1개인 경우의 통제변수의 설정방법은 [표 12-4]와 같다. 그림에서 잠재변수의 d1과 d2는 구조오차이며, M은 매개변수이다.

표 12-4 통제변수가 1개인 경우의 통제변수의 설정방법 예시 (3): 통제변수 1개, 외생독립변수 3개, 매개변수 1개, 종속변수 1개 혹은 2개

번호	통제변수(CV)의 설정	설정방법
1	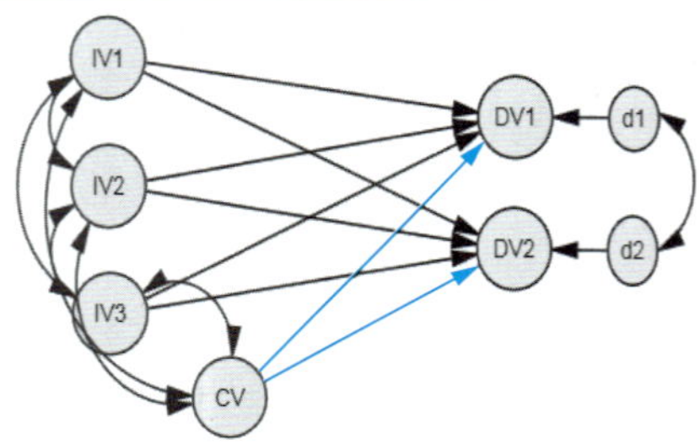 	• 외생독립변수(IV) 간은 상관(↔) 연결 • DV1과 DV2 간에 인과관계(→)의 연결이 없으므로 구조오차 간은 상관으로 연결 • CV는 독립변수와 유상관(有相關)이어서 상관으로 연결 • CV는 DV1과 DV2에 영향
2	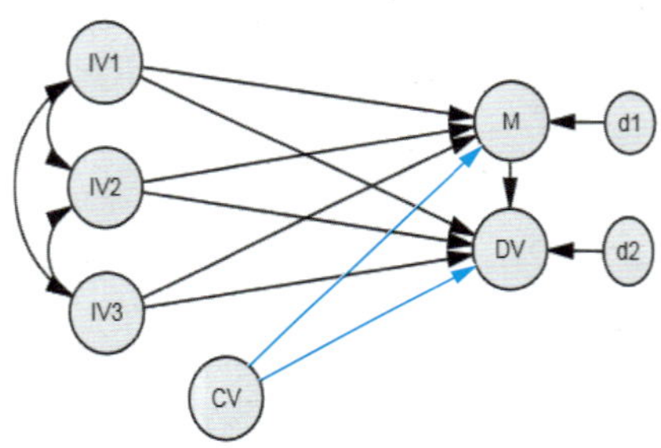 	• 외생독립변수(IV) 간은 상관(↔) 연결 • DV1과 DV2 간에 인과관계(→)의 연결이 있으므로 구조오차 간은 상관으로 연결하지 않음 • CV는 독립변수와 무상관(無相關)이어서 상관으로 연결하지 않음 • CV는 M과 DV에 영향

(4) 통제변수가 2개인 경우 (4): 외생변수 3개, 종속변수 2개

외생독립변수가 2개이고 내생변수로 매개변수 1개와 종속변수로 1개이며, 통제변수가 1개인 경우의 통제변수의 설정방법은 [표 12-5]와 같다. 그림에서 잠재변수의 d1과 d2는 구조오차를 말한다.

▌표 12-5▐ 통제변수가 2개인 경우의 다양한 설정방법 예시 (4): 통제변수 2개, 외생독립변수 2개, 매개변수 1개, 종속변수 1개

번호	통제변수(CV)의 설정	설정방법
1	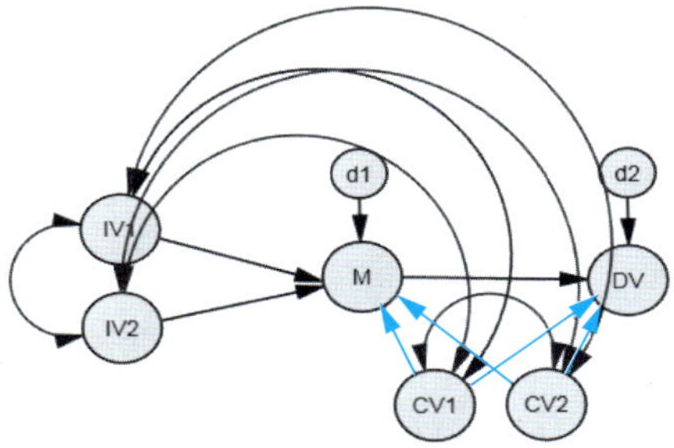	• 외생독립변수(IV) 간은 상관(↔) 연결 • CV1과 CV2는 독립변수와 유상관(有相關)이어서 상관으로 연결 • CV1과 CV2는 각각 M과 DV에 영향
2	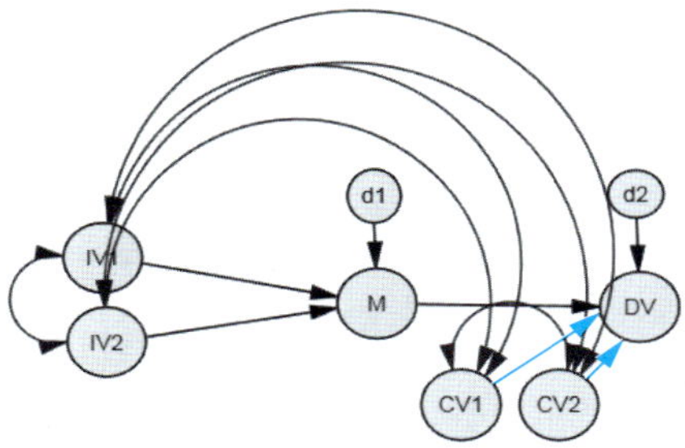	• 외생독립변수(IV) 간은 상관(↔) 연결 • CV는 독립변수와 유상관(有相關)이어서 상관으로 연결 • CV1과 CV2는 DV에 영향
3	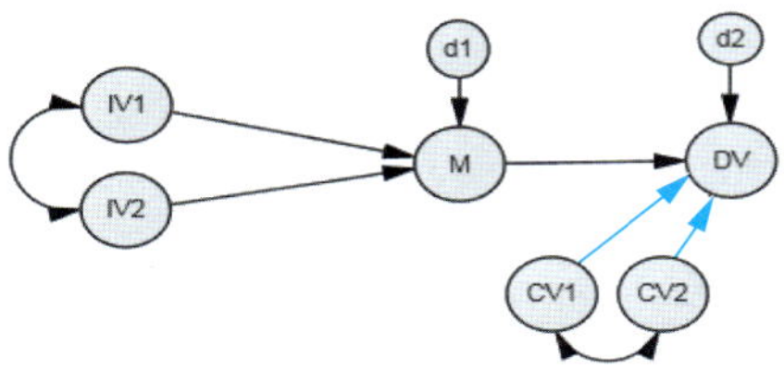	• 외생독립변수(IV) 간은 상관(↔) 연결 • 통제변수 간은 상관(↔) 연결 • CV는 독립변수와 무상관(無相關)이어서 상관으로 연결하지 않음 • CV1과 CV2는 DV에 영향
4	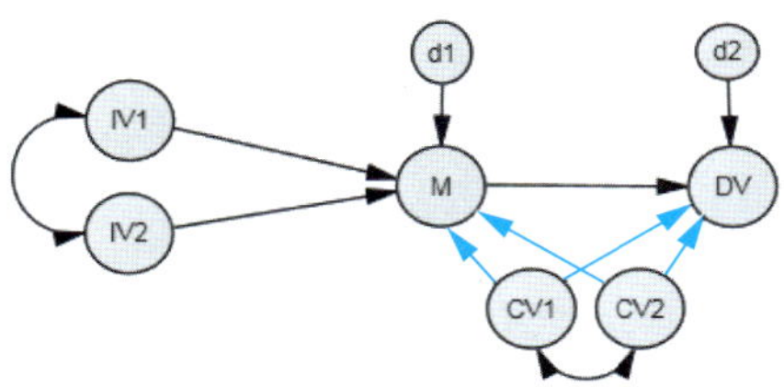	• 외생독립변수(IV) 간은 상관(↔) 연결 • 통제변수 간은 상관(↔) 연결 • CV는 독립변수와 무상관(無相關)이어서 상관으로 연결하지 않음 • CV1과 CV2는 각각 M과 DV에 영향

2.2 구조방정식모델링에서 통제변수의 적용사례

구조방정식모델링을 적용한 선행연구들에서 통제변수의 설정방법에 대한 적용사례를 제시하면 다음과 같다.

(1) 우종필(2015)의 연구

우종필(2015)은 학술지인 유통연구에 게재된 '구조방정식모델에서 통제변수를 사용한 연구모델의 분석: 채널연구에 힘, 만족, 장기지향성을 중심으로'라는 논문을 통해서 통제변수를 사용한 구조방정식모델링을 하였다. 그가 제시한 **연구모형과 통제변수가 포함되지 않은 모형**은 [그림 12-3]과 같다. 통제변수가 포함되지 않은 모형에 대한 분석 결과 진하게 표시된 단방향 화살표는 통계적인 유의성이 있는 것으로 나타났음을 알 수 있다.

그림 12-3 **우종필(2015)의 통제변수가 포함되지 않은 경우의 모형과 분석 결과**

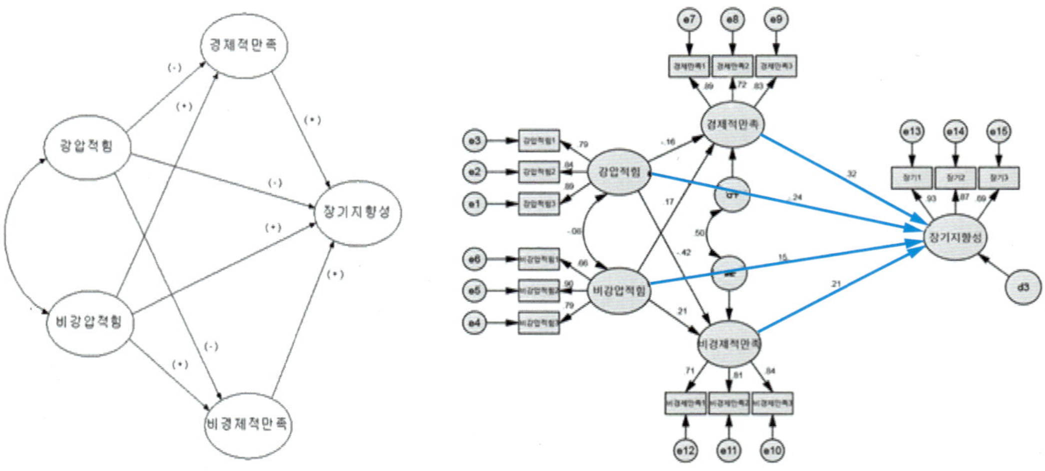

통제변수를 연구모형 속에 포함시켜 분석한 통제변수가 포함된 모형의 분석 결과는 [그림 12-4]와 같다. 통제변수를 포함시키지 않은 분석모형에서는 강압적인 힘, 비강압적인 힘, 경제적 만족, 비경제적 만족이 모두 장기지향성에 유의한 영향을 주었다. 하지만 **통제변수로 브랜드, 거래기간, 매장규모, 직원 수, 매출액**을 포함시킨 분석 결과에서는 **경제적 만족만이 고객지향성**

에 유의한 영향을 주는 것으로 나타났다. 우종필(2015)의 모형에서는 통제변수가 매개변수와 종속변수에 영향을 주며, 외생독립변수와는 무상관한 외생변수로 포함되었다. 이러한 이유로 통제변수들은 외생독립변수들과 상관(↔)으로 연결하지 않았다. 또한 통제변수들이 매개변수인 경제만족과 비경제만족에 영향을 주며 종속변수인 장기지향성에도 동시에 영향을 주는 것으로 설정하였다.

▶ 그림 12-4 ▌ 우종필(2015)의 통제변수가 포함된 경우의 분석 결과

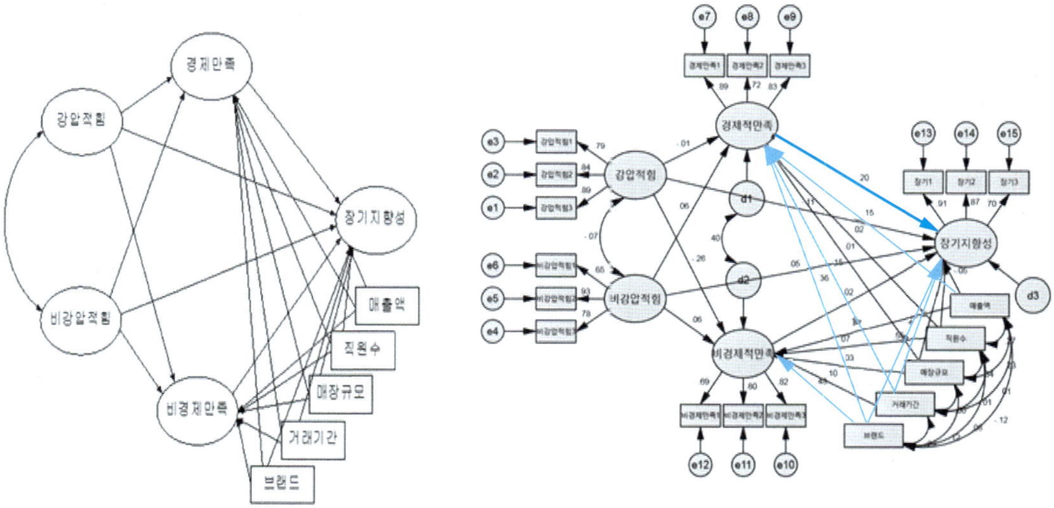

(2) 김영미(2016)의 연구

김영미(2016)는 한국콘텐츠학회논문지에 게재한 '청소년의 폭력피해경험과 인권의식: 우울과 자기인권평가의 매개효과'라는 논문에서 통제변수를 사용한 구조방정식모델링을 하였다. [그림 12-5]에 제시된 것처럼 독립변수인 폭력피해와 통제변수인 인권교육경험 간은 무상관이며, 통제변수가 매개변수인 자기인권평가와 종속변수인 인권의식에 영향을 주는 것으로 설정하였다. 즉 연구자는 통제변수인 인권교육경험은 인권의식에 직접적으로 영향을 미칠 뿐만 아니라 자기인권평가의 인지과정을 통해 인권의식에 영향을 줄 것이라고 보았다. 분석 결과 통제변수인 인권교육경험은 인권의식에 직접적인 효과는 없었고, 자기인권평가의 매개과정을 통해서 인권의식에 간접효과를 가지는 것으로 나타났다.

그림 12-5 김영미(2016)의 통제변수가 포함된 경우의 연구모형

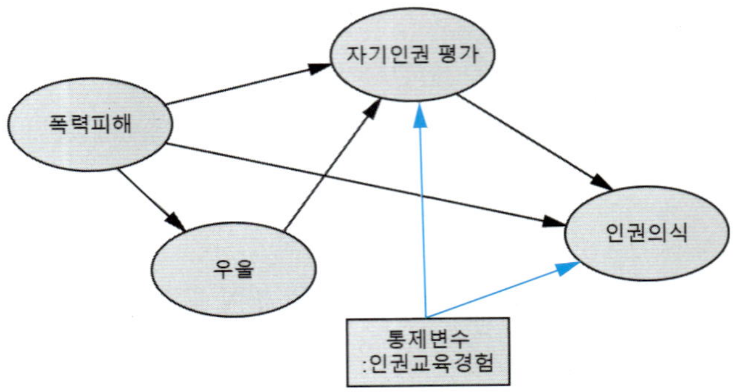

(3) 모지환과 이중섭(2016)의 연구

모지환과 이중섭(2016)은 보건사회연구에 게재된 '환경오염에 대한 인식, 이웃관계, 신체적, 정신적 건강이 노화불안에 미치는 영향: 한국인과 일본인을 중심으로'라는 논문에서 통제변수를 사용한 구조방정식모델링을 하였다.

그림 12-6 모지환과 이중섭(2016)의 통제변수가 포함된 경우의 연구모형

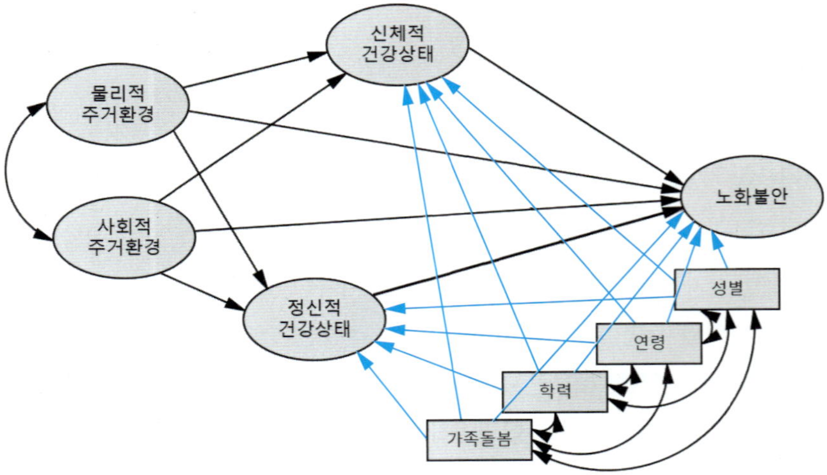

[그림 12-6]에 제시된 것처럼 독립변수인 물리적 주거환경 및 사회적 주거환경폭력과 **통제변수들인 성별, 연령, 학력, 가족돌봄** 간은 무상관이며, **통제변수가 매개변수인 신체적 건강상태와 정신적 건강상태 그리고 종속변수인 노화불안에 영향을 주는 것**으로 설정하였다. 통제변수에 대한 가설로는 '성별, 연령, 학력, 가족돌봄은 신체적 건강상태, 정신적 건강상태, 노화불안 간의 관계에 통제 영향을 미칠 것이다'로 설정되었다. 분석 결과 가족돌봄 여부를 포함한 인구통계학적 변수를 통제변수로 투입한 주거환경과 노화불안 간의 경로에서는 통제변수 투입 이후 사회적 주거환경이 노화불안에 유의미한 영향을 미치던 것이 기각된 것 이외에는 통제변수 투입 이전의 인과관계의 경로와 유사한 것으로 나타났다.

(4) 정병호와 모지환(2015)의 연구

정병호와 모지환(2015)은 부동산학보에 게재된 '주거특성이 주거만족도와 주거가치관에 미치는 영향에 관한 연구'라는 논문에서 통제변수를 사용한 구조방정식모델링을 하였다.

그림 12-7 ▌ 정병호와 모지환(2015)의 통제변수가 포함된 경우의 연구모형

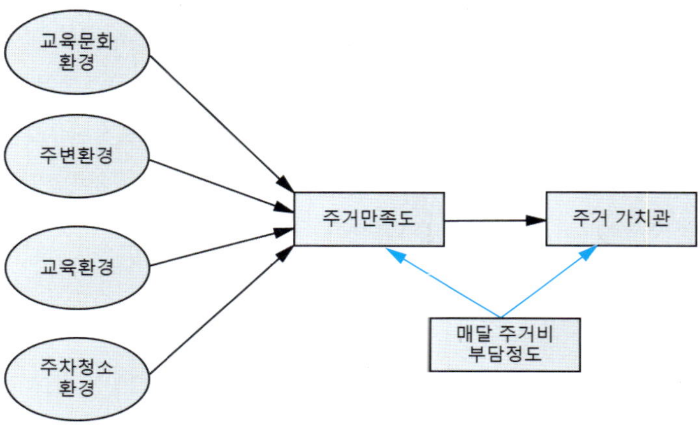

[그림 12-7]에 제시된 것처럼 **독립변수인 교통문화환경, 주변환경, 교육환경, 주차청소환경과 통제변수인 매달 주거비 부담 정도** 간의 관계는 무상관이며, **통제변수가 매개변수인 주거만족도와 종속변수인 주거가치관에 영향을 주는 것**으로 설정하였다. 분석 결과 통제변수인 매월 주거비부담 정도는 주거만족도와 주거가치관에 모두 영향을 미치는 것으로 나타났다.

(5) 권혁인과 윤홍권(2020)의 연구

권혁인과 윤홍권(2020)은 한국여가레크레이션 학회지에 게재된 '주거특성이 주거만족도와 주거가치관에 미치는 영향에 관한 연구'라는 논문에서 통제변수를 사용한 구조방정식모델링을 하였다.

그림 12-8 권혁인과 윤홍권(2021)의 통제변수가 포함된 경우의 연구모형

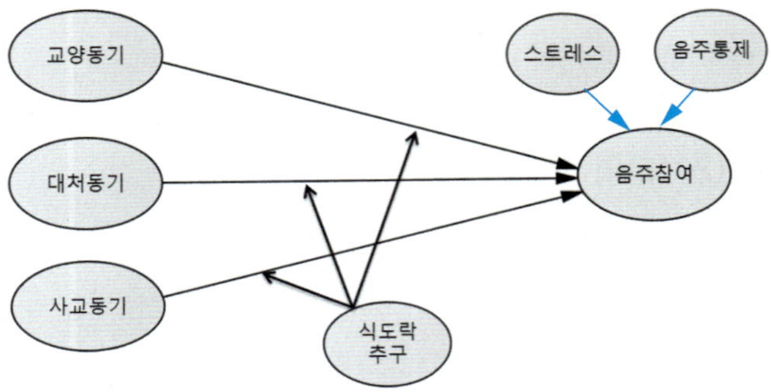

[그림 12-8]에 제시된 것처럼 **독립변수인 교양동기, 대처동기, 사교동기와 통제변수인 스트레스 및 음주통제** 간의 관계는 무상관이며, **통제변수인 스트레스와 음주통제가 종속변수인 음주참여에 영향을 주는 것**으로 설정하였다. 모형에서 식도락 추구는 조절변수로 사용되었다. 분석 결과 통제변수로 검토한 스트레스는 음주참여에 유의미한 영향을 미치지 않았으나 음주통제는 음주참여에 부적으로 영향을 미치는 것으로 나타났다.

(6) 이지혜와 강민주(2019)의 연구

이지혜와 강민주(2019)는 아동학회지에 게재된 '부모자녀관계의 질과 부모의 통제적 양육행동이 중학생의 사이버불링 가해행동에 미치는 영향: 사이버불링 피해경험의 매개효과'라는 논문에서 통제변수를 사용한 구조방정식모델링을 하였다.

그림 12-9 ▌ 이지혜와 강민주(2019)의 통제변수가 포함된 경우의 연구모형

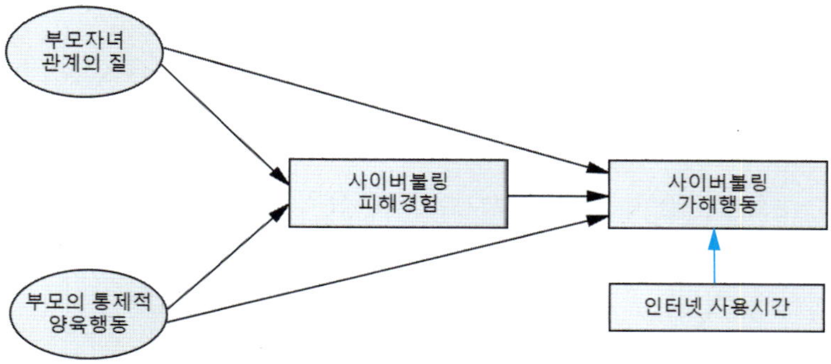

[그림 12-9]에 제시된 것처럼 독립변수인 부모자녀 관계의 질, 부모의 통제적 양육행동은 통제변수인 인터넷 사용시간과 무상관이며, 통제변수인 인터넷 사용시간이 종속변수인 사이버불링 가해행동에 영향을 주는 것으로 설정하였다. 분석 결과 통제변수로 검토한 인터넷 사용시간은 사이버불링 가해행동과 유의한 정적 관계를 갖는 것으로 나타났다. 이는 인터넷 사용을 많이 하는 것과 더 많은 사이버불링 가해행동을 나타내는 것 간에 유의미한 상관관계가 있음을 의미한다.

(7) 서인석, 이재원 및 정원희(2019)의 연구

서인석, 이재원 및 정원희(2019)는 한국지방행정학보에 게재된 '공공문화시설과 지역애착심의 관계: 여가만족도의 매개효과를 중심으로'라는 논문에서 통제변수를 사용한 구조방정식모델링을 하였다.

[그림 12-10]에 제시된 것처럼 독립변수인 공공문화시설 이용은 통제변수인 성별, 연령, 혼인상태, 소득수준 간과 유상관이며, 통제변수들이 각각 여가만족도, 동호회 참여, 자원봉사에 영향을 주는 것으로 설정하였다. 분석 결과 여가만족은 나이가 들수록 높아지며, 연령이 낮은 층에서 자원봉사활동이 활발하게 이루어졌다. 성별은 동호회에 유의적인 영향을 주었고 여성이 남성보다 낮은 수준을 보였다. 소득수준의 경우 소득이 높을수록 자원봉사활동이 활발하지 않았으며 전반적인 여가만족도가 낮아졌다.

그림 12-10 ▌서인석, 이재원 및 정원희(2019)의 통제변수가 포함된 경우의 모형 설정

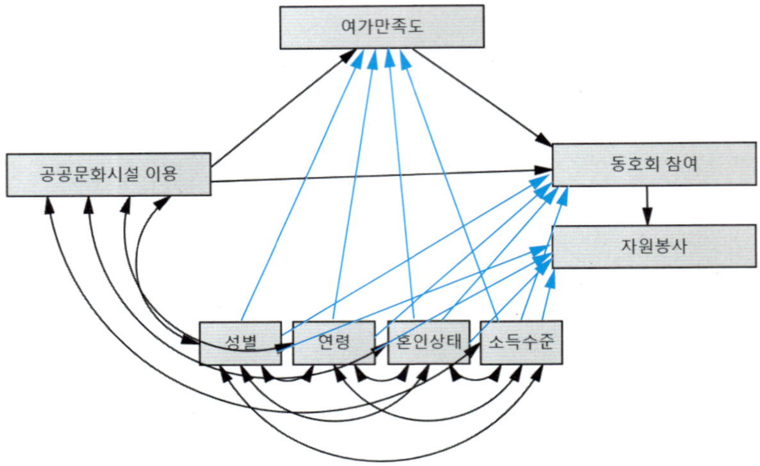

(8) 변찬복과 이홍재(2013)의 연구

변찬복과 이홍재(2013)는 도시행정학보에 게재된 '관광도시 브랜드에 대한 자아일치감과 브랜드 동일시, 라이프스타일 일치감이 브랜드 충성도에 미치는 영향: 해양스포츠 관광도시 방문객을 대상으로'라는 논문에서 통제변수를 사용한 구조방정식모델링을 하였다.

그림 12-11 ▌변찬복과 이홍재(2013)의 통제변수가 포함된 경우의 모형 설정

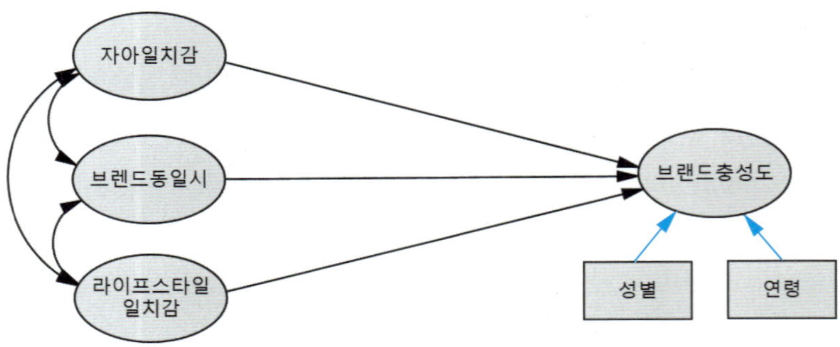

[그림 12-11]에 제시된 것처럼 독립변수인 자아일치감, 브랜드 동일시, 라이프스타일 일치감과 무상관이며, 통제변수들인 성별과 연령이 종속변수인 관광도시 브랜드충성도에 영향을 주는 것으로 설정하였다. 분석 결과 통제변수인 연령은 관광도시 브랜드충성도에 부적으로 영향을 주는 것으로 나타났으며(B=0.053, $p<0.05$), 성별은 영향을 주지 않은 것으로 나타났다(B=−0.083, $p>0.05$).

표 12-6 가설검증 결과

가설(경로)		비표준화 회귀계수	표준화 회귀계수	S.E.	t값	p값	검증 결과
〈가설 1〉 자아일치감 → 관광도시 브랜드충성도		0.214	0.167	0.106	2.015*	0.044	채택
〈가설 2〉 브랜드 동일시 → 관광도시 브랜드충성도		0.247	0.285	0.052	4.793***	0.000	채택
〈가설 3〉 라이프스타일 일치감 → 관광도시 브랜드충성도		0.532	0.495	0.094	5.648***	0.000	채택
통제변수	성별	0.053	0.036	0.070	0.754	0.451	−
	연령	−0.083	−0.122	0.033	−2.513*	0.012	−

【주】 *$p<0.05$, ***$p<0.001$

3 구조방정식모형에서 통제변수의 사용 실습

통계실습 12-1 통제변수의 사용 실습 (1): 독립변수 유상관 외생변수 2개

다음의 [스마트폰 사용의도 모델1]에서 독립변수 유상관 외생변수를 가지고 통제변수를 설정하는 방법을 실습하시오. 통제변수는 독립변수와 상관관계가 있는 유상관 외생변수 2개로 성별 [GENDER]와 연령 [AGE]이다. 단 데이터 파일은 [제5부 통제효과분석 데이터1(제12장)]을 이용한다. FA는 스마트폰의 기능적 속성, PU는 지각된 유용성, PP는 지각된 유희성, AI는 사용의도를 말한다. 통제변수인 성별은 1과 0으로 코딩된 변수이며, 연령은 연속형 변수이다.

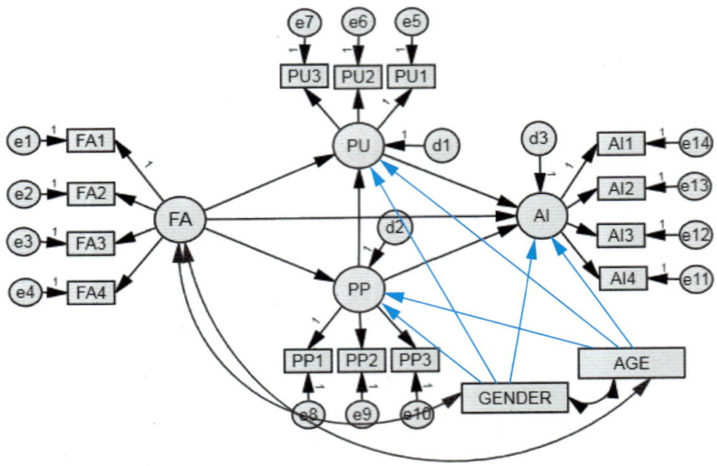

실습 따라하기

❶ Amos에서 [파일-열기-데이터]로 들어간 후 [제5부 통제효과 매개효과 및 조절효과분석(제12장-제15장)-제5부 통계분석] 폴더 안에 있는 파일인 [제5부 스마트폰 사용의도 모델1(제12장)]을 불러들인다. 이미 데이터 파일은 모델과 연결되어 있어서 별도의 작업이 필요 없으나 연결되어 있지 않았다면 왼쪽 툴박스에 있는 ▦을 클릭해 연결한다.

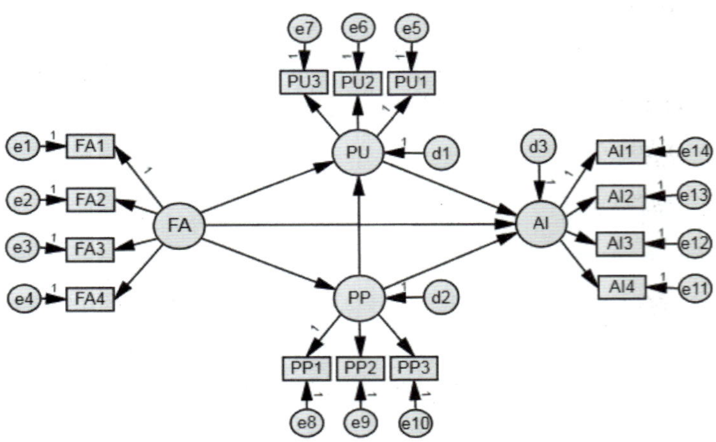

❷ 제5부 스마트폰 사용의도 모델1(제12장)]에 대한 연구변수의 신뢰도와 타당도분석은 생략한다. ① 통제변수인 [GENDER]와 [AGE]가 연구변수들인 PU, PP, AI에 영향을 주는 것으로 설정하고, ② 독립 유상관 외생변수를 가정하고 있으므로 독립변수와 통제변수들 간을 상관(↔)으로 연결한다. 사용의도 모델1에 통제변수를 추가하여 설정한 후에는 [제5부 통계분석] 폴더에 [통계실습 12-1 스마트폰 사용의도 모델1(성별과 연령의 통제변스 설정)]으로 저장한다.

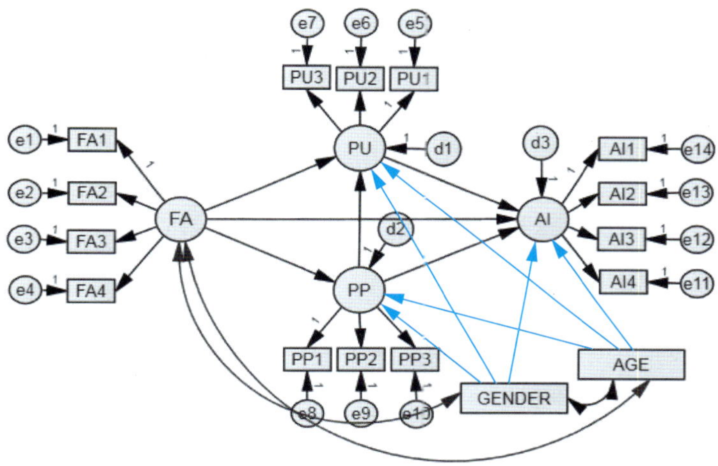

❸ 왼쪽 툴박스에 있는 [아이콘]을 클릭해 실행한다.

[통계실습 12-1]을 실행한 결과는 [표 12-7]과 같다. 통제변수인 성별은 PU, PP, AI에 유의한 영향을 주지 않았으며 연령은 PP에는 유의한 영향을 주었으나 PU와 AI에는 영향을 미치지 않았다.

표 12-7 스마트폰 사용의도 모델1의 통제변수가 포함된 경우의 실행 결과

Regression Weights: (Group number 1 - Default model)

			Estimate	S.E.	C.R.	P	Label
PP	<---	FA	.647	.067	9.608	***	
PP	<---	GENDER	-.072	.096	-.747	.455	
PP	<---	AGE	.044	.022	2.024	.043	
PU	<---	FA	.375	.083	4.525	***	
PU	<---	PP	.404	.076	5.349	***	
PU	<---	GENDER	.011	.096	.116	.908	
PU	<---	AGE	.043	.022	1.927	.054	
AI	<---	PU	.278	.084	3.297	***	
AI	<---	PP	.345	.085	4.055	***	
AI	<---	FA	.340	.092	3.678	***	
AI	<---	AGE	.040	.024	1.703	.089	
AI	<---	GENDER	-.163	.102	-1.601	.109	

표 12-8 스마트폰 사용의도 모델1의 가설검증 결과: 통제변수가 2개인 경우

가설(경로)		비표준화 회귀계수	S.E.	t값	p값	검증 결과
FA → PU		0.375	0.083	4.525***	0.000	채택
FA → PP		0.647	0.067	9.608***	0.000	채택
FA → AI		0.340	0.092	3.678***	0.000	채택
PP → PU		0.404	0.076	5.349***	0.000	채택
PP → AI		0.345	0.085	4.055***	0.000	채택
PU → AI		0.278	0.084	3.297***	0.000	채택
통제변수	GENDER → PP	−0.072	0.096	−0.747	0.455	−
	GENDER → PU	0.011	0.096	0.116	0.908	−
	GENDER → AI	−0.163	0.102	−1.601	0.109	−
	AGE → PP	0.044	0.022	2.024*	0.043	−
	AGE → PU	0.043	0.022	1.927	0.054	−
	AGE → AI	0.040	0.024	1.703	0.089	−

【주】 *p<0.05, ***p<0.001

통계실습 **12-2**

통제변수의 사용 실습 (2): 독립변수 유상관 외생변수 1개

다음의 [스마트폰 사용의도 모델2]에서 독립변수 유상관 외생변수를 가지고 통제변수를 설정하는 방법을 실습하시오. 통제변수는 독립변수와 상관관계가 있는 유상관 외생변수 1개로 연령 [AGE]이다. 단, 데이터 파일은 [제5부 통제효과분석 데이터1(제12장)]을 이용한다. FA는 스마트폰의 기능적 속성, PU는 지각된 유용성, PP는 지각된 유희성, AI는 사용의도를 말한다. 통제변수인 연령은 연속형 변수이다.

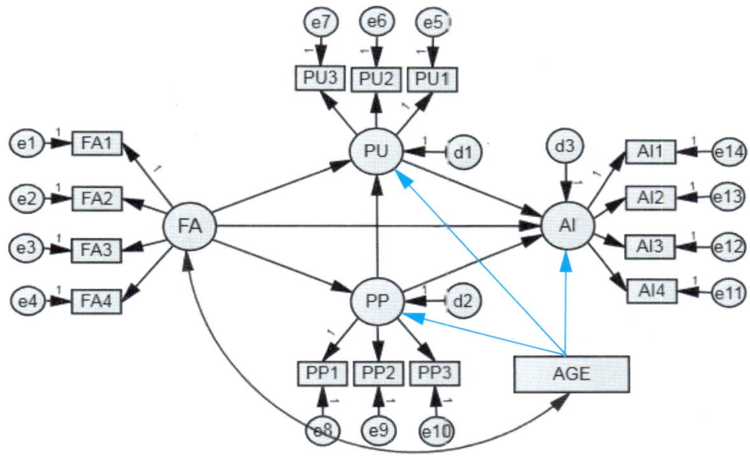

실습 따라하기

❶ Amos에서 [제5부 통제효과 매개효과 및 조절효과분석(제12장–제15장)–제5부 통계분석] 폴더 안에 있는 파일인 [제5부 스마트폰 사용의도 모델2(제12장)]을 불러들인다. 이미 데이터 파일은 모델과 연결되어 있어서 별도의 작업이 필요 없으나 연결되어 있지 않았다면 왼쪽 툴박스에 있는  을 클릭해 연결한다.

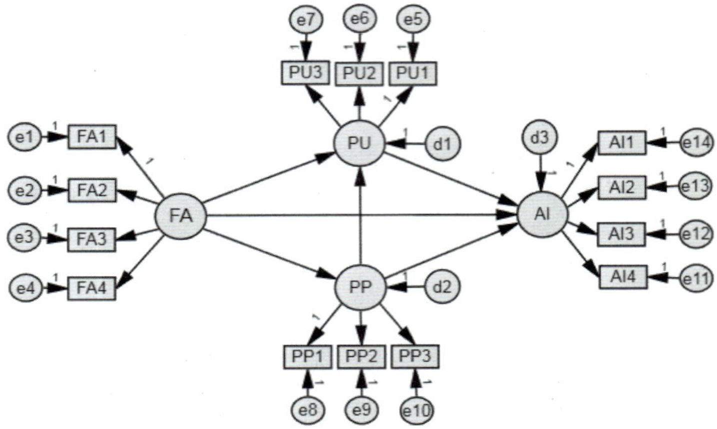

❷ [제5부 스마트폰 사용의도 모델2(제12장)]에 대한 연구변수의 신뢰도와 타당도분석은 생략한다. ① 통제변수인 [AGE]가 연구변수들인 PU, PP, AI에 영향을 주는 것으로 설정하고, ② 독립 유상관 외생변수를 가정하고 있으므로 독립변수와 통제변수들 간을 상관(↔)으로 연결한다. 사용의도 모델2에 통제변수를 추가하여 설정한 후에는 [제5부 통계분석] 폴더에 [통계실습 12-2 스마트폰 사용의도 모델2(연령의 통제변수 설정)]으로 저장한다.

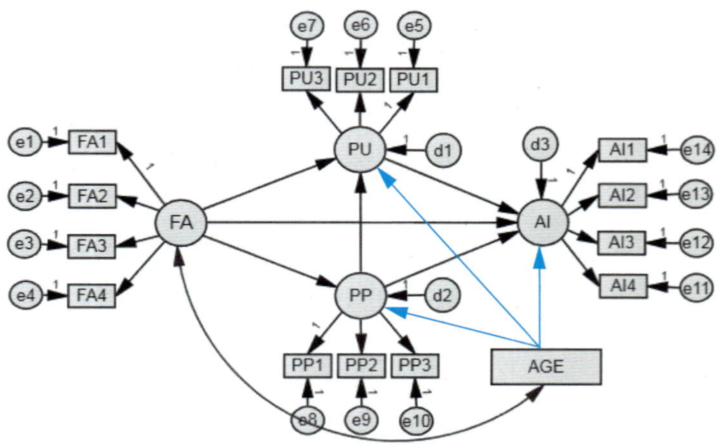

❸ 왼쪽 툴박스에 있는 [아이콘]을 클릭해 실행한다.

[통계실습 12-2]를 실행한 결과는 [표 12-9]와 같다. 통제변수인 연령은 PU에는 유의한 영향을 주었으나 PP와 AI에는 영향을 미치지 않았다.

표 12-9 스마트폰 사용의도 모델2의 통제변수가 포함된 경우의 실행 결과

Regression Weights: (Group number 1 - Default model)

			Estimate	S.E.	C.R.	P	Label
PP	<---	FA	.647	.067	9.598	***	
PP	<---	AGE	.038	.020	1.880	.060	
PU	<---	FA	.375	.083	4.531	***	
PU	<---	PP	.404	.076	5.352	***	
PU	<---	AGE	.044	.021	2.135	.033	
AI	<---	PU	.277	.084	3.280	.001	
AI	<---	PP	.350	.085	4.101	***	
AI	<---	FA	.336	.093	3.627	***	
AI	<---	AGE	.026	.022	1.176	.240	

통계실습 12-3 통제변수의 사용 실습 (3): 독립변수 무상관 외생변수 2개

다음의 [스마트폰 사용의도 모델3]에서 독립변수 무상관 외생변수를 가지고 통제변수를 설정하는 방법을 실습하시오. 통제변수는 독립변수와 상관관계가 없는 무상관 외생변수 2개로 성별 [GENDER]와 연령 [AGE]이다. 단 데이터 파일은 [제5부 통제효과분석 데이터1(제12장)]을 이용한다. FA는 스마트폰의 기능적 속성, PU는 지각된 유용성, PP는 지각된 유희성, AI는 사용의도를 말한다. 통제변수인 성별은 1과 0으로 코딩된 변수이며, 연령은 연속형 변수이다.

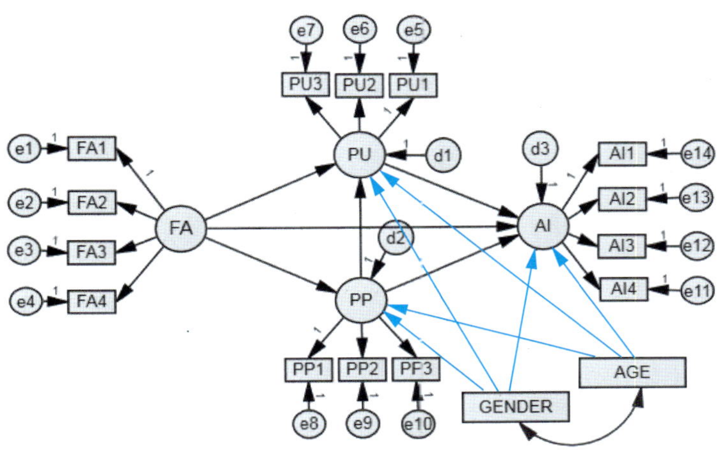

실습 따라하기

❶ Amos에서 [파일-열기-데이터]로 들어간 후 [제5부 통제효과 매개효과 및 조절효과분석(제12장-제15장)-제5부 통계분석] 폴더 안에 있는 파일인 [제5부 스마트폰 사용의도 모델3(제12장)]을 불러들인다. 이미 데이터 파일은 모델과 연결되어 있어서 별도의 작업이 필요 없으나 연결되어 있지 않았다면 왼쪽 툴박스에 있는 ▦을 클릭해 연결한다.

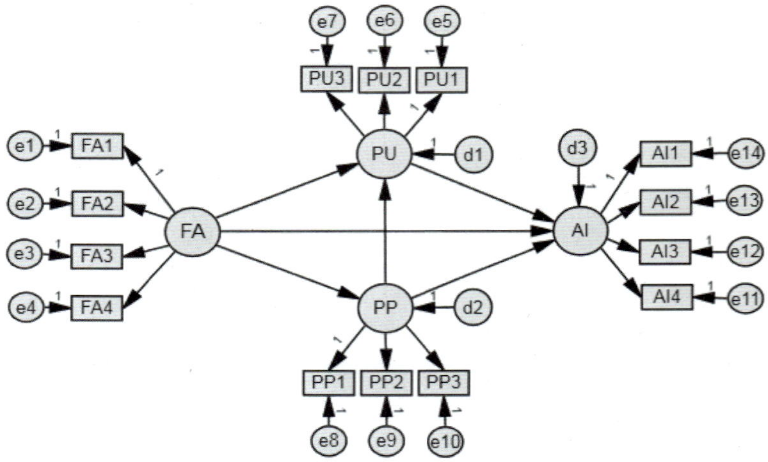

❷ [제5부 스마트폰 사용의도 모델3(제12장)]에 대한 연구변수의 신뢰도와 타당도분석은 생략한다. ① 통제변수인 [GENDER]와 [AGE]가 연구변수들인 PU, PP, AI에 영향을 주는 것으로 설정하고, ② 독립 무상관 외생변수를 가정하고 있으므로 독립변수와 통제변수들 간을 상관(↔)으로 연결하지 않는다. 다만 통제변수 간에는 상관(↔) 연결을 한다. 사용의도 모델3에 통제변수를 추가하여 설정한 후에는 [제5부 통계분석] 폴더에 [통계실습 12-3 스마트폰 사용의도 모델3(성별과 연령의 통제변수 설정)]으로 저장한다.

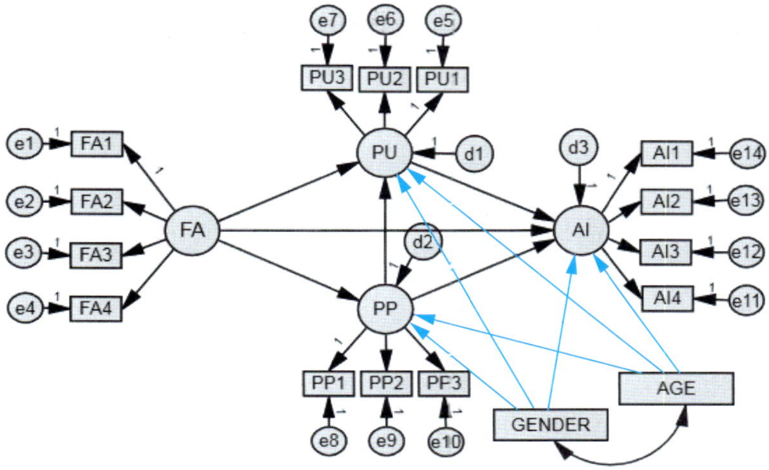

❸ 왼쪽 툴박스에 있는 [아이콘]을 클릭해 실행한다. 그러면 다음과 같은 AMOS Warning 메시지가 나타난다. [Proceed with the analysis]를 클릭해 강제로 실행한다.

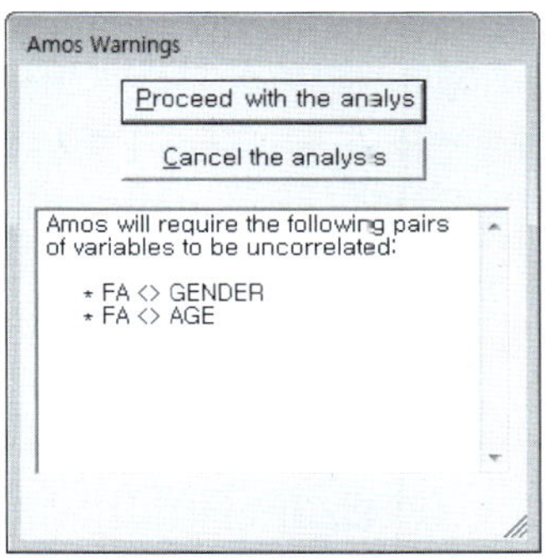

[통계실습 12-3]을 실행한 결과는 [표 12-10]과 같다. 통제변수인 성별은 PU, PP, AI에 유의한 영향을 주지 않았으며 연령은 PP와 PU에는 유의한 영향을 주었으나 AI에는 영향을 미치지 않았다.

▌표 12-10 ▌스마트폰 사용의도 모델3의 통제변수가 포함된 경우의 실행 결과

Regression Weights: (Group number 1 - Default model)

			Estimate	S.E.	C.R.	P	Label
PP	<---	FA	.648	.067	9.639	***	
PP	<---	GENDER	-.072	.095	-.753	.451	
PP	<---	AGE	.048	.022	2.235	.025	
PU	<---	FA	.375	.083	4.540	***	
PU	<---	PP	.405	.076	5.348	***	
PU	<---	GENDER	.011	.096	.115	.908	
PU	<---	AGE	.045	.022	2.042	.041	
AI	<---	PU	.278	.084	3.297	***	
AI	<---	PP	.346	.085	4.058	***	
AI	<---	FA	.340	.092	3.687	***	
AI	<---	AGE	.043	.024	1.796	.072	
AI	<---	GENDER	-.164	.102	-1.604	.109	

통계실습 12-4 통제변수의 사용 실습 (4): 독립변수 무상관 외생변수 1개

다음의 [스마트폰 사용의도 모델4]에서 독립변수 무상관 외생변수를 가지고 통제변수를 설정하는 방법을 실습하시오. 통제변수는 독립변수와 상관관계가 없는 무상관 외생변수 1개로 연령 [AGE]이다. 단 데이터 파일은 [제5부 통제효과분석 데이터1(제12장)]을 이용한다. FA는 스마트폰의 기능적 속성, PU는 지각된 유용성, PP는 지각된 유희성, AI는 사용의도를 말한다. 통제변수인 연령은 연속형 변수이다.

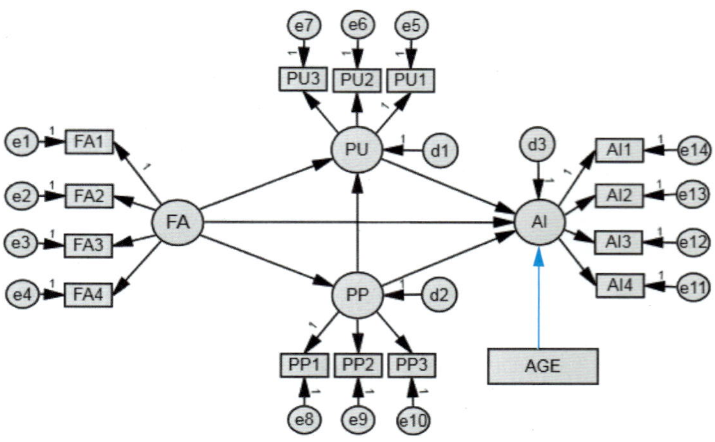

실습 따라하기

❶ Amos에서 [파일-열기-데이터]로 들어간 후 [제5부 통제효과 매개효과 및 조절효과분석(제12장-제15장)-제5부 통계분석] 폴더 안에 있는 파일인 [제5부 스마트폰 사용의도 모델4(제12장)]을 불러들인다. 이미 데이터 파일은 모델과 연결되어 있어서 별도의 작업이 필요 없으나 연결되어 있지 않았다면 왼쪽 툴박스에 있는 [아이콘]을 클릭해 연결한다.

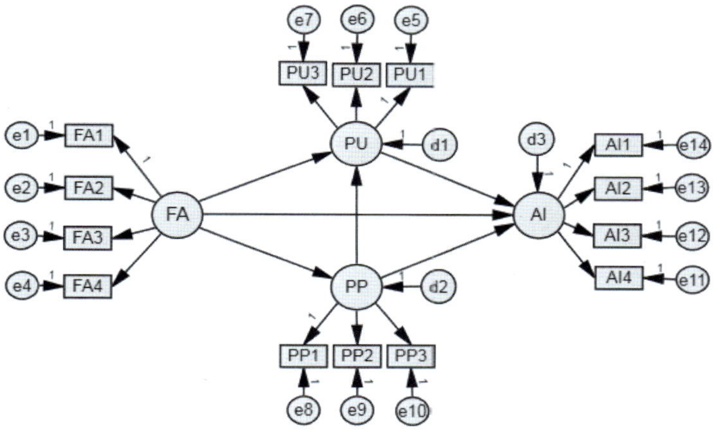

❷ [제5부 스마트폰 사용의도 모델4(제12장)]에 대한 연구변수의 신뢰도와 타당도분석은 생략한다. ① 통제변수인 [AGE]가 연구변수인 AI에 영향을 주는 것으로 설정하고, ② 독립 무상관 외생변수를 가정하고 있으므로 독립변수와 통제변수들 간을 상관(↔)으로 연결하지 않는다. 사용의도 모델4에 통제변수를 추가하여 설정한 후에는 [제5부 통계분석] 폴더에 [통계실습 12-4 스마트폰 사용의도 모델4(연령의 통제변수 설정)]으로 저장한다.

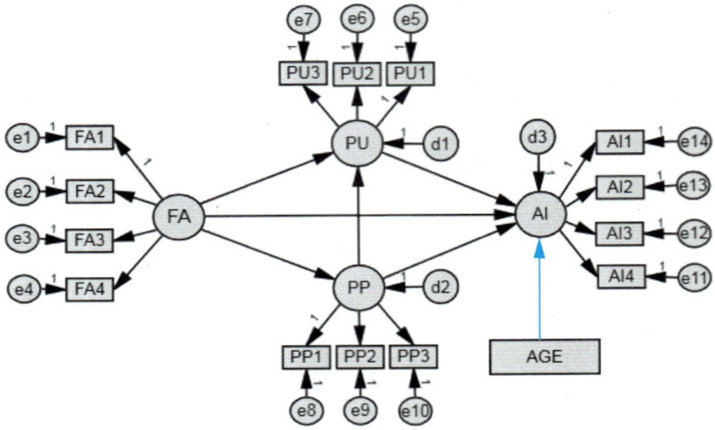

❸ 왼쪽 툴박스에 있는 [아이콘]을 클릭해 실행한다. 그러면 AMOS Warning 메시지가 나타난다. [Proceed with the analysis]를 클릭해 강제로 실행한다.

[통계실습 12-4]를 실행한 결과는 [표 12-11]과 같다. 통제변수인 연령은 AI에 유의한 영향을 미치지 않았다.

표 12-11 스마트폰 사용의도 모델4의 통제변수가 포함된 경우의 실행 결과

Regression Weights: (Group number 1 - Default model)

			Estimate	S.E.	C.R.	P	Label
PP	<---	FA	.661	.068	9.772	***	
PU	<---	FA	.380	.084	4.546	***	
PU	<---	PP	.421	.076	5.550	***	
AI	<---	PU	.275	.084	3.293	***	
AI	<---	PP	.349	.085	4.095	***	
AI	<---	FA	.336	.093	3.629	***	
AI	<---	AGE	.030	.021	1.388	.165	

통계실습 12-5 통제변수의 사용 실습 (5): 독립변수 무상관 외생변수 2개

다음의 [통계실습 12-5 천체관광 재방문의도 경로모델]에서 독립변수 무상관 외생변수를 가지고 통제변수를 설정하는 방법을 실습하시오. 통제변수는 독립변수와 상관관계가 없는 무상관 외생변수 2개로 [망원경보유 여부]와 [연령]이다. 단 데이터 파일은 [제5부 통제효과분석 데이터2(제12장)]을 이용한다. 독립변수는 교육적동기, 일탈적동기, 오락적동기, 지역문화체험동기로 모두 연속형 변수이며 각각 1개의 관측변수를 가지고 있다. 종속변수는 재방문의도로 연속형 변수이며 1개 측정변수로 구성되어 있다. 망원경보유 여부는 있으면 1, 없으면 0으로 코딩되어 있는 변수이며, 연령은 연속형 변수이다.

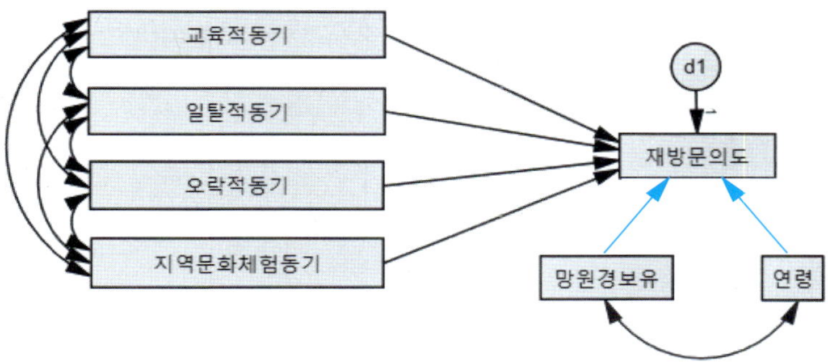

실습 따라하기

❶ Amos에서 [파일-열기-데이터]로 들어간 후 [제5부 통제효과 매개효과 및 조절효과분석(제12장-제15장)-제5부 통계분석] 폴더 안에 있는 파일인 [통계실습 12-5 제5부 천체관광 재방문의도 경로모델(제12장)]을 불러들인다. 이미 데이터 파일은 모델과 연결되어 있어서 별도의 작업이 필요 없으나 연결되어 있지 않았다면 왼쪽 툴박스에 있는 ▦을 클릭해 연결한다.

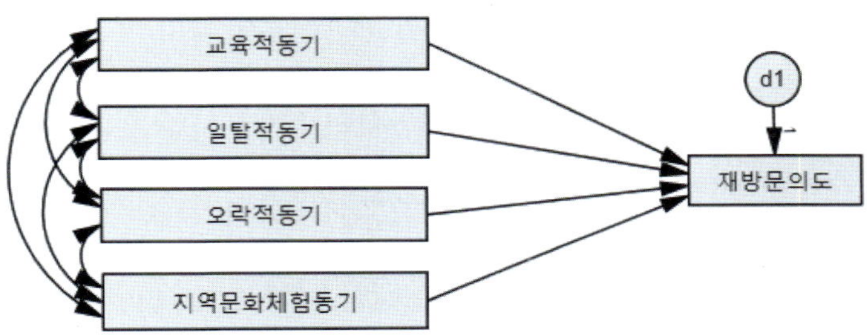

❷ [통계실습 12-5 제5부 천체관광 재방문의도 경로모델(제12장)]에 대한 연구변수의 신뢰도와 타당도분석은 생략한다. ① 통제변수인 [망원경보유]와 [연령]이 종속변수인 재방문의도에 영향을 주는 것으로 설정하고 ② 독립 무상관 외생변수를 가정하고 있으므로 독립변수와 통제변수들 간을 상관(↔)으로 연결하지 않는다. 재방문의도 경로모델에 통제변수를 추가하여 설정한 후에는 [제5부 통계분석] 폴더에 [통계실습 12-5 제5부 천체관광 재방문의도 경로모델(망원경보유와 연령의 통제변수 설정)]으로 저장한다.

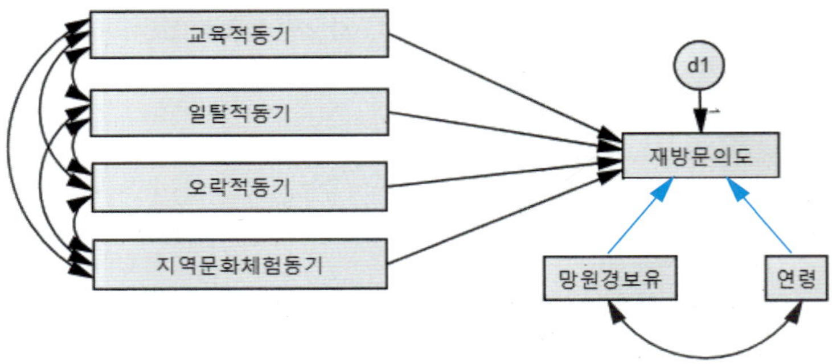

❸ 왼쪽 툴박스에 있는 을 클릭해 실행한다. 그러면 AMOS Warning 메시지가 나타난다. [Proceed with the analysis]를 클릭해 강제로 실행한다.

[통계실습 12-5]를 실행한 결과는 [표 12-12]와 같다. 통제변수인 망원경보유 여부와 연령은 모두 종속변수인 재방문의도에 유의한 영향을 미쳤다.

▌표 12-12 ▌천체관광 재방문의도 경로모형의 통제변수가 포함된 경우의 실행 결과

Regression Weights: (Group number 1 - Default model)

			Estimate	S.E.	C.R.	P	Label
재방문의도	<---	교육적동기	.285	.063	4.516	***	
재방문의도	<---	오락적동기	.126	.059	2.124	.034	
재방문의도	<---	지역문화체험동기	-.047	.032	-1.470	.142	
재방문의도	<---	망원경보유	.269	.074	3.641	***	
재방문의도	<---	연령	.005	.002	2.127	.033	
재방문의도	<---	일탈적동기	.354	.053	6.747	***	

제12장의 핵심내용 요약

- 통제(Control)란 연구자가 설정한 연구가설 외의 다른 설명들을 제거하기 위한 노력의 하나로 외생변수가 초래할 수 있는 좋지 못한 영향을 제거하는 활동을 말한다. 일반적으로 연구들에서 사용되고 있는 통제방법에는 ① 제거(Elimination), ② 무작위화(Randomization), ③ 균형화(Matching), ④ 통제변수의 사용방법(Use of control variable) 등이 사용된다.
- 설문조사연구에서는 연구자들이 타당성 있는 연구 결과를 얻기 위해서 통제변수(Control variable)의 도입과 같은 통계적인 통제방법을 사용해 외생변수들을 통제하고 있다.
- 통제변수(Control variable)란 외생변수의 하나로 독립변수와 종속변수 간의 인과관계에 영향을 주는 제3의 변수 중에서 연구자가 통제하려는 변수를 말한다.
- 외생변수(Exogenous variable, or Extraneous variable)를 '종속변수에 영향을 미치는 원인변수 중에서 독립변수를 제외한 모든 다른 변수'를 의미한다고 정의한 후 외생변수를 두 차원으로 구분한다. 독립변수와의 관계에서 '상관성(Correlation)' 여부를 한 차원으로 하여 '독립변수와 무상관(無相關) 외생변수'와 '독립변수와 유상관(有相關) 외생변수'로 구분할 수 있다.
- 통제변수를 사용하는 이유는 제3의 변수가 독립변수와 종속변수 간의 인과관계에 미치는 영향력을 통제함으로써 독립변수와 종속변수 간의 순수한 인과관계(직접효과)를 파악하기 위한 것이다.
- 구조방정식모델링에서 통제변수의 사용이 필요한 이유는 동치모형(Equivalent model)이 존재하거나 종속변수에 영향을 주는 중요한 관련 변수들이 누락될 수 있는 가능성(Omitted variables)이 있기 때문이다.
- 통제변수는 선행연구를 기초로 사용하는 것이 바람직하며 독립변수 및 종속변수와 관련성이 있어야 한다.
- 통제변수로 사용되려면 단지 형식적으로 집어넣는 부분이라기보다는 이론적인 정당성이나 실증적인 증거가 있어야 하며, 연구자의 합리적인 추론에 의해 선택되어야 한다.
- 통제변수가 범주형 변수(Categorical variables)라면 더미변수로 만든 후에 연구모형 속에 포함시켜야 한다.

참고문헌

권혁인, 윤홍권. (2020). 음주동기와 음주참여의 관계에서 쾌락적 소비의 개념 적용과 식도락 추구의 조절효과 탐색. *한국여가레크리에이션학회지*, 44(1), 1-13.

김영미. (2016). 청소년의 폭력피해경험과 인권의식: 우울과 자기인권평가의 매개효과. *한국콘텐츠학회논문지*, 16(12), 267-280.

모지환, 이중섭. (2016). 환경오염에 대한 인식, 이웃관계, 신체적, 정신적 건강이 노화불안에 미치는 영향: 한국인과 일본인을 중심으로. *보건사회연구*, 36(2), 90-120.

박원우, 고동운, 윤은성. (2010). 연구의 인과성 제고: 통제변수의 의의, 활용 현상 분석 및 제언. *노사관계연구*, 21, 1-49.

배병렬. (2021). Amos 27 구조방정식모델링. 도서출판 청람.

변찬복, 이홍재. (2013). 관광도시 브랜드에 대한 자아일치감과 브랜드 동일시, 라이프스타일 일치감이 브랜드 충성도에 미치는 영향: 해양스포츠 관광도시 방문객을 대상으로. *도시행정학보*, 26(3), 245-266.

서인석, 이재원, 정원희. (2019). 공공문화시설과 지역애착심의 관계: 여가만족도의 매개효과를 중심으로. *한국지방행정학회보*, 16(1), 101-122.

신건권. (2023). 석박사학위와 학술논문 작성 중심의 SmartPLS 4.0 구조방정식모델링. 도서출판 청람.

신건권. (2023). 석박사학위와 학술논문 작성 중심의 SPSS 29 논문통계분석. 도서출판 청람.

신건권. (2023). SPSS 29와 PROCESS macro 4.0을 이용한 회귀분석 따라하기. 도서출판 청람.

우종필. (2015). 구조방정식모델에서 통제변수를 사용한 연구모델의 분석: 채널연구에 힘, 만족, 장기지향성을 중심으로. *유통연구*, 20(3), 43-62.

이지혜, 강민주. (2019). 부모자녀관계의 질과 부모의 통제적 양육행동이 중학생의 사이버불링 가해행동에 미치는 영향: 사이버불링 피해경험의 매개효과. *아동학회지*, 40(1), 69-83.

정병호, 정재호. (2015). 주거특성이 주거만족도와 주거가치관에 미치는 영향에 관한 연구. *부동산학보*, 63(19), 256-267.

Schjoedt, L., & Bird, B. (2014). Control variables: Use, misuse and recommended use. In *Handbook of Research Methods and Applications in Entrepreneurship and Small Business* (136-155). Edward Elgar Publishing.

제13장 매개효과분석

1 매개회귀분석

1.1 매개회귀분석의 개념과 필요성

매개회귀분석(Mediated regression analysis, or Mediation analysis using multiple regression)은 독립변수와 종속변수 사이에서 매개적 역할을 하는 매개변수가 개입되는 경우에 사용되는 다중회귀분석 방법이다.

그림 13-1 기본적인 매개모형의 구조: 단순매개모형

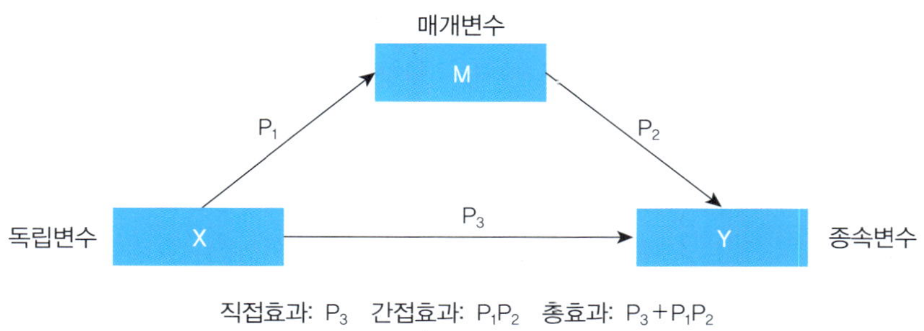

[그림 13-1]은 단순매개모형(Simple mediation model)을 제시한 것이다. 모형에서 X는 독립변수, M은 매개변수, Y는 종속변수이다. X가 Y에 미치는 영향에 대한 단순회귀분석을 통해 얻은 P_3은 직접효과(Direct effect)이다. X가 M에 미치는 영향에 대한 단순회귀분석을 통해 얻은 회귀계수 P_1과 M이 Y에 미치는 영향에 대한 단순회귀분석을 통해 얻은 회귀계수 P_2의 곱

(product)인 $P_1 \times P_2 = P_1 P_2$는 간접효과(Indirect effect)이다.

> 총효과(Total effect)=직접효과(Direct effect)+간접효과(Indirect effect)
> 총효과=$P_3 + P_1 P_2$

- 매개변수(Mediator, or Mediating variable)란 독립변수와 종속변수 간의 관계를 설명하기 위해 중간에 개입하는 제3의 변수를 말한다. 이는 독립변수와 종속변수 간의 인과관계를 조금 더 자세히 설명하고자 하는 경우에 필요한 변수로 독립변수와 종속변수 간의 연결 역할(Linking role)을 하는 변수이다.
- 연구자들에게 있어서 매개변수와 조절변수를 구분하는 것은 중요하다. 독립변수와 매개변수, 매개변수와 종속변수 간에 높은 상관관계(High correlation)가 존재하면 매개변수일 가능성이 높으며, 낮은 상관관계(Low correlation)가 존재하면 조절변수일 가능성이 높다. 특히 매개변수와 종속변수 간의 상관관계가 높아야 검증력(Power)을 높일 수 있고 매개효과가 존재할 가능성이 높아진다.
- 매개효과분석(Mediation analysis, or Mediating effect analysis)이란 독립변수와 종속변수의 관계에서 개입되는 매개변수가 매개효과를 가지는지를 검증하는 것을 말한다. 매개효과(Mediation effect)는 독립변수와 종속변수 간에 매개변수가 개입될 때 발생된다. 독립변수가 매개변수에 미치는 영향을 분석한 결과로 얻은 회귀계수(P_1)와 매개변수가 종속변수에 미치는 영향을 분석한 결과로 얻은 회귀계수(P_2)의 곱($P_1 \times P_2 = P_1 P_2$)을 간접효과(Indirect effect)라 하며, 이 간접효과의 크기가 통계적으로 유의하면 매개효과가 있다고 해석하고, 비유의적이면 매개효과가 없다고 해석한다.
- 연구자들은 매개모형을 구축하기 위해서 선행연구들을 검토해야 한다. 예컨대 어떤 선행연구들에서 X가 M에 영향을 미친다(X → M)는 연구들이 있었고 다른 선행연구들에서 M이 Y에 영향을 미친다(M → Y)는 결과가 있었다면 이를 결합시켜 [X → M → Y]라는 매개모형을 구축할 수 있다. 또 다른 선행연구들에서 X가 Y에 영향을 미친다는 연구 결과들이 있었다면 [그림 13-1]과 같은 단순매개모형을 만들 수 있을 것이다. 좀 더 구체적으로 실례를 들어보면 스트레스라는 변수가 불안이라는 변수에 영향

을 미친다(스트레스 → 불안)는 연구 결과와 불안이 우울에 유의한 영향을 미친다(불안 → 우울)는 연구 결과가 보고되었다면 연구자들은 이들 변수 간의 관계를 결합하여 스트레스가 불안에 영향을 주고 다시 불안이 우울에 영향을 준다는 매개모형(스트레스 → 불안 → 우울)을 구축할 수 있게 된다.

논문을 작성하기 위해서 연구자들은 기존의 연구와 이론의 통합 과정을 통해서 변수들 간의 관계를 결합시켜 연구가설을 설정하고 필요한 데이터를 수집한 후 통계적 가설검증을 수행하게 된다. 특히 매개모형의 구축 시 중요한 것은 독립변수와 종속변수 간의 인과관계 메커니즘을 발견하는 것이다. 예컨대 독립변수와 종속변수 간의 관계에서 단일 매개변수 찾기, 다중 매개변수 찾기, 이중 매개변수 찾기 등에 대한 지속적인 탐색이 필요하다.

연구자들은 매개모형의 구축과정과 매개효과분석을 통해 얻은 분석 결과를 토대로 연구 결과에 대한 학문적 시사점(Academic implication)과 실무적 시사점(Practical implication)을 명확하게 제시해야 한다. 먼저, 매개모형 구축과정에서 발견한 새로운 매개변수에 대한 학문적 의의를 논문에 제시해야 한다. 다음으로, 종속변수에 대한 관리 측면에서 현장문제해결을 위한 실무적 시사점을 제언해야 한다. 예컨대 만약 매개효과분석을 통해 완전매개효과가 발견된 경우에는 우울의 문제를 중재하기 위해서 연구 대상자들의 불안을 관리할 수 있는 대안들을 제시해야 한다. 부분매개효과가 발견된 경우에는 우울을 효과적으로 관리하기 위해서 스트레스와 불안을 동시에 관리할 수 있는 방안을 제시해야 한다.

1.2 매개회귀분석의 적용 상황과 가설

매개회귀분석은 독립변수, 매개변수 및 종속변수로 연속형 변수와 범주형 변수가 모두 적용가능하다. 다만 범주형 변수가 독립변수와 매개변수로 사용되는 경우에는 해당 변수를 더미변수로 변환한 후에 회귀분석에 투입해야 한다. 매개회귀분석 방법으로는 분석 단계별(1단계: X → M, 2단계: X → Y, 3단계: X, M → Y)로 회귀분석과 로지스틱 회귀분석 등이 사용된다.

그림 13-2 | 매개회귀분석의 적용상황

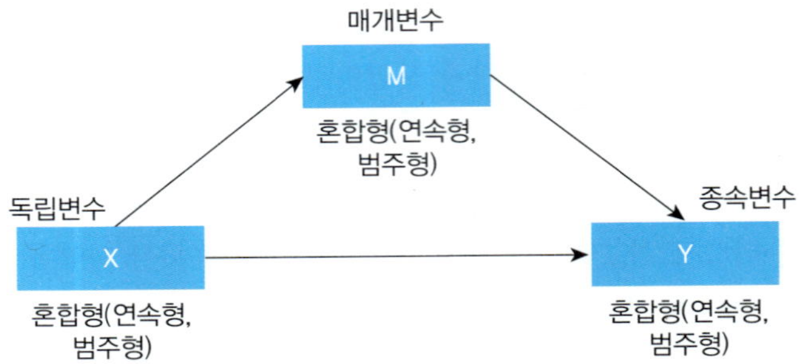

매개회귀분석의 가설을 예시하면 다음과 같다.

귀무가설(H_0): 독립변수는 매개변수를 매개로 종속변수에 영향을 주지 않는다.
(혹은 매개변수는 독립변수가 종속변수에 미치는 영향을 매개하지 않는다)
대립가설(H_1): 독립변수는 매개변수를 매개로 종속변수에 영향을 준다.
(혹은 매개변수는 독립변수가 종속변수에 미치는 영향을 매개한다)

1.3 매개모델링의 방법과 매개모형의 유형

매개모형을 구축하는 것을 매개모델링(Mediation modeling)이라고 한다. 이를 위해서는 먼저, 시간적 우선순위 등을 고려하여 배열(Arrangement)을 결정해야 한다. 다음으로, 변수들 간의 영향관계를 고려하여 독립변수, 매개변수 및 종속변수 간의 가설 관계(Hypothetical relations)를 설정해야 한다.

[그림 13-3]은 매개모델링의 두 가지 유형인 ① 선형적 매개효과만 존재하는 완전매개효과모형과 ② 부분매개효과 관계가 존재하는 부분매개효과모형을 제시한 것이다. 첫째, 완전매개효과모형에서는 선행연구 결과를 토대로 배열을 항해용이성(NAVI)이 가장 먼저, 사용용이성(PEU)이 중간 그리고 고객충성도(LOY)가 마지막 순서로 배열되도록 결정하였다. 다음으로, 항해용이성은 사용용이성에, 사용용이성은 고객충성도에 영향을 미치는 관계로 모형으로 구축하였다(NAVI → PEU → LOY). 둘째, 부분매개효과모형에서는 선행연구의 결과를 참조하여 배열을 항해용이성(NAVI)이 가장 먼저, 사용용이성(PEU)이 중간, 그리고 고객충성도(LOY)가 마지막

순서로 배열되도록 결정하였다. 다음으로, 항해용이성은 사용용이성과 고객충성도(NAVI → PEU, NAVI → LOY)에, 사용용이성은 고객충성도(PEU → LOY)에 영향을 미치는 관계를 가지는 모형으로 구축하였다(NAVI → LOY, NAVI → PEU → LOY).

그림 13-3 ▌완전매개효과 모델링과 부분매개효과 모델링

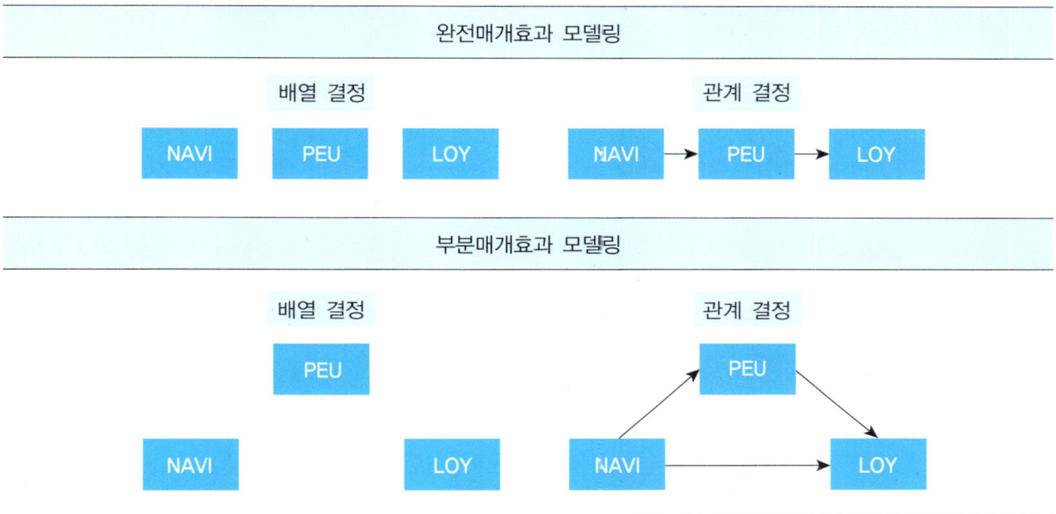

많은 연구들에서 대표적으로 많이 사용되고 있는 매개효과모형의 유형에는 ① 매개변수가 하나인 단순매개모형([그림 13-4]), ② 매개변수가 2개 이상인 다중매개모형([그림 13-5]), ③ 매개변수가 여러 개인 병렬다중매개모형([그림 13-6]), ④ 매개변수가 직렬로 2개 이상인 직렬다중매개모형([그림 13-7]), ⑤ 매개변수가 1개이고 독립변수가 2개 이상인 다중독립매개모형([그림 13-8]), ⑥ 매개변수가 1개이고 종속변수가 2개 이상인 다중종속매개모형([그림 13-9]) 등이 있다.

매개모형에서 독립변수가 종속변수에 미치는 영향을 직접효과라고 하며, 독립변수가 매개변수를 경유하여 종속변수에 미치는 영향은 간접효과라고 한다. 독립변수와 종속변수 간에 여러 개의 매개변수가 있는 경우에는 개별간접효과(Specific indirect effects 혹은 특정간접효과)가 존재한다. 따라서 매개변수가 2개 이상인 매개모형에서 총간접효과는 개별간접효과들(특정간접효과들)의 합이 된다.

▶ 그림 13-4 ▌ **단순매개모형(Simple mediation model)**

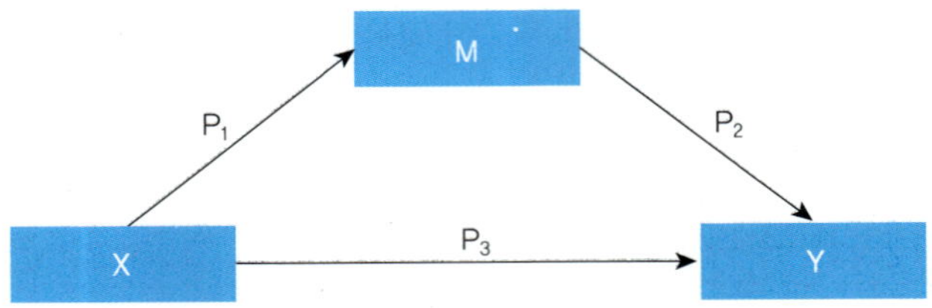

X: 독립변수 M: 매개변수 Y: 종속변수
직접효과: P_3 간접효과: P_1P_2 총효과: $P_3+P_1P_2$

▶ 그림 13-5 ▌ **병렬다중매개모형(Parallel multiple mediation model): 매개변수가 2개인 경우**

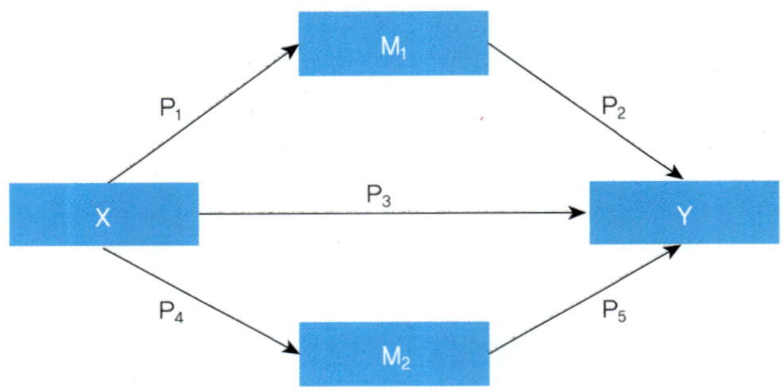

직접효과: P_3 간접효과: $P_1P_2+P_4P_5$ 총효과: $P_1P_2+P_4P_5$

총간접효과(Total indirect effect)는 개별간접효과(Specific indirect effect)의 합이다. 개별간접효과는 다른 모든 매개변수들이 일정한 상태에서 독립변수가 개별 매개변수를 경유하여 종속변수에 미치는 영향을 계량화시킨 것이다.

그림 13-6 병렬다중매개모형(Parallel multiple mediation model): 매개변수가 2개 이상인 경우

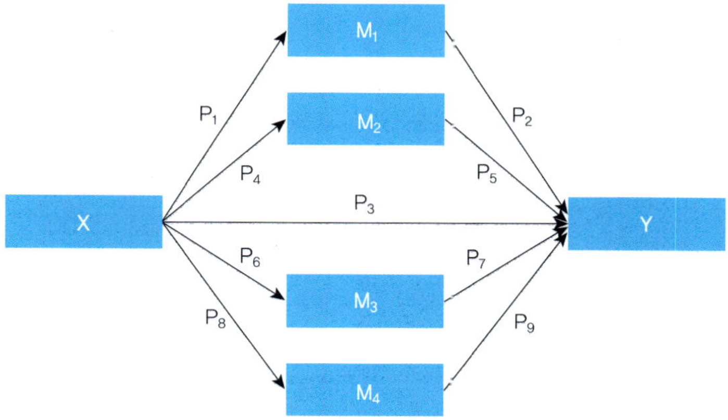

직접효과: P_3
간접효과: $P_1P_2+P_4P_5+P_6P_7+P_8P_9$
총효과: $P_3+P_1P_2+P_4P_5+P_6P_7+P_8P_9$

그림 13-7 직렬다중매개모형(Serial multiple mediation model)

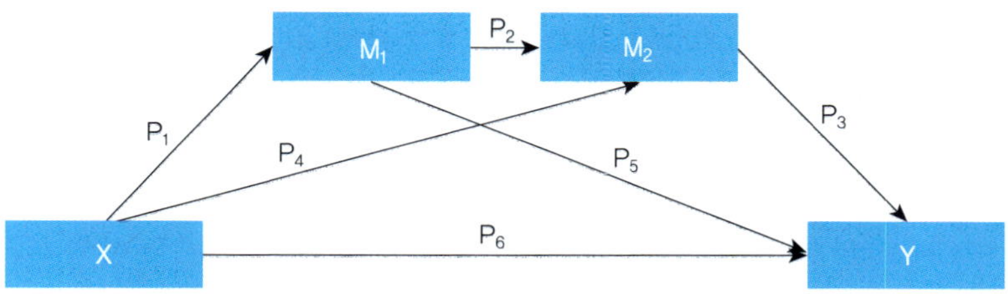

직접효과: P_6
간접효과: $P_1P_2P_3+P_1P_5+P_3P_4$
총효과: $P_6+P_1P_2P_3+P_1P_5+P_3P_4$

그림 13-8 ▎다중독립매개모형(Multiple X mediation model)

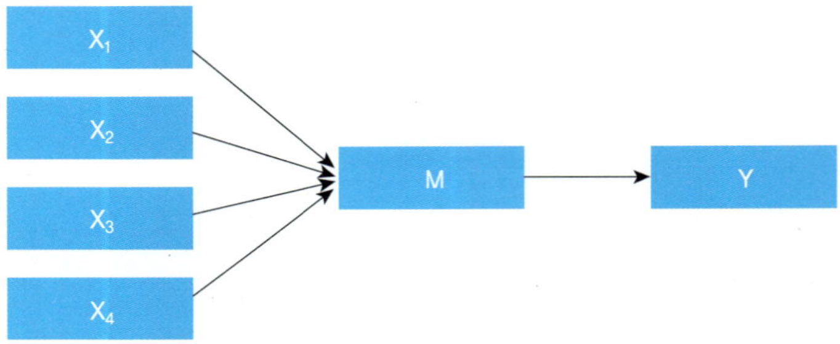

그림 13-9 ▎다중종속매개모형(Multiple Y mediation model)

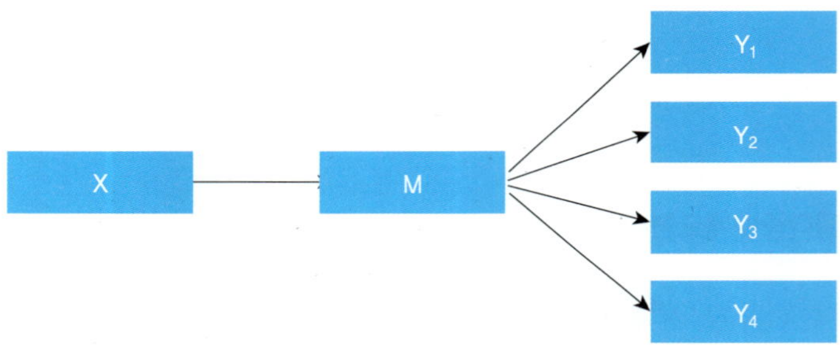

1.4 Baron & Kenney 접근법에 의한 매개효과분석

매개효과 검증방법으로 많이 사용되는 것은 Baron & Kenney(1986)가 제안한 접근법이며 이는 BK접근법이라고 불린다. 하지만 BK접근법은 간접효과(매개효과)의 크기와 통계적 유의성을 제공해주지 않는다. 이를 보완하기 위해서 Sobel(1982)이 Sobel test를 제안하였지만 이 방법도 수작업으로 검증통계량을 계산해야 하는 번거로움이 있다. Kris Preacher는 이를 개선하여 웹사이트에서 검증통계량을 자동으로 계산할 수 있는 Sobel test calculator[1][2]를 제공하였다. 이 장에서는 Sobel test를 이용해서 간접효과에 대한 검증통계량인 Z통계량과 이의 유의확률을 계산해 매개효과를 검증하는 방법을 소개하고자 한다. 최근에는 Sobel test calculator를 개선

1) https://quantpsy.org/sobel/sobel.htm.

2) Preacher, K.J., & Hayes, A.F. (2004). SPSS and SAS procedures for estimating indirect effects in simple mediation models. *Behavior Research Methods, Instruments, & Computers*, 36(4), 717-731.

한 Daniel Soper의 Sobel test calculator[3]가 많이 사용되고 있다.

▶ 그림 13-10 ▌BK접근법을 이용한 매개효과검증 모형

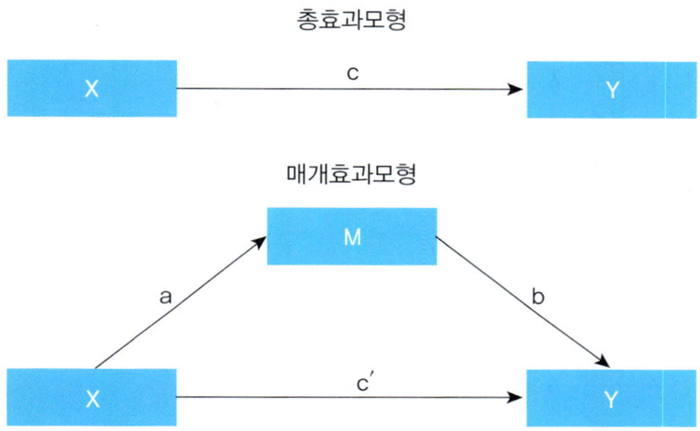

Baron & Kenney(1986) 접근법(BK접근법)을 쉽게 설명하기 위해서 총효과모형과 매개효과모형을 구분해서 제시하면 [그림 13-10]과 같다. 총효과모형은 독립변수인 X가 종속변수인 Y에 미치는 영향을 분석하기 위한 것이며 c는 X가 Y에 미치는 총효과(Total effect)를 나타내는 비표준화회귀계수이다. 매개효과모형에서 c′(c prime)은 매개변수인 M을 통제한 상태에서 독립변수 X가 종속변수인 Y에 미치는 영향을 분석하기 위한 것이며 이는 직접효과(Direct effect)를 나타내는 비표준화회귀계수이다. 정리하면 c는 총효과를 나타내는 비표준화회귀계수이며, c′은 직접효과를 나타내는 비표준화회귀계수이다.

매개효과모형을 가지고 총효과, 직접효과 및 간접효과의 관계를 나타내면 다음과 같다. 여기에서 ab는 매개효과모형에서 a(독립변수를 X로 하고 종속변수를 M으로 하여 단순회귀분석한 결과에서 X의 비표준화회귀계수)와 b(독립변수 X와 매개변수 M을 독립변수로 하고 종속변수를 Y로 하여 다중회귀분석한 결과에서 M의 비표준화회귀계수)를 곱한 값으로 간접효과(Indirect effect)를 의미한다.

3) https://www.danielsoper.com/statcalc/calculator.aspx?id=31(Danielsoper가 제공하는 Sobel test calculator는 인터넷 검색을 통해 쉽게 구할 수 있음.

총효과(Total effect)=직접효과(Direct effect)+간접효과(Indirect effect)

$c = c' + ab$

Baron & Kenney(1986)의 BK접근법은 [표 13-1]과 같이 3단계 과정에 대한 세 번의 회귀분석을 통해서 회귀계수의 유의성을 파악하여 매개효과를 검증한다.

표 13-1 Baron & Kenney(1986)의 매개회귀분석 방법

단계	회귀분석	조건
1단계	$M = i_1 + aX + \epsilon_1$	회귀계수 a가 유의적이어야 한다.
2단계	$Y = i_2 + cX + \epsilon_2$	회귀계수 c(총효과)가 유의적이어야 한다.
3단계	$Y = i_3 + c'X + bM + \epsilon_3$	회귀계수 b가 유의적이어야 한다. ① c'(직접효과)이 유의적이면 완전매개 ② c'(직접효과)이 비유의적이면 부분매개

[1단계] 독립변수를 X로, 종속변수를 M으로 하여 단순회귀분석을 실시한 결과 독립변수 X의 비표준화회귀계수 a가 유의적이어야 한다. 회귀식에서 i는 상수(Intercept) 혹은 절편을 표시하고 있다.

$$M = i_1 + aX$$

[2단계] 독립변수를 X로, 종속변수를 Y로 하여 단순회귀분석을 실시한 결과 독립변수 X의 비표준화회귀계수 c가 유의적이어야 한다. 여기에서 독립변수 X의 회귀계수 c는 총효과를 의미한다.

$$Y = i_2 + cX$$

[3단계] 독립변수를 X와 M으로, 종속변수를 Y로 하여 다중회귀분석을 실시한 결과 독립변수 M

의 비표준화회귀계수 b가 유의적이어야 한다. 반면에 다중회귀분석에서 M을 통제한 상태에서 X의 비표준화회귀계수 c′(직접효과)은 유의적일 수도 있고 비유적일 수도 있다. 3단계 분석에서 M이 포함되었을 때(통제되었을 때) X가 Y에 미치는 영향이 총효과 c보다 직접효과인 c′의 크기가 줄어들었고(c′<c) 직접효과의 회귀계수 c′이 유의적이면 **부분매개**(Partial mediation)한다고 해석한다. 반면에 직접효과의 회귀계수 c′이 비유의적이면 **완전매개**(Perfect mediation, or **전부매개** Full mediation)한다고 해석한다.

$$Y = i_3 + c'X + bM$$

BK접근법은 연구자들에 의해서 매개효과분석을 위해 가장 많이 사용되어 왔다. 그러나 매개효과검증을 한 번에 수행할 수 없을 뿐만 아니라 결정적으로 간접효과의 크기를 제공해 주지 못하며 간접효과에 대한 통계적 유의성을 검증할 수 없다는 한계를 가지고 있다. 이러한 문제를 해결하기 위해서 많은 연구자들은 통계분석을 시행한 후에 회귀계수 a(독립변수가 매개변수에 미치는 영향)와 b(매개변수가 종속변수에 미치는 영향)를 수작업으로 곱하여 간접효과(ab)를 계산하고 이의 통계적 유의성을 검증하고 있다. Sobel test를 이용한 간접효과의 통계적 유의성 검증방법에 대해서는 뒤에서 설명하기로 한다.

1.5 완전매개와 부분매개

BK접근법에서는 매개효과를 **완전매개 혹은 전부매개**(Ferfect mediation, or Full mediation)와 **부분매개**(Partial mediation)로 구분하고 있다. 앞에서 설명한 것처럼 BK접근법의 3단계에서 매개변수 M을 통제한 상태에서 독립변수 X가 종속변수 Y에 통계적으로 유의한 영향을 미치는지의 여부에 대한 다중회귀분석 결과 독립변수 X가 종속변수 Y에 유의한 영향을 미치면 부분매개라고 하며 유의한 영향을 미치지 않으면 완전매개라고 해석한다.

매개효과모형은 [그림 13-11]과 같이 **완전매개모형**과 **부분매개모형**으로 구분된다. 전자는 X와 Y의 관계가 간접효과(ab)에 의해서 완전히 설명됨을 의미한다. 후자는 M이 X와 Y의 관계를 완전히 설명하지 못함을 의미한다.

그림 13-11 완전매개모형과 부분매개모형

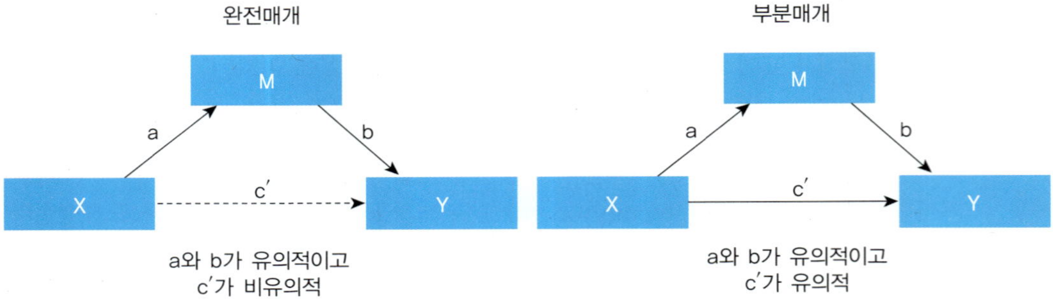

Hayes(2017)는 완전매개와 부분매개의 구분이 실질적으로나 이론적으로 의미가 없다고 주장하였다. 그는 완전매개와 부분매개의 구분은 연구자가 총효과가 통계적으로 0과 다르다는 가정에 근거하고 있으나 총효과가 없어도 간접효과가 있는 경우가 있을 수 있다는 것이다. 이외에도 독립변수가 종속변수에 유의한 영향을 미쳐야 한다는 전제조건이 있다는 점이다. 하지만 독립변수가 종속변수에 영향을 미치지 않아도 독립변수와 종속변수 간에는 매개효과가 존재할 수 있다. 또한 완전매개를 원한다면 보다 적은 표본크기를 갖는 것이 최선(too small sample-size dependent)이나 이는 표본크기가 클수록 좋다는 일반적인 원칙에 위배된다. 이상과 같은 문제 때문에 Hayes는 완전매개와 부분매개의 구분은 폐기되어야 한다고 주장하고 있다.

1.6 Sobel test를 이용한 간접효과의 통계적 유의성 검증

BK접근법은 매개효과검증을 위한 간접효과의 크기를 제공해 주지 않으며, 수작업으로 간접효과 크기를 계산한다고 하여도 여전히 통계적 유의성을 검증할 수 없다. Sobel(1982)이 제안한 Sobel test는 BK접근법을 적용하여 1단계와 3단계의 비표준화회귀계수(Unstandardized regression weight) a와 b 그리고 이의 표준오차(Standard error)인 s_a와 s_b를 이용해 간접효과의 통계적 유의성을 검증한다.

Sobel test를 하려면 BK접근법의 ① 1단계를 통해 독립변수 X가 매개변수 M에 미치는 영향에 대한 비표준화회귀계수 a와 표준오차 s_a ② 3단계 분석을 통해 매개변수 M이 종속변수 Y에 미치는 영향에 대한 비표준화회귀계수 b와 표준오차 s_b가 필요하다. 간접효과(ab)의 통계적 유의성 검증을 위한 검증통계량 Z값은 다음과 같은 산식에 의해서 구한다. 아래 공식은 Sobel의 매개효과 검증통계량을 계산하기 위한 식이며, Z값은 표준정규분포를 따르므로 절대값 1.96 이상인 경우에 매개효과가 있다고 해석한다.

$$Z = \frac{a \times b}{\sqrt{a^2 \times s_b^2 + b^2 \times s_a^2}}$$

▶ 그림 13-12 ▌ Preacher의 Sobel test calculator

Sobel test calculator 사이트 ➜
http://quantpsy.org/sobel/sobel.htm

Sobel test equation
z-value = a*b/SQRT(b^2*s_a^2 + a^2*s_b^2)

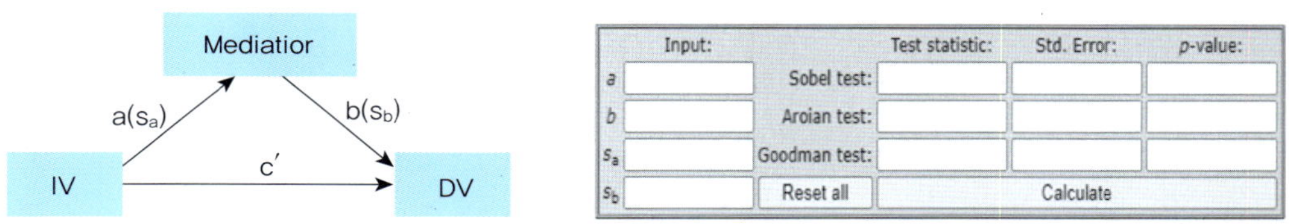

[그림 13-12]에 제시된 Preacher의 Sobel test calculator는 인터넷 사이트에서 구할 수 있다. BK접근법을 적용하여 구한 a, b, s_a, s_b를 [Input] 란에 차례대로 입력하고 [Calculate]를 클릭하면 Z 검증통계량과 유의확률을 계산할 수 있다.

Kris Preacher의 Sobel test calculator는 p값을 지수형태로 제공해 주기 때문에 이해하기 어려울 수도 있다. 이러한 이유로 연구자들은 [그림 13-13]과 같은 Daniel Soper의 Sobel test calculator를 많이 사용하고 있다. 이 Calculator는 s_a, s_b를 각각 SE_A, SE_B로 표시하고 있다. 계산요소 4개를 모두 입력하고 나면 Sobel의 검증통계량인 Z값과 유의확률(단측 유의확률, 양측 유의확률)을 숫자형태로 제공해 준다.

▶ 그림 13-13 ▌ Daniel Soper의 Sobel test calculator

Daniel Soper sobel test calculator 사이트 ➜
https://www.danielsoper.com/statcalc/calculatior.aspx?id-31

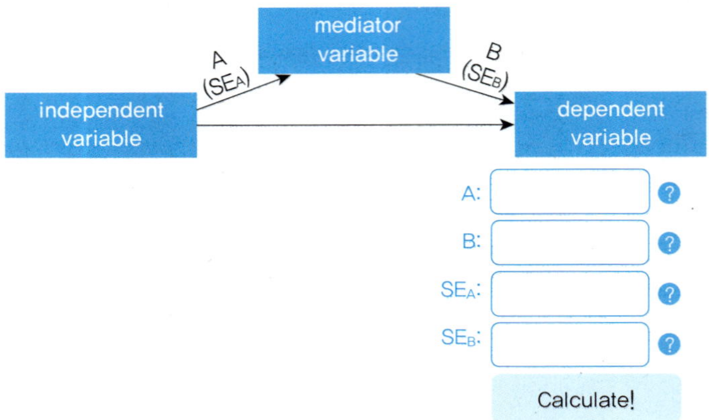

Sobel test는 정규분포를 가정하고 있고 통계적 검증력이 약하다는 단점을 가지고 있다. 또한 검증 시 비표준화회귀계수가 필요하다는 한계가 있다. 이러한 문제를 해결하기 위해서는 Hayes가 제안한 SPSS 부가프로그램의 하나인 PROCESS macro나 M-plus 등의 구조방정식 프로그램을 사용하는 것이 좋다.

이상에서 우리들은 BK접근법과 Sobel test의 적용에는 여러 가지 한계가 있음을 알아보았다. 최근에는 Hayes 등의 많은 연구자들이 BK접근법의 필수적 조건이었던 2단계의 '독립변수가 종속변수에 반드시 유의한 영향을 미쳐야 한다'는 것도 이제는 불필요하다고 주장하고 있다. 이는 독립변수가 종속변수에 미치는 영향을 규명하지 않아도 된다는 것을 의미한다. 다만 간접효과(ab)의 통계적 유의성(Statistical significance)만 분석하여 유의적이면 매개효과가 있고, 그렇지 않으면 매개효과가 없다고 해석하면 된다. 또한 간접효과의 유의성 검증방법으로 Sobel test를 사용하기보다는 PROCESS macro 등에서 제공하는 부트스트래핑(Bootstrapping)을 통해 간접효과의 유의성을 검증하는 방법이 점차 중요해지고 있으며 설득력을 얻어가고 있다.

1.7 사용자 정의 추정

사용자 정의 추정(User-defined estimands)은 [그림 13-14]에서 제시된 것처럼 Amos에서 연구자가 원하는 모수 추정을 계산식을 입력하여 정의된 추정치를 얻기 위한 기능을 제공한다. 이 기능은 Amos 초기화면 좌하단에 있으며 [Not estimating any user-defined estimand]를 클릭한 후 [Define new estimands]를 마우스로 선택하면 [오른쪽]과 같은 [입력] 창이 나타난다. 이 창에서 필요한 추정 계산식을 입력하면 되며, 이 기능을 이용하면 팬텀변수를 사용하는 것처럼 개별간접효과 분석을 통한 매개회귀분석을 쉽게 수행할 수 있다.

그림 13-14 ▌사용자 정의 추정을 위한 입력 화면

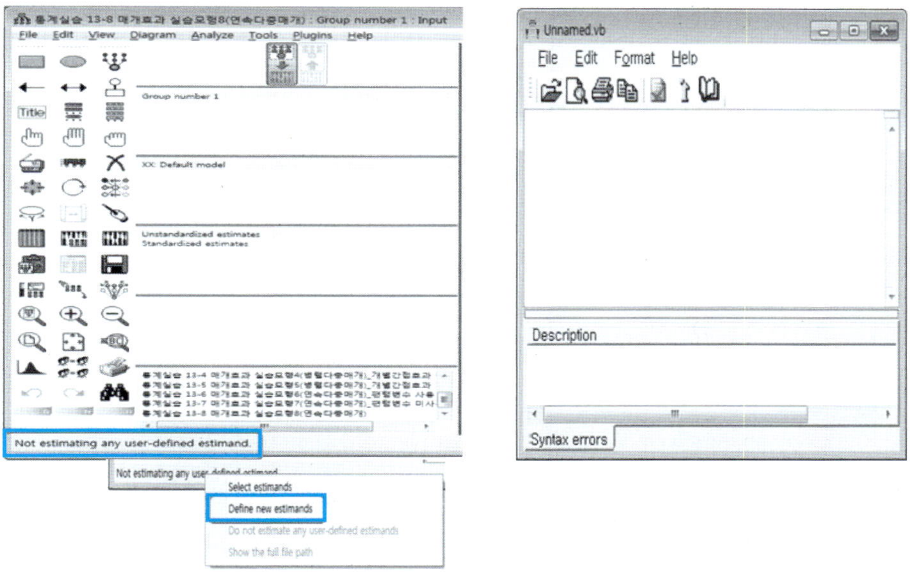

[사용자 정의 추정]을 이용해 개별간접효과와 총간접효과를 추정하는 절차는 [그림 13-15]와 같다. 첫째, 사용자 정의 추정을 하려면 통계적 연구모형에 각 경로의 명칭을 부여해야 한다. 둘째, [사용자 정의 추정]의 입력 창에 개별간접효과와 총간접효과를 추정하기 위한 계산식을 입력한다. 마지막으로, 부트스트래핑을 수행해 얻은 분석 결과를 제시하고 개별 경로의 매개효과분석을 수행한다.

그림 13-15 ▌사용자 정의 추정을 위한 입력 화면

통계적 매개모형 작성과 경로 명칭 부여	Amos에서 통계적 모형을 작성한 후 데이터 파일을 불러오기 각 경로의 명칭 부여
[User-defined estimands] (사용자 정의 추정)에서 개별간접효과(Specific indirect effect) 계산식 입력	[사용자 정의 추정]에 개별간접효과와 총간접효과를 입력
Bootstrapping에 의한 분석 실행 및 결과 해석	개별간접효과와 총간접효과의 분석 결과 제시와 해석

2 구조방정식모형에서 매개효과분석 실습

Amos는 개별간접효과(Specific indirect effect)를 보고하지 않고 총간접효과(Total indirect effect)를 보고한다. 따라서 개별간접효과 분석을 수행하는 것은 쉽지 않으며 매개효과분석을 위해서는 ① Sobel test를 이용하는 방법, ② 부트스트래핑 방법(Bootstrapping test)을 이용하는 방법, ③ 팬텀변수(Phantom variable)를 사용하는 방법, ④ 사용자 정의 추정(User-defined estimands) 방법 등과 같은 다양한 방법을 사용해야 한다.

Amos에서 매개효과분석을 위해서 Sobel test를 사용하는 것은 좋은 방법은 아니며 연구자들은 부트스트래핑, 팬텀변수를 사용하는 방법과 사용자 정의 추정방법을 많이 이용하고 있다. 많은 연구자들이 부트스트래핑 방법으로 [Bias-corrected confidence intervals]을 사용해 왔으나 최근에는 좋은 방법이 아님이 밝혀졌으며, 최근 동향은 오히려 [Percentile confidence intervals]을 사용하는 것이 보다 나은 추정을 할 수 있는 것으로 알려지고 있다.

통계실습 13-1

단일매개모형(Single mediator model) 실습 1

다음의 [통계실습 13-1 매개효과 실습모형1_단일매개]를 가지고 매개효과분석을 실습하시오. 데이터 파일은 [제5부 매개효과분석 데이터1(제13장)]을 이용한다. 독립변수는 [CEO지원], 매개변수는 [동기부여], 종속변수는 [지속사용의도]이며 모두 연속형 변수이다. ① Sobel test에 의한 매개효과를 검증하시오. ② Bootstrapping test에 의한 매개효과를 검증하시오.

단일매개모형

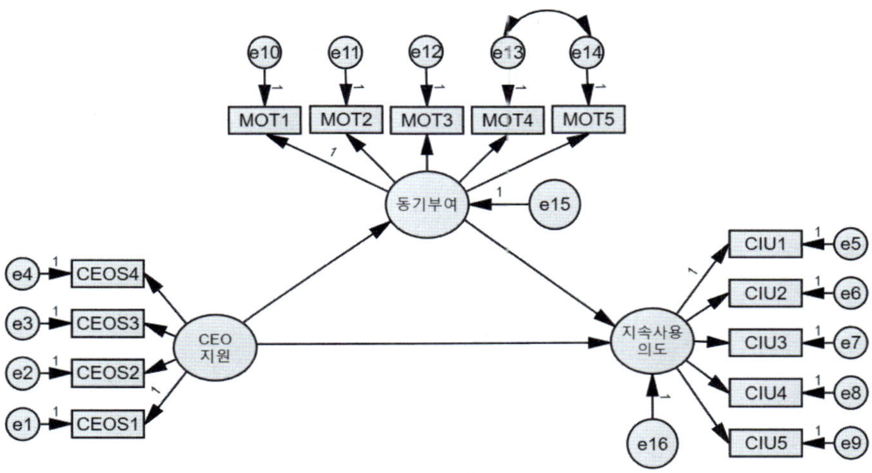

실습 따라하기

■ Sobel test에 의한 매개효과검증

❶ Amos에서 [파일-열기-데이터]로 들어간 후 [제5부 통제효과 매개효과 및 조절효과분석(제12장-제15장)-제5부 통계분석] 폴더 안에 있는 파일[통계실습 13-1 매개효과 실습모형1_단일매개]를 불러들인다. 이미 데이터 파일은 모델과 연결되어 있어서 별도의 작업이 필요 없으나 연결되어 있지 않았다면 왼쪽 툴박스에 있는 ▦을 클릭해 연결한다.

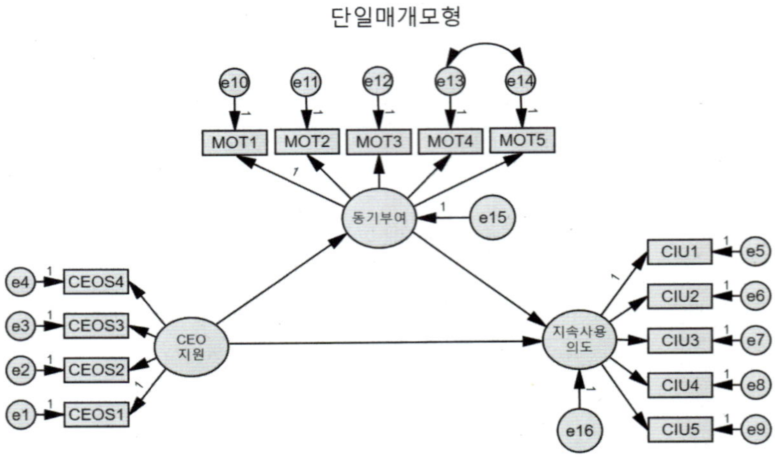

❷ 왼쪽 툴박스에서 (Analysis Properties)를 클릭해 들어간 후 [Output] 탭에서 [Indirect, direct & total effects]를 체크한 후 나간다.

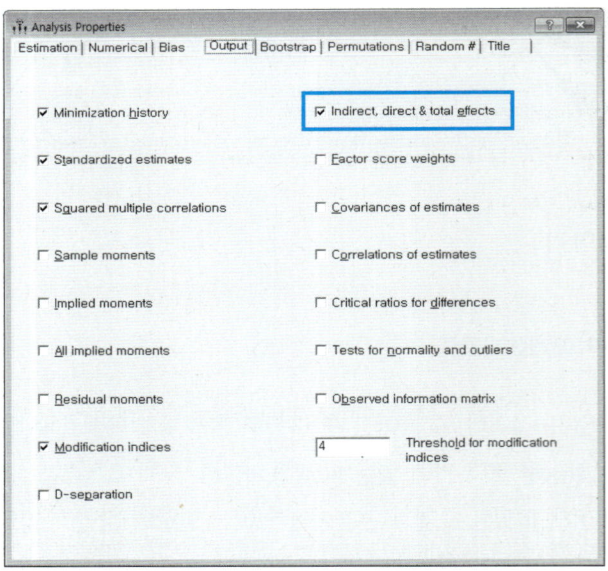

❸ 왼쪽 툴박스에 있는 을 클릭해 실행한다.

[통계실습 13-1] ■ Sobel test에 의한 매개효과검증을 실행한 결과는 [표 13-2]와 같다. 독립변수인 CEO지원이 매개변수인 동기부여에 유의한 영향(B=0.473, S.E.=0.065)을 미쳤으며, 매개변수인 동기부여가 종속변수인 지속사용의도에 유의한 영향(B=0.475, S.E.=0.079)을 미쳤다. 독립변수인 CEO지원이 종속변수인 지속사용의도에 유의한 영향(B=0.394, S.E.=0.061)을 미쳤다.

표 13-2 통계실습 13-1 매개효과 실습모형1_단일매개의 실행 결과

CMIN

Model	NPAR	CMIN	DF	P	CMIN/DF
Default model	32	199.278	73	.000	2.730

Regression Weights: (Group number 1 - Default model)

			Estimate	S.E.	C.R.	P	Label
동기부여	<---	CEO_지원	.473	.065	7.308	***	
지속사용_의도	<---	동기부여	.475	.079	6.007	***	
지속사용_의도	<---	CEO_지원	.394	.061	6.479	***	

Indirect Effects (Group number 1 - Default model)

	CEO_지원	동기부여	지속사용_의도
동기부여	.000	.000	.000
지속사용_의도	.225	.000	.000

[그림 13-16]은 [통계실습 13-1] 매개효과 실습도형1_단일매개의 실행 결과 요약과 Sobel test를 실시한 결과이다. 그림에서 간접효과(0.473*0.475=0.225)의 Z-value는 4.635이고 p-value는 0.000이므로 유의수준 0.001에서 간접효과가 유의적인 것으로 나타났다. CEO지원이 지속사용의도에 유의한 영향을 미치고 있고 간접효과가 유의적이므로 부분매개효과가 있다고 해석하면 된다.

▶ 그림 13-16 ▌매개효과 실습모형1_단일매개의 실행 결과 요약과 Sobel test 결과

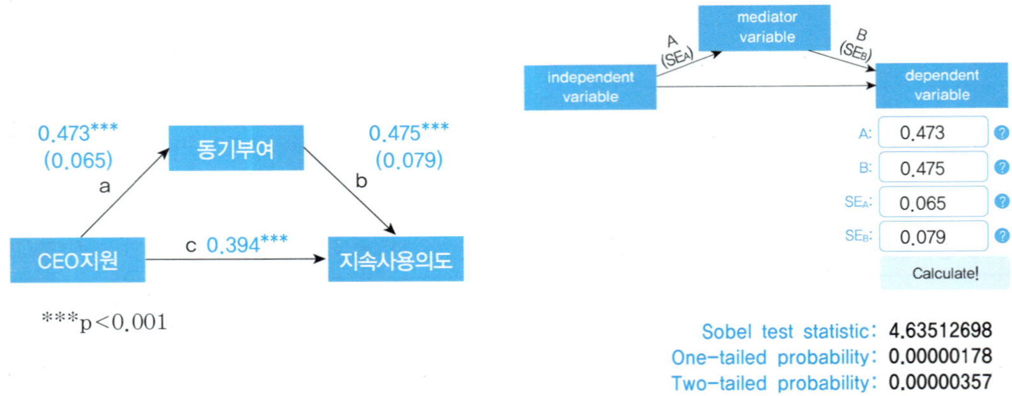

■ Bootstrapping test에 의한 매개효과검증

❶ Amos에서 [파일–열기–데이터]로 들어간 후 [제5부 통제효과 매개효과 및 조절효과분석(제12장–제15장)–제5부 통계분석] 폴더 안에 있는 파일인 [통계실습 13–1 매개효과 실습모형1_단일매개]를 불러들인다. 이미 데이터 파일은 모델과 연결되어 있어서 별도의 작업이 필요 없으나 연결되어 있지 않았다면 왼쪽 툴박스에 있는 ▦을 클릭해 연결한다.

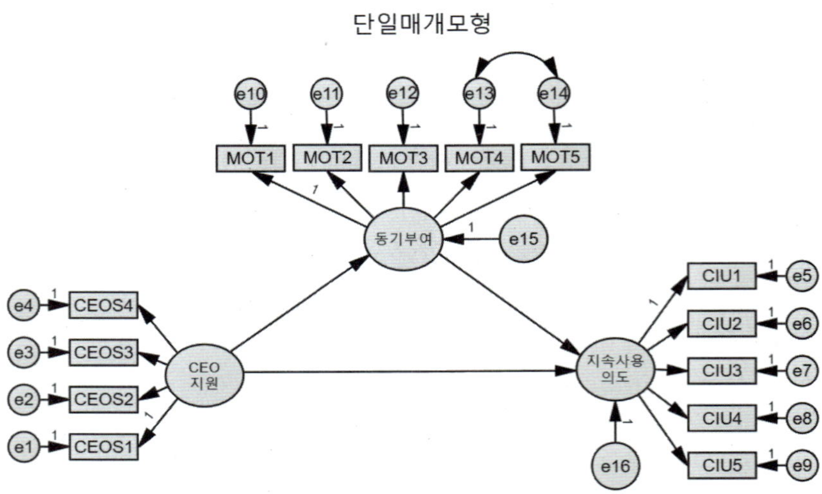

❷ 왼쪽 툴박스에서 ▦(Analysis Properties)를 클릭해 들어간 후 먼저, [Output] 탭에서 Indirect,

direct & total effects]를 체크한다. 다음으로, [Bootstrap] 탭에서 [Perform bootstrap], [Percentile confidence intervals]를 체크한 후 나간다. 저자가 이미 이 부분을 체크해 놓았으므로 확인만 하고 넘어간다. 체크되어 있지 않다면 각자가 확인한 후 체크한다.

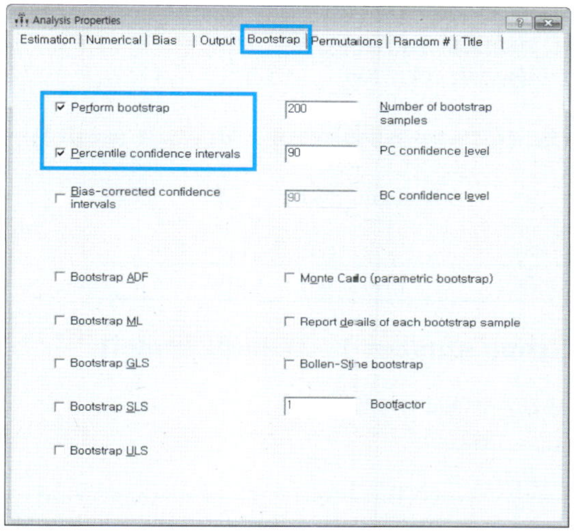

❸ 왼쪽 툴박스에 있는 [아이콘]을 클릭해 실행한다.

❹ 왼쪽 툴박스에 있는 [아이콘](View Text)를 클릭해 실행한다. 왼쪽 상단에서 먼저, [Estimates–Matrices–Indirect Effects]의 차례대로 클릭해 출력된 결과를 확인한다. 다음으로, 좌측 화면의 하단에서 [Estimates/Bootstrap–Bootstrap confidence–Percentile method–Two Tailed Significance(PC)]를 차례대로 들어가서 출력된 결과를 확인한다.

[Amos Output 좌측 상단 선택사항]

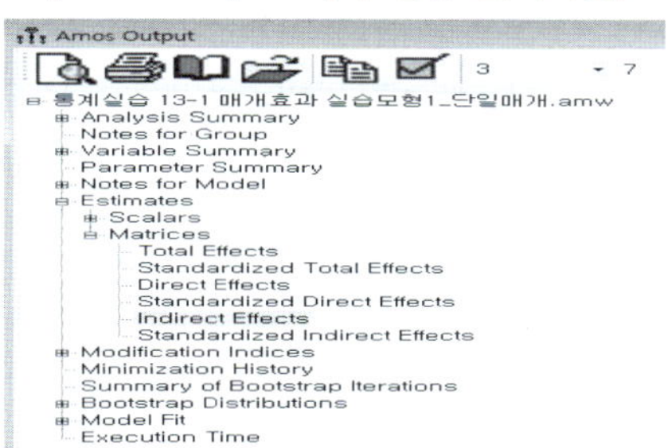

[Amos Output 좌측 하단 선택사항]

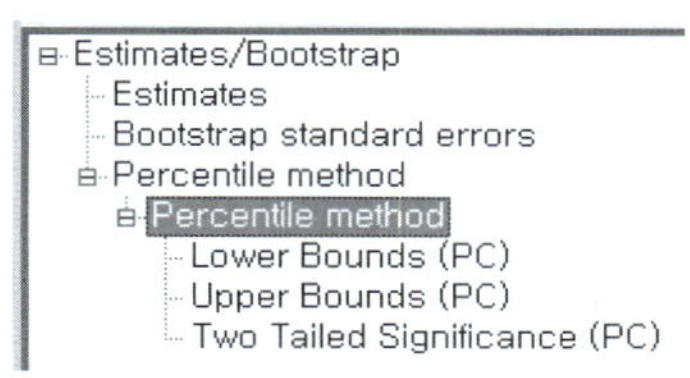

▌표 13-3 ▌통계실습 13-1 Regression Weights와 Indirect Effects 출력 결과

Model Fit Summary

CMIN

Model	NPAR	CMIN	DF	P	CMIN/DF
Default model	32	199.278	73	.000	2.730

Regression Weights: (Group number 1 - Default model)

			Estimate	S.E.	C.R.	P	Label
동기부여	<---	CEO_지원	.473	.065	7.308	***	
지속사용_의도	<---	동기부여	.475	.079	6.007	***	
지속사용_의도	<---	CEO_지원	.394	.061	6.479	***	

Indirect Effects (Group number 1 - Default model)

	CEO_지원	동기부여	지속사용_의도
동기부여	.000	.000	.000
지속사용_의도	.225	.000	.000

【주】 지면관계상 출력물의 일부만을 제시함.

▌표 13-4 ▌통계실습 13-1 Indirect Effects-Two Tailed Significance(PC) 출력 결과

Indirect Effects - Two Tailed Significance (PC)

	CEO_지원	동기부여	지속사용_의도
동기부여	...	...	...
지속사용_의도	.010	...	...

[통계실습 13-1] ■ Bootstrapping test에 의한 매개효과검증을 실행한 결과는 [표 13-3]과 같다. 이 결과는 앞에서 설명한 Sobel test에 의한 매개효과검증 결과와 동일하다. 분석 결과에 의하면 독립변수인 CEO지원이 매개변수인 동기부여에 유의한 영향(B=0.473, S.E.=0.065)을 미쳤으며, 매개변수인 동기부여가 종속변수인 지속사용의도에 유의한 영향(B=0.475, S.E.=0.079)을 미쳤다. 독립변수인 CEO지원이 종속변수인 지속사용의도에 유의한 영향(B=0.394, S.E.=0.061)을 미쳤다.

[표 13-3]에서 간접효과는 0.225이고 p=0.010이므로 유의수준 0.01에서 통계적으로 유의함을 알 수 있다. 따라서 간접효과는 통계적으로 유의하며 CEO지원이 종속변수인 지속사용의

도에 미치는 직접효과도 통계적으로 유의하므로 부분매개효과가 있다고 해석할 수 있다.

통계실습 13-2 단일매개모형(Single mediator model) 실습 2

다음의 [통계실습 13-2 매개효과 실습모형2_단일매개]를 가지고 Bootstrapping test에 의한 개별간접효과의 통계적 유의성 검증을 실시하시오. 데이터 파일은 [제5부 매개효과분석 데이터2(제13장)]을 이용한다. 독립변수는 [디자인품질], [사용자통제], [반응성], 매개변수는 [만족도], 종속변수는 [지속사용의도]이며 모두 연속형 변수이다.

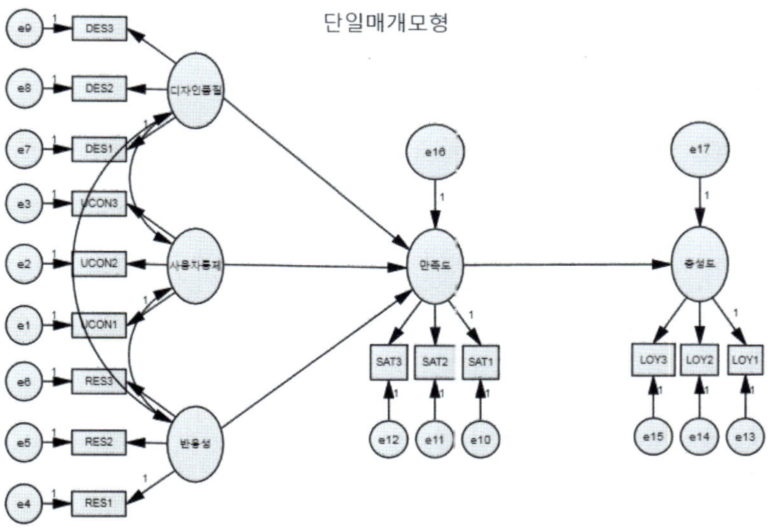

실습 따라하기

❶ Amos에서 [파일-열기-데이터]로 들어간 후 [제5부 통제효과 매개효과 및 조절효과분석(제12장-제15장)-제5부 통계분석] 폴더 안에 있는 파일인 [통계실습 13-2 매개효과 실습모형2_단일매개]를 불러들인다. 이미 데이터 파일은 모델과 연결되어 있어서 별도의 작업이 필요 없으나 연결되어 있지 않았다면 왼쪽 툴박스에 있는 ▦을 클릭해 연결한다.

❷ 왼쪽 툴박스에서 (Analysis Properties)를 클릭해 들어간 후 먼저, [Output] 탭에서 [Indirect, direct & total effects]를 체크한다. 다음으로, [Bootstrap] 탭에서 [Perform bootstrap], [Percentile confidence intervals]를 체크한 후 나간다. 저자가 이미 이 부분을 체크해 놓았으므로 확인만 하고 넘어간다.

❸ 왼쪽 툴박스에 있는 을 클릭해 실행한다.

❹ 왼쪽 툴박스에 있는 (View Text)를 클릭해 실행한다. 왼쪽 상단에서 먼저, [Estimates–Matrices–Indirect Effects]를 차례대로 클릭해 출력된 결과를 확인한다. 다음으로, 좌측 화면의 하단에서 [Estimates/Bootstrap–Bootstrap confidence–Percentile method–Two Tailed Significance(PC)]를 차례대로 들어가서 출력된 결과를 확인한다(통계실습 13-1과 동일한 절차임).

▌표 13-5 ▌통계실습 13-2 Regression Weights와 Indirect Effects 출력 결과

CMIN

Model	NPAR	CMIN	DF	P	CMIN/DF
Default model	37	148.925	83	.000	1.794

Regression Weights: (Group number 1 - Default model)

			Estimate	S.E.	C.R.	P	Label
만족도	<---	디자인품질	.360	.094	3.844	***	
만족도	<---	사용자통제	.178	.079	2.258	.024	
만족도	<---	반응성	.317	.101	3.132	.002	
충성도	<---	만족도	.630	.067	9.392	***	

Indirect Effects (Group number 1 - Default model)

	디자인품질	반응성	사용자통제	만족도	충성도
만족도	.000	.000	.000	.000	.000
충성도	.227	.200	.112	.000	.000

▌표 13-6 ▌통계실습 13-2 Indirect Effects-Two Tailed Significance(PC) 출력 결과

Indirect Effects - Two Tailed Significance (PC)

	디자인품질	반응성	사용자통제	만족도	충성도
만족도	...	...	...	...	...
충성도	.010	.010	.107	...	...

[통계실습 13-5]를 실행한 결과는 [표 13-5]와 같다. 독립변수인 디자인품질은 매개변수인 만족도에 유의한 영향(B=0.360, $p<0.001$)을 미쳤으며, 독립변수인 사용자통제는 매개변수인 만족도에 유의한 영향(B=0.178, $p<0.05$)을 미쳤으며, 독립변수인 반응성은 만족도에 유의한 영향(B=0.317, $p<0.01$)을 미쳤다. 또한 매개변수인 만족도는 종속변수인 충성도에 유의한 영향(B=0.630, $p<0.001$)을 미쳤다.

개별간접효과의 통계적 유의성에 대한 검증 결과, 먼저 [디자인품질 → 만족도 → 충성도]의 개별간접효과는 0.227이며 p=0.010이므로 유의수준 0.01에서 통계적으로 유의하여 매개효과가 있음을 알 수 있다. 다음으로, [사용자통제 → 만족도 → 충성도]의 개별간접효과는 0.112이며 p=0.107이므로 유의수준 0.05에서 통계적으로 유의하지 않아서 매개효과가 없음을 알 수 있다. 마지막으로, [반응성 → 만족도 → 충성도]의 개별간접효과는 0.200이며 p=0.010이므로 유의수준 0.01에서 통계적으로 유의하여 매개효과가 있음을 알 수 있다.

통계실습 13-3 연속다중매개모형(Serial multiple mediator model) 실습 3

다음의 [통계실습 13-3 매개효과 실습모형3_연속다중매개]를 가지고 팬텀변수(Phantom variable)에 의한 Bootstrapping test로 개별간접효과의 통계적 유의성 검증을 실습하시오. 데이터 파일은 [제5부 매개효과분석 데이터3(제13장)]을 이용한다. 독립변수는 [CEO지원], 매개변수는 [목표몰입]과 [동기부여], 종속변수는 [지속사용의도]이며 모두 연속형 변수이다.

실습 따라하기

실습을 수행하기에 앞서 팬텀변수를 사용해서 검증할 개별간접경로를 설정하는 방법을 간략히 설명하기로 한다. 먼저, 각 [가설 경로]에 대한 명칭을 [a,b,c,d,e,f]로 입력한다. 입력하는 방법은 왼쪽 툴박스에서 를 선택한 후 분석모형의 경로를 선택한다. 경로 위에서 마우스의 오른쪽 클릭을 통해 대상속성[Object Properties] 창을 연다. [Parameters] 탭에서 [Regression weight]에 [a]를 입력한다. 다른 경로도 이와 같은 방법으로 모두 명칭을 부여한다. 다음으로, 독립변수인 잠재변수 CEO지원에서 개별간접효과를 검증하고자 하는 가설 경로를 설정한다. 예컨대 [CEO지원 → 목표몰입 →

연속다중매개모형

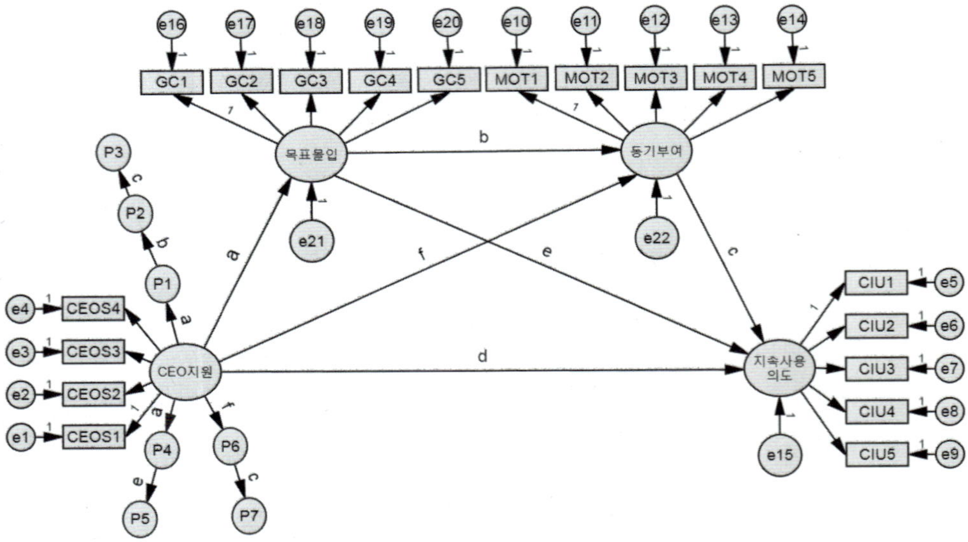

동기부여 → 지속사용의도] 경로에 대한 간접효과의 통계적 유의성을 검증하려면 경로가 3개(a,b,c)이므로 분석모형에 [팬텀변수]로 개별간접효과 경로를 팬텀변수1(P1), 팬텀변수2(P2), 팬텀변수3(P3)으로 명칭을 부여하고 팬텀 경로 화살표에 대상속성[Object Properties] 창을 열어 다음의 그림과 같이 [a,b,c]를 각각 입력한다. 이 실습문제에는 팬텀변수를 사용해서 3개의 개별간접효과에 대한 매개효과를 검증할 수 있도록 설정하였다. ① [CEO지원 → 목표몰입 → 동기부여 → 지속사용의도: a,b,c], ② [CEO지원 → 목표몰입 → 지속사용의도: a,e], ③ [CEO지원 → 동기부여 → 지속사용의도: f,c]

연속다중매개모형

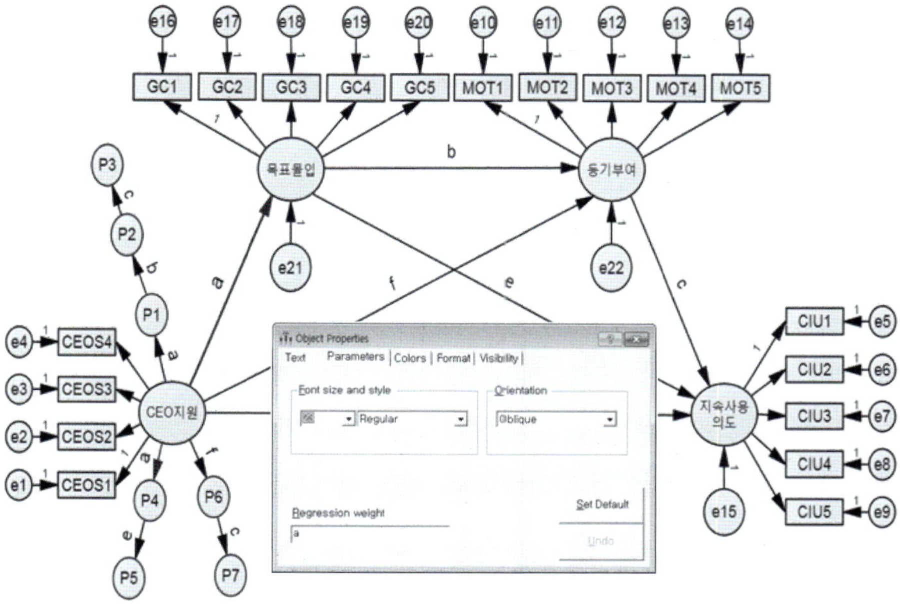

❶ Amos에서 [파일–열기–데이터]로 들어간 후 [제5부 통제효과 매개효과 및 조절효과분석(제12장–제15장)–제5부 통계분석] 폴더 안에 있는 파일인 [통계실습 13–3 매개효과 실습모형3_연속다중매개]를 불러들인다. 이미 데이터 파일은 모델과 연결되어 있어서 별도의 작업이 필요 없으나 연결되어 있지 않았다면 왼쪽 툴박스에 있는 을 클릭해 연결한다.

❷ 왼쪽 툴박스에서 (Analysis Properties)를 클릭해 들어간 후 먼저, [Output] 탭에서 [Indirect, direct & total effects]를 체크한다. 다음으로, [Bootstrap] 탭에서 [Perform bootstrap], [Percentile confidence intervals]를 체크한 후 나간다. 저자가 이미 이 부분을 체크해 놓았으므로 확인만 하고 넘어간다. 체크되어 있지 않다면 각자가 확인한 후 체크한다.

❸ 왼쪽 툴박스에 있는 을 클릭해 실행한다. 팬텀변수는 가상변수이며 이러한 이유로 오차항이 없어서 AMOS Warning 메시지가 나타난다. [Proceed with the analysis]를 클릭해 강제로 실행시키면 된다.

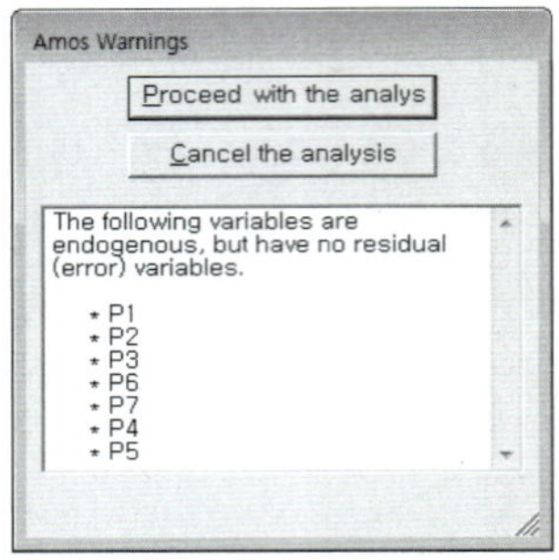

❹ 왼쪽 툴박스에 있는 (View Text)를 클릭해 실행 결과로 들어간다. 왼쪽 상단에서 먼저, [Estimates–Matrices–Indirect Effects]를 차례대로 클릭해 들어가서 출력된 결과를 확인한다. 다음으로, 좌측 화면의 하단에서 [Estimates/Bootstrap–Bootstrap Confidence–Percentile–Two Tailed Significance(PC)]를 차례대로 들어가서 출력된 결과를 확인한다(통계실습 13–1과 동일한 절차임).

| 표 13–7 | 통계실습 13–3 Regression Weights와 Indirect Effects 출력 결과

CMIN

Model	NPAR	CMIN	DF	P	CMIN/DF
Default model	44	339.760	146	.000	2.327

Regression Weights: (Group number 1 - Default model)

			Estimate	S.E.	C.R.	P	Label
목표몰입	<---	CEO지원	.327	.044	7.512	***	a
동기부여	<---	목표몰입	.517	.118	4.365	***	b
동기부여	<---	CEO지원	.257	.067	3.812	***	f

Indirect Effects (Group number 1 - Default model)

	CEO지원	목표몰입	동기부여	지속사용_의도
목표몰입	.000	.000	.000	.000
P1	.000	.000	.000	.000
동기부여	.169	.000	.000	.000
P6	.000	.000	.000	.000
P4	.000	.000	.000	.000
P2	.169	.000	.000	.000
지속사용_의도	.251	.178	.000	.000
P5	.104	.000	.000	.000
P7	.088	.000	.000	.000
P3	.058	.000	.000	.000

▌표 13-8▐ 통계실습 13-3 Indirect Effects-Two Tailed Significance(PC) 출력 결과

Indirect Effects - Two Tailed Significance (PC)

	CEO지원	목표몰입	동기부여	지속사용_의도
목표몰입	...	...	...	...
P1	...	...	...	...
동기부여	.010	...	...	...
P6	...	...	...	...
P4	...	...	...	...
P2	.010	...	...	...
지속사용_의도	.010	.010	...	...
P5	.028	...	...	...
P7	.010	...	...	...
P3	.010	...	...	...

개별간접효과는 [표 13-7], [표 13-8]의 출력 결과에서 P3, P5, P7을 확인하면 된다. 여기에서 P3은 [CEO지원 → 목표몰입 → 동기부여 → 지속사용의도] 경로, P5는 [CEO지원 → 목표몰입 → 지속사용의도] 경로, P7은 [CEO지원 → 동기부여 → 지속사용의도] 경로에 대한 개별간접효과의 크기와 통계적 유의성을 보여준다.

P3, P5, P7 경로의 간접효과는 각각 0.058, 0.104, 0.088이며 이의 p-value는 각각 0.010, 0.028, 0.010으로 나타났다. 먼저, [CEO지원 → 목표몰입 → 동기부여 → 지속사용의도]는 p=0.010이므로 유의수준 0.01에서 간접효과가 유의하며 매개효과가 있다. 다음으로, [CEO지원 → 목표몰입 → 지속사용의도]는 p=0.028이므로 유의수준 0.05에서 간접효과가 유의하며 매개효과가 있다. 마지막으로, [CEO지원 → 동기부여 → 지속사용의도]는 p=0.010이므로 유의수준 0.01에서 간접효과가 유의하며 매개효과가 있다.

통계실습 13-4 병렬다중매개모형(Parallel multiple mediator model) 실습 4

다음의 [통계실습 13-4 매개효과 실습모형4(병렬다중매개)_개별간접효과의 매개효과]를 가지고 팬텀변수(Phantom variable)를 사용한 Bootstrapping test로 개별간접효과의 통계적 유의성 검증을 실습하시오. 데이터 파일은 [제5부 매개효과분석 데이터4(제13장)]을 이용한다. 독립변수는 [FA](기능적 속성), 매개변수는 [PU](지각된 유용성)과 [PP](지각된 유희성), 종속변수는 [실제 사용의도]이며 모두 연속형 변수이다.

병렬다중매개모형(개별간접효과 매개효과 검증)

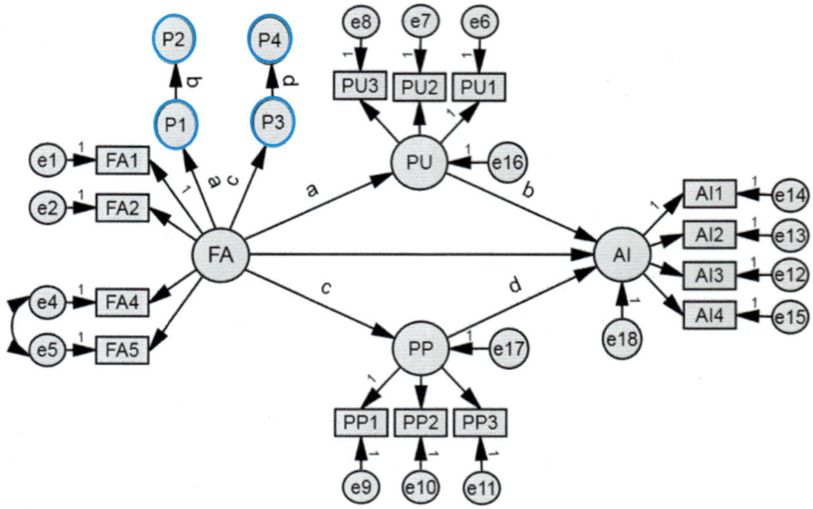

실습 따라하기

❶ Amos에서 [파일-열기-데이터]로 들어간 후 [제5부 통제효과 매개효과 및 조절효과분석(제12장-제15장)-제5부 통계분석] 폴더 안에 있는 파일인 [통계실습 13-4 매개효과 실습모형4(병렬다중매개)_개별간접효과 매개효과]를 불러들인다. 이미 데이터 파일은 모델과 연결되어 있어서 별도의 작업이 필요 없으나 연결되어 있지 않았다면 왼쪽 툴박스에 있는 ▦을 클릭해 연결한다.

❷ 왼쪽 툴박스에서 ▦(Analysis Properties)를 클릭해 들어간 후 먼저, [Output] 탭에서 [Indirect, direct & total effects]를 체크한다. 다음으로, [Bootstrap] 탭에서 [Perform bootstrap], [Percentile confidence intervals]를 체크한 후 나간다. 저자가 이미 이 부분을 체크해 놓았으므로 확인만 하고 넘어간다. 체크되어 있지 않다면 각자가 확인한 후 체크한다.

❸ 왼쪽 툴박스에 있는 ▦을 클릭해 실행한다. 팬텀변수는 가상변수이며 이러한 이유로 오차항이 없어서 AMOS Warning 메시지가 나타난다. [Proceed with the analysis]를 클릭해 강제로 실행시키면 된다.

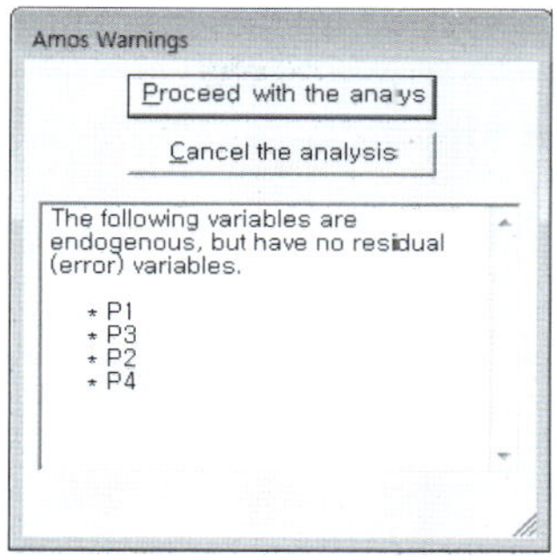

❹ 왼쪽 툴박스에 있는 (View Text)를 클릭해 실행 결과로 들어간다. 왼쪽 상단에서 먼저, [Estimates–Matrices–Indirect Effects]를 차례대로 클릭해 들어가서 출력된 결과를 확인한다. 다음으로, 좌측 화면의 하단에서 [Estimates/Bootstrap–Bootstrap Confidence–Percentile method–Two Tailed Significance(PC)]를 차례대로 들어가서 출력된 결과를 확인한다(통계실습 13-1과 동일한 절차임).

표 13-9 통계실습 13-4 Regression Weights와 Indirect Effects 출력 결과

CMIN

Model	NPAR	CMIN	DF	P	CMIN/DF
Default model	34	158.960	71	.000	2.239
Saturated model	105	.000	0		
Independence model	14	2790.519	91	.000	30.665

Regression Weights: (Group number 1 - Default model)

			Estimate	S.E.	C.R.	P	Label
PU	<---	FA	.677	.074	9.169	***	a
PP	<---	FA	.677	.064	10.508	***	c
AI	<---	PU	.279	.079	3.512	***	b
AI	<---	PP	.350	.082	4.243	***	d
AI	<---	FA	.347	.109	3.177	.001	

Indirect Effects (Group number 1 - Default model)

	FA	PP	PU	AI
PP	.000	.000	.000	.000
PU	.000	.000	.000	.000
P3	.000	.000	.000	.000
P1	.000	.000	.000	.000
AI	.426	.000	.000	.000
P2	.189	.000	.000	.000
P4	.237	.000	.000	.000

표 13-10 통계실습 13-4 Indirect Effects-Two Tailed Significance(PC) 출력결과

Indirect Effects - Two Tailed Significance (PC)

	FA	PP	PU	AI
PP	...	...	...	...
PU	...	...	...	...
P3	...	...	...	...
P1	...	...	...	...
AI	.010	...	...	...
P2	.010	...	...	...
P4	.010	...	...	...

개별간접효과는 [표 13-9], [표 13-10]의 출력 결과에서 P2, P4를 확인하면 된다. 여기에서 P2는 [FA → PU → AI] 경로, P4는 [FA → PP → AI] 경로에 대한 개별간접효과의 크기와 통계적 유의성을 보여준다.

P2, P4 경로의 간접효과는 각각 0.189, 0.237이며 이의 p-value는 각각 0.010으로 나타났다. 먼저, [기능적 속성(FA) → 지각된 유용성(PU) → 실제사용의도(AI)]는 개별간접효과가 0.189이고 p=0.010이므로 유의수준 0.01에서 간접효과가 유의하며 매개효과가 있다. 다음으로, [기능적 속성(FA) → 지각된 유희성(PP) → 실제사용의도(AI)]는 개별간접효과가 0.237이고 p=0.010이므로 유의수준 0.01에서 간접효과가 유의하며 매개효과가 있다.

통계실습 13-5 병렬다중매개모형(개별간접효과 계수차이 검증) 실습 5

다음의 [통계실습 13-5 매개효과 실습모형5(병렬다중매개)_개별간접효과 계수차이 검증]을 가지고 팬텀변수(Phantom variable)를 사용한 Bootstrapping test로 개별간접효과의 계수차이의 통계적 유의성 검증을 실습하시오. 이는 [FA → PU → AI] 경로와 [FA → PP → AI] 경로의 계수차이가 통계적으로 유의한지 여부를 규명하는 데 목적이 있다. 데이터 파일은 [제5부 매개효과분석 데이터5(제13장)]을 이용한다. 독립변수는 [FA](기능적 속성), 매개변수는 [PU](지각된 유용성)과 [PP](지각된 유희성), 종속변수는 [실제사용의도]이며 모두 연속형 변수이다.

병렬다중매개모형(개별간접효과 계수차이 검증)

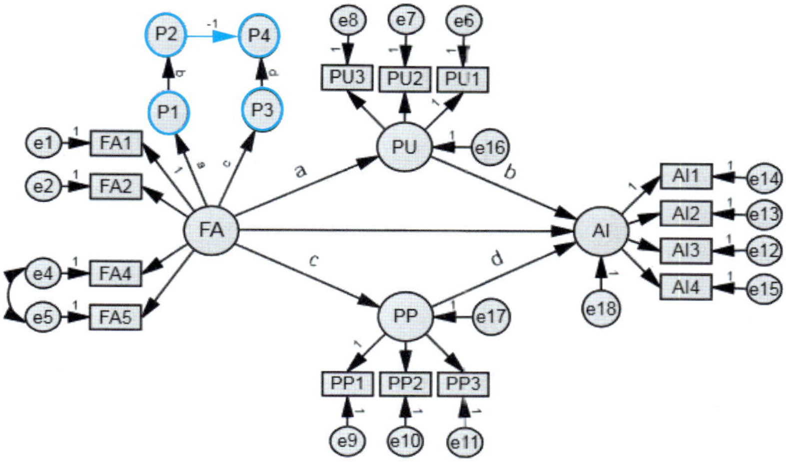

실습 따라하기

❶ Amos에서 [파일-열기-데이터]로 들어간 후 [제5부 통제효과 매개효과 및 조절효과분석(제12장-제15장)-제5부 통계분석] 폴더 안에 있는 파일인 [통계실습 13-5 매개효과 실습모형5(병렬다중매개)_개별간접효과 계수차이 검증]을 불러들인다. 이미 데이터 파일은 모델과 연결되어 있어서 별도의 작업이 필요 없으나 연결되어 있지 않았다면 왼쪽 툴박스에 있는 을 클릭해 연결한다.

❷ 왼쪽 툴박스에서 (Analysis Properties)를 클릭해 들어간 후 먼저, [Output] 탭에서 [Indirect, direct & total effects]를 체크한다. 다음으로, [Bootstrap] 탭에서 [Perform bootstrap], [Percentile confidence intervals]를 체크한 후 나간다. 저자가 이미 이 부분을 체크해 놓았으므로 확인만 하고 넘어간다.

❸ 왼쪽 툴박스에 있는 을 클릭해 실행한다. 팬텀변수는 가상변수이며 이러한 이유로 오차항이 없어서 AMOS Warning 메시지가 나타난다. [Proceed with the analysis]를 클릭해 강제로 실행시키면 된다.

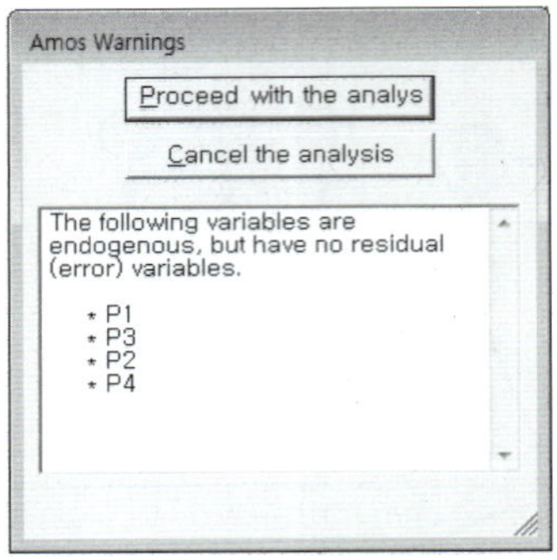

❹ 왼쪽 툴박스에 있는 (View Text)를 클릭해 실행 결과로 들어간다. 왼쪽 상단에서 먼저, [Estimates-Matrices-Indirect Effects]를 차례대로 클릭해 들어가서 출력된 결과를 확인한다. 다음으로, 좌측 화면의 하단에서 [Estimates/Bootstrap-Bootstrap Confidence-Percentile method-Two Tailed Significance(PC)]를 차례대로 들어가서 출력된 결과를 확인한다(통계실습 13-1과 동일한 절차임).

| 표 13-11 | 통계실습 13-5 Regression Weights와 Indirect Effects 출력 결과

CMIN

Model	NPAR	CMIN	DF	P	CMIN/DF
Default model	34	158.960	71	.000	2.239

Regression Weights: (Group number 1 - Default model)

			Estimate	S.E.	C.R.	P	Label
PU	<---	FA	.677	.074	9.169	***	a
PP	<---	FA	.677	.064	10.508	***	c
P1	<---	FA	.677	.074	9.169	***	a
AI	<---	PU	.279	.079	3.512	***	b
AI	<---	PP	.350	.082	4.243	***	d
AI	<---	FA	.347	.109	3.177	.001	

앞에서 실습한 [통계실습 13-4]에서 P2와 P4의 간접효과 추정 결과에서
0.237-0.189=0.048 계수차이

Indirect Effects (Group number 1 - Default model)

	FA	PP	PU	AI
P1	.000	.000	.000	.000
PP	.000	.000	.000	.000
PU	.000	.000	.000	.000
P2	.189	.000	.000	.000
P3	.000	.000	.000	.000
AI	.426	.000	.000	.000
P4	.048	.000	.000	.000

표 13-12 통계실습 13-5 Indirect Effects-Two Tailed Significance(PC) 출력 결과

Indirect Effects - Two Tailed Significance (PC)

	FA	PP	PU	AI
P1	...	...	...	...
PP	...	...	...	...
PU	...	...	...	...
P2	.010	...	...	...
P3	...	...	...	...
AI	.010	...	...	...
P4	.647	...	...	...

[표 13-11], [표 13-12]의 출력 결과에서 개별간접효과의 계수차이인 P4만 확인하면 된다. 개별간접효과 P2와 P4의 경로계수 차이는 0.048이며 이의 p-value는 0.647이다. 따라서 P2와 P4의 경로계수 차이는 유의적이지 않으므로 P2와 P4 경로의 계수차이는 통계적으로 유의적인 차이가 아님을 알 수 있다.

통계실습 13-6 연속다중매개모형(팬텀변수를 사용하는 경우) 실습 6

다음의 [통계실습 13-6 매개효과 실습모형6(연속다중매개)_팬텀변수 사용]을 가지고 팬텀변수(Phantom variable)를 사용한 Bootstrapping test로 간접효과의 통계적 유의성 검증을 실습하시오. 이는 [CEO지원 → 목표몰입 → 동기부여 → 지속사용의도] 경로의 통계적 유의성을 규명하는 데 목적이 있다. 데이터 파일은 [제5부 매개효과분석 데이터6(제13장)]을 이용한다. 독립변수는 [CEO지원], 매개변수는 [목표몰입]과 [동기부여], 종속변수는 [지속사용의도]이며 모두 연속형 변수이다.

연속다중매개모형(팬텀변수를 사용한 경우)

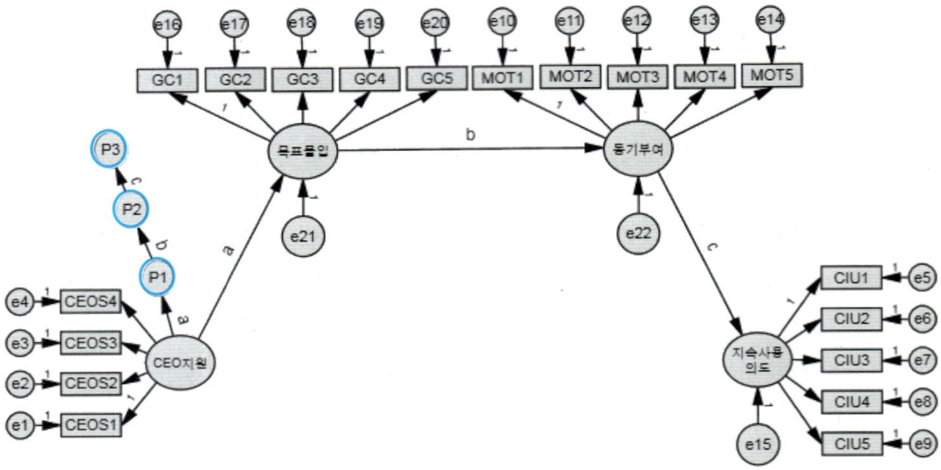

실습 따라하기

❶ Amos에서 [파일-열기-데이터]로 들어간 후 [제5부 통제효과 매개효과 및 조절효과분석(제12장-제15장)-제5부 통계분석] 폴더 안에 있는 파일인 [통계실습 13-6 매개효과 실습모형6(연속다중매개)_팬텀변수 사용]을 불러들인다. 이미 데이터 파일은 모델과 연결되어 있어서 별도의 작업이 필요 없으나 연결되어 있지 않았다면 왼쪽 툴박스에 있는 을 클릭해 연결한다.

❷ 왼쪽 툴박스에서 (Analysis Properties)를 클릭해 들어간 후 먼저, [Output] 탭에서 [Indirect, direct & total effects]를 체크한다. 다음으로, [Bootstrap] 탭에서 [Perform bootstrap], [Percentile confidence intervals]를 체크한 후 나간다. 저자가 이미 이 부분을 체크해 놓았으므로 확인만 하고 넘어간다. 체크되어 있지 않다면 각자가 확인한 후 체크한다.

❸ 왼쪽 툴박스에 있는 을 클릭해 실행한다. 팬텀변수는 가상변수이며 이러한 이유로 오차항이 없어서 AMOS Warning 메시지가 나타난다. [Proceed with the analysis]를 클릭해 강제로 실행시키면 된다.

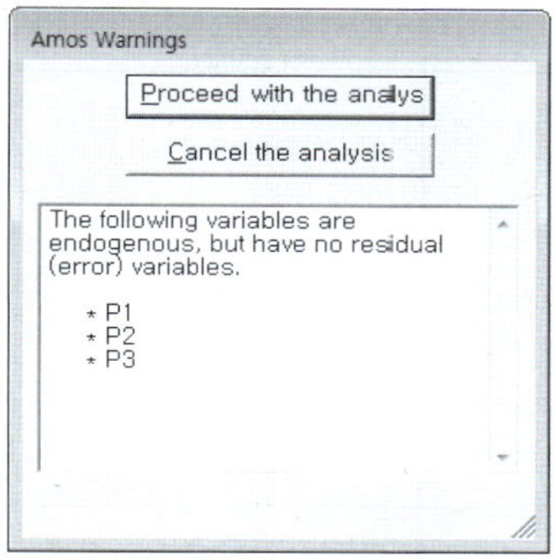

❹ 왼쪽 툴박스에 있는 (View Text)를 클릭해 실행 결과로 들어간다. 왼쪽 상단에서 먼저, [Estimates–Matrices–Indirect Effects]를 차례대로 클릭해 들어가서 출력된 결과를 확인한다. 다음으로, 좌측 화면의 하단에서 [Estimates/Bootstrap–Bootstrap Confidence–Percentile method–Two Tailed Significance(PC)]를 차례대로 들어가서 출력된 결과를 확인한다(통계실습 13-1과 동일한 절차임).

표 13-13 통계실습 13-6 Regression Weights와 Indirect Effects 출력 결과

CMIN

Model	NPAR	CMIN	DF	P	CMIN/DF
Default model	41	421.116	149	.000	2.826

Regression Weights: (Group number 1 - Default model)

			Estimate	S.E.	C.R.	P	Label
목표몰입	<---	CEO지원	.336	.043	7.767	***	a
동기부여	<---	목표몰입	.847	.113	7.473	***	b
P1	<---	CEO지원	.336	.043	7.767	***	a
지속사용_의도	<---	동기부여	.751	.085	8.870	***	c

Indirect Effects (Group number 1 - Default model)

	CEO지원	목표몰입	동기부여	지속사용_의도
목표몰입	.000	.000	.000	.000
P1	.000	.000	.000	.000
동기부여	.285	.000	.000	.000
P2	.285	.000	.000	.000
지속사용_의도	.214	.636	.000	.000
P3	.214	.000	.000	.000

▌표 13-14 ▌통계실습 13-6 Indirect Effects-Two Tailed Significance(PC) 출력 결과

Indirect Effects - Two Tailed Significance (PC)

	CEO지원	목표몰입	동기부여	지속사용_의도
목표몰입	...	...	...	...
P1	...	...	...	...
동기부여	.010	...	...	...
P2	.010	...	...	...
지속사용_의도	.010	.010	...	...
P3	.010	...	...	...

개별간접효과는 [표 13-13], [표 13-14]의 출력 결과에서 P3만 확인하면 된다. 여기에서 P3은 [CEO지원 → 목표몰입 → 동기부여 → 지속사용의도] 경로에 대한 개별간접효과의 크기와 통계적 유의성을 보여준다.

P3 경로의 간접효과는 0.214이며 이의 p=0.010이어서 유의수준 0.01에서 통계적으로 유의함을 알 수 있다. 따라서 [CEO지원 → 목표몰입 → 동기부여 → 지속사용의도] 경로는 매개효과가 있다고 해석한다.

통계실습 13-7 연속다중매개모형(팬텀변수를 사용하는 경우) 실습 7

다음의 [통계실습 13-7 매개효과 실습모형7(연속다중매개)_팬텀변수 미사용]을 가지고 팬텀변수(Phantom variable)를 사용한 Bootstrapping test로 간접효과의 통계적 유의성 검증을 실습하시오. 이는 [CEO지원 → 목표몰입 → 동기부여 → 지속사용의도] 경로의 통계적 유의성을 규명하는 데 목적이 있다. 데이터 파일은 [제5부 매개효과분석 데이터7(제13장)]을 이용한다. 독립변수는 [CEO지원], 매개변수는 [목표몰입]과 [동기부여], 종속변수는 [지속사용의도]이며 모두 연속형 변수이다.

연속다중매개모형(팬텀변수를 사용하지 않은 경우)

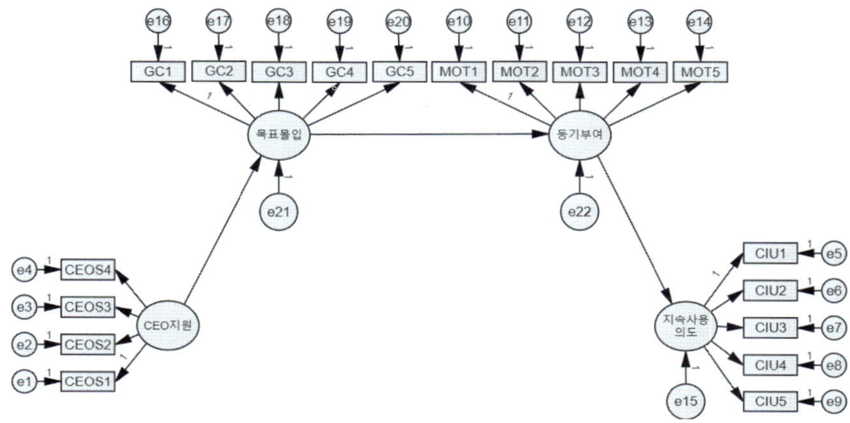

실습 따라하기

❶ Amos에서 [파일–열기–데이터]로 들어간 후 [제5부 통제효과 매개효과 및 조절효과분석(제12장–제15장)–제5부 통계분석] 폴더 안에 있는 파일인 [통계실습 13–7 매개효과 실습모형7(연속다중매개)_팬텀변수 미사용]을 불러들인다. 이미 데이터 파일은 모델과 연결되어 있어서 별도의 작업이 필요 없으나 연결되어 있지 않았다면 왼쪽 툴박스에 있는 을 클릭해 연결한다.

❷ 왼쪽 툴박스에서 (Analysis Properties)를 클릭해 들어간 후 먼저, [Output] 탭에서 [Indirect, direct & total effects]를 체크한다. 다음으로, [Bootstrap] 탭에서 [Perform bootstrap], [Percentile confidence intervals]를 체크한 후 나간다. 저자가 이미 이 부분을 체크해 놓았으므로 확인만 하고 넘어간다. 체크되어 있지 않다면 각자가 확인한 후 체크한다.

❸ 왼쪽 툴박스에 있는 을 클릭해 실행한다.

❹ 왼쪽 툴박스에 있는 (View Text)를 클릭해 실행 결과로 들어간다. 왼쪽 상단에서 먼저, [Estimates–Matrices–Indirect Effects]를 차례대로 클릭해 들어가서 출력된 결과를 확인한다. 다음으로, 좌측 화면의 하단에서 [Estimates/Bootstrap–Bootstrap Confidence–Percentile method–Two Tailed Significance(PC)]를 차례대로 들어가서 출력된 결과를 확인한다([통계실습 13–1]과 동일한 절차임).

[통계실습 13-7]의 매개효과모형은 앞의 [통계실습 13-6]의 연속다중매개모형(팬텀변수를 사용하는 경우)과 동일한 추정 결과를 얻는다. 따라서 이러한 연속다중매개모형의 경우에는 팬텀변수를 사용하지 않고 바로 Bootstrapping Test를 통해 간접효과의 유의성 검증을 통해 매개효과분석을 하면 된다.

표 13-15 통계실습 13-7 Regression Weights와 Indirect Effects 출력 결과

Model Fit Summary

CMIN

Model	NPAR	CMIN	DF	P	CMIN/DF
Default model	41	421.116	149	.000	2.826

Regression Weights: (Group number 1 - Default model)

			Estimate	S.E.	C.R.	P	Label
목표몰입	<---	CEO지원	.336	.043	7.767	***	
동기부여	<---	목표몰입	.847	.113	7.473	***	
지속사용_의도	<---	동기부여	.751	.085	8.870	***	

Indirect Effects (Group number 1 - Default model)

	CEO지원	목표몰입	동기부여	지속사용_의도
목표몰입	.000	.000	.000	.000
동기부여	.285	.000	.000	.000
지속사용_의도	.214	.636	.000	.000

표 13-16 통계실습 13-7 Indirect Effects-Two Tailed Significance(PC) 출력 결과

Indirect Effects - Two Tailed Significance (PC)

	CEO지원	목표몰입	동기부여	지속사용_의도
목표몰입	...	...	...	...
동기부여	.010	...	...	...
지속사용_의도	.010	.010	...	...

개별간접효과는 [표 13-15], [표 13-16]의 출력 결과에서 [CEO지원 → 목표몰입 → 동기부여 → 지속사용의도] 경로에 대한 개별간접효과의 크기와 통계적 유의성을 보여준다.

[CEO지원 → 목표몰입 → 동기부여 → 지속사용의도] 경로에 간접효과 크기는 0.214이며 이의 p=0.010이어서 유의수준 0.01에서 통계적으로 유의함을 알 수 있다. 따라서 [CEO지원 → 목표몰입 → 동기부여 → 지속사용의도] 경로는 매개효과가 있다고 해석한다.

통계실습 13-8 연속다중매개모형(Serial multiple mediator model) 실습 8

다음의 [통계실습 13-8 매개효과 실습모형8_연속다중매개]를 가지고 [사용자 정의 추정]에 의한 Bootstrapping test로 개별간접효과의 통계적 유의성 검증을 실습하시오. 데이터 파일은 [제5부 매개효과분석 데이터8(제13장)]을 이용한다. 이 실습문제에서는 [User-defined estimands]를 사용해서 3개의 개별간접효과에 대한 매개효과를 검증하기로 한다. ① [CEO지원 → 목표몰입 → 동기부여 → 지속사용의도: p1, p2, p3] ② [CEO지원 → 목표몰입 → 지속사용의도: p1, p6] ③ [CEO지원 → 동기부여 → 지속사용의도: p5, p3] 독립변수는 [CEO지원], 매개변수는 [목표몰입]과 [동기부여], 종속변수는 [지속사용의도]이며 모두 연속형 변수이다.

실습 따라하기

❶ Amos에서 파일–열기–데이터]로 들어간 후 [제5부 통제효과 매개효과 및 조절효과 분석(제12장–제15장)–제5부 통계분석] 폴더 안에 있는 파일인 [통계실습 13–8 매개효과 실습모형8(연속다중매개)]를 불러들인다.

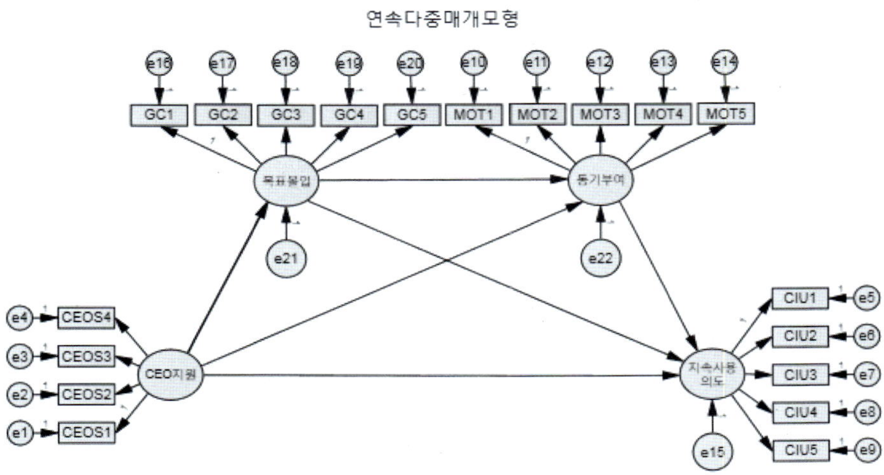

❷ 각 경로의 명칭으로 [p1, p2, p3, p4, p5, p6]를 부여한다. 데이터 파일명을 [통계실습 13-8 매개효과 실습모형8(연속다중매개)_경로 명칭 부여]로 변경해 저장한다. 완료된 화면은 다음과 같다.

연속다중매개모형

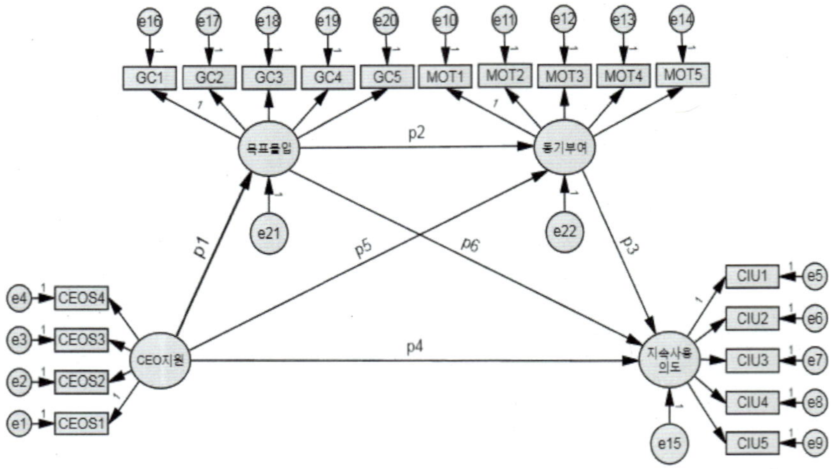

❸ 왼쪽 툴박스에서 (Analysis Properties)를 클릭해 들어간 후 먼저, [Output] 탭에서 [Indirect, direct & total effects]를 체크한다. 다음으로, [Bootstrap] 탭에서 [Perform bootstrap], [Percentile confidence intervals]를 체크한 후 나간다. 저자가 이미 이 부분을 체크해 놓았으므로 확인만 하고 넘어간다. 체크되어 있지 않다면 각자가 확인한 후 체크한다.

❹ Amos 기본 화면의 좌하단에 있는 [Not estimating any user-defined estimand]를 클릭한 후 [Define new estimands]를 마우스로 선택하면 [오른쪽]에 [입력] 창이 나타난다. 여기에서 다음과 같은 간접효과의 모수 추정을 위한 계산식을 입력한다. 입력 창의 [File] 메뉴에서 [Check Syntax]를 클릭하면 입력 창 화면 하단에 [Syntax is OK]라는 메시지가 나타난다. [사용자 정의 추정] 창에서 [File-Save as]로 들어간 후 파일명을 [통계실습 13-8] 총간접효과의 개별간접효과와 계산식]으로 저장한 후 빠져 나간다.

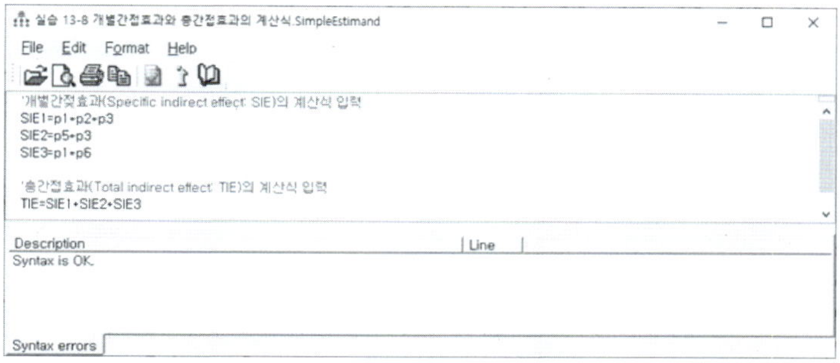

❺ 왼쪽 툴박스에 있는 [아이콘]을 클릭해 실행한다.

❻ 왼쪽 툴박스에 있는 [아이콘](View Text)를 클릭해 실행 결과로 들어간다. 왼쪽 상단에서 먼저, [Estimates–Scalars–User–defined estimands]를 차례대로 클릭한다. 다음으로, 좌하단에서 [Estimates/Bootstrap–Bootstrap Confidence–Percentile method–Two Tailed Significance(PC)]를 차례대로 들어가서 출력된 결과를 확인한다.

표 13-17 통계실습 13-8 개별간접효과와 총간접효과의 출력 결과

User-defined estimands: (Group number 1 - Default model)

Parameter	Estimate	Lower	Upper	P
SIE1	.058	.016	.121	.010
SIE2	.104	.016	.260	.028
SIE3	.088	.027	.155	.010
TIE	.251	.131	.431	.010

[표 13-17]은 총간접효과와 개별간접효과의 출력 결과를 보여준다. 총간접효과는 0.251로 유의수준 0.01에서 통계적으로 유의하게 나타났다. 개별간접효과의 결과를 보면 [CEO지원 → 목표몰입 → 동기부여 → 지속사용의도]의 경로계수는 0.058로 유의수준 0.01에서 유의하며, [CEO지원 → 목표몰입 → 지속사용의도]의 경로계수는 0.104로 유의수준 0.05에서 유의하며, [CEO지원 → 동기부여 → 지속사용의도]의 경로계수는 0.088로 유의수준 0.01에서 유의하게 나타났다. 따라서 모든 개별간접경로가 통계적으로 유의하게 나타났으므로 개별 경로는 매개효과가 존재함을 보여준다.

제13장의 핵심내용 요약

- 매개회귀분석(Mediated regression analysis, or Mediation analysis using multiple regression)은 독립변수와 종속변수 사이에서 매개적 역할을 하는 매개변수가 개입되는 경우에 사용되는 다중회귀분석 방법이다.
- 매개변수(Mediator, or Mediating variable)란 독립변수와 종속변수 간의 관계를 설명하기 위해 중간에 개입하는 제3의 변수를 말한다. 이는 독립변수와 종속변수 간의 인과관계를 조금 더 자세히 설명할 때 필요한 변수로 독립변수와 종속변수 간의 연결 역할(Linking role)을 수행하는 변수이다.
- 매개모형의 구축 시 중요한 것은 독립변수와 종속변수 간의 인과관계 메커니즘을 발견하는 것이다. 예컨대 독립변수와 종속변수 간의 관계에서 단일 매개변수 찾기, 다중 매개변수 찾기, 이중 매개변수 찾기 등에 대한 지속적인 탐색이 필요하다.
- 매개모형을 구축하는 것을 매개모델링(Mediation modeling)이라고 한다. 이를 위해서는 먼저, 시간적 우선순위 등을 고려하여 배열(Arrangement)을 결정해야 한다. 다음으로, 변수들 간의 영향관계를 고려하여 독립변수, 매개변수 및 종속변수 간의 가설 관계(Hypothetical relations)를 설정해야 한다.
- Sobel test는 BK접근법을 적용하여 1단계와 3단계의 비표준화회귀계수(Unstandardized regression weight) a와 b 그리고 그의 표준오차(Standard error)인 S_a와 S_b를 이용해 간접효과의 통계적 유의성을 검증한다.

참고문헌

배병렬. (2021). Amos 27 구조방정식모델링. 도서출판 청람.

신건권. (2023). 석박사학위와 학술논문 작성 중심의 SmartPLS 4.0 구조방정식모델링. 도서출판 청람.

신건권. (2023). 석박사학위와 학술논문 작성 중심의 SPSS 29 논문통계분석. 도서출판 청람.

신건권. (2023). SPSS 29와 PROCESS macro 4.0을 이용한 회귀분석 따라하기. 도서출판 청람.

AMOS 29 User's Guide.

Baron, R.M., & Kenny, D.A. (1986). The moderator-mediator variable distinction in social psychological research: Conceptual, strategic, and statistical considerations. *Journal of Personality and Social Psychology*, 51(6), 1173.

Hayes, A.F. (2017). *Introduction to Mediation, Moderation, and Conditional Process Analysis: A regression-based approach*. Guilford publications.

Preacher, K.J., & Hayes, A.F. (2004). SPSS and SAS procedures for estimating indirect effects in simple mediation models. *Behavior Research Methods, Instruments, & Computers*, 36(4), 717-731.

Sobel, M.E. (1982). Asymptotic confidence intervals for indirect effects in structural equation models. *Sociological Methodology*, 13, 290-312.

제14장 범주형 조절변수의 조절효과분석

1 범주형 조절변수의 조절효과분석의 개요

1.1 조절효과분석의 의의와 개념

조절효과분석(Moderation effect analysis, or Moderation analysis using multiple regression)은 조절효과 혹은 상호작용효과를 분석하는 것으로 조절변수의 수준(Level)이나 조건(Condition)에 따라서 독립변수와 종속변수 간의 관계의 크기(Strength)와 방향(Direction)이 어떻게 강화(Enhancing)되거나 완화(BBuffering)되는지를 분석하는 것을 말한다. 여기에서 조절효과 혹은 상호작용효과(Moderation effect, or Interaction effect)란 하나의 독립변수 X가 종속변수 Y에 미치는 영향관계가 또 다른 조절변수 W의 수준에 따라서 달라지는 것을 의미한다. 보통 조절효과는 '독립변수 X가 종속변수 Y에 미치는 효과의 크기나 방향을 크기를 조절변수 W가 조절한다'고 표현한다. 또는 '종속변수 Y에 대하여 독립변수 X와 조절변수 W 간에 상호작용효과가 있다'고 표현한다.

- 조절변수(Moderator variable, or Moderating variable)는 독립변수가 종속변수에 미치는 영향을 중간에서 조절하는 제3의 독립변수로 시간의 경과에 따라 속성이 크게 변하지 않는 성격을 가지고 있는 변수이다. 이에는 인구통계학적 변수, 사람의 기질 등의 개인 심리특성변수 그리고 선행연구를 통해서 조절변수로 확인된 것 등이 속한다.
- 조절변수의 유형은 크게 범주형 변수(비메트릭변수)와 연속형 변수(메트릭변수)로 구분되며, 조절효과분석은 이러한 유형에 따라 적용되는 검증방법이 달라진다(배병렬,

2021). 범주형 변수에 의한 조절효과분석을 위해서는 다중집단분석(Multiple group analysis, or Multi-group analysis)에 의한 χ^2차이검증방법(Chi-square difference test)과 대응별 모수비교방법(Pairwise parameter comparison)이 사용된다. 연속형 변수에 의한 조절효과분석에 대해서는 다음 장에서 알아볼 것이다.

▶ SPSS나 PROCESS macro를 이용한 조절효과분석에서는 하나의 연구변수가 단일의 측정변수(관측변수)로 측정된 경우에 사용하며, 하나의 연구변수(잠재변수)가 여러 개의 측정변수(지표변수, 설문문항들)를 사용해 측정된 경우에는 이 책의 기본적인 프로그램인 Amos나 Mplus, SmartPLS 등과 같은 구조방정식 전용 프로그램을 사용해야 한다.

1.2 범주형 조절변수의 조절효과모델링

범주형 변수의 조절효과모델링은 [그림 14-1]과 같이 이루어진다. 여기에서는 다중집단분석을 통해 범주형 조절변수로 성별을 가지고 조절효과분석을 수행하는 경우를 가정하고 조절효과모델링을 예시하고자 한다. 먼저, 독립변수와 종속변수의 시간적 우선순위 등을 고려하여 남자집단과 여자집단을 구분해 배열 결정을 한다. 다음으로, 변수들 간의 영향관계를 고려하여 독립변수인 지각된 유용성과 종속변수인 고객충성도 간의 가설관계(→)를 결정한다.

[그림 14-2]는 범주형 조절변수인 경우의 조절효과분석을 위한 조절효과의 개념적 연구모델(Conceptual research model)과 실제 분석을 위한 통계적 연구모델(Statistical research model)이다. 실제 분석에서는 조절변수를 집단(남자집단/여자집단)으로 구분해 다중집단분석을 수행하고 χ^2차이검증을 통해 남자집단과 여자집단 간의 경로계수 차이에 대한 통계적 유의성을 분석하여 조절효과를 검증한다.

그림 14-1 | 범주형 조절변수의 조절효과모델링 예시

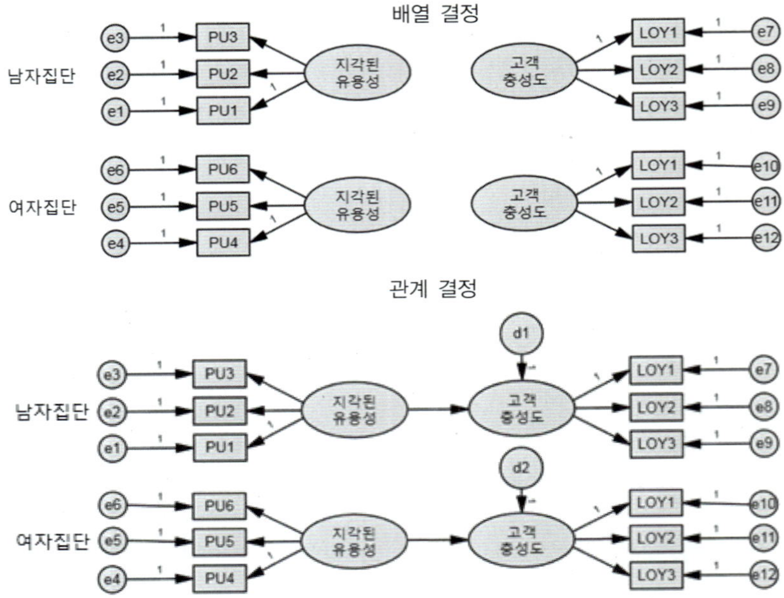

그림 14-2 | 범주형 조절변수가 있는 경우의 개념적 모델과 통계적 모델 예시

개념적 연구모델

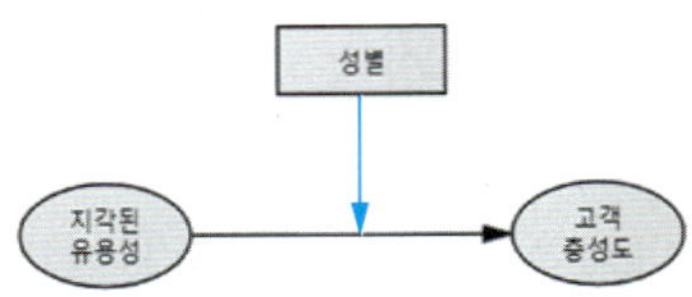

독립변수: 지각된 유용성, 범주형 조절변수: 성별, 종속변수: 고객충성도

실제 분석을 위한 통계적 연구모델

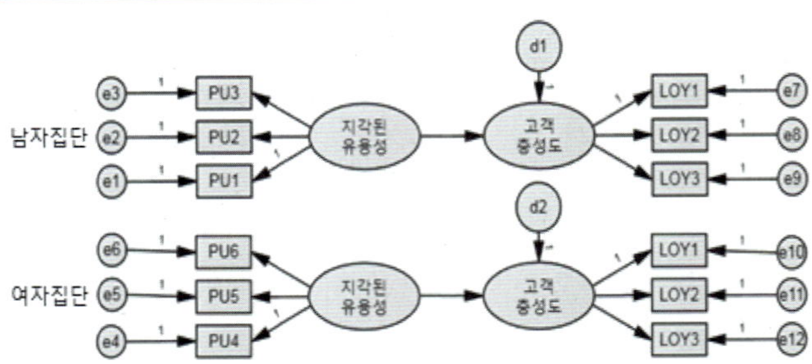

1.3 조절효과분석의 절차

조절효과분석의 절차는 [그림 14-3]과 같다.

그림 14-3 ▌ 조절효과분석의 절차

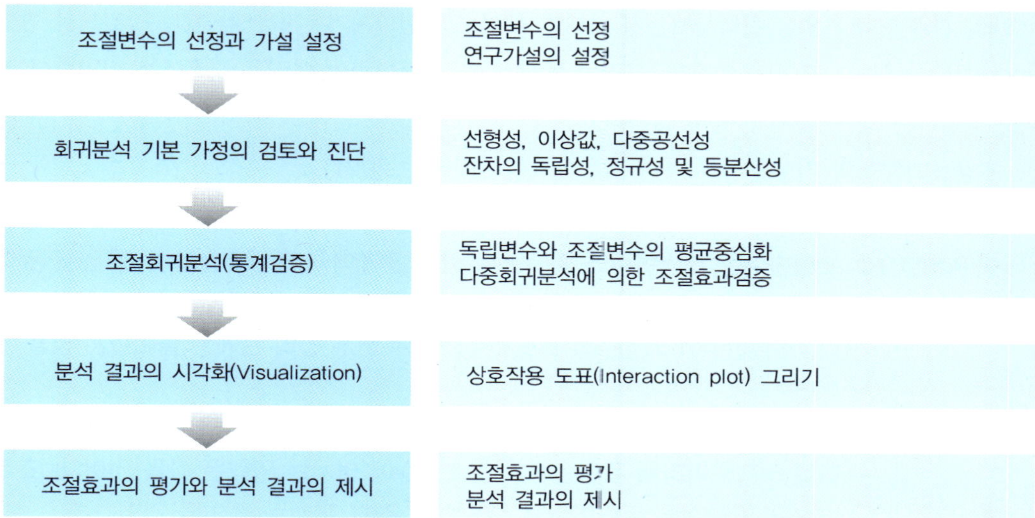

첫째, 방향성 가설의 설정이 가능하도록 체계적으로 문헌 검토를 수행하고, 이론적 가정을 토대로 조절변수를 선정한다.

둘째, 회귀분석의 기본 가정을 검토하여 데이터를 검증한다.

셋째, 조절효과분석을 수행한다. 필요시 분석 전에 독립변수와 조절변수에 대한 평균중심화 혹은 변수의 표준화를 수행한다.

넷째, 상호작용 도표(Interaction plot)를 통해 분석 결과를 시각화한다. 도표를 그리기 위해서는 선행연구들에서 많이 사용되고 있는 Excel 템플릿이나 도표 작성이 가능한 통계프로그램을 사용한다. PROCESS macro 프로그램을 이용하는 경우에는 조절효과분석의 심층탐구 방법으로 Aiken & West 방법인 단순기울기분석(특정값 선택법)이나 Johnson–Neyman 방법 등을 적용할 수 있으며, 이 책에서는 이 부분은 생략한다.

마지막으로, 조절효과분석 결과를 평가하고, 조절효과분석의 평가 결과는 사회 각 분야의 실제 현장문제해결에 필요한 실무적 시사점을 제공할 수 있도록 보고한다.

1.4 조절효과분석의 가설

조절효과분석의 가설은 기존 이론과 선행연구의 결과를 검토한 후 조절변수가 독립변수와 종속변수 간의 관계를 정적으로 변화시키는지 아니면 부적으로 변화시키는지를 확인할 수 있도록 방향성 가설을 설정하는 것이 필요하다. 그러나 방향성 가설의 설정이 어려운 경우에는 비방향성 가설을 설정하는 것도 문제가 되지 않는다.

조절효과분석의 가설을 예시하면 다음과 같다(배병렬, 2021).

귀무가설(H_0): 조절변수는 독립변수와 종속변수 간의 관계에서 조절역할을 하지 않을 것이다(혹은 조절변수에 따라서 독립변수가 종속변수에 영향을 미치지 않을 것이다, 조절변수가 커질수록 독립변수와 종속변수 간의 관계는 줄어들지 않을 것이다).

대립가설(H_1): 조절변수는 독립변수와 종속변수 간의 관계에서 조절역할을 할 것이다(혹은 조절변수에 따라서 독립변수가 종속변수에 미치는 영향은 다를 것이다, 조절변수가 커질수록 독립변수와 종속변수 간의 관계는 줄어들 것이다).

조절효과분석을 수행하는 경우에 설정하는 가설은 방향성 가설을 설정하는 것이 좋으며 조절효과의 유형에 따라서 설정할 수 있다(배병렬, 2021). 여기에서는 편의상 귀무가설은 설정하지 않고 대립가설을 설정하기로 한다.

① 강화효과 가설

조절변수가 강화효과를 가지는 경우에는 다음과 같이 가설을 설정한다.

가설(H_1): 조절변수는 독립변수와 종속변수 간의 관계를 정적으로(혹은 부적으로) 조절할 것이다. 즉 조절변수가 증가할수록 독립변수와 종속변수 간의 관계는 강해질 것이다.

② 완화효과 가설

조절변수가 **완화효과(감소효과)**를 가지는 경우에는 다음과 같이 가설을 설정한다.

> 가설(H_1): 조절변수는 독립변수와 종속변수 간의 관계를 정적으로(혹은 부적으로) 조절할 것이다. 즉 조절변수가 증가할수록 독립변수와 종속변수 간의 관계는 약해질 것이다.

③ 방해효과 가설

조절변수가 **방해효과(반대효과, 상쇄효과)**를 가지는 경우에는 다음과 같이 가설을 설정한다.

> 가설(H_1): 조절변수는 독립변수와 종속변수 간의 관계를 정적에서 부적으로 혹은 부적에서 정적으로 변화시킬 것이다.

1.5 조절효과 그래프 그리기

조절효과분석을 통해 상호작용항 변수의 회귀계수가 유의하여 조절효과가 있다고 규명되었다고 해도 조절효과분석 결과를 완전하게 이해하기는 어려운 점이 있다. 조절효과의 유형을 명확하게 밝혀내고 조절변수가 어떤 식으로 조절효과를 나타내는지를 알아내려면 조절효과 그래프, 즉 **상호작용 도표**(Interaction plot)를 그려 보아야 한다.

조절효과에 대한 **단순기울기분석**(Simple slope analysis)이 가능한 상호작용 도표를 그릴 수 있는 Excel 기반의 다양한 템플릿이 개발되어 있다. 그 중에 국내적으로 많이 사용되는 것은 Jose(2013)의 ≪ModGraph-I≫,[1] Dawson의 홈페이지에서 제공하는 ≪Two-way linear interaction≫,[2] 이일현(2020)의 웹사이트 StatEdu에서 제공하는 ≪EasyFlow Statistics macro≫[3] 등이 있다. 물론 단순기울기분석을 위해 개발된 상호작용 도표는 Process macro와

1) https://psychology.victoria.ac.nz/modgraph/modgraph.php. Jose, P.E. (2013). ModGraph-I: A *programme to compute cell means for the graphical display of moderational analyses: The internet version, Version 3.0.* Victoria University of Wellington, Wellington, New Zealand. Retrieved [date] from https://psychology.victoria.ac.nz/modgraph/

2) http://www.jeremydawson.co.uk/slopes.htm/

3) http://www.statedu.com/EFS/263747. Lee, I.H. (2020). *EasyFlow Statistics macro.* Retrieved from: http://www.statedu.com. KOREA. DOI: 10.22934/StatEdu.2020.01.

SPSS를 결합해 사용하는 방법 등이 있으며, 구조방정식에서 상호작용 도표를 기본적으로 제공하는 SmartPLS 등의 프로그램도 있다. 이 장에서는 간단하게 상호작용 도표를 그려볼 수 있는 이일현(2020), Jose(2013)의 Excel macro 기반의 템플릿을 소개하기로 한다. 템플릿을 입수하기 위해서는 이 장의 각주에서 제공하고 있는 웹사이트 주소를 활용하기 바란다.

먼저, 이일현(2020)이 제공하는 상호작용 도표 그리기를 위한 템플릿은 [그림 14-4]와 같이 **범주형 조절변수**와 **연속형 조절변수**로 구분해 제시되고 있다.

① 범주형 조절변수에 대한 상호작용 도표를 그리기 위해서는 조절효과분석 결과와 기술통계분석 등을 통한 독립변수의 평균과 표준편차, 범위로 최소값과 최대값, 평균중심화 여부, 조절변수 집단 구분 등에 대한 정보가 필요하다. ② 연속형 조절변수에 대한 상호작용 도표를 그리기 위해서는 조절효과분석 결과와 기술통계분석 등을 통한 독립변수와 조절변수의 평균과 표준편차, 범위로 최소값과 최대값, 평균중심화 여부, 조절변수 집단 구분 등에 대한 정보가 필요하다. 물론 조절변수 집단 구분의 명칭은 필요에 따라 변경할 수 있다. 모두 입력한 후에는 [Calculate]를 클릭한다.

다음으로, Jose(2013)이 제공하는 상호작용 도표 그리기를 위한 템플릿은 [그림 14-5]와 같이 범주형 조절변수와 연속형 조절변수로 구분해 제시되고 있다. ① 범주형 변수에 대한 상호작용 도표를 그리기 위해서는 차트 레이블(제목, X축, Y측, 조절변수), 독립변수의 비표준화계수, 평균 및 표준편차, 조절변수 비표준화회귀계수, 상호작용항 변수의 비표준화회귀계수, 상수, 조절변수 집단 구분에 대한 입력이 필요하다. ② 연속형 변수에 대한 상호작용 도표를 그리기 위해서는 차트 레이블(제목, X축, Y측, 조절변수), 독립변수, 조절변수 및 상호작용항 변수의 비표준화계수, 평균 및 표준편차, 상수를 입력하는 것이 필요하다. 모두 입력한 후에는 [Calculate]를 클릭한다.

그림 14-4 이일현(2020)의 상호작용 도표 그리기를 위한 템플릿

범주형 조절변수에 대한 상호작용 도표 그리기

범주형 조절변수

Constant	x	Mo	XMo
0.120	0.312	0.015	0.180

			범위	
독립변수	평균	2.672	최소값	1
	표준편차	0.445	최대값	5

조절변수 집단 구분

High
Low

평균중심화	0

Yes: 1 / No: 0

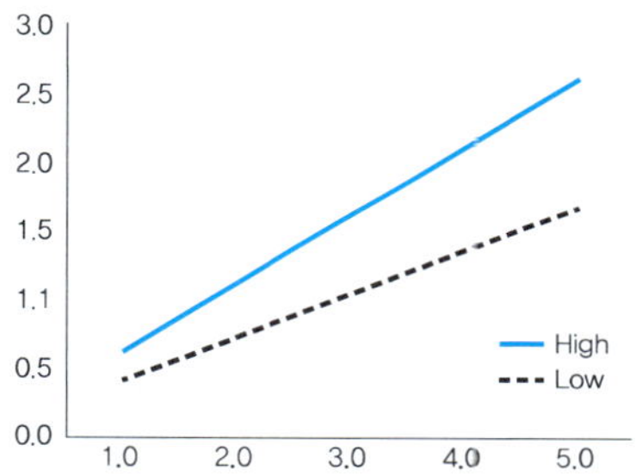

연속형 조절변수에 대한 상호작용 도표 그리기

연속형 조절변수

Constant	x	Mo	XMo
0.120	0.312	0.015	0.240

			범위	
독립변수	평균	2.672	최소값	1
	표준편차	0.445	최대값	5
조절변수	평균	2.572	최소값	1
	표준편차	0.572	최대값	4

조절변수 집단 구분

High
Low

평균중심화	0

Yes: 1 / No: 0

1. 통제변수가 있는 경우: 각 통제변수의 평균값을 회귀계수와 곱한 값을 상수항에 더한다.
2. Dummy 변수가 포함된 경우: 0/1로 입력한 경우 0으로 계산하여 상수항에 더한다.

ex) y = 0.1 + 0.312X + 0.015Mo + 0.180XMo + 0.12D.sex.F + 0.04C

X: 독립변수 Mo: 조절변수
D.sex.F: 여자가 1인 Dummy변수
C: 통제변수(평균이 3)

0.1 + 0 + 0.04*3 = 0.12

3. 조절변수 집단 구분은 고/저(High/Low)로 설정
4. 첫 번째 그림은 조절변수를 5단계(5점 척도인 경우 1, 2, 3, 4, 5)로 구분하여 그린 그래프
   두 번째 그림은 조절변수의 M, SD로 M+SD(고집단), M−SD(저집단)으로 구분한 그래프

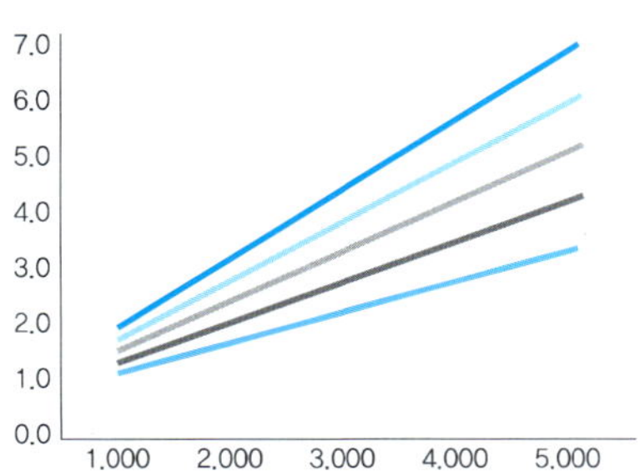

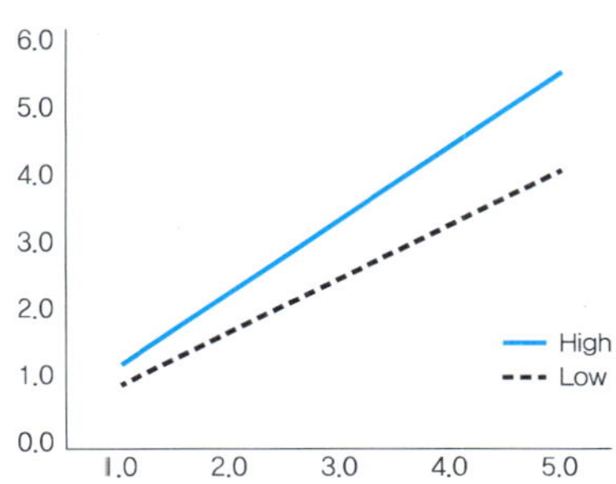

▶ 그림 14–5 ▎Jose(2013)의 상호작용 도표 그리기를 위한 템플릿

범주형 조절변수에 대한 상호작용 도표 그리기

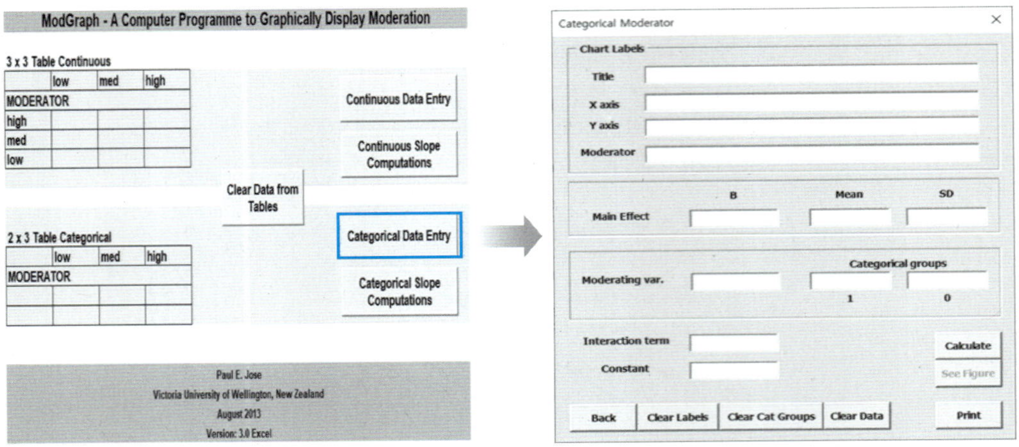

연속형 조절변수에 대한 상호작용 도표 그리기

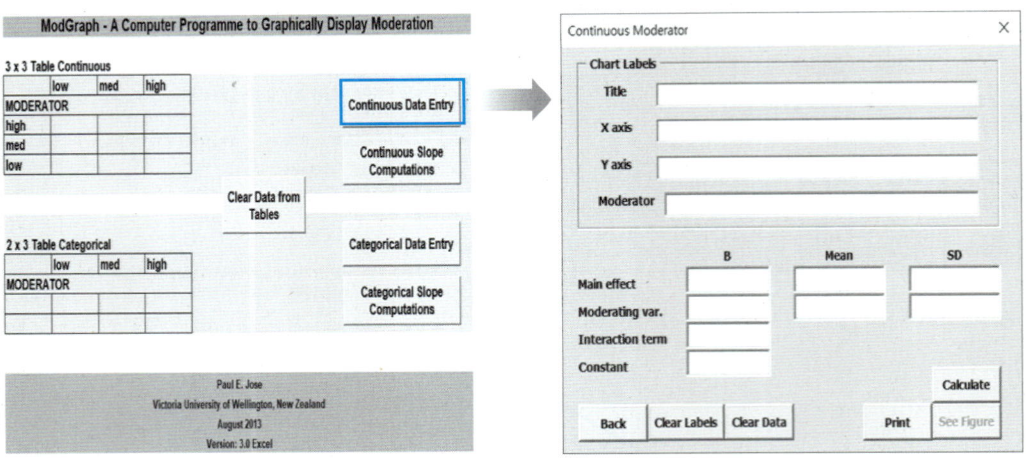

1.6 조절효과의 유형과 평가

(1) 조절효과의 유형

조절효과의 유형은 연속형 조절변수인가, 아니면 범주형 조절변수인가에 따라서 달라진다(이일현, 2014; 배병렬, 2021). 먼저, 연속형 조절변수인 경우에는 조절변수의 크기가 증가할수록 독립변수가 종속변수에 미치는 영향이 증가하는지(강화되는지), 약화(감소)시키는지 그리고 조절변수의 크기가 증가할수록 독립변수가 종속변수에 미치는 영향이 반대로 나타나는지에 따라서 구분할 수 있다. 구체적으로는 ① 강화효과(Enhancing effect, or Strengthing effect), ② 완화효과(감소효과)(Buffering effect, or Weakening effect), ③ 방해효과(상쇄효과, 역전효과)(Antagonistic effect, or Reversing effect) 등으로 구분된다. 이와 같이 연속형 조절변수의 경우에는 조절변수의 크기가 증가할 때 독립변수와 종속변수의 관계를 강화시키거나 약화(억제)시킬 수 있다. 전자를 강화효과라 하며 후자를 완화효과라고 한다. 조절변수의 크기가 증가할수록 독립변수가 종속변수에 미치는 효과가 반대로 나타나는 경우를 방해효과라고 한다. 조절효과분석에서 대부분은 강화효과나 완화효과인 경우가 많다.

다음으로, 범주형 조절변수인 경우에는 존재효과(Existence effect)와 경쟁효과(Competing effect)로 분류한다. 전자는 독립변수가 종속변수에 미치는 영향이 조절변수인 어떤 범주에서는 영향을 미치는 반면 다른 범주에서는 영향이 없는 경우에 해당한다. 후자는 독립변수가 종속변수에 어떤 집단에서는 정적으로 영향을 미치는 데 반해 다른 집단에서는 부적으로 영향을 미치는 경우에 해당한다.

(2) 조절효과의 평가

조절효과분석을 통해서 우리들은 상호작용항 변수의 회귀계수가 유의하면 조절효과가 있다고 결론을 내릴 수 있다. 하지만 이러한 평가만으로는 구체적으로 그 조절효과가 강화효과인지, 완화효과인지, 아니면 방해효과인지를 알기 어렵다는 것이다. 그러므로 조절효과의 평가에서 가장 중요한 것은 조절효과의 유형을 찾아내어 결과 해석을 풍부하게 하는 것이다.

조절효과를 평가할 때 고려되어야 하는 중요한 점은 조절효과분석을 수행한 후에 독립변수와 상호작용항 변수(상호작용항)의 부호(Sign)를 확인하는 것이다. 이때 독립변수의 회귀계수의 부호에 따라서 상호작용 도표(Interaction plot)의 형태가 달라진다. 예컨대 독립변수의 회귀계수 부호가 정적(+)이면 상호작용 도표에서 단순기울기는 우상향 기울기(Upward slope)를 가지며, 반대로 부적(−)이면 우하향 기울기(Downward slope)를 가지게 된다.

그림 14-6 | 조절효과의 평가에서 독립변수의 부호에 따른 그림의 형태

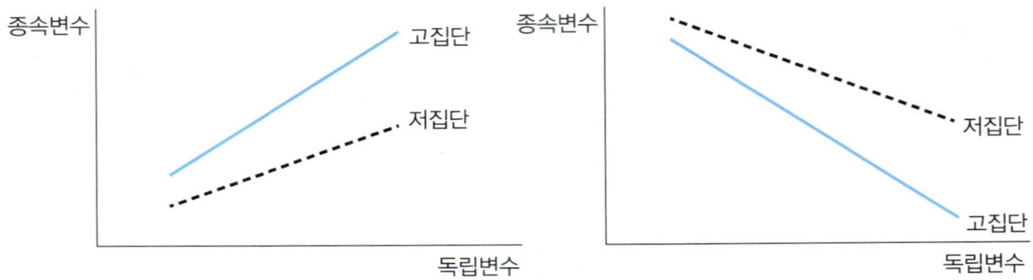

조절효과의 평가는 [표 14-1], [표 14-2]와 같이 크게 범주형 조절변수인 경우와 연속형 조절변수인 경우로 나누어서 이루어진다(이일현, 2014).

표 14-1 | 범주형 조절변수의 조절효과의 평가

독립변수 X의 회귀계수(b1) 부호	상호작용항 변수 XW의 회귀계수(b2) 부호	두 계수의 합 (b1+b2)	조절효과의 평가
+	+		조절변수는 독립변수가 종속변수에 미치는 정의 영향을 강하게 한다(강화효과).
+	−	b1+b2>0	조절변수는 독립변수가 종속변수에 미치는 정의 영향을 약하게 한다(완화효과).
		b1+b2<0	조절변수는 독립변수가 종속변수에 미치는 영향을 역조절한다(방해효과).
−	+	b1+b2>0	조절변수는 독립변수가 종속변수에 미치는 영향을 역조절한다(방해효과).
		b1+b2<0	조절변수는 독립변수가 종속변수에 미치는 부의 영향을 약하게 한다(완화효과).
−	−		조절변수는 독립변수가 종속변수에 미치는 부의 영향을 강하게 한다(강화효과).

표 14-2 연속형 조절변수의 조절효과의 평가

독립변수 X의 부호	상호작용항 변수 XW의 부호	조절효과의 평가
+	+	조절변수의 값이 커질수록 독립변수가 종속변수에 미치는 정의 영향을 강하게 한다(강화효과).
+	−	조절변수의 값이 커질수록 독립변수가 종속변수에 미치는 정의 영향을 약하게 한다(완화효과).
−	+	조절변수의 값이 커질수록 독립변수가 종속변수에 미치는 부의 영향을 약하게 한다(완화효과).
−	−	조절변수의 값이 커질수록 독립변수가 종속변수에 미치는 부의 영향을 강하게 한다(강화효과).

2 범주형 조절변수의 조절효과분석 실습

2.1 대응별 모수비교방법

범주형 변수의 조절효과분석방법에는 ① 대응별 모수비교방법과 ② 다중집단분석에 의한 χ^2 차이 검증방법이 있다. 후자의 방법에 대해서는 다음 절에서 살펴보기로 한다.

대응별 모수비교방법(Pairwise parameter comparison)은 비제약모델(Unconstrained model) 혹은 자유모델(Free model)만을 추정하면 되기 때문에 적용이 매우 용이한 방법으로 비제약모델을 설정해서 얻은 각 집단의 경로에 대한 모수(혹은 경로계수, 회귀계수) 차이를 비교하는 방법이다. 예컨대 조절변수가 성별이라면 남자집단 경로의 모수(Parameter: Par)와 여자집단 경로의 모수를 비교하면 된다. 각 집단에서 조절효과를 추정하고자 하는 경로에서 얻은 두 모수 추정치인 모수 차이는 보통 Z통계량으로 출력된다. 만약 각 집단에서 얻은 모수 차이가 ±1.96 이상이면 유의수준 0.05에서, ±2.58 이상이면 유의수준 0.01에서 유의적이라고 해석하면 된다.

표 14-3 범주형 조절변수의 조절효과의 평가

구분	대응별 모수비교방법	카이제곱(χ^2)차이검증
2집단인 경우	사용가능	사용가능
3집단 이상인 경우	사용가능	사용불가능

[표 14-3]은 범주형 변수(집단조절변수)인 경우의 조절효과 검증방법의 선택을 요약한 것이다. 대응별 모수비교 방법은 조절변수의 수준이 2인 경우(2집단)나 3수준 이상(3집단 이상)인 경우에 모두 적용가능하다. 그러나 카이제곱검증은 조절변수의 수준이 2수준인 경우에만 사용할 수 있으며 3수준 이상이라면 사용할 수 없다. 따라서 집단조절변수가 3수준 이상인 경우에는 대응별 모수비교방법을 사용하는 것이 좋다.

한편 비제약모델의 추정방법에는 ① 라벨(Par_번호)을 이용하는 방법과 ② 경로에 명칭을 부여하는 방법이 있다. 어떤 방법을 선택하여 분석하든지 간에 동일한 Z통계량을 얻을 수 있다.

통계실습 14-1 대응별 모수비교방법을 이용한 조절효과분석 실습 1_라벨 이용

다음의 [통계실습 14-1 조절효과 실습모형1_대응별 모수비교방법(라벨 이용)]을 가지고 조절효과 분석을 실습하시오. 데이터 파일은]제5부 조절효과분석 실습 데이터1(제14장)]을 이용한다. 독립변수는 [디자인품질], [사용자통제], [반응성], 매개변수는 [만족도], 종속변수는 [고객충성도]이며 모두 연속형 변수이다.

대응별 모수비교 방법(라벨 이용 방법)

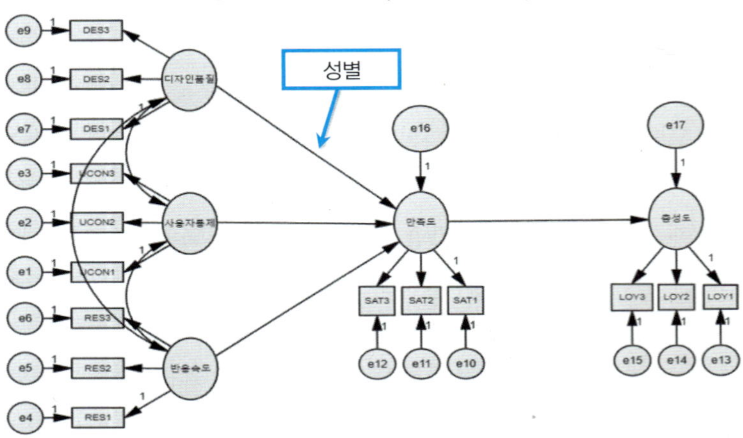

실습 따라하기

❶ Amos에서 [파일-열기-데이터]로 들어간 후 [제5부 통제효과 매개효과 및 조절효과 분석(제12장-제15장)-제5부 통계분석] 폴더 안에 있는 파일인 [통계실습 14-1 조절효과 실습모형1_대응별 모수비교방법(라벨 이용)]을 불러들인다.

대응별 모수비교 방법(라벨 이용 방법-비제약모형)

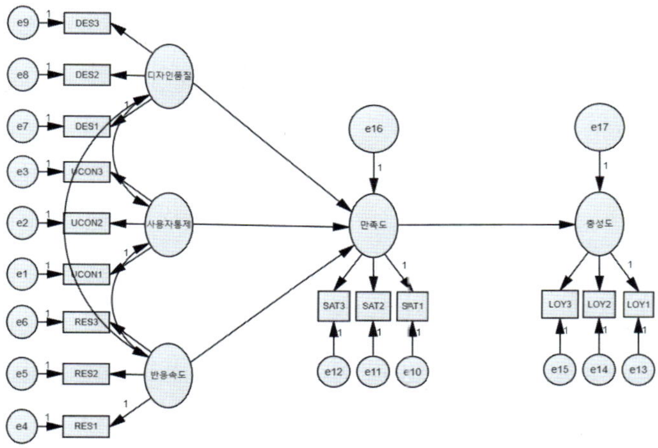

❷ 이미 집단 지정이 완료되어 있어서 별도의 작업이 필요 없으나 지정되어 있지 않다면 다음과 같은 절차에 의해 집단 지정을 한다. 왼쪽 툴박스 오른쪽에 있는 [Group number 1]을 클릭하면 [Manage Groups] 창이 나타난다. [Group Name]의 [Group number 1] 대신에 [남자집단]을 타이핑한 후 [New]를 클릭한다. [Group number 2] 대신이 [여자집단]을 타이핑한 후 [Close] 버튼을 클릭해 집단 지정을 마친다.

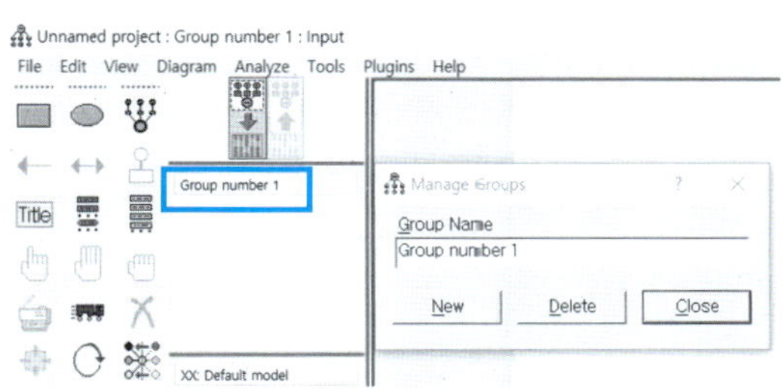

❸ 이미 데이터 파일은 모델과 연결되어 있어서 별도의 작업이 필요 없으나 연결되어 있지 않았다면 다음과 같은 절차로 데이터 파일을 연결한다. 왼쪽 툴박스에 있는 (Select data files)을 클릭해 [Data files] 창을 연다. ① [남자집단 〈working〉]을 클릭한 후 다시 [File Name]을 클릭해 들어간 후 [제5부 조절효과분석 실습 데이터1(제14장)]을 찾아서 [열기] 버튼을 클릭한다. [Grouping Variable]을 클릭한 후 [Choose a Grouping Variable]에서 [GENDER] 변수를 찾아서 선택한 후 [열기] 버튼을 클릭한다. [Group Value]를 클릭하면 [Choose Value for Group] 창이 나타나며 여기에서 [1 71/200]을 선택하고 [OK] 버튼을 클릭한다. ② [여자집단 〈working〉]을 클릭한 후 다시 [제5부 조절효과분석 실습 데이터1(제14장)]을 찾아서 [열기] 버튼을 클릭한다. [Grouping Variable]을 클릭한 후 [Choose a Grouping Variable]에서 [GENDER] 변수를 찾아서 선택한 후 [열기] 버튼을 클릭한다. [Group Value]를 클릭하면 [Choose Value for Group] 창이 나타나며 여기에서 [2 129/200]을 선택하고 [OK] 버튼을 클릭한다. 마지막으로 [OK] 버튼을 클릭해 데이터 파일 연결을 마친다.

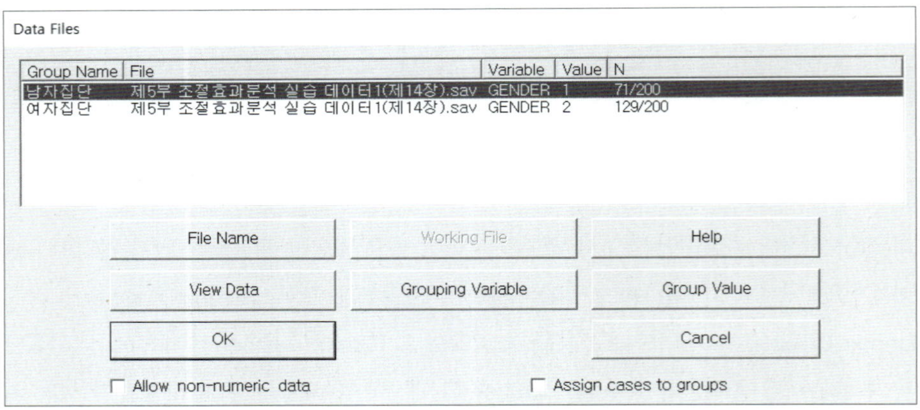

❹ 왼쪽 툴박스에 있는 (Analysis Properties)를 클릭해 들어간 후 [Output]에서 [Critical ratios for differences]를 체크한 후 나간다.

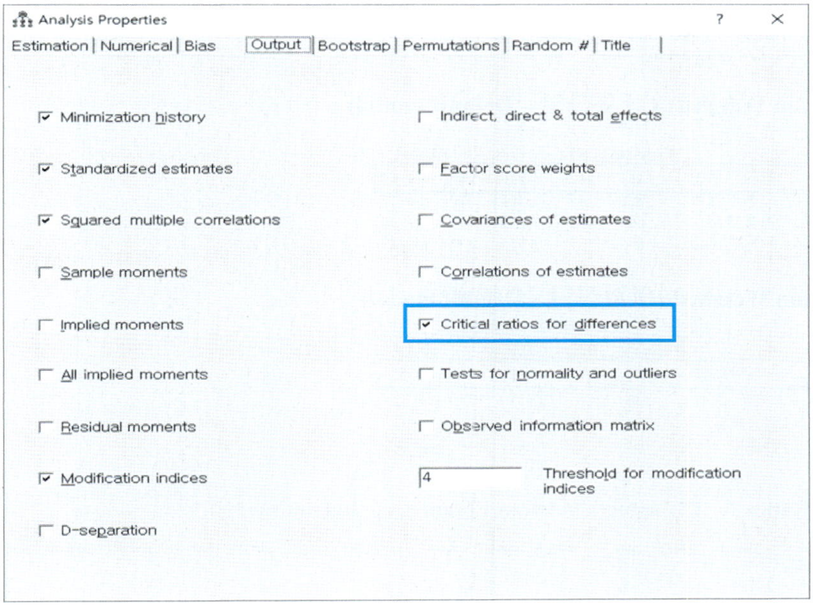

❺ 왼쪽 툴박스에 있는 (Calculate estimates)을 클릭해 실행한다.

[통계실습 14-1]을 실행한 결과는 [표 14-4]와 같다. 출력 결과에서 [Estimates]를 클릭해 [남자집단]과 [여자집단]의 [Regression Weights]의 결과를 확인한다. 또한 [Critical Ratios for differences between parameters]에 들어가 보면 두 모수 차이의 Z통계량을 얻을 수 있다.

▌표 14-4▐ 통계실습 14-1 대응별 모수비교방법(라벨 이용)에 의한 조절효과분석 실행 결과

Model Fit Summary

CMIN

Model	NPAR	CMIN	DF	P	CMIN/DF
Default model	74	276.333	166	.000	1.665

Regression Weights: (남자집단 - Default model)

			Estimate	S.E.	C.R.	P	Label
만족도	<---	디자인품질	.282	.152	1.849	.064	par_14
만족도	<---	사용자통제	-.228	.189	-1.208	.227	par_15
만족도	<---	반응속도	.624	.241	2.589	.010	par_16
충성도	<---	만족도	.676	.137	4.915	***	par_17

Regression Weights: (여자집단 - Default model)

			Estimate	S.E.	C.R.	P	Label
만족도	<---	디자인품질	.541	.124	4.352	***	par_31
만족도	<---	사용자통제	.336	.086	3.915	***	par_32
만족도	<---	반응속도	.194	.106	1.836	.066	par_33
충성도	<---	만족도	.595	.074	7.992	***	par_34

Critical Ratios for Differences between Parameters (Default model)

	par_1	par_2	par_3	par_4	par_5	par_6	par_7	par_8	par_9	par_10	par_11	par_12	par_13	par_14	par_15
par_1	.000														
par_2	-1.267	.000													
par_3	.896	1.710	.000												
par_4	.012	.857	-1.112	.000											
par_5	-.981	.108	-1.724	-.820	.000										
par_6	.009	1.039	-.907	-.004	1.406	.000									
par_7	.158	1.190	-.790	.119	1.193	.153	.000								
par_8	-1.312	-.256	-1.981	-1.105	-.395	-1.364	-1.902	.000							
par_9	-.131	1.037	-1.094	-.117	1.040	-.148	-.326	1.419	.000						
par_10	-.495	.669	-1.371	-.409	.623	-.527	-.706	1.021	-.628	.000					
par_11	-1.954	-1.125	-2.298	-1.654	-1.401	-2.223	-2.367	-1.025	-2.336	-1.993	.000				
par_12	-1.786	-.986	-2.498	-1.727	-1.126	-1.828	-2.158	-.873	-2.100	-1.776	.166	.000			
par_13	-2.814	-1.802	-2.809	-2.147	-1.888	-2.629	-3.058	-1.631	-3.120	-2.742	-.877	-1.018	.000		
par_14	-3.584	-2.657	-3.901	-3.137	-3.062	-3.869	-3.654	-2.450	-3.900	-3.564	-1.406	-1.458	-.949	.000	
par_15	-5.222	-4.450	-5.560	-4.863	-4.868	-5.490	-5.768	-4.578	-5.759	-5.470	-3.330	-3.401	-3.104	-1.834	.000
par_16	-1.291	-.654	-1.993	-1.326	-.740	-1.311	-1.339	-.489	-1.290	-1.080	.175	.102	.506	1.073	2.180
par_17	-1.627	-.676	-2.217	-1.411	-.828	-1.677	-2.102	-.511	-1.600	-1.295	.517	.398	1.037	1.877	3.921
par_18	-.858	.347	-1.663	-.693	.259	-.908	-1.095	.687	-.927	-.437	1.728	1.519	2.478	3.340	5.297
par_19	-.567	.565	-1.414	-.471	.505	-.600	-.773	.896	-.546	-.106	1.867	1.663	2.584	3.414	5.324
par_20	1.298	2.280	.158	1.073	2.384	1.331	1.189	2.661	1.666	2.017	3.352	3.110	4.080	4.728	6.389
par_21	2.001	2.955	.747	1.667	3.117	2.054	1.919	3.363	2.482	2.816	3.965	3.704	4.716	5.302	6.879
par_22	-1.086	-.039	-1.795	-.918	-.156	-1.131	-1.290	.228	-1.150	-.757	1.222	1.062	1.837	2.706	4.652
par_23	-.114	.862	-.973	-.108	.829	-.126	-.271	1.157	-.006	.346	2.008	1.827	2.634	3.406	5.220
par_24	-.365	.836	-1.287	-.301	.814	-.394	-.578	1.214	-.298	.186	2.176	1.942	2.967	3.771	5.663
par_25	-.386	.777	-1.287	-.322	.745	-.414	-.592	1.137	-.324	.136	2.092	1.870	2.850	3.650	5.552
par_26	.639	1.761	-.482	.500	1.852	.655	.487	2.181	.962	1.390	2.973	2.711	3.784	4.481	6.238
par_27	.785	1.916	-.377	.614	2.031	.808	.640	2.352	1.155	1.587	3.121	2.849	3.953	4.632	6.369
par_28	-2.325	-1.260	-2.808	-1.959	-1.490	-2.409	-2.574	-1.057	-2.606	-2.200	.084	-.030	.632	1.611	3.698
par_29	-4.598	-3.320	-4.584	-3.710	-3.859	-4.799	-5.011	-3.230	-5.579	-5.028	-1.626	-1.672	-1.129	[illegible]	2.578
par_30	-4.186	-2.916	-4.258	-3.373	-3.409	-4.372	-4.581	-2.800	-5.077	-4.531	-1.254	-1.317	-.730	[illegible]	2.883
par_31	[illegible]	[illegible]	[illegible]	[illegible]	[illegible]	[illegible]	[illegible]	[illegible]	[illegible]	[illegible]	[illegible]	[illegible]	[illegible]	1.316	3.399
par_32	-4.370	-3.105	-4.408	-3.531	-3.613	-4.560	-4.769	-3.000	-5.283	-4.742	-1.438	-1.492	-.929	.311	2.719

그림 14-7 ▌대응별 모수비교방법의 두 모수 차이의 값: Z통계량

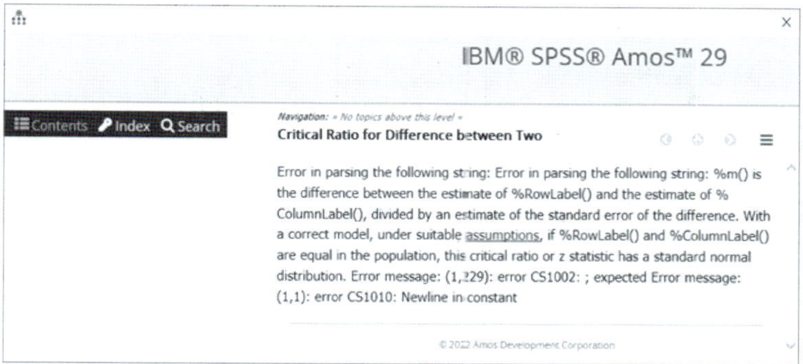

[그림 14-7]은 [Critical Ratios for differences between parameters]의 출력 결과에서 1.316은 par_14와 par_31이 교차하는 지점의 값으로 검증통계량인 Z통계량이다. 이는 모수 31번의 추정치와 모수 14번의 추정치 간의 차이 값을 그 차이 값의 표준오차 추정치로 나눈 값이다.

디자인품질과 만족도 간의 경로에 대한 성별에 따른 두 모수(par_14와 par_31)의 차이의 Z통계량은 1.316이다. 이는 임계치인 1.96보다 작으므로 유의수준 0.05에서 유의한 통계적인 차이가 없음을 알 수 있다. 따라서 성별에 따른 조절효과는 없다고 해석할 수 있다. 만약 사용자통제와 만족도 간의 성별 조절효과를 보려면 par_15와 par_32의 Z통계량을 보면 된다. 이와 같이 나머지 경로에 대해서 조절효과를 쉽게 검증할 수 있다.

통계실습 14-2 대응별 모수비교방법을 이용한 조절효과분석 실습 2_경로 명칭 부여

다음의 [통계실습 14-2 조절효과 실습모형2_대응별 모수비교방법(경로 명칭 부여)]를 가지고 조절효과분석을 실습하시오. [남자집단]의 경로 명칭은 [a], [여자집단]의 경로 명칭은 [b]를 입력하기로 한다. 데이터 파일은 [제5부 조절효과분석 실습 데이터2(제14장)]을 이용한다. 데이터 파일은 [통계실습 14-1]과 동일하다. 독립변수는 [디자인품질], [사용자통제], [반응성], 매개변수는 [만족도], 종속변수는 [고객충성도]이며 모두 연속형 변수이다.

대응별 모수비교 방법(경로 명칭 부여)

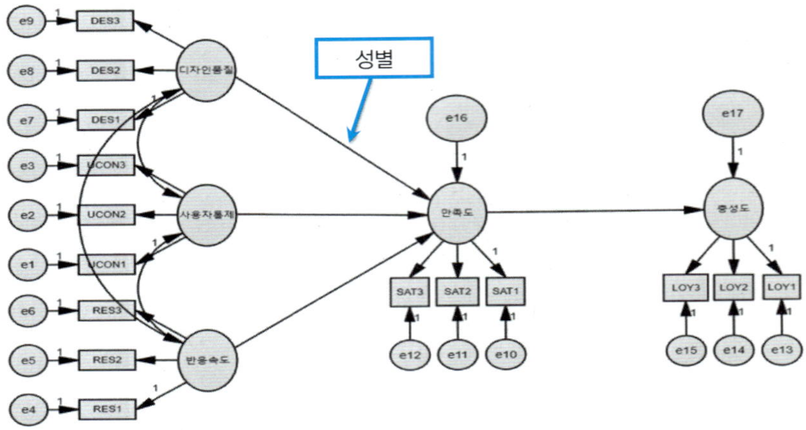

실습 따라하기

❶ Amos에서 [파일-열기-데이터]로 들어간 후 [제5부 통제효과 매개효과 및 조절효과 분석(제12장-제15장)-제5부 통계분석] 폴더 안에 있는 파일인 [통계실습 14-2 조절효과 실습모형2_대응별 모수비교방법(경로 명칭 부여)]를 불러들인다.

대응별 모수비교 방법(경로 명칭 부여)

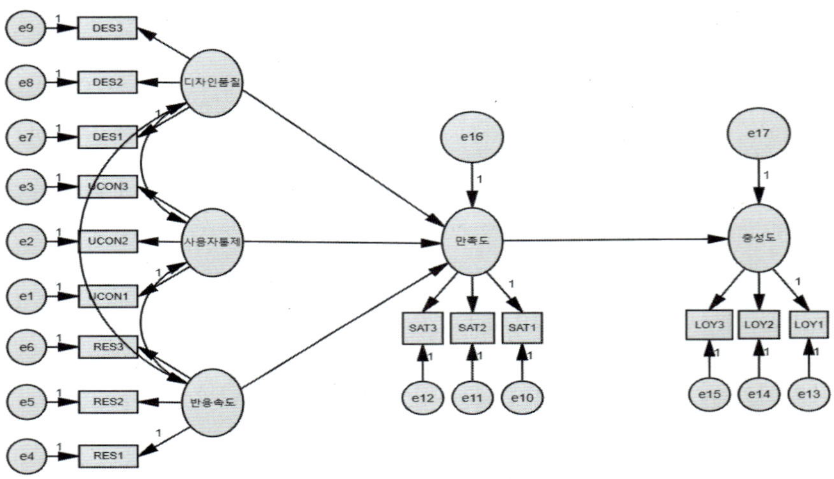

❷ 이미 [남자집단]과 [여자집단]에 대한 [집단 지정]이 완료되어 있어서 별도의 작업이 필요 없다. 작업이 필요한 독자는 [통계실습 14-1]을 참조하기 바란다.

❸ 이미 데이터 파일은 모델과 연결되어 있어서 별도의 작업이 필요 없다. 작업이 필요한 [통계실습 14-1]을 참조하기 바란다.

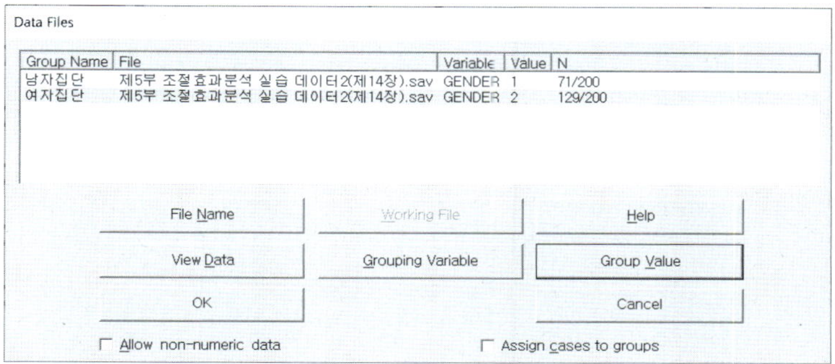

❹ 왼쪽 툴박스에 있는 (Analysis Properties)를 클릭해 들어간 후 [Output]에서 [Critical ratios for differences]를 체크한 후 나간다.

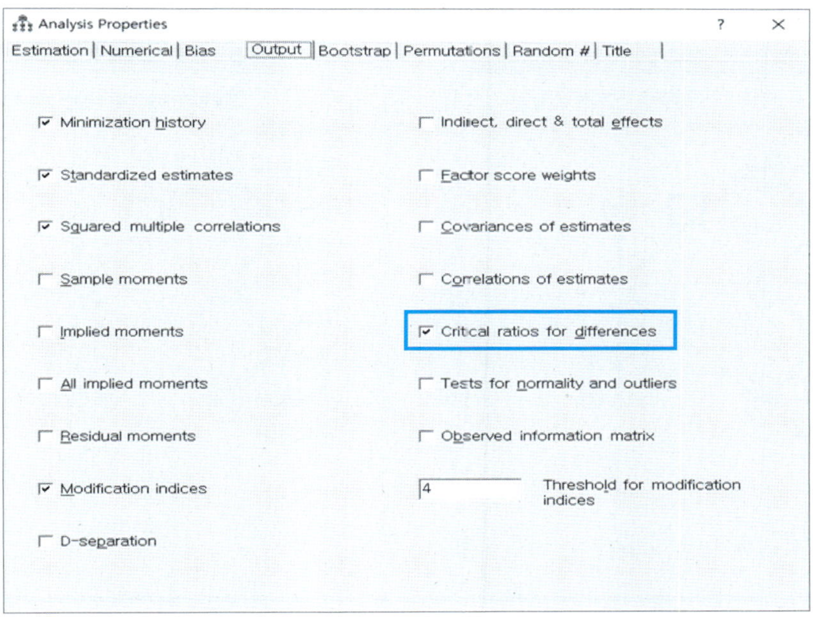

❺ 왼쪽 툴박스에서 (Select one object at a time)를 선택한 후 분석모형의 ① [남자집단]에 대한 [디자인품질→ 만족도] 경로를 선택한다. 그러면 경로선이 파란색으로 변경된다. 경로 위에서 마우스의 오른쪽 클릭을 통해 대상속성[Object Properties] 창을 연다. [Parameters] 탭에서 [Regression weight]에 [a]를 입력한다. 이때 [Parameters] 탭에서 [All groups]의 체크 표시가 해제되어야 한다. ② [여자집단]에 대한 [디자인품질 → 만족도] 경로를 선택한다. 그러면 경로선이 파란색으로 변경된다. 경로 위에서 마우스의 오른쪽 클릭을 통해 대상속성[Object Properties] 창을 연다. [Parameters] 탭에서 [Regression weight]에 [b]를 입력한다.

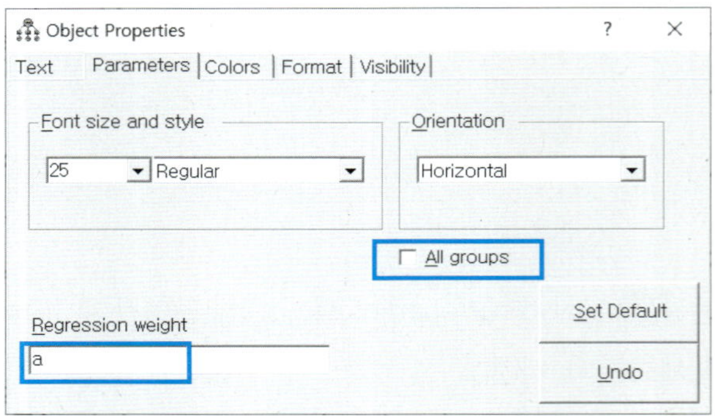

남자집단 경로계수 명칭 부여 : a

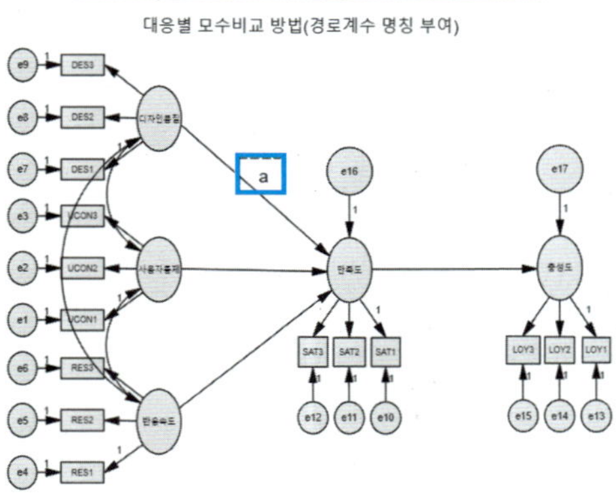

여자집단 경로계수 명칭 부여 : b

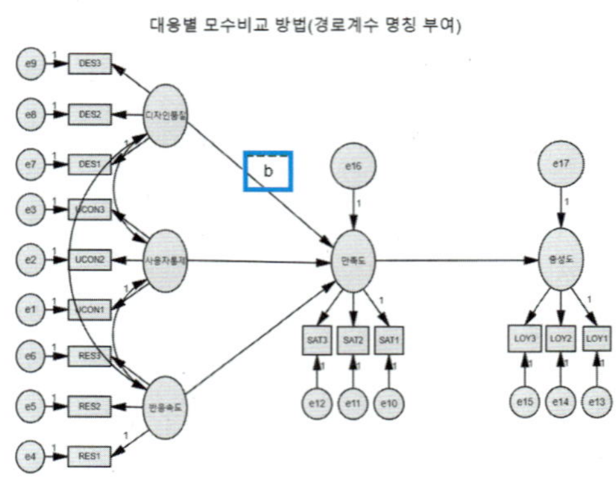

❻ 왼쪽 툴박스에 있는 을 클릭해 실행한다.

[통계실습 14-2]를 실행한 결과는 [표 14-5]와 같다. 출력 결과에서 [Estimates]를 클릭해 [남자집단]과 [여자집단]의 Regression Weights의 결과를 확인한다. 또한 [Critical Ratios for differences between parameters]를 보면 두 모수 차이의 Z통계량을 보여주고 있다.

▌표 14-5 ▌통계실습 14-2 대응별 모수비교방법(경로 명칭 부여)에 의한 조절효과분석 실행 결과

Model Fit Summary

CMIN

Model	NPAR	CMIN	DF	P	CMIN/DF
Default model	74	276.333	166	.000	1.665

Regression Weights: (남자집단 - Default model)

			Estimate	S.E.	C.R.	P	Label
만족도	<---	디자인품질	.282	.152	1.849	.064	par_14
만족도	<---	사용자통제	-.228	.189	-1.208	.227	par_15
만족도	<---	반응속도	.624	.241	2.589	.010	par_16
충성도	<---	만족도	.676	.137	4.915	***	par_17

Regression Weights: (여자집단 - Default model)

			Estimate	S.E.	C.R.	P	Label
만족도	<---	디자인품질	.541	.124	4.352	***	par_31
만족도	<---	사용자통제	.336	.086	3.915	***	par_32
만족도	<---	반응속도	.194	.106	1.836	.066	par_33
충성도	<---	만족도	.595	.074	7.992	***	par_34

Critical Ratios for Differences between Parameters (Default model)

	a	b	par_3	par_4	par_5	par_6	par_7	par_8	par_9	par_10	par_11
a	.000										
b	1.316	.000									
par_3	3.584	2.513	.000								
par_4	2.657	1.488	-1.267	.000							

[표 14-5]의 추정 결과를 보면 앞에서 실습한 [통계실습 14-1]의 대응별 모수비교 방법(라벨 이용)과 동일한 결과임(1.316)을 알 수 있다(이는 라벨 비교가 필요 없으므로 결과 해석이 용이하다). 남자집단과 여자집단 간의 모수 차이에 대한 Z통계량은 1.316이며, 이는 임계치 1.96보다 작으므로 유의수준 0.05에서 유의한 차이가 없음을 알 수 있다. 따라서 성별에 따라 조절효과는 없다고 해석할 수 있다.

2.2 다중집단분석에 의한 χ^2차이검증방법

다중집단분석에 의한 χ^2차이검증방법(Chi-square difference test)은 범주형 조절변수의 조절효과분석으로 비제약모델(Unconstrained model)과 등가제약모델(Equality constrained model)에서 추정된 두 모델 간의 χ^2차이를 가지고 조절효과를 분석하는 방법이다.

> 2단계 제약모델(등가제약모델)에서 추정된 카이제곱(χ^2)−1단계 비제약모델에서 추정된 카이제곱(χ^2)
> =카이제곱(χ^2)차이값

그림 14-8 ▌ χ^2차이검증의 절차

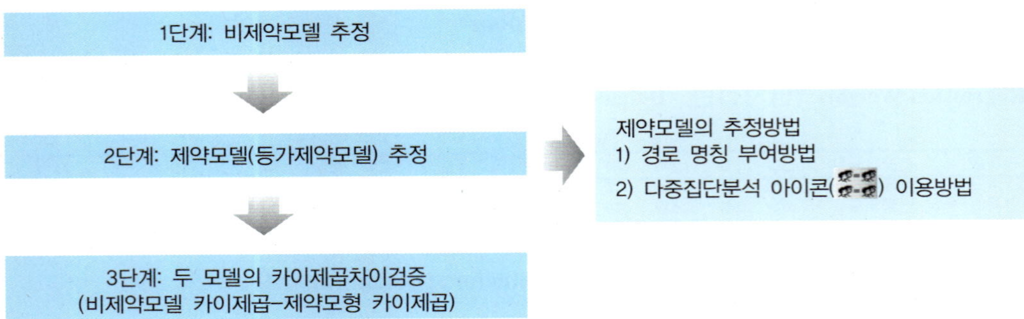

먼저, 1단계에서는 비제약모델을 추정한다. 이때는 독립변수와 종속변수 간의 관계가 조절변수에 따라 달라진다는 것에 대해서 아무런 제약을 하지 않은 비제약모델을 추정한다. 다음으로, 2단계에서는 제약모델(등가제약모델)을 추정한다. 이때는 독립변수와 종속변수 간의 관계가 조절변수에 따라 동일하도록 제약을 한 제약모델을 추정한다. 등가제약모델을 추정하면 등가제약을 한 경로의 계수가 조절변수 수준(예: 남자집단과 여자집단)에 따라 동일하게 출력된다. 마지막으로, 2단계의 제약모형(등가제약모델)의 추정을 통해 얻은 χ^2에서 1단계의 비제약모델의 추정을 통해 얻은 χ^2을 빼서 χ^2차이값을 계산한다. χ^2차이값이 자유도 1 차이일 경우에는 ±3.84 이상이면 유의수준 0.05에서 유의적이라고 해석한다. 그러나 자유도 2 차이일 경우에는 ±5.99 이상이어야 유의적이라고 해석한다.

한편 제약모델(등가제약모델)의 추정방법에는 ① 경로 명칭 부여방법과 ② 다중집단분석 아이콘 이용방법이 있다. 어떤 방법을 선택하여 분석하든지 간에 동일한 Z통계량을 얻을 수 있다.

통계실습 14-3

다중집단분석을 이용한 조절효과분석 실습 3_경로 명칭 부여

다음의 ① [통계실습 14-3 조절효과 실습모형3(비제약모델)]과 ② [통계실습 14-3 조절효과 실습모형3(제약모델)_경로 명칭 부여]를 가지고 조절효과분석을 실습하시오. [남자집단]의 경로 명칭은 [a], [여자집단]의 경로 명칭은 [a]를 입력하기로 한다. 데이터 파일은 [제5부 조절효과분석 실습 데이터3(제14장)]을 이용한다. 독립변수는 [디자인품질], [사용자통제], [반응성], 매개변수는 [만족도], 종속변수는 [고객충성도]이며 모두 연속형 변수이다.

카이제곱 차이검증(비제약모델)

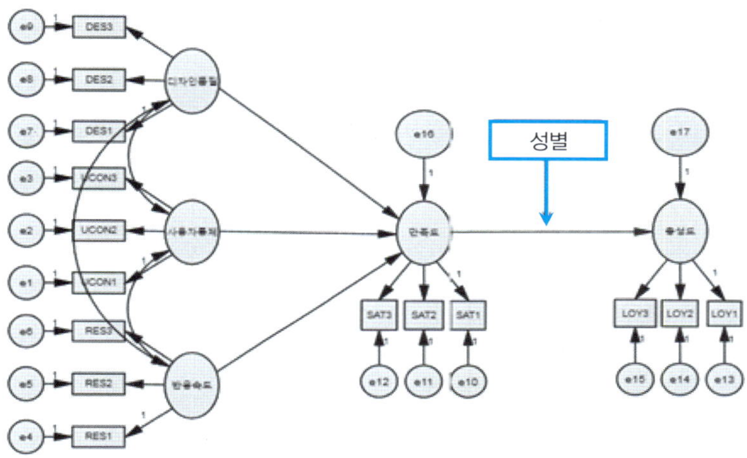

실습 따라하기

■ 비제약모델의 추정

❶ Amos에서 [파일-열기-데이터]로 들어간 후 [제5부 통제효과 매개효과 및 조절효과 분석(제12장-제15장)-제5부 통계분석] 폴더 안에 있는 파일인 [통계실습 14-3 조절효과 실습모형3(비제약모델)]을 불러들인다.

카이제곱 차이검증(비제약모델)

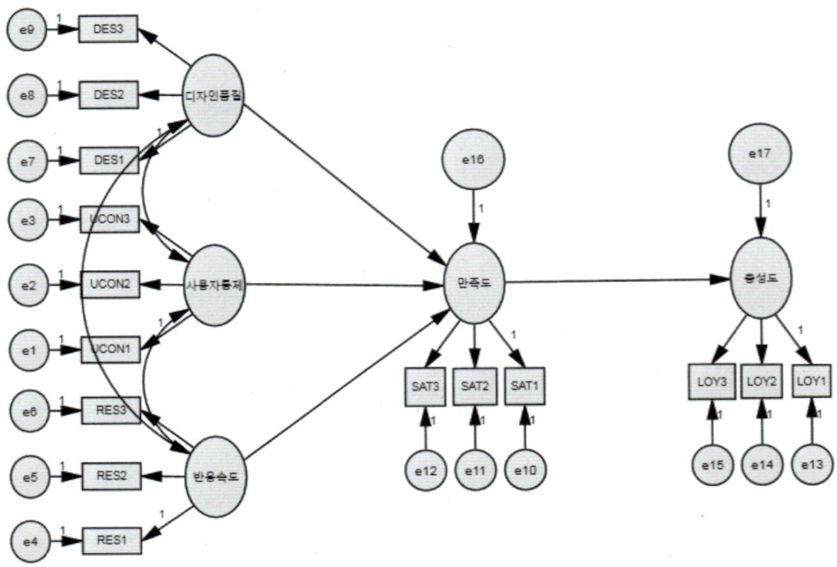

❷ 이미 [남자집단]과 [여자집단]에 대한 [집단 지정]이 완료되어 있어서 별도의 작업이 필요 없다. 작업이 필요한 독자는 [통계실습 14-1]을 참조하기 바란다.

❸ 이미 데이터 파일은 모델과 연결되어 있어서 별도의 작업이 필요 없다. 작업이 필요한 [통계실습 14-1]을 참조하기 바란다.

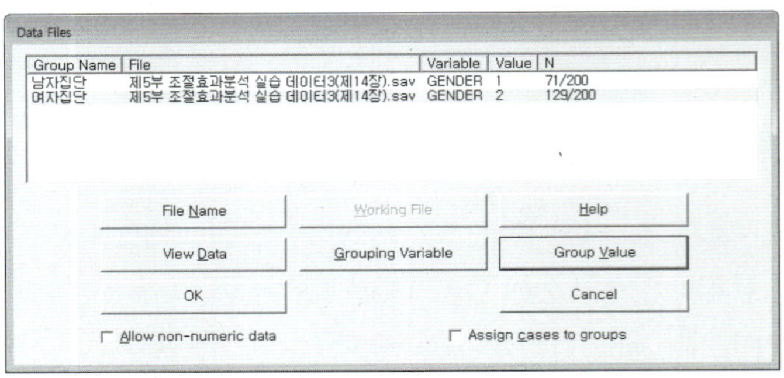

❹ 왼쪽 툴박스에 있는 (Analysis Properties)를 클릭해 들어간 후 [Output]에서 [Standardized estimates], [Squared multiple correlation], [Modification indices]를 체크한 후 나간다.

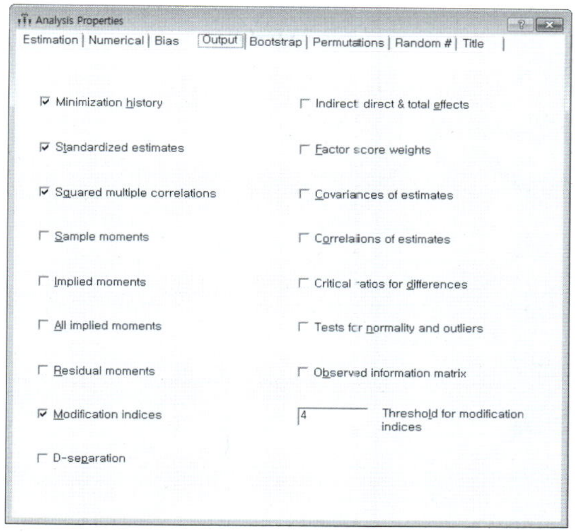

❺ 왼쪽 툴박스에 있는 [아이콘]을 클릭해 실행한다. 출력 결과에서 [Note for Model]을 보고 카이제곱(Chi-square)값을 확인한다.

Notes for Model (Default model)

Computation of degrees of freedom (Default model)

Number of distinct sample moments:	240
Number of distinct parameters to be estimated:	74
Degrees of freedom (240 - 74):	166

Result (Default model)

Minimum was achieved
Chi-square = 276.333
Degrees of freedom = 166
Probability level = .000

1단계 비제약모델에서 추정된 χ^2=276.333

■ 제약모델(등가제약모델)의 추정

❶ Amos에서 [파일-열기-데이터]로 들어간 후 [제5부 통제효과 매개효과 및 조절효과 분석(제12장-제15장)-제5부 통계분석] 폴더 안에 있는 파일인 [통계실습 14-3 조절효과 실습모형3(제약모델)-경로 명칭 부여]를 불러들인다.

카이제곱검증(경로 명칭 부여)

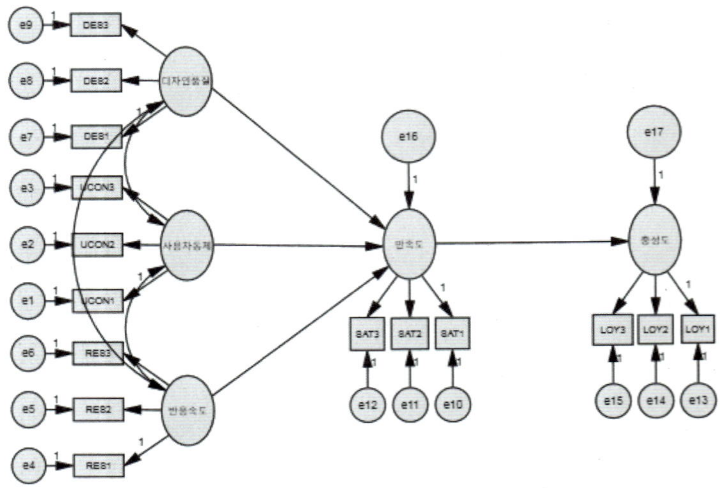

❷ 이미 [남자집단]과 [여자집단]에 대한 [집단 지정]이 완료되어 있어서 별도의 작업이 필요 없다. 작업이 필요한 독자는 [통계실습 14-1]을 참조하기 바란다.

❸ 이미 데이터 파일은 모델과 연결되어 있어서 별도의 작업이 필요 없다. 작업이 필요한 [통계실습 14-1]을 참조하기 바란다.

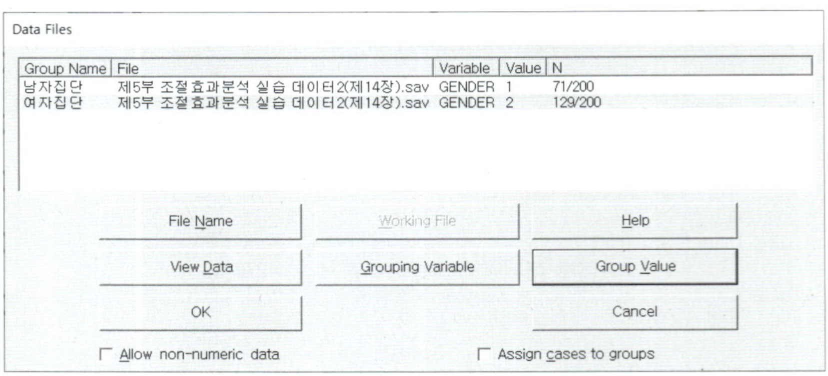

❹ 왼쪽 툴박스에 있는 (Analysis Properties)를 클릭해 들어간 후 [Output]에서 [Standardized estimates], [Squared multiple correlation], [Modification indices]를 체크한 후 나간다.

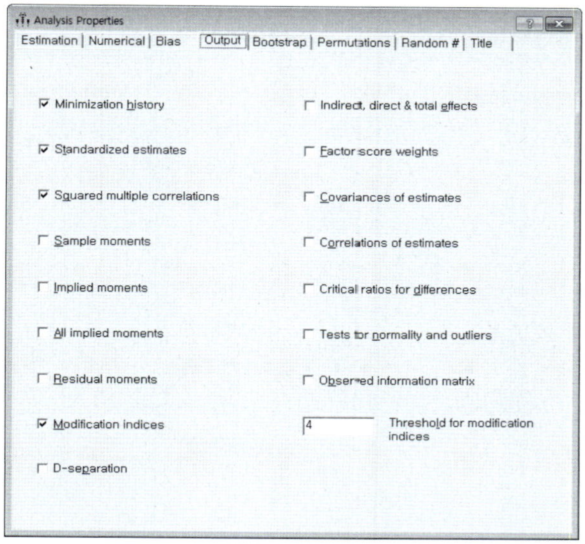

❺ 왼쪽 툴박스에서 (Select one object at a time)을 선택한 후 분석모형에서 [만족도 → 충성도] 경로선을 선택한다. 그러면 경로선이 파란색으로 변경된다. 경로 위에서 마우스의 오른쪽 클릭을 통해 대상속성[Object properties] 창을 연 후 [All groups]가 체크되어 있는 상태에서 [Parameters] 탭에서 [Regression weight]에 [a]를 입력한다. 그러면 [남자집단]과 [여자집단] 모두에 경로 명칭으로 [a]가 부여된다. 이렇게 하면 [남자집단]과 [여자집단]의 경로에 대해 제약모델(등가제약모델)이 설정된다.

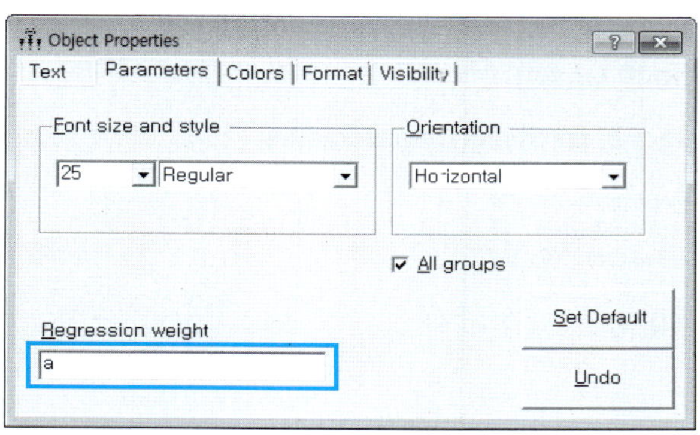

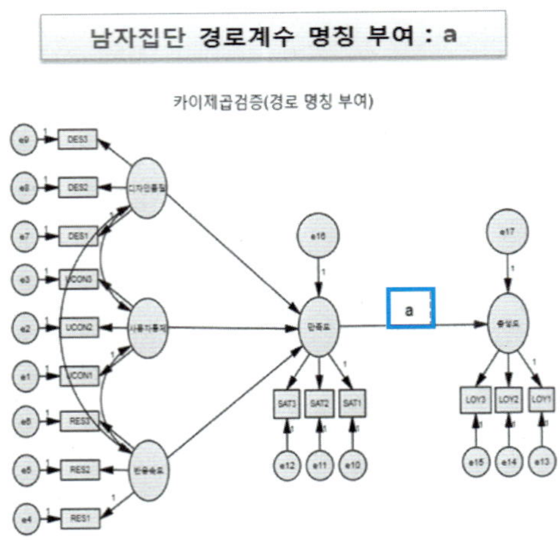

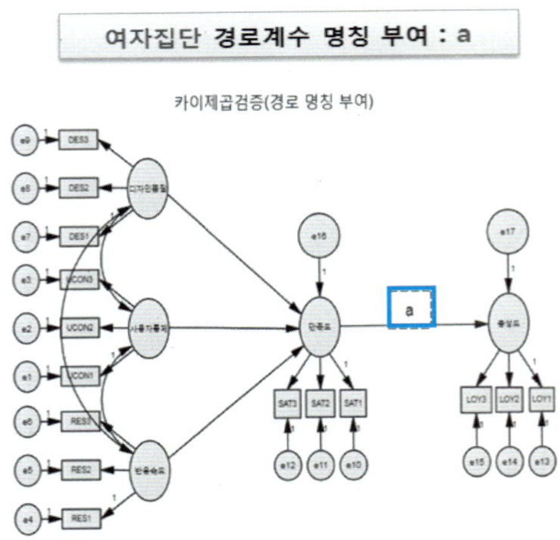

❼ 왼쪽 툴박스에 있는 [아이콘]을 클릭해 실행한다.

▌표 14-6▐ 통계실습 14-3 조절효과 실습모형3(제약모델)의 실행 결과

Model Fit Summary

CMIN

Model	NPAR	CMIN	DF	P	CMIN/DF
Default model	73	276.594	167	.000	1.656

Notes for Model (Default model)

Computation of degrees of freedom (Default model)

Number of distinct sample moments:	240
Number of distinct parameters to be estimated:	73
Degrees of freedom (240 - 73):	167

Result (Default model)

Minimum was achieved
Chi-square = 276.594
Degrees of freedom = 167
Probability level = .000

Regression Weights: (남자집단 - Default model)

			Estimate	S.E.	C.R.	P	Label
만족도	<---	디자인품질	.284	.154	1.844	.065	
만족도	<---	사용자통제	-.233	.191	-1.221	.222	
만족도	<---	반응속도	.631	.243	2.593	.010	
충성도	<---	만족도	.613	.066	9.305	***	a

Regression Weights: (여자집단 - Default model)

			Estimate	S.E.	C.R.	P	Label
만족도	<---	디자인품질	.537	.123	4.357	***	
만족도	<---	사용자통제	.334	.085	3.917	***	
만족도	<---	반응속도	.193	.105	1.837	.066	
충성도	<---	만족도	.613	.066	9.305	***	a

[통계실습 14-3 조절효과 실습모형3(제약모델)]을 실행한 결과는 [표 14-6]과 같다. 출력 결과에서 [Estimates]를 클릭해 [남자집단]과 [여자집단]의 [Regression Weights]의 결과를 확인한다. 등가제약을 하였기 때문에 [남자집단]과 [여자집단]의 [만족도 → 충성도] 간 경로의 회귀계수 추정치는 0.613으로 동일하게 출력되었음을 확인할 수 있다. 또한 출력 결과에서 [Note for Model]을 보고 카이제곱(Chi-square)값을 확인한다.

> 2단계 제약모델(등가제약모델)에서 추정된 χ^2=276.594

이상의 실습 결과에서 얻은 [2단계 제약모델의 χ^2값]에서 [1단계 비제약모델의 χ^2값]을 빼면 비제약모델과 제약모델의 χ^2차이값인 [0.261]이 계산된다. 남자집단과 여자집단의 χ^2차이는 0.261이며, 이는 임계치인 3.84보다 작으므로 유의수준 0.05에서 유의적인 차이가 아닌 것으로 나타났다. 따라서 만족도와 충성도 간에는 성별 조절효과가 없다고 해석할 수 있다.

> 2단계 제약모델에서 추정된 χ^2: 276.594 – 1단계 비제약모델에서 추정된 χ^2: 276.333=0.261

통계실습 14-4 다중집단분석을 이용한 조절효과분석 실습 4_다중집단분석 아이콘 이용

다음의 ① [통계실습 14-4 조절효과 실습모형4(비제약모델)]과 ② [통계실습 14-4 조절효과 실습모형4(제약모델)_다중집단분석 아이콘 이용]을 가지고 조절효과분석을 실습하시오. 데이터 파일은 [제5부 조절효과분석 실습 데이터4(제14장)]을 이용한다. 독립변수는 [디자인품질], [사용자통제], [반응성], 매개변수는 [만족도], 종속변수는 [고객충성도]이며 모두 연속형 변수이다.

카이제곱검증(다중집단분석 아이콘 이용)

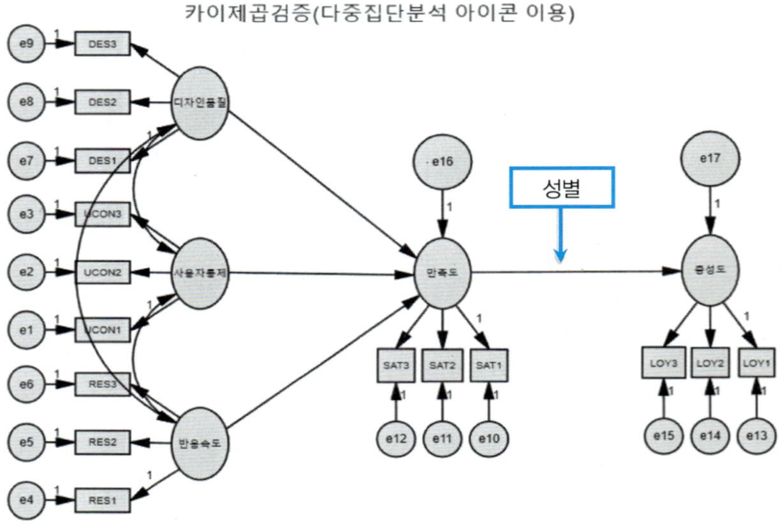

실습 따라하기

■ 비제약모델의 추정

다중집단분석 아이콘을 이용하여 카이제곱검증을 할 때는 **비제약모델**(Unconstrained model)의 추정을 반드시 해야 하는 것은 아니다. 왜냐하면 비제약모델의 추정을 생략해도 다중집단분석을 한 후에 Output를 보면 비제약모형의 카이제곱값을 알 수 있기 때문이다.

❶ Amos에서 [파일-열기-데이터]로 들어간 후 [제5부 통제효과 매개효과 및 조절효과분석(제12장-제15장)-제5부 통계분석] 폴더 안에 있는 파일인 [통계실습 14-4 조절효과 실습모형4(비제약모

델)]을 불러들인다.

카이제곱 차이검증(비제약모델)

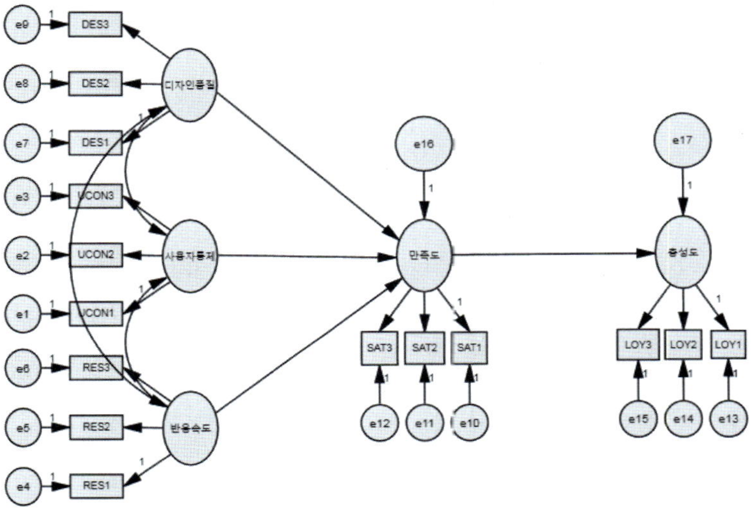

❷ 이미 [남자집단]과 [여자집단]에 대한 [집단 지정]이 완료되어 있어서 별도의 작업이 필요 없다. 작업이 필요한 독자는 [통계실습 14-1]을 참조하기 바란다.

❸ 이미 데이터 파일은 모델과 연결되어 있어서 별도의 작업이 필요 없다. 작업이 필요한 [통계실습 14-1]을 참조하기 바란다.

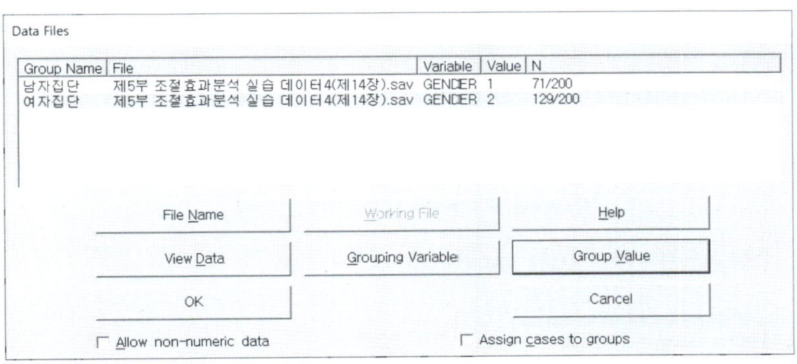

❹ 왼쪽 툴박스에 있는 (Analysis Properties)를 클릭해 들어간 후 [Output]에서 [Standardized estimates], [Squared multiple correlation], [Modification indices]를 체크한 후 나간다.

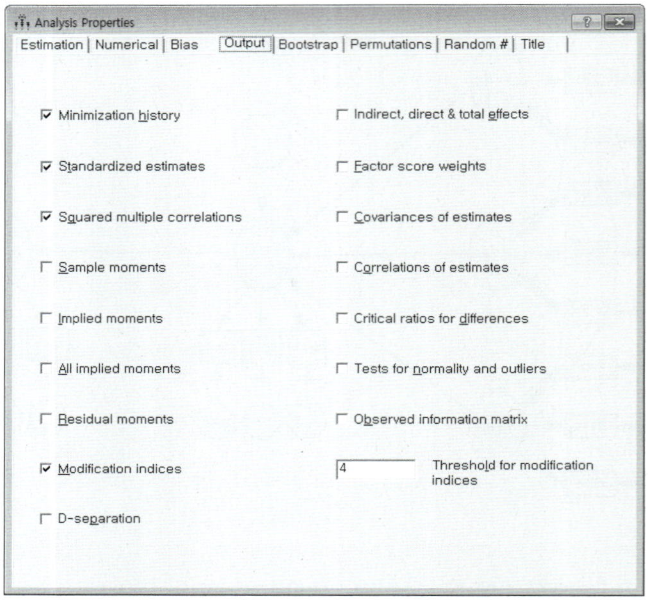

❺ 왼쪽 툴박스에 있는 을 클릭해 실행한다. 출력 결과에서 [Note for Model]을 보고 카이제곱(Chi-square)값을 확인한다.

Notes for Model (Default model)

Computation of degrees of freedom (Default model)

Number of distinct sample moments: 240
Number of distinct parameters to be estimated: 74
Degrees of freedom (240 - 74): 166

Result (Default model)

Minimum was achieved
Chi-square = 276.333
Degrees of freedom = 166
Probability level = .000

1단계 비제약모델에서 추정된 χ^2=276.333

■ 제약모델(등가제약모델)의 추정

❶ Amos에서 [파일-열기-데이터]로 들어간 후 [제5부 통제효과 매개효과 및 조절효과분석(제12장-제15장)-제5부 통계분석] 폴더 안에 있는 파일인 [통겨 실습 14-4 조절효과 실습모형4(제약모델)_다중집단분석 아이콘 이용]을 불러들인다.

카이제곱검증(다중집단분석 아이콘 이용)

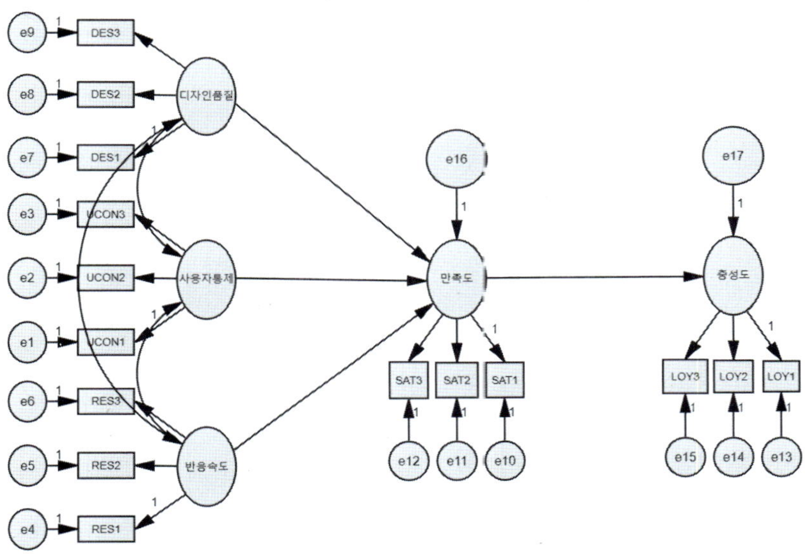

❷ 이미 [남자집단]과 [여자집단]에 대한 [집단 지정]이 완료되어 있어서 별도의 작업이 필요 없다. 작업이 필요한 독자는 [통계실습 14-1]을 참조하기 바란다.

❸ 이미 데이터 파일은 모델과 연결되어 있어서 별도의 작업이 필요 없다. 작업이 필요한 [통계실습 14-1]을 참조하기 바란다.

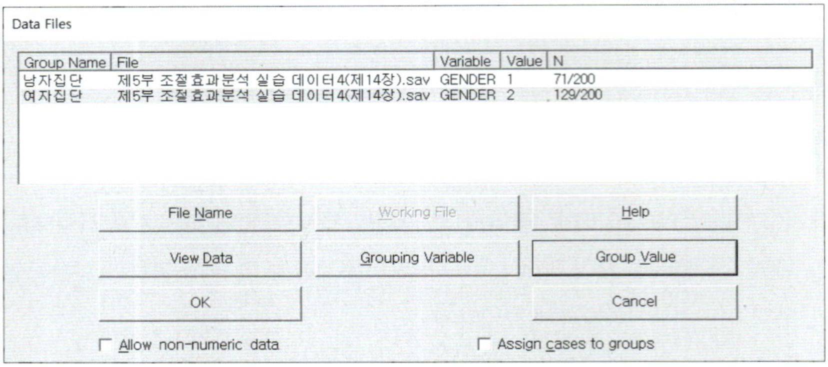

❹ 왼쪽 툴박스에 있는 (Analysis Properties)를 클릭해 들어간 후 [Output]에서 [Standardized estimates], [Squared multiple correlation], [Modification indices]를 체크한 후 나간다.

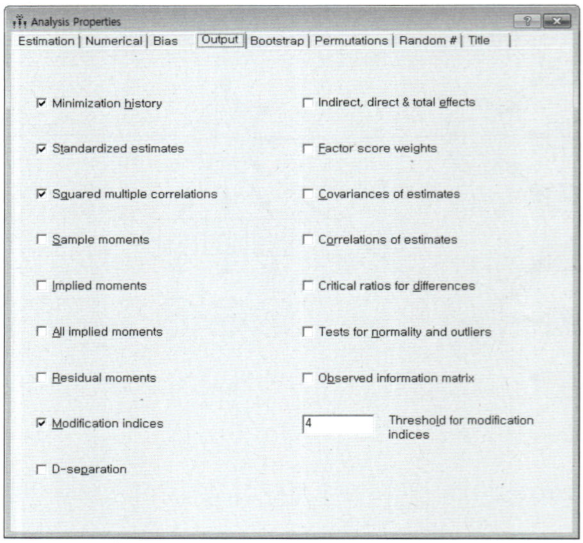

❺ 왼쪽 툴박스에서 다중집단분석 아이콘인 (Multiple Group Analysis)를 선택한 후 클릭하면 다음과 같은 [Amos] 창이 뜬다. [확인] 버튼을 클릭하면 [Multiple Group Analysis] 창이 나타나며 디폴트 그대로 두고 [OK] 버튼을 클릭한다.

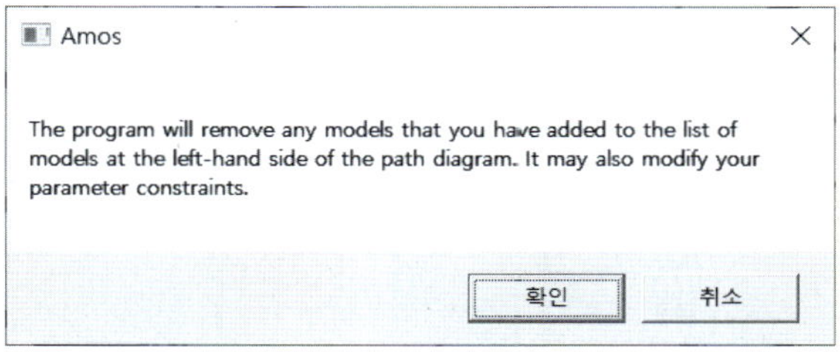

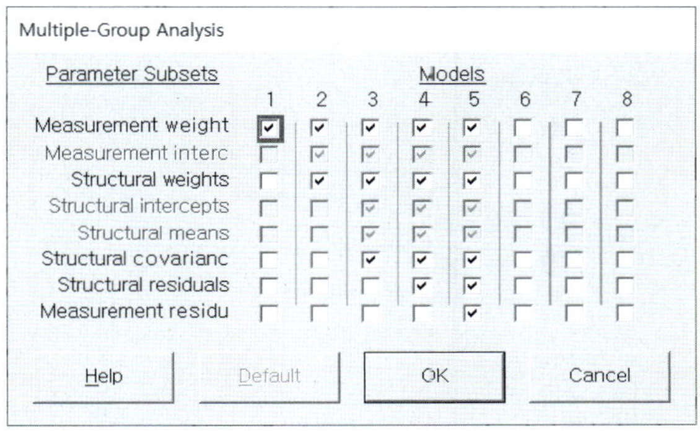

❻ 경로도가 보이면 만족도와 충성도 간의 성별 조절효과를 검증하려는 것이므로 [남자집단]의 경로계수는 [b4_1]이고 [여자집단]의 경로계수는 [b4_2]임을 확인한다.

남자집단 경로도

카이제곱검증(다중집단분석 아이콘 이용)

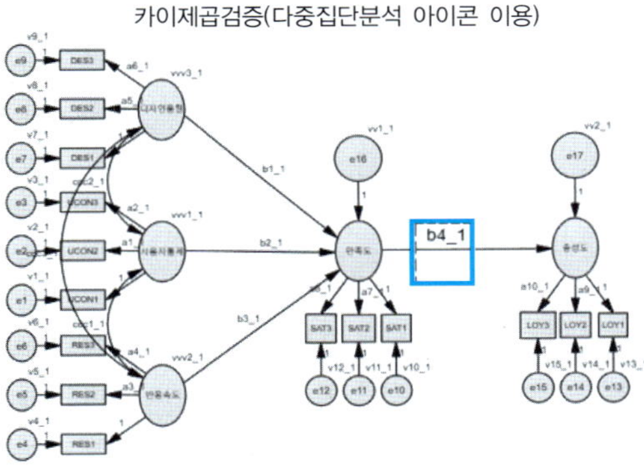

여자집단 경로도

카이제곱검증(다중집단분석 아이콘 이용)

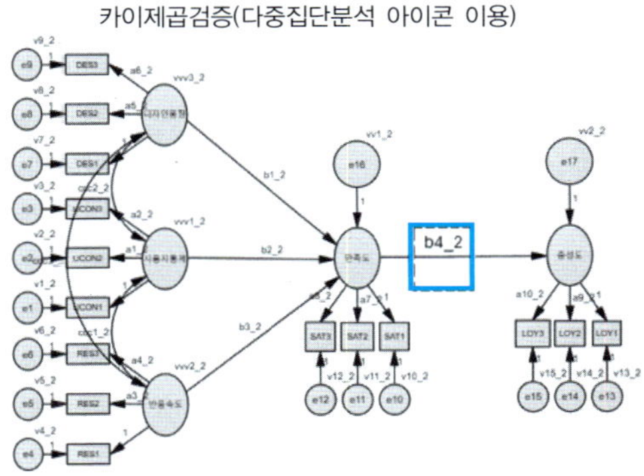

❼ 모델관리(Manage Models) 창에서 [XX: Structural weights]를 더블 클릭하면 모수 제약(Parameter Constraints)이 나타난다.

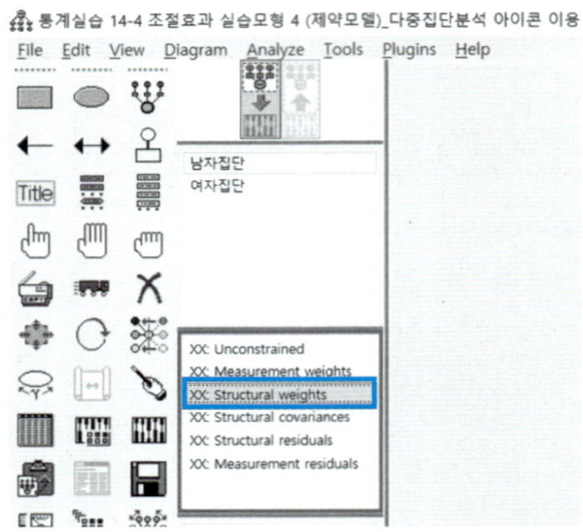

❽ 모델관리(Manage Models) 창에서 등가제약을 해야 하는 [b4_1=b4_2]만 남기고 나머지는 모두 삭제한 후 [Close] 버튼을 클릭한다.

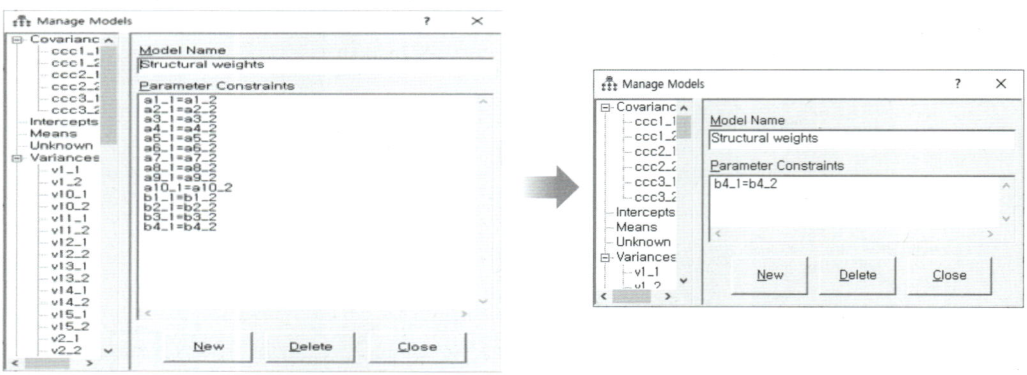

❾ 왼쪽 툴박스에 있는 [아이콘]을 클릭해 실행한다.

표 14-7 통계실습 14-4 조절효과 실습모형4(제약모델)의 실행 결과

Model Fit Summary

CMIN

Model	NPAR	CMIN	DF	P	CMIN/DF
Unconstrained	74	276.333	166	.000	1.665
Measurement weights	64	286.700	176	.000	1.629
Structural weights	60	302.034	180	.000	1.678
Structural covariances	54	317.253	186	.000	1.706
Structural residuals	52	326.120	188	.000	1.735
Measurement residuals	37	339.657	203	.000	1.673
Saturated model	240	.000	0		
Independence model	30	2255.253	210	.000	10.739

Nested Model Comparisons

Assuming model Unconstrained to be correct:

Model	DF	CMIN	P	NFI Delta-1	IFI Delta-2	RFI rho-1	TLI rho2
Measurement weights	10	10.367	.409	.005	.005	-.003	-.004
Structural weights	14	25.702	.028	.011	.012	.001	.001
Structural covariances	20	40.921	.004	.018	.020	.004	.004
Structural residuals	22	49.787	.001	.022	.024	.007	.007
Measurement residuals	37	63.324	.005	.028	.030	.001	.001

[표 14-7]의 모델 적합도에 대한 출력 결과를 보면 비제약모델(Unconstrained model)의 CMIN(χ^2)은 276.333(자유도 166)이다. 만족도와 충성도 간의 경로를 남자집단과 여자집단 간에 같게 제약한 등가제약모델(Equality constrained model)에 대한 추정 결과인 구조가중치모델(Structural weight model)의 CMIN(χ^2)은 276.594(자유도 167)이다. 비제약모델과 제약모델의 χ^2 차이값은 0.262(제약모델 χ^2: 276.594−비제약모델 χ^2: 276.333)이며 비제약모델과 제약모델의 자유도 차이는 1이다.

비제약모델과 제약모델의 χ^2 차이값은 0.262이며 이의 p값은 0.609로 $p>0.05$이어서 유의수준 0.05에서 유의하지 않은 것으로 나타났다. 따라서 만족도와 충성도 간에는 성별 조절효과가 없다고 해석하면 된다.

통계실습 14-5

다중집단분석을 이용한 조절효과분석 실습 5_다중집단분석 아이콘 이용

다음의 ① [통계실습 14-5 조절효과 실습모형5(비제약모델)]과 ② [통계실습 14-5 조절효과 실습모형5(제약모델)_다중집단분석 아이콘 이용]을 가지고 조절효과분석을 실습하시오. 데이터 파일은 [제5부 조절효과분석 실습 데이터5(제14장)]을 이용한다. 독립변수는 [디자인품질], [사용자통제], [반응성], 매개변수는 [만족도], 종속변수는 [고객충성도]이며 모두 연속형 변수이다.

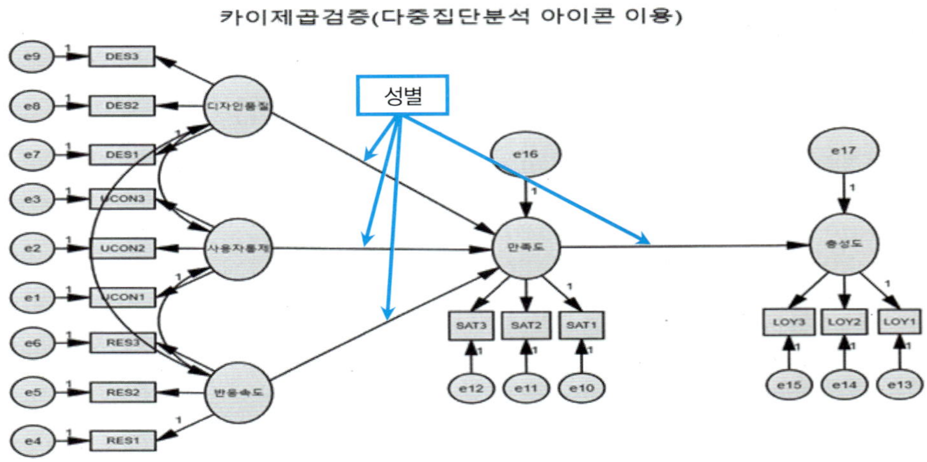

실습 따라하기

■ 비제약모델의 추정

다중집단분석 아이콘을 이용하여 카이제곱검증을 할 때는 비제약모델(Unconstrained model)의 추정을 반드시 해야 하는 것은 아니다. 왜냐하면 이 추정을 생략해도 다중집단분석을 한 후에 Output을 보면 비제약모형의 카이제곱값을 알 수 있기 때문이다. 앞에서 설명한 [통계실습 14-3] 비제약모형의 추정과 동일하므로 이 실습에서는 생략한다. 필요하면 앞의 실습 문제에 대한 설명을 보고 각자 해보기 바란다.

■ 제약모델의 추정

❶ Amos에서 [파일-열기-데이터]로 들어간 후 [제5부 통제효과 매개효과 및 조절효과분석(제12장-제15장)-제5부 통계분석] 폴더 안에 있는 파일인 [통계실습 14-5 조절효과 실습모형5(제약모델)_다중집단분석 아이콘 이용]을 불러들인다.

카이제곱검증(다중집단분석 아이콘 이용)

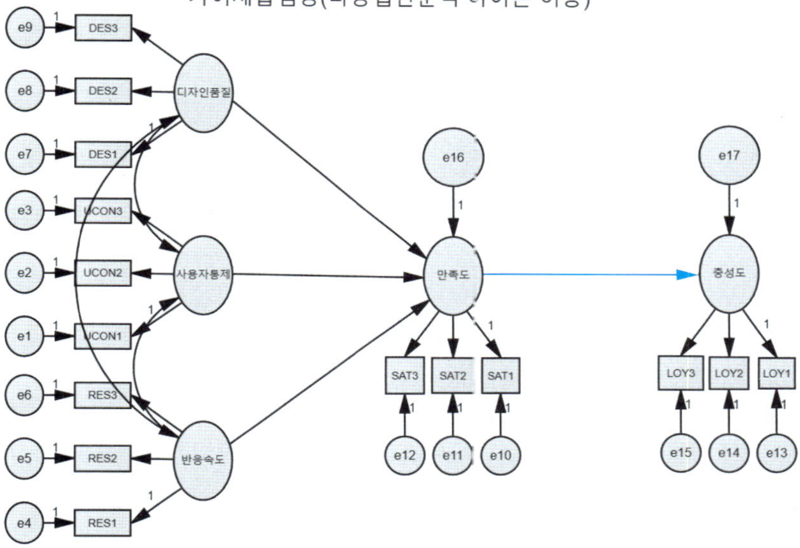

❷ 이미 [남자집단]과 [여자집단]에 대한 [집단 지정]이 완료되어 있어서 별도의 작업이 필요 없다. 작업이 필요한 독자는 [통계실습 14-1]을 참조하기 바란다.

❸ 이미 데이터 파일은 모델과 연결되어 있어서 별도의 작업이 필요 없다. 작업이 필요한 [통계실습 14-1]을 참조하기 바란다.

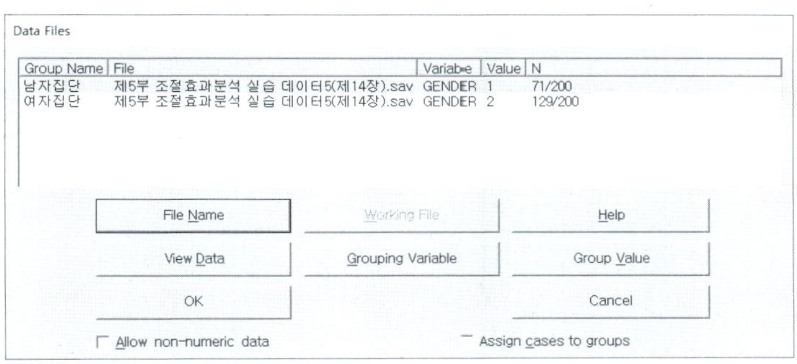

❹ 왼쪽 툴박스에 있는 (Analysis Properties)를 클릭해 들어간 후 [Output]에서 [Standardized estimates], [Squared multiple correlation], [Modification indices]를 체크한 후 나간다.

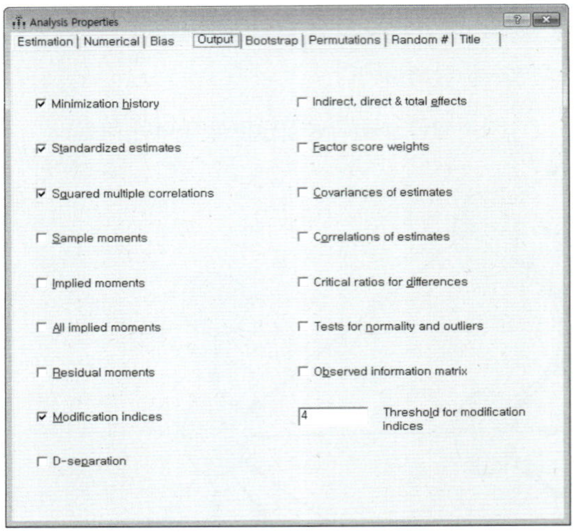

❺ 왼쪽 툴박스에서 다중집단분석 아이콘인 (Multiple Group Analysis)를 선택한 후 클릭하면 다음과 같은 [Amos] 창이 뜬다. [확인] 버튼을 클릭하면 [Multiple Group Analysis] 창이 나타나며 디폴트 그대로 두고 [OK] 버튼을 클릭한다.

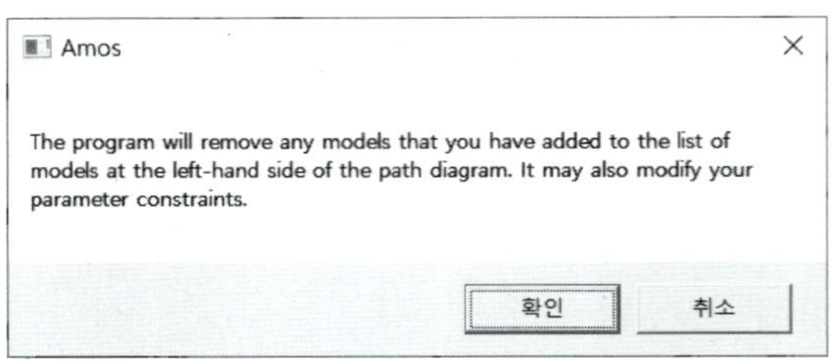

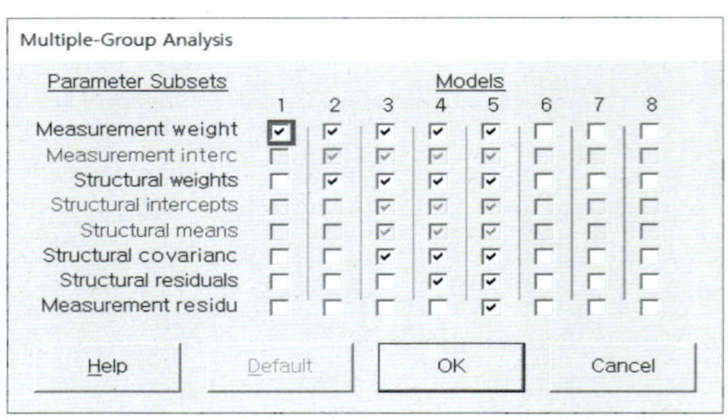

❻ 경로도가 보이면 모든 경로에 대한 성별 조절효과를 검증하려는 것이므로 남자집단의 경로계수 (b1_1, b2_1, b3_1, b4_1)와 여자집단의 경로계수 (b1_2, b2_2, b3_2, b4_2)를 확인한다.

남자집단 경로도

카이제곱검증(다중집단분석 아이콘 이용)

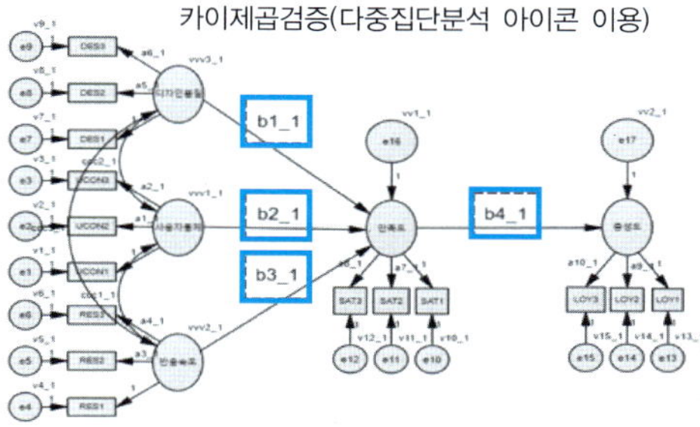

여자집단 경로도

카이제곱검증(다중집단분석 아이콘 이용)

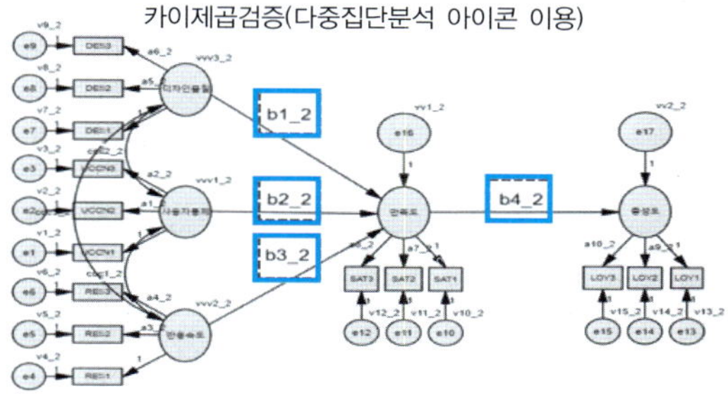

❼ 모델관리(Manage Models) 창에서 [XX: Unconstrained]와 [Structural weights]만을 남기고 ([XX: Measurement weights], [XX: Structural covariances], [XX: Structural residuals], ([XX: Measurement residuals])를 클릭해 모두 삭제한다.

❽ ① 모델관리 창에서 [XX: Structural weights]를 클릭해 [Model Name]을 [XX: Structural weights 1(b1_1=b1_2)]로 변경한다. [Parameter Constraints]에서 디자인품질과 만족도 간에 성별 조절효과가 있는지를 알아보기 위해서 [b1_1=b1_2]만 남기고 모두 삭제하여 등가제약모형을 만든다. 이는 남자의 경로계수와 여자집단의 경로계수를 등가(=)로 만드는 작업이다. 화면 하단의 [New]를 클릭한다.

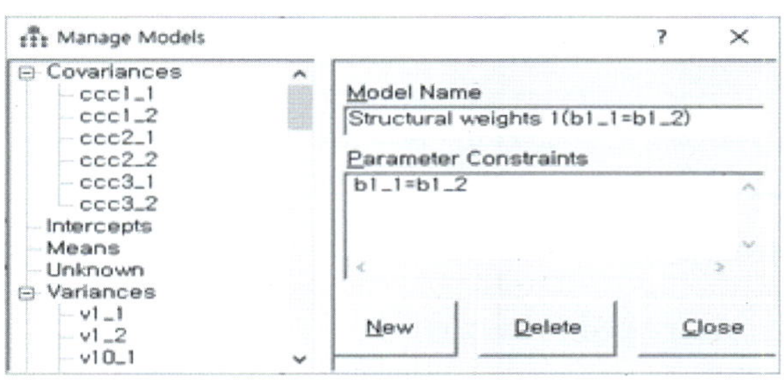

② [Model Name]에 [XX: Structural weights 2(b2_1=b2_2)]을 입력한다. [Parameter Constraints]에서 사용자통제와 만족도 간에 성별 조절효과가 있는지를 알아보기 위해서 [b2_1=b2_2]로 입력한다. 화면 하단의 [New]를 클릭한다.

③ [Model Name]에 [XX: Structural weights 3(b3_1=b3_2)]을 입력한다. [Parameter Constraints]에서 반응속도와 만족도 간에 성별 조절효과가 있는지를 알아보기 위해서 [b3_1=b3_2]로 입력한다. 화면 하단의 [New]를 클릭한다.

④ [Model Name]에 [XX: Structural weights 4(b4_1=b4_2)]을 입력한다. [Parameter Constraints]에서 만족도와 만족도 간에 성별 조절효과가 있는지를 알아보기 위해서 [b4_1=b4_2]로 입력한다. 화면 하단의 [Close]를 클릭해 입력을 마친다.

XX: Unconstrained
XX: Structural weights 1(b1_1=b1_2)
XX: Structural weights 2(b2_1=b2_2)
XX: Structural weights 3(b3_1=b3_2)
XX: Structural weights 4(b4_1=b4_2)

❾ 왼쪽 툴박스에 있는 을 클릭해 실행한다.

▌표 14-8 ▌통계실습 14-5 조절효과 실습모형5(제약모델)의 실행 결과

Model Fit Summary

CMIN

Model	NPAR	CMIN	DF	P	CMIN/DF
Unconstrained	74	276.333	166	.000	1.665
Structural weights 1(b1_1=b1_2)	73	277.978	167	.000	1.665
Structural weights 2(b2_1=b2_2)	73	283.761	167	.000	1.699
Structural weights 3(b3_1=b3_2)	73	279.157	167	.000	1.672
Structural weights 4(b4_1=b4_2)	73	276.594	167	.000	1.656

Nested Model Comparisons

Assuming model Unconstrained to be correct:

Model	DF	CMIN	P	NFI Delta-1	IFI Delta-2	RFI rho-1	TLI rho2
Structural weights 1(b1_1=b1_2)	1	1.645	.200	.001	.001	.000	.000
Structural weights 2(b2_1=b2_2)	1	7.428	.006	.003	.004	.003	.004
Structural weights 3(b3_1=b3_2)	1	2.825	.093	.001	.001	.001	.001
Structural weights 4(b4_1=b4_2)	1	.262	.609	.000	.000	-.001	-.001

[표 14-8]의 모델 적합도에 대한 출력 결과를 보면 비제약모형의 카이제곱은 276.333(자유도 166)이며 비제약모형과 제약모형(구조가중치모형)의 자유도는 1차이를 나타냈다. 카이제곱검증 결과 4개의 제약모형 중에서 모형2(카이제곱 7.425, p-value 0.006)만이 유의수준 0.05에서 비제약모형과 유의적인 차이를 나타냈다. 따라서 사용자통제와 만족도 간에는 조절효과가 있음을 알 수 있다. 그러나 디자인품질, 반응속도와 만족도 간 그리고 만족도와 충성도 간에는 조절효과가 없는 것으로 나타났다. 비제약모형의 추정 결과에 의하면 남자집단은 사용자통제가 만족도에 영향을 미치지 않았으나 여자집단의 경우에는 사용자통제 기능이 효과적으로 제공되는 경우 만족도가 높아질 수 있음을 시사해준다.

제14장의 핵심내용 요약

- 조절효과분석(Moderation effect analysis)은 조절효과 혹은 상호작용효과를 분석하는 것으로 조절변수의 수준(Level)이나 조건(Condition)에 따라서 독립변수와 종속변수 간의 관계의 크기(Strength)와 방향(Direction)이 어떻게 강화(Enhancing)되거나 완화(Buffering)되는지를 분석하는 것을 말한다.
- 조절효과 혹은 상호작용효과(Moderation effect, or Interaction effect)란 하나의 독립변수 X가 종속변수 Y에 미치는 영향관계가 또 다른 조절변수 W의 수준에 따라서 달라지는 것을 의미한다.
- 범주형 변수에 의한 조절효과분석을 위해서는 다중집단분석(Multiple group analysis, or Multi-group analysis)에 의한 χ^2 차이검증방법(Chi-square difference test)과 대응별 모수비교방법(Pairwise parameter comparison)이 사용된다.
- 다중집단분석에 의한 χ^2 차이검증방법(Chi-square difference test)은 범주형 변수의 조절효과분석으로 비제약모델(Unconstrained model)과 등가제약모델(Equality constrained model)에서 추정된 두 모델 간의 χ^2 차이를 가지고 조절효과를 분석하는 방법이다.
- 조절효과분석을 수행하는 경우에 설정하는 가설은 방향성 가설을 설정하는 것이 좋으며 조절효과의 유형에 따라서 설정할 수 있다.
- 범주형 조절변수인 경우에는 조절효과의 유형을 존재효과(Existence effect)와 경쟁효과(Competing effect)로 분류한다.
- 조절효과의 평가에서 가장 중요한 것은 조절효과의 유형을 찾아내어 결과 해석을 풍부하게 하는 것이다.
- 조절효과를 평가할 때 고려되어야 하는 중요한 점은 조절효과분석을 수행한 후에 독립변수와 상호작용항 변수(상호작용항)의 부호(Sign)를 확인하는 것이다.
- 대응별 모수비교방법(Pairwise parameter comparison)은 비제약모델(Unconstrained model) 혹은 자유모델(Free model)만을 추정하면 되기 때문에 적용이 매우 용이한 방법으로 비제약모델을 설정해서 얻은 각 집단의 경로에 대한 모수(혹은 경로계수, 회귀계수) 차이를 비교하는 방법이다.

참고문헌

배병렬. (2021). Amos 27 구조방정식모델링. 도서출판 청람.

신건권. (2023). 석박사학위와 학술논문 작성 중심의 SmartPLS 4.0 구조방정식모델링. 도서출판 청람.

신건권. (2023). SPSS 29와 PROCESS macro 4.0을 이용한 회귀분석 따라하기. 도서출판 청람.

신건권. (2023). 석박사학위와 학술논문 작성 중심의 SPSS 29 논문통계분석. 도서출판 청람.

이일현. (2014). EasyFlow 회귀분석. 한나래출판사.

AMOS 28 User's Guide.

Baron, R.M., & Kenny, D.A. (1986). The moderator-mediator variable distinction in social psychological research: Conceptual, strategic, and statistical considerations. *Journal of Personality and Social Psychology*, 51(6), 1173.

Hayes, A.F. (2017). *Introduction to Mediation, Moderation, and Conditional Process Analysis: A regression-based approach*. Guilford publications.

Sobel, M.E. (1982). Asymptotic confidence intervals for indirect effects in structural equation models. *Sociological Methodology*, 13, 290-312.

제15장 연속형 조절변수의 조절효과분석

1 연속형 조절변수의 조절효과분석의 개요와 상호작용항 변수 만들기

1.1 개요

조절변수가 연속형 조절변수인 경우에는 독립변수와 조절변수의 상호작용항 변수(Interaction term)를 만들어 조절효과를 분석한다. 이러한 이유로 조절변수가 연속형 변수인 경우의 조절효과분석을 상호작용효과분석(Interaction effect analysis)이라고도 한다.

- Amos에 의한 잠재변수의 조절효과모델링에서는 비선형 제약이 불가능하기 때문에 Ping의 방법(1995, 1996), Marsh, Wen 및 Hau 방법(2006), Lin 등(2010)의 방법과 같은 조절효과분석방법이 사용되고 있다. 이 책에서는 주로 적지표접근법(Product indicator approach)을 따르고 있는 Marsh, Wen 및 Hau 방법(2006)을 사용해 조절효과를 분석하는 방법에 대해서 살펴보기로 한다(Marsh et al., 2004; 2012). 여기에서 적지표(Product indicator)란 독립변수와 조절변수의 측정변수들을 곱하여 새롭게 만들어지는 측정변수를 말한다.
- Marsh, Wen 및 Hau 방법(2006)에서 적지표를 통해 상호작용항 변수(혹은 곱지표)를 만드는 방법에는 ① 모든 가능한 쌍 전략(All-possible strategy), ② 대응된 쌍 전략(Matched-pair strategy), ③ 한 쌍 전략(One-pair strategy)이 있으며, 이 중에서 가장 많이 사용되고 있는 것은 대응된 쌍 전략이다(배병렬, 2021). 예컨대 독립변수가 X가 x1, x2, x3의 측정변수가 있고 조절변수 W가 w1, w2, w3의 측정변수가

있다고 가정하자. 모든 가능한 쌍 전략은 9개(=3×3), 즉 ① (x1, w1), ② (x1, w2), ③ (x1, w3), ④ (x2, w1), ⑤ (x2, w2), ⑥ (x2, w3), ⑦ (x3, w1), ⑧ (x3, w2), ⑨ (x3, w3)의 적지표를 만들고 모두 사용하는 방법이다. 대응된 쌍 전략은 ① (x1w1, x2w2, x3w3), ② (x1w1, x2w3, x3w2), ③ (x1w2, x2w1, x3w3), ④ (x1w2), x2w3, x3w2), ⑤ (x1w3, x2w1, x2w2), ⑥ (x1w3, x2w2, x2w1)의 적지표를 만들고 9개 중에 1개를 이용하는 방법이다. 한 쌍 전략은 ① (x1w1), ② (x1w2), ③ (x1w3), ④ (x2w1), ⑤ (x2w2), ⑥ (x2w3), ⑦ (x3w1), ⑧ (x3w2), ⑨ (x3w3)의 적지표를 만들고 9개 중에 1개를 사용하는 방법이다.

그림 15-1 구조방정식모델링에서 단순조절모델의 개념적 모델과 통계적 모델 예시: 대응된 쌍 전략

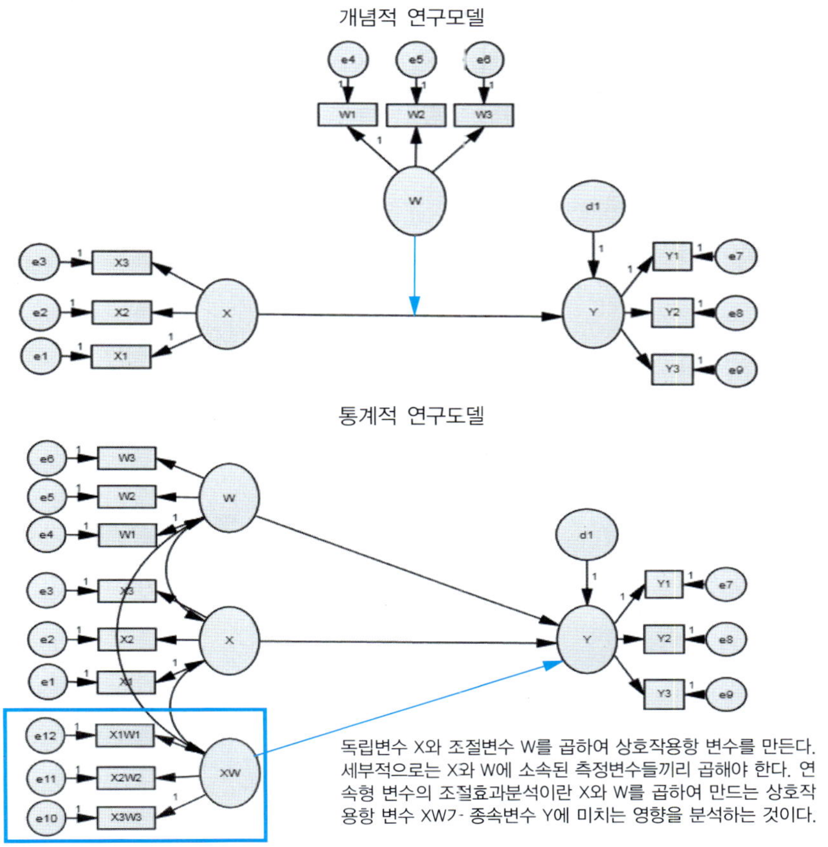

【주】 색선 안은 상호작용항 변수이며 측정변수들은 적지표로 구성됨.

[그림 15-1]은 구조방정식모델링에서 단순조절모델의 개념적 모델(Conceptual model)과 실제 분석이 가능하도록 변형시킨 조절효과의 통계적 모델(Statistical model)을 예시한 것이다. 개념적 모델은 보통 연구자들이 생각하는 연구모델이라고 생각하면 된다. 조절효과분석에서의 핵심은 독립변수인 X와 조절변수인 W의 곱으로 만들어진 상호작용항 변수(Interaction variable)인 XW이다. 이 변수의 회귀계수가 통계적으로 유의하면 조절효과가 있다고 해석한다.

연속형 변수의 조절효과분석을 위한 단순조절모델(Simple moderation model)은 [그림 15-2]와 같다. 이 장의 단순조절모델에서는 X는 독립변수, W는 조절변수, Y는 종속변수, 독립변수와 조절변수를 곱한 XW는 상호작용항 변수라고 가정하자. 앞의 조절효과의 통계적 모델을 회귀식(Regression equation)으로 표현하면 다음과 같다. 이 모델은 상호작용효과모델 혹은 승법효과모델이라고도 한다.

$$Y_i = \beta_0 + \beta_1 X + \beta_2 W + \beta_3 XW + \epsilon_i$$

Y_i: i번째 사례의 Y값(종속변수의 값)
β_0: 절편(Intercept)
$\beta_1, \beta_2, \beta_3$: 기울기(Slope)=회귀계수
X: 독립변수, W: 조절변수, XW: 상호작용항 변수
ϵ_i: 잔차(residual)

그림 15-2 연속형 변수의 조절효과분석모델의 기본 구조: 단순조절모델

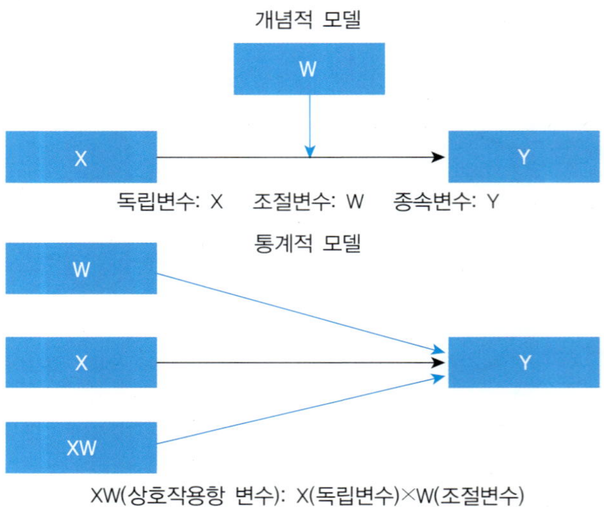

위의 식을 X가 있는 항과 X가 없는 항으로 정리하면 다음과 같이 된다.

$$Y_i = (\beta_0 + \beta_2 W) + (\beta_1 + \beta_3 W)X + \epsilon_i$$

$\beta_0 + \beta_2 W$: 단순절편(Simple intercept)
$\beta_1 + \beta_3 W$: 단순기울기(조건부효과)

식에서 $(\beta_1 + \beta_3 W)$는 단순기울기(Simple slope)이며 X가 Y에 미치는 영향은 W의 수준에 따라서 달라지기 때문에 조건부효과(Conditional effect)라고 한다. 이는 X가 Y에 주는 영향은 W의 크기에 의해 영향을 받음을 의미한다. 즉 W에 대하여 조건화되어 있다고 말할 수 있다(Conditional on W). 또한 식에서 β_3 회귀계수는 조절변수 W가 1단위 증가할 때 독립변수 X와 종속변수 Y의 관계를 나타내는 직선의 기울기 변화를 의미한다. 조절효과분석에서는 β_3가 통계적으로 유의하면 조절효과가 있다고 해석한다.

1.2 대응된 쌍 전략을 이용한 상호작용항 변수 만들기

연속형 변수의 조절효과분석에서 중요한 것은 상호작용항 변수(Interaction term variable)를 만드는 것이다. 이는 독립변수와 조절변수를 곱(Product)하여 대응된 쌍을 만든다.

- 독립변수와 조절변수별로 측정변수의 수가 다른 경우에는 독립변수와 조절변수 중에서 측정변수의 수가 적은 것을 기준으로 정리한 후 대응된 쌍 전략 등을 이용해서 상호작용항 변수를 만들어야 한다.
- 독립변수와 조절변수의 측정변수가 동일하게 정리되었다면 이제 대응된 쌍 전략에 의해서 상호작용항 변수를 만들어야 한다.
- 대응된 쌍을 만들기 위해서는 [1요인 측정모델]을 만들어 측정모형분석(확인적 요인분석)을 수행하여 SMC(다중상관자승)를 입수하거나 [1요인 EFA](탐색적 요인분석)을 통해 요인적재량(Factor loading)을 얻어야 한다. 그런 다음에는 SMC와 요인적재량을 기준으로 대응된 쌍을 만들어야 한다.

▶ 만약 조절변수의 측정변수가 8개, 독립변수의 측정변수가 4개라면 측정변수의 수가 적은 4개를 기준으로 해야 한다. 따라서 조절변수에 대한 [1요인 측정모델] 분석을 시행하여 SMC가 가장 큰 것부터 4개를 선택해야 한다. 조절변수의 4개 선택이 완료되었다면 먼저, 독립변수에서 SMC가 가장 큰 것과 조절변수에서 SMC가 가장 큰 것을 대응시켜 쌍을 만들면 된다. 다음으로, 독립변수에서 SMC가 2번째 큰 것과 조절변수에서 SMC가 2번째 큰 것을 대응시키면 된다. 이와 같은 방법으로 나머지 2개에 대한 대응된 쌍도 만든다.

(1) 독립변수와 조절변수의 수가 다른 경우의 상호작용항 변수 만들기

독립변수의 측정변수는 5개이며, 조절변수의 측정변수가 10개인 경우에서 상호작용항 변수를 만드는 방법을 예시하기로 한다. [표 15-1]은 독립변수와 조절변수의 수가 다른 경우의 상호작용항 변수 만들기에 대한 절차를 예시한 것이다.

▌표 15-1▐ 독립변수와 조절변수의 수가 다른 경우의 상호작용항 변수 만들기 예시

Strategy 1: 독립변수의 측정변수 5개, 조절변수의 측정변수 10개인 경우

1) **조절변수의 첫 번째** 측정변수 꾸러미를 만들기 위해서 처음의 두 측정변수를 합해서 [평균]을 내서 하나의 [측정변수 꾸러미]로 만든다. W1+W2=V1

2) **두 번째** 측정변수 꾸러미를 만들기 위해 그 다음의 두 측정변수를 합해서 평균을 낸다. 이러한 방법으로 5개의 꾸러미(V1, V2, V3, V4, V5)를 만든다. W3+W4=V2, ……

3) **측정모형분석**을 한 경우에는 SMC를 대응된 쌍 만들기의 기준으로 사용한다. 혹은 **탐색적 요인분석**(사각회전방법)을 이용하여 요인적재량 등을 구한다.

4) **독립변수**와 **조절변수**의 5개 측정변수 꾸러미를 이용하여 대응된 쌍(상호작용항)을 만든다. 대응된 쌍을 만드는 방법은 **독립변수에서 SMC가 가장 큰 것**(혹은 **요인적재량이 가장 큰 것**)과 **조절변수**(5개 꾸러미)에서 **SMC가 가장 큰 것**(혹은 **요인적재량이 가장 큰 것**)을 대응시켜 적지표(곱하기 지표)를 만든다. 이와 같은 방법으로 나머지 4개에 대한 대응된 쌍도 만든다.

5) **최종적으로** 연구모형에는 **독립변수 5개**, **조절변수 10개**, 상호작용항 5개가 분석에 이용된다.

[그림 15-3]은 독립변수와 조절변수의 수가 다른 경우의 상호작용항 변수 만들기를 완료한 것을 제시한 것이다. 총 25개(5×5=25)의 적지표 중에서 하나만 사용한 것이다.

그림 15-3 ▌ 독립변수와 조절변수의 수가 다른 경우의 상호작용항 변수 적지표 만들기 예시

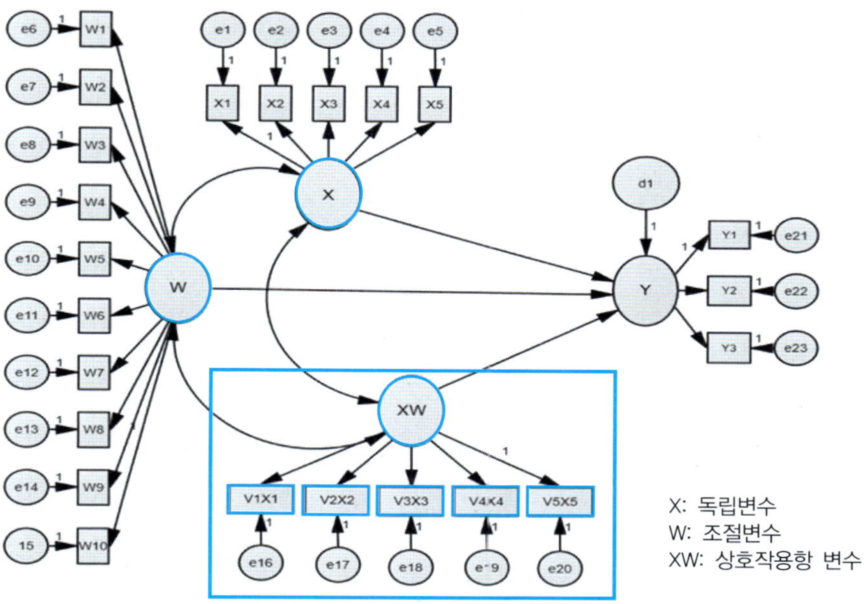

(2) 독립변수와 조절변수의 수가 같은 경우의 상호작용항 변수 만들기

독립변수의 측정변수는 3개이며, 조절변수의 측정변수가 3개인 경우에서 상호작용항 변수를 만드는 방법을 예시하기로 한다. [표 15-2]는 독립변수와 조절변수의 수가 같은 경우의 상호작용항 변수 만들기에 대한 절차를 예시한 것이다.

표 15-2 독립변수와 조절변수의 수가 같은 경우의 상호작용항 변수 만들기 예시

Strategy 2: 독립변수의 측정변수 3개, 조절변수의 측정변수 3개인 경우

1) **측정모형분석**을 독립변수와 조절변수에 대한 SMC를 구한다.

2) **독립변수**와 **조절변수**의 측정변수들에 대한 SMC를 이용해서 대응된 쌍(상호작용항)을 만든다. **첫 번째**로 독립변수에서 SMC가 가장 큰 것과 조절변수에서 SMC가 가장 큰 것을 대응시켜 적지표(곱하기 지표)를 만든다.

3) **두 번째**로 독립변수에서 SMC가 가장 큰 것과 조절변수에서 SMC가 가장 큰 것을 대응시켜 적지표(곱하기 지표)를 만든다.

4) **세 번째**로 독립변수에서 SMC가 가장 큰 것과 조절변수에서 SMC가 가장 큰 것을 대응시켜 적지표(곱하기 지표)를 만든다.

5) **최종적으로** 연구모형에는 **독립변수 3개**, **조절변수 3개**, 상호작용항 3개가 분석에 이용된다.

[그림 15-4]는 **측정모형분석**을 통한 얻은 SMC를 가지고 대응된 쌍을 만드는 방법을 예시한 것이다. [표 15-2]에서 제시한 SMC를 기준으로 **3개의 대응된 쌍**인 [X3W1], [X1W3], [X2W2]를 만들었다.

그림 15-4 측정모형모델 분석을 통해 얻은 SMC를 기준으로 대응된 쌍 만들기 예시

측정모델분석

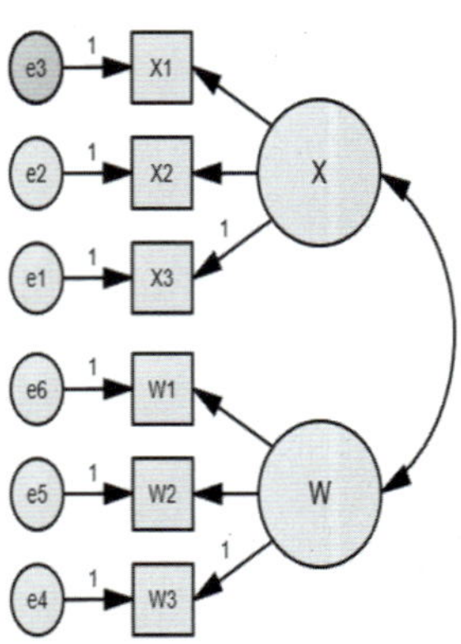

SMC (R^2)

구분	X (독립변수)			W (조절변수)		
	X1	X2	X3	W1	W2	W3
SMC	7.676	7.222	8.765	8.889	7.100	7.554

쌍1: X3*W1
쌍2: X1*W3
쌍3: X2*W2

[그림 15-5]는 독립변수와 조절변수의 수가 같은 경우의 상호작용항 변수 만들기를 완료한 것을 제시한 것이다.

▶ 그림 15-5 ▌독립변수와 조절변수의 수가 같은 경우의 상호작용항 변수 적지표 만들기 예시

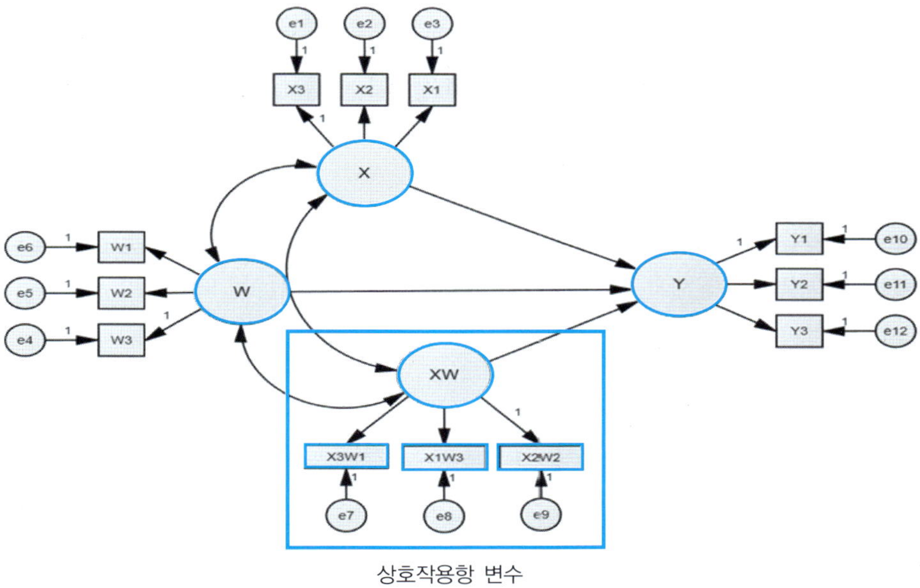

2 연속형 조절변수의 조절효과분석 실습

2.1 잠재변수의 조절효과분석

Marsh, Wen 및 Hau(2006)의 잠재변수의 조절효과분석 방법은 외생잠재변수의 평균에 대해 제약하는 방법(With mean structure)과 평균에 대해 제약하지 않는 방법(Without mean structure)이 있지만 후자의 방법이 쉬워서 많이 이용된다.

▶ Marsh, Wen 및 Hau의 접근법(2006)은 분석 데이터가 원자료이면 독립변수와 조절변수 그리고 상호작용항 변수를 [모두 평균중심화]한 후에 모형에 측정변수로 투입해야

한다.

▶ 상호작용항 변수의 [적지표](곱하기 지표) 만들기 방법 중에서 이 장의 실습에서는 [대응된 쌍 전략]을 사용하기로 한다.

통계실습 15-1 연속형 조절변수의 조절효과분석 실습 1

다음의 [통계실습 15-1 조절효과 실습모형1_Marsh, Wen 및 Hau(2006) 방법]을 가지고 조절효과분석을 실습하시오. 데이터 파일은 [제5부 조절효과분석 실습 데이터1(제15장)_평균중심화 이전]을 이용한다. 독립변수는 [디자인품질], 조절변수는 [사용자통제]이며 상호작용항 변수는 디자인품질과 사용자통제를 곱해서 만든 [디자인사용자], 종속변수는 [만족도]이다.

Marsh, Wen & Hau(2006)의 연속형 조절변수에 조절효과분석 실습

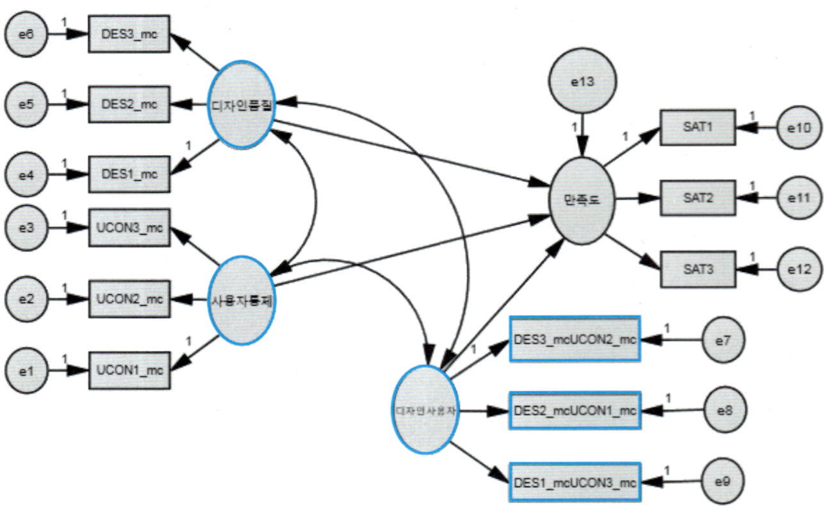

실습 따라하기

❶ Amos에서 [파일–열기–데이터]로 들어간 후 [제5부 통제효과 매개효과 및 조절효과분석(제12장–제15장)–제5부 통계분석] 폴더 안에 있는 파일인 [통계실습 15–1 연속형 조절변수의 조절효과 실습모형 1_Marsh, Wen 및 Hau(2006) 방법]을 불러들인다.

❷ SPSS 프로그램을 이용해 독립변수와 조절변수에 대해서 평균중심화(Mean centering: mc)를 수행한다. SPSS의 [분석-기술통계량-기술통계]에서 각 변수의 [평균]값을 구한다. 평균중심화(mc)는 각 변수에서 변수 평균을 빼서 만든다. SPSS의 [변환-변수 계산] 메뉴를 이용해 독립변수와 조절변수의 모든 측정변수에 대해 수행한다(이 작업은 SPSS Data Editor에서 한다). 평균중심화가 완료되었으면 [파일-다른 이름으로 저장]을 선택한 후 새로운 파일명인 '제5부 조절효과분석 실습 데이터 1(제15장)_평균중심화 이후'로 [저장] 버튼을 클릭해 저장한다.

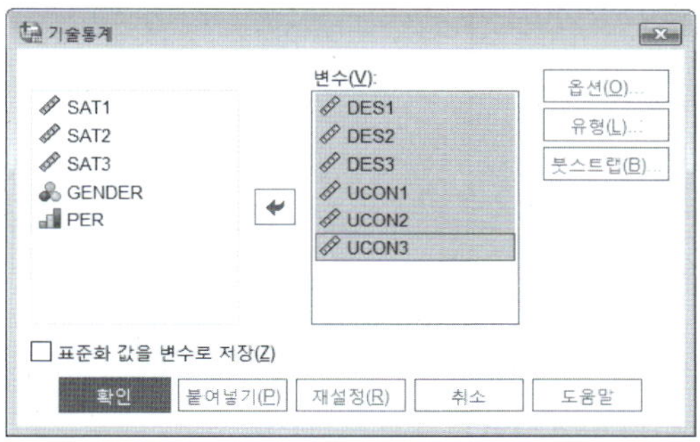

기술통계량

	N	평균
DES1	200	4.94
DES2	200	4.31
DES3	200	4.52
UCON1	200	4.62
UCON2	200	4.80
UCON3	200	4.68
유효 N(목록별)	200	

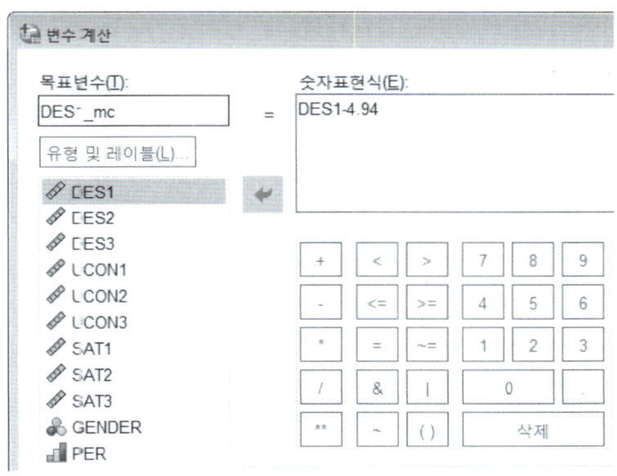

❸ [제5부 통제효과 매개효과 및 조절효과분석(제12장-제15장)-제5부 통계분석] 폴더 안에 있는 파일 [통계실습 15-1 연속형 조절변수의 조절효과 실습모형1_측정모형분석]을 불러들인다. 왼쪽 툴박스에 있는 (Analysis Properties)를 클릭해 들어간 후 [Output]에서 [Squared multiple correlation]을 체크한 후 나간다. 왼쪽 툴박스의 을 클릭해 실행한다. 출력 결과를 이용하여 대응된 쌍을 만든다. ① 독립변수(DES)의 측정변수 중에서 가장 큰 SMC는 DES3이고 조절변수(UCON)의 측정변수 중에서 가장 큰 SMC는 UCON2이므로 첫 번째 상호작용항은 DES3*UCON2가 된

다. ② 독립변수(DES)의 측정변수 중에서 2번째로 큰 SMC는 DES2이고 조절변수(UCON)의 측정변수 중에서 2번째로 큰 SMC는 UCON1이므로 두 번째 상호작용항은 DES2*UCON1이 된다. ③ 독립변수(DES)의 측정변수 중에서 3번째로 큰 SMC는 DES1이고 조절변수(UCON)의 측정변수 중에서 3번째로 큰 SMC는 UCON3이므로 세 번째 상호작용항은 DES1*UCON3이 된다.

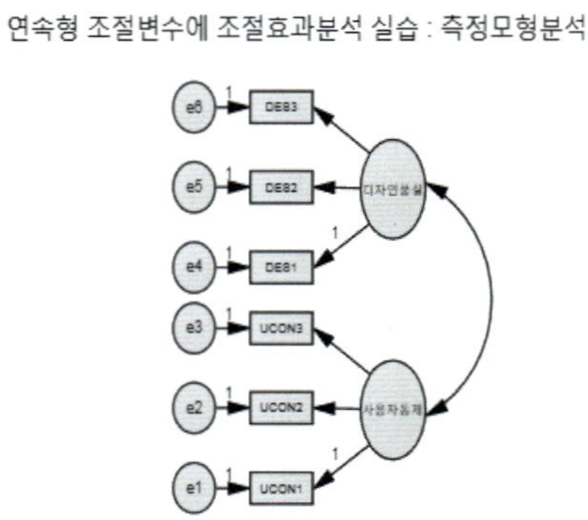

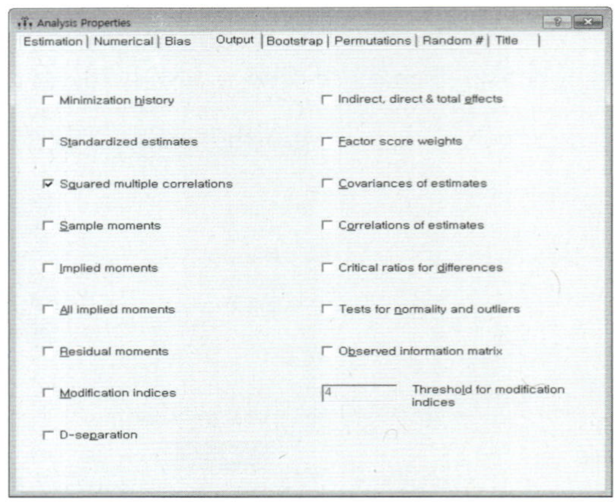

Squared Multiple Correlations

	Estimate
DES3	.741
DES2	.606
DES1	.567
UCON3	.573
UCON2	.757
UCON1	.737

쌍1: DES3*UCON2
쌍2: DES2*UCON1
쌍3: DES1*UCON3

❹ SPSS 프로그램에서 ❷의 과정을 마치고 저장해 놓은 파일인 '제5부 조절효과분석 실습 데이터 1(제15장)_평균중심화 이후'를 불러서 다음의 작업을 모두 수행한 후에는 [저장] 버튼을 클릭해 저장한다. [변환-변수 계산] 메뉴에서 ❸의 과정을 통해 만들어진 3개의 상호작용항 쌍을 이용해 독립변수(DES)와 조절변수(UCON)의 상호작용항 변수를 만든다. 3개 꾸러미의 새로운 측정변수명은 각각 DES3_mcUCON2_mc, DES2_mcUCON1_mc, DES1_mcUCON3_mc로 한다.

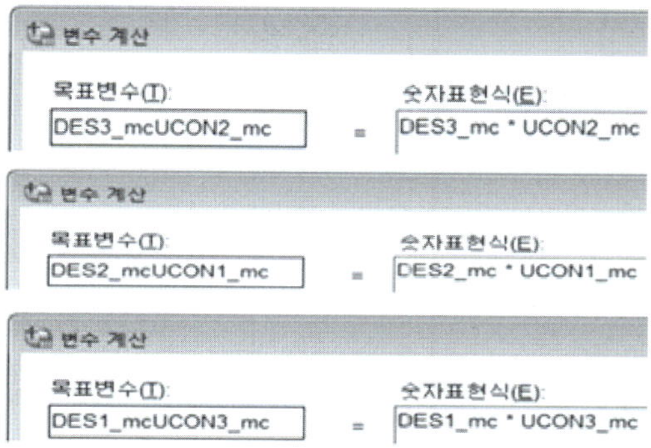

❺ [제5부 통제효과 매개효과 및 조절효과분석(제12장–제15장)–제5부 통계분석] 폴더 안에 있는 파일 [통계실습 15–1 연속형 변수의 조절효과 실습모형1_Marsh, Wen 및 Hau(2006) 방법]을 불러들인다. 모델에 포함되어 있는 변수들을 보여주는 아이콘인 (List Variables in Dataset)를 클릭한 후 평균중심화를 마친 모든 독립변수와 조절변수들의 [측정변수들]과 [상호작용항 변수들]의 측정변수들을 측정모델과 연결시킨다.

Marsh, Wen & Hau(2006)의 연속형 조절변수에 조절효과분석 실습

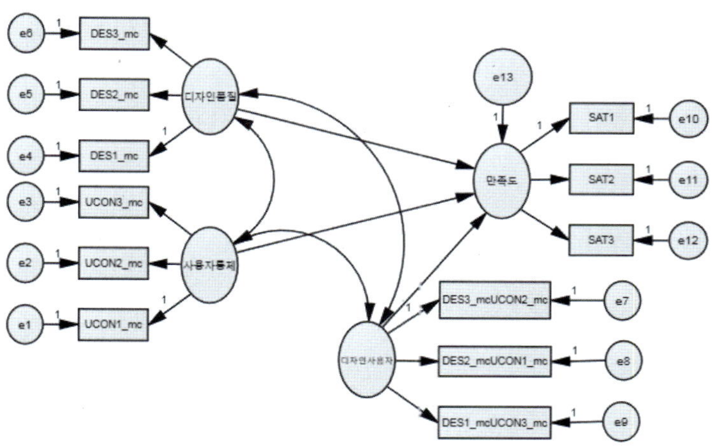

❻ 왼쪽 툴박스에 있는 (Calculate estimates)을 클릭해 실행한다.

Marsh, Wen 및 Hau(2006)의 방법을 이용해 조절효과분석을 실행한 결과는 [표 15-3]과 같다.

표 15-3 Marsh, Wen 및 Hau(2006)의 방법에 의한 조절효과분석의 실행 결과

Model Fit Summary

CMIN

Model	NPAR	CMIN	DF	P	CMIN/DF
Default model	30	92.215	48	.000	1.921

Regression Weights: (Group number 1 - Default model)

			Estimate	S.E.	C.R.	P	Label
만족도	<---	디자인품질	.532	.096	5.511	***	
만족도	<---	사용자통제	.351	.068	5.126	***	
만족도	<---	디자인사용자	-.264	.075	-3.503	***	

Marsh, Wen 및 Hau의 방법(2006)에 의해 조절효과분석을 수행한 결과 디자인품질과 사용자통제의 상호작용항 변수의 경로계수는 −0.264(C.R.=−3.503, p=0.001)로 나타났다. 유의수준 0.001에서 통계적으로 유의하여 조절효과가 있는 것으로 나타났다. 사용자통제의 수준이 높아질수록 디자인품질이 만족도에 미치는 영향을 완화시키고 있음을 알 수 있다.

2.2 측정변수의 경로모형을 이용한 조절효과분석

앞에서는 조절변수가 연속형 변수이면서 여러 개의 측정변수들을 가지고 있는 잠재변수를 대상으로 수행하는 잠재변수를 이용한 조절효과분석에 대해서 살펴보았다. 이제는 조절변수가 연속형 조절변수이면서 1개의 측정변수를 가지고 있는 경우의 경로모형(Path model)을 이용해 조절효과분석을 수행하는 방법을 알아보기로 하자.

한편 독립변수와 조절변수를 평균중심화를 한 경우와 그렇지 않은 경우를 모두 실습해 본 후에 양 경우의 실습 결과를 비교해 보면 조절효과를 결정하는 상호작용항 변수의 회귀계수가 동일하다는 것을 알 수 있을 것이다.

통계실습 15-2 연속형 조절변수의 경로모형 조절효과분석 실습 2

다음의 [통계실습 15-2 연속형 조절변수의 경로모형 조절효과분석 실습 2(MC를 한 경우)]를 가지고 조절효과분석을 실습하시오. 데이터 파일은 [제5부 조절효과분석 경로모형 실습 데이터 2(제15장)_MC를 하지 않은 경우]를 이용한다. 독립변수는 [디자인품질]인 [DES_mc], 조절변수는 [사용자통제]인 [UCON_mc]이며 상호작용항 변수는 디자인품질과 사용자통제를 곱해서 만든 [DES_mcUCON_mc], 종속변수는 [만족도]이다.

개념적 모형

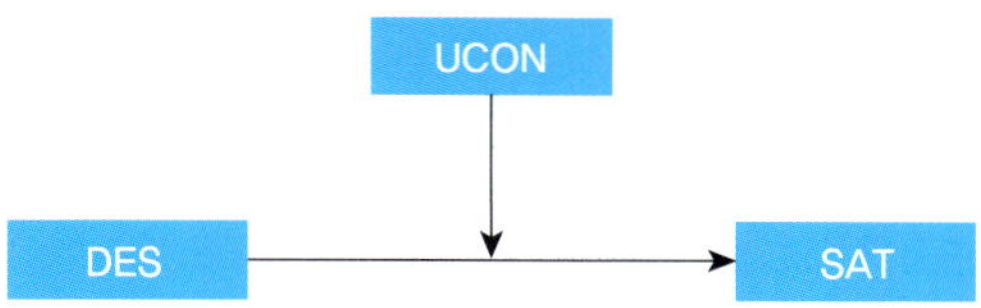

통계적 모형

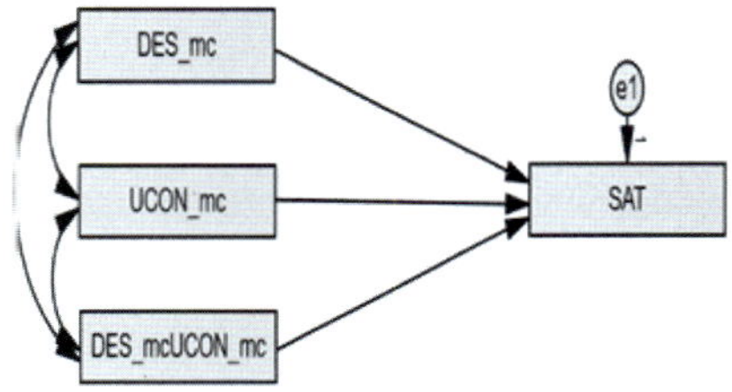

실습 따라하기

❶ SPSS를 실행하여 초기 화면에서 [파일–열기–데이터]로 들어간 후 [제5부 통제효과 매개효과 및 조절효과분석(제12장–제15장)–제5부 통계분석] 폴더 안에 있는 파일인 [제5부 조절효과분석 경로모형 실습 데이터 2(제15장)_MC를 하지 않은 경우]를 불러들인다.

❷ SPSS 프로그램을 이용해 독립변수와 조절변수에 대해서 평균중심화(mc)를 수행한다. SPSS의 [분석–기술통계량–기술통계]에서 각 변수의 [평균]값을 구한다. 평균중심화(mc)는 각 변수에서 변수 평균을 빼서 만든다. SPSS의 [변환–변수 계산] 메뉴를 이용해 독립변수와 조절변수의 모든 측정변수인 [DES]와 [UCON]에 대해 수행한다(이 작업은 SPSS Data Editor에서 한다). 평균중심화가 완료되었으면 [파일–다른 이름으로 저장]을 선택한 후 새로운 파일 명인 '제5부 조절효과분석 경로모형 실습 데이터 2(제15장)_MC를 한 경우'로 [저장] 버튼을 클릭해 저장한다.

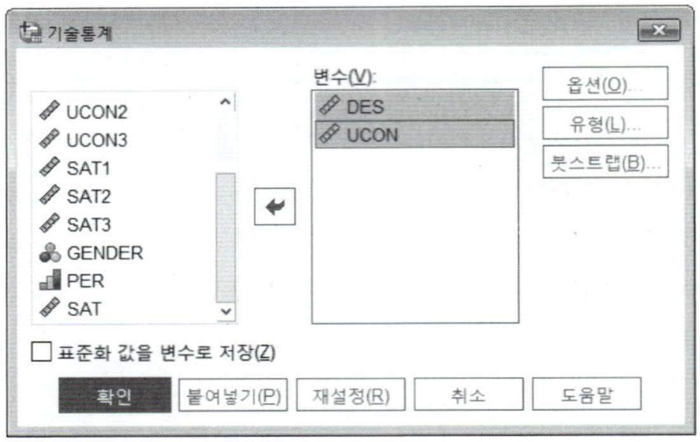

기술통계량

	N	평균
DES	200	4.5950
UCON	200	4.6950
유효 N(목록별)	200	

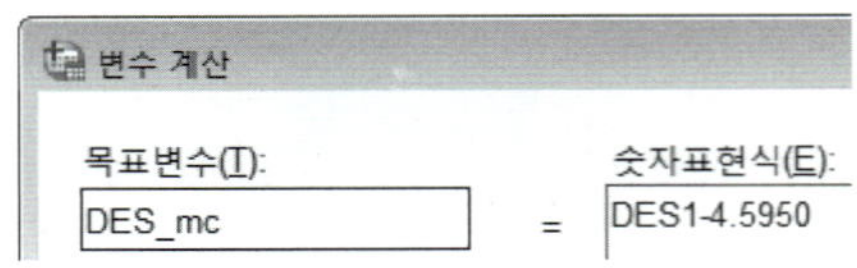

❸ SPSS 프로그램에서 ❷의 과정을 마치고 저장해 놓은 파일인 '제5부 조절효과분석 경로모형 실습 데이터 2(제15장)_MC를 한 경우'를 불러서 다음의 작업을 모두 수행한 후에는 [저장] 버튼을 클릭해 저장한다. [변환–변수 계산] 메뉴에서 앞에서 평균중심화를 마친 독립변수(DES_mc)와 조절변수(UCON_mc)의 상호작용항 변수를 만든다. 새로운 측정변수명은 DES_mcUCON_mc로 한다. 상호작용항이 만들어졌으면 저장한다.

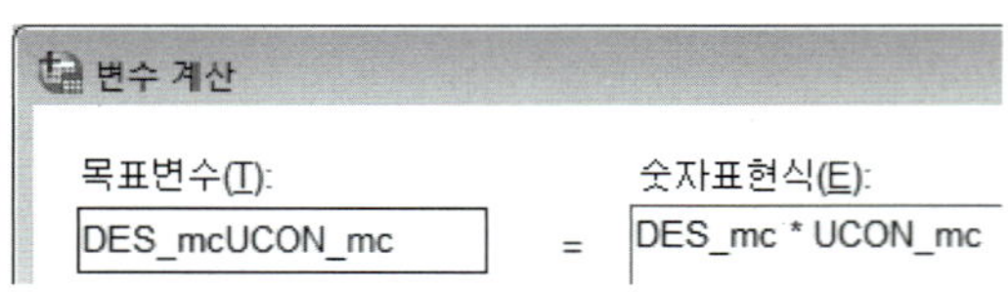

❹ [제5부 통제효과 매개효과 및 조절효과 분석(제12장–제15장)–제5부 통계분석] 폴더 안에 있는 파일인 [통계실습 15–2 연속형 조절변수의 경로모형 조절효과분석 실습 2(MC를 한 경우)]를 불러들인다. 데이터 파일을 연결한다. 모델에 포함되어 있는 변수들을 보여주는 아이콘인 (List Variables in Dataset)를 클릭한 후 평균중심화를 마친 모든 독립변수와 조절변수들의 측정변수들과 상호작용항 변수들의 측정변수들을 측정모델과 연결시킨다.

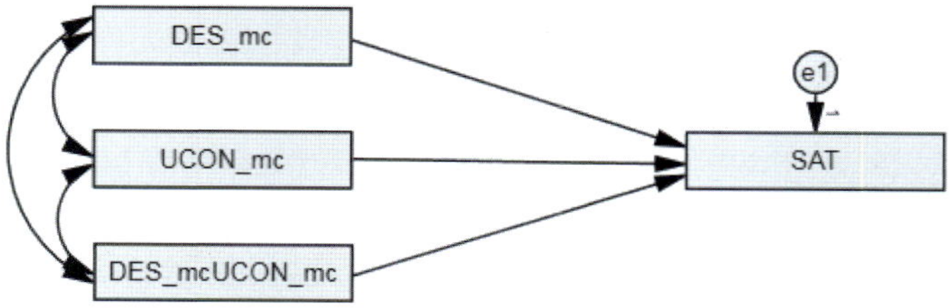

❺ 왼쪽 툴박스에 있는 (Calculate estimates)을 클릭해 실행한다.

연속형 조절변수이면서 1개의 측정변수를 가지고 있고 독립변수와 조절변수의 평균중심화를 한 경우의 경로모형(Path model)을 이용해 조절효과분석을 실행한 결과는 [표 15-4]와 같다.

표 15-4 연속형 조절변수이면서 1개의 측정변수를 가지고 있고 독립변수와 조절변수의 평균중심화를 한 경우의 조절효과분석의 실행 결과

Regression Weights: (Group number 1 - Default model)

			Estimate	S.E.	C.R.	P	Label
SAT	<---	DES_mc	.430	.063	6.770	***	
SAT	<---	UCON_mc	.341	.052	6.512	***	
SAT	<---	DES_mcUCON_mc	-.175	.054	-3.258	.001	

연속형 조절변수이면서 1개의 측정변수를 가지고 경우의 경로모형을 이용해 조절효과분석을 실행한 결과 디자인품질과 사용자통제의 상호작용항 변수의 경로계수는 −0.175(C.R. −3.258, p=0.001)로 나타났다. 유의수준 0.001에서 통계적으로 유의하여 조절효과가 있는 것으로 나타났다. 사용자통제의 수준이 높아질수록 디자인품질이 만족도에 미치는 영향을 완화시키고 있음을 알 수 있다.

통계실습 15-3 연속형 조절변수의 경로모형 조절효과분석 실습 3

다음의 [통계실습 15-3 연속형 조절변수의 경로모형 조절효과분석 실습 3(MC를 하지 않은 경우)]를 가지고 조절효과분석을 실습하시오. 데이터 파일은 [제5부 조절효과분석 경로모형 실습 데이터 3(제15장)_MC를 하지 않은 경우]를 이용한다. 독립변수는 [디자인품질]인 [DES], 조절변수는 [사용자통제]인 [UCON]이며 상호작용항 변수는 디자인품질과 사용자통제를 곱해서 만든 [DESUCON], 종속변수는 [만족도]이다.

개념적 모형

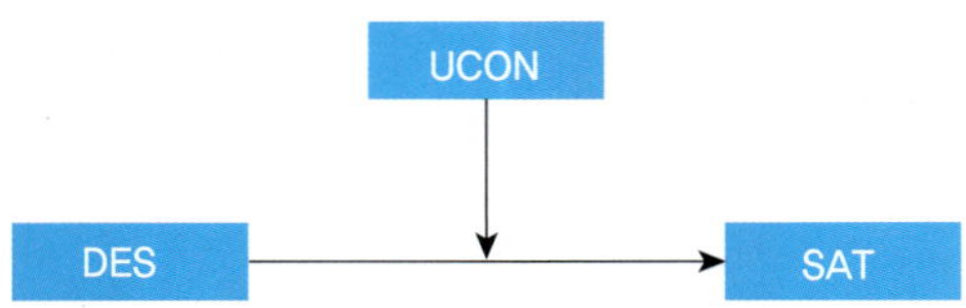

통계적 모형

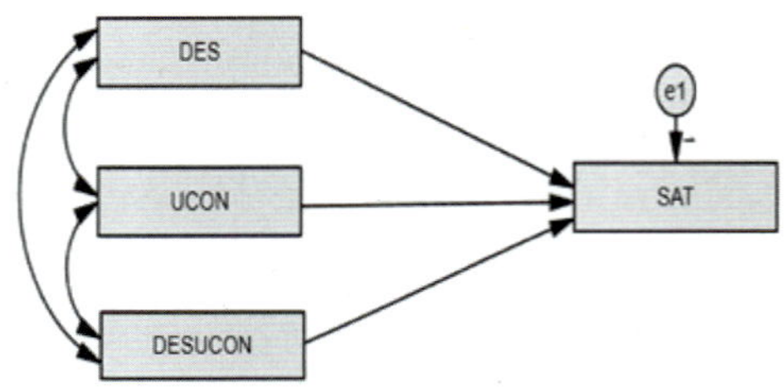

실습 따라하기

❶ SPSS를 실행하여 초기 화면에서 [파일-열기-데이터]로 들어간 후 [제5부 통제효과 매개효과 및 조절효과분석(제12장-제15장)-제5부 통계분석] 폴더 안에 있는 파일인 [제5부 조절효과분석 경로모형 실습 데이터 3(제15장)_MC를 하지 않은 경우]를 불러들인다.

❷ SPSS 프로그램의 [변환-변수 계산] 메뉴에서 독립변수(DES)와 조절변수(UCON)의 상호작용항 변수를 만든다. 새로운 측정변수명은 각각 DESUCON으로 한다. 상호작용항이 만들어졌으면 저장한다.

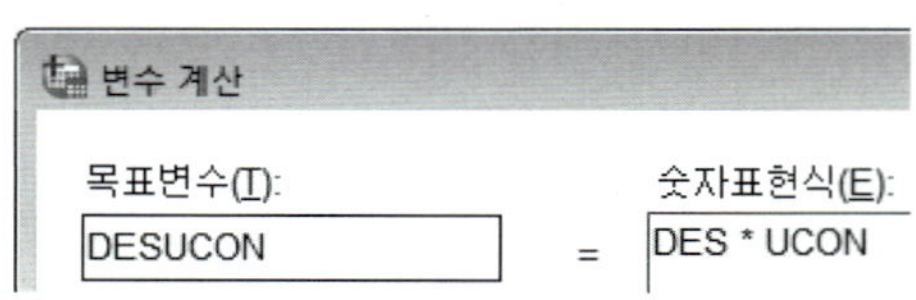

❸ [제5부 통제효과 매개효과 및 조절효과분석(제12장-제15장)-제5부 통계분석] 폴더 안에 있는 파일인 [통계실습 15-3 연속형 조절변수의 경로모형 조절효과분석 실습 3(MC를 하지 않은 경우)]를 불러들인다. 데이터 파일을 연결한다. 모델에 포함되어 있는 변수들을 보여주는 아이콘인 (List

Variables in Dataset)를 클릭한 후 독립변수, 조절변수 및 상호작용항 변수를 모델과 연결시킨다. 다음은 완료된 모델이다.

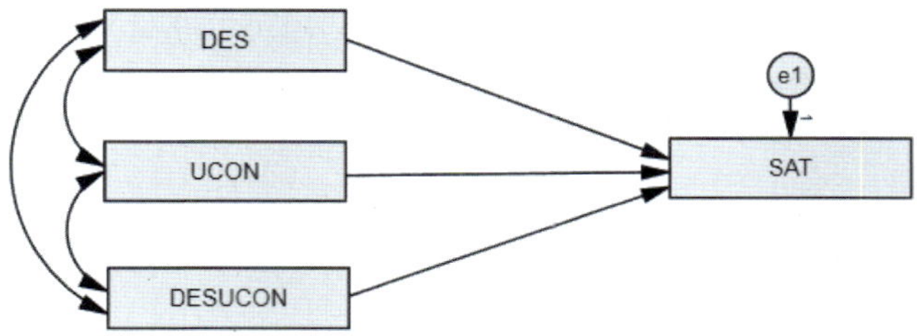

❹ 왼쪽 툴박스에 있는 (Calculate estimates)을 클릭해 실행한다.

연속형 조절변수이면서 1개의 측정변수를 가지고 있으며 독립변수와 조절변수의 평균중심화를 하지 않은 경우의 경로모형을 이용해 조절효과분석을 실행한 결과는 [표 15-5]와 같다.

표 15-5 연속형 조절변수이면서 1개의 측정변수를 가지고 있고 평균중심화를 하지 않은 경우의 조절효과분석의 실행 결과

Regression Weights: (Group number 1 - Default model)

	Estimate	S.E.	C.R.	P	Label
SAT <--- DES	1.251	.266	4.707	***	
SAT <--- UCON	1.146	.259	4.430	***	
SAT <--- DESUCON	-.175	.054	-3.258	.001	

연속형 조절변수이면서 1개의 측정변수를 가지고 있고 독립변수와 조절변수의 평균중심화를 하지 않은 경우의 경로모형(Path model)을 이용해 조절효과분석을 실행한 결과 디자인품질과 사용자통제의 상호작용항 변수의 경로계수 −0.175(C.R.=−3.258, p=0.001)로 나타났다. 유의수준 0.001에서 통계적으로 유의하여 조절효과가 있는 것으로 나타났다. 사용자통제의 수준이 높아질수록 디자인품질이 만족도에 미치는 영향을 완화시키고 있음을 알 수 있다.

통계실습 15-4 연속형 조절변수의 경로모형 조절효과분석 실습 4

다음의 [통계실습 15-4 연속형 조절변수의 경로모형 조절효과분석 실습 4(MC를 하지 않은 경우)]를 가지고 조절효과분석을 실습하시오. 데이터 파일은 [제5부 조절효과분석 경로모형 실습 데이터 4(제15장)_MC를 하지 않은 경우)]를 이용한다. 독립변수는 [ES](기업가정신), [ECE](외부컨설턴트전문성), [GSP](정부지원정책), 조절변수는 [IR](혁신저항)이며, 상호작용항 변수는 3개의 독립변수와 1개의 조절변수를 곱해서 만든 [ESIR], [ECEIR], [GSPIR], 종속변수는 [CIU](지속사용의도)이다.

개념적 모형

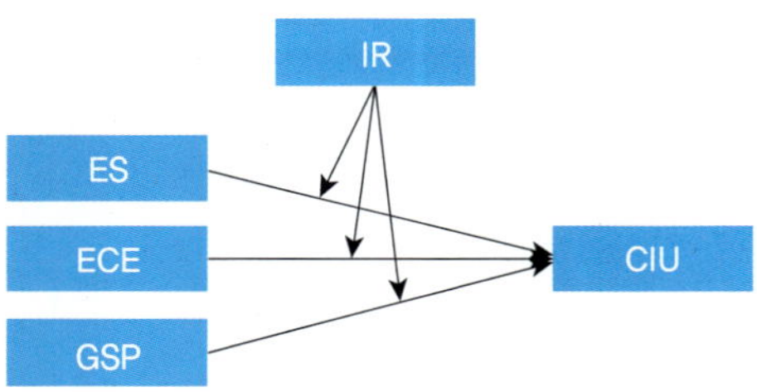

통계적 모형

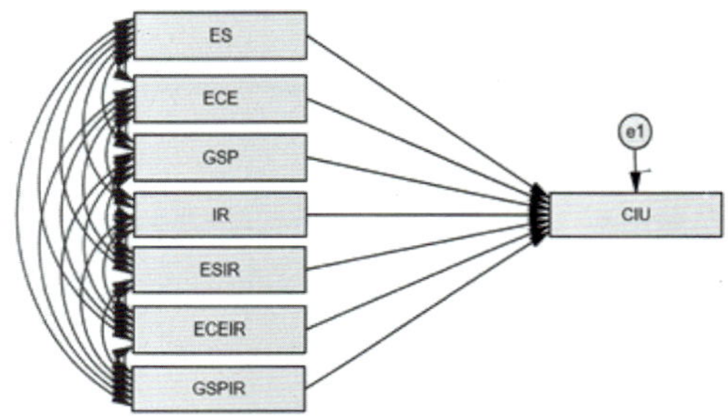

실습 따라하기

❶ SPSS를 실행하여 초기 화면에서 [파일-열기-데이터]로 들어간 후 [제5부 통제효과 매개효과 및 조절효과분석(제12장-제15장)-제5부 통계분석] 폴더 안에 있는 파일인 [제5부 조절효과분석 경로모형 실습 데이터 4(제15장)_MC를 하지 않은 경우)]를 불러들인다.

❷ SPSS 프로그램의 [변환-변수 계산] 메뉴에서 독립변수(ES, ECE, GSP)와 조절변수(IR)의 상호작용항 변수를 만든다. 새로운 측정변수명은 각각 [ESIR], [ECEIR], [GSPIR]로 한다. 상호작용항이 만들어졌으면 저장한다.

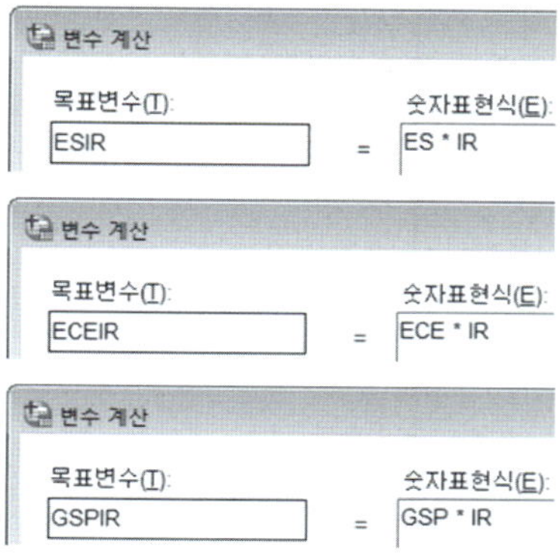

❸ [제5부 통제효과 매개효과 및 조절효과분석(제12장–제15장)–제5부 통계분석] 폴더 안에 있는 파일인 [제5부 조절효과분석 경로모형 실습 데이터 4(제15장)_MC를 하지 않은 경우)]를 불러들인다. 데이터 파일을 연결한다. 모델에 포함되어 있는 변수들을 보여주는 아이콘인 (List Variables in Dataset)를 클릭한 후 독립변수, 조절변수 및 상호작용항 변수를 모델과 연결시킨다. 다음은 완료된 모델이다.

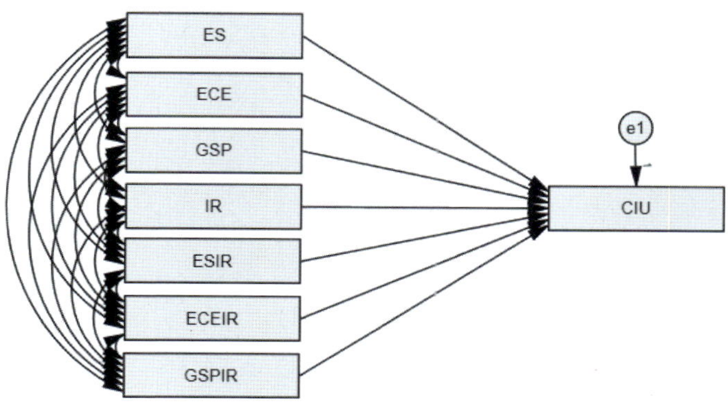

❹ 왼쪽 툴박스에 있는 (Calculate estimates)을 클릭해 실행한다.

연속형 조절변수이면서 1개의 측정변수를 가지고 있으며 독립변수와 조절변수의 평균중심화를 하지 않은 경우의 **경로모형**을 이용해 조절효과분석을 실행한 결과는 [표 15–6]과 같다.

표 15-6 연속형 조절변수이면서 1개의 측정변수를 가지고 있고 평균중심화를 하지 않은 경우의 조절효과분석의 실행 결과

Regression Weights: (Group number 1 - Default model)

			Estimate	S.E.	C.R.	P	Label
CIU	<---	ES	-.226	.214	-1.057	.291	
CIU	<---	ECE	.384	.195	1.968	.049	
CIU	<---	GSP	-.150	.164	-.911	.362	
CIU	<---	IR	-1.090	.238	-4.580	***	
CIU	<---	ESIR	.171	.082	2.071	.038	
CIU	<---	ECEIR	-.012	.076	-.161	.872	
CIU	<---	GSPIR	.105	.068	1.555	.120	

연속형 조절변수이면서 1개의 측정변수를 가지고 있고 독립변수와 조절변수의 평균중심화를 하지 않은 경우의 경로모형을 이용해 조절효과분석을 실행한 결과 기업가정신과 혁신저항의 상호작용항의 경로계수가 0.171(C.R.=2.071, p=0.038)로 나타나 유의수준 0.05에서 통계적으로 유의하여 조절효과가 있는 것으로 나타났다. 이는 혁신저항이 커질수록 기업가정신이 지속사용의도에 미치는 정의 영향을 강화하는 효과가 있음을 의미한다. 그러나 외부컨설턴트전문성과 지속사용의도와의 관계에서 혁신저항은 조절효과가 없는 것으로 나타났다.

제15장의 핵심내용 요약

- 조절변수가 연속형 변수인 경우에는 독립변수와 조절변수의 상호작용항 변수(Interaction term)를 만들어 조절효과를 분석한다. 이러한 이유로 조절변수가 연속형 변수인 경우의 조절효과분석을 상호작용효과분석(Interaction effect analysis)이라고도 한다.
- Amos에 의한 잠재변수의 조절효과모델링에서는 비선형 제약이 불가능하기 때문에 Ping의 방법(1995, 1996), Marsh, Wen 및 Hau의 방법(2006), Lin 등의 방법(2010)과 같은 조절효과분석방법이 사용되고 있다.
- Marsh, Wen 및 Hau의 방법(2006)에서 적지표를 통해 상호작용항 변수(혹은 곱지표)를 만드는 방법에는 ① 모든 가능한 쌍 전략(All-possible strategy), ② 대응된 쌍 전략(Matched-pair strategy), ③ 한 쌍 전략(One-pair strategy)이 있으며, 이 중에서 가장 많이 사용되고 있는 것은 대응된 쌍 전략이다.
- 조절효과분석에서의 핵심은 독립변수인 X와 조절변수인 W의 곱으로 만들어진 상호작용항 변수(Interaction variable)인 XW이다. 이 변수의 회귀계수가 유의적이면 조절효과가 있다고 해석한다.
- 독립변수와 조절변수별로 측정변수의 수가 다른 경우에는 독립변수와 조절변수 중에서 측정변수의 수가 적은 것을 기준으로 정리한 후 대응된 쌍 전략을 이용해서 상호작용항 변수를 만들어야 한다. 독립변수와 조절변수의 측정변수가 동일하게 정리되었다면 이제 대응된 쌍 전략에 의해서 상호작용항 변수를 만들어야 한다.
- 대응된 쌍을 만들기 위해서는 1요인 측정모델을 만들어 측정모형분석(확인적 요인분석)을 수행하여 SMC(다중상관자승)를 입수하거나 1요인 EFA(탐색적 요인분석)을 통해 얻은 요인적재량(Factor loading)을 얻어야 한다. 그런 다음에는 SMC와 요인적재량을 기준으로 대응된 쌍을 만들어야 한다.
- Marsh, Wen 및 Hau의 접근법(2006)은 분석 데이터가 원자료이면 독립변수와 조절변수 그리고 상호작용항 변수를 모두 평균중심화한 후에 모델에 측정변수로 투입해야 한다.
- 조절변수가 연속형 조절변수이면서 1개의 측정변수를 가지고 경우에는 경로모형(Path model)을 이용해 조절효과분석을 수행한다.

참고문헌

배병렬. (2021). Amos 27 구조방정식모델링. 도서출판 청람.

신건권. (2023). 석박사학위와 학술논문 작성 중심의 SmartPLS 4.0 구조방정식모델링. 도서출판 청람.

신건권. (2023). 석박사학위와 학술논문 작성 중심의 SPSS 29 논문통계분석. 도서출판 청람.

신건권. (2023). SPSS 29와 PROCESS macro 4.0을 이용한 회귀분석 따라하기. 도서출판 청람.

AMOS 29 User's Guide.

Lin, G.C., Wen, Z., Marsh, H.W., & Lin, H. S. (2010). Structural equation models of latent interactions: Clarification of orthogonalizing and double-mean-centering strategies. *Structural Equation Modeling*, 17(3), 374-391.

Marsh, H.W., Wen, Z., & Hau, K.T. (2004). Structural equation models of latent interactions: evaluation of alternative estimation strategies and indicator construction. *Psychological Methods*, 9(3), 275.

Marsh, H.W., Wen, Z., & Hau, K.T. (2006). Structural equation models of latent interactions and quadratic effects. In G.R. Hancock & Mueller(Eds.). *Structural equation modeling: A second course*(2nd ed., 225-265). Information Age Publishing.

Marsh, H. W., Wen, Z., Hau, K.T., & Nagengast, B. (2013). Structural equation models of latent interaction and quadratic effects. In G.R. Hancock & Mueller(Eds.). *Structural equation modeling: A second course*(2nd ed., 267-308). Information Age Publishing.

Marsh, H.W., Wen, Z., Nagengast, B., & Hau, K.T. (2012). Structural equation models of latent interaction. In R.H. Hoyle (Ed.), *Handbook of Structural Equation Modeling*(436-458). The Guilford Press.

제16장 범주형과 연속형 조절변수의 조절된 매개효과분석

1 조절된 매개효과분석의 개요

조절된 매개효과분석(Moderated mediation effect analysis, or 조건부과정분석(Conditional process analysis))이란 독립변수(X)가 매개변수(M)를 경유하여 종속변수(Y)로 이어지는 매개효과(X → M → Y)가 조절변수인 W에 의해서 조절되는지를 분석하는 것을 말한다. 여기에서 조절된 매개효과(Moderated mediation effect)는 매개효과(혹은 매개과정)가 조절되고 있음을 의미하고 있으며 매개효과의 크기나 방향 등이 조절변수의 수준에 따라 다르다는 것이다.

- 범주형 조절변수(Categorical moderator)의 조절된 매개효과분석은 집단 간의 간접효과의 경로계수 차이가 통계적인 유의성이 있는가를 검증한다. 예컨대 조절변수가 성별인 경우에 남자집단의 개별간접효과가 ab이고 여자집단의 개별간접효과가 cd라면 조절된 매개효과분석에서는 ab에서 cd를 뺀 계수 차이(계수 차이=ab−cd)가 통계적으로 유의하면 조절된 매개효과가 있다고 해석하고, 통계적 유의성이 없으면 조절된 매개효과가 없다고 해석한다.
- 연속형 조절변수(Continuous moderator)의 조절된 매개효과분석은 조절변수의 수준에 따라 매개효과가 조절되고 있는지를 알아보기 위한 것으로, 조절변수 W의 수준(크기)에 따라 조건부 직접효과(X → Y)와 조건부 간접효과(X → M → Y)에 주는 영향이 달라지는 효과(Conditional on W)를 검증한다. 이를 조건부효과검증(Conditional effect test) 혹은 단순기울기분석(Simple slope analysis)이라고 한다. 일반적으로 조절된 매개효과분석에서는 조절변수의 특정값, 즉 세 가지 수준에서 조건부효과를 계산하고

이에 대한 검증을 수행한다. 이때 조절변수에 대한 분석 데이터로 원자료를 사용하면 M은 조절변수의 평균값을 사용하며[M−1SD, M, M+1SD], 조절변수를 평균중심화하였다면 M은 0이 된다[−1SD, M, +1SD].

▶ 매개된 조절효과 모델(Mediated moderation effect model)과 조절된 매개효과 모델(Moderated mediation effect model)은 수학적으로 같으며 동일한 결과를 산출한다. 매개된 조절효과 모델에서는 '상호작용항인 XW가 매개변수인 M을 경유하여 종속변수인 Y에 영향을 미치는가'를 중심으로 검증한다. 이는 보통 XW를 독립변수로 하고 X와 W를 통제변수로 도입하여 XW → M → Y의 단순매개모델을 분석하는 것인데, 이때 상호작용항 변수인 XW는 원인변수로 사용할 수도 없으며 의미도 가지고 있지 않을 뿐더러 매개된 조절효과분석과 조절된 매개분석의 회귀식은 수학적으로 같으며 출력물도 동일하다. 이러한 이유로 매개된 조절효과분석의 사용에 대해서는 많은 비판이 있어 왔으며, 이제는 매개된 조절효과라는 용어는 폐기되어야 한다고 주장하고 있다. Hayes는 2018년에 이러한 논란을 반영하여 PROCESS macro v.3부터는 조절된 매개효과라는 용어만을 사용하고 있다. 따라서 이 책에서는 매개된 조절효과분석에 대해서는 다루지 않으며 조절된 매개효과분석만을 설명하기로 한다.

▶ Hayes는 2012년에 조건부 직접효과와 조건부 간접효과분석을 모두 포괄하는 용어로 조건부과정분석(Conditional process analysis)을 제안하였고, PROCESS macro를 개발해 조절된 매개효과를 검증할 수 있는 체계를 구축하였다.

▶ 조절된 매개효과분석에서는 조절변수(W)의 수준에 따라서 '독립변수인 X가 매개변수인 M을 경유하여 종속변수인 Y에 미치는 매개효과(X → M → Y)'와 '독립변수인 X가 종속변수인 Y에 미치는 효과(X → Y)'가 다른 패턴을 보일 수 있다. 전자를 조건부 간접효과(Conditional indirect effect)라고 하고, 후자를 조건부 직접효과(Conditional direct effect)라고 한다. 여기에서 조건부 간접효과란 조절변수 W에 의해서 조건화되어 있는 간접효과를, 조건부 직접효과란 조절변수 W에 의해서 조건화되어 있는 직접효과를 말한다. 조절된 매개효과모형에서는 어떻게 연구모형을 설정했는가에 따라서 ① 조건부 직접효과만 있는 경우(예: Model number 5 등), ② 조건부 간접효과만 있는 경우(예: Model number 7, 14 등), ③ 조건부 직접효과와 조건부 간접효과가 모두 있는 경우(예: Model number 8, 15 등)가 있다.

▶ 조절된 매개효과가 유의하게 나타나면 조절된 매개효과의 사후탐색(Post hoc probing)을 수행해야 한다. 이는 조절변수의 여러 수준에서 매개효과가 유의한지 아닌지를 확인하는 과정이다.

▶ 조절된 매개효과분석에서 조절된 매개지수(Index of moderated mediation)는 간접효과(매개효과)가 조절변수의 수준에 따라 달라지는 정도를 지수화한 것으로 조절된 매개효과의 유의성을 판단하는 기준으로 사용되고 있다. 조절된 매개지수는 조절변수의 전 범위에 대해서 매개효과의 유의성을 검증하는 총체적 검증(Omnibus test)이다. 이 지수가 통계적으로 유의하면 조절된 매개효과가 있다고 판단한다. 즉 조절된 매개지수의 95% 신뢰구간 하한값과 상한값 사이에 0을 포함하고 있지 않으면 유의하며 조절된 매개효과가 있다고 해석한다. 한편 조절된 매개지수의 값이 −(Negative)이면 조절변수가 증가할수록 간접효과는 감소한다고 해석하며, +(Positive)이면 조절변수가 증가할수록 간접효과는 증가한다고 해석한다.

▶ 조절된 매개효과의 공식적인 검증(Formal test)은 조절된 매개지수의 유의성을 가지고 판단하며 조건부효과의 유의성은 해석 시 참고사항이지 조절된 매개효과의 유무를 결정하는 것은 아니다. 따라서 조절된 매개효과분석에서는 상호작용항 변수의 회귀계수가 유의해도 조절된 매개지수가 유의하지 않으면 조절된 매개효과가 없다고 해석하고, 반대로 상호작용항 변수의 회귀계수가 유의하지 않아도 조절된 매개지수가 유의하면 조절된 매개효과가 있다고 해석한다.

▶ 조절된 매개효과분석에서 개별 경로(특히 조건부효과)의 유의성과 조절된 매개효과의 유의성(조절된 매개지수의 유의성)은 관계가 없다. 이는 조건부효과검증 결과 일부의 단순기울기가 유의하지 않아도 조절된 매개효과가 존재할 수 있음을 의미한다. 따라서 조건부 간접효과가 조절변수의 여러 수준에서 모두 유의적이라 하더라도 조절된 매개지수에 대한 신뢰구간의 상한값과 하한값 사이에 0을 포함하고 있으면 조절된 매개효과가 없다고 해석한다.

2 회귀식을 이용한 조절된 매개효과분석의 이해

조절된 매개효과분석을 이해하기 위한 좋은 방법 중의 하나는 노테이션(Notation)을 이용해서 모형을 회귀식으로 표기하는 것이다. 처음에는 수학식으로 회귀식이 표현되기 때문에 다소 어렵고 생소할 수도 있으나 조절된 매개효과분석을 이해하는 데는 매우 중요하고 쉬운 방법이다.

Amos를 이용해 조절된 매개효과분석을 하는 것은 Hayes(2022)[1]의 PROCESS macro에서 제시한 노테이션과 크게 다르지 않으며, PROCESS macro에서 제시한 노테이션을 이해할 수 있다면 Amos를 이용해 조절된 매개효과분석에서 쉽게 응용할 수 있다. 이외에도 조건부효과(Conditional effect), 조건부 직접효과(Conditional direct effect), 조건부 간접효과(Conditional indirect effect), 조절된 매개지수(Index of moderated mediation) 등의 개념과 노테이션이 어떻게 표기되고 있는가에 대한 이해가 선행되어야 한다.

지금부터는 선행연구들에서 많이 사용되고 있는 조절된 매개효과 모델들의 개념적 모델(Conceptual model)과 통계적 모델(Statistical model)을 제시하고 관련된 회귀식(Regression equation)의 노테이션을 설명한다. 여기에서 소개할 조절된 매개효과 모델 조절된 매개효과 모델의 번호는 7, 8, 14, 15이다. X는 독립변수, M은 매개변수, Y는 종속변수, W(제1조절변수)와 Z(제2조절변수)는 조절변수, I는 절편(상수), e는 오차, ω는 조건부 간접효과를 나타낸다. PROCESS macro에서는 총 92개의 모델을 제공한다고 되어 있지만 실제로는 57개 모델을 제공하고 있다. 따라서 이 장에서 제공하는 4개의 노테이션 외에도 나머지 모델들에 대한 이해가 필요한 독자들은 Hayes(2022)의 책과 기타 관련 서적을 참조하기 바란다.

1) Hayes, A.F. (2022). *Introduction to mediation, moderation, and conditional process analysis: A regression-based approach*. Guilford publications.

2.1 조절된 매개효과 모델: Model number 7

그림 16-1 ▌ PROCESS Model number 7의 개념적 모델과 통계적 모델

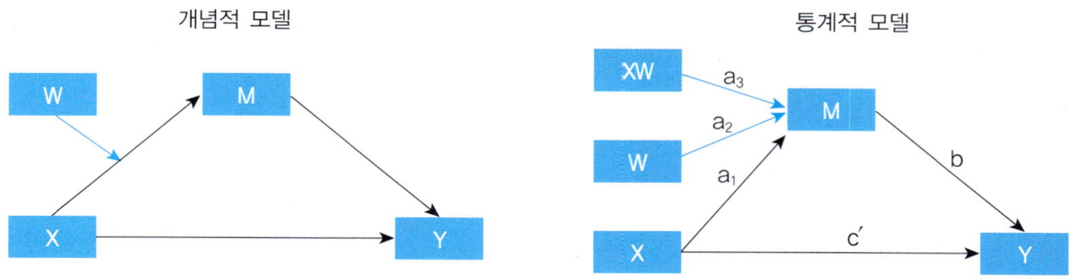

조절된 매개효과 모델 7번은 [그림 16-1]과 같이 'X → M → Y'의 매개효과가 독립변수인 X와 매개변수인 M 간의 조절변수인 W에 의해서 조절되는지를 검증하기 위한 모델이다. [그림 16-1]에서 제시된 통계적 모델을 추정하려면 M과 Y를 종속변수로 하는 2개의 회귀식을 만들어야 한다. (식 2)에서 c′(c prime)은 독립변수 X가 종속변수 Y에 미치는 직접효과를 의미한다.

$$M = i_M + a_1 X + a_2 W + a_3 XW + e_M \quad \text{(식 1)}$$

$$Y = i_Y + c' X + bM + e_Y \quad \text{(식 2)}$$

(식 1)을 X를 중심으로 재정리하면 다음과 같다.

$$M = (i_M + a_2 W) + (a_1 + a_3 W)X + e_M \quad \text{(식 3)}$$

위 (식 3)에서 X가 M에 주는 W의 조건부효과(Conditional effect)인 $\Theta_{X \to M}$은 $[a_1 + a_3 W]$이며, 이는 단순기울기(Simple slope)라고도 한다. 단순기울기분석(Simple slope analysis)은 상호작용 도표를 그려서 분석하며, 보통 조절변수인 W의 세 가지 수준(M−1SD, M, M+1SD)에서 X와 Y가 갖는 관계를 추정하고 검증한다(Aiken & West, 1991).

조절변수를 평균중심화하지 않은 경우, 즉 원자료를 분석 데이터로 사용한 경우의 단순기울기 계산식은 다음과 같다. 여기에서 조절변수의 M과 SD는 SPSS의 기술통계분석이나 AMOS의

분석을 통해서 입수할 수 있다. 다만 AMOS에서는 분산(Variance)값만 제공하므로 과학용 계산기나 Excel 등에서 분산의 제곱근을 통해서 표준편차(SD)를 구해서 적용하면 된다.

조절변수를 평균중심화시키지 않고 원자료를 사용하는 경우: Model 7
① W=M−1SD인 경우의 단순기울기(평균보다 1표준편차 아래인 경우): $a_1 + a_3(M-1SD)$
② W=M인 경우의 단순기울기(평균인 경우): $a_1 + a_3(M)$
③ W=M+1SD인 경우의 단순기울기(평균보다 1표준편차 위인 경우): $a_1 + a_3(M+1SD)$

조절변수를 평균중심화시킨 후 분석 데이터로 사용하는 경우의 단순기울기 계산식은 다음과 같다. 평균중심화를 하면 조절변수의 평균(M)은 0이 된다.

조절변수를 평균중심화시켜 분석한 경우: Model 7
① W=−1SD인 경우의 단순기울기(평균인 0보다 1표준편차 아래인 경우): $a_1 + a_3(-1SD)$
② W=M인 경우의 단순기울기(평균이 0인 경우): $a_1 + a_3$
③ W=+1SD인 경우의 단순기울기(평균인 0보다 1표준편차 위인 경우): $a_1 + a_3(+1SD)$

매개변수인 M이 종속변수인 Y에 주는 효과인 $\Theta_{M \to Y}$은 [b]이다. 여기에서 b는 독립변수 X의 종속변수 Y에 대한 효과를 통제한 상태에서 매개변수 M이 종속변수 Y에 주는 효과를 말한다.

W의 조건부 간접효과(Conditional indirect effect)인 ω는 다음과 같이 $\Theta_{X \to M}$와 $\Theta_{M \to Y}$의 곱으로 계산된다.

$$\omega = \theta_{X \to M}\, \theta_{M \to Y} = (a_1 + a_3 W)b = a_1 b + a_3 b W \qquad \text{(식 4)}$$

위의 (식 4)에서 a_1b는 절편이며, a_3b는 기울기이다. a_3b는 조절된 매개지수(Index of moderated mediation)라 한다. 이는 간접효과(매개효과)가 조절변수의 수준에 따라 달라지는 정도를 지수화한 것이다. 이 값이 유의하면($a_3b \neq 0$) 조절된 매개효과가 있다고 해석하고, 비유의적이면 조절된 매개효과가 없다고 해석한다.

2.2 조절된 매개효과 모델: Model number 8

조절된 매개효과 모델 8번은 [그림 16-2]와 같이 'X → M → Y'의 매개효과가 독립변수인 X와 매개변수인 M 간의 조절변수인 W에 의해서 조절되고, 동시에 독립변수인 X와 종속변수인 Y 간에 조절변수인 W에 의해 조절되고 있는지를 검증하기 위한 모델이다.

그림 16-2 | PROCESS Model number 8의 개념적 모델과 통계적 모델

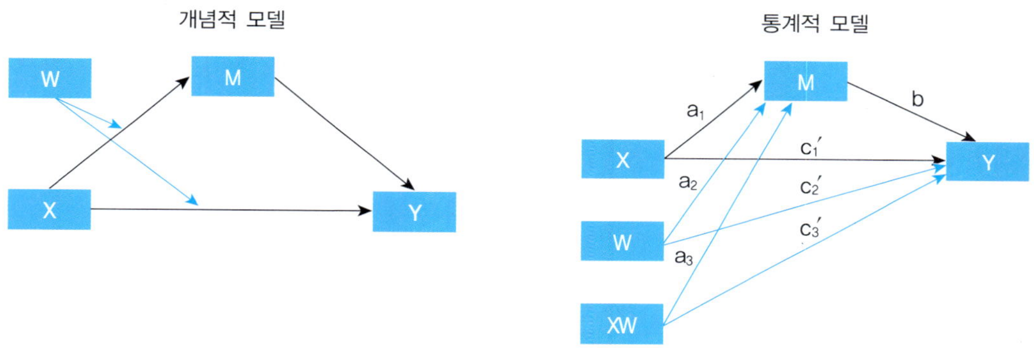

[그림 16-2]에서 제시된 통계적 모델을 추정하려면 M과 Y를 종속변수로 하는 2개의 회귀식을 만들어야 한다.

$$M = i_M + a_1 X + a_2 W + a_3 XW + e_M \qquad \text{(식 1)}$$

$$Y = i_Y + c_1' X + c_2' W + c_3' XW + bM + e_Y \qquad \text{(식 2)}$$

(식 1)을 X를 중심으로 재정리하면 다음과 같다. 이 식은 모델 7번에서 살펴본 것과 동일하며 조건부 간접효과는 Model 8에서도 동일하다.

$$M = (i_M + a_2 W) + (a_1 + a_3 W)X + e_M \qquad \text{(식 3)}$$

위 (식 3)에서 X가 M에 주는 W의 조건부효과인 $\Theta_{X \to M}$은 $[a_1 + a_3 W]$이며, 매개변수인 M

이 종속변수인 Y에 주는 효과인 $\Theta_{M\rightarrow Y}$은 [b]이다. 여기에서 b는 독립변수 X, 조절변수 W, 상호작용항 XW의 종속변수인 Y에 대한 효과를 통제한 상태에서 매개변수 M이 종속변수 Y에 주는 효과를 말한다.

W의 조건부 간접효과인 ω는 다음과 같이 $\Theta_{X\rightarrow M}$와 $\Theta_{M\rightarrow Y}$의 곱으로 계산된다.

$$\omega = \theta_{X\rightarrow M}\,\theta_{M\rightarrow Y} = (a_1 + a_3 W)b = a_1 b + a_3 b W \qquad \text{(식 4)}$$

위의 (식 4)에서 $a_3 b$는 조절된 매개지수이다. 이 값이 유의하면($a_3 b \neq 0$) 조절된 매개효과가 있다고 해석하고 비유의적이면 조절된 매개효과가 없다고 해석한다.

(식 2)를 X를 중심으로 재정리하면 (식 5)와 같다. 이는 독립변수인 X가 종속변수인 Y에 주는 직접효과가 조절변수인 W의 수준에 따라 달라진다는 것이다.

$$Y = (i_Y + c_2{}' W) + (c_1{}' + c_3{}' W)X + bM + e_Y \qquad \text{(식 5)}$$

위 (식 5)에서 X가 Y에 주는 W의 조건부효과인 $\Theta_{X\rightarrow Y}$는 $[c_1{}' + c_3{}' W]$이며, 이를 W의 조건부 직접효과(Conditional direct effect)라고 한다.

2.3 조절된 매개효과 모델: Model number 14

▶ 그림 16-3 ▌PROCESS Model number 14의 개념적 모델과 통계적 모델

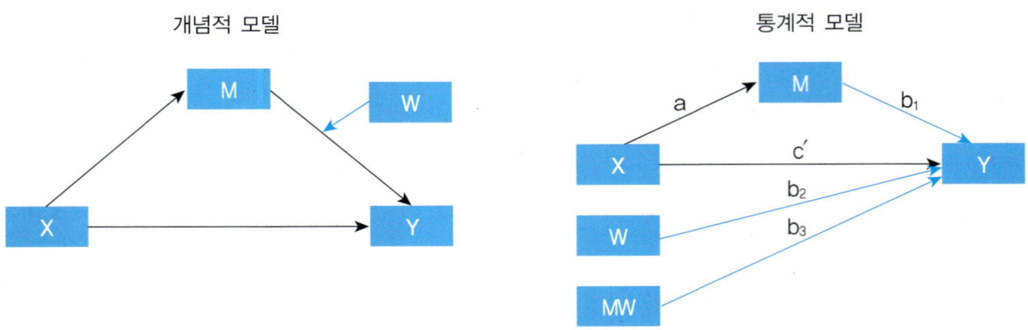

조절된 매개효과 모델 14번은 [그림 16-3]과 같이 'X → M → Y'의 매개효과가 매개변수 M과 종속변수 Y 간의 조절변수인 W에 의해서 조절되고 있는지를 검증하기 위한 모델이다. [그림 16-3]에서 제시된 통계적 모델을 추정하려면 M과 Y를 종속변수로 하는 2개의 회귀식을 만들어야 한다.

$$M = i_M + aX + e_M \quad \text{(식 1)}$$

$$Y = i_Y + c'X + b_1 M + b_2 W + b_3 MW + e_Y \quad \text{(식 2)}$$

(식 2)를 M을 중심으로 재정리하면 다음과 같다.

$$Y = (i_Y + b_2 W + c'X) + (b_1 + b_3 W)M + e_Y \quad \text{(식 3)}$$

위 (식 3)에서 X가 M에 주는 W의 조건부효과인 $\Theta_{X \to M}$은 $[a]$이며, 매개변수인 M이 종속변수인 Y에 주는 효과인 $\Theta_{M \to Y}$은 $[b_1 + b_3 W]$이다.

W의 조건부 간접효과인 ω는 다음과 같이 $\Theta_{X \to M}$와 $\Theta_{M \to Y}$의 곱으로 계산된다.

$$\omega = \theta_{X \to M}\, \theta_{M \to Y} = a(b_1 + b_3 W) = ab_1 + ab_3 W \quad \text{(식 4)}$$

위의 (식 4)에서 ab_3는 조절된 매개지수이다. 이 값이 유의하면($ab_3 \neq 0$) 조절된 매개효과가 있다고 해석하고, 비유의적이면 조절된 매개효과가 없다고 해석한다.

2.4 조절된 매개효과 모델: Model number 15

조절된 매개효과 모델 15번은 [그림 16-4]와 같이 'X → M → Y'의 매개효과가 매개변수 M과 종속변수 Y 간의 조절변수인 W에 의해서 조절되고, 동시에 독립변수 X와 종속변수 Y 간에 조절변수인 W에 의해서 조절되고 있는지를 검증하기 위한 모델이다. [그림 16-4]에서 제시된 통계적 모델을 추정하려면 M과 Y를 종속변수로 하는 2개의 회귀식을 만들어야 한다.

그림 16-4 | PROCESS Model number 15의 개념적 모델과 통계적 모델

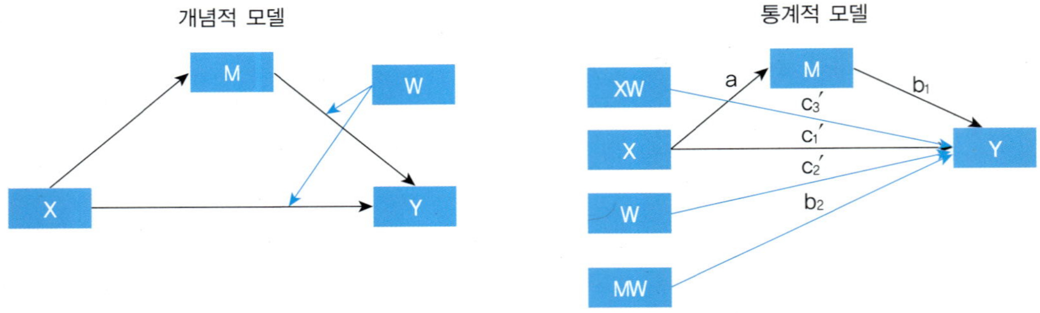

$$M = i_M + aX + e_M \quad \text{(식 1)}$$

$$Y = i_Y + b_1 M + c_1' X + c_2' W + c_3' XW + b_2 MW + e_Y \quad \text{(식 2)}$$

(식 2)를 X와 M을 중심으로 재정리하면 다음과 같다.

$$Y = i_Y + (c_1' + c_3' W)X + c_2' W + (b_1 + b_2 W)M + e_Y \quad \text{(식 3)}$$

위 (식 3)에서 X가 M에 주는 W의 조건부효과인 $\Theta_{X \to M}$은 $[a]$이며, 매개변수인 M이 종속변수인 Y에 주는 효과인 $\Theta_{M \to Y}$은 $[b_1 + b_2 W]$이다. (식 5)에서 X가 Y에 주는 W의 조건부효과인 $\Theta_{X \to Y}$는 $[c_1' + c_3' W]$이며, 이를 W의 조건부 직접효과라고 한다.

W의 조건부 간접효과인 ω는 다음과 같이 $\Theta_{X \to M}$와 $\Theta_{M \to Y}$의 곱으로 계산된다.

$$\omega = \theta_{X \to M}\, \theta_{M \to Y} = a(b_1 + b_2 W) = ab_1 + ab_2 W \quad \text{(식 4)}$$

위의 (식 4)에서 ab_2는 조절된 매개지수이다. 이 값이 유의하면($ab_2 \neq 0$) 조절된 매개효과가 있다고 해석하고, 비유의적이면 조절된 매개효과가 없다고 해석한다.

3 범주형 조절변수의 조절된 매개효과분석 실습

범주형 조절변수의 조절된 매개효과분석은 다중집단분석(Multi-group analysis: MGA)을 이용해 수행해야 한다. 다중집단분석에 대한 이해가 부족한 독자들은 이 책의 제17장을 참조하기 바란다. 범주형 조절변수의 조절된 매개효과분석을 위한 실습 절차는 [그림 16-5]와 같다.

그림 16-5 ▍다중집단분석을 범주형 조절변수의 조절된 매개효과분석의 실습 절차

통계적 모형 작성과 경로 명칭 부여	Amos에서 통계적 모형을 작성
다중집단변수(집단조절변수) 만들기	다중집단분석을 위한 집단 만들기 (조절변수가 성별이라면 남자집단과 여자집단을 만들기)
각 집단에 데이터 연결하기	집단별로 데이터를 연결
집단별로 경로 명칭 부여	각 집단별로 경로 명칭(라벨)을 부여
[User-defined estimands](사용자 정의 추정)에서 집단별 간접효과와 집단 간 경로계수 차이 계산식 입력	사용자 정의 명령문을 입력: (1) 집단별로 간접효과 계산식 작성(조절변수가 성별이라면 남자집단과 여자집단으로 구분해 각각 작성) (2) 집단 간 간접효과 경로계수 차이 계산식 작성
분석 실행 및 결과 해석	[사용자 정의 추정] 분석 결과에서 각 (개별)간접효과별로 경로계수 차이가 통계적 유의성을 가지고 있는지를 보고, 통계적이 유의성이 있는 간접경로는 조절된 매개효과가 있다고 해석하고 유의적이지 않으면 조절된 매개효과가 없다고 해석

통계실습 16-1 잠재변수로 구성된 SEM의 조절된 매개효과분석 실습 1: 범주형 조절변수

다음의 [제5부 범주형 조절변수의 조절된 매개효과분석 데이터1(제16장)]을 이용해서 잠재변수로 구성된 SEM의 조절된 매개효과분석을 실습하시오. 이는 디자인품질이 고객만족도를 매개로 고객충성도가 높아지는지를 검증하고, 매개효과가 존재하는 경우 이 매개효과가 성별(남자집단과 여자집단)에 따라 달라지는가를 검증하는 것이다. 실습 모델은 3개의 잠재변수(연구변수)를 가지고 있으며 각 잠재변수는 3개의 측정변수로 구성되어 있다. 조절변수는 [성별(GENDER)]이며 범주형 조절변수이다. 외생변수는 [디자인품질], 매개변수는 [고객만족도] 그리고 종속변수는 [고객충성도]이다.

〈연구가설〉

가설(H_1): 성별은 [디자인품질-고객만족도-고객충성도] 간의 매개효과를 조절할 것이다.

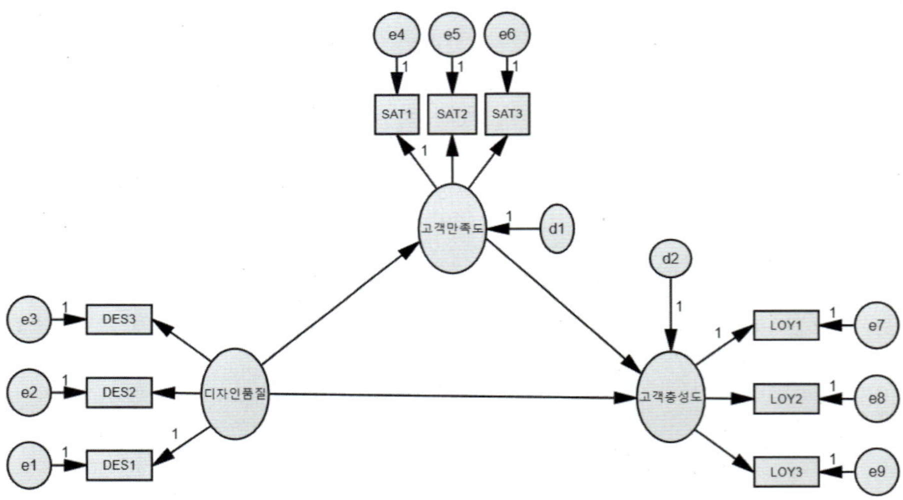

실습 따라하기

❶ Amos에서 [파일-열기-데이터]로 들어간 후 [제5부 통제효과 매개효과 및 조절효과분석(제12장-제16장)-제5부 통계분석] 폴더 안에 있는 파일인 [통계실습 16-1 SEM을 통한 조절된 매개효과 실습모형1_범주형 변수]를 불러들인다. 메뉴에서 [File-Save as]로 들어가 파일명을 [통계실습 16-1 MSEM을 통한 조절된 매개효과 실습모형1_범주형 변수]로 저장한다.

❷ 집단이 [남자집단]과 [여자집단]으로 구분되어야 하므로 집단 지정을 한다(집단 지정이 어려운 독자들은 통계실습 14-1을 참조).

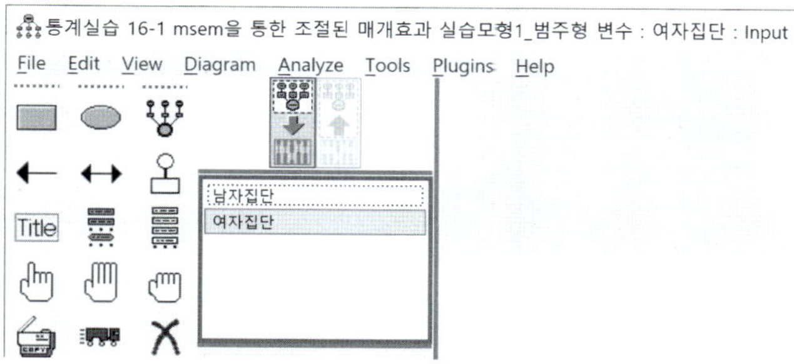

❸ 왼쪽 툴박스에 있는 (Select data files)을 클릭해 [Data files] 창을 열어서 데이터 파일 연결을 마친다(연결방법을 모르면 이 책의 통계실습 14-1을 참조).

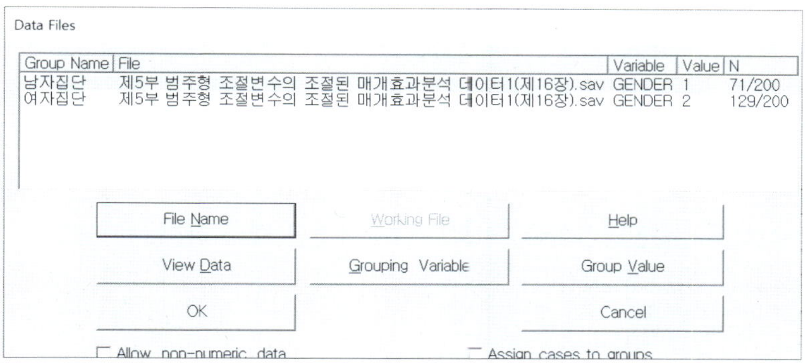

❹ 경로에 명칭을 부여하기 위해서 왼쪽 툴박스에 있는 (Object Properties)를 클릭해 들어간 후 각 집단에 대한 모든 경로 명칭을 부여할 때마다 [All group]의 체크가 해제된 상태에서 [Parameters] 탭의 [Regression weight]에서 남자집단의 라벨로 [p11, p21, p31]을, 여자집단의 라벨로 [p12, p22, p32]를 지정한다.

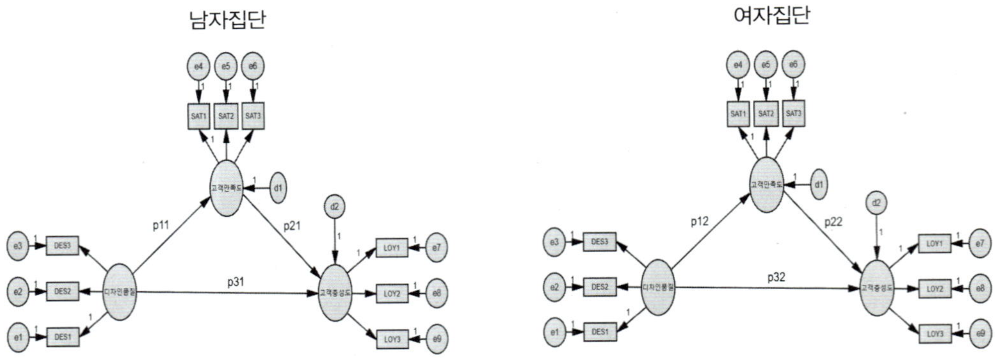

❺ Amos 기본 화면의 좌하단에 있는 [Not estimating any user-defined estimand]를 클릭한 후 [Define new estimands]를 마우스로 선택하면 [오른쪽]에 [입력] 창이 나타난다. 여기에서 다음과 같은 [간접효과]의 모수 추정을 위한 계산식을 입력한다. 입력 창의 [File] 메뉴에서 [Check Syntax]를 클릭하면 입력 창 화면 하단에 [Syntax is OK]라는 메시지가 나타난다. [사용자 정의 추정] 창에서 [File-Save as]로 들어간 후 파일명을 [통계실습 16-2 개별간접효과 계산식]으로 저장한 후 빠져나간다. [남자집단]의 개별간접효과(p11 * p21) 계산식을 입력하고 [여자집단]의 개별간접효과(p12 * p22) 계산식을 입력한다. 마지막으로 [남자집단]과 [여자집단]의 [간접효과 경로계수 차이]의 계산식을 입력한다. 다음은 사용자 정의 추정을 모두 마친 화면이다.

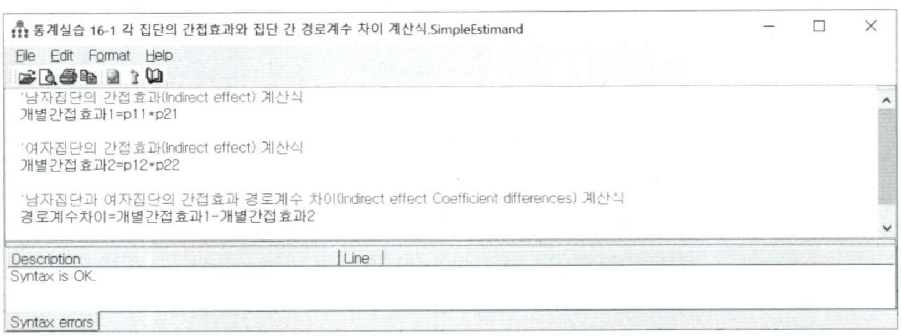

❻ 왼쪽 툴박스에 있는 (Analysis Properties)를 클릭해 들어간 후 [Output]에서 [Standardized estimates], [Squared multiple correlation], [Indirect, direct & total effects]를 체크한 후 나간다.

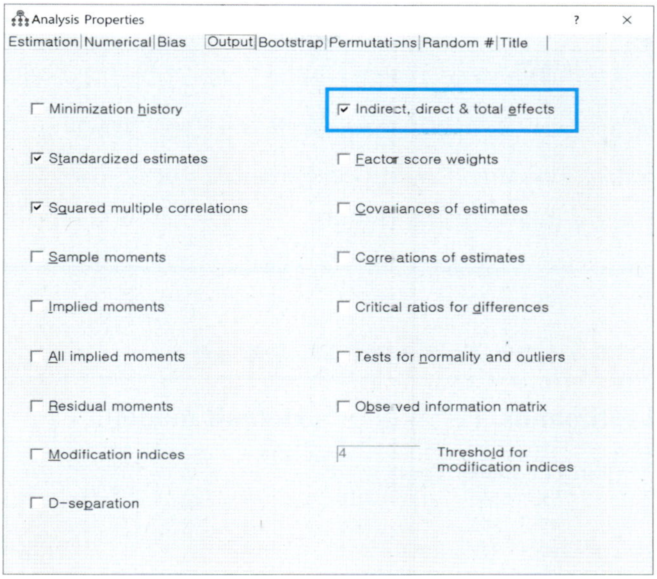

❼ 왼쪽 툴박스에 있는 (Analysis Properties)를 클릭해 들어가 [Bootstrap]에서 [Perfom bootstrap], [Percentile confidence intervals]를 체크한 후 나간다.

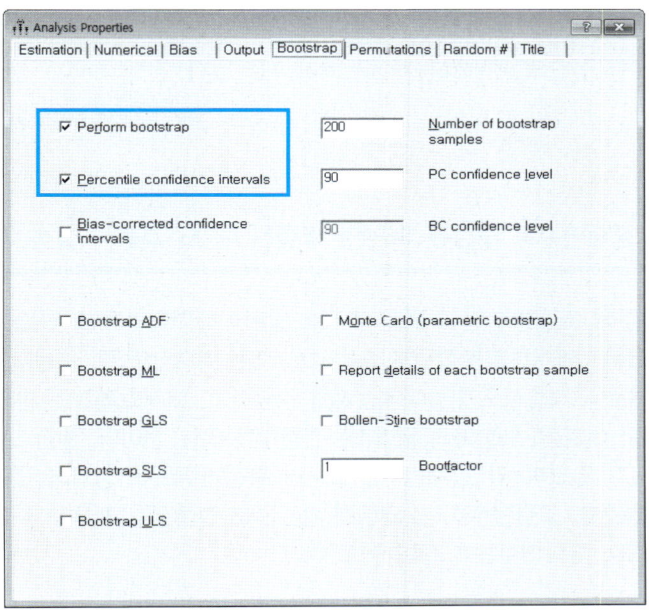

❽ 왼쪽 툴박스에 있는 ▦을 클릭해 실행한다.

❾ 왼쪽 툴박스에 있는 ▦(View Text)를 클릭해 실행 결과로 들어간다. 좌상단에서 먼저, [Estimates–Scalars–User–defined estimands]를 차례대로 클릭한다. 다음으로, 좌하단에서 [Estimates/Bootstrap–Bootstrap Confidence–Percentile method–Two Tailed Significance(PC)]를 차례대로 들어가서 출력된 결과를 확인한다.

▎표 16-1 ▎통계실습 16-1 성별의 조절된 매개효과의 출력 결과

User-defined estimands: (남자집단 - Default model)

Parameter	Estimate	Lower	Upper	P
개별간접효과1	.235	.100	.411	.010
개별간접효과2	.545	.395	.805	.010
경로계수차이	-.310	-.592	-.057	.040

[표 16–1]은 성별의 조절된 매개효과분석에 대한 분석 결과이다. [디자인품질–고객만족도–고객충성도] 간의 간접효과에 대한 남자집단과 여자집단 간의 경로계수 차이는 –0.310으로 유의수준 0.05에서 유의하여 성별에 따라 조절된 매개효과가 있는 것으로 나타났다. 또한 남자집단의 매개효과보다 여자집단의 매개효과가 더 크게 나타났다.

통계실습 16-2 잠재변수로 구성된 SEM의 조절된 매개효과분석 실습 2: 범주형 조절변수

다음의 [제5부 범주형 조절변수의 조절된 매개효과분석 데이터2(제16장)]을 이용해서 잠재변수로 구성된 SEM의 조절된 매개효과분석을 실습하시오. 이는 디자인품질, 사용자통제 그리고 반응성이 고객만족도를 매개로 고객충성도가 높아지는지를 검증하고, 매개효과가 존재하는 경우 이 매개효과가 성별(남자집단과 여자집단)에 따라 달라지는가를 검증하는 것이다. 실습 모델은 5개의 잠재변수(연구변수)를 가지고 있으며 각 잠재변수는 3개의 측정변수로 구성되어 있다. 조절변수는 [성별(GENDER)]이며 범주형 조절변수이다. 외생변수는 [디자인품질], [사용자통제], [반응성]이며 매개변수는 [고객만족도], 종속변수는 [고객충성도]이다.

〈연구가설〉

가설(H_1): 성별은 [디자인품질-만족도-충성도] 간의 매개효과를 조절할 것이다.

가설(H_2): 성별은 [사용자통제-만족도-충성도] 간의 매개효과를 조절할 것이다.

가설(H_3): 성별은 [반응성-만족도-충성도] 간의 매개효과를 조절할 것이다.

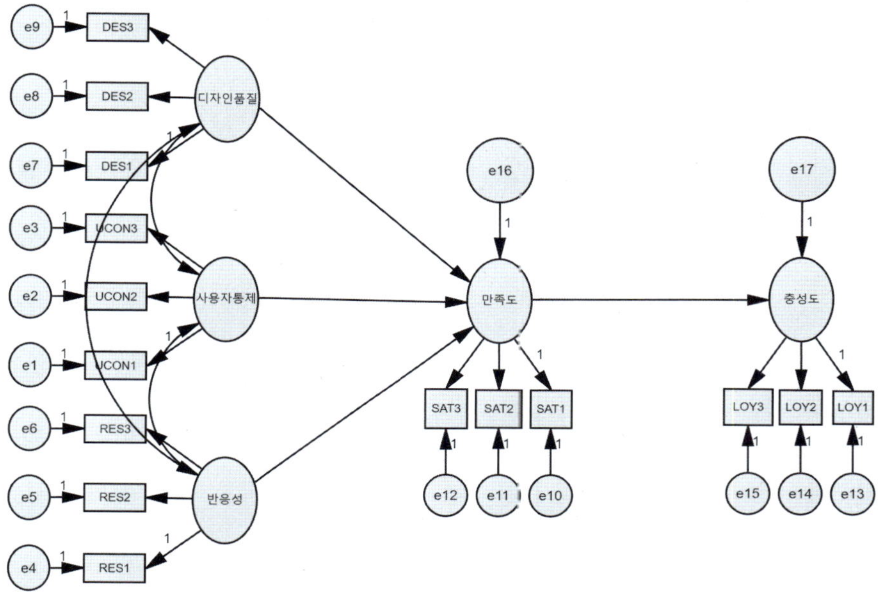

실습 따라하기

❶ Amos에서 [파일-열기-데이터]로 들어간 후 [제5부 통제효과 매개효과 및 조절효과 분석(제12장-제16장)-제5부 통계분석] 폴더 안에 있는 파일인 [통계실습 16-2 SEM을 통한 조절된 매개효과 실습모형2_범주형 변수]를 불러들인다. 메뉴에서 [File-Save as]로 들어가 파일명을 [통계실습 16-2 MSEM을 통한 조절된 매개효과 실습모형2_범주형 변수]로 저장한다.

❷ 집단이 [남자집단]과 [여자집단]으로 구분되어야 하므로 집단 지정을 한다(집단 지정이 어려운 독자들은 통계실습 14-1을 참조).

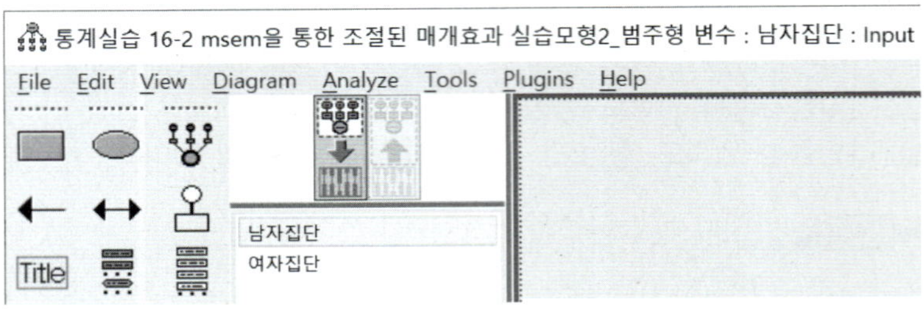

❸ 왼쪽 툴박스에 있는 (Select data files)을 클릭해 [Data files] 창을 열어서 데이터 파일 연결을 마친다(연결방법을 모르면 통계실습 14-1을 참조).

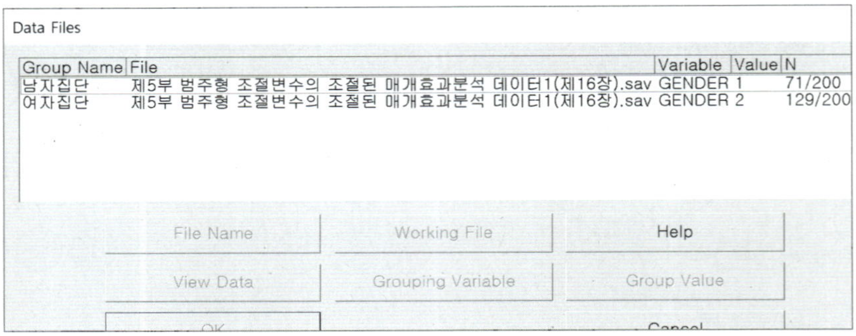

❹ 왼쪽 툴박스에 있는 (Object Properties)를 클릭해 들어가 [남자집단]과 [여자집단]에 대한 각 경로에 명칭을 부여한다. 남자집단의 라벨로 [p11, p21, p31, p41]을, 여자집단의 라벨로 [p12, p22, p32, p42]를 지정한다.

남자집단

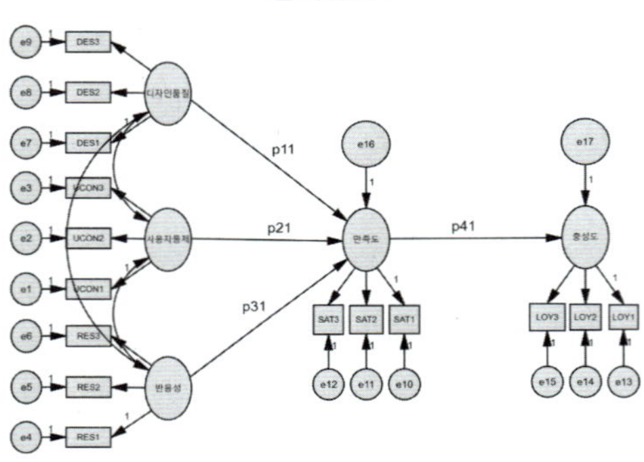

여자집단

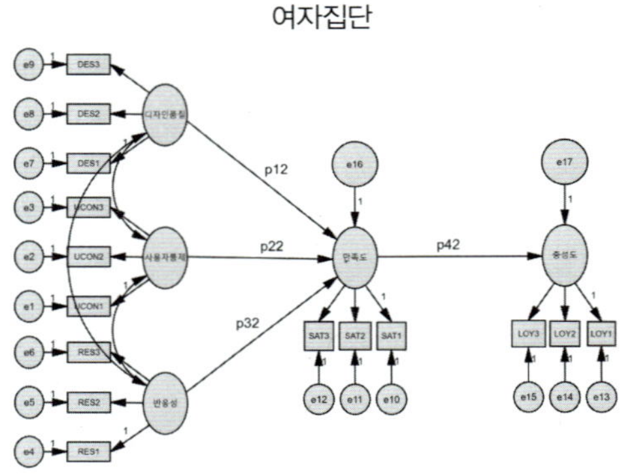

❺ Amos 기본 화면의 좌하단에 있는 [Not estimating any user-defined estimand]를 클릭한 후 [Define new estimands]를 마우스로 선택하면 [오른쪽]에 [입력] 창이 나타난다. 여기에서 다음과 같은 [개별간접효과]의 모수 추정을 위한 계산식을 입력한다. 입력 창의 [File] 메뉴에서 [Check Syntax]를 클릭하면 입력 창 화면 하단에 [Syntax is OK]라는 메시지가 나타난다. [사용자 정의 추정] 창에서 [File-Save as]로 들어간 후 파일명을 [통계실습 16-2 각 집단의 개별간접효과와 집단 간 간접효과 경로계수 계산식]으로 저장한 후 빠져나간다. [남자집단]의 개별간접효과(p11 * p41, p21 * p41, p31 * p41) 계산식을 입력하고 [여자집단]의 개별간접효과(p12 * p42, p22 * p42, p32 * p42) 계산식을 입력한다. 마지막으로 [남자집단]과 [여자집단]의 [간접효과 경로계수 차이]의 계산식을 입력한다. 다음은 사용자 정의 추정을 모두 마친 화면이다.

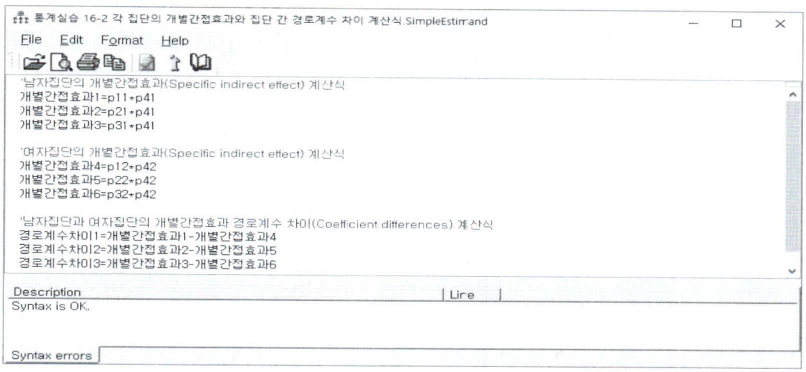

❻ 왼쪽 툴박스에 있는 (Analysis Properties)를 클릭해 들어간 후 [Output]에서 [Standardized estimates], [Squared multiple correlation], [Indirect, direct & total effects]를 체크한 후 나간다.

❼ 왼쪽 툴박스에 있는 (Analysis Properties)를 클릭해 들어가 [Bootstrap]에서 [Perfom bootstrap], [Percentile confidence intervals]를 체크한 후 나간다.

❽ 왼쪽 툴박스에 있는 을 클릭해 실행한다.

❾ 왼쪽 툴박스에 있는 (View Text)를 클릭해 실행 결과로 들어간다. 좌상단에서 먼저, [Estimates-Scalars-User-defined estimands]를 차례대로 클릭한다. 다음으로, 좌하단에서 [Estimates/Bootstrap-Bootstrap Confidence-Percentile method-Two Tailed Significance(PC)]를 차례대로 들어가서 출력된 결과를 확인한다.

표 16-2 통계실습 16-2 성별의 조절된 매개효과의 출력 결과

User-defined estimands: (남자집단 - Default model)

Parameter	Estimate	Lower	Upper	P
개별간접효과1	.191	-.014	.466	.119
개별간접효과2	-.154	-.474	.105	.297
개별간접효과3	.421	-.012	.962	.121
개별간접효과4	.322	.184	.440	.010
개별간접효과5	.200	.093	.326	.029
개별간접효과6	.116	-.008	.245	.128
경로계수차이1	-.131	-.357	.148	.451
경로계수차이2	-.355	-.700	-.079	.034
경로계수차이3	.306	-.155	.798	.225

[표 16-2]는 성별의 조절된 매개효과분석에 대한 분석 결과이다. 먼저, [디자인품질-만족도-충성도] 간의 개별간접효과에 대한 남자집단과 여자집단의 경로계수 차이는 −0.131로 유의수준 0.05에서 유의하지 않아서 조절된 매개효과가 없었다. 다음으로, [사용자통제-만족도-충성도] 간의 개별간접효과에 대한 남자집단과 여자집단의 경로계수 차이는 −0.355로 유의수준 0.05에서 유의하여 성별에 따라 조절된 매개효과가 있었다. 또한 남자집단의 매개효과보다 여자집단의 매개효과가 더 크게 나타났다. 마지막으로, [반응성-만족도-충성도] 간의 개별간접효과에 대한 남자집단과 여자집단의 경로계수 차이는 −0.306으로 유의수준 0.05에서 유의하지 않아서 조절된 매개효과가 없었다.

통계실습 16-3 측정변수로 구성된 SEM의 조절된 매개효과분석 실습 3: 범주형 조절변수

다음의 [제5부 범주형 조절변수의 조절된 매개효과분석 데이터3(제16장)]을 이용해서 측정변수로 구성된 경로모형의 조절된 매개효과분석을 실습하시오. 이는 디자인품질이 고객만족도를 매개로 고객충성도가 높아지는지를 검증하고, 매개효과가 존재하는 경우 이 매개효과가 성별(남자집단과 여자집단)에 따라 달라지는가를 검증하는 것이다. 실습 모델은 3개의 측정변수로 구성되어 있다. 조절변수는 [성별(GENDER)]이며 범주형 조절변수이다. 외생변수는 DES(디자인품질), 매개변수는 SAT(고객만족도), 그리고 종속변수는 LOY(고객충성도)이다.

〈연구가설〉

가설(H_1): 성별은 [DES-SAT-LOY] 간의 매개효과를 조절할 것이다.

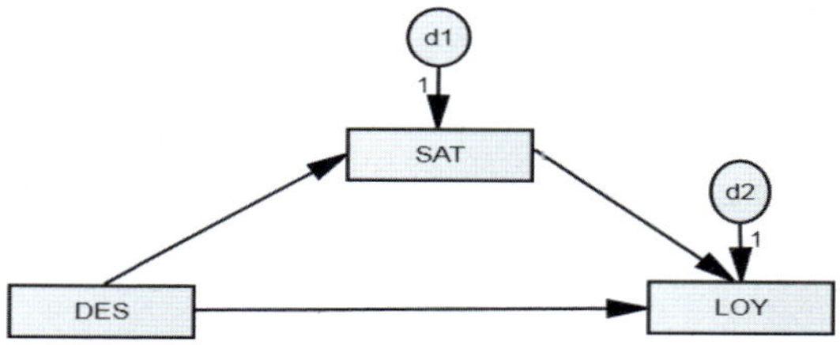

실습 따라하기

❶ Amos에서 [파일-열기-데이터]로 들어간 후 [제5부 통제효과 매개효과 및 조절효과 분석(제12장-제16장)-제5부 통계분석] 폴더 안에 있는 파일인 [통계실습 16-3 SEM을 통한 조절된 매개효과 실습모형3_범주형 변수]를 불러들인다. 메뉴에서 [File-Save as]로 들어가 파일명을 [통계실습 16-3 MSEM을 통한 조절된 매개효과 실습모형3_범주형 변수]로 저장한다.

❷ 집단이 [남자집단]과 [여자집단]으로 구분되어야 하므로 집단 지정을 한다(집단 지정이 어려운 독자들은 통계실습 14-1을 참조).

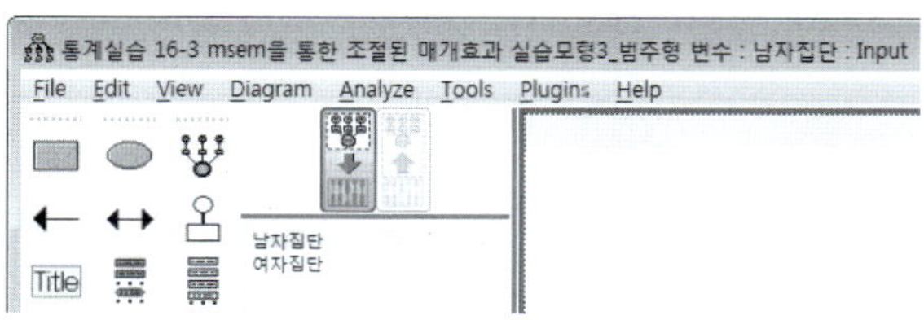

❸ 왼쪽 툴박스에 있는 (Select data files)을 클릭해 [Data files] 창을 열어서 데이터 파일 연결을 마친다(연결방법을 모르면 이 책의 통계실습 14-1을 참조).

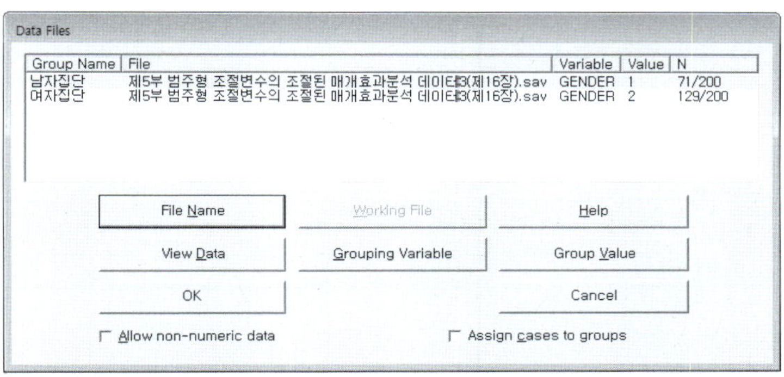

❹ 경로에 명칭을 부여하기 위해서 왼쪽 툴박스에 있는 (Object Properties)를 클릭해 들어간 후 각 집단에 대한 모든 경로 명칭을 부여할 때마다 [All group]의 체크를 해제된 상태에서 [Parameters] 탭의 [Regression weight]에서 남자집단의 라벨로 [p11, p21, p31]을, 여자집단의 라벨로 [p12, p22, p32]를 지정한다.

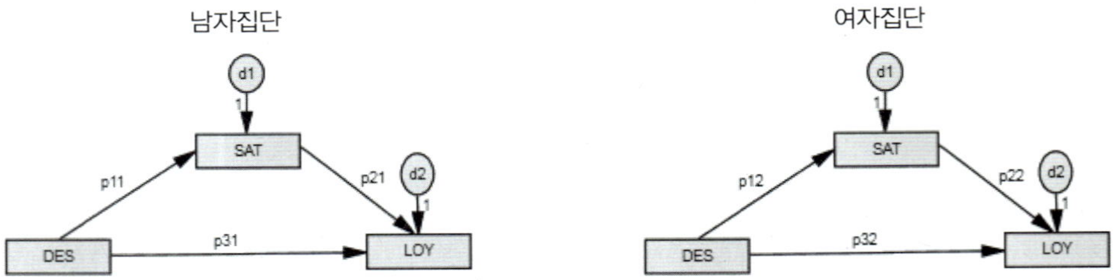

❺ Amos 기본 화면의 좌하단에 있는 [Not estimating any user-defined estimand]를 클릭한 후 [Define new estimands]를 마우스로 선택하면 [오른쪽]에 [입력] 창이 나타난다. 여기에서 다음과 같은 [간접효과]의 모수 추정을 위한 계산식을 입력한다. 입력 창의 [File] 메뉴에서 [Check Syntax]를 클릭하면 입력 창 화면 하단에 [Syntax is OK]라는 메시지가 나타난다. [사용자 정의 추정] 창에서 [File-Save as]로 들어간 후 파일명을 [통계실습 16-3 간접효과 계산식]으로 저장한 후 빠져나간다. [남자집단]의 간접효과(p11 * p21) 계산식을 입력하고 [여자집단]의 간접효과(p12 * p22) 계산식을 입력한다. 마지막으로 [남자집단]과 [여자집단]의 [간접효과 경로계수 차이]의 계산식을 입력한다. 다음은 사용자 정의 추정을 모두 마친 화면이다.

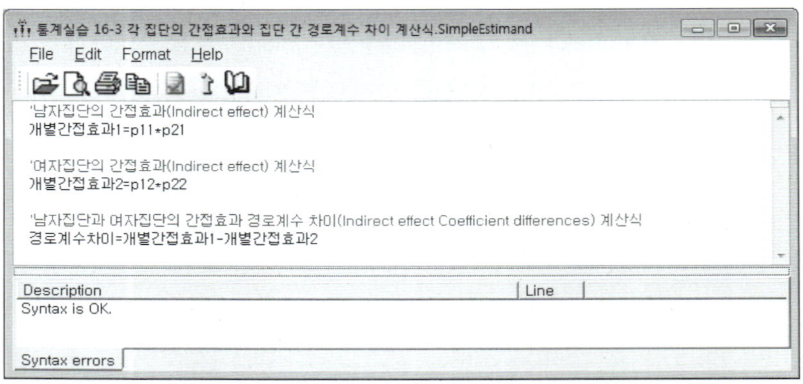

❻ 왼쪽 툴박스에 있는 (Analysis Properties)를 클릭해 들어간 후 [Output]에서 [Standardized estimates], [Squared multiple correlation], [Indirect, direct & total effects]를 체크한 후 나간다.

❼ 왼쪽 툴박스에 있는 (Analysis Properties)를 클릭해 들어가 [Bootstrap]에서 [Perfom bootstrap], [Percentile confidence intervals]를 체크한 후 나간다.

❽ 왼쪽 툴박스에 있는 을 클릭해 실행한다.

❾ 왼쪽 툴박스에 있는 (View Text)를 클릭해 실행 결과로 들어간다. 좌상단에서 먼저, [Estimates–Scalars–User–defined estimands]를 차례대로 클릭한다. 다음으로, 좌하단에서 [Estimates/Bootstrap–Bootstrap Confidence–Percentile method–Two Tailed Significance(PC)]를 차례대로 들어가서 출력된 결과를 확인한다.

표 16-3 통계실습 16-3 성별의 조절된 매개효과의 출력 결과

User-defined estimands: (남자집단 - Default model)

Parameter	Estimate	Lower	Upper	P
개별간접효과1	.215	.114	.338	.010
개별간접효과2	.418	.324	.517	.010
경로계수차이	-.203	-.348	-.057	.044

[표 16-3]은 성별의 조절된 매개효과분석에 대한 분석 결과이다. [디자인품질–고객만족도–고객충성도] 간의 간접효과에 대한 남자집단과 여자집단 간의 경로계수 차이는 –0.203으로 유의수준 0.05에서 유의하여 성별에 따라 조절된 매개효과가 있는 것으로 나타났다. 또한 남자집단의 매개효과보다 여자집단의 매개효과가 더 크게 나타났음을 알 수 있다. 참고로 이 실습 문제는 [통계실습 16–1]의 분석 데이터를 이용해 측정변수들을 잠재변수별로 평균치를 구하여 측정변수로 사용한 것이며 분석 결과 [통계실습 16–1]과 계수 차이나 유의확률은 크게 다르지 않음을 알 수 있다.

4 연속형 조절변수의 조절된 매개효과분석 실습

연속형 조절변수의 조절된 매개효과분석에서는 독립변수와 조절변수를 곱하여 상호작용항(Interaction term) 변수를 만드는 작업이 가장 중요하다. 한편 조절변수의 표준편차는 SPSS 프로그램을 사용해 [기술통계분석]을 통해 구할 수 있다. 반면에 Amos 프로그램을 사용하는 경우에는 부트스트래핑 결과에서 [분산] 값을 확인해 [분산]의 제곱근을 통해 입수할 수도 있다. 연속형 조절변수의 조절된 매개효과분석을 위한 실습 절차는 [그림 16-6]과 같다.

그림 16-6 | 연속형 조절변수의 조절된 매개효과분석의 실습 절차

분석 데이터에서 독립변수(X)와 조절변수(W)의 원자료와 평균중심화를 통한 상호작용항(XW) 만들기	SPSS을 이용해 [데이터 파일]에서 독립변수와 조절변수의 원자료 혹은 평균중심화(Mean centering)한 후 상호작용항 변수를 만들고 저장하기
↓ 통계적 모형 작성과 경로 명칭 부여	Amos에서 개념적 모형을 보고 통계적 모형을 작성한 후 데이터 파일을 불러오기/각 경로의 명칭 부여
↓ 통계적 모형의 분석 실행 조절변수의 표준편차(SD) 계산	통계적 모형을 실행해 [Variance] 출력 결과에서 조절변수의 [분산값]을 확인해 단순기울기분석의 계산요소인 [SD]를 계산: $\mathrm{SD} = \sqrt{\mathrm{Variance}}$
↓ [User-defined estimands](사용자 정의 추정)에서 조건부 간접효과와 직접효과, 조절된 매개지수 계산식 입력	사용자 정의 명령문을 입력: (1) 조건부 간접효과와 직접효과(−1SD, M, +1SD) [만약 변수의 평균중심화를 하지 않고 원자료(Raw data)를 이용했다면 평균값이 필요하며 M−1SD, M, M+1SD를 계산식에 고려해야 함) (2) 조절된 매개지수(Index of Moderated mediation)
↓ 분석 실행 및 결과 해석	조절된 매개지수가 유의적이면 조절된 매개효과가 있다고 해석하고 유의적이지 않으면 조절된 매개효과가 없다고 해석 단순기울기분석(Simple slope analysis): 조절변수의 수준에 따른 조건부 간접효과와 직접효과의 상세 검토와 해석

【주】 배병렬(2022)의 실습 절차를 참조하여 이 책의 저자가 재작성함.

통계실습
16-4 잠재변수로 구성된 SEM의 조절된 매개효과분석 실습 4: 연속형 조절변수

다음의 [제5부 연속형 조절변수의 조절된 매개효과분석 데이터4(제16장)]을 이용해서 잠재변수로 구성된 SEM의 조절된 매개효과분석을 실습하시오. 이는 디자인품질이 고객만족도를 매개로 고객충성도가 높아지는지를 검증하고, 매개효과가 존재하는 경우 이 매개효과가 사용자통제수준에 따라 달라지는가를 검증하는 것이다. 실습 모델은 3개의 잠재변수가 있고, 각 잠재변수는 3개의 측정변수로 구성되어 있다. 조절변수는 사용자통제(UCON)이며 연속형 조절변수이다. 독립변수와 조절변수의 측정변수들은 평균중심화하고 모든 가능한 쌍 전략(All-possible strategy)을 사용해 상호작용항 변수를 만들기로 한다. 외생변수는 DES(디자인품질), 매개변수는 SAT(고객만족도), 그리고 종속변수는 LOY(고객충성도)이다. 이 실습모형은 Hayes의 PROCESS macro 모델 7번에 해당된다. 이 모델에서 조건부 간접효과(Conditional Indirect Effect: CIE)와 조절된 매개지수(Index of Moderated Mediation: IMM)는 다음과 같은 계산식에 의해서 추정할 수 있다.

$$CIE = a_1 b + a_3 b W,\ \ IMM = a_3 b$$

〈연구가설〉

가설(H_1): 사용자통제는 [DES-SAT-LOY] 간의 매개효과를 조절할 것이다.

개념적 모형

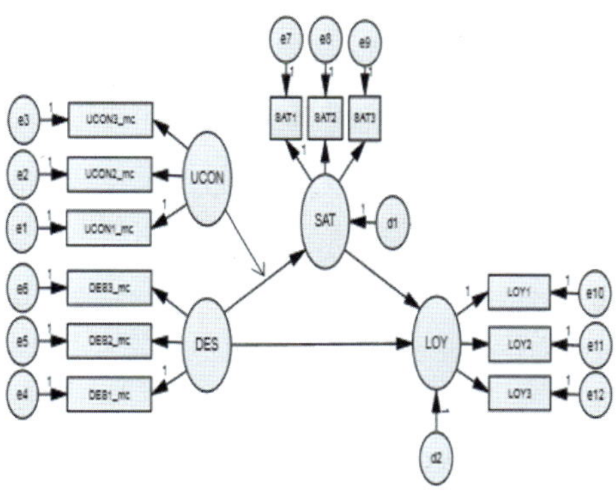

통계적 모형

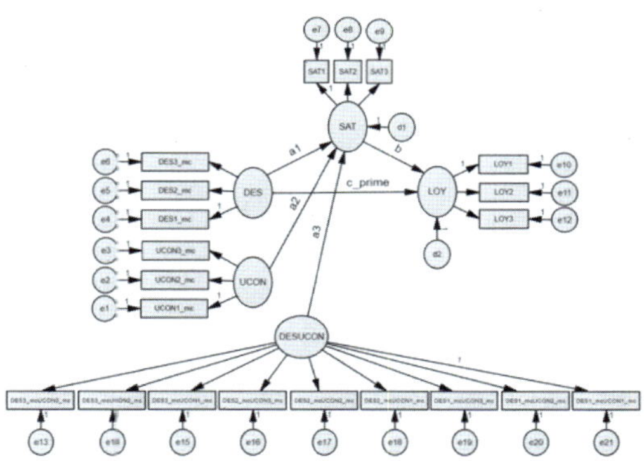

실습 따라하기

❶ SPSS에서 [파일–열기]로 들어간 후 [제5부 통제효과 매개효과 및 조절효과분석(제12장–제16장)–제5부 통계분석데이터–제16장] 폴더 안에 있는 파일인 [제5부 연속형 조절변수의 조절된 매개효과분석 데이터4(제16장)]을 불러들인다. [파일–다른 이름으로 저장]으로 들어간 후 파일명을 [제5부 연속형 조절변수의 조절된 매개효과분석 데이터4(제16장)_mc를 한 경우]로 변경한 후 저장한다.

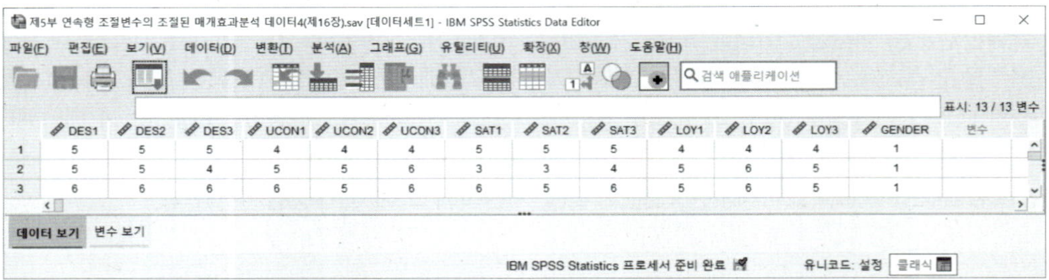

❷ 독립변수(DES)의 측정변수들인 [DES1], [DES2], [DES3]과 조절변수(UCON)의 측정변수들인 [UCON1], [UCON2], [UCON3]의 곱으로 [상호작용항 변수] 9개(DES 3개×UCON 3개)를 만들기 전에 독립변수와 조절변수들의 측정변수에 대한 [평균중심화]를 수행한다. 이를 위해서 SPSS에서 [분석–기술통계량–기술통계]로 들어가서 독립변수와 조절변수의 측정변수들에 대한 [평균]을 구한다.

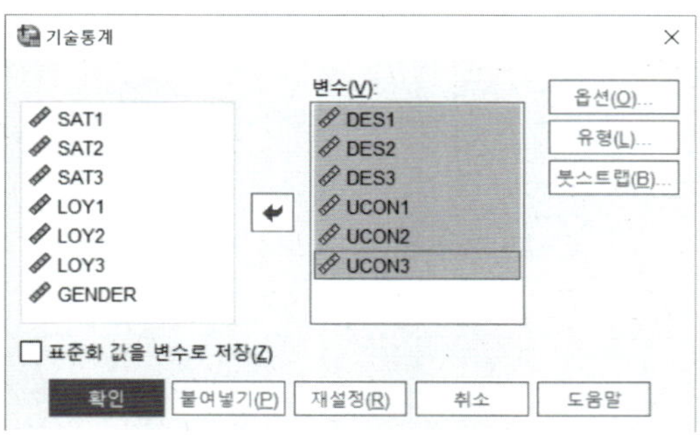

기술통계량

	N	평균
DES1	200	4.94
DES2	200	4.31
DES3	200	4.52
UCON1	200	4.62
UCON2	200	4.80
UCON3	200	4.68
유효 N(목록별)	200	

❸ SPSS에서 [변환–변수 계산]으로 들어가서 [각 측정변수의 값]에서 [평균]을 빼서 평균중심화된 새로운 변수를 만든다. [목표변수]에 [DES1_mc]을 입력하고 [숫자표현식]에는 [DES1–4.94]를 입력

한 후 [확인] 버튼을 클릭한다. 이와 같은 방법으로 나머지 측정변수들에 대해서도 평균중심화를 모두 마친다.

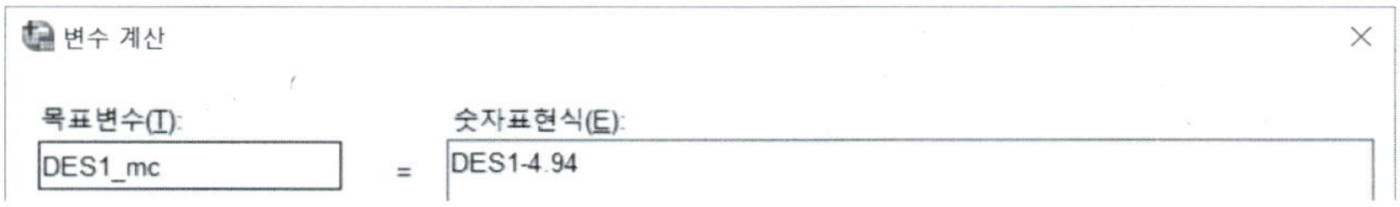

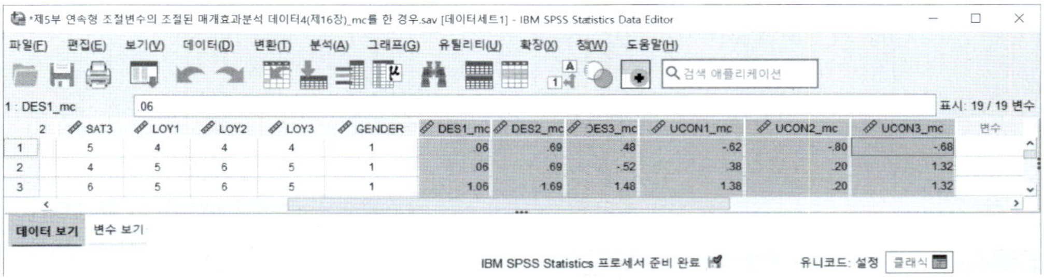

4 SPSS에서 [변환–변수 계산]으로 들어가서 [모든 가능한 쌍 전략(All–possible strategy)]을 이용해 [상호작용항] 변수인 [총 9개의 곱하기 지표](Product indicator)를 만든다. 만들어야 하는 상호작용항 변수, 즉 새로운 측정변수는 [DES3_mcUCON3_mc], [DES3_mcUCON2_mc], [DES3_mcUCON1_mc], [DES2_mcUCON3_mc], [DES2_mcUCON2_mc], [DES2_mcUCON1_mc], [DES1_mcUCON3_mc], [DES1_mcUCON2_mc], [DES1_mcUCON1_mc]이다. [목표변수]에 [DES3_mcUCON3_mc]를, [숫자표현식]에는 [DES3_mc*UCON3_mc]를 입력하고 [확인] 버튼을 클릭한다. 이와 같은 방법으로 나머지 곱지표를 통해 [상호작용항] 변수를 만들고 저장한다.

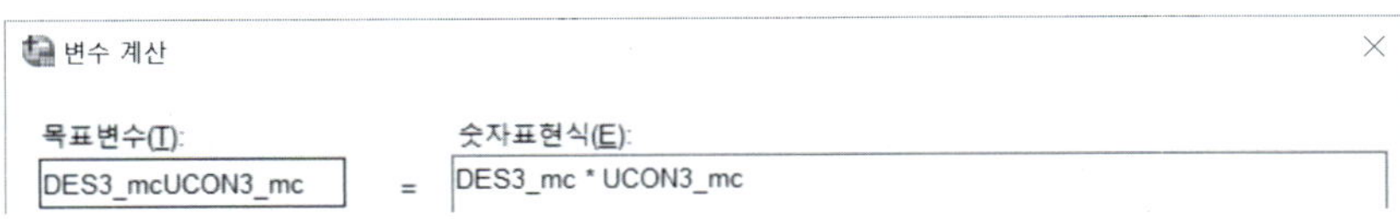

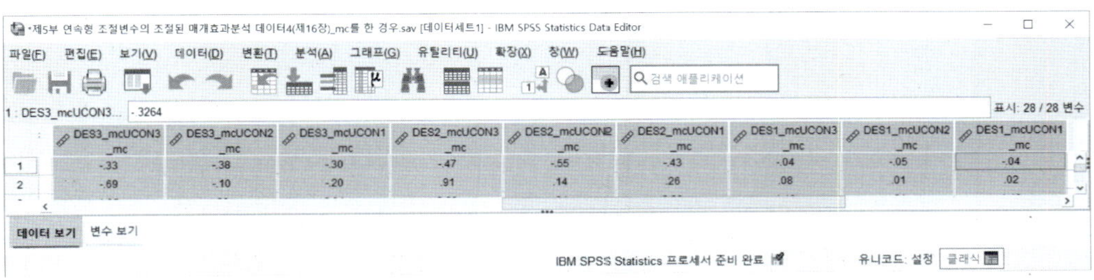

❺ Amos에서 [파일-열기-데이터]로 들어간 후 먼저, [제5부 통제효과 매개효과 및 조절효과분석(제12장-제16장)-제5부 통계분석] 폴더 안에 있는 [통계실습 16-4 SEM을 통한 조절된 매개효과 실습모형4_연속형 변수]를 불러들인다. 다음으로, 왼쪽 툴박스에 있는 (Select data files)을 클릭해 [Data files] 창을 열어서 [제5부 통제효과 매개효과 및 조절효과분석(제12장-제16장)-제5부 통계분석데이터] 폴더 안에 있는 [제5부 연속형 조절변수의 조절된 매개효과분석 데이터4(제16장)_mc를 한 경우]를 불러들여 모형에 데이터 연결 작업을 마친다.

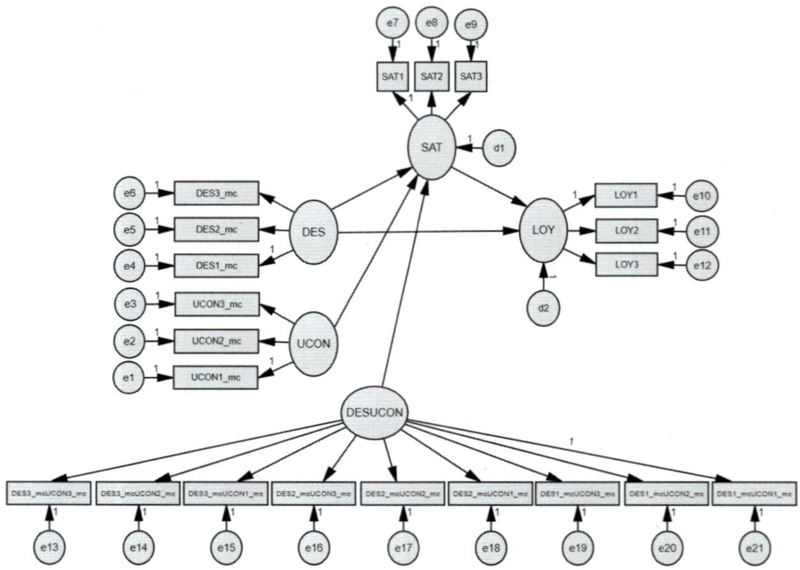

❻ 경로에 명칭을 부여하기 위해서 왼쪽 툴박스에 있는 (Object Properties)를 클릭해 들어간 후 [Parameters] 탭의 [Regression weight]에서 경로 명칭으로 [a1, a2, a3,b, c_prime]을 지정한다.

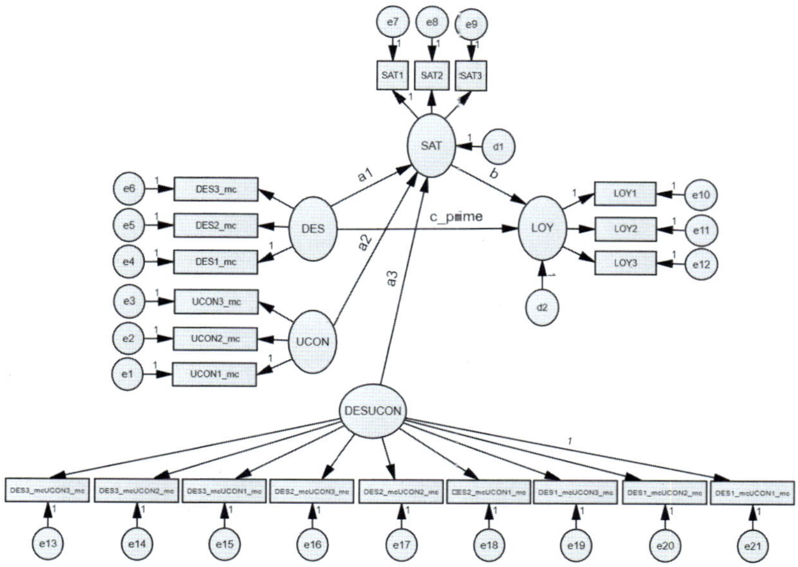

❼ 왼쪽 툴박스에 있는 (Analysis Properties)를 클르해 들어간 후 [Output]에서 [Standardized estimates], [Squared multiple correlation], [Indirect, direct & total effects]를 체크한 후 나간다.

❽ 왼쪽 툴박스에 있는 (Analysis Properties)를 클릭해 들어가 [Bootstrap]에서 [Perfom bootstrap], [Percentile confidence intervals]를 체크한 후 나간다. 왼쪽 툴박스에 있는 을 클릭해 실행한다. 왼쪽 툴박스에 있는 (View Text)를 클릭해 실행 결과로 들어가 조절변수의 [분산(Variance)]값을 확인한다. [Amos Warnings] 머시지가 나타나면 무시하고 [Proceed with the analysis]를 클릭해 실행한다. 조절변수인 UCON(사용자통제)의 [분산]은 [0.990]임을 알 수 있다. 따라서 조절변수인 [UCON]의 표준편차[SD]는 0.995($SD = \sqrt{(0.990)}$)이다.

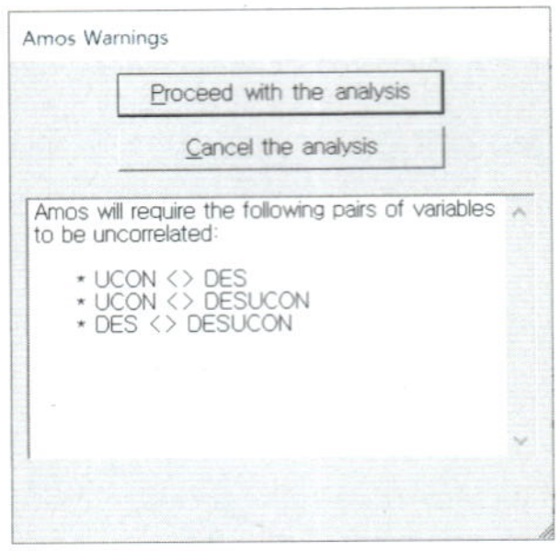

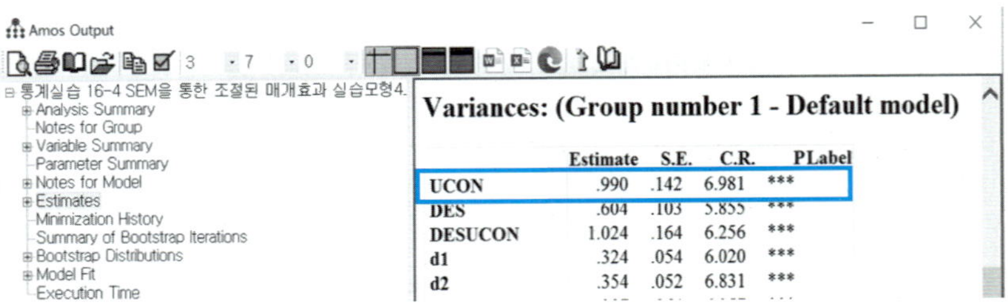

❾ Amos 기본 화면의 좌하단에 있는 [Not estimating any user-defined estimand]를 클릭한 후 [Define new estimands]를 마우스로 선택하면 [오른쪽]에 [입력] 창이 나타난다. 여기에서 다음과 같은 [조건부 간접효과(CIE)]와 [조절된 매개지수(IMM)]의 모수 추정을 위한 계산식을 입력한다. 입력 창의 [File] 메뉴에서 [Check Syntax]를 클릭하면 입력 창 화면 하단에 [Syntax is OK]라는 메시지가 나타난다. [사용자 정의 추정] 창에서 [File-Save as]로 들어간 후 파일명을 [통계실습 16-4 조건부 간접효과와 조절된 매개지수 계산식]으로 저장한 후 빠져나간다. 다음은 [사용자 정의 추정] 입력을 모두 마친 화면이다. 조건부 간접효과는 세 가지 수준으로 구분된다. ① 조절변수가 평균보다 1표준편차 낮은 수준: +1SD(OneSDbelow), ② 조절변수가 평균인 경우: Middle(평균), ③ 조절변수가 평균보다 1표준편차 높은 수준: +1SD(OneSDhigh)

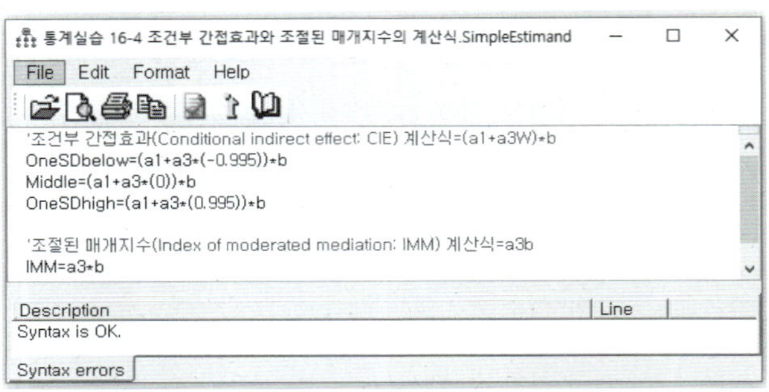

⑩ 왼쪽 툴박스에 있는 을 클릭해 실행한다.

⑪ 왼쪽 툴박스에 있는 (View Text)를 클릭해 실행 결과로 들어간다. 좌상단에서 먼저, [Estimates–Scalars–User–defined estimands]를 차례대로 클릭한다. 다음으로, 좌하단에서 [Estimates/Bootstrap–Bootstrap Confidence–Percentile method–Two Tailed Significance(PC)]를 차례대로 들어가서 출력된 결과를 확인한다.

▌표 16-4 ▌ 통계실습 16-4 사용자통제의 조절된 매개효과의 출력 결과

User-defined estimands: (Group number 1 - Default model)

Parameter	Estimate	Lower	Upper	P
OneSDbelow	.424	.300	.559	.010
Middle	.320	.227	.437	.010
OneSDhigh	.215	.128	.341	.010
IMM	-.105	-.178	-.038	.013

[표 16–4]는 사용자통제가 [디자인품질–고객만족도–고객충성도]의 매개효과를 조절하는지를 분석한 결과이다. 조절된 매개지수는 −0.105로 유의수준 0.05에서 통계적으로 유의하므로 사용자통제는 [디자인품질–고객만족도–고객충성도] 간의 매개효과를 조절하고 있다고 해석할 수 있다. 조건부 간접효과에 대한 검증 결과 조절변수의 3개의 수준(−1SD, M, +1SD)에서 조절된 매개효과가 있으며, 조절변수의 수준이 높아질수록 매개효과는 작아지는 것(0.424, 0.320, 0.215)으로 나타났다.

통계실습 16-5 측정변수로 구성된 경로모형의 조절된 매개효과분석 실습 5: 연속형 조절변수

다음의 [제5부 연속형 조절변수의 조절된 매개효과분석 데이터5(제16장)][2]을 이용해서 측정변수로 구성된 경로모형의 조절된 매개효과분석을 실습하시오. 이는 기분이 긍정적 생각을 매개로 태도

2) https://app.box.com/notes/200139026738?s=xi5bgxh3uozzwz67gd7vjrfy66d3zny5

에 미치는 매개효과가 있는지를 검증하고, 매개효과가 존재하는 경우 이 매개효과가 인지욕구 수준에 따라 달라지는가를 검증하는 것이다. 실습 모델은 4개의 측정변수로 구성되어 있다. 조절변수는 [인지욕구]이며 연속형 조절변수이다. 독립변수는 [기분]이며 명목형 변수이므로 평균중심화를 할 필요가 없다. 조절변수 [인지욕구]와 매개변수 [긍정적 생각]은 이미 연속형 변수이며 평균중심화가 되어 있다. 상호작용항 변수는 [기분]과 [인지욕구]를 곱하여 [기분인지욕구]라는 변수명으로 만들기로 한다. 매개변수는 [긍정적 생각], 종속변수는 [태도]이며 모두 연속형 변수이다. 이 실습모형은 Hayes의 PROCESS macro 7번에 해당된다. 모델 7번의 조건부 간접효과(Conditional Indirect Effect: CIE)와 조절된 매개지수(Index of Moderated Mediation: IMM)는 다음과 같은 계산식에 의해서 추정할 수 있다.

$$CIE = a_1 b + a_3 b W, \ IMM = a_3 b$$

〈연구가설〉

가설(H_1): 인지욕구는 [기분-긍정적 생각-태도] 간의 매개효과를 조절할 것이다.

개념적 모형

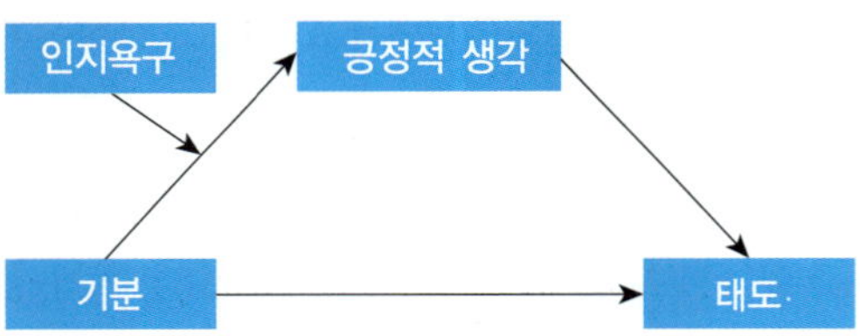

통계적 모형

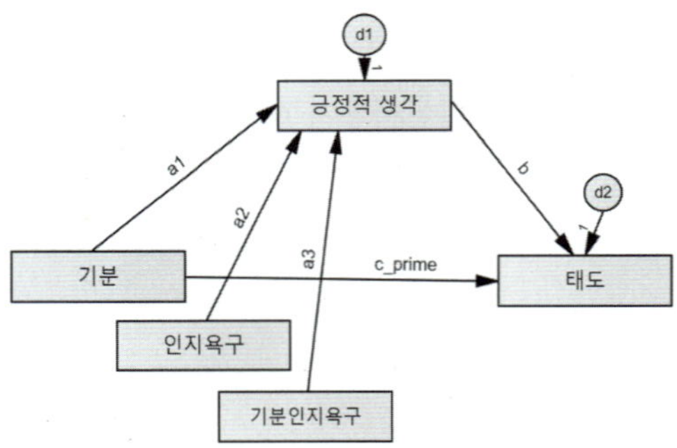

실습 따라하기

❶ SPSS에서 [파일-열기]로 들어간 후 [제5부 통제효과 매개효과 및 조절효과분석(제12장-제16장)-제5부 통계분석데이터-제16장] 폴더 안에 있는 파일인 [제5부 연속형 조절변수의 조절된 매개효과분석 데이터5(제16장)_mc를 한 경우]를 불러들인다. 이 데이터 파일은 이미 조절변수와 매개변수에 대한 평균중심화가 되어 있다.

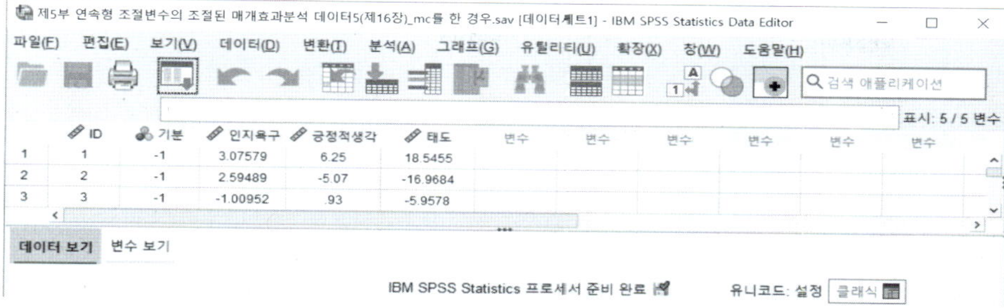

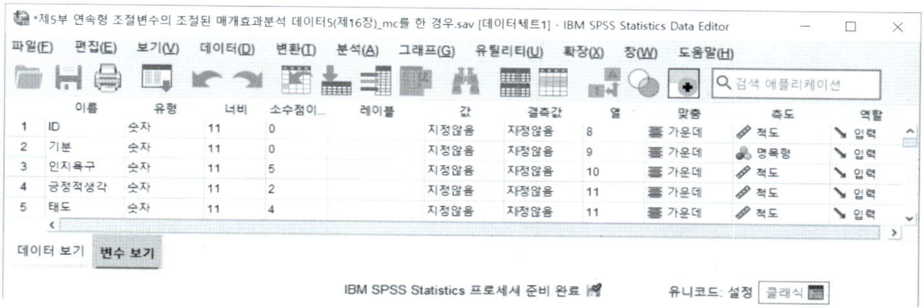

❷ SPSS에서 [변환-변수 계산]으로 들어가서 독립변수인 [기분]과 [인지욕구]를 곱하여 [상호작용항] 변수인 [기분인지욕구]를 만든다.

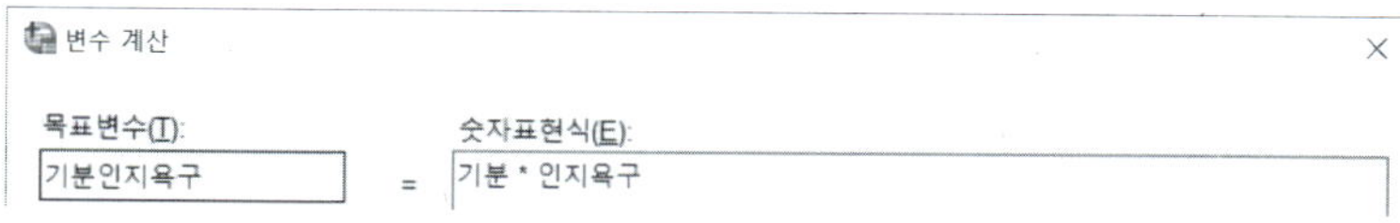

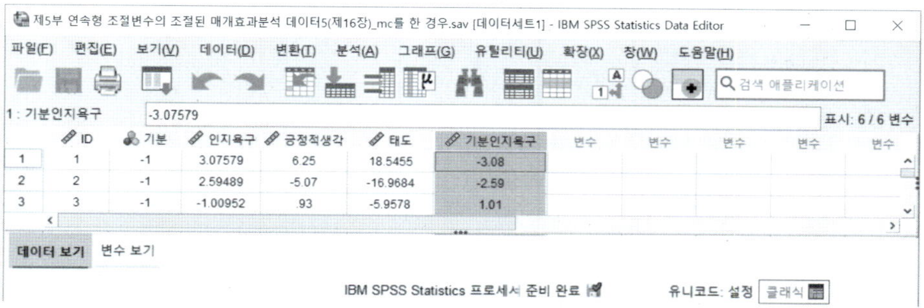

❸ [통계실습 16-4]에서는 Amos 프로그램을 이용해 조절변수의 표준편차를 구했으나, 이 실습에서는 SPSS를 이용해 구하는 방법을 제시한다. SPSS에서 [분석-기술통계량-기술통계]로 들어가 [옵션]

에서 [표준편차]를 선택하여 조절변수인 [인지욕구]의 표준편차(SD)를 구하고 [확인] 버튼을 클릭한다. [인지욕구]의 표준편차는 [1.405]이다. 분석 후에는 [저장] 버튼을 클릭한다. 물론 구해진 표준편차는 어떤 프로그램을 사용했느냐에 따라서 소수점 이하에서 약간 차이가 있을 수 있으나 큰 차이는 아니다.

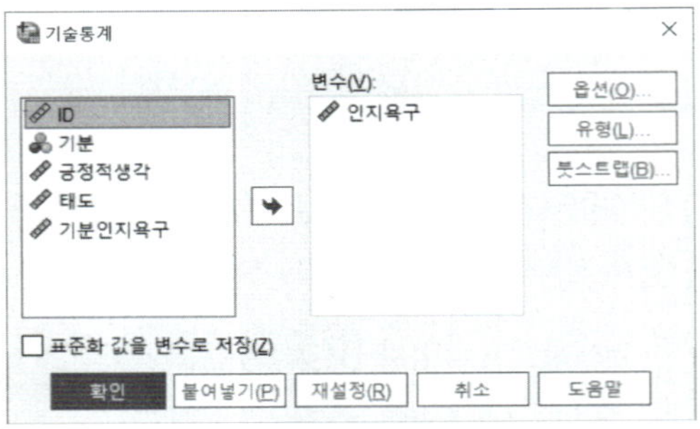

기술통계량

	N	표준편차
인지욕구	100	1.40459609
유효 N(목록별)	100	

❹ Amos에서 [파일-열기-데이터]로 들어간 후 먼저, [제5부 통제효과 매개효과 및 조절효과분석(제12장-제16장)-제5부 통계분석] 폴더 안에 있는 [통계실습 16-5 SEM을 통한 조절된 매개효과 실습모형5_연속형 변수]를 불러들인다. 이미 데이터 파일은 모형과 연결작업을 완료하였다. 경로에 명칭을 부여하기 위해서 왼쪽 툴박스에 있는 (Object Properties)를 클릭해 들어간 후 [Parameters] 탭의 [Regression weight]에서 경로 명칭으로 [a1, a2, a3, b, c_prime]을 지정한다.

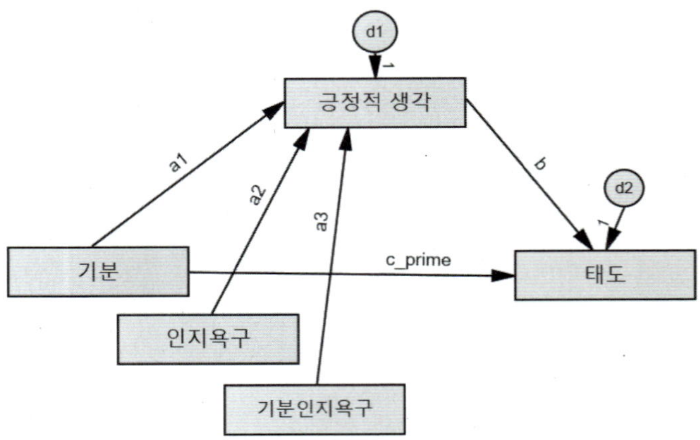

❺ 왼쪽 툴박스에 있는 (Analysis Properties)를 클릭해 들어간 후 [Output]에서 [Standardized estimates], [Squared multiple correlation], [Indirect, direct & total effects]를 체크한 후 나간다.

❻ 왼쪽 툴박스에 있는 (Analysis Properties)를 클릭해 들어가 [Bootstrap]에서 [Perfom bootstrap], [Percentile confidence intervals]를 체크한 후 나간다. 왼쪽 툴박스에 있는 을 클릭해 실행한다.

❼ 좌하단에 있는 [Not estimating any user-defined estimand]를 클릭한 후 [Define new estimands]를 마우스로 선택하면 [오른쪽]에 [입력] 창이 나타난다. 여기에서 다음과 같은 [조건부 간접효과(CIE)]와 [조절된 매개지수(IMM)]의 모수 추정을 위한 계산식을 입력한다. 입력 창의 [File] 메뉴에서 [Check Syntax]를 클릭하면 입력 창 화면 하단에 [Syntax is OK]라는 메시지가 나타난다. [사용자 정의 추정] 창에서 [File-Save as]로 들어간 후 파일명을 [통계실습 16-5 조건부 간접효과와 조절된 매개지수 계산식]으로 저장한 후 빠져나간다. 다음은 [사용자 정의 추정] 입력을 모두 마친 화면이다. 조건부 간접효과는 세 가지 수준으로 구분된다. ① 조절변수가 평균보다 1표준편차 낮은 수준: −1SD(OneSDbelow), ② 조절변수가 평균인 경우: Middle(평균), ③ 조절변수가 평균보다 1표준편차 높은 수준: +1SD(OneSDhigh)

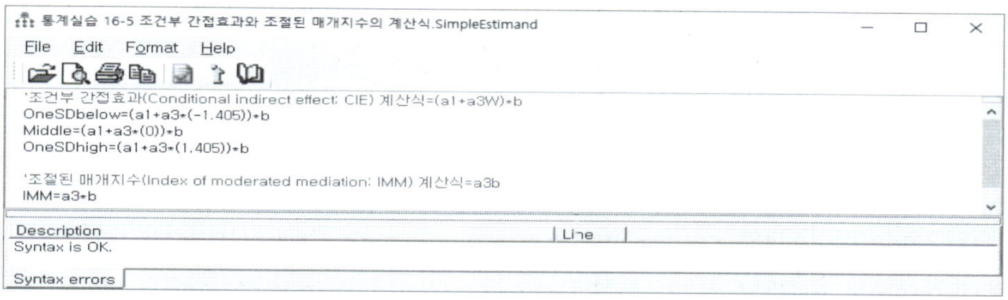

❽ 왼쪽 툴박스에 있는 을 클릭해 실행한다. [Amos Warnings] 메시지가 나타나면 무시하고 [Proceed with the analysis]를 클릭해 실행한다.

❾ 왼쪽 툴박스에 있는 (View Text)를 클릭해 실행 결과로 들어간다. 좌상단에서 먼저, [Estimates-Scalars-User-defined estimands]를 차례대로 클릭한다. 다음으로, 좌하단에서 [Estimates/Bootstrap-Bootstrap Confidence-Percentile method-Two Tailed Significance(PC)]를 차례대로 들어가서 출력된 결과를 확인한다.

표 16-5 통계실습 16-5 인지욕구의 조절된 매개효과의 출력 결과

User-defined estimands: (Group number 1 - Default model)

Parameter	Estimate	Lower	Upper	P
OneSDbelow	2.974	1.044	5.497	.010
Middle	5.017	3.376	7.456	.010
OneSDhigh	7.060	4.942	10.679	.010
IMM	1.454	.692	2.681	.018

[표 16-5]는 인지욕구가 [기분-긍정적 생각-태도]의 매개효과를 조절하는지를 분석한 결과이다. 조절된 매개지수는 1.454로 유의수준 0.05에서 통계적으로 유의하므로 인지욕구는 [기분-긍정적 생각-태도] 간의 매개효과를 조절하고 있다고 해석할 수 있다. 조건부 간접효과에 대한 검증 결과 조절변수의 3개의 수준(-1SD, M, +1SD)에서 조절된 매개효과가 있으며, 조절변수의 수준이 높아질수록 매개효과는 커지는 것(2.974, 5.017, 7.060)으로 나타났다.

통계실습 16-6 측정변수로 구성된 경로모형의 조절된 매개효과분석 실습 5 : 연속형 조절변수

다음의 [제5부 연속형 조절변수의 조절된 매개효과분석 데이터6(제16장)]을 이용해서 측정변수로 구성된 경로모형의 조절된 매개효과분석을 실습하시오. 이는 먼저, 기분이 긍정적 생각을 매개로 태도에 미치는 매개효과가 있는지를 검증하고, 매개효과가 존재하는 경우 이 매개효과가 인지욕구 수준에 따라 달라지는가를 검증하는 것이다(조건부 간접효과검증). 다음으로, 인지욕구의 수준에 따라 기분과 태도 간의 관계가 조절되고 있는지를 검증하는 것이다(조건부 직접효과검증). 실습 모델은 4개의 측정변수로 구성되어 있다. 조절변수는 [인지욕구]이며 연속형 조절변수이다. 독립변수는 [기분]이며 명목형 변수이므로 평균중심화를 할 필요가 없다. 조절변수 [인지욕구]와 매개변수 [긍정적 생각]은 이미 연속형 변수이며 평균중심화가 되어 있다. 상호작용항 변수는 [기분]과 [인지욕구]를 곱하여 [기분인지욕구]라는 변수명으로 만들기로 한다. 매개변수는 [긍정적 생각], 종속변수는 [태도]이며 모두 연속형 변수이다. 이 실습모형은 Hayes의 PROCESS macro 8번에 해당된다. 모델 8번의 조건부 간접효과(Conditional Indirect Effect: CIE)와 조건부 직접효과(Conditional Direct Effect: CDE) 그리고 조절된 매개지수(Index of Moderated Mediation: IMM)는 다음과 같은 계산식에 의해서 추정할 수 있다.

$$CIE = a_1 b + a_3 b W,\ \ CDE = c_1\text{\_prime} + c_3\text{\_prime}\, W,\ \ IMM = a_3 b$$

〈연구가설〉
가설(H_1): 인지욕구는 [기분–긍정적 생각–태도] 간의 매개효과를 조절할 것이다.
가설(H_2): 인지욕구는 [기분–태도] 간의 관계를 조절할 것이다.

개념적 모형

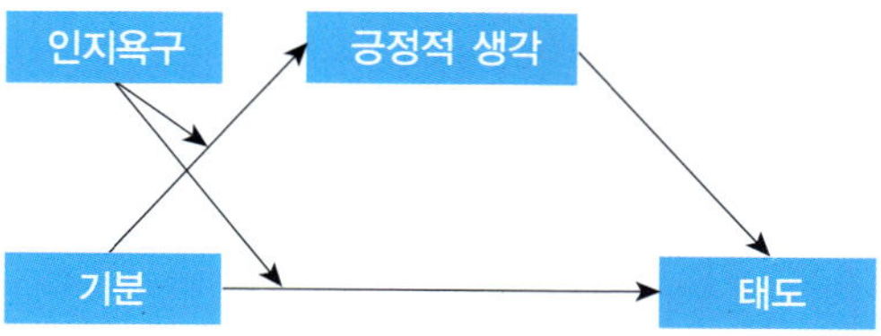

통계적 모형

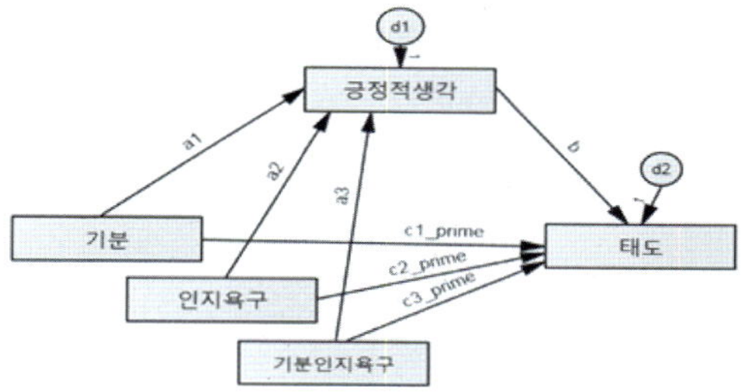

실습 따라하기

❶ SPSS에서 [파일–열기]로 들어간 후 [제5부 통제효과 매개효과 및 조절효과 분석(제12장–제16장)–제5부 통계분석데이터–제16장] 폴더 안에 있는 파일인 [제5부 연속형 조절변수의 조절된 매개효과 분석 데이터6(제16장)_mc를 한 경우]를 불러들인다(이 실습 데이터는 통계실습 16–5와 동일). 이 데이터 파일은 이미 조절변수와 매개변수에 대한 평균중심화가 되어 있다.

❷ SPSS에서 [변환–변수 계산]으로 들어가서 독립변수인 [기분]과 [인지욕구]를 곱하여 [상호작용항] 변수인 [기분인지욕구]를 만든다(통계실습 16–5와 동일).

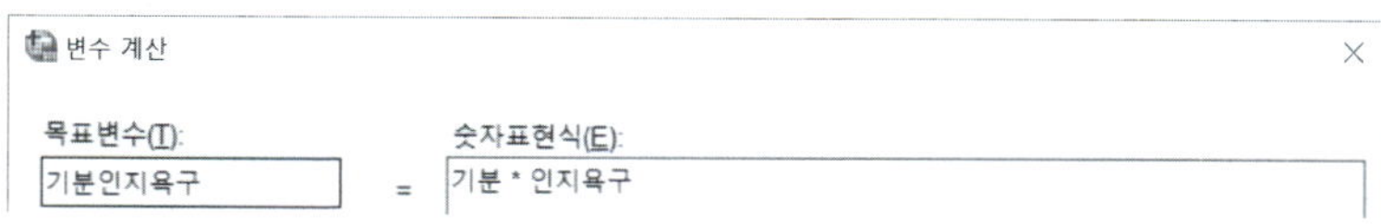

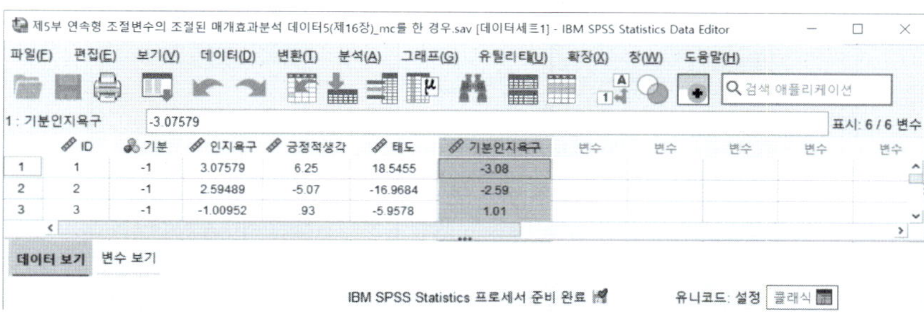

❸ SPSS에서 [분석–기술통계량–기술통계]로 들어가 [옵션]에서 [표준편차]를 선택하여 조절변수인 [인지욕구]의 표준편차(SD)를 구하고 [확인] 버튼을 클릭한다. 인지욕구의 표준편차는 [1.405]이다(통계실습 16–5와 동일). 분석 후에는 [저장] 버튼을 클릭한다.

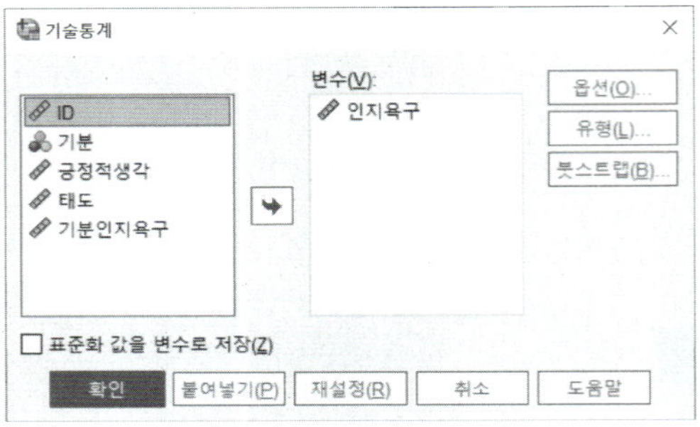

기술통계량

	N	표준편차
인지욕구	100	1.40459609
유효 N(목록별)	100	

❹ Amos에서 [파일–열기–데이터]로 들어간 후 먼저, [제5부 통제효과 매개효과 및 조절효과분석(제12장–제16장)–제5부 통계분석] 폴더 안에 있는 [통계실습 16–6 SEM을 통한 조절된 매개효과 실습 모형6_연속형 변수]를 불러들인다. 이미 데이터 파일은 모형과 연결작업을 완료하였다. 경로에 명칭을 부여하기 위해서 왼쪽 툴박스에 있는 (Object Properties)를 클릭해 들어간 후 [Parameters] 탭의 [Regression weight]에서 경로 명칭으로 [a1, a2, a3, b, c1_prime, c2_prime, c3_prime]을 지정한다.

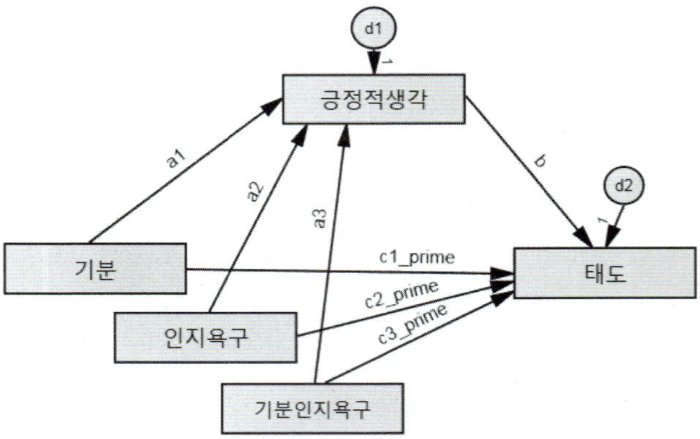

❺ 왼쪽 툴박스에 있는 (Analysis Properties)를 클릭해 들어간 후 [Output]에서 [Standardized estimates], [Squared multiple correlation], [Indirect, direct & total effects]를 체크한 후 나간다.

❻ 왼쪽 툴박스에 있는 (Analysis Properties)를 클릭해 들어가 [Bootstrap]에서 [Perfom bootstrap], [Percentile confidence intervals]를 체크한 후 나간다. 왼쪽 툴박스에 있는 을 클릭해 실행한다.

❼ 좌하단에 있는 [Not estimating any user-defined estimand]를 클릭한 후 [Define new estimands]를 마우스로 선택하면 [오른쪽]에 [입력] 창이 나타난다. 여기에서 다음과 같은 [조건부 간접효과(CIE)]와 [조건부 직접효과(CDE)] 그리고 [조절된 매개지수(IMM)]의 모수 추정을 위한 계산식을 입력한다. 입력 창의 [File] 메뉴에서 [Check Syntax]를 클릭하면 입력 창 화면 하단에 [Syntax is OK]라는 메시지가 나타난다. [사용자 정의 추정] 창에서 [File-Save as]로 들어간 후 파일명을 [통계실습 16-6 조건부 간접효과와 직접효과 및 조절된 매개지수 계산식]으로 저장한 후 빠져나간다. 다음은 [사용자 정의 추정] 입력을 모두 마친 화면이다. 조건부 간접효과는 세 가지 수준으로 구분된다. ① 조절변수가 평균보다 1표준편차 낮은 수준: −1SD(OneSDbelow), ② 조절변수가 평균인 경우: Middle(평균), ③ 조절변수가 평균보다 1표준편차 높은 수준: +1SD(OneSDhigh). 조건부 직접효과는 세 가지 수준으로 구분된다. ① 조절변수가 평균보다 1표준편차 낮은 수준: +1SD (CDEOneSDbelow), ② 조절변수가 평균인 경으: M(CDEMiddle), ③ 조절변수가 평균보다 1표준편차 높은 수준: +1SD(CDEOneSDhigh)

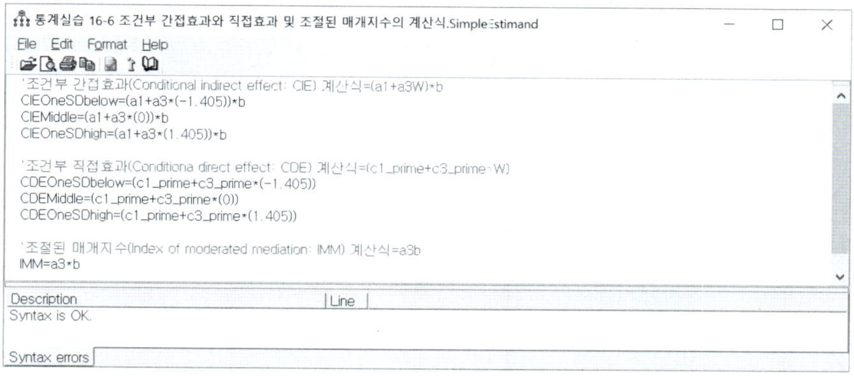

❽ 왼쪽 툴박스에 있는 을 클릭해 실행한다. [Amos Warnings] 메시지가 나타나면 무시하고 [Proceed with the analysis]를 클릭해 실행한다.

❾ 왼쪽 툴박스에 있는 (View Text)를 클릭해 실행 결과로 들어간다. 좌상단에서 먼저, [Estimates-Scalars-User-defined estimands]를 차례대로 클릭한다. 다음으로, 좌하단에서

[Estimates/Bootstrap–Bootstrap Confidence–Percentile method–Two Tailed Significance(PC)]를 차례대로 들어가서 출력된 결과를 확인한다.

표 16-6 통계실습 16-6 인지욕구의 조절효과와 조절된 매개효과의 출력 결과

User-defined estimands: (Group number 1 - Default model)

Parameter	Estimate	Lower	Upper	P
CIEOneSDbelow	3.203	1.128	5.657	.010
CIEMiddle	5.404	3.735	7.919	.010
CIEOneSDhigh	7.604	5.229	11.253	.010
CDEOneSDbelow	4.581	.949	7.681	.040
CDEMiddle	1.410	-1.806	3.959	.407
CDEOneSDhigh	-1.761	-5.896	1.534	.429
IMM	1.566	.696	3.013	.018

[표 16-6]은 인지욕구가 [기분–태도] 간의 관계를 조절하는지와 [기분–긍정적 생각–태도]의 매개효과를 조절하는지를 분석한 결과이다. 조건부 직접효과에 대한 검증 결과 조절변수의 평균보다 낮은 수준에서 조절효과가 있는 것으로 나타났다. 그러나 평균과 평균보다 높은 수준에서는 조절효과가 없는 것으로 나타났다. 조절된 매개지수는 1.566으로 유의수준 0.05에서 통계적으로 유의하므로 인지욕구는 [기분–긍정적 생각–태도] 간의 매개효과를 조절하고 있다고 해석할 수 있다. 조건부 간접효과에 대한 검증 결과 조절변수의 3개의 수준(–1SD, M, +1SD)에서 조절된 매개효과가 있으며, 조절변수의 수준이 높아질수록 매개효과는 커지는 것(3.203, 5.404, 7.604)으로 나타났다.

통계실습 16-7 측정변수로 구성된 경로모형의 조절된 매개효과분석 실습 7: 연속형 조절변수

다음의 [제5부 연속형 조절변수의 조절된 매개효과분석 데이터7(제16장)][3]을 이용해서 측정변수로 구성된 경로모형의 조절된 매개효과분석을 실습하시오. 이는 반추(Rumination)가 불안(Anxiety)

3) https://drive.google.com/file/d/1CZTqarldpq2HK895HsZM–Qn1TKZYMpx9/view

을 매개로 우울(Depression)에 미치는 매개효과가 있는지를 검증하고, 매개효과가 존재하는 경우 이 매개효과가 지각된 통제(Perceived control) 수준에 따라 달라지는가를 검증하는 것이다. 실습모델은 4개의 측정변수로 구성되어 있다. 조절변수는 [지각된 통제]이며 연속형 조절변수이다. 독립변수는 [반추], 매개변수는 [불안], 종속변수는 [우울]이며 연속형 변수이다. 조절변수를 포함한 모형을 구성하는 모든 변수들은 이미 평균중심화가 되어 있다. 이 실습모형은 Hayes의 PROCESS macro 14번에 해당된다. 모델 14번의 조건부 간접효과(Conditional Indirect Effect: CIE)와 조절된 매개지수(Index of Moderated Mediation: IMM)는 다음과 같은 계산식에 의해서 추정할 수 있다.

$$CIE = a(b_1 + b_3 W),\ IMM = ab_3$$

〈연구가설〉
가설(H_1): 지각된 통제는 [반추–불안–우울] 간의 매개효과를 조절할 것이다.

개념적 모형

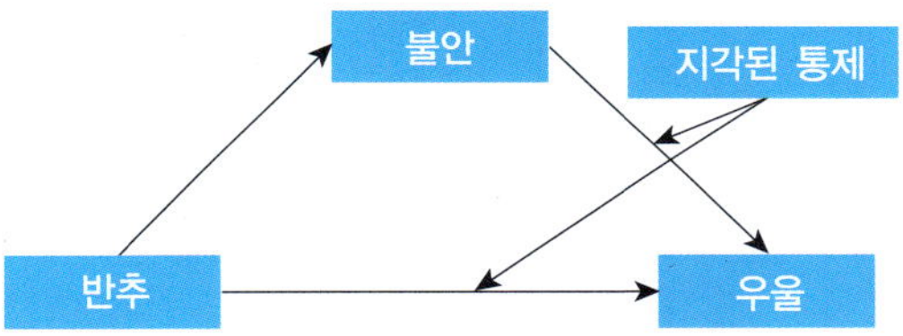

통계적 모형

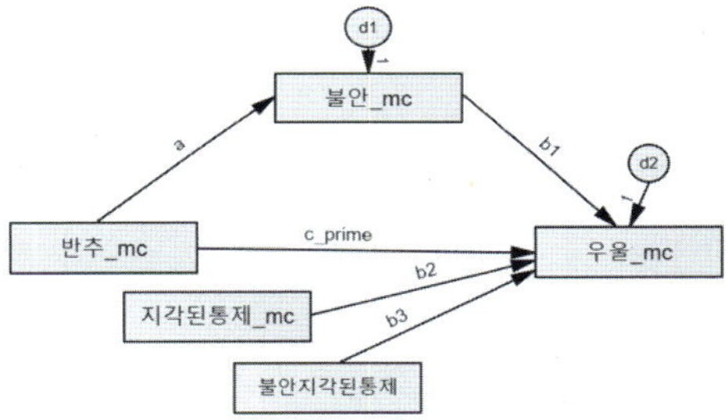

실습 따라하기

❶ SPSS에서 [파일–열기]로 들어간 후 [제5부 통제효과 개개효과 및 조절효과분석(제12장–제16장)–제5부 통계분석데이터–제16장] 폴더 안에 있는 파일인 [제5부 연속형 조절변수의 조절된 매개효과분석 데이터7(제16장)_mc를 한 경우]를 불러들인다. 이 데이터 파일은 이미 조절변수와 매개변수에 대한 평균중심화가 되어 있으며, 상호작용항 변수인 [불안지각된통제]도 만들어져 있다.

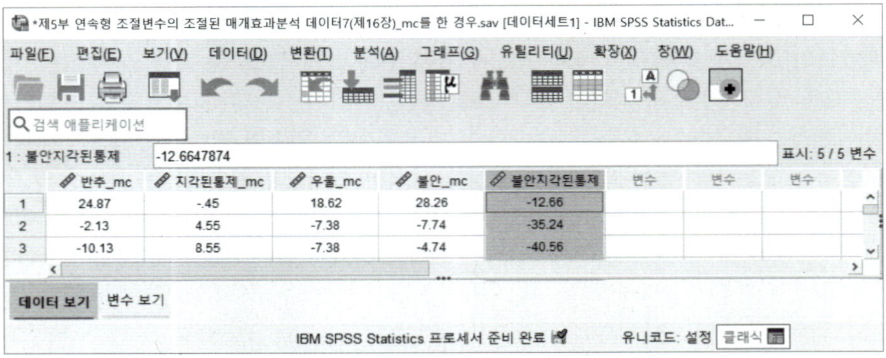

❷ [통계실습 16-4]에서는 Amos 프로그램을 이용해 조절변수의 표준편차를 구했으나, 이 실습에서는 SPSS를 이용해 구하였다. [지각된 통제]의 [표준편차]는 [8.997]이다.

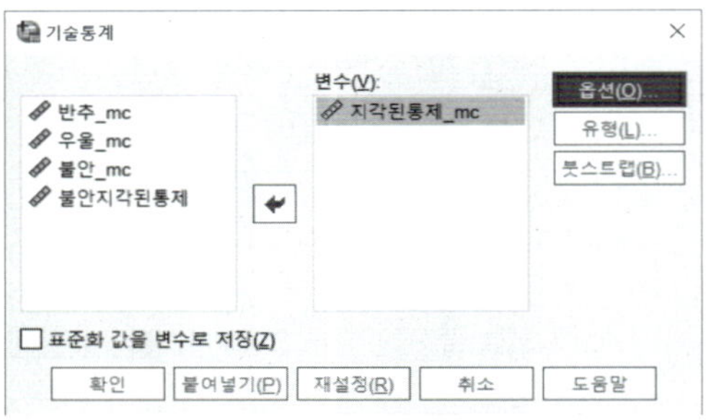

기술통계량

	N	최대값	표준편차
지각된통제_mc	926	19.55	8.99676
유효 N(목록별)	926		

❸ Amos에서 [파일-열기-데이터]로 들어간 후 먼저, [제5부 통제효과 매개효과 및 조절효과분석(제12장-제16장)-제5부 통계분석] 폴더 안에 있는 [통계실습 16-7 SEM을 통한 조절된 매개효과 실습모형7_연속형 변수]를 불러들인다. 이미 데이터 파일은 모형과 연결작업을 완료하였다. 경로에 명칭을 부여하기 위해서 왼쪽 툴박스에 있는 (Object Properties)를 클릭해 들어간 후 [Parameters] 탭의 [Regression weight]에서 경로 명칭으로 [a, b1, b2, b3, c_prime]을 지정한다.

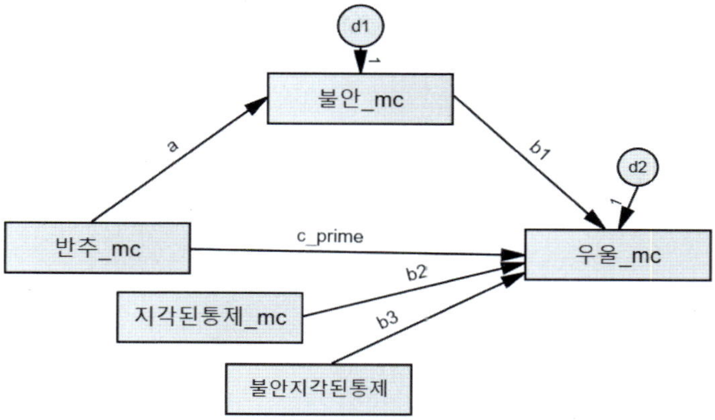

❹ 왼쪽 툴박스에 있는 (Analysis Properties)를 클르해 들어간 후 [Output]에서 [Standardized estimates], [Squared multiple correlation], [Indirect, direct & total effects]를 체크한 후 나간다.

❺ 왼쪽 툴박스에 있는 (Analysis Properties)를 클릭해 들어가 [Bootstrap]에서 [Perfom bootstrap], [Percentile confidence intervals]를 체크한 후 나간다. 왼쪽 툴박스에 있는 을 클릭해 실행한다.

❻ 좌하단에 있는 [Not estimating any user-defined estimand]를 클릭한 후 [Define new estimands]를 마우스로 선택하면 [오른쪽]에 [입력] 창이 나타난다. 여기에서 다음과 같은 [조건부 간접효과(CIE)]와 [조절된 매개지수(IMM)]의 모수 추정을 위한 계산식을 입력한다. 입력 창의 [File] 메뉴에서 [Check Syntax]를 클릭하면 입력 창 화면 하단에 [Syntax is OK]라는 메시지가 나타난다. [사용자 정의 추정] 창에서 [File-Save as]로 들어간 후 파일명을 [통계실습 16-7 조건부 간접효과와 조절된 매개지수 계산식]으로 저장한 후 빠져나간다. 다음은 [사용자 정의 추정] 입력을 모두 마친 화면이다. 조건부 간접효과는 세 가지 수준으로 구분된다. ① 조절변수가 평균보다 1표준편차 낮은 수준: +1SD(CDEOneSDbelow), ② 조절변수가 평균인 경우: M(CDEMiddle), ③ 조절변수가 평균보다 1표준편차 높은 수준: +1SD(CDEOneSDhigh)

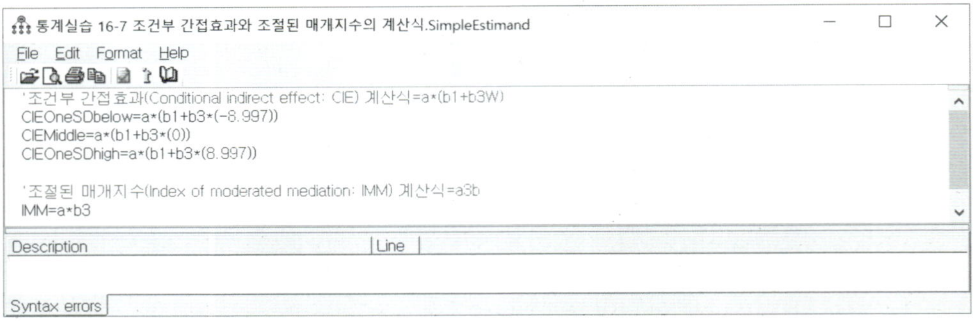

❼ 왼쪽 툴박스에 있는 을 클릭해 실행한다. [Amos Warnings] 메시지가 나타나면 무시하고 [Proceed with the analysis]를 클릭해 실행한다.

❽ 왼쪽 툴박스에 있는 (View Text)를 클릭해 실행 결과로 들어간다. 좌상단에서 먼저, [Estimates-Scalars-User-defined estimands]를 차례대로 클릭한다. 다음으로, 좌하단에서 [Estimates/Bootstrap-Bootstrap Confidence-Percentile method-Two Tailed Significance(PC)]를 차례대로 들어가서 출력된 결과를 확인한다.

표 16-7 통계실습 16-7 지각된 통제의 조절된 매개효과의 출력 결과

User-defined estimands: (Group number 1 - Default model)

Parameter	Estimate	Lower	Upper	P
CIEOneSDbelow	.159	.137	.187	.010
CIEMiddle	.130	.106	.154	.010
CIEOneSDhigh	.101	.072	.132	.010
IMM	-.003	-.005	-.002	.010

[표 16-7]은 지각된 통제가 [반추-불안-우울]의 매개효과를 조절하는지를 분석한 결과이다. 조절된 매개지수는 −0.003으로 유의수준 0.01에서 통계적으로 유의하므로 지각된 통제는 [반추-불안-우울] 간의 매개효과를 조절하고 있다고 해석할 수 있다. 조건부 간접효과에 대한 검증 결과 조절변수의 3개의 수준(−1SD, M, +1SD)에서 조절된 매개효과가 있으며, 조절변수의 수준이 높아질수록 매개효과는 작아지는 것(0.159, 0.130, 0.101)으로 나타났다.

통계실습 16-8 측정변수로 구성된 경로모형의 조절된 매개효과분석 실습 8: 연속형 조절변수

다음의 [제5부 연속형 조절변수의 조절된 매개효과분석 데이터8(제16장)][4]을 이용해서 측정변수로 구성된 경로모형의 조절된 매개효과분석을 실습하시오. 이는 반추(Rumination)가 불안(Anxiety)을 매개로 우울(Depression)에 미치는 매개효과가 있는지를 검증하고, 매개효과가 존재하는 경우 이 매개효과가 지각된 통제(Perceived control) 수준에 따라 달라지는가를 검증하는 것이다. 실습모델은 4개의 측정변수로 구성되어 있다. 조절변수는 [지각된 통제]이며 연속형 조절변수이다. 독립변수는 [반추], 매개변수는 [불안], 종속변수는 [우울]이며 연속형 변수이다. 조절변수를 포함한 모형을 구성하는 모든 변수들은 이미 평균중심화가 되어 있다. 이 실습모형은 Hayes의 PROCESS macro 15번에 해당된다. 모델 15번의 조건부 간접효과(Conditional Indirect Effect: CIE)와 조건부 직접효과(Conditional Direct Effect: CDE) 그리고 조절된 매개지수(Index of Moderated Mediation: IMM)는 다음과 같은 계산식에 의해서 추정할 수 있다.

$$CIE = a(b_1 + b_2 W),\ \ CDE = c_1\text{\_prime} + c_3\text{\_prime}\ W,\ \ IMM = ab_2$$

〈연구가설〉

가설(H_1): 지각된 통제는 [반추–불안–우울] 간의 매개효과를 조절할 것이다.

가설(H_2): 지각된 통제는 [반추–우울] 간의 관계를 조절할 것이다.

개념적 모형

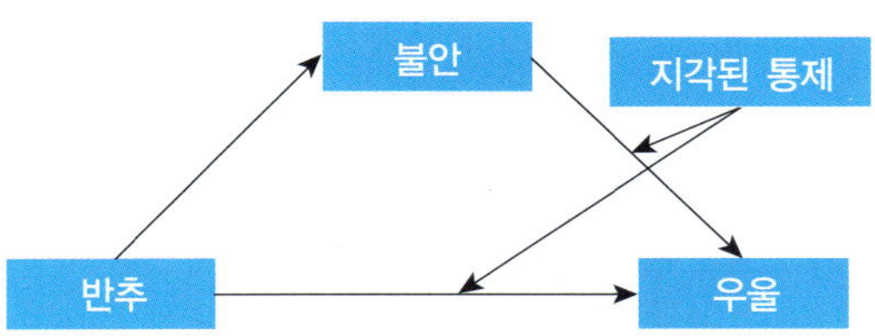

통계적 모형

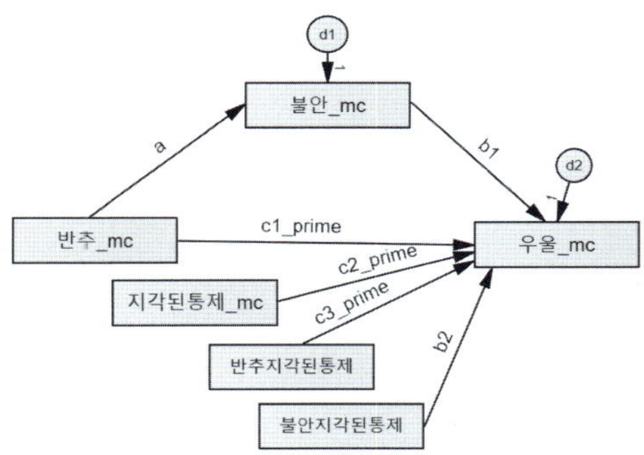

4) https://drive.google.com/file/d/1CZTqarldpq2HK895HsZM-Qn1TKZYMpx9/view

실습 따라하기

❶ SPSS에서 [파일-열기]로 들어간 후 [제5부 통제효과 매개효과 및 조절효과분석(제12장-제16장)-제5부 통계분석데이터-제16장] 폴더 안에 있는 파일인 [제5부 연속형 조절변수의 조절된 매개효과분석 데이터8(제16장)_mc를 한 경우]를 불러들인다. 이 데이터 파일은 이미 조절변수와 매개변수에 대한 평균중심화가 되어 있으며, 상호작용항 변수인 [불안지각된통제], [반추지각된통제]도 만들어져 있다.

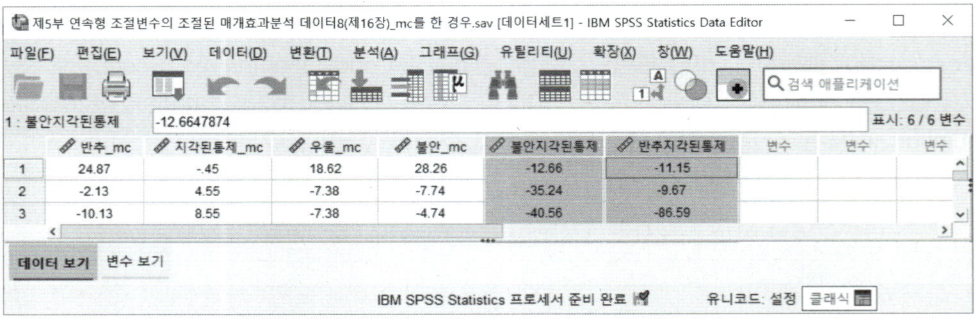

❷ [통계실습 16-4에서는 Amos 프로그램을 이용해 조절변수의 표준편차를 구했으나, 이 실습에서는 SPSS를 이용해 구하였다. [지각된 통제]의 [표준편차]는 [8.997]이다.

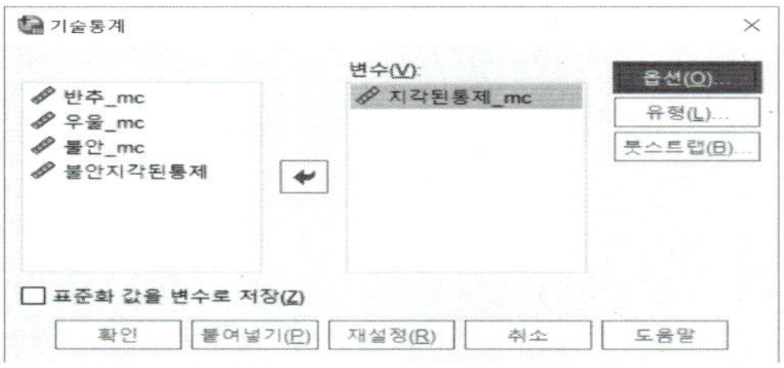

기술통계량

	N	최대값	표준편차
지각된통제_mc	926	19.55	8.99676
유효 N(목록별)	926		

❸ Amos에서 [파일-열기-데이터]로 들어간 후 먼저, [제5부 통제효과 매개효과 및 조절효과분석(제12장-제16장)-제5부 통계분석] 폴더 안에 있는 [통계실습 16-8 SEM을 통한 조절된 매개효과 실습모형8_연속형 변수]를 불러들인다. 이미 데이터 파일은 모형과 연결작업을 완료하였다. 경로에 명칭을 부여하기 위해서 왼쪽 툴박스에 있는 (Object Properties)를 클릭해 들어간 후 [Parameters] 탭의 [Regression weight]에서 경로 명칭으로 [a, b1, b2, c1_prime, c2_prime, c3_prime]을 지정한다.

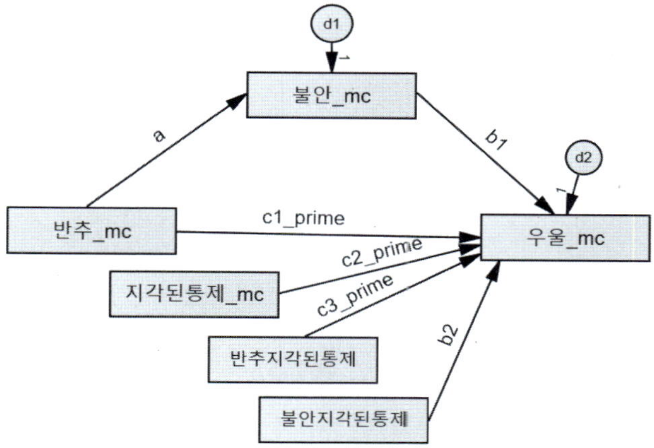

❹ 왼쪽 툴박스에 있는 (Analysis Properties)를 클릭해 들어간 후 [Output]에서 [Standardized estimates], [Squared multiple correlation], [Indirect, direct & total effects]를 체크한 후 나간다.

❺ 왼쪽 툴박스에 있는 (Analysis Properties)를 클릭해 들어가 [Bootstrap]에서 [Perfom bootstrap], [Percentile confidence intervals]를 체크한 후 나간다. 왼쪽 툴박스에 있는 을 클릭해 실행한다.

❻ 좌하단에 있는 [Not estimating any user-defined estimand]를 클릭한 후 [Define new estimands]를 마우스로 선택하면 [오른쪽]에 [입력] 창이 나타난다. 여기에서 다음과 같은 [조건부 간접효과(CIE)]와 [조건부 직접효과(CDE)] 그리고 [조절된 매개지수(IMM)]의 모수 추정을 위한 계산식을 입력한다. 입력 창의 [File] 메뉴에서 [Check Syntax]를 클릭하면 입력 창 화면 하단에 [Syntax is OK]라는 메시지가 나타난다. [사용자 정의 추정] 창에서 [File-Save as]로 들어간 후 파일명을 [통계실습 16-8 조건부 간접효과와 조절된 매개지수 계산식]으로 저장한 후 빠져나간다. 다음은 [사용자 정의 추정] 입력을 모두 마친 화면이다 조건부 간접효과는 세 가지 수준으로 구분된다. ① 조절변수가 평균보다 1표준편차 낮은 수준: -1SD(CDEOneSDbelow), ② 조절변수가 평균인 경우: M(CDEMiddle), ③ 조절변수가 평균보다 1표준편차 높은 수준: +1SD(CDEOneSDhigh). 조건부 직접효과는 세 가지 수준으로 구분된다. ① 조절변수가 평균보다 1표준편차 낮은 수준: +1SD(CDEOneSDbelow), ② 조절변수가 평균인 경우: M(CDEMiddle), ③ 조절변수가 평균보다 1표준편차 높은 수준: +1SD(CDEOneSDhigh).

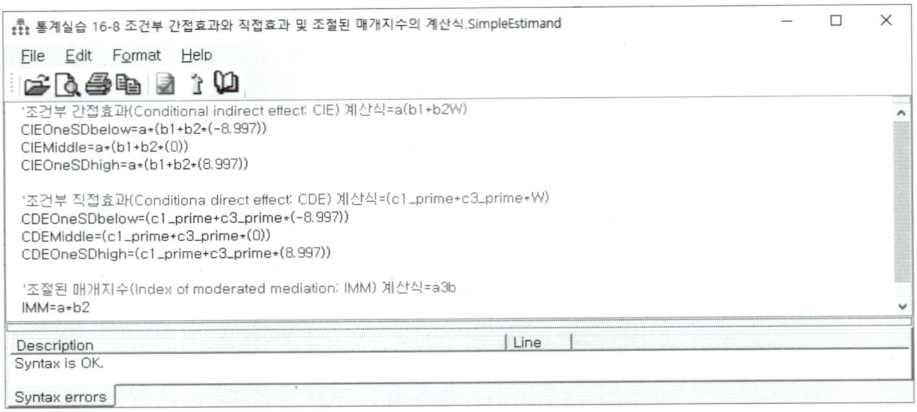

❼ 왼쪽 툴박스에 있는 을 클릭해 실행한다. [Amos Warnings] 메시지가 나타나면 무시하고 [Proceed with the analysis]를 클릭해 실행한다.

❽ 왼쪽 툴박스에 있는 (View Text)를 클릭해 실행 결과로 들어간다. 좌상단에서 먼저, [Estimates–Scalars–User–defined estimands]를 차례대로 클릭한다. 다음으로, 좌하단에서 [Estimates/Bootstrap–Bootstrap Confidence–Percentile method–Two Tailed Significance(PC)]를 차례대로 들어가서 출력된 결과를 확인한다.

| 표 16-8 | 통계실습 16-8 지각된 통제의 조절효과와 조절된 매개효과의 출력 결과

User-defined estimands: (Group number 1 - Default model)

Parameter	Estimate	Lower	Upper	P
CIEOneSDbelow	.149	.126	.180	.010
CIEMiddle	.133	.109	.159	.010
CIEOneSDhigh	.117	.086	.156	.010
CDEOneSDbelow	.155	.085	.243	.010
CDEMiddle	.116	.085	.158	.010
CDEOneSDhigh	.078	.031	.129	.010
IMM	-.002	-.004	.001	.244

[표 16-8]은 지각된 통제가 [반추-우울] 간의 관계를 조절하는지와 [반추-불안-우울]의 매개효과를 조절하는지를 분석한 결과이다. 조건부 직접효과에 대한 검증 결과 조절변수의 평균보다 1표준편차 낮은 수준, 평균, 평균보다 1표준편차 높은 집단에서 모두 조절효과가 있는 것으로 나타났다. 조건부 간접효과에 대한 검증 결과 조절변수의 모든 수준에서 조절된 매개효과가 있으며, 조절변수의 수준이 높아질수록 매개효과는 작아지는 것(0.149, 0.133, 0.117)으로 나타났다. 그러나 조절된 매개지수는 −0.002로 유의수준 0.05에서 통계적으로 유의하지 않게 나타나서 지각된 통제는 [반추-불안-우울] 간의 매개효과를 조절하지 않는다고 해석하면 된다. 왜냐하면 조절된 매개효과의 공식적인 검증방법은 조절된 매개지수의 유의성 검증을 사용하기 때문이다. 따라서 조건부 간접효과가 모두 유의하여도 조절된 매개효과가 있다고 해석해서는 안 된다. 왜냐하면 3개의 특정값 수준(−1SD, M, +1SD)에서 통계적인 유의성이 있는 것이지 조절변수의 전체 수준에서 보면 통계적 유의성이 없기 때문이다.

Hayes(2012)는 그의 저서에서 최초에 PROCESS macro로 처리할 수 있는 92개의 모델을 발표했으며, 2022년의 제3판 부록에서는 57개의 모델을 제시하였다. 이 책에서 조절된 매개효과분석을 위한 모델 번호 7, 8, 14, 15의 4개만을 제시했으나 보다 깊은 연구에 관심이 있는 독자들은 다른 모델 번호에 대해서 개별적으로 학습하여 실습하기 바란다. 중요한 것은 각 모델의 통계처리에 필요한 모델의 노테이션(경로 명칭)과 각 모델에서 제공되는 조건부 간접효과와 조절된 매개지수 계산식을 이해하고 적용하는 것이다.

제16장의 핵심내용 요약

- 조절된 매개효과분석(Moderated mediation effect analysis, or 조건부과정분석(Conditional process analysis))이란 독립변수(X)가 매개변수(M)를 경유하여 종속변수(Y)로 이어지는 매개효과(X → M → Y)가 조절변수인 W에 의해서 조절되는지를 분석하는 것을 말한다.
- 범주형 조절변수(Categorical moderator)의 조절된 매개효과분석은 집단 간의 간접효과의 경로계수 차이가 통계적인 유의성이 있는가를 검증한다.
- 연속형 조절변수(Continuous moderator)의 조절된 매개효과분석은 조절변수 W의 수준(크기)에 따라 조건부 직접효과와 조건부 간접효과에 주는 영향이 달라지는 효과(Conditional on W)를 검증한다. 이를 조건부효과검증(Conditional effect test) 혹은 단순기울기분석(Simple slope analysis)이라고 한다.
- 매개된 조절효과모델(Mediated moderation effect model)과 조절된 매개효과모델(Moderated mediation effect model)은 수학적으로 동일하며 동일한 결과를 산출한다.
- 조절된 매개효과분석에서는 조절변수(W)의 수준에 따라서 '독립변수인 X가 매개변수인 M을 경유하여 종속변수인 Y에 미치는 매개효과(X → M → Y)'와 '독립변수인 X가 종속변수인 Y에 미치는 효과(X → Y)'가 다른 패턴을 보일 수 있다. 전자를 조건부 간접효과(Conditional indirect effect)라고 하고 후자를 조건부 직접효과(Conditional direct effect)라고 한다.
- 조절된 매개효과가 유의하게 나타나면 조절된 매개효과의 사후탐색(Post hoc probing)을 수행해야 한다. 이는 조절변수의 여러 수준에 매개효과가 유의한지 아닌지를 확인하는 과정이다. 사후탐색은 보통 조절변수의 세 가지 수준[-1SD, M, +1SD]에서 실시하며 경우에 따라서는 보다 세분화시켜서 실시할 수 있다.
- 조절된 매개효과분석에서 조절된 매개지수(Index of moderated mediation)는 간접효과(매개효과)가 조절변수의 수준에 따라 달라지는 정도를 지수화한 것이다. 이는 총체적 검증이며 조절된 매개효과의 공식적인 검증방법이다.
- 조절된 매개효과분석을 이해하기 위한 좋은 방법 중의 하나는 노테이션(Notation)을 이용해서 회귀식을 표기하고 이해하는 것이다.
- 범주형 조절변수의 조절된 매개효과분석 실습과 연속형 조절변수의 조절된 매개효과분석 실습의 절차는 약간 다르므로 차이를 분명하게 이해하는 것이 중요하다.

참고문헌

배병렬. (2022). Amos 28에 의한 조절효과, 매개효과 및 PROCES 모델 분석. 도서출판 청람.

신건권. (2023). 석박사학위와 학술논문 작성 중심의 SmartPLS 4.0 구조방정식모델링. 도서출판 청람.

신건권. (2023). SPSS 29와 PROCESS macro 4.0을 이용한 회귀분석 따라하기. 도서출판 청람.

신건권. (2023). 석박사학위와 학술논문 작성 중심의 SPSS 29 논문통계분석. 도서출판 청람.

AMOS 29 User's Guide.

Hayes, A.F. (2017). *Introduction to Mediation, Moderation, and Conditional Process Analysis: A regression-based approach*. Guilford publications.

제 6 부 SPSS/Amos 29 다중집단분석의 이해와 적용

제17장 다중집단 확인적 요인분석과 다중집단 구조방정식모형분석

1 다중집단분석의 개념과 적용 절차

1.1 다중집단분석의 개념

다중집단분석(Multi-Group Analysis: MGA)은 두 개 이상의 집단을 분석하여 집단 간의 경로계수 차이가 통계적으로 유의성을 가지고 있는지를 검증할 때 사용하는 통계분석기법이다. 이는 ① 개별집단의 경로계수에 대한 통계적 유의성을 검증하는 것으로도 사용되지만 ② 두 집단 이상 간의 경로계수 차이가 통계적인 유의성이 있는가를 검증하여 조절효과분석을 수행(범주형 변수의 조절효과분석)하는 데 목적이 있다.

다중집단분석을 수행하기 위해서는 비교 분석할 여러 개의 다중집단(Multi-group)이 존재해야 한다. 측정동일성 검증을 위한 모집단은 [그림 17-1]과 같이 동일한 모집단(Homogenous population group)과 이질적인 모집단(Heterogenous population group)이 모두 사용가능하다.

그림 17-1 집단변수의 선정

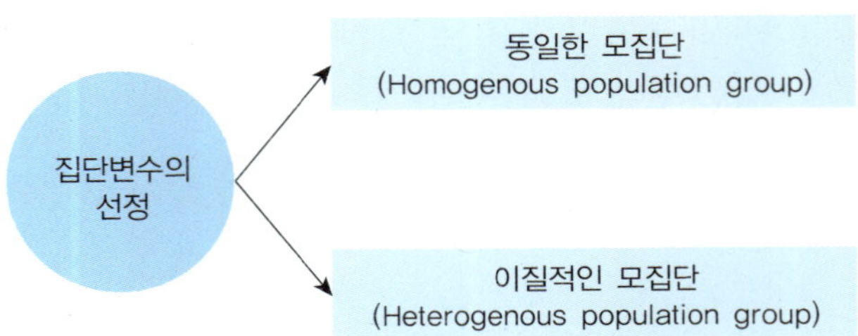

다중집단으로는 ① 성별변수와 같이 남자집단과 여자집단으로 구분되는 경우, ② 어떤 프로그램의 사용기간을 1년 미만 집단과 1년 이상 집단으로 구분되는 경우, ③ 질병 감염 여부의 경우와 같이 질병이 걸린 집단과 걸리지 않은 집단으로 구분되는 경우, ④ 소비자 유형이 우리나라 소비자집단과 독일소비자집단으로 구분되는 경우 등과 같이 다양한 유형이 있을 수 있다. 여기에서 ①~③은 동일한 모집단으로부터 얻을 수 있는 경우이며, ④는 이질적인 모집단으로부터 얻을 수 있는 집단변수이다. 보통은 다중집단이 조절효과분석에서 많이 사용되고 있기 때문에 집단변수를 집단조절변수(Group moderator)라고 부르는 경우도 있다.

다중집단분석은 대다수의 연구에서 두 개 집단(Two groups)을 집단변수(Group variable)로 사용하는 경우가 많지만 때로는 세 개 이상의 집단변수(Above three groups)를 사용하는 경우도 있을 수 있다. 이때에는 집단변수를 세 개 이상으로 구분해 다중집단분석을 수행하면 된다. 물론 세 개 집단 이상인 경우에는 1집단과 2집단, 2집단과 3집단, 1집단과 3집단으로 나누어서 각각 분석해도 동일한 결과를 얻을 수 있다.

다중집단분석은 경로모형과 구조방정식모형에서 모두 사용할 수 있다. 전자를 다중집단 경로분석(Multi-group Path Model Analysis: MPM)이라 하며, 후자를 다중집단 구조방정식모형분석(Multi-group Structural Equation Model Analysis: MSEM)이라고 한다.

경로모형을 이용한 다중집단분석은 측정변수들이 모두 1개로 구성된 잠재변수(혹은 측정변수)를 가지고 있기 때문에 다중집단 확인적 요인분석(Multi-group Confirmatory Factor Analysis: MCFA)을 수행할 필요가 없다. 그러나 구조방정식모형을 이용해 분석하고자 하는 경우에는 반드시 다중집단 확인적 요인분석을 통해 다중집단 간의 측정동일성 검증(Measurement equivalence test)[1]을 수행한 후에 측정동일성(혹은 교차타당성)이 확보되었으면 다중집단 구조방정식모형분석(MSEM)으로 넘어갈 수 있다.

1.2 다중집단분석의 적용 절차

다중집단분석을 수행하는 절차는 [그림 17-2]와 같다.

1) 측정동일성 검증은 교차타당성 검증(Cross validation test)이라고도 한다.

▶ 그림 17-2 ▍다중집단분석의 절차

다중집단변수의 준비	집단변수는 범주형 변수로 준비
측정동일성 검증: MCFA	동일한 모집단이나 이질적인 모집단에서 얻은 측정모형이 같은 결과를 보이는지를 검증하는 것으로 이를 다중집단 확인적 요인분석(MCFA)이라 한다. 이때 각 집단의 개별 측정변수들의 신뢰도, 잠재변수의 집중타당도와 잠재변수 간의 판별타당도를 함께 분석 결과에 제시할 수 있다.
다중집단분석을 이용한 가설검증: MSEM	가설검증을 수행하는 것으로 이를 다중집단 구조방정식모형분석(MSEM)이라 한다. 가설검증의 핵심은 조절효과검증이다.
집단 간 결과의 비교분석과 해석	MSEM(조절효과분석) 결과 제시와 해석

다중집단분석을 수행하기 위해서는, 첫째 다중집단분석이 가능하도록 다중집단변수가 분석 데이터에 포함되어 있어야 한다. 집단변수는 범주형 변수를 처음부터 설문지에 포함시키거나 통계분석을 하기 전에 리코딩해서 준비한다. 연속형 변수의 평균점수 등을 사용해 집단 구분을 하는 경우도 있으나 이는 올바른 방법은 아니다. 둘째, 동일한 모집단이나 이질적인 모집단에서 얻은 측정모형이 같은 결과를 보이는지를 검증하기 위해서 측정동일성 검증인 MCFA를 시행하여 분석에 투입할 집단변수들 간에 측정동일성이 있는지를 확인한다. 이때 각 집단의 개별 측정변수들의 신뢰도, 잠재변수의 집중타당도와 잠재변수 간의 판별타당도를 함께 분석하여 제시할 수 있다. 물론 필요한 경우 측정모형의 수정도 가능하다. 셋째, 측정동일성이 확보되었으면 가설검증을 위해서 MSEM을 수행한다. 마지막으로, MSEM을 통해 얻은 분석 결과를 제시하고 해석한다.

2 측정동일성 검증과 다중집단 확인적 요인분석

2.1 측정동일성의 개념

측정동일성(Measurement equivalence, or Equality)이란 다수의 응답자들이 측정도구(예: 설문지)에 대해서 동등하게 인식하고 있는지를 말한다. Amos에서는 측정동일성 검증을 위한 방법으로 MCFA를 사용하고 있다.

다중집단분석을 수행하려면 반드시 측정동일성 검증의 절차를 거쳐야 하지만 많은 연구들에서 이를 거치지 않고 아예 분석 자체를 생략하는 경향이 있다. 이와 같이 측정동일성 검증을 생략한 상황에서 MSEM을 하면 신뢰성이 없는 분석 결과를 얻을 가능성이 높아질 수 있다.

2.2 MCFA에서 비제약모형과 제약모형의 설정

MCFA를 수행할 때 측정모형이 그려진 상태에서 왼쪽 툴박스에서 (다중집단분석 도구상자)를 클릭하면 [그림 17-3]과 같은 대화상자가 나타난다.

▶ 그림 17-3 ▌MCFA를 위한 다중집단분석 대화상자

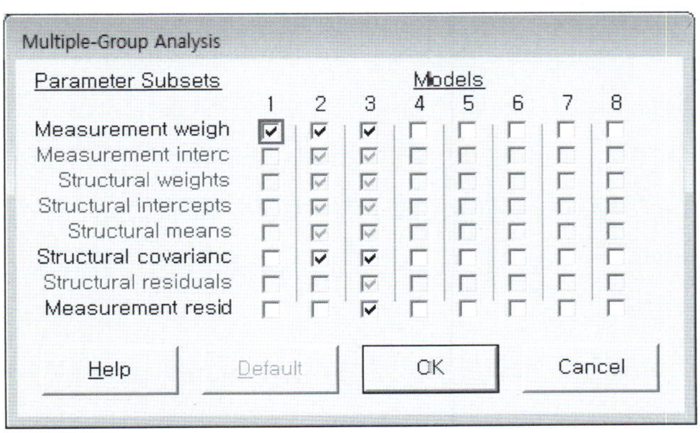

이미 선택되어져 있는 디폴트 그대로를 선택하려면 [OK] 버튼을 클릭한다. 그러면 디폴트

제약모형인 세 개의 모형, 즉 ① 측정가중치모형(Measurement weights model), ② 구조공분산모형(Structural covariances model), ③ 측정잔차모형(Measurement residuals model)이 자동으로 선택된다. MCFA를 통해 측정동일성을 검증하기 위한 제약모형(혹은 등가제약모형)의 설정은 [표 17-1]과 같다. 모형 1이 가장 제약의 정도가 낮고 모형의 수준이 높아질수록 제약의 정도는 강해진다.

표 17-1 측정모형에서 비제약모형과 제약모형의 설정: 측정동일성 검증

모형	단계	설명
비제약모형 (Unconstrained model)	모형 1 비제약모형 (Unconstrained model)	경로에 아무런 제약을 하지 않은 모형
제약모형 (Constrained model)	모형 2 측정가중치모형 (Measurement weights model)	두 집단의 잠재변수와 측정변수 간 요인부하량을 동일하게 제약한(고정한) 모형
	모형 3 구조공분산모형 (Structural covariances model)	두 집단의 잠재변수의 분산과 잠재변수 간 공분산을 동일하게 제약한(고정한) 모형
	모형 4 측정잔차모형 (Measurement residuals model)	두 집단의 요인부하량, 분산, 공분산, 오차분산을 제약한(고정한) 모형

측정동일성 검증은 모형 1 측정가중치모형(Measurement weights model)의 분석 결과의 모형비교(Model comparison)에서 p값이 0.05보다 크게 나타났으면 측정동일성이 있다고 해석하면 된다. 물론 모형 3 구조공분산모형(Structural covariances model)과 모형 4 측정잔차모형(Measurement residuals model)의 p값이 0.05보다 크다면 보다 엄격한 측정동일성이 확보되었다고 판단할 수 있다. 그러나 일반적인 경우에는 모형2의 검증만을 수행한 후 측정동일성이 확보되었으면 다음 단계인 다중집단 구조방정식모형분석(MSEM)으로 넘어가게 된다.

[그림 17-4]는 아무런 제약을 하지 않은 모형 1 비제약모형(Unconstrained model)이며, [그림 17-5]부터 [그림 17-7]까지는 다중집단 간의 요인부하량, 잠재변수의 분산, 잠재변수 간 공분산, 측정변수의 오차분산을 제약한 제약모형(Constrained model)을 예시한 것이다. 지면 관계상 두 집단 중에서 한 개의 집단에 대한 측정모형만을 제시하기로 한다. 첫째, 모형 1 비제약모형은 아무런 제약을 하지 않은 모형이다. 둘째, 모형 2 측정가중치모형은 두 집단의 잠재변수와 측정변수 간의 요인부하량(혹은 요인적재량)을 같게 제약한 경우이다(요인부하량). 대다수의

연구들은 두 집단 간에 모형 2 측정가중치모형의 p값이 0.05보다 크면 측정동일성이 확보된 것으로 보고 다음의 구조방정식모형분석으로 넘어간다. 셋째, 모형 3 구조공분산모형은 측정가중치모형에 추가해서 두 집단의 잠재변수의 분산과 잠재변수 간의 공분산을 같게 제약한 경우이다(요인부하량+잠재변수의 분산+잠재변수 간 공분산). 마지막으로, 모형 4 측정잔차모형은 모형2와 모형3의 제약에 측정변수들의 오차분산까지 제약한 엄격한 측정동일성모형에 해당한다(요인부하량+잠재변수의 분산+잠재변수 간 공분산+측정변수의 오차분산). 요약하면 대다수의 연구들에서는 다중집단 간의 측정동일성은 모형 2를 통과하면 측정동일성이 확보된 것으로 보며, 모형 3과 모형 4까지는 분석하지 않으며 실제로 모형 3과 모형 4까지가 충족되어 엄격한 측정동일성을 확보하는 것은 매우 어려운 것으로 알려져 있다.

그림 17-4 ▌ 모형 1 비제약모형

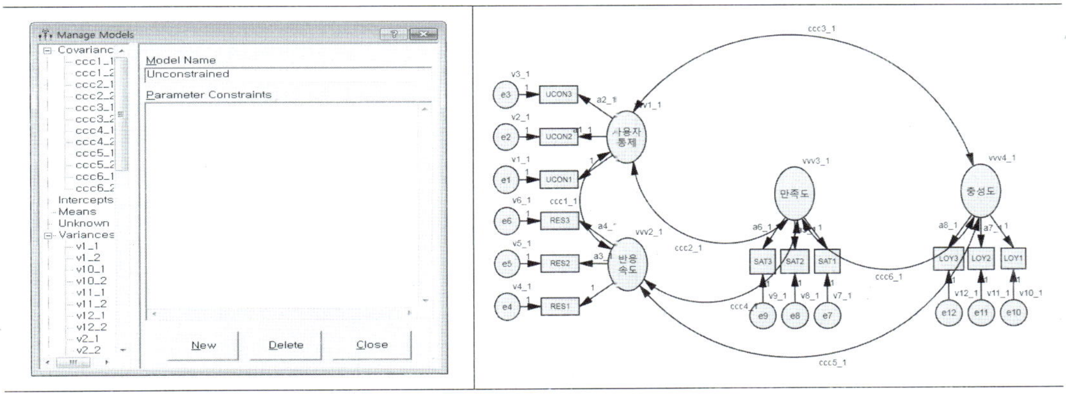

그림 17-5 ▌ 모형 2 측정가중치모형: 요인부하량을 동일하게 제약

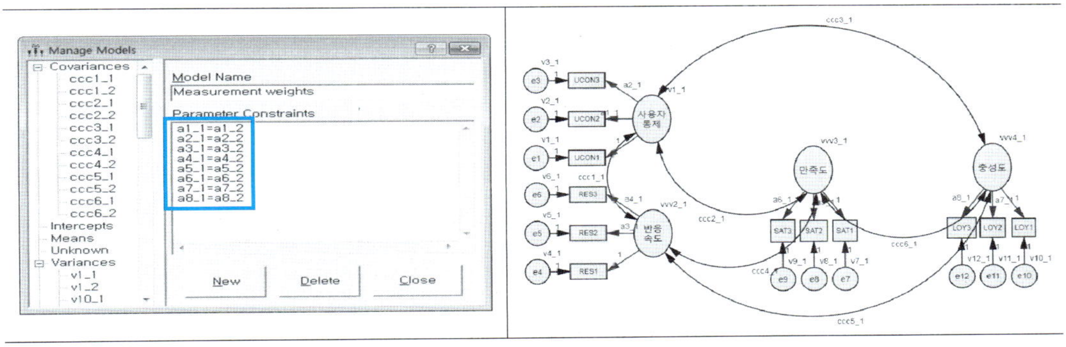

▶ 그림 17-6 ▌모형 3 구조공분산모형의 동일성에 대한 제약 내용

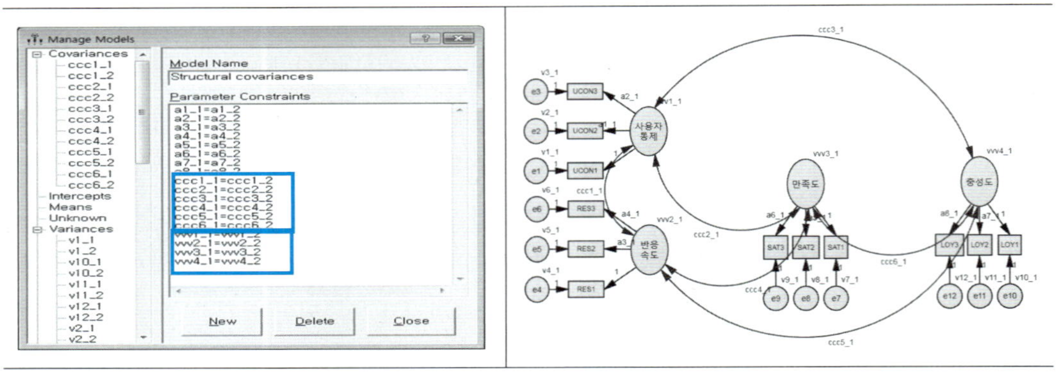

▶ 그림 17-7 ▌모형 4 측정잔차모형모형의 동일성에 대한 제약 내용

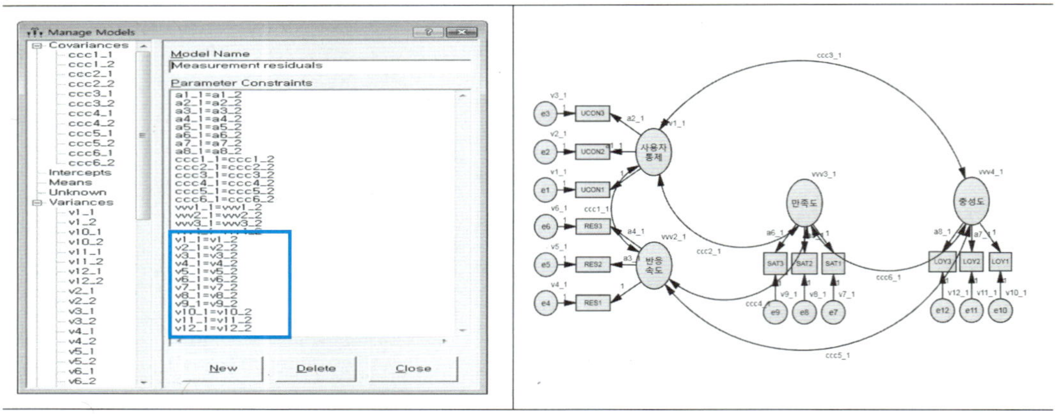

측정동일성의 검증은 모형 간 자유도 차이와 χ^2차이검증(χ^2 difference test)을 통해서 수행한다. 측정가중치모형은 [모형 2 측정가중치모형의 χ^2−모형 1 비제약모형의 χ^2]을 빼서 계산된 χ^2차이($\Delta\chi^2$)와 자유도 차이(Δdf)를 고려해서 검증한다. 자유도 1차이일 경우에 보통 χ^2차이가 3.84 이상이면 통계적으로 유의한 차이가 있다고 판단한다. 구조공분산모형은 [모형 3 구조공분산모형의 χ^2−모형 1 비제약모형의 χ^2]을 빼서 계산된 χ^2차이와 자유도 차이를 고려해서 검증한다. 측정잔차모형은 [모형 4 측정잔차모형의 χ^2−모형 1 비제약모형의 χ^2]을 빼서 계산된 χ^2차이와 자유도 차이를 고려해서 검증한다.

[표 17-2]는 측정동일성 검증을 통해 출력된 모형 비교 결과를 예시한 것이다. $\Delta\chi^2$과 Δdf는 양 모형의 값을 빼서 계산된다. $\Delta\chi^2$는 제약모형의 값에서 비제약모형의 값을 빼서 계산하며 Δdf는 제약모형의 df에서 비제약모형의 df를 빼서 계산한다. 모형 1의 비제약모형의 χ^2은 204.453(df=96)이며 모형 2 측정가중치모형의 χ^2은 213.108(df=104)으로 추정되었으므로 $\Delta\chi^2$는 8.655(모형 2 측정가중치모형모형 χ^2 213.108−모형 1 비제약모형 χ^2 204.453)이다. Δdf는 8(모형 2 제약모형 df 104−모형 1 비제약모형 df 96)이다. [표 17-2]의 [모형 비교]를 보면 $\Delta\chi^2$은 8.655(Δdf=8)이며 이의 p값은 0.372이므로 유의수준 0.05보다 크게 나타나서 측정동일성은 확보되었다고 해석할 수 있다. 그런데 구조공분산모형과 측정잔차모형의 p값도 모두 0.05보다 크므로 엄격한 측정동일성이 확보되었다고 해석할 수 있다.

표 17-2 χ^2(CMIN)과 모형 비교(Model comparison)의 출력 결과 예시

Model Fit Summary

CMIN

Model	NPAR	CMIN	DF	P	CMIN/DF
Unconstrained	60	204.453	96	.000	2.130
Measurement weights	52	213.108	104	.000	2.049
Structural covariances	42	223.601	114	.000	1.961
Measurement residuals	30	237.626	126	.000	1.886
Saturated model	156	.000	0		
Independence model	24	1869.514	132	.000	14.163

Nested Model Comparisons

Assuming model Unconstrained to be correct:

Model	DF	CMIN	P	NFI Delta-1	IFI Delta-2	RFI rho-1	TLI rho2
Measurement weights	8	8.655	.372	.005	.005	-.006	-.006
Structural covariances	18	19.147	.383	.010	.011	-.012	-.013
Measurement residuals	30	33.173	.315	.018	.019	-.017	-.019

Assuming model Measurement weights to be correct:

Model	DF	CMIN	P	NFI Delta-1	IFI Delta-2	RFI rho-1	TLI rho2
Structural covariances	10	10.493	.398	.006	.006	-.006	-.007
Measurement residuals	22	24.518	.321	.013	.014	-.012	-.012

Assuming model Structural covariances to be correct:

Model	DF	CMIN	P	NFI Delta-1	IFI Delta-2	RFI rho-1	TLI rho2
Measurement residuals	12	14.025	.299	.008	.008	-.005	-.006

3 다중집단 확인적 요인분석과 구조방정식모형분석의 사례와 실습

3.1 MSEM에서 구조모형의 비제약모형과 제약모형 설정

MSEM을 수행할 때 구조모형이 그려진 상태에서 왼쪽 툴박스에서 (다중집단분석 도구상자)를 클릭하면 [그림 17-8]과 같은 대화상자가 나타난다.

▶ 그림 17-8 ▌MSEM를 위한 다중집단분석 대화상자

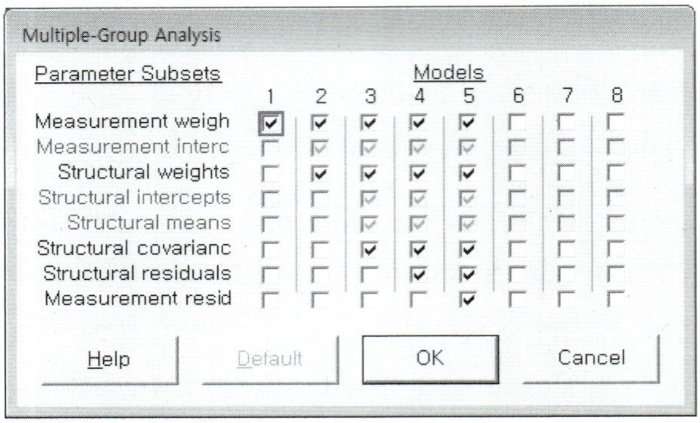

그런데 대화상자를 보면 MSEM을 분석하는 데 필요한 모형인 다섯 개의 모형, 즉 ① **측정가중치모형**(Mesurement weights model), ② **구조가중치모형**(Structural weights model), ③ **구조공분산모형**(Structural covariances model), ④ **구조잔차모형**(Structural residuals model), ⑤ **측정잔차모형**(Measurement residuals model)이 선택(활성화)되어 있음을 알 수 있다. 측정가중치모형은 잠재변수와 측정변수 간 요인부하량을 제약한 모형, 구조가중치모형은 잠재변수 간 경로를 제약한 모형, 구조공분산모형은 잠재변수의 분산과 잠재변수 간 공분산을 제약한 모형, 구조잔차모형은 구조모형에서 구조오차의 분산을 제약한 모형, 측정잔차모형은 측정변수들의 오차분산을 제약한 모형을 말한다. MSEM을 수행하기 위한 여러 가지 모형 중에서 가설검증, 특히 **조절효과분석을 위해서는 구조가중치모형이 주로 사용**된다. 그러므로 MSEM을 할 때는 ① 비제약모형의 추정을 통해 **대응별 모수비교방법**(Pairwise parameter comparison test)을 사용하거나, ② 비제약모형과 제약모형인 구조가중치모형의 χ^2 **차이검증**(χ^2 difference test)을 통해 **가설검증**을 시행하면 된다(이에 대해서는 이미 제14장에서 자세하게 다루었으니 참조바란다). 가설검증 결과 대응된 모수 차이인 **Z통계량**이 유의수준 0.05에서 임계치인 **±1.96**보다 커서 통계적으로 유의하거나, 비제약모형과 구조가중치모형(제약모형)의 χ^2 **차이검증**을 통해서 $\Delta\chi^2$값이 유의수준 0.05에서 임계치인 **±3.84**보다 크면 통계적으로 유의하며 조절효과가 있다고 해석한다.

3.2 MCFA와 MSEM의 실습

연구논문 제목
소프트웨어의 품질요인이 사용자만족도와 충성도에 미치는 영향: 사용기간의 조절효과

MCFA와 MSEM을 분석하기 위한 연구모형은 소프트웨어의 사용자충성도 모형이다. 이 사례의 개념적 연구모형은 [그림 17-9]와 같다.

그림 17-9 다중집단분석을 위한 소프트웨어 충성도 모형의 개념적 연구모형

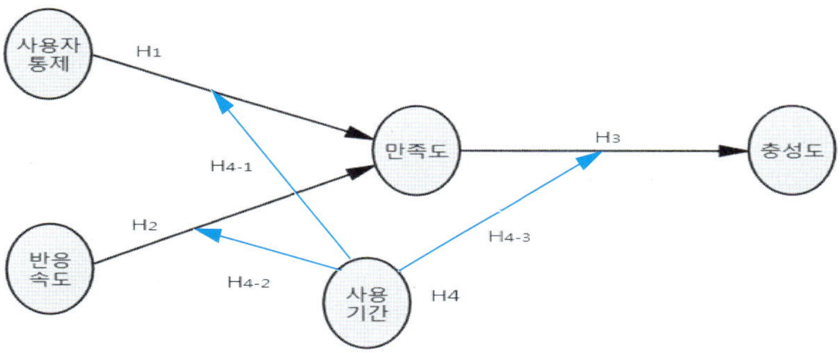

연구모형에서 독립외생변수는 **사용자통제, 반응속도**이며 **사용자만족도**는 매개변수(Mediator), **사용자충성도**는 종속변수이다. 4개 잠재변수의 측정변수는 각각 3개로 구성되어 있다. **사용기간**은 **범주형 조절변수**(Categorical moderator)이며 1년 미만 사용자와 1년 이상 사용자로 구분되어 있다.

이 사례의 **통계적 연구모형**은 [그림 17-10]과 같다. **사용자집단**은 1년 미만 사용자집단과 1년 이상 사용자집단으로 구분하였다.

그림 17-10 ▌다중집단분석을 위한 소프트웨어 충성도 모형의 통계적 연구모형

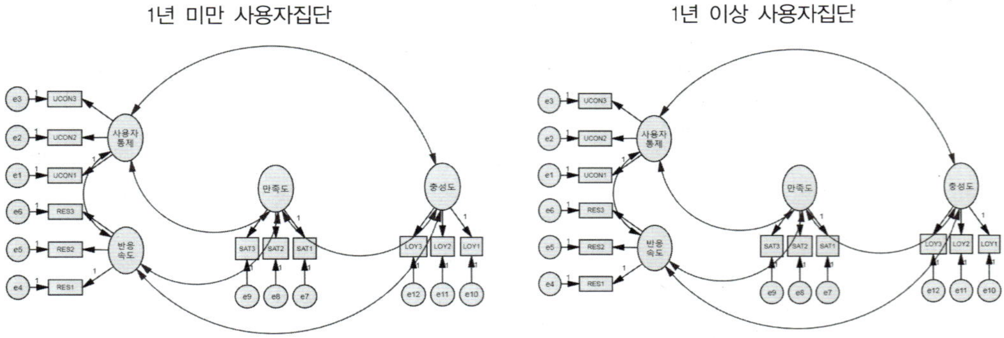

선행연구에 기초해 설정된 소프트웨어의 충성도 모형의 다중집단분석을 위한 연구가설은 [표 17-3]과 같다.

▌표 17-3 ▌다중집단분석을 위한 연구가설

〈가설 1〉 소프트웨어에 대한 사용자통제는 사용자만족도에 유의한 영향을 미칠 것이다.
〈가설 2〉 소프트웨어에 대한 반응속도는 사용자만족도에 유의한 영향을 미칠 것이다.
〈가설 3〉 교육용 소프트웨어에 대한 사용자만족도는 사용자충성도에 유의한 영향을 미칠 것이다.
〈가설 4〉 사용기간(1년 미만 사용자집단과 1년 이상 사용자집단)에 따라 소프트웨어의 디자인품질, 사용자통제, 반응속도, 만족도 및 충성도 간의 관계가 조절될 것이다.
〈가설 4-1〉 사용기간(1년 미만 사용자집단과 1년 이상 사용자집단)에 따라 소프트웨어의 사용자통제가 만족도에 미치는 영향을 조절할 것이다.
〈가설 4-2〉 사용기간(1년 미만 사용자집단과 1년 이상 사용자집단)에 따라 소프트웨어의 반응속도가 만족도에 미치는 영향을 조절할 것이다.
〈가설 4-3〉 사용기간(1년 미만 사용자집단과 1년 이상 사용자집단)에 따라 소프트웨어의 사용자만족도가 충성도에 미치는 영향을 조절할 것이다.

통계실습 17-1 측정모형에 대한 다중집단 확인적 요인분석(MCFA) 실습

다음의 [통계실습 17-1 MCFA를 위한 측정모형]을 가지고 MCFA를 실습하시오. 데이터 파일은 [제6부 다중집단분석 실습 데이터(제17장)]을 이용한다. ① 사용자집단(1년 미만 사용자집단과 1년 이상 사용자집단)별로 개별 측정변수들의 신뢰도와 개념타당도(집중타당도와 판별타당도)를 확인하시오. ② 사용자집단 간의 측정동일성을 검증하시오. 독립외생변수는 [사용자통제(UCON)], [반응속도(RES)]이며 매개변수는 [사용자만족도(SAT)], 종속변수는 [사용자충성도(LOY)]이다. 집단조절변수(집단변수)는 [사용기간(PER)]이다. 각 측정변수들은 리커트 7점척도로 되어 있다.

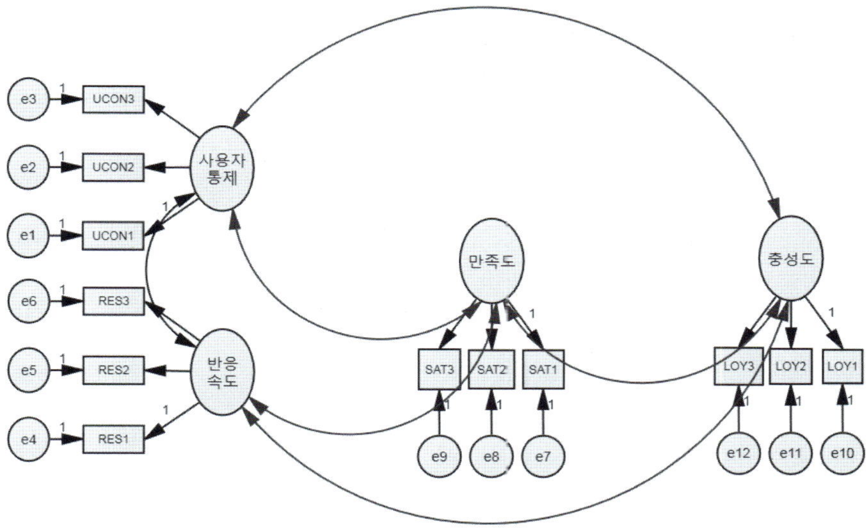

실습 따라하기

❶ Amos에서 [File-Open]으로 들어간 후 [제6부 다중집단분석의 이해와 적용(제17장)-제6부 통계분석] 폴더 안에 있는 파일인 [통계실습 17-1 MCFA를 위한 측정모형]을 불러들인다. 메뉴에서 [File-Save as]으로 들어가 파일명을 [통계실습 17-1 MCFA를 위한 측정모형분석]으로 저장한다.

❷ 사용자집단이 [1년 미만 사용자집단]과 [1년 이상 사용자집단]으로 구분되어야 하므로 집단 지정을 한다. 왼쪽 툴박스 오른쪽에 있는 [Group number 1]을 클릭하면 [Manage Groups] 창이 나타난다. [Group Name]의 [Group number 1] 대신에 [1년 미만 사용자집단]을 타이핑한 후 [New]를 클릭한다. [Group number 2] 대신에 [1년 이상 사용자집단]을 타이핑한 후 [Close] 버튼을 클릭해

집단 지정을 마친다.

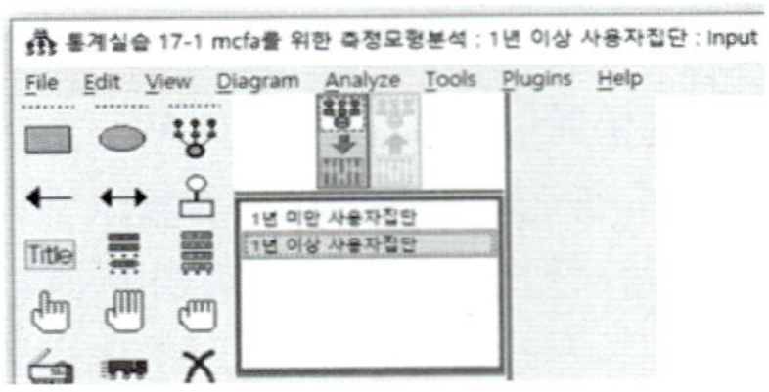

❸ 왼쪽 툴박스에 있는 (Select data files)을 클릭해 [Data files] 창을 연다. ① [1년 미만 사용자집단]을 클릭한 후 다시 [File Name]을 클릭해 들어간 후 [제6부 다중집단분석 실습 데이터(제17장)]을 찾아서 [열기] 버튼을 클릭한다. [Grouping Variable]을 클릭한 후 [Choose a Grouping Variable]에서 [사용기간] 변수인 [PER]를 찾아서 선택한 후 [열기] 버튼을 클릭한다. [Group Value]를 클릭하면 [Choose Value for Group] 창이 나타나며 여기에서 [1 136]을 선택하고 [OK] 버튼을 클릭한다. ② [1년 이상 사용자집단]을 클릭한 후 다시 [제6부 다중집단분석 실습 데이터(제17장)]을 찾아서 [OK] 버튼을 클릭한다. [Grouping Variable]을 클릭한 후 [Choose a Grouping Variable]에서 [PER] 변수를 찾아서 선택한 후 [OK] 버튼을 클릭한다. [Group Value]를 클릭하면 [Choose Value for Group] 창이 나타나며 여기에서 [2 64]를 선택하고 [OK] 버튼을 클릭한다. 마지막으로 [OK] 버튼을 클릭해 데이터 파일 연결을 마친다.

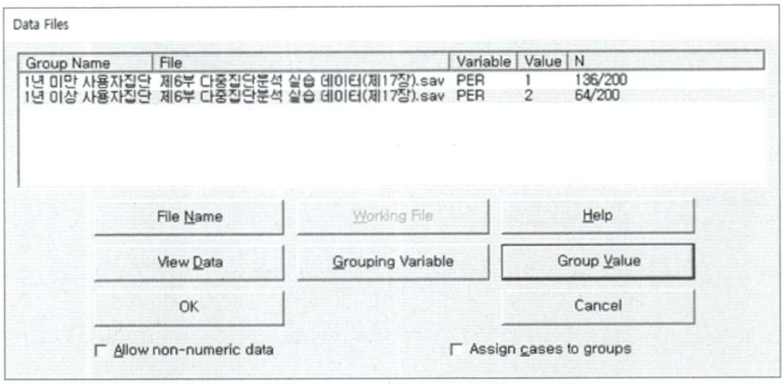

❹ 왼쪽 툴박스에 있는 (Analysis Properties)를 클릭해 들어가 [Output]에서 [Standardized estimates], [Squared multiple correlations], [Modification indices]를 체크한 후 나간다.

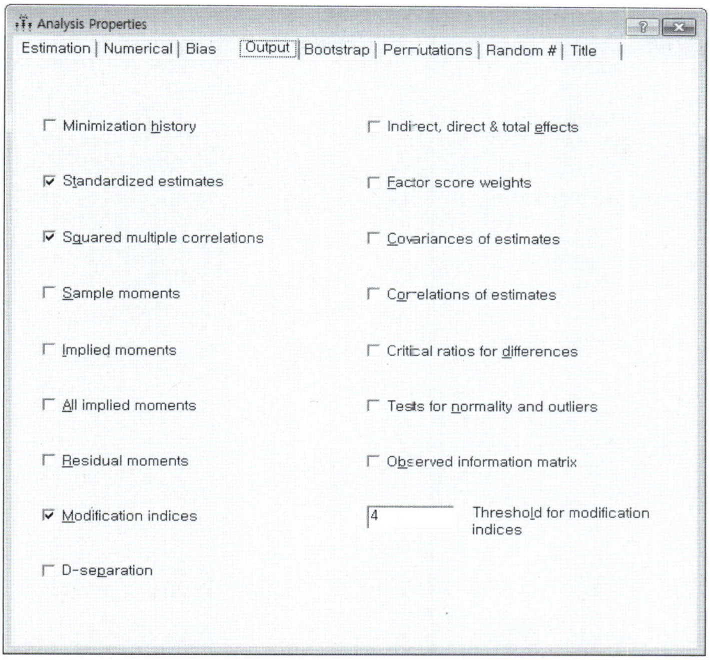

❺ 왼쪽 툴박스에서 표준화된 [다중집단분석 아이콘] ( )을 클릭한다. 그러면 주의 메시지가 나타나며 [확인] 버튼을 클릭한다. [다중집단분석] 창이 나타나면 [OK] 버튼을 클릭해 디폴트 지정을 선택한다. 그러면 모형에 복잡한 문자와 숫자들의 조합이 나타나며, [모형관리] 창에 ① 비제약모형, ② 측정가중치모형, ③ 구조공분산모형, ④ 측정잔차모형이 생성되었음을 확인할 수 있다. 각 모형들이 어떻게 경로 제약이 이루어져 있는가를 확인하려면 각 모형을 하나씩 클릭해 보기 바란다.

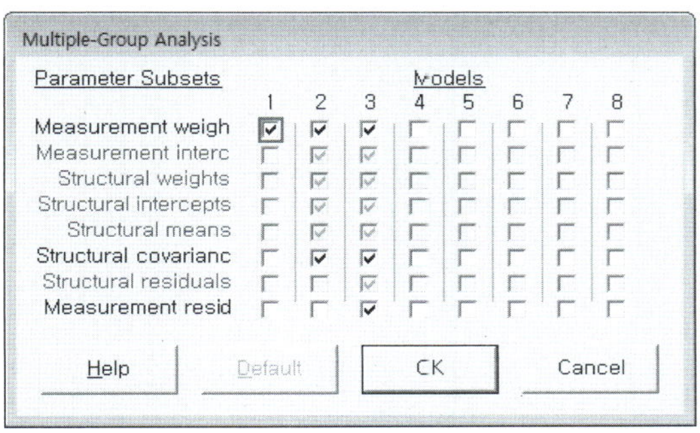

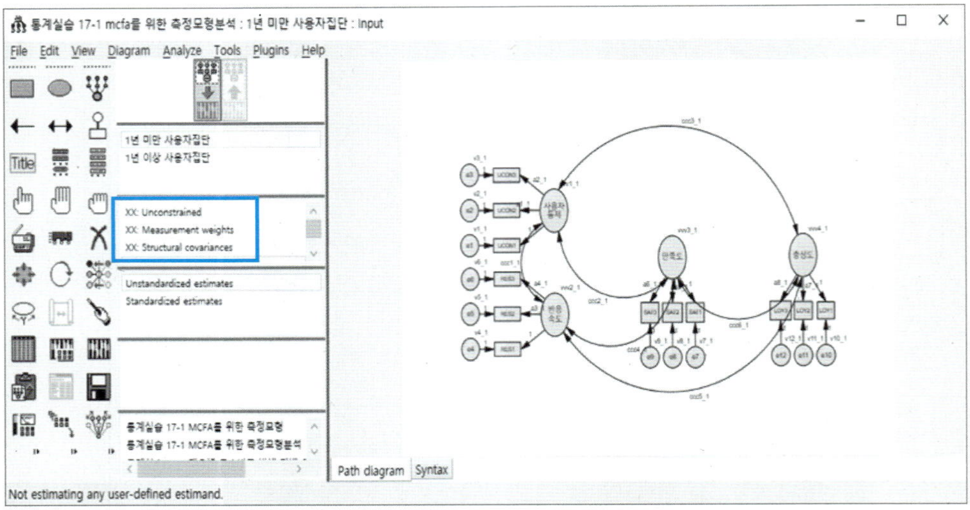

❻ 왼쪽 툴박스에서 표준화된 [RMR]을 얻기 위해서 [Plugins] 메뉴에서 [Standardized RMR]을 체크 한 후 왼쪽 툴박스에 있는 (Calculate estimates)을 클릭해 모형을 실행한다.

[통계실습 17-1 MCFA를 위한 측정모형분석]을 실행한 결과는 [표 17-4], [표 17-5], [표 17-6], [표 17-7]과 같다. 출력 결과는 [1년 미만 사용자집단]과 [1년 이상 사용자집단]에 대해 각각 제공되지만 모형 적합도는 하나만 제공된다. 출력 결과는 모형 적합도와 개별 측정변수들의 신뢰도와 개념타당도 분석에 필요한 결과 그리고 측정동일성 검증에 필요한 결과만을 제시하기로 한다.

표 17-4 MCFA에 의한 측정모형의 적합도 출력 결과

Model Fit Summary

CMIN

Model	NPAR	CMIN	DF	P	CMIN/DF
Unconstrained	60	204.453	96	.000	2.130
Measurement weights	52	213.108	104	.000	2.049
Structural covariances	42	223.601	114	.000	1.961
Measurement residuals	30	237.626	126	.000	1.886
Saturated model	156	.000	0		
Independence model	24	1869.514	132	.000	14.163

RMR, GFI

Model	RMR	GFI	AGFI	PGFI
Unconstrained	.069	.868	.785	.534
Measurement weights	.079	.861	.792	.574
Structural covariances	.110	.851	.796	.622
Measurement residuals	.109	.848	.812	.685
Saturated model	.000	1.000		
Independence model	.537	.260	.125	.220

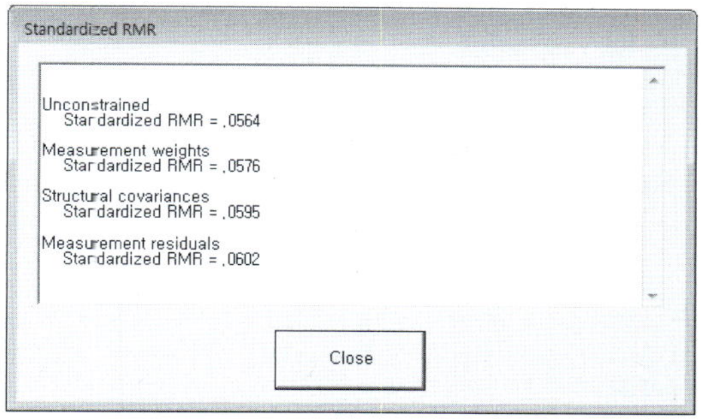

Baseline Comparisons

Model	NFI Delta1	RFI rho1	IFI Delta2	TLI rho2	CFI
Unconstrained	.891	.850	.939	.914	.938
Measurement weights	.886	.855	.938	.920	.937
Structural covariances	.880	.862	.938	.927	.937
Measurement residuals	.873	.867	.936	.933	.936
Saturated model	1.000		1.000		1.000
Independence model	.000	.000	.000	.000	.000

RMSEA

Model	RMSEA	LO 90	HI 90	PCLOSE
Unconstrained	.076	.061	.090	.002
Measurement weights	.073	.059	.087	.005
Structural covariances	.070	.056	.083	.010
Measurement residuals	.067	.054	.080	.019
Independence model	.258	.248	.268	.000

표 17-5 1년 미만 사용자집단의 출력 결과: 비제약모형(Unconstrained model)

Regression Weights: (1년 미만 사용자집단 - Unconstrained)

			Estimate	S.E.	C.R.	P	Label
UCON1	<---	사용자_통제	1.000				
UCON2	<---	사용자_통제	.809	.077	10.545	***	a1_1
UCON3	<---	사용자_통제	.770	.086	8.933	***	a2_1
RES1	<---	반응_속도	1.000				
RES2	<---	반응_속도	1.124	.111	10.088	***	a3_1
RES3	<---	반응_속도	1.241	.120	10.376	***	a4_1
SAT1	<---	만족도	1.000				
SAT2	<---	만족도	.951	.076	12.587	***	a5_1
SAT3	<---	만족도	.854	.080	10.636	***	a6_1
LOY1	<---	충성도	1.000				
LOY2	<---	충성도	1.078	.089	12.118	***	a7_1
LOY3	<---	충성도	1.020	.084	12.172	***	a8_1

Standardized Regression Weights: (1년 미만 사용자집단 - Unconstrained)

			Estimate
UCON1	<---	사용자_통제	.865
UCON2	<---	사용자_통제	.827
UCON3	<---	사용자_통제	.715
RES1	<---	반응_속도	.762
RES2	<---	반응_속도	.855
RES3	<---	반응_속도	.888
SAT1	<---	만족도	.861
SAT2	<---	만족도	.881
SAT3	<---	만족도	.780
LOY1	<---	충성도	.847
LOY2	<---	충성도	.866
LOY3	<---	충성도	.870

Correlations: (1년 미만 사용자집단 - Unconstrained)

			Estimate
사용자_통제	<-->	반응_속도	.649
사용자_통제	<-->	만족도	.623
사용자_통제	<-->	충성도	.470
반응_속도	<-->	만족도	.642
반응_속도	<-->	충성도	.437
만족도	<-->	충성도	.675

표 17-6 1년 이상 사용자집단의 출력 결과: 비제약모형(Unconstrained model)

Regression Weights: (1년 이상 사용자집단 - Unconstrained)

			Estimate	S.E.	C.R.	P	Label
UCON1	<---	사용자_통제	1.000				
UCON2	<---	사용자_통제	.978	.097	10.071	***	a1_2
UCON3	<---	사용자_통제	1.038	.111	9.373	***	a2_2
RES1	<---	반응_속도	1.000				
RES2	<---	반응_속도	1.344	.160	8.407	***	a3_2
RES3	<---	반응_속도	1.191	.143	8.326	***	a4_2
SAT1	<---	만족도	1.000				
SAT2	<---	만족도	.922	.101	9.132	***	a5_2
SAT3	<---	만족도	.937	.116	8.092	***	a6_2
LOY1	<---	충성도	1.000				
LOY2	<---	충성도	.949	.083	11.422	***	a7_2
LOY3	<---	충성도	1.021	.080	12.700	***	a8_2

Standardized Regression Weights: (1년 이상 사용자집단 - Unconstrained)

			Estimate
UCON1	<---	사용자_통제	.889
UCON2	<---	사용자_통제	.896
UCON3	<---	사용자_통제	.861
RES1	<---	반응_속도	.819
RES2	<---	반응_속도	.884
RES3	<---	반응_속도	.878
SAT1	<---	만족도	.887
SAT2	<---	만족도	.871
SAT3	<---	만족도	.808
LOY1	<---	충성도	.929
LOY2	<---	충성도	.889
LOY3	<---	충성도	.928

Correlations: (1년 이상 사용자집단 - Unconstrained)

			Estimate
사용자_통제	<-->	반응_속도	.816
사용자_통제	<-->	만족도	.596
사용자_통제	<-->	충성도	.380
반응_속도	<-->	만족도	.730
반응_속도	<-->	충성도	.511
만족도	<-->	충성도	.653

▌표 17-7▐ χ^2(CMIN)과 모형 비교(Model comparison)의 출력 결과 예시

Model Fit Summary

CMIN

Model	NPAR	CMIN	DF	P	CMIN/DF
Unconstrained	60	204.453	96	.000	2.130
Measurement weights	52	213.108	104	.000	2.049
Structural covariances	42	223.601	114	.000	1.961
Measurement residuals	30	237.626	126	.000	1.886
Saturated model	156	.000	0		
Independence model	24	1869.514	132	.000	14.163

Nested Model Comparisons

Assuming model Unconstrained to be correct:

Model	DF	CMIN	P	NFI Delta-1	IFI Delta-2	RFI rho-1	TLI rho2
Measurement weights	8	8.655	.372	.005	.005	-.006	-.006
Structural covariances	18	19.147	.383	.010	.011	-.012	-.013
Measurement residuals	30	33.173	.315	.018	.019	-.017	-.019

Assuming model Measurement weights to be correct:

Model	DF	CMIN	P	NFI Delta-1	IFI Delta-2	RFI rho-1	TLI rho2
Structural covariances	10	10.493	.398	.006	.006	-.006	-.007
Measurement residuals	22	24.518	.321	.013	.014	-.012	-.012

Assuming model Structural covariances to be correct:

Model	DF	CMIN	P	NFI Delta-1	IFI Delta-2	RFI rho-1	TLI rho2
Measurement residuals	12	14.025	.299	.008	.008	-.005	-.006

1년 미만 사용자집단의 측정모형을 가지고 개별 측정변수들의 신뢰도와 잠재변수들의 개념타당도를 평가해 보자. 이를 위해서는 개별 측정변수들의 표준화회귀계수와 잠재변수의 CR과 AVE값이 필요하다. Excel Calculator를 이용해 계산한 결과는 분석 데이터가 있는 [제6부 다중집단분석의 이해와 적용(제17장)-제6부 신뢰도타당도분석] 폴더에 제시하였으므로 참고하기 바란다.

[표 17-5], [표 17-6]에 제시된 표준화회귀계수와 계산된 CR과 AVE를 가지고 MCFA에 의한 개별 측정변수들의 신뢰도와 잠재변수들의 집중타당도에 대한 분석 결과를 요약하면 [표 17-8]과 같다. 분석 결과 1년 미만과 1년 이상 사용자집단의 표준화회귀계수를 보면 모두 0.7 이상인 것으로 나타나 개별 측정변수들은 신뢰도가 있는 것으로 나타났다. 또한 1년 미만 사용자집단의 CR 값이 모두 0.7 이상이고, AVE값도 모두 0.5 이상으로 나타나 잠재변수의 집중타당도는 확보된 것으로 해석할 수 있다.

▌표 17-8▐ MCFA에 의한 개별 측정변수들의 신뢰도와 집중타당도의 평가 결과

잠재변수	측정변수	표준화회귀계수		CR		AVE	
		1년 미만 사용자집단	1년 이상 사용자집단	1년 미만 사용자집단	1년 이상 사용자집단	1년 미만 사용자집단	1년 이상 사용자집단
사용자 통제 (UCON)	UCON1	0.865	0.889	0.846	0.913	0.648	0.778
	UCON2	0.827	0.896				
	UCON3	0.715	0.861				
반응속도 (RES)	RES1	0.762	0.819	0.875	0.896	0.700	0.741
	RES2	0.855	0.884				
	RES3	0.888	0.878				
사용자 만족도 (SAT)	SAT1	0.861	0.887	0.879	0.891	0.709	0.733
	SAT2	0.881	0.871				
	SAT3	0.780	0.808				
사용자 충성도 (LOY)	LOY1	0.847	0.929	0.896	0.940	0.741	0.838
	LOY2	0.866	0.889				
	LOY3	0.870	0.928				
적합도 χ^2=204.453(df=96, p=0.000), χ^2/df(Q값)=2.130, SRMR=0.056, TLI=0.914, RMSEA=0.076							

【주】 CR≥0.7 이상, AVE≥0.5 이상, 적합도지수의 수용기준: Q값<3 미만, SRMR<0.08 미만, TLI≥0.9 이상, RMSEA<0.08 미만

[표 17-5], [표 17-6]에 제시된 상관계수와 앞에서 계산된 AVE값을 가지고 판별타당도 평가 결과를 요약하면 [표 17-9], [표 17-10]과 같다.

▌표 17-9▐ 1년 미만 사용자집단의 잠재변수 간 판별타당도 분석 결과: 상관행렬과 AVE

	사용자통제	반응속도	사용자만족도	사용자충성도
사용자통제	0.648			
반응속도	0.649	0.700		
사용자만족도	0.623	0.642	0.709	
사용자충성도	0.470	0.437	0.675*	0.741

【주】 1) * 지각된 사용자통제성과 지각된 반응속도의 상관계수 제곱(r^2)=0.675×0.675=0.456
2) 대각선으로 표시된 것은 AVE를 나타냄.

[표 17-9]와 같이 잠재변수 간의 판별타당도를 분석하기 위해서 변수 간의 상관행렬과 AVE와의 관련성을 확인하였다. 변수 간 상관계수 중에서 가장 큰 것은 0.675(사용자만족도와 사용자충성도)이며 이의 제곱, 즉 결정계수는 0.456(0.675×0.675)이었다. 잠재변수의 AVE가 잠재변수 간의 상관계수 제곱(결정계수)보다 크다면 판별타당도를 확보했다고 판단할 수 있다. 그런데 1년 미만의 사용자집단에서는 잠재변수의 AVE가 잠재변수 간의 상관계수가 가장 큰 경우의 결정계수 0.456보다 모두 크므로 판별타당도를 확보하였다고 해석할 수 있다.

▌표 17-10 ▌ 1년 이상 사용자집단의 잠재변수 간 판별타당도 분석 결과: 상관행렬과 AVE

	사용자통제	반응속도	사용자만족도	사용자충성도
사용자통제	0.778			
반응속도	0.816*	0.741		
사용자만족도	0.596	0.730	0.733	
사용자충성도	0.380	0.511	0.653	0.838

【주】 1) * 지각된 사용자통제성과 지각된 반응속도의 상관계수 제곱(r^2)=0.816×0.816=0.666
2) 대각선으로 표시된 것은 AVE를 나타냄.

[표 17-10]과 같이 잠재변수 간의 판별타당도를 분석하기 위해서 변수 간의 상관행렬과 AVE와의 관련성을 확인하였다. 변수 간 상관계수 중에서 가장 큰 것은 0.816(사용자통제와 반응속도)이며 이의 제곱, 즉 결정계수는 0.666(0.816×0.816)이었다. 잠재변수의 AVE가 잠재변수 간의 상관계수 제곱(결정계수)보다 크다면 판별타당도를 확보했다고 판단할 수 있다. 그런데 1년 미만의 사용자집단에서는 잠재변수의 AVE가 잠재변수 간의 상관계수가 가장 큰 경우의 결정계수 0.666보다 모두 크므로 판별타당도를 확보하였다고 해석할 수 있다.

[표 17-4]의 모형 적합도와 [표 17-7]의 모형 비교(Model comparisons)를 통한 측정동일성 검증 결과를 이용해 MCFA에 의한 측정동일성 검증 결과를 요약하면 [표 17-11]과 같다.

▌표 17-11 ▌MCFA에 의한 사용자집단 간 측정동일성에 대한 χ^2 차이검증 결과

모형	χ^2(p)	df	χ^2/df (Q값)	SRMR	TLI	RMSEA	$\Delta\chi^2$	Δdf	p
모형 1 비제약모형	204.453 (0.000)	96	2.130	0.056	0.914	0.076	–	–	–
모형 2 측정가중치모형	213.108 (0.000)	104	2.049	0.058	0.920	0.073	8.655	8	0.372
모형 3 구조공분산모형	223.601 (0.000)	114	1.961	0.059	0.927	0.070	19.147	18	0.383
모형 4 측정잔차모형	237.626 (0.000)	126	1.886	0.060	0.933	0.067	33.173	30	0.315

【주】 CR≥0.7 이상, AVE≥0.5 이상, 적합도지수의 수용기준: Q값<3 미만, SRMR<0.08 미만, TLI≥0.9 이상, RMSEA<0.08 미만

모형 1 비제약모형의 χ^2은 204.453(df=96)이며, 모형 2 측정가중치모형의 χ^2은 213.108 (df=104)으로 추정되었으므로 $\Delta\chi^2$은 8.655(모형 2 측정가중치모형 χ^2 213.108−모형 1 비제약모형 χ^2 204.453)이다. Δdf는 8(모형 2 측정가중치모형 df 104−모형 1 비제약모형 df 96)이다. [표 17-7]의 [모형 비교]를 보면 $\Delta\chi^2$은 8.655(Δdf=8)이며 이의 p값은 0.372이므로 유의수준 0.05보다 크게 나타나서 측정동일성은 확보되었다. 그런데 구조공분산모형과 측정잔차모형의 p값도 모두 0.05보다 크므로 엄격한 측정동일성이 확보되었다고 해석할 수 있다.

이상에서 살펴본 것처럼 이 사례의 개별 측정모형에 대한 분석 결과 개별 측정변수들의 신뢰도, 잠재변수의 집중타당도 및 잠재변수 간의 판별타당도가 확인되었으므로 측정도구의 신뢰도와 타당도는 검증되었다. 또한 1년 미만 사용자집단과 1년 이상 사용자집단 간에 측정동일성이 확보되었다. 이제는 측정모형의 신뢰도와 타당도 그리고 사용기간(1년 미만 사용자집단과 1년 이상 사용자집단) 집단 간에 측정동일성이 확보되었으므로 다중집단 구조방정식모형분석(MSEM)을 수행해야 한다.

통계실습 17-2 구조모형에 대한 다중집단 구조방정식모형분석(MSEM) 실습

다음의 [통계실습 17-1 MCFA를 위한 측정모형분석]을 가지고 MSEM을 실습하시오. 데이터 파일은 [제6부 다중집단분석 실습 데이터(제17장)]을 이용한다. 대응별 모수비교방법(라벨 이용)을 이용해 가설검증을 수행하시오. 독립외생변수는 [사용자통제(UCON)], [반응속도(RES)]이며 매개변수는 [사용자만족도(SAT)], 종속변수는 [사용자충성도(LOY)]이다. 집단조절변수(집단변수)는 [사용기간(PER)]이다. 각 측정변수들은 리커트 7점척도로 되어 있다.

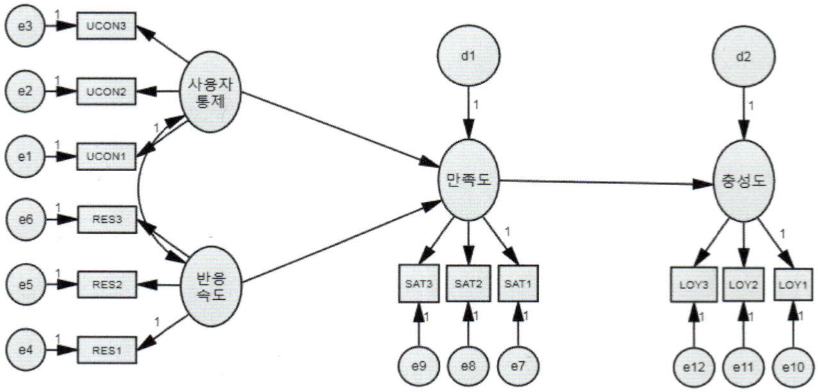

실습 따라하기

❶ Amos에서 [File–Open]으로 들어간 후 [제6부 다중집단분석의 이해와 적용(제17장)–제6부 통계분석] 폴더 안에 있는 파일인 [통계실습 17–1 MCFA를 위한 측정모형분석]을 불러들인다.

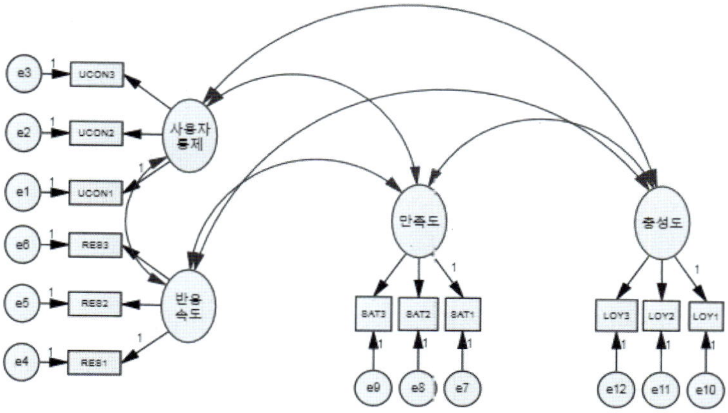

❸ 왼쪽에 있는 도구상자 중에서 (대상 지우기 도구상자)를 왼쪽 마우스로 클릭해 선택한 후 외생 잠재변수 간은 상관으로 연결되어야 하기 때문에 잠재변수 간의 상관(↔)은 그대로 두고, 나머지 상관에 대해서만 삭제한다. 가설적 관계에 따라서 인과관계를 단방향 화살표(→)로 연결한다. (오차항 그리기 도구상자)를 클릭하여 구조오차항 d1, d2를 만든다. 완성된 구조모형은 다음과 같다. 메뉴에서 [File–Save as]로 들어가 [통계실습 17–2 대응별 모수비교방법(라벨 이용)의 MSEM 분석]으로 저장한다.

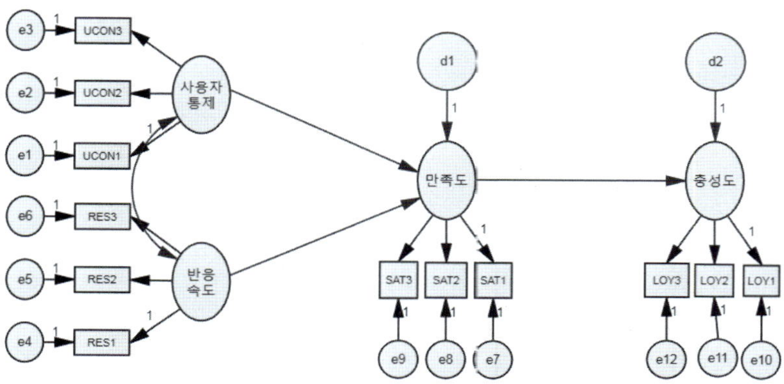

❹ 사용자집단이 [1년 미만 사용자집단]과 [1년 이상 사용자집단]으로 구분되어야 하므로 집단 지정을 한다. 왼쪽 툴박스 오른쪽에 있는 [Group number 1]을 클릭하면 [Manage Groups] 창이 나타난다. [Group Name]의 [Group number 1] 대신에 [1년 미만 사용자집단]을 타이핑한 후 [New]를 클

릭한다. [Group number 2] 대신에 [1년 이상 사용자집단]을 타이핑한 후 [Close] 버튼을 클릭해 집단 지정을 마친다.

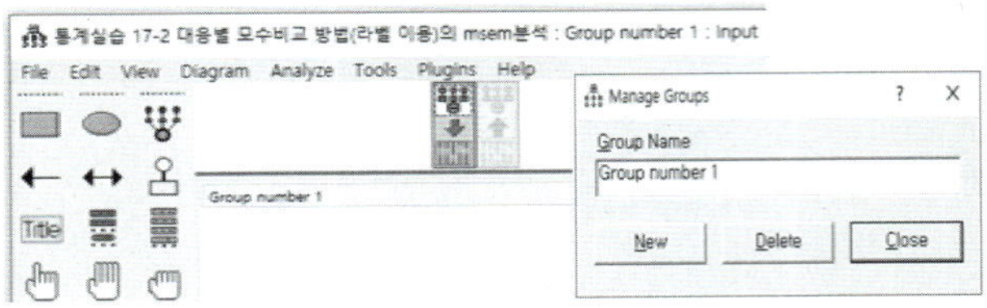

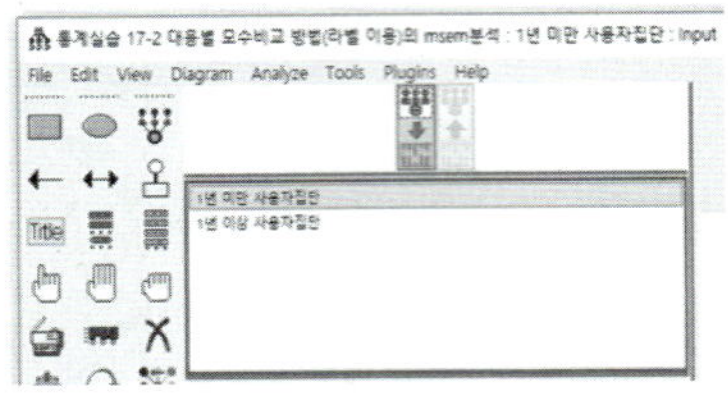

❺ 왼쪽 툴박스에 있는 (Select data files)을 클릭해 [Data files] 창을 열어서 데이터를 연결한다(자세한 것은 [통계실습 17-1] 참조).

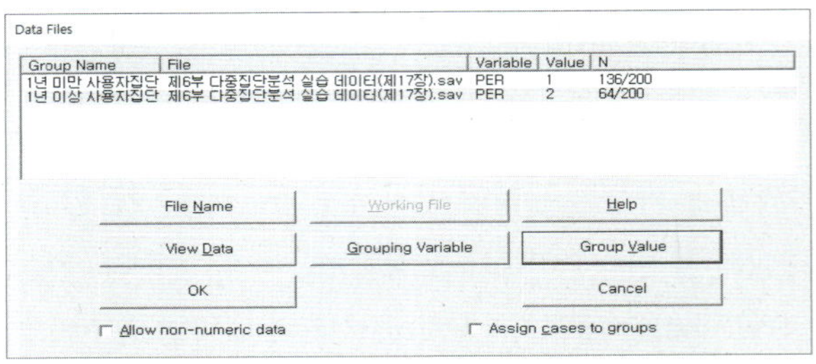

❻ 왼쪽 툴박스에 있는 (Analysis Properties)를 클릭해 들어가 [Output]에서 [Standardized estimates], [Squared multiple correlations], [Modification indices], [Critical ratios for differences]를 체크한 후 나간다.

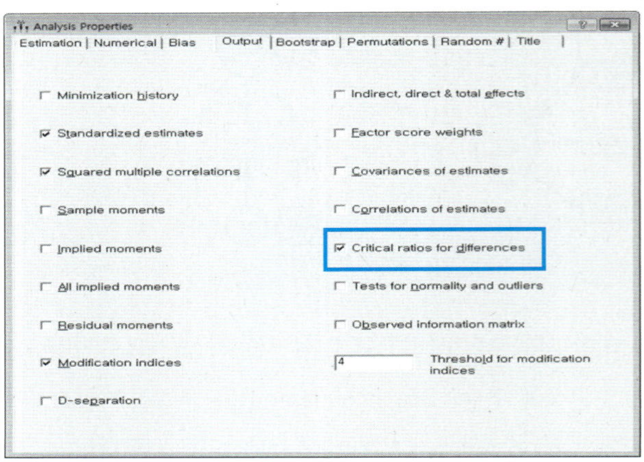

❼ 왼쪽 툴박스에서 표준화된 [다중집단분석 아이콘] ( )을 클릭한다. 그러면 주의 메시지가 나타나며 [확인] 버튼을 클릭한다. [다중집단분석] 창이 나타나면 [OK] 버튼을 클릭해 디폴트 지정을 선택한다. 그러면 모형에 복잡한 문자와 숫자들의 조합이 나타나며, [모형관리] 창에 ① 모형 1 측정가중치모형, ② 모형 2 구조가중치모형, ③ 모형 3 구조공분산모형, ④ 모형 4 구조잔차모형, ⑤ 모형 5 측정잔차모형이 생성되었음을 확인할 수 있다. 각 모형들이 어떻게 경로 제약이 이루어져 있는가를 확인하려면 각 모형을 하나씩 클릭해 보기 바란다.

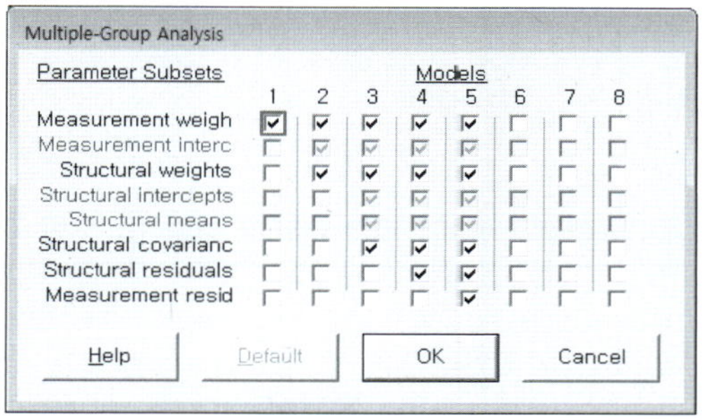

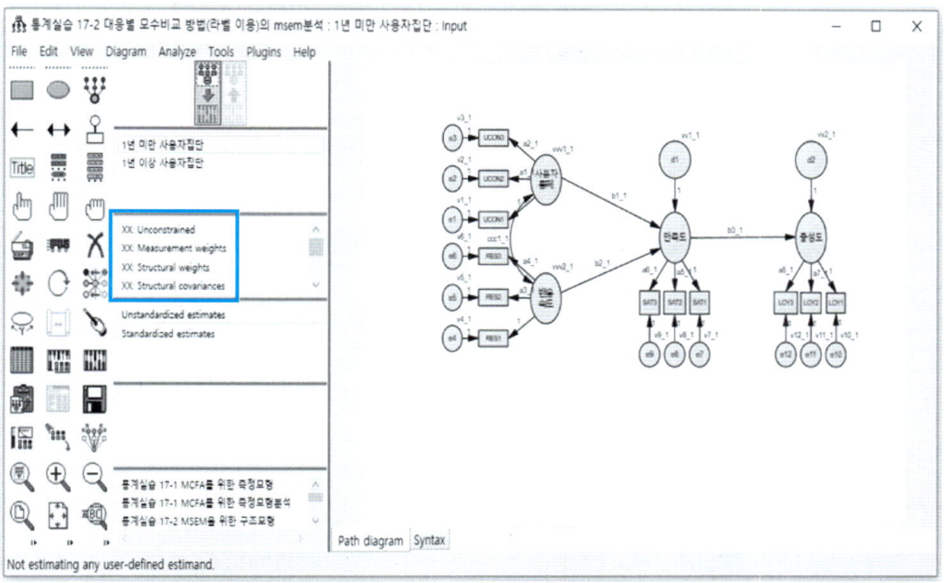

8 왼쪽 툴박스에서 표준화된 [RMR]을 얻기 위해서 [Plugins] 메뉴에서 [Standardized RMR]을 체크한 후 왼쪽 툴박스에 있는 (Calculate estimates)을 클릭해 실행한다.

[통계실습 17-2]를 실행한 결과는 [표 17-12], [표 17-13], [표 17-14]와 같다. 출력 결과에서 [Estimates]를 클릭해 [남자집단]과 [여자집단]의 [Regression Weights]의 결과를 확인한다. 또한 [Critical Ratios for differences between parameters]에 들어가 보면 대응된 두 모수 차이의 Z통계량을 얻을 수 있다.

▌표 17-12 ▌ 대응별 모수비교방법(라벨 이용)에 의한 MSEM 결과(1): 모형 적합도

Model Fit Summary

CMIN

Model	NPAR	CMIN	DF	P	CMIN/DF
Unconstrained	56	205.410	100	.000	2.054
Measurement weights	48	214.062	108	.000	1.982
Structural weights	45	218.105	111	.000	1.965
Structural covariances	42	220.801	114	.000	1.937
Structural residuals	40	224.090	116	.000	1.932
Measurement residuals	28	238.022	128	.000	1.860
Saturated model	156	.000	0		
Independence model	24	1869.514	132	.000	14.163

RMR, GFI

Model	RMR	GFI	AGFI	PGFI
Unconstrained	.070	.867	.793	.556
Measurement weights	.080	.861	.799	.596
Structural weights	.088	.855	.797	.609
Structural covariances	.107	.855	.801	.625
Structural residuals	.111	.852	.801	.633
Measurement residuals	.110	.849	.816	.696
Saturated model	.000	1.000		
Independence model	.537	.260	.125	.220

Baseline Comparisons

Model	NFI Delta1	RFI rho1	IFI Delta2	TLI rho2	CFI
Unconstrained	.890	.855	.940	.920	.939
Measurement weights	.885	.860	.940	.925	.939
Structural weights	.883	.861	.939	.927	.938
Structural covariances	.882	.863	.939	.929	.939
Structural residuals	.880	.864	.938	.929	.938
Measurement residuals	.873	.869	.937	.935	.937
Saturated model	1.000		1.000		1.000
Independence model	.000	.000	.000	.000	.000

RMSEA

Model	RMSEA	LO 90	HI 90	PCLOSE
Unconstrained	.073	.059	.087	.005
Measurement weights	.070	.057	.084	.009
Structural weights	.070	.056	.083	.010
Structural covariances	.069	.055	.082	.013
Structural residuals	.069	.055	.082	.014
Measurement residuals	.066	.053	.079	.025
Independence model	.258	.248	.268	.000

Standardized RMR

Unconstrained
Standardized RMR = .0579

Measurement weights
Standardized RMR = .0590

Structural weights
Standardized RMR = .0626

Structural covariances
Standardized RMR = .0609

Structural residuals
Standardized RMR = .0607

Measurement residuals
Standardized RMR = .0609

Close

▌표 17-13 ▌대응별 모수비교방법(라벨 이용)에 의한 MSEM 결과(2): 회귀계수 추정치

1년 미만 사용자집단

Regression Weights: (1년 미만 사용자집단 - Unconstrained)

			Estimate	S.E.	C.R.	P	Label
만족도	<---	사용자_통제	.312	.096	3.261	.001	b1_1
만족도	<---	반응_속도	.411	.115	3.577	***	b2_1
충성도	<---	만족도	.572	.076	7.521	***	b3_1
UCON1	<---	사용자_통제	1.000				
UCON2	<---	사용자_통제	.805	.076	10.546	***	a1_1
UCON3	<---	사용자_통제	.765	.086	8.905	***	a2_1
RES1	<---	반응_속도	1.000				
RES2	<---	반응_속도	1.124	.111	10.101	***	a3_1
RES3	<---	반응_속도	1.239	.119	10.377	***	a4_1
SAT1	<---	만족도	1.000				
SAT2	<---	만족도	.949	.075	12.592	***	a5_1
SAT3	<---	만족도	.854	.080	10.636	***	a6_1
LOY1	<---	충성도	1.000				
LOY2	<---	충성도	1.075	.089	12.126	***	a7_1
LOY3	<---	충성도	1.018	.084	12.189	***	a8_1

Standardized Regression Weights: (1년 미만 사용자집단 - Unconstrained)

			Estimate
만족도	<---	사용자_통제	.366
만족도	<---	반응_속도	.405
충성도	<---	만족도	.679
UCON1	<---	사용자_통제	.868
UCON2	<---	사용자_통제	.826
UCON3	<---	사용자_통제	.712
RES1	<---	반응_속도	.762
RES2	<---	반응_속도	.855
RES3	<---	반응_속도	.887
SAT1	<---	만족도	.861
SAT2	<---	만족도	.880
SAT3	<---	만족도	.779
LOY1	<---	충성도	.848
LOY2	<---	충성도	.865
LOY3	<---	충성도	.869

1년 이상 사용자집단

Regression Weights: (1년 이상 사용자집단 - Unconstrained)

			Estimate	S.E.	C.R.	P	Label
만족도	<---	사용자_통제	-.011	.176	-.065	.948	b1_2
만족도	<---	반응_속도	.721	.221	3.262	.001	b2_2
충성도	<---	만족도	.726	.132	5.513	***	b3_2
UCON1	<---	사용자_통제	1.000				
UCON2	<---	사용자_통제	.975	.097	10.104	***	a1_2
UCON3	<---	사용자_통제	1.033	.110	9.376	***	a2_2
RES1	<---	반응_속도	1.000				
RES2	<---	반응_속도	1.344	.160	8.394	***	a3_2
RES3	<---	반응_속도	1.192	.143	8.330	***	a4_2
SAT1	<---	만족도	1.000				
SAT2	<---	만족도	.917	.101	9.121	***	a5_2
SAT3	<---	만족도	.935	.115	8.116	***	a6_2
LOY1	<---	충성도	1.000				
LOY2	<---	충성도	.950	.083	11.407	***	a7_2
LOY3	<---	충성도	1.022	.081	12.695	***	a8_2

Standardized Regression Weights: (1년 이상 사용자집단 - Unconstrained)

			Estimate
만족도	<---	사용자_통제	-.014
만족도	<---	반응_속도	.746
충성도	<---	만족도	.657
UCON1	<---	사용자_통제	.891
UCON2	<---	사용자_통제	.896
UCON3	<---	사용자_통제	.860
RES1	<---	반응_속도	.819
RES2	<---	반응_속도	.884
RES3	<---	반응_속도	.879
SAT1	<---	만족도	.889
SAT2	<---	만족도	.868
SAT3	<---	만족도	.808
LOY1	<---	충성도	.928
LOY2	<---	충성도	.889
LOY3	<---	충성도	.929

▌표 17-14 ▌대응별 모수비교방법(라벨 이용)에 의한 MSEM 결과(3): 대응모수 차이 Z통계량

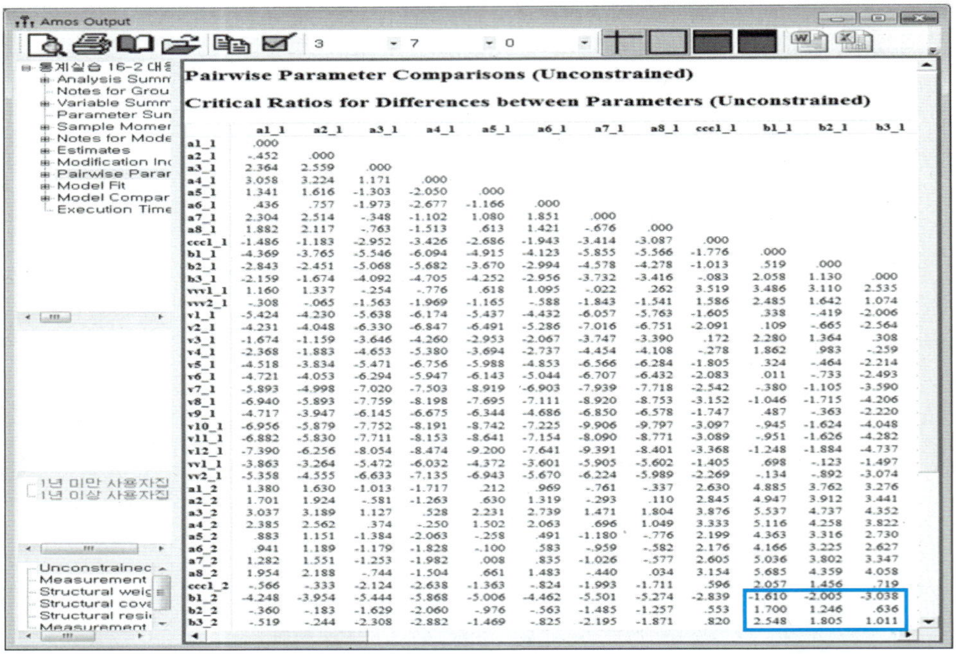

	b1−1	b2−1	b3−1
b1−2	−1.610	−2.005	−3.038
b2−2	1.700	1.246	0.636
b3−2	2.548	1.805	1.011

대응모수 차이의 검증통계량인 Z통계량인 글자가 작아서 잘 보이지 않으므로 해당 부분을 확대하였다. [표 17−13]은 1년 미만 사용자집단과 1년 이상 사용자집단의 [라벨]을 보여준다. 사용자통제가 만족도에 미치는 영향(가설 4−1)은 b1−1과 b1−2 간의 모수 차이인 Z통계량이 −1.610, 반응속도가 만족도에 미치는 영향(가설 4−2)은 b2−1과 b2−2 간의 모수 차이인 Z통계량이 1.246, 사용자만족도가 사용자충성도에 미치는 영향(가설 4−3)은 b3−1과 b3−2 간의 모수차이인 Z통계량이 1.011로 나타났다. 따라서 1년 미만 사용자집단과 1년 이상 사용자집단 간에는 대응된 모수 차이인 Z통계량이 절대값 기준으로 1.96보다 작아서 통계적으로 유의한 차이가 없는 것으로 나타났다. 따라서 사용기간의 조절효과는 없는 것으로 해석할 수 있다.

대응모수 비교 방법(라벨 이용)에 의한 MSEM 가설검증 결과를 요약하면 [표 17-15]와 같다.

표 17-15 대응별 모수비교방법(라벨 이용)에 의한 MSEM 가설검증 결과

가설		1년 미만 사용자집단			1년 이상 사용자집단			대응모수 차이 Z통계량
		표준화 회귀계수	표준 오차	t값	표준화 회귀계수	표준 오차	t값	
가설 1 (UCON → SAT)		0.366	0.096	3.261***	−0.014	0.176	−0.065	−
가설 2 (RES → SAT)		0.405	0.115	3.577***	0.746	0.221	3.262***	−
가설 3 (SAT → LOY)		0.679	0.076	7.521***	0.657	0.132	5.513***	−
가설 4	가설 4−1	사용기간 집단에 따라 UCON과 SAT의 관계를 조절						−1.610
	가설 4−2	사용기간 집단에 따라 RES와 SAT의 관계를 조절						1.246
	가설 4−3	사용기간 집단에 따라 SAT과 LOY의 관계를 조절						1.011
적합도 χ^2=205.410(df=100, p=0.000), χ^2/df(Q값)=2.054, SRMR=0.058, TLI=0.920, RMSEA=0.073								

【주】 *** p<0.001, 적합도 수용기준: CR≥0.7 이상, AVE≥0.5 이상, 적합도지수의 수용기준: Q값<3 미만, SRMR<0.08 미만, TLI≥0.9 이상, RMSEA<0.08 미만

가설검증 결과 1년 미만 사용자집단의 유의수준 0.001에서 〈가설 1〉, 〈가설 2〉, 〈가설 3〉은 채택되었다. 1년 이상 사용자집단의 경우 〈가설 1〉은 유의수준 0.05에서 기각되었으며 유의수준 0.001 수준에서 〈가설 2〉와 〈가설 3〉은 채택되었다. 이는 소프트웨어에 사용자가 통제할 수 있는 부분이 있으면 1년 미만의 사용자들의 만족도에 정의 영향을 주고 있음을 의미하며, 1년 이상의 사용자들의 만족도에는 영향을 주고 있지 않음을 의미한다. 소프트웨어의 반응속도는 1년 미만과 1년 이상 사용자의 경우에서 모두 만족도에 유의한 정의 영향을 주고 있음을 알 수 있다. 조절효과검증 결과 대응된 모수 차이에 대한 Z통계량이 모두 절대값 기준으로 1.96보다 작게 나타나 기각되었다. 따라서 사용기간의 조절효과는 없는 것으로 해석할 수 있다.

통계실습 17-3

구조모형에 대한 다중집단 구조방정식모형분석(MSEM) 실습

다음의 [통계실습 17-2 MSEM을 위한 구조모형]을 가지고 MSEM을 실습하시오. 데이터 파일은 [제6부 다중집단분석 실습 데이터(제17장)]을 이용한다. 다중집단분석 아이콘( )을 이용해 카이제곱차이검증(χ^2 differences test)에 의한 조절효과분석을 수행하시오. 독립외생변수는 [사용자통제(UCON)], [반응속도(RES)]이며 매개변수는 [사용자만족도(SAT)], 종속변수는 [사용자충성도(LOY)]이다. 집단조절변수(집단변수)는 [사용기간(PER)]이다. 각 측정변수들은 리커트 7점척도로 되어 있다.

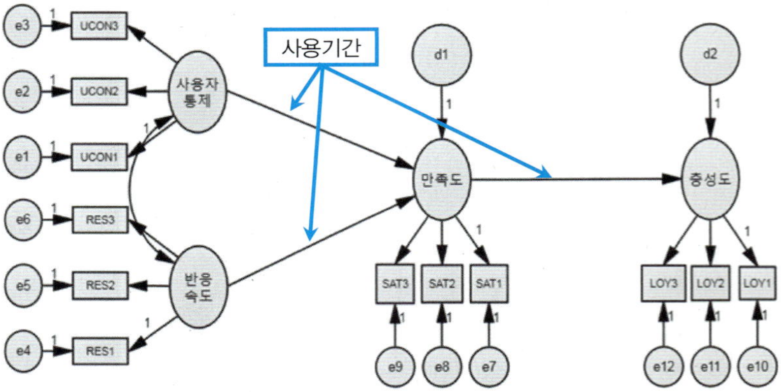

실습 따라하기

❶ Amos에서 [File–Open]으로 들어간 후 [제6부 다중집단분석의 이해와 적용(제17장)–제6부 통계분석] 폴더 안에 있는 파일인 [통계실습 17-2 MSEM을 위한 구조모형]을 불러들인다. 메뉴에서 [File–Save as]으로 들어가 파일명을 [통계실습 17-3 다중집단분석 아이콘을 이용한 MSEM분석]으로 저장한다.

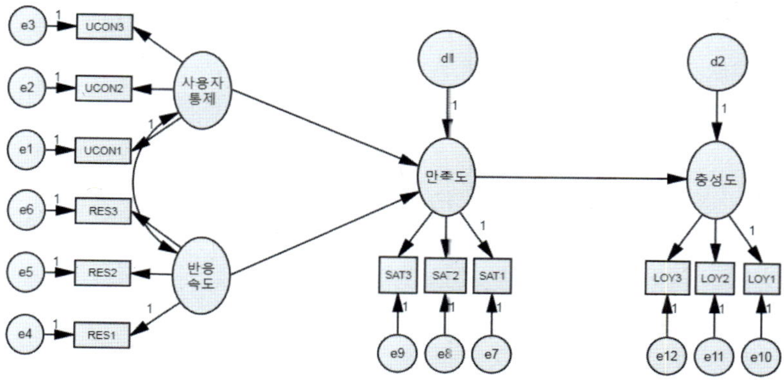

❷ 사용자집단이 [1년 미만 사용자집단]과 [1년 이상 사용자집단]으로 구분되어야 하므로 집단 지정을 한다(자세한 것은 [통계실습 17-1] 참조).

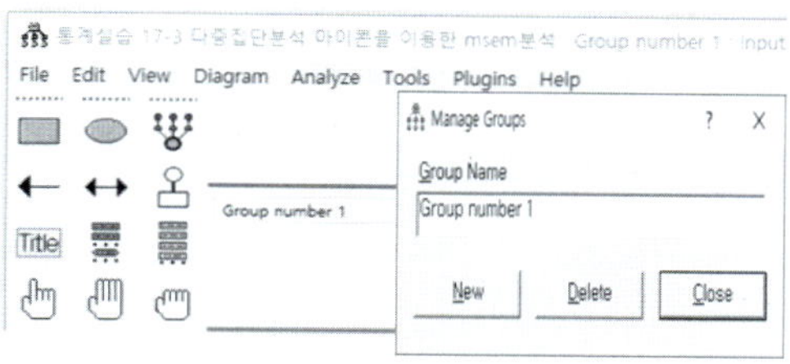

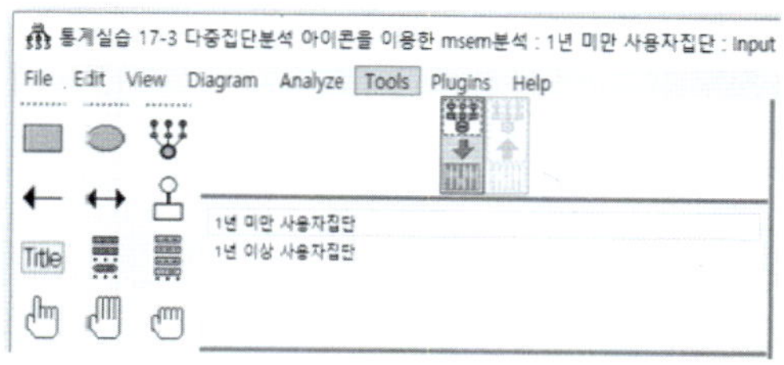

❸ 왼쪽 툴박스에 있는 (Select data files)을 클릭해 [Data files] 창을 열어서 데이터를 연결한다(자세한 것은 [통계실습 17-1] 참조).

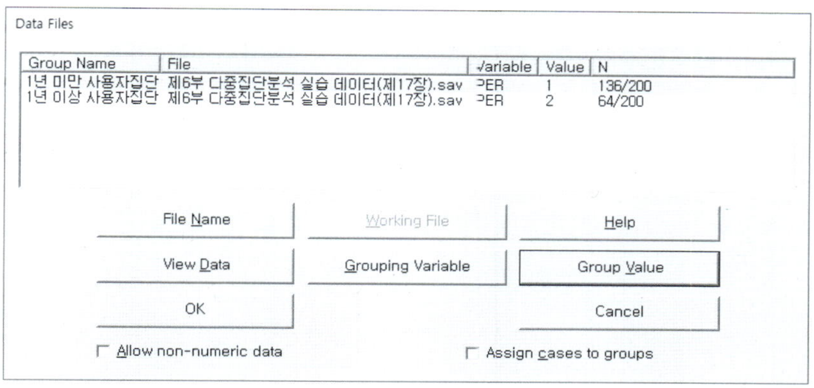

❹ 왼쪽 툴박스에 있는 (Analysis Properties)를 클릭해 들어간 후 [Output]에서 [Standardized estimates], [Squared multiple correlation], [Modification indices]를 체크한 후 나간다.

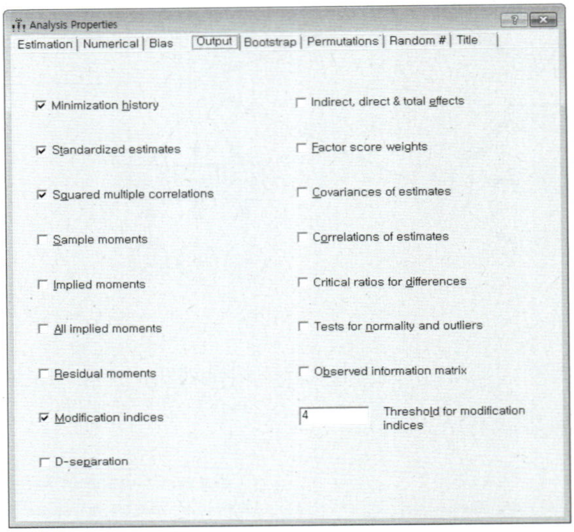

❺ 왼쪽 툴박스에서 다중집단분석 아이콘인 (Multiple Group Analysis)를 선택한 후 클릭하면 다음과 같은 [Amos] 창이 뜬다. [확인] 버튼을 클릭하면 [Multiple Group Analysis] 창이 나타나며 디폴트 그대로 두고 [OK] 버튼을 클릭한다.

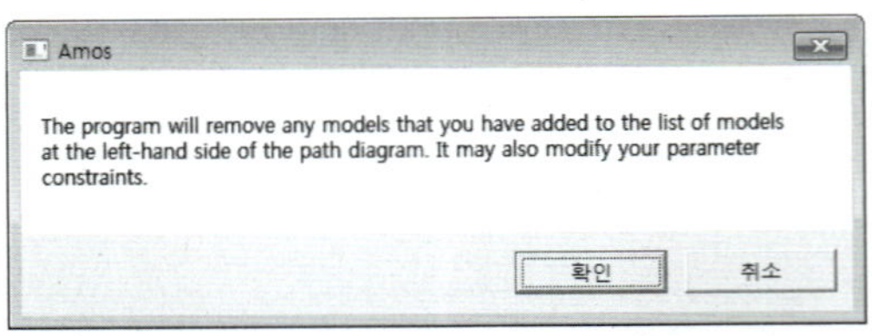

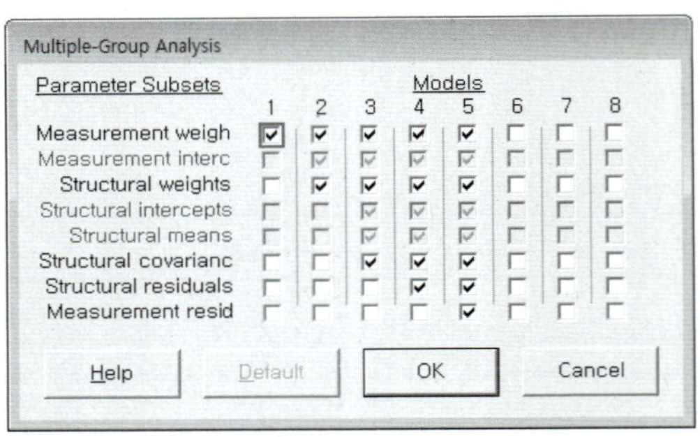

❻ 경로도가 보이면 모든 경로에 대한 [사용기간] 집단(1년 미만 사용자집단과 1년 이상 사용자집단)의 조절효과를 검증하려는 것이므로 [1년 미만 사용자집단]의 경로계수 (b1_1, b2_1, b3_1)와 [1년 이상 사용자집단]의 경로계수 (b1_2, b2_2, b3_2)를 확인한다.

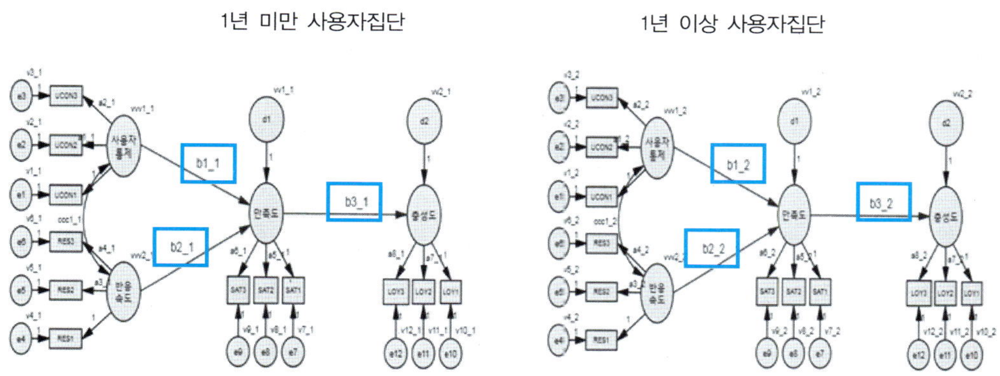

❼ 모델관리(Manage Models) 창에서 [XX: Unconstrained]와 [Structural weights]만을 남기고 ([XX: Measurement weights], [XX: Structural covariarces], [XX: Structural residuals], ([XX: Measurement residuals])를 클릭해 모두 삭제한다.

❽ ① 모델관리 창에서 [XX: Structural weights]를 클릭해 [Model Name]을 [XX: Structural weights 1(b1_1=b1_2)]로 변경한다. [Parameter Constraints]에서 [사용자통제와 사용자만족도] 간에 사용기간 집단별 조절효과가 있는지를 알아보기 위해서 [b1_1=b1_2]만 남기고 모두 삭제하여 등가제약모형을 만든다. 이는 [1년 미만 사용자집단]의 경로계수와 [1년 이상 사용자집단]의 경로계수를 등가(=)로 만드는 작업이다. 화면 하단의 [New]를 클릭한다.

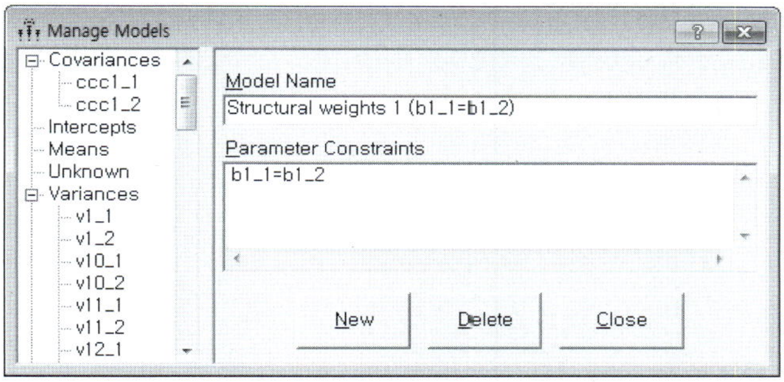

② [Model Name]에 [XX: Structural weights 2 (b2_1=b2_2)]을 입력한다. [Parameter Constraints]에서 [반응속도와 사용자만족도] 간에 사용기간 집단별 조절효과가 있는지를 알아보기 위해서 [b2_1=b2_2]로 입력한다. 화면 하단의 [New]를 클릭한다.

③ [Model Name]에 [XX: Structural weights 3 (b3_1=b3_2)]을 입력한다. [Parameter Constraints]에서 [사용자만족도와 사용자충성도] 간에 사용기간 집단별 조절효과가 있는지를 알아보기 위해서 [b3_1=b3_2]로 입력한다. 화면 하단의 [Close]를 클릭해 입력을 마친다.

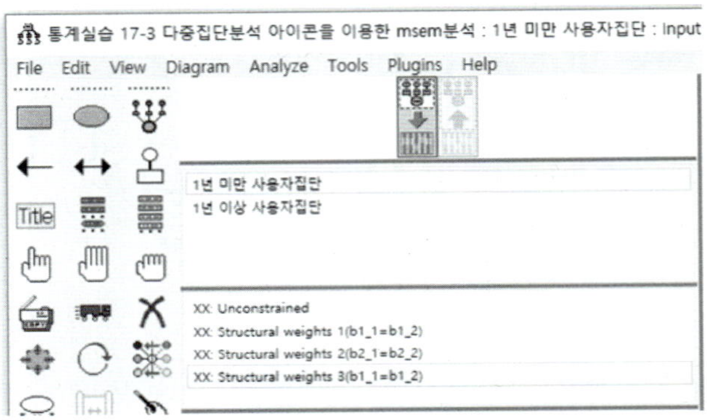

❾ 왼쪽 툴박스에서 표준화된 [RMR]을 얻기 위해서 [Plugins] 메뉴에서 [Standardized RMR]을 체크한 후 왼쪽 툴박스에 있는 (Calculate estimates)를 클릭해 모형을 실행한다.

[통계실습 17-3]을 실행한 결과는 [표 17-16], [표 17-17], [표 17-18]과 같다. 출력 결과에서 모형 적합도와 [Estimates]를 클릭해 [1년 미만 사용자집단]과 [1년 이상 사용자집단]의 [Regression Weights]의 결과를 확인한다. 마지막으로 모형 비교 결과를 확인한다.

표 17-16 다중집단분석 아이콘을 이용한 MSEM 결과(1): 모형 적합도

Model Fit Summary

CMIN

Model	NPAR	CMIN	DF	P	CMIN/DF
Unconstrained	56	205.410	100	.000	2.054
Structural weights 1 (b1_1=b1_2)	55	207.797	101	.000	2.057
Structural weights 2 (b2_1=b2_2)	55	206.887	101	.000	2.048
Structural weights 3 (b3_1=b3_2)	55	206.467	101	.000	2.044
Saturated model	156	.000	0		
Independence model	24	1869.514	132	.000	14.163

RMR, GFI

Model	RMR	GFI	AGFI	PGFI
Unconstrained	.070	.867	.793	.556
Structural weights 1 (b1_1=b1_2)	.075	.863	.788	.559
Structural weights 2 (b2_1=b2_2)	.073	.864	.791	.560
Structural weights 3 (b3_1=b3_2)	.077	.866	.793	.561
Saturated model	.000	1.000		
Independence model	.537	.260	.125	.220

Baseline Comparisons

Model	NFI Delta1	RFI rho1	IFI Delta2	TLI rho2	CFI
Unconstrained	.890	.855	.940	.920	.939
Structural weights 1 (b1_1=b1_2)	.889	.855	.940	.920	.939
Structural weights 2 (b2_1=b2_2)	.889	.855	.940	.920	.939
Structural weights 3 (b3_1=b3_2)	.890	.856	.940	.921	.939
Saturated model	1.000		1.000		1.000
Independence model	.000	.000	.000	.000	.000

RMSEA

Model	RMSEA	LO 90	HI 90	PCLOSE
Unconstrained	.073	.059	.087	.005
Structural weights 1 (b1_1=b1_2)	.073	.059	.087	.005
Structural weights 2 (b2_1=b2_2)	.073	.059	.087	.005
Structural weights 3 (b3_1=b3_2)	.073	.058	.087	.006
Indepeadence model	.258	.248	.268	.000

Standardized RMR

Unconstrained
Standardized RMR = .0579

Structural weights 1 (b1_1=b1_2)
Standardized RMR = .0601

Structural weights 2 (b2_1=b2_2)
Standardized RMR = .0582

Structural weights 3 (b3_1=b3_2)
Standardized RMR = .0575

Close

표 17-17 다중집단분석 아이콘을 이용한 MSEM 결과(2): 회귀계수 추정치

1년 미만 사용자집단

Regression Weights: (1년 미만 사용자집단 - Unconstrained)

			Estimate	S.E.	C.R.	P	Label
만족도	<---	사용자_통제	.312	.096	3.261	.001	b1_1
만족도	<---	반응_속도	.411	.115	3.577	***	b2_1
충성도	<---	만족도	.572	.076	7.521	***	b3_1
UCON1	<---	사용자_통제	1.000				
UCON2	<---	사용자_통제	.805	.076	10.546	***	a1_1
UCON3	<---	사용자_통제	.765	.086	8.905	***	a2_1
RES1	<---	반응_속도	1.000				
RES2	<---	반응_속도	1.124	.111	10.101	***	a3_1
RES3	<---	반응_속도	1.239	.119	10.377	***	a4_1
SAT1	<---	만족도	1.000				
SAT2	<---	만족도	.949	.075	12.592	***	a5_1
SAT3	<---	만족도	.854	.080	10.636	***	a6_1
LOY1	<---	충성도	1.000				
LOY2	<---	충성도	1.075	.089	12.126	***	a7_1
LOY3	<---	충성도	1.018	.084	12.189	***	a8_1

Standardized Regression Weights: (1년 미만 사용자집단 - Unconstrained)

			Estimate
만족도	<---	사용자_통제	.366
만족도	<---	반응_속도	.405
충성도	<---	만족도	.679
UCON1	<---	사용자_통제	.868
UCON2	<---	사용자_통제	.826
UCON3	<---	사용자_통제	.712
RES1	<---	반응_속도	.762
RES2	<---	반응_속도	.855
RES3	<---	반응_속도	.887
SAT1	<---	만족도	.861
SAT2	<---	만족도	.880
SAT3	<---	만족도	.779
LOY1	<---	충성도	.848
LOY2	<---	충성도	.865
LOY3	<---	충성도	.869

1년 이상 사용자집단

Regression Weights: (1년 이상 사용자집단 - Unconstrained)

			Estimate	S.E.	C.R.	P	Label
만족도	<---	사용자_통제	-.011	.176	-.065	.948	b1_2
만족도	<---	반응_속도	.721	.221	3.262	.001	b2_2
충성도	<---	만족도	.726	.132	5.513	***	b3_2
UCON1	<---	사용자_통제	1.000				
UCON2	<---	사용자_통제	.975	.097	10.104	***	a1_2
UCON3	<---	사용자_통제	1.033	.110	9.376	***	a2_2
RES1	<---	반응_속도	1.000				
RES2	<---	반응_속도	1.344	.160	8.394	***	a3_2
RES3	<---	반응_속도	1.192	.143	8.330	***	a4_2
SAT1	<---	만족도	1.000				
SAT2	<---	만족도	.917	.101	9.121	***	a5_2
SAT3	<---	만족도	.935	.115	8.116	***	a6_2
LOY1	<---	충성도	1.000				
LOY2	<---	충성도	.950	.083	11.407	***	a7_2
LOY3	<---	충성도	1.022	.081	12.695	***	a8_2

Standardized Regression Weights: (1년 이상 사용자집단 - Unconstrained)

			Estimate
만족도	<---	사용자_통제	-.014
만족도	<---	반응_속도	.746
충성도	<---	만족도	.657
UCON1	<---	사용자_통제	.891
UCON2	<---	사용자_통제	.896
UCON3	<---	사용자_통제	.860
RES1	<---	반응_속도	.819
RES2	<---	반응_속도	.884
RES3	<---	반응_속도	.879
SAT1	<---	만족도	.889
SAT2	<---	만족도	.868
SAT3	<---	만족도	.808
LOY1	<---	충성도	.928
LOY2	<---	충성도	.889
LOY3	<---	충성도	.929

표 17-18 다중집단분석 아이콘을 이용한 MSEM 결과(3): 모형 비교

Model Fit Summary

CMIN

Model	NPAR	CMIN	DF	P	CMIN/DF
Unconstrained	56	205.410	100	.000	2.054
Structural weights 1 (b1_1=b1_2)	55	207.797	101	.000	2.057
Structural weights 2 (b2_1=b2_2)	55	206.887	101	.000	2.048
Structural weights 3 (b3_1=b3_2)	55	206.467	101	.000	2.044
Saturated model	156	.000	0		
Independence model	24	1869.514	132	.000	14.163

Nested Model Comparisons

Assuming model Unconstrained to be correct:

Model	DF	CMIN	P	NFI Delta-1	IFI Delta-2	RFI rho-1	TLI rho2
Structural weights 1 (b1_1=b1_2)	1	2.386	.122	.001	.001	.000	.000
Structural weights 2 (b2_1=b2_2)	1	1.476	.224	.001	.001	.000	.000
Structural weights 3 (b3_1=b3_2)	1	1.057	.304	.001	.001	-.001	-.001

다중집단분석 아이콘을 이용한 MSEM 가설검증 결과를 요약하면 [표 17-19]와 같다.

표 17-19 다중집단분석 아이콘을 이용한 MSEM 가설검증 결과: 〈가설 1〉~〈가설 3〉

가설	1년 미만 사용자집단			1년 이상 사용자집단		
	표준화 회귀계수	표준 오차	t값	표준화 회귀계수	표준 오차	t값
가설 1 (UCON → SAT)	0.366	0.096	3.261***	−0.014	0.176	−0.065
가설 2 (RES → SAT)	0.405	0.115	3.577***	0.746	0.221	3.262***
가설 3 (SAT → LOY)	0.679	0.076	7.521***	0.657	0.132	5.513***
적합도 χ^2=205.410(df=100, p=0.000), χ^2/df(Q값)=2.054, SRMR=0.058, TLI=0.920, RMSEA=0.073						

【주】 ***p<0.001, 적합도 수용기준: CR≥0.7 이상, AVE≥0.5 이상, 적합도지수의 수용기준: Q값<3 미만, SRMR<0.08 미만, TLI≥0.9 이상, RMSEA<0.08 미만

▌표 17-20▐ 다중집단분석 아이콘을 이용한 MSEM 가설검증 결과: 〈가설 4〉 조절효과검증

가설	모형	df	χ^2	p
가설 4-1	구조가중치모형 1(b1_1=b1_2)	1	2.386	0.122
가설 4-2	구조가중치모형 1(b2_1=b2_2)	1	1.476	0.224
가설 4-3	구조가중치모형 1(b3_1=b3_2)	1	1.057	0.304

가설검증 결과 1년 미만 사용자집단의 유의수준 0.001에서 〈가설 1〉, 〈가설 2〉, 〈가설 3〉은 채택되었다. 1년 이상 사용자집단의 경우 〈가설 1〉은 유의수준 0.05에서 기각되었으며 유의수준 0.001 수준에서 〈가설 2〉와 〈가설 3〉은 채택되었다. 이는 소프트웨어에 사용자가 통제할 수 있는 부분이 있으면 1년 미만의 사용자들의 만족도에 정의 영향을 주고 있음을 의미하며, 1년 이상의 사용자들은 그렇지 않음을 의미한다. 소프트웨어의 반응속도는 1년 미만과 1년 이상 사용자들의 만족도에 모두 정의 유의한 영향을 미치고 있음을 알 수 있다.

[표 17-20]은 다중집단분석 아이콘을 이용한 χ^2차이검증에 의해 사용자집단에 따른 조절효과분석을 수행한 결과이다. 구조가중치모형을 통해 제약한 모형을 분석한 결과 〈가설 4〉는 지지되지 않았다. 첫째, 〈가설 4-1〉은 χ^2=2.386(df=1)이고 p=0.122로 나타나 유의수준 0.05에서 1년 미만 사용자집단과 1년 이상 사용자집단 간에 유의적인 차이가 없는 것으로 나타났다. 따라서 사용기간 집단에 따라 사용자통제가 만족도에 미치는 영향을 조절하고 있지 못하고 있음을 의미한다. 둘째, 〈가설 4-2〉는 χ^2=1.476(df=1)이고 p=0.224로 나타나 유의수준 0.05에서 1년 미만 사용자집단과 1년 이상 사용자집단 간에 유의적인 차이가 없는 것으로 나타났다. 따라서 사용기간 집단에 따라 반응속도가 만족도에 미치는 영향을 조절하고 있지 못하고 있음을 의미한다. 마지막으로, 〈가설 4-3〉은 χ^2=1.057(df=1)이고 p=0.304로 나타나 유의수준 0.05에서 1년 미만 사용자집단과 1년 이상 사용자집단 간에 유의적인 차이가 없는 것으로 나타났다. 따라서 사용기간 집단에 따라 사용자만족도가 사용자충성도에 미치는 영향을 조절하고 있지 못하고 있음을 의미한다.

제17장의 핵심내용 요약

- 다중집단분석(Multi-Group Analysis: MGA)은 두 개 이상의 집단을 분석하여 집단 간의 경로계수 차이가 통계적으로 유의성을 가지고 있는지를 검증할 때 사용하는 통계분석기법이다.
- 다중집단분석을 수행하기 위해서는 비교 분석할 여러 개의 다중집단(Multiple group)이 존재해야 한다. 측정동일성 검증을 위한 모집단은 동일한 모집단(Homogenous population group)과 이질적인 모집단(Heterogenous population group)이 모두 사용가능하다.
- 다중집단분석은 대다수의 연구에서 두 개 집단(Two groups)을 집단변수(Group variable)로 사용하는 경우가 많지만 때로는 세 개 이상의 집단변수(Above three groups)를 사용하는 경우도 있을 수 있다.
- 경로모형을 이용한 다중집단분석은 측정변수들이 모두 1개로 구성된 잠재변수(혹은 측정변수)를 가지고 있기 때문에 다중집단 확인적 요인분석(Multi-group Confirmatory Factor Analysis: MCFA)은 수행할 필요가 없다.
- 구조방정식모형을 이용해 분석하고자 하는 경우에는 반드시 다중집단 확인적 요인분석을 통해 다중집단 간의 측정동일성 검증(Measurement equivalence test)을 한 후에 측정동일성(혹은 교차타당성)이 확보되었으면 다중집단 구조방정식모형분석(MSEM)으로 넘어갈 수 있다.
- 측정동일성(Measurement equivalence, or Equality)이란 다수의 응답자들이 측정도구(예: 설문지)에 대해서 동등하게 인식하고 있는지를 말한다. Amos에서는 측정동일성 검증을 위한 방법으로 다중집단 확인적 요인분석(MCFA)을 사용하고 있다.
- 측정동일성 검증은 1단계 측정가중치모형(Measurement weights model)의 분석 결과의 모형비교(Model comparison)에서 p값이 0.05보다 크게 나타났으면 측정동일성이 있다고 해석하면 된다. 측정동일성의 검증은 모형 간 자유도 차이와 χ^2차이검증(χ^2 difference test)을 통해서 수행한다.
- MSEM을 수행하기 위한 여러 가지 모형 중에서 가설검증, 특히 조절효과분석을 위해서는 구조가중치모형이 주로 사용된다.

참고문헌

배병렬. (2021). Amos 27 구조방정식모델링. 도서출판 청람.
신건권. (2023). 석박사학위와 학술논문 작성 중심의 SmartPLS 4.0 구조방정식모델링. 도서출판 청람.
신건권. (2023). 석박사학위와 학술논문 작성 중심의 SPSS 29 논문통계분석. 도서출판 청람.
신건권. (2023). SPSS 29와 PROCESS macro 4.0을 이용한 회귀분석 따라하기. 도서출판 청람.
우종필. (2022). 구조방정식모델 개념과 이해. 한나래.

1. AMOS 29와 SPSS 29 프로그램의 구매방법

AMOS 29와 SPSS 29 프로그램은 학생용이나 교수용의 경우 저렴한 비용으로 구매할 수 있다(SPSS 29 GRADPACK). AMOS 29 프로그램은 한 가지 종류만 있으며 SPSS 29는 BASE, STANDARD, PREMIUM의 세 가지 종류가 있다. 구매한 프로그램은 보통 2대의 컴퓨터에 설치할 수 있다. 사용기간은 AMOS 29는 1년 사용권이며, SPSS 29는 구매자가 임의로 정할 수 있다(6개월, 1년, 2년, 3년 등). IBM사 공식적으로 구매정보를 제공하는 인터넷사이트 주소는 https://www.ibm.com/products/ spss-statistics/gradpack이다.

(1) AMOS 29의 구매사이트 주소

구매 사이트	주소	단가($)	2023.5.기준 원화(원)	사용기간
OnTheHub by Kivuto	https://onthehub.com/shop	45.95	60,812	12개월
Student Discounts.com Academic Software Experts	https://studentdiscounts.com/	35.00	46,320	
hearne.software	https://www.hearne.software/Home	35.00	상동	

(2) SPSS 29의 구매사이트 주소

구매 사이트	주소	단가($)	2023.5.기준 원화(원)	사용기간
OnTheHub by Kivuto	https://onthehub.com/shop	BASE 45.95 STANDARD 61.95	BASE 60,812 STANDARD 81,986	6개월
Student Discounts.com Academic Software Experts	https://studentdiscounts.com/	BASE 34.95 STANDARD 49.00	BASE 46,254 STANDARD 64,848	
hearne.software	https://www.hearne.software/Home	BASE 34.95 STANDARD 49.00	상동	

(3) 구매방법

유튜브에서 [AMOS 학생용 구매] 혹은 [SPSS 학생용 구매]라고 입력하고 검색하면 여러 유튜버가 제공하는 구매방법을 탐색할 수 있다.

SPSS 29와 Amos 29 설치 시 유의사항

SPSS 29와 Amos 29 버전 설치 시 이미 28 버전 이하의 프로그램이 이미 29 버전을 설치할 컴퓨터에 설치되어 있다면 29 버전이 중복 설치되거나 제대로 설치되지 않는 문제가 발생될 수 있다. 이러한 문제를 피하려면 29 버전을 설치하기 전에 이전 버전이 설치되어 있는 경우에는 PC나 노트북 등을 완전히 포맷팅해야 제대로 설치된다. 따라서 하드 드라이브의 포맷팅을 해야 하는 경우에는 기존 자료를 잘 다운로드해 보관한 다음에 포맷팅해야 한다.

2. 이 책의 실습용 데이터 파일 제공사이트

(1) 도서출판 청람의 사이트(http://www.crbooks.co.kr)의 [일반자료실]에서 제공한다.

(2) 다운로드받은 후 반드시 데스크탑이나 노트북의 [바탕화면]에 압축을 푼 후에 실습하기 바란다. 제공된 파일명이 길어서 데이터 파일이 USB 등에 위치하고 있는 경우에는 실습 파일이 열리지 않을 수도 있음에 유의하기 바란다.

찾아보기

| 저자약력 |

신건권(辛建權)

신건권 교수는 충남 금산에서 출생하였다. 서강대학교 대학원에서 회계정보시스템으로 박사학위(지도교수 이남주)를 받은 이후 서강대, 부산대, 대전대, 한남대, 순천향대, 나사렛대 등의 강사로 활동하였다. 현재는 호서대학교 기술경영전문대학원에서 논문 작성 중심의 통계학을 강의하고 있으며 데이터 사이언티스트로 활동하고 있다.
한국전산회계학회장, 호서대 사회과학대학장과 사회과학연구소장, 글로벌비전센터소장, 학술지 편집위원장(대한회계학회, 한국경영컨설팅학회, 한국전산회계학회) 등을 역임하였다. 주요 관심 분야는 논문통계학, 회계정보시스템, 문화콘텐츠, 경영학 등이다.
저술가로서 왕성한 활동을 펼쳐 왔으며 현재까지 학술논문 80여 편을 학술지에 게재하였으며 통계학, 회계학, 경영학 등의 전문서적 50여 권을 발간하였다. 통계학 저서인『석박사학위와 학술논문 작성 중심의 SmartPLS 3.0 구조방정식모델링』은 2018년 세종도서 학술부문 우수도서로 선정되었다.

[주요 도서]
석박사학위와 학술논문 작성 중심의 SPSS 29 논문통계분석(2023, 도서출판 청람)
석박사학위와 학술논문 작성 중심의 Amos 29 구조방정식모델링(2023, 도서출판 청람)
석박사학위와 학술논문 작성 중심의 SmartPLS 4.0 구조방정식모델링(2023, 도서출판 청람)
SPSS 29와 PROCESS macro 4.0을 이용한 회귀분석 따라하기(2023, 도서출판 청람)

석박사학위와 학술논문 작성 중심의

Amos 29 구조방정식모델링

2023년 8월 25일 1판 1쇄 인쇄
2023년 8월 30일 1판 1쇄 발행

저　자 | 신건권
발행인 | 이수영
발행처 | 도서출판 **청람**
서울시 마포구 독막로 288(대흥동, 세양상가 109호)
전　화 | 02)3272-2601~2
팩　스 | 02)3272-2603
E-mail | crbooks@daum.net
홈페이지 | http://www.crbooks.co.kr
등　록 | 2000년 8월 26일 제6-0509호

ISBN 978-89-5972-977-7 93310 [정가 42,000원]